科学历史
百科全书

科学历史

改变世界的重要发现和发明之终极视觉指南

百科全书

罗伯特·温斯顿 主编

关晓武 等译

中国大百科全书出版社

Encyclopedia of China Publishing House

ARISMETRICA·   GEOMETRIA·   ·MVSICA·   ASTRO

DK | Penguin Random House

Original Title: Science Year by Year: The Ultimate Visual Guide to the Discoveries That Changed the World

Copyright © Dorling Kindersley Limited, 2013

Foreword © Professor Robert Winston, 2013

A Penguin Random House Company

北京市版权登记号：图字01-2018-1967

审图号：GS（2018）5418号

图书在版编目（CIP）数据

DK科学历史百科全书 / 英国DK公司编；
关晓武译著. —北京：中国大百科全书出版社，2018. 9
书名原文：Science Year by Year
ISBN 978-7-5202-0341-8

Ⅰ. ①D··· Ⅱ. ①英··· ②关··· Ⅲ. ①技术史—世界—普及读物
Ⅳ. ①N091-49

中国版本图书馆CIP数据核字（2018）第194644号

译者资料

刘　辉　中国科学院自然科学史研究所副研究员
付　雷　浙江师范大学讲师
孔　源　首都师范大学历史学院讲师
樊小龙　中国科学院自然科学史研究所助理研究员
尹晓冬　首都师范大学物理系教授
刘辛味　北京科技报社记者
马敏敏　兰州大学资源环境学院副教授
王　坤　内蒙古自治区科学技术馆网络信息宣传部职员
陈晓珊　中国科学院自然科学史研究所副研究员
关晓武　中国科学院自然科学史研究所研究员

译者

刘辉、付雷　第一部分
孔源　第二部分
樊小龙　第三部分
付雷　第四部分
尹晓冬、刘辛味　第五部分
马敏敏、尹晓冬、刘辛味　第六部分
付雷、王坤　第七部分
关晓武、陈晓珊　前言、封面、目录等
关晓武　审校

地图审定：张宝军

统筹编辑：李建新
责任编辑：赵新宇　张小萌
封面设计：袁欣

DK科学历史百科全书
中国大百科全书出版社出版发行
（北京阜成门北大街17号　邮编 100037）
http://www.ecph.com.cn
新华书店经销
北京华联印刷有限公司印制
开本：889毫米×1194毫米　1/8　印张：50
2019年1月第1版　2023年12月第10次印刷
ISBN 978-7-5202-0341-8
定价：328.00元

www.dk.com

www.dk.com

混合产品
纸张｜
支持负责任林业
FSC® C018179

LOGIA· ·LOGICA· ·RETHORICA· ·GRAMMATICA·

撰稿人

杰克·查洛纳（Jack Challoner）
物理学背景的科学作家和传播者。他为DK科学撰稿，已经写了超过30本适于各种年龄段读者的科技书籍。

德里克·哈维（Derek Harvey）
博物学者和科学作家，撰写了DK出版的题为《科学》和《博物史书》的作品。

约翰·范姆顿（John Farndon）
科普作家，专长于地球科学和思想史。

菲利普·帕克（Philip Parker）
历史学者和作家，著有DK出版的《目击者参考指南：世界历史》《历史大事年鉴》和《工程师》。

马库斯·威克斯（Marcus Weeks）
历史、经济学和科普作家。曾为DK的《科学》《工程师》和《帮助你的孩子学数学》撰稿。

吉尔斯·斯帕洛（Giles Sparrow）
科普作家，专长于天文学和空间科学。

玛丽·格里宾（Mary Gribbin）
科学作家、苏塞克斯大学访问学者。

专业词汇解释
理查德·贝蒂（Richard Beatty）
爱丁堡科学作家、编辑和科学词典编纂者。

主编

罗伯特·温斯顿（Robert Winston）
伦敦帝国理工学院科学与社会研究教授及生育问题研究荣誉教授，在生殖与发育生物学研究所开展一项研究计划。他是作家和播音员，定期写作科普作品和主持科普节目，其中有很多节目在世界各地播放。以前在DK出版的图书包括获奖作品《什么使我成为我？》《科学实验》和《人类》。

顾问

约翰·格里宾（John Gribbin）
科学作家、天体物理学家和苏塞克斯大学天文学访问学者。著有《科学史》，由企鹅出版社出版。

马蒂·乔普森（Marty Jopson）
科学传播者和电视节目主持人，获植物细胞学博士学位。

简·麦金托什（Jane McIntosh）
英国剑桥大学亚洲和中东研究学院高级研究助理。

史密森学会

史密森撰稿人有历史学者和博物馆专家，来自于：

国家航空航天博物馆（美国）
史密森国家航空航天博物馆拥有世界上最大的历史飞机和航天器的收藏，其使命是通过保存和展示历史意义重大的航空航天文物来对后人开展教育和激励。

美国历史博物馆
史密森美国历史博物馆致力于以藏品和奖学金激励人们对美国及其不同民族有更广泛的了解。

国家自然历史博物馆（美国）
史密森国家自然历史博物馆是世界上访问量最大的自然历史博物馆，也是史密森博物馆群中访问量最大的博物馆。

首席编辑顾问

帕特丽夏·法拉（Patricia Fara）
英国剑桥大学克莱尔学院资深教师。出版了一系列关于科学史的学术和科普著作，她是电台和电视节目的定期撰稿人。

亚洲艺术博物馆
弗利尔美术馆和赛克勒美术馆托管了一批珍贵的国家藏品，它们是亚洲艺术和19世纪末审美运动中的美国艺术，致力于开展馆藏作品的交易、维护、研究和展览。

1

250万年前~公元799年

2

800~1542年

3

1543~1788年

目 录

4
1789~1894年

5
1895~1945年

6
1946~2013年

7

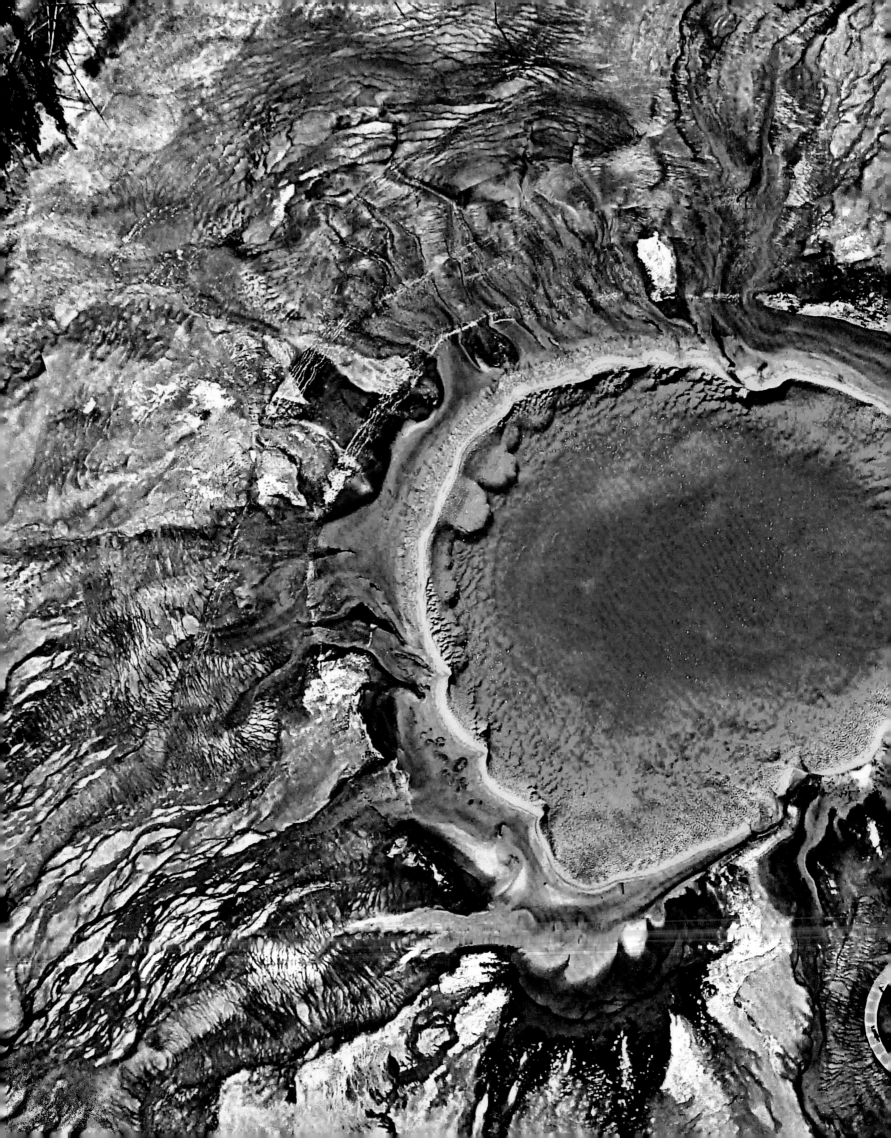

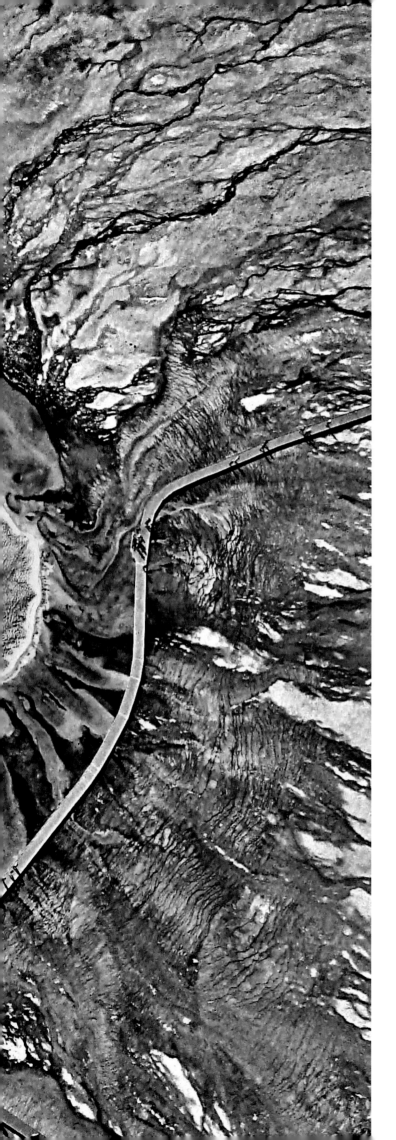

前 言

大约150万年前，我们的祖先在非洲大草原刻凿石头制作粗糙的手斧。反复试验，从失败中找到解决办法——早期的科学努力——导致工具的诞生。原始人凭借工具从动物骨头上获得鲜肉，在挖掘中发现块茎和水，最后猎取猎物并剥下它们的毛皮来制作衣服。大约30万年前，史前人类掌握利用了火的技术，从而大大改善了他们的饮食。

让我感兴趣的是，通过使用这两种技术，史前人类主导了自身的进化；而我们是地球上唯一能制作工具并可修改后代进化方式的物种。看上去同样非同寻常的是，引导出所有发明的基本工具——石质手斧在过去的100万年中几乎没有发生过什么变化。这本书记录了人类的创造力如何导致越来越快的发展。可能在1万~1.2万年前，我们的祖先发明了农业，从而改变了他们的生存环境。几千年后，我们建造了城市，发明了写作，并制造了像本书中指出的那样能以惊人的速度移动的轮式车辆。

设想沿此书页画一条线，其长度约为30厘米。我们用这条线代表自石质工具发明以来的150万年。现在以同样的比例，画一条代表过去400年的较短线条，则它只有1毫米的十分之一长，其尺寸相当于这句话结尾句号的大小（英文句号）。在那么短的时间里，伽利略于1609年将他的望远镜瞄向了木星的卫星；纽科门在1712年制造了空气泵以清除矿井里的水；1804年特里维西克的蒸汽机车在威尔士牵引列车。大约100年后，莱特兄弟驾着他们的双翼飞机开启了人类首次载人飞行。如今，我们已制造了复杂的计算机，登陆了月球，并用生物元件在实验室里合成了生物。

科学和技术的发展如此之快，以致我们无法预测人类的创造力将会指向何方。我们还会继续改变我们的进化吗？不管是什么情况，科学发展的辉煌历史无疑会让我们过上比以往任何时候都更好、更健康、更加充实的生活。地球可能会面临重大挑战，但我们有理由相信，创造力将使我们能胜任提升自己及保护我们所生活的星球的任务。

Robert Winston

罗伯特·温斯顿 主编

极端微生物的栖息地
美国黄石公园的大棱镜彩泉的鲜明色彩，是由生活在温泉边缘的一种色素细菌造成的。不同种类的微生物在特定的温度下可大量繁衍，它们体内还含有适应所处环境的色素。

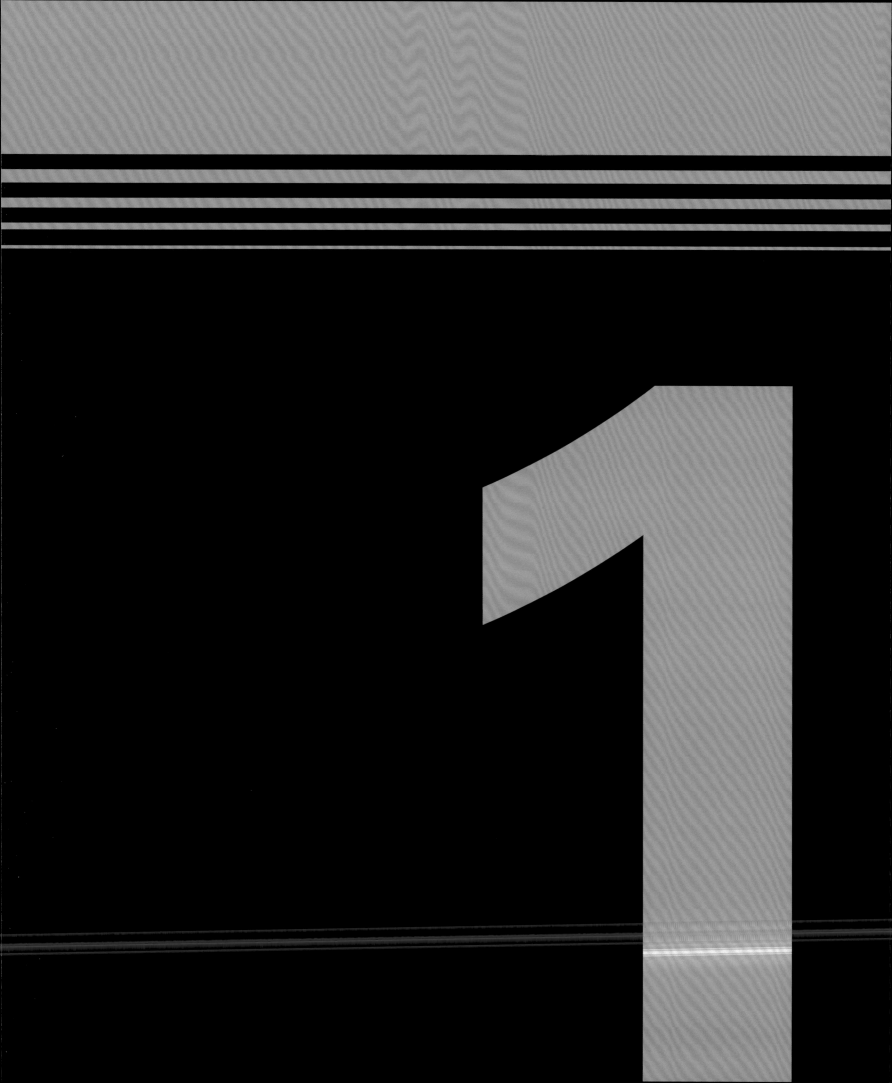

现代科学开始之前

250万年前~公元799年

从制作工具的早期试验和火的使用开始，人类通过发展天文、医药和数学方面的技术，逐渐学会如何探索、了解和控制他们所处的环境。

西班牙卡特罗城堡里的这幅4.1万年前的画是已知最古老的洞穴艺术之一。它们用天然颜料绘制，包括了野马和野牛的形象，而最早的图案是抽象的圆盘形和点。

最重要的科技进步是石器的制造。250万年以前，早期原始人类（能人或南方古猿）开始用鹅卵石敲击另一块鹅卵石进而改变鹅卵石的形状，他们敲掉了石头的一部分从而创造出一个锋利的边缘。这样的方法被称为硬锤敲击。这些早期的鹅卵石工具或刀具被称为奥尔德沃工具。人们使用这些工具来肢解杀死的动物，击裂骨头获得骨髓，并刮下兽皮。奥尔德沃技术传遍非洲，并且一直持续到约170万年前。

早期的原始人类通过观察由雷击造成的野火，领略到了火的威力。他们利用火

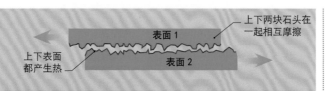

摩擦生热

两个物体表面相互摩擦产生的能量被转移到表面原子中，这个过程被称为摩擦，能够引起原子升温。表面越平滑，产生的热量会越多；在极端情况下，这可能会导致附近的材料着火。

点燃树枝，作为驱赶猛兽的武器或提供光和热。一些可能的证据表明，约100万年前人类对火有零星控制，到约40万年前有经常使用火的证据。在以色列盖谢尔贝诺特雅各布（约79万年前）的发现表明，原始人有经常用火的迹象。

早期人类能够使用诸如火犁或火钻等用具摩擦起火。火对于保暖、自我保护、打磨石头、强化木制工具和烹饪都是很重要的。加热食物可以分解蛋白质，使其更容易消化。它还能防止食物腐败变质和延伸食用资源

在石层断裂的地方出现尖锐的边缘

奥尔德沃工具
这种刀具是最早的石器工具，适用于切割兽皮。

的范围，例如将含有毒素的植物纳入可食用范围内，因为有毒物质可以通过加热而分解。关于烹饪食物的最早证据来自以色列盖谢尔贝诺特雅各布遗址，这里集中发现了烧焦的种子和木柴。

生火
早期人类可能使用通过摩擦两块木板生热的火犁或火钻来取火。热导致木屑点燃，这样就可以用它来点燃较大的火种。

用细树枝等易燃物生火

大约176万年前，更高级的石器开始出现。与奥尔德沃工具不同，阿舍利工具特别是多用途手斧是被有意打磨而成的。首先，用锤子粗略地敲出工具的形状（用石锤敲掉薄片），然后用柔软的骨锤或鹿角精细地除去工具上的小薄片。

莫斯特工具出现在约30万年前，很可能与尼安德特人有关。这种工具包括从准备好的岩石上取得锋利的勒瓦卢瓦石片（见13页图），以及一系列

旧石器时代晚期的石叶工具
这种制作巧妙的工具是通过尖锐的骨片或鹿角施加压力剥落大块石材的小块做成的。

石片工具，包括刀子、尖矛和刮刀，不同的形状的工具有不同的用途。

到旧石器时代晚期（距今约3.5万~1万年），一种新技术——间接打击法出现，这种方法可以从一块岩石上击打出多个刀片。石器发展的最后阶段出现在距今7万年前，并于距今约1万年前的后冰期得到普及。它包括细石器——被用于组合工具的薄石片和石刀。

最早的石器是石块或石斧，但到约公元前40万年，早期人类已经习惯用木棒作为长矛。起初，这些长矛是削尖末端的木棒。但到约公元前20万年前，尖锐的石头开始被固定到木棒上从而成为更有效的武器。约公元前6.4万年，弓被首次使用，

约250万年以前，最早的奥尔德沃工具出现

约12万年以前，以色列盖谢尔贝诺特雅各布遗址发现最早的用火证据

公元前12.5万年，用勒瓦卢瓦法制造的莫斯特薄片工具在欧洲成为主导

约公元前3.9万年，西班牙城堡里的洞穴壁画，目前所知最早的洞穴壁画

约公元前3万年，狗开始被驯化

约176万年以前，最早的阿舍利手斧出现

约公元前50万年，英国的博克斯格罗夫发现最早的鹿角工具

约公元前40万年，德国的格罗宁根发现最古老的木制长矛

约公元前6.4万年，弓被首次使用

约公元前3万年，欧洲发现最早的骨针

一粒小麦是现代小麦的祖先，在整个亚洲西南部广大地区
依然可见。它的蛋白质含量高于驯化后的小麦。

但目前发现最早的实例可
以追溯到公元前 9000 年。
这个时期的箭已使用羽毛
作为箭羽，以改善飞行和准
确性。

从捷克下维斯特尼采境
内发现的陶质维纳斯雕像来
看，人类第一次有意识地烧
制黏土可以追溯到公元前 2.4
万年。目前所知最早的陶罐
发现于中国的仙人洞遗址，
时间约为公元前 1.8 万年。
被保存下来的最早的陶罐是
日本的绳纹陶，时间可以追
溯到约公元前 1.4 万年，可
能是用来烹煮食物的。定居
点的稳定增长可能在陶器的

传播中起到一定的作用，这
些陶器可以用来存储和烹煮
食物。早期的陶器通常捏制
成型（用手捏制湿黏土成型）

勒瓦卢瓦技术

这种技术通过敲打形成"龟甲"形的石核。敲掉边缘的石片，
表面形成需要的形状，然后再从石核上剥离下来。这样最终
形成的石片在各边都有尖锐的边缘，不用修整便可当作工具
使用。

绳纹陶

这种风格的陶器
在日本有超过 1 万
年的历史。早期的绳
纹陶通常都有突出的
底部。

或一点点地将黏土卷起
来做成一个罐的形状。这
些罐在坑窑或篝火窑中烧制，
也就是在地上挖个浅坑并填
上燃料。在西亚，黏土最初
被用于造砖。第一个容器是
由石灰和石膏（燃烧白垩岩
所得）制成的。直到约公元
前 6900 年，陶器才出现在
土耳其的卡育努等地。

最早的骨针可以追
溯至大约公元前 3 万年
的欧洲。人们用动物肠衣
或韧带做缝线，用骨针来
缝制毛皮，或用骨针将贝
壳或珠子串在一起。

根据残留在泥土上的
纺织品印痕，最早的织物
可以追溯至公元前 2.7 万
年左右。约公元前 1.8 万
年，线绳出现。它由纤维
捻合在一起而形成，这样

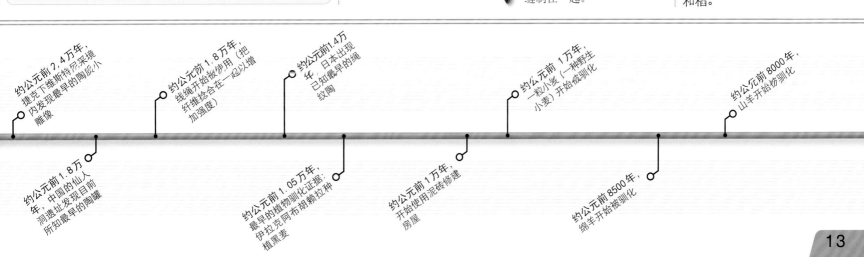

骨梭

骨针和骨梭是最早的连接工
具，利用动物肠衣或亚麻一
类的植物纤维将不同的毛皮
缝制在一起。

就增加了线的强度。在法国
南部的拉斯科洞穴曾发现有
使用三股线绳的实例。

直到至少 1.3 万年
前，早期人类还是依靠狩
猎和采集生活。植物驯化
（有意识地选择植物进行
栽培）的最早证据是发现
于伊拉克阿布胡赖拉遗址

农业的发展

新月沃土是亚洲西南部相对肥沃的地区，
也是野生谷物、绵羊和山羊的发源地。大
约在公元前 1 万年，气候变冷，从而导致
了野生谷物的生长范围收缩到高降雨量地
区。或许是由于收集这些植物的种子存在较大的困难，当地
居民开始在他们的村庄旁边栽培这些植物。绵羊和山羊也被
驯化，以便得到它们的肉。更高产的食物来源使人口密度增
大，而农业的时间和劳动力需求使定居点变得越来越大，越
来越长久。

居住地附近的公元前 1.05 万
年左右的野生黑麦种子。大
约在此 1000 年以后，一系列
的野生谷物特别是一粒小麦、
二粒小麦以及各种各样的普
通小麦和野生大麦都被驯化
了。这些谷物在亚洲西南部
被广泛种植，特别是在波斯
湾到近东沿海的新月沃土地
区。到公元前 7000 年，大麦
在印度次大陆被驯化。从公
元前 8000 年起，中国开始驯
化不同的植物，重要的有黍
和稻。

1.5 万

现今存活的索艾羊的最大数目

索艾羊原产于苏格兰西部的一个小岛上，是一个原始物种，与欧洲最早的家养绵羊非常相似。

大约公元前3万年，狗成为被人类最早驯化的动物种类之一。它是由狼驯化而来，被用于打猎。大约在公元前8500年，亚洲西南部的人们开始驯化其他动物，首先是绵羊和山羊。大约在公元前7000年，世界上很多地方驯化了牛和猪；到公元前3000年，许多动物已经被驯化，包括美洲的几内亚猪（约前5000）和美洲驼（约前4500）。

第一个大规模的石头建筑物出现在公元前9000年左右，是安纳托利亚（在今土耳其）东南哥贝克力山丘上的宗教建筑。它由一些独立的T形柱组成。这些T形柱被围绕在低矮的圆形围墙之内。最早的民宅墙建于公元前8000年左右的巴勒斯坦杰里科。这堵墙由石头筑成，墙高约5米、周长600米。公元前4000年欧洲西北部支柱结构（交叠石头以建成拱形屋顶）的使用，以及公元前3400年美索不达米亚用扶壁支撑以加固墙体技术的使用，使建筑技术变得更加复杂。大约从公元前5000年开始，用巨石建造大型建筑的习惯遍及西欧，如法国布列塔尼卡纳克的石阵（可追溯至约前4500）、爱尔兰纽格兰奇巨墓（可追溯到约前3400）以及英格兰的史前巨石阵（可追溯到前2500）。

沥青是一种从原油沉淀物中渗出的黏稠液体。约公元前6500年，梅赫尔格尔（在今巴基斯坦）的人们已经开始制造沥青，用作芦苇篮子的防水材料。大约公元前2600年，印度河文明的人们将砖做的盆涂上沥青，以防漏水。在公元前4000年的美索不达米亚，沥青与沙子拌和成砂浆用于建筑，同时沥青还被用作船只的堵缝剂。

哪里没有充足的降水，

梯田

大约在公元前4000年，也门开始修筑梯田使丘陵地区可用于耕种。同时，梯田也广泛出现在中国和秘鲁的山区。

哪里的农民便会发明灌溉来浇灌田地。从公元前6000年左右开始，伊拉克东部的乔加马米居民便从底格里斯河河道中取水灌溉农田，到公元前4000年，西亚一些地区的人们建造堤坝来蓄水。在埃及，每年尼罗河洪水的泛滥都会淹没农田，但至迟在公元前3000年，人们便开始把多余的水储存起来。梯田发明于约公元前4000年的也门。梯田上肥沃、可耕种的区域被分层管理，通过水渠进行灌溉。在中国，水稻田里修建有用于灌溉和排洪的沟渠。

早在公元前8000年，人们对天然金属，比如金和铜的冷加工（敲打或锤打）已经相当熟练。冶金——用还原剂加热金属矿石以提取纯金属（见前1800~前700年）——最早出现在公元前6500年土耳其的加泰土丘。这种技术广为传播：到公元前5500年，传遍东南欧洲到南亚地区；到公元前3000年遍及整个欧

合金

由两种或多种金属混合形成的合金，可以具有与原来金属不同的特性。在公元前5000年的中后期，人们发现用少量的砷和铜一起熔炼可以产生砷青铜，其硬度和强度都比单纯的铜要高。到公元前3200年左右，真正的青铜在西南亚被生产出来，方法是在冶炼过程中用锡代替砷。同时，诸如这件2世纪早期的青铜小雕塑一类的青铜器也被生产出来。到公元前3000年的后期，人们已经发现铜锌合金可以形成黄铜。

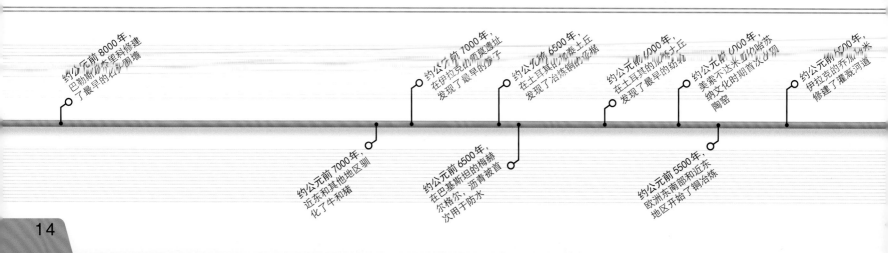

约公元前8000年，巴勒斯坦的杰里科修建了最早的民宅围墙

约公元前7000年，在伊拉克的尤莫遗址，发现了最早的房子

约公元前6500年，在土耳其的加泰土丘，发现了冶炼铜的证据

约公元前4000年，在土耳其的加泰土丘，发现了最早的纺车

约公元前6000年，美索不达米亚的哈苏纳文化时期首次出现陶窑

约公元前6000年，伊拉克的乔加马米，修建了灌溉河道

约公元前7000年，近东和其他地区驯化了牛和猪

约公元前6500年，在巴基斯坦的梅赫尔格尔，沥青被首次用于防水

约公元前5500年，欧洲东南部和近东地区开始了铜冶炼

法国布列塔尼的卡纳克石阵，由超过3000根竖立的巨石构成。最早的石头可追溯至公元前4500年左右。

纺纱

纺轮通常是纺纱的最早证据——纺好的纱线被缠绕在捻杆上。纺轮通常很轻，如果重量超过150克，它们往往会将线弄断。

洲；到公元前2000年，传至中国和东南亚。用模型来铸造物体发明于公元前5000年，目前所知最早的金属铸造物来自美索不达米亚，可以追溯至大约公元前3200年。

土耳其的加泰土丘发现的纺轮表明，纺纱可能在公元前7000年就已经开始。织造可能起源于新石器时代晚期的编网和编篮。最早的织机（一个框架或支架，用于张紧经线，以方便另一个方向的纬线与之交织）是带有经轴（简单的棍子）的腰机（经轴通过缚于织工腰上的带子来张紧），于公元前4000年出现在西亚和埃及。

早期的农业使用手持挖土棍或锄头来进行播种，用牛作为耕畜最终使犁的使用成为可能。这种原始的木犁，有时会带有一个金属的尖头，能够在泥土里扒出一道浅沟。使用这种犁的最早证据来自公元前4000年，并在埃及、西亚和欧洲广泛传播。

约公元前6000年，窑（专门用于烧陶的构筑物）的发明使陶器的质量得以提高。有两腔且向上排气的窑（其中火是在较低的腔室）出现在约公元前6000年美索不达米亚的哈苏纳文化时期。

公元前5000年左右，在陶器下放一个简单的转盘使卷绕陶器得到了改进。到公

"为你脱粒大麦，收割小麦，每月的宴会由它制作，每半月的宴会也是由它制作。"

古埃及金字塔上的文字，公元前2400~前2300年

元前3500年，在美索不达米亚南部地区，真正的陶轮代替了转盘。陶轮由一个可以快速且连续转动的沉重砂轮构成。陶工将陶泥放在陶轮的中心，当轮子旋转时就可以进行拉坯成型。

最早的代步工具是雪橇，其实物已经在芬兰被发现，时间可以追溯至公元前6800年。公元前6300年左右，俄罗斯已经使用滑雪板。轮子的发明使得交通工具发生了彻底变革。约公元前3500年，四轮车出现在波兰和巴尔干半岛，并且很快就出现在美索不达米亚

黏土做的四轮车
这个四轮车形状的陶器显示了欧洲中部和南部地区早期有轮车辆的典型特征，时间可以追溯至公元前3000年左右。

地区。最初，轮子是一种实心的圆盘，通过木制的轮轴连接到车上。到公元前2000年左右，带有辐条的轮子出现了，这种轮子让车辆变得更轻，移动性更好。约公元前3100年，美索不达米亚发明了将拉车动物套到四轮车

上的有效挽具，这样便可以增加车子的载重，并能行驶更远的距离。

随着商业事务的复杂化，货物的精确度量变得越来越重要。公元前4000年末期，标准重量和长度的度量方法被引进美索不达米亚、埃及和印度河流域。早期的标准重量是基于小麦或者大麦等谷物，它们有一个统一的标准。长度的标准单位腕尺，是以一个男人的前臂长度为基础。

陶器的手柄

实心圆盘形式的轮子

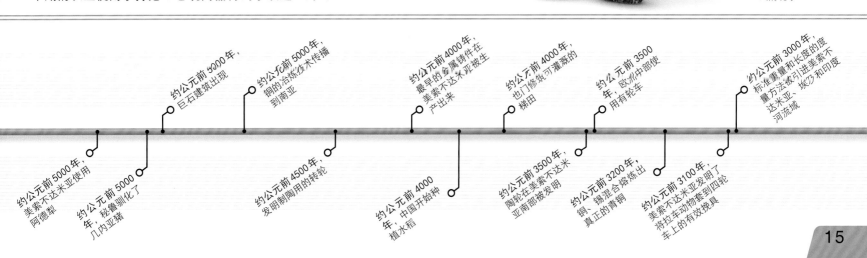

约公元前5000年，美索不达米亚使用阿德犁

约公元前5000年，秘鲁驯化了几内亚猪

约公元前5000年，巨石建筑出现

约公元前5000年，铜的冶炼术传播到南亚

约公元前4500年，发明制陶用的转轮

约公元前4000年，最早的金属铸件在美索不达米亚被生产出来

约公元前4000年，中国开始种植水稻

约公元前4000年，也门修筑可灌溉的梯田

约公元前3500年，陶轮在美索不达米亚南部被发明

约公元前3500年，欧洲中部使用轮车

约公元前3200年，铜、锡混合熔炼出真正的青铜

约公元前3100年，美索不达米亚发明了将拉车动物套到四轮车上的有效挽具

约公元前3000年，标准重量和长度的度量方法被引进美索不达米亚、埃及和印度河流域

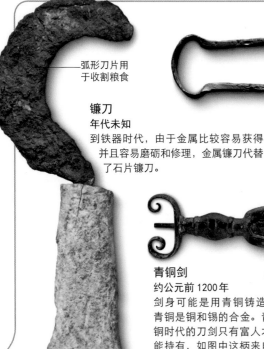

镰刀
年代未知
到铁器时代，由于金属比较容易获得并且容易磨砺和修理，金属镰刀代替了石片镰刀。

— 弧形刀片用于收割粮食

金属剪刀
年代未知
这些来自意大利的铁剪和后来的羊毛剪非常相似。他们来自意大利特兰托省的里瓦德尔加尔达。

铸铁模具
约公元前 300 年
早在公元前 500 年，中国就已经发明了可熔化铁的高温熔炉。这使他们能够生产铸铁，将熔融的金属液注入类似上图所示的模具中，用来制作农具。

青铜剑
约公元前 1200 年
剑身可能是用青铜铸造，青铜是铜和锡的合金。青铜时代的刀剑只有富人才能持有，如图中这柄来自法国的剑。

— 扁圆头

铁剑
约 500~700 年
盎格鲁－撒克逊人使用模式焊接技术来铸造剑，铁棒缠在一起锻造形成核心，然后加入边缘部分。

— 用来刺穿的锋利尖端

— 圆头剑

早期冶金术

古代冶金家生产出各种物品——从致命的武器到令人惊叹的珠宝首饰

约公元前6500年，冶金术的发展使得装饰品的生产成为可能。同时，这种技术打造的武器比木制的武器更加持久和有效。

最早的金属加工方式是冷锻——锤打天然金属。冶炼技术（加热矿石从而提取金属）出现以后，金属加工技术变得越来越复杂。金属铸件出现在公元前 5000 年左右，合金在公元前第 5 千纪开始得到发展。到古代时期末期，镀金和镶嵌技术已有所发展，并且金属加工技术已经传播到世界各地。

战车装饰
约公元前 100~公元 100 年
铁器时代晚期，使用红色珐琅变得特别流行，就像所见到的这件凯尔特人的战车装饰。

— 红色珐琅

凯尔特人的青铜胸针
约公元前 800 年
这枚华丽的胸针由奥地利哈尔施塔特工匠所造。这种螺旋纹是凯尔特人艺术的一部分，有 1500 多年的历史。

青铜别针
约 1200 年
平头别针是欧洲铜器时代的一种普通装饰，用于紧固服装。

— 侧视的鸟头

— 扭动的蛇纹

盎格鲁－撒克逊人的带扣
约 620 年
这个黄金带扣饰以蛇和野兽相互交缠的图案，突出显示于由银、铜、铅、硫合金组成的黑色釉质状物质镶嵌处。

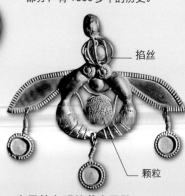

— 掐丝

— 颗粒

克里特文明的黄金吊坠
约公元前 1700~前 1550 年
这个吊坠表现的是蜜蜂在蜂巢中沉积蜂蜜，上面有颗粒（黄金小球焊接到表面）和掐丝（金属细线）。

半球状的铁帽

刚硬的面具，
铆接在帽子上

护颈

科林斯式头盔
约公元前 700 年
由一块铜片制成。这种头盔在公元前 8
世纪～前 6 世纪的希腊非常流行。

圆形装饰

嵌入的红玻璃

仪式用盾盖
约公元前 350～前 50 年
由一块铜板制成。该盾盖显示了一
种凸纹技术，通过锤打反面而在正
面形成凸起的阳纹。

印记设计

银徽章
约公元前 300～前 200 年
这个徽章采用凸纹技术制造，图中人
物是希腊女神阿佛洛狄忒和她的儿子
厄洛斯以及一名女侍者。其他的装饰
通过镀金来增强效果。

吕底亚硬币
约公元前 700 年
最早的金属货币造于吕底亚（今土
耳其）。它是用银金矿（一种天然
的银、金合金）制成，这种合金曾
被认为是一种金属。

盎格鲁−撒克逊人的头盔（复原物）
约 620 年
发现于英国萨顿胡的船葬墓。头盔原
件由铁制成，表面覆盖镀锡青铜片，
并饰以银丝和石榴石。

绿松石眼睛

龙形足

铜人
约公元前 1000 年
这个迦南小神像用失蜡法（这
种方法使用一次性的模具）铸
造而成，并用一种直接的应
用技术进行了镀银。

铜器时代的容器
约公元前 800 年
这个动物形的礼器称为“匜”，在
中国西周晚期，祭祀之前用它盛
水洗手。

铜面具
约 250 年
发现于秘鲁莫切文化的贵族墓中，这
个面具显示了熟练的金属雕刻技术。
两只眼睛原本嵌有绿松石。

> "爬上乌鲁克遗址的城墙，沿着它走，观察它的基础平台，考察它的石工工程……"
>
> 《吉尔伽美什史诗》，泥板 I，约公元前 2000 年

乌鲁克遗址（在今伊拉克），是世界上最古老的城市。乌鲁克遗址最初建立于约公元前4800年，到公元前4000年左右，这里发展成一个城镇。

公元前 3000 年，灌溉技术变得更加复杂。约公元前 2400 年，桔槔出现在美索不达米亚。它由一个竖立的架子和一根悬下来的杠杆组成。杆的一端悬挂水桶用于打水，另一端悬挂一个重物。公元前 1350 年，桔槔已经传播到埃及。在这里，人们已经发明了水位计用于测量河水的涨落，这样可以预测收成的好坏。

公元前 4000~ 前 3000 年，美索不达米亚的农耕部落已经合并，形成世界上最早的城市，例如约公元前 3400 年的乌鲁克。公元前 3100 年，城市开始在埃及出现，最早的城市是希拉孔波利斯。公元前 2600 年，像摩亨佐－达罗和哈拉帕这样的印度河流域文明的大城市已经出现。

随着城镇和城市的发展，约公元前 3300 年，在美索不达米亚出现了真正的文字，它的出现可能是为了保留详细的记录。起初，大部分象形文字都像它们所要表达的事情，用能够产生楔形印记的尖笔来书写。当这些早期符号的弧形轮廓变成一系列的楔形线条，并随时间的推移逐渐程式化，楔形文字便发展起来。这些符号被刻到软泥板上，变硬后变成耐久的文档。大约在同一时间，另一种文字系统在埃及出现，被称为象形文字。目前所知最早的实例是约公元前 3300 年的阿比多斯的石灰岩石刻。

早期天文学

在欧洲，人们对天文现象开始关注的最早证据可以追溯至新石器时代。当时许多巨石被按照一个特定的方向放置，用以象征某种月球或太阳运动。史前巨石阵（建造年代在公元前 2500 年左右）的一些石头被排成一条线，用以标示某一年内冬至和夏至的时间。其他特征可能与月球运动有关。

约公元前 2600 年，文字在印度河流域出现；至迟到公元元前 1400 年，在中国出现；约公元前 600 年，在中美洲出现。

约公元前 3500 年，美索不达米亚出现了最早的钠钙玻璃。这种玻璃由硅石（沙子）、纯碱和石灰烧制而成，最初只用于小的物件。在埃及，大约从公元前 3000 年开始，彩陶变得普遍。由碎石英石、方解石石灰和碱石灰混合后进行玻璃化生产，得到的带蓝绿釉的彩陶被埃及人用来制作小雕塑和小珠子。

在公元前 3000 年早期，由铜、锡冶炼而成的真正的青铜开始被广泛使用。公元前 3000~ 前 2500 年，青铜在美索不达米亚成了最常用的一种金属。约公元前 2500 年，美索不达米亚的冶金家还发明了金粒制造技术，生产微小的黄金球，用于点缀首饰。

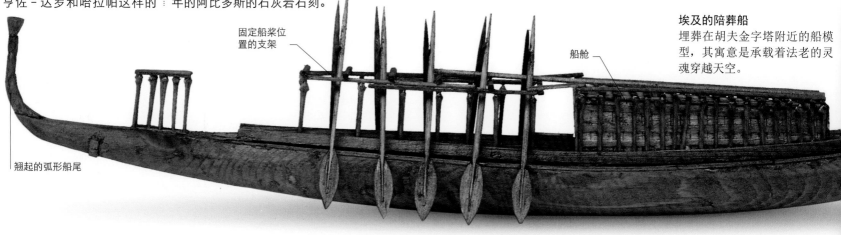

埃及的陪葬船
埋葬在胡夫金字塔附近的船模型，其寓意是承载着法老的灵魂穿越天空。

固定船桨位置的支架

船舱

翘起的弧形船尾

约公元前 3000 年，城市开始在埃及出现

约公元前 3000 年，冶炼用铜出现在美索不达米亚

约公元前 2900 年，埃及修建马斯塔巴墓

约公元前 2400 年，印度河流域布罗卵的大城市摩亨佐达罗和哈拉帕建立

公元前 2575~ 前 2472 年，埃及修建吉萨大金字塔

约公元前 3000 年，彩陶在埃及普遍使用

约公元前 3000 年，埃及出现木板船

约公元前 2625 年，埃及修建左塞阶梯金字塔

楔形文字是出现最早的一种文字，发明于公元前3300年的美索不达米亚。它是应用比较广泛的一种近东语言，苏美尔人和阿卡德人都曾使用。

约公元前 3000 年，造船技术已有显著发展。尽管最早的水运工具遗存是公元前 7200 年的独木舟，但早期人类很可能在 5 万年前就已经使用了某些形式的船只。公元前 5000 年，在海湾地区，船只用涂有沥青的芦苇来建造。

约公元前 3000 年，在埃及，人们将木板拼接在一起建造了更精良的船只。早期的船只动力完全由桨提供。约公元前 3100 年，带有横帆的帆船出现在埃及，使得动力不仅仅由人提供也由风力提供。公元前 3000 年，埃及发明了大的舵桨。公元前

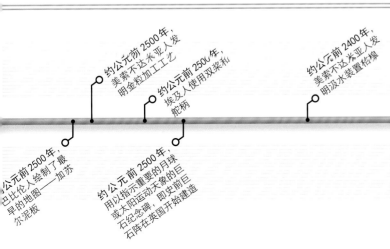

一对舵桨

叶形桨叶

2500 年左右，双桨和舵柄已经出现。

在公元前 3000 年以前，大型建筑很少用于居住。在平台上修建寺庙的习惯始于公元前 4000 年以前，而且每次重建平台都要加高。公元前 2900 年以后，在苏美尔人的城市如乌尔和基什，寺庙平台达到了一个相当的高度，从而导致金字形神塔的发展，最初是顶层建有神殿的三层结构。大部分由泥砖建造，用烧结砖修饰表面。这些伟大的建筑显示了日趋复杂的结构工程。

在埃及，大部分建筑是宗教性的（寺庙）和葬礼性的（坟墓）。早期王朝的贵族和统治者的墓葬（前 2900）是一种由泥砖建成的简单的长方形结构，比如马斯塔巴墓。公元前 2630~ 前 2611 年，左塞法老在位期间，修建了一个巨大的马斯塔巴墓，它有 6 层平台，形

埃及彩陶

这个中王国时期（前 1975~前 1640）的带有文身图案的女人雕像，显示了埃及彩陶的典型深蓝色特征。

成阶梯金字塔。到公元前第 3 千纪中期，胡夫法老、海夫拉法老、孟卡拉法老在位期间，光滑的石头金字塔已经非常完美，并且每个法老都在吉萨为自己建造一个巨大的金字塔陵墓。这些金字塔统称为大金字塔，每一座都定位和建造得非常精确，表明已经使用了复杂的测量技术。

天文观测很早就出现在美索不达米亚，并于公元前 1650 年左右，形成阿米萨杜卡金星泥板书卷。这块书卷列明了 21 年间金星从升到落的时间。德国发现的可溯至公元前 3.25 万年左右的猛犸象牙雕刻件，可能显示了猎户星座，但星座的系统划分只能追溯至公元前 1595 年古巴比伦人的手稿。

公元前 3000 年，随着城市行政管理需求的增加，精确历法的出现变得至关重要。已知最早的版本是舒尔吉时期的乌玛日历，这个苏美尔人的文献可以追溯至公元前 2100 年左右，它把一年分成 12 个阴历月，每个月有 29 天或 30 天。当一年 354 天变得与真正的一年 365.25 天不协调的时候，会通过皇家法令额外增加一个月。古埃及人有一种相似的历法，但每年会增加 5 天达到一年 365 天。

尽管一些史前雕刻代表了地形图，但真正的制图法和地图要到公元前 3000 年才出现。阿卡德加苏尔泥板（约前 2500）标明了两座小山之

间一块土地的尺寸和位置，可能是土地交易的一部分。约公元前 2125 年，拉格什的古地亚王雕塑残片上有寺庙的平面图。至今发现最早的真正街道图是苏美尔人的城市尼普尔（在今伊拉克）的比例尺平面图，其年代约在公元前 1500 年左右。现存最早尝试绘制全部已知世界的地图是巴比伦的"世界地图"，它标明了巴比伦周围的区域，时间大约在公元前 600 年（见前 700~ 前 400 年）。

不朽的高度

修建于公元前 2560 年左右的胡夫大金字塔高 147 米，数千年来曾一度是世界上最高的建筑。

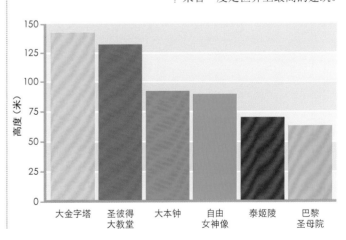

高度（米）

150

125

100

75

50

25

0

大金字塔 | 圣彼得大教堂 | 大本钟 | 自由女神像 | 泰姬陵 | 巴黎圣母院

约公元前 2500 年，巴比伦人绘制了最早的地图——加苏尔的泥板

约公元前 2500 年，美索不达米亚人发明金粒加工工艺

约公元前 2500 年，埃及人使用双桨和舵柄

约公元前 2500 年，以指示重要的月球或太阳运动天象的巨石纪念碑，即史前巨石阵在英国开始建造

约公元前 2400 年，美索不达米亚人发明汲水装置桔槔

约公元前 2200 年，美索不达米亚修建最早的通灵塔

约公元前 2100 年，苏美尔人制定了目前所知最早的历法：舒尔吉时期的乌玛日历

快速部队
轻型战车部队的行动速度比步兵要快得多。铜器时代（约前1200），战车的速度是罗马军团步行速度的10倍以上。

古罗马军团

战车

速度（千米/时）

埃及战车
约公元前1600年，埃及人发明了轻型战车。这种战车具有辐条车轮和一个薄的半圆形木制框架。车上可以容纳两个人，一人操控快速前进，另一人持弓战斗。

用皮革将车柄与车身连在一起

将木头弯曲成V形辐条

用梧桐木制造的踏板

轮轴

牛肠将辐条固定在轮轴上

"……但左侧的马离得那么近，轮轴几乎擦到杆上。"

荷马，希腊诗人，《伊利亚特》23卷，关于战车比赛最早的描述，约公元前750年

新石器时代
辊子
新石器时代的人们用木头制成的辊子来拖运重物。但由于这些木头不光滑，把它们排在一起非常困难，因此，这种方法效率很低。

早期的辊子

约公元前1323年
辐条轮
带辐条的轮子比圆盘轮要轻，用它做成的运货车或战车可以用像马这样的动物来拖拉。公元前2000年以后不久出现在中亚草原上，公元前1600年，传播到埃及。

约公元前750年
铁缘轮
凯尔特人在战车的木轮上加上铁边，以增强它们在粗糙地面上的耐用性，他们最初是把金属敲成轮缘，后来使用热铁箍，冷却后收缩从而紧固住木轮。

凯尔特人的战车

公元前3500年
陶工用的轮子
在美索不达米亚南部地区，陶工最早使用轮子进行机械化工业生产——制陶。他们用一种快速旋转的沉重砂轮拉坯成型。

埃及陶工

约公元前2500年
圆盘轮
真正用于交通的轮子最早出现在巴尔干和美索不达米亚，这种轮子由木头制成，通过轮轴连接到车上。苏美尔人把它用到战车上。

乌尔军旗上的圆盘轮

约公元前300年
水轮
希腊人发明的水轮是一种以水流为动力的装置。他们用水轮提水灌溉或者驱动磨粉机。

套马的轭

轮子的故事

这个简单的发明推动了军事、货运与能源工业的发展

轮子是历史上最重要的发明之一，它的出现改变了早期的战争方式，使远距离的重物运输以及早期的机械化生产成为可能。它打开了人类探索和革新工业的大门。

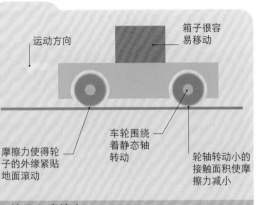

运动方向

箱子很容易移动

摩擦力使得轮子的外缘紧贴地面滚动

车轮围绕着静态轴转动

轮轴转动小的接触面积使摩擦力减小

轮子和摩擦力

拖动一个直接放置在地面上的重物所需要的力，因为重物与地面之间的摩擦力或"滑动阻力"而增大，轮子的使用解决了这一问题。因为运动时轮子只有一小部分接触地面，其他部分可以自由地转动，而不受摩擦力的阻碍。

这一小部分所产生的摩擦力可以阻止轮子滑动。轮子安装在坚固的轴上，形成轮轴，有利于滚动。

辊子——最早的轮子，被新石器时代的人们用来运输重物，比如公元前 3500 年用于修建史前巨柱的大石头。辊子后来发展成为真正的轮子——由轮轴连接起来的木制圆盘轮，但是这种轮子非常重。比较轻的辐条轮发明于公元前 1600 年左右。大约 800 年以后，耐用的铁缘轮出现。铁缘轮被用于适合战争和长距离运输的快速耐用性车辆。随着轮子的发展，人们逐渐使用像铁和钢这样的材料。现代的轮子使用高科技的钛或铝合金，这种材料比较轻，可以加快车辆的速度，所用动力还比较小。

轮子在工业上的应用

约公元前 4500 年，陶工用轮子进行生产，这是轮子最早在工业上的应用。到公元前 300 年，希腊用水涡轮驱动的水磨来磨制面粉。到工业革命

辐条轮的构造
轮子上的辐条平均分配作用于车辆轮缘上的力，当轮子转动，每根辐条都会轻微缩短。

轮子的外缘

从中心伸展出来的辐条

时期，轮子几乎出现在所有的机器上。约公元前 100 年，齿轮（带齿的轮子）被用于安提基特拉机械——希腊发明的一种天文计算器。但是，齿轮在中国的应用可能更早。随着时钟和汽车的多样化，齿轮最终变成一种普通的机械零件。然而，也有一些古代文明的车轮特点并不突出。一些中美洲和秘鲁的古代文明，他们要么不发展轮子，要么就像墨西哥阿兹特克人一样，仅把轮子用作儿童玩具。

约公元前 100 年
独轮手推车
中国人发明了中间有一个大轮子的独轮手推车，这种车的重量都落在轮轴上，容易推动。每辆车能够搭载 6 个人。

"木牛"独轮手推车

1848 年
曼塞尔轮
更安静、更有弹性的曼塞尔铁路车轮配备了钢制轮轴，周围是 16 块柚木组成的实心圆盘。

蒸汽机车

1915 年
子午线轮胎
亚瑟·萨维奇发明的的专利。子午线轮胎用钢丝帘线或聚酯帘线制造而成。现在是一种标准轮胎，几乎适用于所有的小汽车。

20世纪60年代的微型汽车

约 1035 年
纺车
在中国，手摇曲柄添加到纺轮上形成手摇纺车，这种纺车可以进行多锭纺纱。

中国的纺车

1845 年
硫化橡胶轮胎
罗伯特·汤姆森用硫化橡胶制造了充气轮胎，这种轮胎比较轻而且不容易损坏。硫化橡胶是由查尔斯·古德伊尔发明的。

1910 年
早期的汽车辐条轮
最早的汽车车轮使用木制辐条。这种辐条适用于窄型轮胎，但是易弯和折断。

福特T型车

2010 年
现代轮胎
超轻自行车赛车使用碳复合材料辐条，而汽车轮子由镁、钛或铝合金制成。

高科技自行车赛车

古埃及《莱因德纸莎草书》是在一部写于公元前1795年之前的文献基础上完成的。书中包含了一系列的数学问题及其解法，包括面积的计算和大量的几何图解。

公元前第2千纪早期，复合弓可能最早出现在中亚草原上。与单一木材制作而成的单体弓不同，复合弓由角、木和腱构成的细长片制成，这种层压物可以制造出威力强大的弓，而且可以使弓比较小，容易在马背上使用。弓进一步改进，变成两端向前弯曲的形式，这样可以产生更大的力量。复合弓从草原地区向外传播，中国的商周（前

"另一种治疗偏头痛的方法是用油煎过的鲶鱼颅骨涂抹痛处。"

《埃伯斯纸莎草书》250，埃及药典，公元前1555年

1766~前256）时期已经使用复合弓。复合弓向西还传播到了埃及和美索不达米亚。

有证据表明，在约公元前2700~前2200年的古埃及就已经有医生的存在，并且在神殿的墙上还发现了有关外科手术的描述，但是对古埃及医学的了解，大部分还是来自于公元前1550年左右的纸草文稿。可以看出，医学已经超出信仰的范围，人们不再认为疾病是神的惩罚。《埃德温·史密斯纸莎草书》（约前1600）记载了人体解剖的详细资料，表明人们已经意识到脉搏与心跳之间的联系，同时对一系列疾病和创伤的诊断、治疗给出了指导方法。大约属于同一时期的《埃伯斯纸莎草书》（约前1555），对疾病、肿瘤、甚至是抑郁症等精神疾病都有记载。

最早的炼铁技术出现在土耳其的安纳托利亚，到公元前19世纪，这里已经出口少量的铁。起初，炼铁只是小规模地进行，到公元前700年，铁的生产在欧洲已经普及。炼铁技术在许多地方也都独立发展起来，包括非洲和印度，在这里最早的

木棍制成的航海图
密克罗尼西亚群岛上的马绍尔人制作的航海图，用木棍代表水流和波浪。这可能是古波利尼西亚人流传下来的一种技术。

铁加工证据可追溯至公元前1300年。

直到中世纪，西方还只能炼出铁块，这种铁需要通过锻打去除杂质。只有在中国，炼铁熔炉的发展，使生产出来的铁能够被铸造。在中国，铁铸造的证据可追溯至公元前9世纪。

在数学方面，到公元前1800年，古巴比伦人已经取得了重大进展，发明了倒数表、平方和立方表，用它们解决代数问题，比如二次方程。几种数表显示，他们已经知道了勾股定理（见前700~前400年）。古巴比伦人还计算了圆周率为3.125，与实际的3.142非常接近。对古埃及数学的认识主要来自《莱因德纸莎草书》一类的数学文献。《莱因德纸莎草书》是在一部写于公元前

1795年之前的文献基础上完成的，包含了一系列的数学问题及其解法。它给出了分数算法、线性方程的解法以及三角形、长方形、圆形面积的计算方法。它还给出了圆柱体和金字塔体积的计算方法。

最早的船只可追溯至公元前6000年之前，但早期的导航技术并不复杂。这一时期最有名的航海家是太平洋上的拉皮塔人（波利尼西亚人的祖先），他们从公元前1200年开始迁徙，向东扩展到瓦努阿图、新喀里多尼亚、萨摩亚群岛以及斐济。他们远渡重洋，经过850千米的

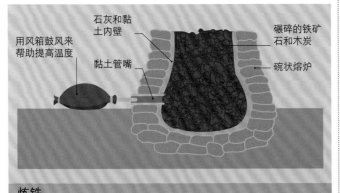

炼铁

纯铁的熔点是1540℃，早期的炼铁技术达不到这么高的温度，因此通过减少铁矿石，加入木炭，使温度达到1200℃左右进行炼铁。铁矿石和木炭一起放入碗状熔炉，通过黏土管嘴鼓风以提高温度。熔化的金属液冷却后形成含有铁和各种杂质的海绵状固体，然后反复地对其进行锻打，去除杂质，提炼出铁。

（炼铁图标注：用风箱鼓风来帮助提高温度；黏土管嘴；石灰和黏土内壁；碾碎的铁矿石和木炭；碗状熔炉）

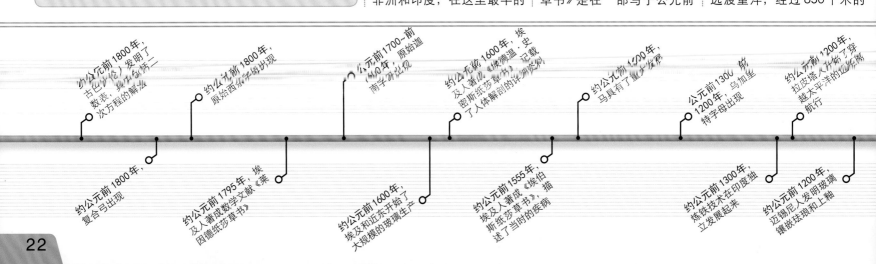

约公元前1800年了，古巴比伦人发明了数表、倒数表、平方和立方表，二次方程的解法

约公元前1800年，原始西奈字母出现

公元前1700~前1400年，原始迦南字母出现

约公元前1600年，埃及人著成《埃德温·史密斯纸莎草书》，记载了人体解剖的详细资料

约公元前1200年，马具有了重大发展

公元前1300年，乌加里特字母出现

约公元前1200年，拉皮塔人开始了穿越太平洋的远距离航行

约公元前1800年，复合弓出现

约公元前1795年，埃及人著成数学文献《莱因德纸莎草书》

约公元前1600年，埃及和近东开始了大规模的玻璃生产

约公元前1555年，埃及人著成《埃伯斯纸莎草书》，描述了当时的疾病

约公元前1300年，炼铁技术在印度独立发展起来

约公元前1200年，迈锡尼人发明玻璃镶嵌珐琅和上釉

公元前9世纪中期亚述人的青铜浮雕，描述的是士兵乘坐双轮战车去攻打哈扎朱城（今叙利亚阿扎兹）的场景。

航行到达斐济。要完成这一航行，拉皮塔水手必定运用了风、星和水流知识。他们可能也创造出了航海地图，用木棍来表达航海信息，类似于后来波利尼西亚人使用的那些。波利尼西亚人的定居点延至复活节岛、夏威夷以及新西兰。

约公元前1600年，埃及和近东开始大规模生产玻璃。公元前2000年晚期，将玻璃附着在陶瓷上，人们发明了制釉技术。约公元前1200年，古希腊的迈锡尼人发明了玻璃镶嵌珐琅和上釉。约公元前800年，美索不达米亚发明了铸造玻璃（将玻璃液注入模具中）。大约100年以后，腓尼基

持蛇女神
彩釉陶器在克里特文明时期发展到顶峰，比如这件女神雕像（约前1700）。但是随着可用玻璃的增多，彩釉陶器逐渐被玻璃釉陶瓷替代。

蹲伏的狮子幼兽

皇冠上的罂粟壳

用石英和金属氧化物上了釉的泥塑

人发明了透明玻璃。

约公元前2000年，带辐条木轮的发明以及马的驯化，开辟了陆路运输新的可能性。这些发明使车辆变轻，并最终导致动物在车辆运输中的使用。尽管从公元前3000年开始，马具已被使用，但马具的重大发展始于约公元前1500年。马颈上的轭用革带穿过马颈和马胸，使马拉轻型双轮战车更高效。重量只有30千克的双轮战车能够承载两名武士，对于许多近东军队来说非常重要。

尸体的保存起源于在沙漠中晒干和保存尸体的自然过程。用亚麻布把尸体绑扎起来，在松香中浸一下，有助于防止尸体腐烂。公元前2700年左右，埃及人已经发现泡碱（一种含盐的混合物）能够使肉体变干，可用于制作木乃伊。他们逐渐改进制作过程，到公元前1000年左右，达到了技术顶峰。制

作木乃伊时，埃及人把尸体除心脏以外的内脏器官摘除，清洗体腔，用泡碱包裹起来脱水40天后，把泡碱去掉；再用干净的泡碱和在松香中浸泡过的亚麻布将尸体包裹起来，修复尸体的形状。最后涂上松香，用亚麻布包裹起来。

金属的熔点
在早期冶金中，铁的熔点远高于其他金属。中国是最早掌握熔铁技术的国家。

金属熔点（°C）柱状图：铁 1539，铜 1083，金 1064，青铜 950，铅 328，锡 232
纵轴：熔点（C）
横轴：金属

早期字母表

由象形字向字母表（在语言上每一个符号代表一个声音）的过渡可能最早发生在埃及西奈沙漠的矿工中间，时间约公元前1800年。这种语音符号似乎起源于埃及的僧侣体（伴随象形文字出现的一种草书），但是目前缺乏对这种原始西奈字母的解读，并且无法确认稍后在这一地区出现的原始迦南字母（前17世纪）、乌加里特字母（前13世纪）是否起源于它。到公元前1050年，原始迦南字母发展成腓尼基字母。腓尼基字母是希腊和其他欧洲字母系统的祖先。

原始西奈字母 D
原始西奈字母 H
原始西奈字母 K

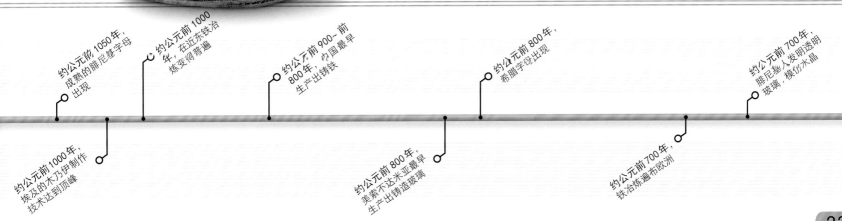

约公元前1050年，成熟的腓尼基字母出现

约公元前1000年，在近东铁冶炼变得普遍

约公元前900～前800年，中国最早生产出铸铁

约公元前800年，希腊字母出现

约公元前700年，腓尼基人发明透明玻璃，模仿水晶

约公元前1000年，埃及的木乃伊制作技术达到顶峰

约公元前800年，美索不达米亚最早生产出铸造玻璃

约公元前700年，铁冶炼遍布欧洲

《雅典学派》壁画由16世纪意大利艺术家拉斐尔创作，理想化地描绘了许多希腊思想家，包括毕达哥拉斯（左边，手中拿书）。

早在公元前 2300 年，巴比伦人已经发明了六十进制（以 60 为基数）和位值原理（数字在不同的位置代表不同的数量级）。到公元前 700 年，他们有时会用标记标示空值（零）。

螺旋泵（阿基米德螺旋）是一种圆筒形的泵，中间空腔内环绕螺旋状叶片，并用木头包裹起来。当转动螺杆，水被推进螺旋，这样可以将水从低处输送到高处。传统上我们把泵的发明归功于古希腊数学家阿基米德（前 287~ 前 212），但可能很早之前就已经被发明。公元前 7 世纪，亚述王赛纳克里布

阿基米德螺旋

一个空心圆筒，里面有一个螺旋状的转子，可以把水推到高处。最初的螺旋泵可能是用脚转动。

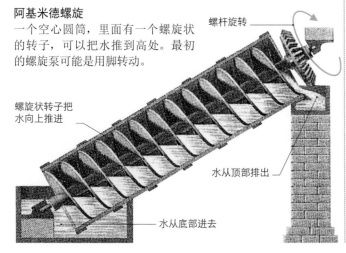

螺旋状转子把水向上推进

螺杆旋转

水从顶部排出

水从底部进去

统治时期，他命人用泵来浇灌其在尼尼微的宫廷花园。

公元前 1000 年，巴比伦人开始绘制大范围地图。到公元前 600 年左右，他们已经绘制出了"世界地图"，标示出巴比伦城和 8 个周边地区。目前所知最早的中国地图是一幅修建王陵的规划图，镌刻在青铜板上，发现于战国时期中山王的陵墓。

古希腊的地图传统始于公元前 6 世纪的爱奥尼亚。据说阿那克西曼德（约前 611~ 前 546）绘制了最早的陆地被海洋包围的世界地图。米利都的赫卡塔埃乌斯（约前 550~ 前 480）为配合他对

世界的调查也画了一幅地图，标示出了三大洲，即利比亚（非洲）、亚洲和欧洲。

科学地思考世界本原问题（相对于神创说）的最早证据来自于公元前 6 世纪~ 前 5 世纪的古希腊哲学家。米利都的泰勒斯（生于约前 620）认为水是宇宙万物组成的本原，并认为大地浮在水上，是静止的，地震是由水的运动造成的。相比之下，同样来自米利都的阿那克西曼德则认为万物的本原是"阿派朗"，一种比空气、火和水更基础的物质。阿那克西曼德还提出了一种早期进化论，认为人类是由某种鱼类进化而来。

最早的原子学说也是古希腊人提出的。阿夫季拉的哲学家德谟克利特（前 460~ 前 370）提出假说，认为物质由无数极小、不可分割的粒子构成。

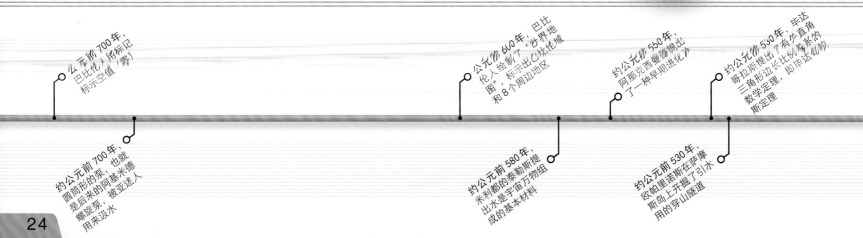

楔形文字碑文

盐海

巴比伦城

古地图

这幅公元前 600 年左右的巴比伦地图，标示出巴比伦城与其他西亚重要地区的位置关系，包括亚述和乌拉尔图。

约公元前 700 年，巴比伦人用标记标示空值（零）

约公元前 700 年，圆筒形的泵，也就是后来的阿基米德螺旋泵，被亚述人用来汲水

约公元前 600 年，巴比伦人绘制了"世界地图"，标示出巴比伦城和 8 个周边地区

约公元前 580 年，米利都的泰勒斯提出水是宇宙万物组成的基本材料

约公元前 550 年，阿那克西曼德提出了一种早期进化论

约公元前 530 年，欧帕里诺斯在萨摩斯岛上开掘了引水用的穿山隧道

约公元前 530 年，毕达哥拉斯提出了有关直角三角形边长比例关系的数学定理，即毕达哥拉斯定理

1.04 千米

萨摩斯岛上的欧帕里诺斯隧道的长度

建造于公元前6世纪的欧帕里诺斯隧道，可能通过测量地面上一系列的直角三角形来准确地实现挖掘。

古代最著名的数学家是古希腊的毕达哥拉斯（约前580~前500），出生于萨摩斯岛。他创办了一个学派，推广数的神秘力量，特别是名为四元体的神圣三角，10个点的完美安排，形成4列，构成一个三角形。他最著名的是以他名字命名的毕达哥拉斯定理（见下图），但是他坚信灵魂的轮回，他的追随者的生活有严格的规定，包括禁止吃豆子。

中国最古老的数学著作《周髀算经》（其中一部分的年代可追溯至公元前500年），包含了对毕达哥拉斯定理的证明。大约在同一时间，中国的数学家发明了幻方阵，方格内的数字无论是纵向、横向还是斜向，所有线上的数字之和皆相等。

柏拉图 （前424~前348）

古希腊最有影响力的哲学家之一。柏拉图认为，一个理想的社会应该由哲学家来统治，并且强调理性的指引对公正的重要性。在他的许多著作中，柏拉图提出了一个理想的"形式"理论，认为物质世界只是一个反射。他的大部分著作采用了对话体，包括与他的老师苏格拉底的对话。

到公元前530年左右，古希腊的测量技术已经非常先进。来自萨摩斯岛的工程师欧帕里诺斯开掘了长1.04千米的穿山隧道，用于引水。挖掘时从两边开始，差不多正好在中间相遇。欧帕里诺斯可能应用了毕达哥拉斯定理，通过测量地面上的直角三角形来决定隧道的路线。

印度的天文学被认为起源于印度河文明。成书于约公元前500年的古印度宗教文献《吠陀经》中包含了天文学的内容，比如通过天文观察来计算宗教仪式的日期，以及辨别28星宿在夜空中的

毕达哥拉斯定理

毕达哥拉斯定理说明，直角三角形的两直角边的平方和等于斜边的平方。尽管通常把这个定理与希腊数学家毕达哥拉斯联系在一起，但实际上该定理早在公元前1800年左右已为古巴比伦人所知，并且可能在公元前1900年，埃及人也已经知道。

$$a^2 + b^2 = c^2$$
$$9 + 16 = 25$$

c　b　a

$b^2 = 16$

$a^2 = 9$

模式来帮助跟踪月亮运动。

公元前5世纪，古希腊的思想家们从简单的宇宙论转向了复杂的世界本原问题。赫拉克利特（约前535~前475）试图用流动和变化来解释世间万物。同时，他相信对立统一，认为"上升的路和下降的路是同一条路"。阿克拉伽斯的恩培多克勒（前494~前434）认为，土、气、火、水4种元素以不同的比例混合起来，构成了世界上的所有物质。这个理论在许多个世纪后仍然有影响力。

中美洲的玛雅人发明了以20天的小周期为重要组成单元的复杂方法系统。这个历法系统可能在公元前5世纪以前已经由奥尔梅克人（墨西哥最

中美洲的历法

这块萨波特克人的石碑，出自墨西哥阿尔班山遗址。碑上刻有来自中美洲的早期历法的象形文字，时间可追溯至公元前500~前400年。

主要的文明）发明。玛雅的哈布历（组成历法循环的两个历法其中之一）由每月20天的18个月，加上年末5天组成。玛雅的天文学家将春秋分和夏冬至时日落的位置标记在特定的纪念碑上，并且能够预测日食、月食。

约公元前2600年，印度河流域的城市就被建成网格模式，但第一个提出城市规划的人是米利都的希波丹姆斯（前493~前408）。据说，他曾经设计出了一个有1万居民的理想城市，以方格网的道路系统为骨架，并构筑明确、规整的城市公共中心。应用"希波丹姆斯模式"，他还建设了雅典的港口城市比雷埃夫斯和意大利的图里城。

萨波特克"年"的象形字"四毒蛇"

萨波特克"天"的象形字"八滴水"

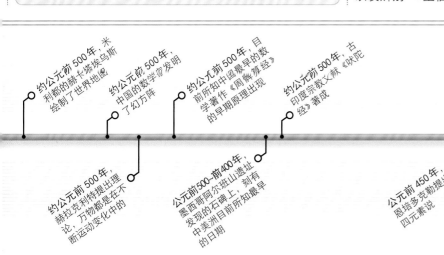

约公元前500年，米利都的赫卡泰乌斯绘制了世界地图

约公元前500年，中国的数学家发明了幻方阵

约公元前500年，目前所知中国最早的数学著作《周髀算经》的早期原理出现

约公元前500年，印度宗教文献《吠陀经》著成

公元前451年，希波丹姆斯设计城市比雷埃夫斯

约公元前420年，阿夫季拉的德谟克利特提出了最早的原子学说

约公元前500年，赫拉克利特提出理论，万物都是在不断运动变化中的

公元前500~前400年，墨西哥阿尔班山遗址的石碑上，刻有发现目前所知最早中美洲历法的日期

公元前450年，恩培多克勒提出四元素说

几何学的故事

作为数学最古老的分支之一，几何学已经拓展到新的领域

"几何学"这一名词来源于古希腊语，意指"地球测量"，但是数学的这一分支所包括的范围，却远不止是绘制地图。它是研究关于大小、形状、维度之间的关系，以及数字和数学本身的性质的学科。

几何学起初是作为古代应用在规划、建设和解决数学问题中的一系列专门的规则和公式出现的。古希腊哲学家泰勒斯、毕达哥拉斯和柏拉图等人首先认识到几何学对于空间性质的基础作用，并将其建立为数学领域中值得研究的课题。欧几里得可能是柏拉图的一个学生，并在亚历山大里亚城担任教师，在他写于约公元前300年的伟大著作《几何原本》中，总结了早期的古希腊几何学。在书中，他应用几个简单的定律和公理建构了复杂的几何模型，进而建立了基本的数学和科学原理。

理解的突破
在整个中世纪时期，不同文化背景的哲学家和数学家在他们的宇宙模型中继续使用几何学，直到17世纪，法国数学家和哲学家勒内·笛卡尔的工作才带来了下一个重大突破。他发明了坐标系统来描述二维和三维空间中点的位置，由此创立了解析几何，这是用代数来描述和解决几何问题的新工具。

笛卡尔的工作引出了更多的外来形式的几何学。数学家们早就知道，有的部分如球面，就是欧几里得几何学的公理没有涉及的。这种非欧几里得几何的探究揭示出更多将几何学与数字联系在一起的基本原理，终于在1899年，德国数学家戴维·希尔伯特创制出了一套新的、更普遍的公理体系。整个20世纪，一直到进入21世纪，这些公理已经被广泛应用到各种数学情境中。

几何学公理
欧几里得的几何学方法对于后来的数学家产生了巨大而深远的影响。

4个三角形排列在同一个平面上

六条边

四面体

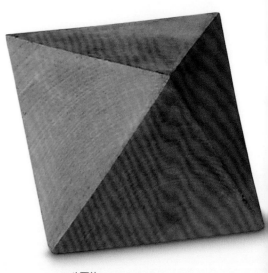

八面体

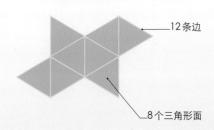

12条边

8个三角形面

公元前2500年
实践的几何学
早期的几何学受到解决问题的实际需要的驱动，如计算建造金字塔的物质的体积。

吉萨金字塔

公元前360年
柏拉图多面体
人们早就知道这5种规则的凸多面体（有多条边的物体），但柏拉图将其与物质结构的思想建立联系。它们由通过边将相同的面连接在一起而形成的5种形状组成。

公元前400年
"阿基米德"物体
古希腊数学家帕普斯描述了13种凸多面体，由相同的顶点或角形成的两种或多种多边形组成。

1619年
开普勒多面体
德国数学家约翰内斯·开普勒发现了已知作为星形多面体的新的一类多面体。

公元前500年
毕达哥拉斯
这位古希腊哲学家用他的名字命名了一个公式，根据直角三角形的两条直角边来计算斜边的长度。

毕达哥拉斯定理

公元前4世纪
几何工具
具有巨大影响力的哲学家柏拉图认为，真正的几何学家的工具应该是圆规和直尺，这些工具使得几何学成为科学而非实践上的工艺。

圆规

9世纪
伊斯兰几何学
伊斯兰世界的数学家和天文学家探索了球面几何的可能性，这一时期应用在伊斯兰装饰中的几何类型显示了与现代分形几何的相似性。

阿尔罕布拉宫镶嵌

柏拉图多面体

连接相同的多边形（有3条或多条边的形状）只能形成5种凸多面体（有多个面的物体），它们被称为柏拉图多面体，包括立方体（六面体）、四面体、八面体、十二面体和二十面体。

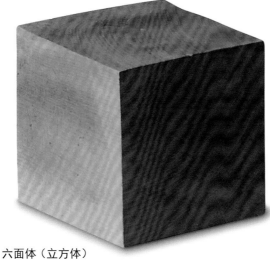

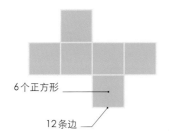

6个正方形

12条边

六面体（立方体）

球面几何

球面几何使得计算球面的角度和面积成为可能，如地图上的点、恒星的位置、天文学家假想天体的行星等。球面几何不遵循欧几里得的所有定律。在球面几何中，三角形三个角之和大于180°，平行线最终也会相交。

十二面体

二十面体

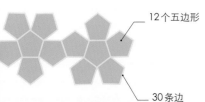

12个五边形

20个三角形

30条边

30条边

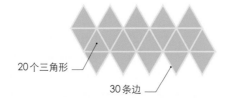

"不懂几何者免进。"

柏拉图，古希腊哲学家、数学家，公元前427~ 前347年

开普勒多面体

1637年
解析几何
勒内·笛卡尔所著具有影响力的《几何》一书引入了新思想，即空间中点可以用坐标系测量，这种几何结构可以用公式表达——这一领域被称为解析几何。

笛卡尔坐标系

(x, y, z)

20世纪
分形几何
计算机让通过分形来描述图形成为可能，分形即是在不同的尺度上重复细节的计算，这样可以产生标志性的图像，如著名的曼德尔布罗特集合。

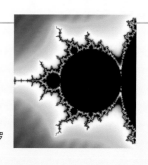

曼德尔布罗特分形

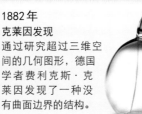

1858年
拓扑结构
数学家们着迷于拓扑结构——边缘和表面，而不是特定的形状。这个标志性的莫比乌斯带是具有单一曲面和单一连续边缘的物体。

莫比乌斯带

1882年
克莱因发现
通过研究超过三维空间的几何图形，德国学者费利克斯·克莱因发现了一种没有曲面边界的结构。

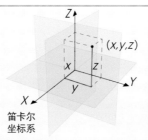

现代
克莱因瓶

今天
计算机证明
计算机解决了四色定理（只需要四种颜色即可区分甚至是复杂地图中的区域）等问题。

四色地图

欧几里得的《几何原本》是古代世界最重要的文本之一。它包括13卷，最初是用古希腊文写成的。

> "如果切开头颅，会发现大脑是潮湿的，充满湿气，散发出难闻的气味……"
>
> 希波克拉底，《论神圣的疾病》，公元前400年

治愈之手
这幅大理石门楣展示的是，希波克拉底正在医治一位生病的妇女。他倡导仔细地检查以确诊潜在的疾病。

古希腊天文学家对预测天体的位置非常感兴趣。这导致古希腊尼多斯的天文学家欧多克索斯（前408~前355）发展出一套天空的几何模型，在这个模型中，太阳、月球和行星在27个同心球中运动。他准确地估测出一年的长度是365.25天。当时，大部分古希腊天文学家认为地球是静止的，位于太阳系的中心，但是本都的赫拉克利德斯（前388~前312）却给出了这一理论的变体。他认为地球绕着一个轴旋转，这样就可以解释季节变化的原因了。

古希腊的医学朝着更科学的方向发展。当时克罗顿的阿尔克迈翁开始讲授，人类可以通过平衡体内的元素而获得健康。希波克拉底（前460~前370）重视临床观察，如测量病人的脉搏，发展了阿尔克迈翁的理论，他提出体内的不平衡和空气中的杂质都会引发疾病。公元前5世纪中叶，毕业于农村学校的医生欧里蓬认为，疾病是由体内的残留物引起的，应该把它们清除掉。

古希腊的亚里士多德完善了四元素说——土、气、火、水，增加了第五种元素以太——这种元素可以让恒星和行星保持圆周运动。为了解释反常现象，亚里士多德修改了欧多克索斯的理论，增加了同心球的数量，达到55个。他还开始研究动力学，他总结道：物体运动的速度与物体的重量、受到的力和运动所在的介质的密度成正比。

到公元前4世纪中叶，古希腊数学家、几何学之父亚历山大·欧几里得（前325~前265）通过他13卷本的《几何原本》建立起几何学的基础。在书中他提出了5个"几何学假设"和9个"常识"（公理），从中推导出一整套理论，包括毕达哥拉斯定理，三角形内角和恒为180°。《几何原本》中还包括数论的开创性成果，如最大公约数算法。

天体的运动

古希腊天文学家认为太阳、月球和行星都位于一系列的同心球上，这可以解释行星的不规则运动。不同天体的圆周运动（速度不同）产生了行星的轨道。

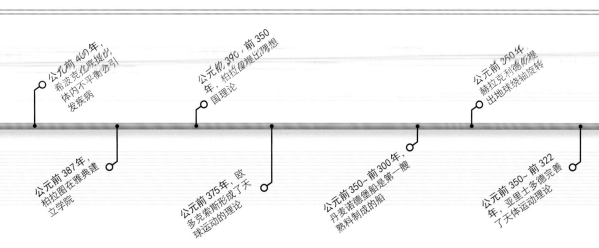

公元前400年，希波克拉底提出体内不平衡引发疾病

公元前387年，柏拉图在雅典建立学院

公元前390~前350年，柏拉图提出理想国理论

公元前375年，欧多克索斯形成了天球运动的理论

公元前350~前300年，丹麦诺堡堡船是第一艘熟料制成的船

公元前350年，赫拉克利德斯提出地球绕轴旋转

公元前350~前322年，亚里士多德完善了天体运动理论

1.4 万

埃皮达鲁斯剧院可容纳的观众数量

古希腊埃皮达鲁斯剧院由波利克里托斯建于公元前4世纪，其音效可以保证60米开外都能准确听到舞台上演员的声音。

公元前4世纪，在狄奥克勒斯开始解剖人体并编写了第一本解剖学著作之后，古希腊医学取得重大进展。埃及国王托勒密一世（前367~前283）建造的科学机构——博物馆促成了亚历山大医学学派的崛起。其中的一员，加尔西顿的希罗菲勒斯（前335~前280）指出脑是中枢神经的所在，并且区分出了动脉和静脉。

在斯特拉托（前335~前269）的努力下，古希腊对于物理学的理解也有了进展。他抛弃了存在托举轻的物体（如空气）向上的力对应拉重的物体向下的力的思

阿皮亚古道

第一条罗马主干道，最初由罗马通往加普亚。最初是砾石的，公元前295年铺上了石板。

想。他认为真空是存在的，并且指出因为空气可以被压缩，说明组成空气的微粒之间有空隙。

在欧洲，从新石器时代起，木制古道就被用来穿过湿滑的地面，但是好的道路还需要强有力的、集权的政府来建造和维护。

公元前312年，罗马开始建造庞大的道路网，以将其帝国联系在一起。他们修建的第一条道路是从罗马到加普亚的，被称为阿皮亚古道。罗马的道路宽3~8米，下面是黏土床或木制架构，上面铺上松散的燧石或碎石。城里的道路有时会用到石灰砂浆，上面铺上石块或者鹅卵石。

亚历山大灯塔是由埃及统治者托勒密一世在公元前300年授权建造的，高达125~150米，是古代最高的灯塔。塔顶夜晚的火焰需要

燃料，提供燃料的液压机械应用了创新的工程技术。白天的时候，磨光的金属或玻璃镜面会反射阳光，作为给船只发送的信号。

公元前6世纪，毕达哥拉斯曾经进行声学实验。到了公元前4世纪，亚里士多德推进了他的研究，提出声音可以在空气中收缩或膨胀。古希腊埃皮达鲁斯剧院应用了台阶座位来过滤低频噪声，这样后排的观众也可以清晰地听到演员的声音。

成书于公元前300年的中国医书《黄帝内经》根据宇宙的平衡作用来解释人体的生理结构和病理：相互对立又相互依存的阴阳理论；五行理论（土、火、木、水、金）；气，构成物质的核心要素。生病则是由于阴阳、病人的气、器官与环境中五行

亚历山大灯塔

亚历山大灯塔是世界七大奇观之一。它毁于14世纪的地震中。

的对应物之间的平衡被打乱导致的。

亚里士多德（前384~前322）

亚里士多德是西方哲学的奠基人，曾是柏拉图雅典学院的学生。他一生中撰写了超过150部著作，内容涉及古希腊哲学和科学的方方面面。他教授实证的研究方法，认为知识可以通过经验来获得，所有的东西都是由可变的形式和不变的物质组成的。

5

欧几里得几何中柏拉图多面体（规则的多面体）的数量

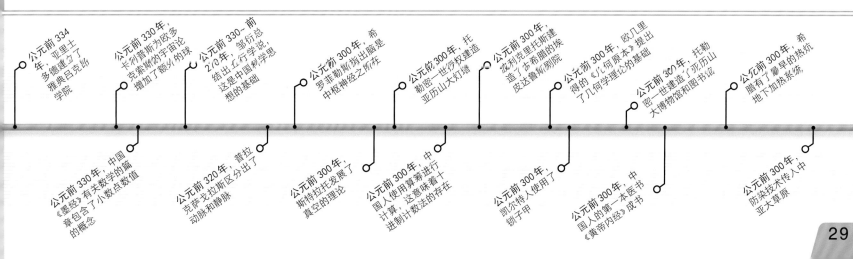

公元前334年，亚里士多德建立了雅典吕克昂学院

公元前330年，中国《墨经》有关数字的篇章包含了小数点以下的概念

公元前330年，卡利普斯为欧多克索斯的宇宙论增加了额外的球

公元前330~前210年，邹衍总结出五行学说，这是中国科学思想的基础

公元前320年，普拉克萨戈拉斯区分出了动脉和静脉

公元前300年，罗马菲勒斯指出脑是中枢神经之所在

公元前300年，斯特拉托发展了真空的理论

公元前300年，托勒密一世授权建造亚历山大大灯塔

公元前300年，中国人使用算筹进行计算，这意味着十进制计数法的存在

公元前300年，凯尔特人使用了锁子甲

公元前300年，欧几里得克里托斯建造了古希腊的埃皮达鲁斯剧院

公元前300年，欧几里得的《几何原本》提出了几何学理论的基础

公元前300年，中国的第一本医书《黄帝内经》成书

公元前300年，托勒密一世建造了亚历山大博物馆和图书馆

公元前300年，希腊有了最早的热炕，地下加热系统

公元前300年，防染技术传入中亚大草原

"有了！我找到了！"

引自阿基米德，希腊发明家、哲学家，公元前287~前212年

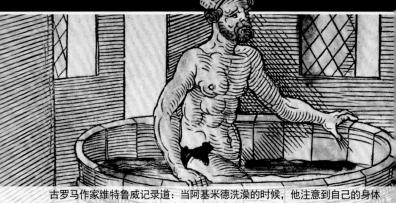

古罗马作家维特鲁威记录道：当阿基米德洗澡的时候，他注意到自己的身体排开了一部分水分。这使他产生了阿基米德原理的想法。

公元前3世纪的中国作品中，已经对磁石有所记载。公元前83年的《论衡》一书提到了琥珀的静电性质，可以在摩擦时带电。

大约在同时，中国的风水师也发现了铁块可以被磁石磁化并指示一定的方向。最早的指南针就是在罗盘中安放的可以指南的铁勺。

在古希腊，亚里士多德的学生和雅典吕克昂学院的继任者莱斯博斯岛的泰奥弗拉斯托斯（前370~前287）拓展了亚里士多德的工作，特别是在植物学领域。他撰写了《植物志》《植物之生》等著作，将植物分为乔木、灌木和草本植物。他还开始研究植物繁殖，讨论了农业栽培和套种抗虫的最好方法。

天文学方面，萨摩斯岛的阿利斯塔克（前310~前230）拒绝早期希腊学者中盛行的地球位于太阳系中心的观点。他认为地球绕着太阳转动，不过还不清楚他是否考虑过其他行星也绕太阳转动。阿利斯塔克估计太阳与地球的相对大小约为20：1，并计算出地球到太阳的距离是地球半径的499倍。

公元前3世纪初，亚历

特西比乌斯泵

摇臂在一侧向下推动活塞，造成压力，关闭进水阀，让水通过出水管。在另一侧减压，打开阀门，让更多水进来。

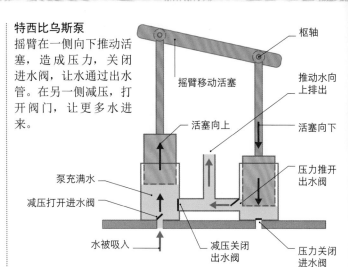

枢轴

摇臂移动活塞

推动水向上排出

活塞向上

活塞向下

泵充满水

压力推开出水阀

减压打开进水阀

水被吸入

减压关闭出水阀

压力关闭进水阀

中国罗盘

汉代的罗盘是将磁化的勺子置于青铜盘之上，盘子上表示的内容是占卜师对宇宙的理解。

山大的特西比乌斯建立了气体力学。据说在他最早的发明里，有一件是他为父亲的理发店制造的可调节高度的镜子，用配重物压缩空气来上下移动。他将这一思想发展为特西比乌斯泵，这是一个两缸的泵，活塞连到摇臂上产生压力。把缸浸入水中，上下推动摇臂，就可以将水吸入其中一个缸，然后从另一个缸排出。

另一位发明家和哲学家阿基米德（前287~前212）也是古希腊伟大的数学家。在《圆的度量》一书中，他给出了一种计算圆的面积和周长的方法。他还发明了计算立方体体积的方法，并且证明圆柱内接球的体积是圆柱体积的三分之二。阿基米德是流体静力学的建立者。他表明放在水中的物体排开水的重力就等于该物体所受的浮力。他还发展了系统的静力学理论，展示了杠杆两端物体的重量与二者间距离之间的比例关系。他重视实践应用，发明了阿基米德螺旋泵（见前700~前400年），可以抽空他为锡拉库扎统治者建造的大船的舱底水。公元前214年，罗马占领了西西里岛，他被政府征

公元前250年，
阿利斯塔克发展了日心说理论

公元前250年，
阿基米德化简圆的周长和面积

公元前300年，
泰奥弗拉斯托斯开始对植物进行分类

公元前250年，
亚历山大的特西比乌斯开发了特西比乌斯泵

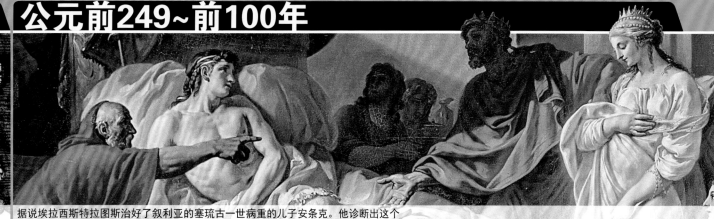

据说埃拉西斯特拉图斯治好了叙利亚的塞琉古一世病重的儿子安条克。他诊断出这个病是由思念继母斯特拉托妮斯引起的相思病，这是最早诊断出的心身疾病之一。

用来建造各种机械，用以保卫锡拉库扎。其中包括阿基米德爪——一种配备了巨大抓钩的起重机，可以让敌舰倾覆。

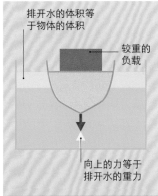

排开水的体积等于物体的体积

较重的负载

向上的力等于排开水的重力

阿基米德原理

该原理指的是部分或全部浸入水中的固体所受的浮力，等于该固体排开的水所受的重力。用排开水的重力除以固体的重力，可以计算出固体的相对密度。上面的船可以支持较重的负载，是因为它排开了大量的水，因此支持它的浮力也是巨大的。

由于埃拉西斯特拉图斯（前304~前250）的努力，古希腊的解剖学取得了显著的进步。他提出了血液循环的理论，认为血液由静脉流经全身，动脉则给重要器官分配灵气（空气）。他还描述了大脑和小脑，区分了运动神经和感觉神经。

大约在公元前240年，昔兰尼的埃拉托色尼（前275~前195）绘制了第一幅标有经纬线的世界地图。通过比较正午时埃及亚历山大城和塞尼城的影子角度，计算出了地球的周长。他给出的结果是相当于25万个赛跑场，大约是48070千米——与真实数值只有1%的误差。埃拉托色尼还给出了寻找素数的简单算法，被称为埃拉托色尼筛法（见右边框）。

马克森提斯殿
该4世纪早期的混凝土大殿是当时罗马最大的建筑。

公元前3世纪末期，在阿波罗尼奥斯（前262~前190）的努力下，古希腊的几何学取得长足进步，他的主要成果都在《圆锥曲线论》一书中。在书中，他描述了三种基本圆锥曲线的性质，包括椭圆、抛物线和双曲线。他还提出了本轮（绕着更大圆周的运动）理论来修正天体运动理论（见前400~前335年）。

在公元前2世纪晚期，罗马人找到了将小石子连在一起形成混凝土的办法。将来自史前火山的硅酸盐石添加到石灰中，就可以产生强黏结性的砂浆，这就意味着他们可以建造更结实、更便宜的高大建筑物。在罗马，以混凝土建造的第一个建筑是建于公元前193年的艾米利亚柱廊。

尼西亚的喜帕恰斯（前190~前120）引领了观测天文学的革命，他绘制了包括850颗恒星的星表。他发明了新的天文观测和测量工具，叫作照准仪，一直被用到了浑天仪出现。他使用照准仪发现了岁差现象，即恒星的轨道发生了移动，这与秋分有关。喜帕恰斯还计算出一年的长度为365.2467天——非常接近真实值。

这个时期，中国人正忙着改进造纸术。经过浸泡、制浆、晾干的过程就可以制成可供书写的纤维纸的历史，可以追溯到公元前3世纪末期。尽管人们将纸的发明归功于蔡伦（公元50~121），但是他只是改进了造纸的过程，引入了新的纸浆原料，如树皮等。

被圈出的数字是素数

画叉的数字不是素数

埃拉托色尼筛法

这是一个简单的寻找素数的算法。从2开始，不用把2勾出来，把所有2的倍数都勾出来，直到表的结尾。从3开始，不用把3勾出来，把所有3的倍数都勾出来，直到表的结尾。重复这个过程，最后所有没被勾出来的数字都是素数。

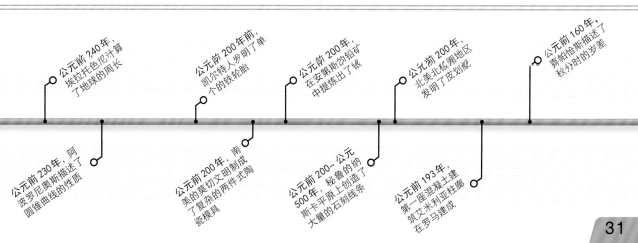

公元前250年，埃拉西斯特拉图斯区分了大脑和小脑

公元前240年，埃拉托色尼计算了地球的周长

公元前200年前，凯尔特人发明了单个的铁轮胎

公元前200年，在安第斯的铅矿中提炼出了银

公元前200年，北美北极圈地区发明了皮划艇

公元前160年，喜帕恰斯描述了秋分时的岁差

公元前230年，阿波罗尼奥斯描述了圆锥曲线的性质

公元前200年，南美的真切文明制成了复杂的两件式陶瓷模具

公元前200~公元500年，秘鲁的纳斯卡平原上创造了大量的石刻线条

公元前193年，第一座混凝土建筑艾米利亚柱廊在罗马建成

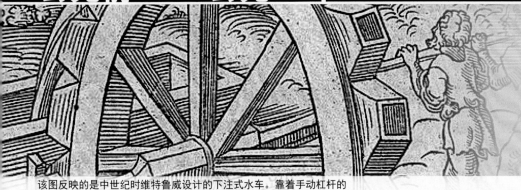

该图反映的是中世纪时维特鲁威设计的下注式水车。靠着手动杠杆的操作,轮子转动时,吊桶浸到水中从而装满水。水被运送到顶部。

安提凯希拉机械装置是一个复杂的装置,显示了对于齿轮的早期理解。这台建造于约公元前80年的机器,1900年在希腊安提凯希拉岛的沉船残骸中被发掘出来。它由一系列青铜刻度盘和至少30个齿轮组成,据说被用于预测日食和月食以及跟踪其他时间周期,如19个回归年的默冬周期,这个周期是古希腊历法的基础。

到了公元前1世纪,玛雅历法已经发明了一种长达5125年的长纪年历。20盾 = 1卡盾,20卡盾 = 1伯克盾,13伯克盾 = 1纪元。在长纪年历系统中已知最早的记载是公元前36年12月9日,发现于墨西哥恰帕斯科尔索城的石碑上。玛雅人还使用一种由260天的卓尔金历和365天的哈布历互相结合,组成的52年的历法循环。

大约公元前90年,阿帕米亚的帕奥西多尼乌斯(约前135~前50)使用从亚历山大和罗得岛观测到的老人星的相对位置,计算地球的大小。他的计算结果为相当于24万个赛跑场,只是比埃拉托色尼的估计值(见前249~前100年)略小。帕奥西多尼乌斯还计算了月球的大小,研究了潮汐,并将二者与月相进行了关联。

大约同一时期,古希腊医师比提尼亚的阿斯克莱皮亚德斯(约前129~前40)提出"大脑是感觉的基础"

齿轮

被动齿轮逆时针转动

主动齿轮顺时针转动

公元前330年,亚里士多德提到,当时罗马人通过水车和卷扬机将齿轮系统带到日常生活中。齿轮系统是由一套连锁齿轮构成的。大小齿轮相互啮合使系统转动从而改变运动机械的速度。

古罗马兽医学

古罗马对于兽医学的兴趣来源于农民和军队的需要,军队中有大量骑兵。军队中有被称为"骡医"的专家照顾军用驴和马。公元45年左右,罗马作家科卢梅拉保留了大量有关农场动物护理与疾病的记载。

早期赤陶土马头

的思想。他提出疾病是基于在身体内流动的原子的理论,他的学说是从公元前5世纪的哲学家德谟克利特的原子理论发展而来。他的治疗方法很奇特,采用沐浴和运动疗法。但是,他的追随者劳迪西亚的塞米森的做法却不太人性化,他是第一个记录用水蛭吸出患者血液的医生。

罗马作家塞尔苏斯(约前25~公元50)撰写了医学上的最重要的著作之一《论医学》,这是一部反映当时医学知识的百科全书。在书中,他说明了使病人镇静的麻醉剂和排出麻醉剂的泻药的使用方法。他还详细地阐述了很多外科手术技术,包括去除肾结石以及如何做白内障(眼内晶状体混浊)的手术。

这段时间罗马人还在工程技术方面取得了进展。建筑师维特鲁威(约前84~前15)第一个解释了采用虹吸管减轻泵压的原理。他还描述了维特鲁威水车。当轮子转动时,吊桶到达顶部时把水排空倒入水渠,在底部时把水补满。这种下注式水车是早期的发明,但维特鲁威改进了它,使之更有效。

约公元前50年,罗马控制的叙利亚出现了玻璃吹制。玻璃制造者利用管子(自由成型或使用模具)吹制熔融的玻璃液,比仅仅浇注能获得更均匀的流动,由此制造出高质量玻璃器皿。玻璃厂开始遍布整个罗马帝国。

300万

太阳的直径相当于这么多田径赛场的总和,据帕奥西多尼乌斯的计算

古罗马玻璃

这个1世纪黎巴嫩花瓶上的强烈色彩是早期帝国时期的典型代表。

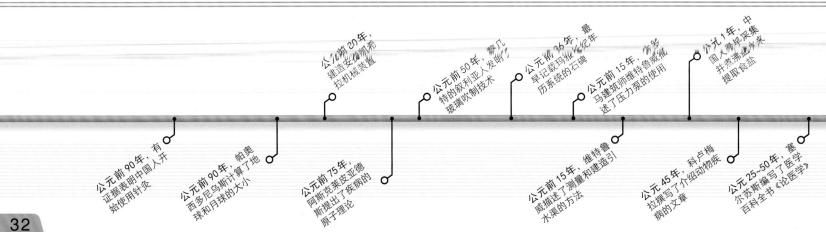

公元前90年,有证据表明中国人开始使用针灸

公元前90年,帕奥西多尼乌斯计算了地球和月球的大小

公元前75年,阿斯克莱皮亚德斯提出了疾病的原子理论

公元前80年,建造安提凯希拉机械装置

公元前50年,最特的叙利亚人发明了玻璃吹制技术

公元前36年,最早记载玛雅长纪年历系统的石碑

公元前15年,维特鲁威描述了测量和建造引水渠的方法

公元前15年,维特鲁威建筑师维特鲁威描述了压力泵的使用

公元45年,科卢梅拉撰写了介绍动物疾病的文章

公元1年,中国人最早采集并煮沸盐水提取食盐

公元25~50年,塞尔苏斯编写了医学百科全书《论医学》

这是常见的越橘的插图，该植物在传统上被用于治疗循环系统疾病，引自公元50~70年时迪奥斯科里季斯的手稿《本草学》。

莫切医学

这件来自于秘鲁莫切文化的陶器，描绘的是医生治疗躺着的病人。

印度医学起源于公元前 1000 年前的吠陀时期，在公元前 100~ 公元 100 年期间，《遮罗迦本集》是印度最早的医学文献之一。此书强调了临床检查及小心用药或饮食治疗疾病的重要性。传统印度阿育吠陀医学强调人体体液平衡和确保人体通道内体液正确传输的重要性。大部分我们对古代南美医学的了解来自于对公元前 1 世纪末期莫切陶器的考察。这里有对于各种受伤的病人的描绘，包括一些有面部麻痹病情的病人描述，并且还展示了拐杖的使用，以及截肢者的原始假肢。

第一部药典（药用植物的编译）是由希腊迪奥斯科里季斯编译的。在这本药典中，他描述了 600 多种植物，包括这些植物的物理性能和作用于患者身上的效果。整个中世纪医生的使用让其发挥了巨大的影响。

《淮南子》是中国成书于公元前 122 年之前的著作，涉及哲学、形而上学、自然科学和地理学等学科。值得关注的是，这本书对数学和音乐合声的分析，其中包括对中国传统十二律的描述。

古希腊亚历山大的几何学家和发明家希罗（约公元 10~70 年）描述了各种起重机械，包括一种名为巴鲁库斯的起重装置。它使用了不能逆转的齿轮，可防止负载滑落。希罗发明了第一台精密切割螺钉的车床，他也是第一个阐述风车使用的人，其中包括旋转叶片操控活塞，发出水风琴的声音。希罗最为人所知的是他对蒸汽性能的研究。他利用自己的知识建造了一个汽转球。这是蒸汽机的最初形式，利用蒸汽使空心球体旋转。

蒸汽推动球体转动

压迫蒸汽通过管道进入球体

弯管放出蒸汽，使球转动

盖子阻止蒸汽从锅中逸出

装满水的锅

锅台

希罗的汽转球

汽转球是现在所知唯一由蒸汽推动的古老机器。在球的两侧，垂直旋转轴方向上安装两个反向弯管喷嘴，锅中的水加热后蒸汽进入空心球，水蒸气从两个弯管喷嘴涌出，带动空心球旋转。

燃料

600

迪奥斯科里季斯的《本草学》中描述的植物种数

公元前 1000 年后，印度最早的医学文献之一《遮罗迦本集》完成

公元 50 年，中国人写出最早的航海手册

公元 50 年，亚历山大的希罗描述了齿轮驱动的起重机

公元 50~70 年，迪奥斯科里季斯完成第一部药典

公元 70 年，罗马人用无色玻璃取代了彩绘玻璃

公元 50~100 年，罗马人最早使用玻璃窗

公元 50 年，中国人发明自动水平的桨

公元 50 年，苏格兰人用釉坚固围墙

公元 50 年，中国出现带橹的船

公元 75 年前，罗马人发明了称重的杆秤

了解简单机械

从古代起，人们就开始使用能够改变力的大小或方向的机械了

机械装置是由不同的机械部件组成。其中6种最基本组成叫作简单机械，即轮轴、斜面、杠杆、滑轮、楔子和螺杆，自古以来数学家和工程师们就对它们进行了研究。

古希腊亚历山大工程师希罗（1世纪）是第一个在他的著作《力学》中集中论述简单机械的人，尽管其中并没有包含斜面。希罗图示说明了各种起重设备。在他之前的其他人研究过这些设备的工作原理，其中最著名的是研究杠杆的叙拉古人阿基米德（前3世纪）。阿基米德推出：动力 × 动力臂＝阻力 × 阻力臂。因此，为了获得大的"机械效益"（增加力）——移动重载荷，必须使用很长的杠杆，负荷靠近支点。古代的工程师没有意识到的是要想省力，就必须多移动距离，要想少移动距离，就必须多费些力。同样，用滑轮提起沉重的负荷时，拉绳的长度必须要比负载移动的距离大得多。忽略摩擦的话，拉力做的功与重力做的功相等。

斜面

史前人类用简单的坡道（斜面）获得一些机械优势。一个人沿斜面推动重物到高处比他直接举起重物使用的力要小；然而，推动重物必须沿着斜坡的长度，较垂直移动重物的距离要长。

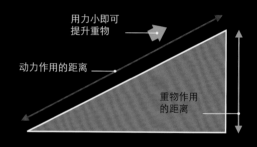

用力小即可提升重物

动力作用的距离

重物作用的距离

坡道

斜面的最简单的例子是坡道。一个重物在坡道上被推动向上所需要的力比直接被垂直举起所需的力要小。

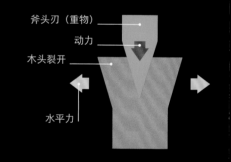

斧头刃（重物）

动力

木头裂开

水平力

希罗

亚历山大的希罗是古希腊最有成就的工程师之一。他在演示汽转球——早期使用蒸汽动力的例证。

楔子

两个斜面背靠背就组成了楔子。斧头刀锋是一个楔子，其垂直进入木块中产生很强的水平力。水平力分开木块，但分开的两部分只移动很小的距离。

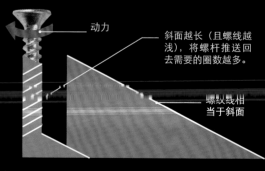

动力

斜面越长（且螺线越浅），将螺杆推送回去需要的圈数越多

螺纹线相当于斜面

螺杆

螺纹线相当于是绕着轴的斜面。转动螺钉使其进入物体内部。螺杆也被用在螺旋输送机上传送水、谷类和其他大块物料。

轮上把手（曲轴）转动的圆比轴转动的圆要大

轮轴

轮子发明于公元前3500年左右的美索不达米亚。当轮被固定到一个轴上，两者一起转动；古代的机械师把轮子使用到类似辘轳这样绳索绕在轴上的装置中。辘轳的机械优势是曲柄轮与轴的半径之比——如果曲柄轮的半径是轴的半径的两倍，其效力将加倍。门把手和自行车曲轴是轮轴的现代应用。齿轮是不采用轴的相互啮合的轮子，机械优势是一个齿轮与相邻齿轮的直径之比。

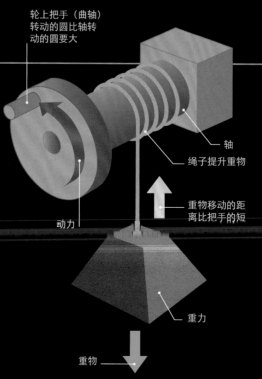

轴

绳子提升重物

重物移动的距离比把手的短

动力

旋转力

绳索是由轴拉动，而轴由轮转动。制造一个比轴大得多的轮，就能够获得大的机械优势——但手柄比重物移动更大的距离。

重力

重物

滑轮

一个简单的滑轮是绳子通过一个自由移动的轮，其不具有机械优势，因为绳索是连续的。但在滑轮的下方穿过绳索，这样负载是两部分的绳子共同承担的，由此用力减半；在这种情况下，负荷移动的距离是绳子末端被拉动距离的一半。通过组合两个或更多个滑轮组，其机械优势可以进一步提高。

单滑轮

穿过滑轮的绳索可以提升系到绳索末端的重物。这种装置不具有机械优势，但它改变了力的方向，比简单的提起重物更方便。

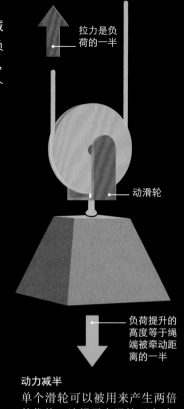

定滑轮

绳子绕滑轮运动

物体升起

绳端移动的距离与物体提升的高度相同

拉力与负荷相等

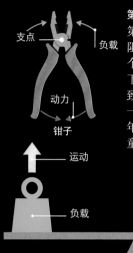

拉力是负荷的一半

动滑轮

负荷提升的高度等于绳端被牵动距离的一半

动力减半

单个滑轮可以被用来产生两倍的优势。让绳子在滑轮下穿过，这样力就可以分担给滑轮两边的绳子一起承担了。

滑轮组

用两个滑轮，一个定滑轮和一个动滑轮组成滑轮组，机械优势仍然是两倍，因为负载被两根绳子分担，只不过向下拉动显得比较方便。

定滑轮

动滑轮

拉力是负荷的一半

容易提升

使用更多滑轮组成的滑轮组可以增加机械优势。如图所示，提升重物的工作由四根绳子分担，因此机械优势就是四倍。

绳子被牵引移动的距离必须是物体提升高度的四倍

拉力是负荷的四分之一

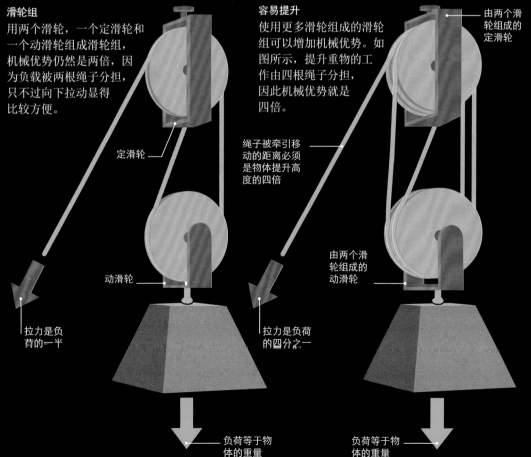

由两个滑轮组成的定滑轮

由两个滑轮组成的动滑轮

负荷等于物体的重量

负荷等于物体的重量

拉力是负荷

杠杆

杠杆的机械特征是从动力到支点的距离和阻力到支点的距离成比例。比值可以等于、大于或小于1。根据动力点、阻力点与支点的相对位置可以把杠杆分为三类。

支点　负载

动力

钳子

第一类杠杆

第一类杠杆支点在动力点和阻力点之间。跷跷板就是一个熟知的例子，通常情况下，动力臂与阻力臂长度一致，没有机械优势。但是，一个坐在靠近支点位置的成年人可以被坐在另一端的孩童抬起。

运动

负载　　　　动力

支点

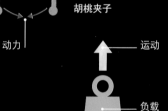

支点

负载

动力

胡桃夹子

第二类杠杆

第二类杠杆阻力臂小于动力臂，较第一类杠杆有机械优势。如独轮手推车，可以很容易地抬起重物。

运动

负载

支点　　　　动力

第三类杠杆

第三类杠杆动力臂小于阻力臂，较第一类杠杆不具机械优势。负载比作用力移动的距离更大（更快）；从这种效果中获得益处。阻力要比动力作用距离更远（更快），如高尔夫球杆。

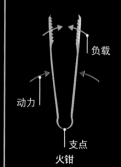

负载

动力

支点

火钳

运动

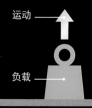

负载

支点　　　　动力

"刚出生的小熊就是一团并不好看、爪子突出的白色嫩肉，比老鼠大一点。"

老普林尼，《自然史》卷八，公元77年

在这本老普林尼的中世纪版本的《自然史》的扉页上，画着他手持一副测量员使用的圆规。

罗马历史学家和哲学家老普林尼（公元23~79）于公元77年编写完成涵盖古代知识的37卷本的《自然史》。这本书包含大部分我们所了解的古希腊和古罗马的科学，包括矿物学、天文学、数学、地理和人种学，以及详细的植物学和动物学。《自然史》的重大意义还在于它包含仅存的早期科学家著作的参考资料。

同一时期，3个希腊内科医生发表了关于解剖和疾病方面的著作。在1世纪后期，卡帕多西亚的阿莱泰乌斯写了《急性和慢性疾病的成因及症状》一书，描述了多种疾病的诊断、原因和治疗方法。他是第一个描述糖尿病和乳糜泻的医生。他还诊治了胸膜炎、肺炎、哮喘、霍乱和肺结核，他治疗肺结核的处方是海滨旅行。

100年，古希腊以弗所的医生鲁弗斯编写了《人体各部分结构的名称》，总结了古罗马的解剖学知识。他对眼睛进行了细致描述，第一次确认出视交叉——视神经在大脑中部分交叉。他首

3 : 10 古罗马婴儿死亡率
尽管医疗取得了进步，但是在1世纪和2世纪，古罗马的婴儿死亡率仍然有约30%。

次给胰腺命名，并对忧郁症（神经衰弱）进行了细致研究。

2世纪初，古希腊以弗所的医生索兰纳斯编写了《妇科疾病》。这是自古以来关于妇科的最全面的著作。在书中，他描述了对助产士的适当培训，并且给出了助产的一些指导，如分娩椅或分娩凳的使用，解释了使用窥镜做内部检查、子宫内注射的方法，对一些具体妇科病进行了详细描述。索兰纳斯还是儿科的开拓者，在他的著作中有对婴儿的早期护理的建议，如人工喂养奶嘴的制作，还有对儿科疾病如扁桃体炎、各类发烧和中暑的处理建议。

张衡（公元78~139）是2世纪初期中国的一位博学大家，他计算了圆周率的值，识别了天空中124个星座，建造了可移动的浑天仪来演示行星的运动。他最为著名的是132年建造了最早的地动仪——一个精铜的樽，其中有一个摆。地震发生时，悬摆向8个龙头中一个龙头的方向摆动，使龙嘴张开吐出一个球，落入下方对应的铜制蟾蜍口中，指示地震发生的方位。138年，张衡用此地动仪成功探测到距离宫廷640千米外的一次地震。

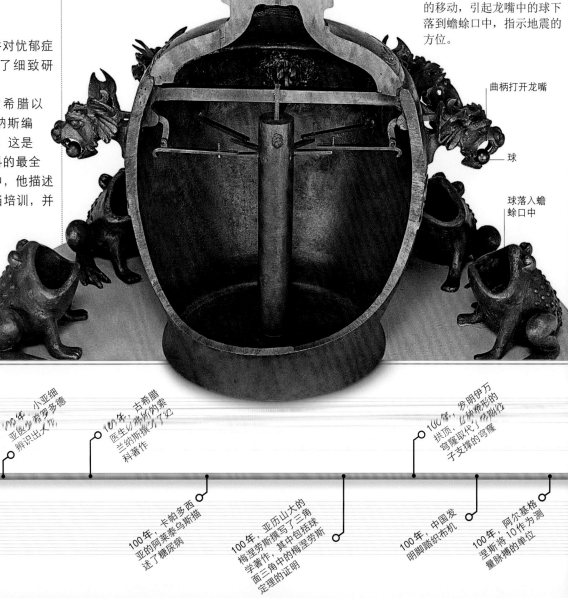

张衡的地动仪
大地的震动引起地动仪内摆的移动，引起龙嘴中的球下落到蟾蜍口中，指示地震的方位。

曲柄打开龙嘴

球

球落入蟾蜍口中

哈德良桥是保存最完整、最原始的古罗马桥梁之一，是由哈德良皇帝建造的，与他的陵墓（今天的圣天使城堡）连接在一起。该桥最初有8个桥拱。

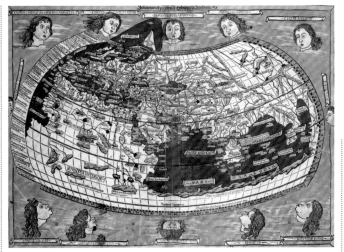

托勒密的地图
托勒密《天文学大成》中的坐标和地形列表。他的地图体现出他的世界观。这幅地图可以追溯到1492年。

公元前3世纪，古罗马人发现了拱的承重原理，并将其用于桥梁建造。约104年，工程师大马士革的阿波罗多罗斯就已经建造了横跨多瑙河的大桥，以便图拉真皇帝入侵达契亚（今罗马尼亚）。120年，图拉真大桥被其继任者哈德良毁掉。哈德良自己又建造了多座大桥，包括134年建于古罗马的哈德良桥。

克劳迪亚斯·盖伦 (130~210)

克劳迪亚斯·盖伦出生于古希腊城市帕加马，他在前人工作的基础上创造出独一无二的科学体系。他坚持直接观察人体，但是这与他的观念相抵触，他认为身体的每个器官都是在神的意志下发挥作用的。他撰写了350本医学著作。

古希腊天文学家亚历山大的托勒密（公元90~168）最著名的著作集中于数理、地理学和天文学。在地理学方面，他给出了已知世界的图景，包括经纬度坐标（纬度来源于最长一天的长度），他还给出了绘制地图的方法。在《数学文集》（又名《天文学大成》）一书中，托勒密列出了一个星表，包含超过1000颗恒星和48个星座。他修正了天球理论，增加了一些本轮，用于解释太阳和月球的不规则运动，以及某些行星看上去在与其他太阳系的天体相反的轨道上运行的视逆行现象。他是第一位将天文观测数据转化为数学模型（使用球面三角）以支持其理论的天文学家。他的太阳系模型作为天文学的基础，一直持续到文艺复兴时期。

169年，克劳迪亚斯·盖伦成为古罗马皇帝马库斯·奥勒利乌斯的私人医生。盖伦是解剖学专家，早期曾是角斗士学校的外科医生，在那里他学习到人体生理学和外科手术的宝贵知识。他倡导人体包括4种基本体液的学说（见下图）。

发现于今天巴基斯坦的巴赫沙里手稿可以追溯到公元200年，里面包含了计算平方根的方法。这可能是在十进制系统中用特定符号表示0的最早文献，手稿中涉及的内容成为第一个用特定符号表示每个数字的完整的十进制计数法。这一计数法经由阿拉伯向西传播，由此被称为广为流传的阿拉伯数字。

179年，《九章算术》已经问世，标志着中国的数学取得了重大进展。书中涵盖了计算圆弧面积、锥体等立体图形、普通分数（x/y）的方法。书中还讲到了线性方程组的计算方法，包括最早的负数方程。

四体液说

四体液说认为，人体由4种物质构成：血液、黏液、黄胆汁和黑胆汁。在血液中，宇宙的4种元素（火、气、土、水）均衡地混合在一起，但在其他3种体液中，有一种元素占主导。据说，只要有一种体液过量就会引起疾病。黄胆汁过多会引发黄疸病，黑胆汁过多会引发麻风病，黏液过多会引发肺炎。

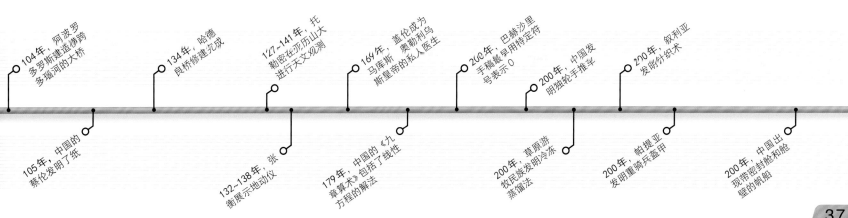

104年，阿波罗多罗斯建造横跨多瑙河的大桥

105年，中国的蔡伦发明了纸

134年，哈德良桥修建完成

132~138年，张衡展示地动仪

127~141年，托勒密在亚历山大进行天文观测

169年，盖伦成为马库斯·奥勒利乌斯皇帝的私人医生

179年，中国的《九章算术》包括了线性方程组的解法

200年，巴赫沙里手稿最早用特定符号表示0

200年，中国发明独轮手推车

200年，草原游牧民族发明冷冻蒸馏法

200年，帕提亚发明重骑兵盔甲

200年，叙利亚发明针织术

200年，中国出现带密封舱和舱壁的帆船

ARISMETRICA · GEOMETRIA · MVSICA · ASTRO LOGIA · LOGICA

这幅15世纪的壁画描绘了7种文法课程，其核心课程包括算术、音乐、天文学、修辞和语法。5世纪的作家马尔蒂亚努斯·卡佩拉提出将这些课程作为早期中世纪欧洲教育的基础。

250年左右，亚历山大的丢番图（200~284）通过引入一套符号系统建立了数学学科，该系统可以表示未知数及其幂。如在方程 $x^2-3=6$ 中，x^2 表示一个未知数的2次幂（或平方）。在其代数学中，丢番图给出了线性方程（方程组没有任何变量的幂大于1——如 $ax+b=0$）的解法。丢番图还特意研究了不定方程组，提出了现在的丢番图分析的解法。费马大定理（见1635~1637年）可能是这类方程最著名的例子。

亚历山大的帕普斯（290~350）编写了《数学汇编》，这部八卷本的著作涵盖了大数学家们的主要成果，同时也引入了一些新概念。这些新概念主要是关于重力的中心和平面图形旋转产生的体积。他还提出了现在的

古罗马外科手术器械
古罗马医生使用了各种外科手术器械，包括铲子、钩子（右图），体内检测的镜子，还有锯。

帕普斯六边形定理，即3个共线的点，与相似的另外3个共线的点，相互交叉形成的3个交点也是共线的。

3世纪时，普罗提诺（205~270）创造了一种修正版的柏拉图学派（见前700~前400年），被称为新柏拉图学派，一直影响到中世纪。他教导说有一种不可言说的超越的存在（即"太一"），其他的存在形式都从中发生，

包括"神圣理智"和"宇宙灵魂"，而人类灵魂又从这二者衍生出来。普罗提诺的追随者阿帕米亚的杨布里科斯（245~325）发展了这些思想，并补充了来源于毕达哥拉斯（前700~前400）的数字象征。杨布里科斯认为数学定理适用于整个宇宙，包括神圣存在，而数字本身又有具体的存在形式。

3~4世纪有一股将早期科学家的工作进行汇集的潮流，珀加蒙的奥芮培锡阿斯

（323~400）辑成了《医学汇编》，这部70卷本的著作将盖伦及其他早期医学家的成果汇集了一起。在仅存的20卷中，有4卷名为《指南》，提供了一些食物、饮料和饮食的建议。奥芮培锡阿斯还提到一种固定粉碎下巴的套索，他认为这是1世纪

的医生赫拉克勒斯发明的。奥芮培锡阿斯后来成为古罗马皇帝朱利安的私人医生，在363年与波斯的一次战斗中，朱利安被矛刺中，他没能保住朱利安的性命。

在中国，数学家继续取得进展。成书于263年的《海岛算经》讨论了直角三

> "我曾想从万物建立的基础入手，试图阐释数字的性质和幂。"

亚历山大的丢番图，古希腊数学家，《代数学》，250年

育肥的农田
玛雅人从沼泽引出排水渠，通过堆肥产生肥沃的农田，与图中所见类似。

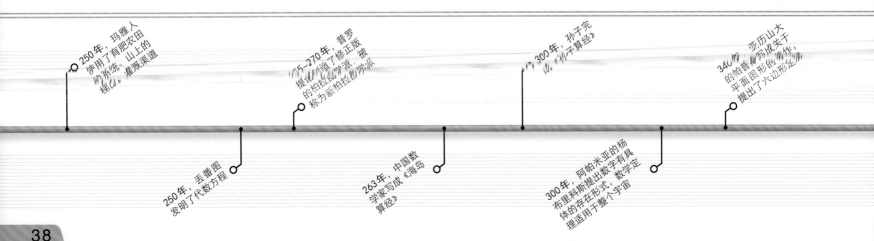

250年，玛雅人使用了育肥农田和梯田、山上的灌溉渠道

250年，丢番图发明了代数方程

205~270年，普罗提诺修改了修正版的柏拉图学派，被称为新柏拉图学派

263年，中国数学家写成《海岛算经》

300年，阿帕米亚的杨布里科斯提出数字有具体的存在形式，数学定理适用于整个宇宙

303年，孙子完成《孙子算经》

340年，亚历山大的帕普斯发现关于平面图形的幂性，提出了六边形定理

> **"地球的形状不是平的，有人认为地球就像是延展的盘子……"**
>
> 马尔蒂亚努斯·卡佩拉，《训诂学与信使的联姻》，410~439 年

7 文科的数量，古罗马作家卡佩拉所确定

角形，在 300 年左右完成的《孙子算经》分析了不定方程组。书中还有现在所谓的中国剩余定理，提供了解决模运算（或叫时钟运算，因为数字排列成一个圆，而不是排在数轴上）的方法。5 世纪时，祖冲之（429~500）撰写了《缀术》（插值方法），在书中他计算了圆周率 π 值为 355/113。他修正了 π 值，精确到小数点后第七位（见边框），这一数值直到 16 世纪才被修正。

来自北非马道拉的马尔蒂亚努斯·卡佩拉确立了早期中世纪欧洲教育的基础。他在《训诂学与信使的联姻》（410~439）一书中对知识进行了汇编，并将知识分为三科（语法、辩证法、修辞）和四艺（几何、算术、天文学、音乐）。在这部书中，他提到水星和金星绕太阳运转，哥白尼将这本书作为支持其日心说的证据（见 1543 年）。

π 的值

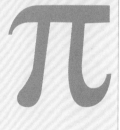

π，即圆的周长与直径的比值，巴比伦人估计是 3.125。古希腊人发现了用接近圆周的内接多边形计算 π 的方法，阿基米德用此方法得出 π 值为 22/7。约 475 年，祖冲之算出 π 值为 3.1415926——精确到七位小数。今天的计算机可以将 π 值精确到万亿位小数。

只是到了罗马帝国后期，数学的发展才变慢了。约 450 年，柏拉图学派哲学家普罗克洛斯（410~485）撰写了《欧几里得评论》，在书中保存了早期数学家的工作。与他同时代的拉里萨的多姆尼努斯（410~480）著有《算术导论手册》，其中有对数论的总结。

到 5 世纪时，玛雅人已经编制了精密的历法系统和数字符号系统，只用 3 个符号就可以表示任何数字：点表示 1，横表示 5，贝壳表示 0。玛雅天文学家尤其关注月亮周期、太阳、日食和金星的运动。

有证据表明早在 3 世纪中期，玛雅人就实行了高地农业，否则土地由于浸水太多而无法耕种。

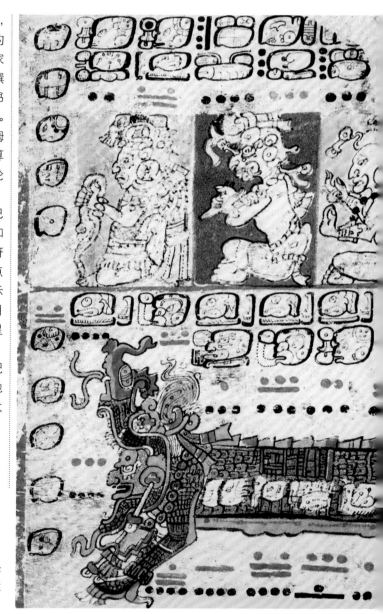

天文学抄本
这是德累斯顿抄本的一部分，反映了 9 世纪玛雅人的天文学工作，其中包括详细的金星运动数据。

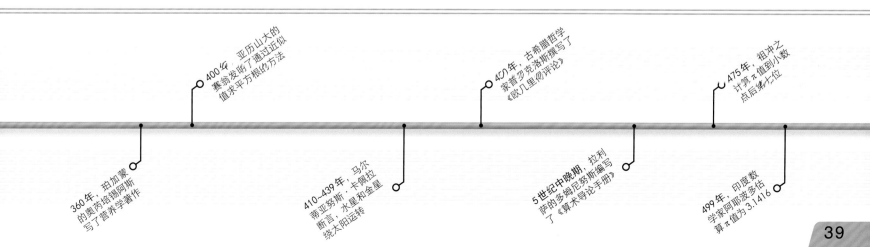

360 年，珀加蒙的奥瑞培锡阿斯写了营养学著作

400 年，亚历山大的赛翁发明了通过近似值求平方根的方法

410~439 年，马尔蒂亚努斯·卡佩拉断言，水星和金星绕太阳运转

450 年，古希腊哲学家普罗克洛斯撰写了《欧几里得评论》

5 世纪中晚期，拉利萨的多姆尼努斯编写了《算术导论手册》

475 年，祖冲之计算 π 值到小数点后第七位

499 年，印度数学家阿耶波多估算 π 值为 3.1416

> "然而它看上去并不像固定的砖石，而像是从天而降的金色圆顶罩在空间里。"

普罗科匹厄斯，拜占庭学者，《建筑之书》，500~565年

圣索菲亚大教堂的圆顶建成于537年，毁于558年的地震。小伊西多尔重建时将其加高了6米，使其更加稳固。

大量古代知识经由罗马贵族波伊提乌（480~524）的努力而流传到中世纪。在将古希腊和古罗马的科学传递给当时的学者方面，他充当了桥梁作用。他翻译了一部分亚里士多德的《逻辑学》，改编了古希腊数学家尼科马库斯（公元60~120）的《算术入门》，编写了文科手册，包罗了欧几里得几何学和托勒密天文学的论述。如果没有他的努力，很多古代知识可能早就在西欧遗失了。

弗拉菲乌斯·卡西奥多鲁斯（480~575）接替波伊提乌，成为意大利东哥特王国宫廷的首席贵族，540年左右退休后，他在意大利南部的维瓦里乌姆建造了一处修道院。在那里，他编写了《宗教文献和世俗文献指南》。这本关于修道院生活的手册包含对根据七科分类（见250~500年）的世俗知识的汇编。卡西奥多鲁斯还建造了一座图书馆，收藏了大量古代的科学与哲学著作。他开始手稿的抄录工作，从而确保重要的著作得以保存到中世纪晚期。

6世纪前，学者们已经广泛接受了亚里士多德的运动是物体的本能或者由物体通过的介质（如空气）所引起的观点。希腊哲学家约翰·菲罗帕纳斯（480~570）反对这种观点，认为介质实际上阻碍物体的运动。他提出运动是由外部的推动物体的人或其他物体通过施加能量引起的。这是关于动力和惯性理论的首次表述。

500年左右，郦道元在《水经注》中记录了化石动物。他把这些化石叫作石牡蛎、石燕，据说它们出现在岩石中，当暴风雨来临时到处飞翔。大约在7世纪中期，中国人已将这种化石用醋溶化以入药。

6世纪初，中国数学家张丘建给出了现代除法的例子——颠倒除数并相乘。他还给出了等差数列（连续数字之间的差相等）的例子。

532~537年左右，拜占庭的建筑师特拉勒斯的安提米乌斯（474~534）与米利都的伊西多尔成功地用穹顶办法在一个方形的房子上建造了圆顶。在1000年的时间里，圣索菲亚大教堂的圆顶（位于土耳其的伊斯坦布尔）一直是世界上最大的。

穹顶建筑

就像君士坦丁堡的圣索菲亚大教堂那样，穹顶呈弧形，砌体的凹陷部分用来将建筑正方形较低的部分与半球形顶部的基础部分相连接，这样就可使穹顶的重量均匀地分散于正方形的支撑墙或墩子上，由此可以建造更大的穹顶。

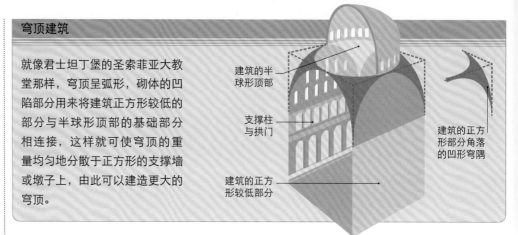

建筑的半球形顶部

支撑柱与拱门

建筑的正方形较低部分

建筑的正方形部分角落的凹形穹隅

伟大的思想

如图所示，波伊提乌用书面数字与仍在使用计数板的毕达哥拉斯开展计算比赛。

腕足类动物化石

类似于鸟类的翅膀，在中国被称为"石燕"。

有凹槽的贝壳状"鸟的翅膀"

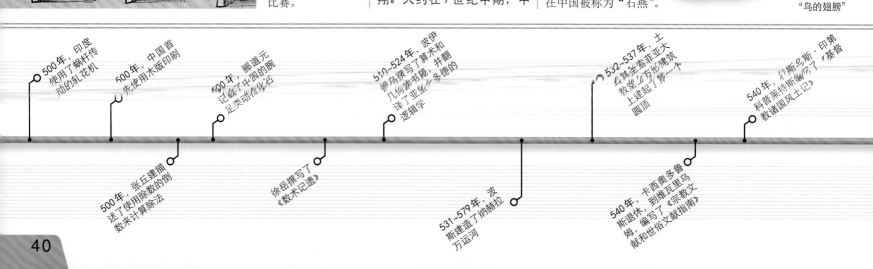

200万

据估计这是用来创造马达巴地图的马赛克瓷砖的数量

马达巴地图是反映巴勒斯坦和下埃及地区的马赛克拼图，尤其关注城镇和其他在《圣经》中比较重要的地点。图示地图局部展示的是耶路撒冷。

罗马历史学家普罗科匹厄斯（500~565）最早描述了淋巴腺鼠疫。542年，疾病袭击拜占庭帝国的时候，他正在君士坦丁堡（今伊斯坦布尔）。他描述了病人腋下和腹股沟周围典型的肿胀（浮肿），以及由败血症（血液中毒）引起的神志失常。

到了6世纪，托勒密提倡的制图传统正在消退，取而代之的是受宗教影响的地球观。在此之前，马达巴地图被认为是现存最古老的《圣经》城市地图。约550年，从亚历山大来的商人科斯马斯·印第科普莱特斯编写了《基督教诸国风土记》，极有争议地将世界描绘成平面的，

7:10 淋巴腺鼠疫死亡人数

542年，袭击拜占庭帝国的淋巴腺鼠疫，在高峰时，仅在君士坦丁堡一天就可杀死1万人。

天空与地面截然分开，而耶路撒冷处于居中的位置。科斯马斯将天堂定位于环绕地球的大海之外。

特拉勒斯的亚历山大（525~605）是拜占庭皇帝查士丁尼时期的医学领袖之一，他的《医学十二书》介绍了包括肠道寄生虫病在内的各种疾病。他是第一位确定忧

郁（抑郁症）是导致自杀的原因之一的医生。

570年左右，中国数学家甄鸾首次在对一本2世纪早期著作的评注中提到了算盘。他介绍了14种算术计算方法，其中之一叫作"珠算"，将数条线吊在一个木制的框架上，线的下半部分挂4个珠子，每个表示1个

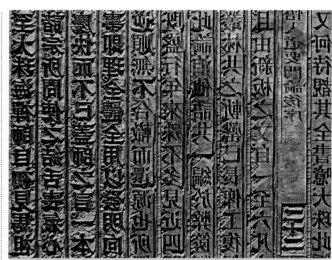

中国雕版印刷

尽管现存最早的完整印刷品可以追溯到868年，但是可能中国人在6世纪就发明了木版印刷术。将手稿刻在蜡纸上，然后抹在木版上，形成汉字的镜像，刻版后用来印刷。

彩虹桥

中国大运河无锡段上的一座桥，桥拱采用了一种戏剧化的风格，被称为"彩虹桥"。

单位，上半部分挂1个珠子，表示5个单位。

中国有很悠久的运河建造史，最大的工程是建造于隋朝的从长安到洛阳的大运河。这条运河把早期的较小的运河也连了起来，其主体部分汴渠长约1000千米，建成于605年，动用了500万劳动力。

7世纪初，中国的工匠已经计算出桥梁不需要半圆形的桥拱。605年，中国工匠李春在河北建成安济桥，大拱的两肩各有两个小拱（三角区由小拱的外侧曲线和连接墙固定），可以更均匀地分担压力，这就意味着只需要一个大拱跨在河上即可。

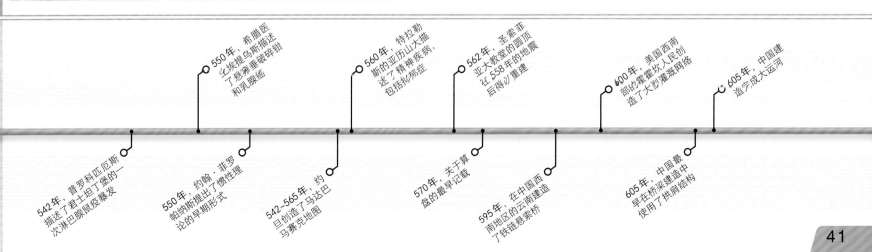

542年，普罗科匹厄斯描述了君士坦丁堡的一次淋巴腺鼠疫暴发

550年，希腊医生埃提乌斯描述了悬雍垂破碎钳和乳腺癌

550年，约翰·菲罗帕纳斯提出了惯性理论的早期形式

542-565年，约旦创造了马达巴马赛克地图

560年，特拉勒斯的亚历山大描述了精神疾病，包括抑郁症

562年，圣索菲亚大教堂的圆顶在558年的地震后得以重建

570年，关于算盘的最早记载

595年，在中国西南地区的云南建造了铁链悬索桥

600年，美国西南部的霍霍坎人民创造了大型灌溉网络

605年，中国建造完成大运河

605年，中国最早在桥梁建造中使用了拱肩结构

这幅12世纪手稿中的插图形象地描述了"希腊之火"的使用。火焰从手持的管道喷出，射向舰船上的士兵。

610年，中国的御医巢元方（550~630）编写了中国首部论述疾病的综合著作。他描述的疾病中有一种是天花：他解释道，紫色或黑色的皮肤病变比白色化脓的更为严重。他还建议每天刷牙，并提出了冲洗、漱口、叩齿7次的规范。

644年之前，波斯已经发明了风车。它们借助风来推动风轴上的木制叶片，这产生了可以用来磨小麦的转动能量。最早的风车为垂直的风轴，而不是后来在欧洲比较盛行的水平式风轴。

> "正如太阳的光辉使得群星黯淡一样，能够提出甚至解决代数问题的知者，也会令其他人黯然失色。"
>
> 婆罗摩笈多，印度数学家，《婆罗门修正体系》，628年

西班牙主教塞维利亚的伊西多尔是一位多产的作家，撰写了多部有关天文学和算术的著作。7世纪时他完成了20卷本的当代知识手稿，取名为《辞源》，引用了早期百科全书派的作者如罗马的马库斯·特伦提乌斯·瓦罗（前116~前27）等人的著作。这促进了古典知识在中世纪的传播。

在外科领域，希腊医生埃吉纳的保罗（625~690）编写了《医学摘要》——一部关于古代权威如盖伦等人的医学论文的摘要。书中还包括一些新式手术规程的描述，如气管切开术、通过灼烧对伤口消毒等。

中国数学家王孝通（580~640）最早提出了三次方程（形如 $a^3 + ba^2 + ca = n$）解法。直到13世纪斐波那契（见1220~1249年）时欧洲才掌握这种算法。

在印度，婆罗摩笈多（598~668）是早期最伟大的数学家之一。他的《婆罗门修正体系》包括了在算术中使用负数的规则，并首次阐述了两个负数相乘可以得到一个正数的规则。

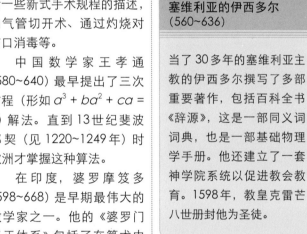

塞维利亚的伊西多尔
（560~636）

当了30多年的塞维利亚主教的伊西多尔撰写了多部重要著作，包括百科全书《辞源》，这是一部同义词词典，也是一部基础物理学手册。他还建立了一套神学院系统以促进教会教育。1598年，教皇克雷芒八世册封他为圣徒。

7世纪晚期，拜占庭帝国发明了一种新式的燃烧式武器。被称为"希腊之火"的火焰，从一根管子中喷出，甚至能够在与水接触的时候燃烧。其确切成分仍然未知，但很可能是石脑油化合物（一种烃类混合物）。

垂直风车
波斯（伊朗）的尼什塔芬附近风大、水少，风车应运而生。

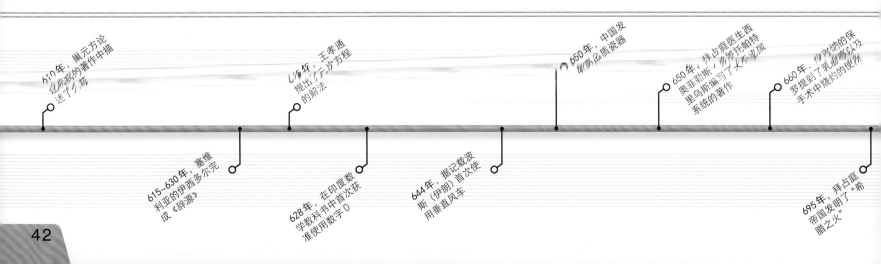

610年，巢元方论述所疾病的著作中描述了天花

615~630年，塞维利亚的伊西多尔完成《辞源》

628年，在印度数学教科书中首次获准使用数字0

644年，据记载波斯（伊朗）首次使用垂直风车

650年，中国发明瓷质瓷器

650年，拜占庭医生西里乌勒斯·瓦勒兴帕特编写了关于泌尿系统的著作

660年，伊吉纳的保罗提到了乳房病以及手术中烧灼的使用

695年，拜占庭帝国发明了"希腊之火"

这幅图反映的是贾比尔·伊本·哈扬在他的家乡埃德萨（今土耳其）作关于炼金术的演讲。这座小镇在希腊科学向伊斯兰世界的传播过程中发挥了重要作用。

伊斯兰世界关于动物学最早的重要论著出自伊拉克巴士拉的语言学家阿尔－阿斯麦之手。他的《论马》和《论骆驼》对这些动物的生理特征进行了细节描述。他还撰写了关于绵羊和野生动物的书籍，以及一本关于人体解剖学的书。

随着古希腊天文学知识

星盘
阿拉伯天文学家改进的古希腊发明，可以用来演示复杂的天文计算。

绕轴转动的瞄准器

带有坐标的气候盘可定位使用者的纬度

星图版

13 僧一行设置的进行天文测量的地点的数量

向伊斯兰世界的传播，巴格达天文学家易卜拉欣·法扎里（796年逝世）撰写了伊斯兰最早的关于星盘的著作。星盘是一种可以将天体观测结果转换到平面上的设备，可以用来预测天体的位置。

725年左右，中国的天文学家、工程师僧一行（683~727）发明了最早的机械钟表擒纵装置。该装置被连接到水力驱动的浑天仪（一种天球模型）上，用齿轮将能量传递给浑天仪运动的部分，并调节其运动。僧一行还实施了一次大规模的天文测量，以求更准确地预测日食、革新历法。

印度数学家、占星家拉拉（720~790）最早描述了一旦发动就永不停歇的永动机。他撰写的《论学生智力的提高》对行星的运动、联合和日食都有详细的描述，但是他并不相信地球是旋转的。

几年后的762年，曼苏尔哈里发建立了巴格达城。作为伊斯兰世界第一座经过规划建立的城市，波斯的占星家瑙巴赫特为其设计了完美的圆形。他的儿子法德勒·伊本·瑙巴赫特在巴格达建造了智慧之屋，后来成为伊斯兰世界研究科学的重要中心。

贾比尔·伊本·哈扬（722~804）是早期的伊斯兰炼金师，后被誉为阿拉伯化学之父。他发明了加热液体的密闭瓶子蒸馏瓶，确立了将物质分为金属与非金属的分类体系，并确定了酸和碱的性质。

居吉士·伊本·巴赫提苏建立了在巴格达为阿拔斯哈里发服务的伊斯兰医生家族。765年，他治好了曼苏尔哈里发的胃病，由此声名鹊起。805年后，他的孙子贾布里勒建立了巴格达的第一座医院。

| 气 | 土 | 金 | 汞 | 提纯 | 磁性 |

炼金术

炼金术最早是由希腊化时期的埃及（前4~前1世纪）学者如帕诺波利斯的索西莫斯等人建立起来的。在阿拉伯，也有一些实践者，如伊本·哈扬和拉齐等人。在他们的努力下，炼金术在8~9世纪时获得长足发展。他们主要关心将铅等碱金属通过"哲人石"转化为金等贵金属，这使蒸馏和发酵等实用化工技术得以发展。

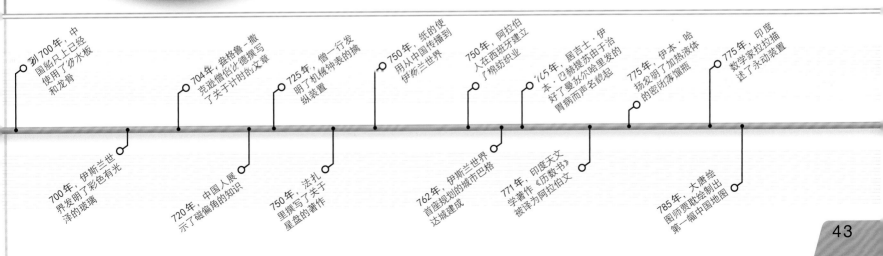

到700年，中国船只已经使用了伊水板和龙骨

700年，伊斯兰世界发明了彩色有光泽的玻璃

704年，盎格鲁－撒克逊僧侣比德撰写了关于计时的文章

720年，中国人展示了磁偏角的知识

725年，僧一行发明了机械钟表的擒纵装置

750年，法扎里撰写了关于星盘的著作

750年，纸的使用从中国传播到伊斯兰世界

762年，伊斯兰世界首座规划的城市巴格达城建成

750年，阿拉伯人在西班牙建立了棉纺织业

765年，居吉士·伊本·巴赫提苏由于治好了曼苏尔哈里发的胃病而声名鹊起

771年，印度天文学著作《历数书》被译为阿拉伯文

775年，阿拉伯人伊本·哈扬发明了加热液体的密闭蒸馏瓶

785年，大唐绘图师贾耽绘制出第一幅中国地图

775年，印度数学家拉拉描述了永动装置

欧洲和伊斯兰世界的文艺复兴

800~1542年

古典世界的知识被从属于宫廷和清真寺的穆斯林学者重新发掘和
传播。他们的阿拉伯语著述此后被翻译成拉丁文，从而流传到了
西欧，形成了近代科学的基础。

巴格达的智慧宫是伊斯兰学术的中心，它吸引着整个伊斯兰世界的学者。

"对科学的热爱……激励我撰写此作，有关……算术中最简便而有效之法。"

阿尔-花拉子密，波斯数学家，780~850年

在伊斯兰教兴起后，古阿拉伯和波斯帝国漫长的学术传统仍然延续着。伊斯兰教鼓励科学探索和哲学求知，并不认为它们同神学相悖。在伊斯兰世界的"黄金时代"，许多城市里都兴建了图书馆和其他学术中心。其中最伟大的或许就是9世纪在巴格达建立的"智慧宫"，它不仅保藏大量图书，也支持古希

种观测星体方位的仪器——平仪的用法。尽管花拉子密关于平仪的论著不是最早的，但是他的贡献非常大。在伊斯兰世界，平仪有特殊的重要性，因为它可以用来计算每日礼拜的时刻。

中国人在印刷技术上的先锋作用，主要体现在大约公元2世纪纸张的发明上。纸张较之纸草、羊皮和其他

花拉子密最重要的成就体现于830年出版的《移项与集项的科学》，书中描述了今日称为代数的数学分支。尽管他参考了古印度和古希腊的相关著述（见250~500年），他仍被认为是代数学的创始人。

在书中，他解释了如何在方程两侧进行移项，并重新介绍了500余年前希腊数学家丢番图提出的二次方程的系统解法。方法的诀窍在于将方程一侧的项移至另一侧，并在两侧同时消除相同项。

智慧宫中另一位学术

$$ax^2 + bx + c = 0$$

代数

代数是数学的一个分支，以字母表示未知变量，以特殊符号表示加减等运算。二者结合在数学中称为"表达式"，例如"$a+3$"，像"$a+3=7$"这样的数学论断就叫一个方程。未知数最高为二阶的方程称为二次方程，最高为三阶的方程则称为三次方程。

领军人物是博学的阿布·优素福·雅各布·伊本·伊沙克·阿尔-肯迪。他在9世纪中期撰写了从数学、天文学、光学到医学和地理学的

各类著述。作为宗教学家和哲人，他也是诸多古希腊经典的翻译者，并将古希腊思想和伊斯兰教融合。阿尔-肯迪通过对古印度文献的译介还将印度的数字引入伊斯兰世界，并最终成为今日世界通行的计数系统（"零"的发明要稍晚，见861~899年）。

阿尔-肯迪对炼金术持审慎态度，不相信金属性质能够转化的说法。与此同时，炼金术在中国却出现了一项发明。

在9世纪初期，中国炼丹士为炼出"长生丹药"，将

400 万卷
"智慧宫"的藏书数量

腊数学、科学和哲学文献的研究与翻译。

波斯数学家、天文学家穆罕默德·伊本·穆萨·阿尔-花拉子密（780~850）是智慧宫众多学者中的翘楚。他钻研过古希腊和古印度著作，820年左右他描述了一

材质更利于印刷。木刻版丝帛印花技术出现在200年左右，此后这项技术被应用到纸张上，使得书籍可以大量刊行。9世纪时，印刷术还被用来印制本票，它实际上是中国政府发行的纸钞的一种形式。

阿尔-肯迪（801~873）

在巴格达附近的库法出生并接受教育。阿尔-肯迪在智慧宫初创之时即是其中重要学者之一。

他将古希腊科学和哲学著作翻译为阿拉伯文，并将古希腊思想融入到伊斯兰学术之中。他的论述领域很广泛，包括医学、化学、天文学和数学。

816年，"智慧宫"在巴格达建立

812年，唐朝开始发行纸钞

820年，阿尔-花拉子密描述了平仪

830年，阿尔-花拉子密撰写《移项和集项的科学》，开创了代数学

850年，阿尔-肯迪撰写光学、透视、医学、密码方面的著作

9世纪，中国方士炼了火药的发现

花拉子密在故乡的塑像，在今日乌兹别克斯坦的希瓦。

用雕版印刷在纸卷轴上的汉译《金刚经》，这是现存最早的印刷物。

不同物质混合起来试炼。855年左右，这些实验意外地带来了火药的发明。黑火药是最早的人造爆炸物，由硫黄、焦炭（主成分碳）和硝石（主成分硝酸钾）这些天然矿物组成。这种混合的爆炸物最初用于制造爆竹，后来用于造"飞火箭"，最终用在了火器的发展中。

1907年，一部汉译《金刚经》在中国西北部的敦煌被发现。或许这不是最早的雕版印刷品，却是现存最早的，其印刷日期是"咸通九年四月十五日"，即公历868年5月11日。

这部《金刚经》的图像与文字使用复杂技术刻印，显示出印刷术在当时的中国已经极为普及。经卷末处的

题记说明了它是批量印行的经书中的一部。

数字"0"的用法，最早出现在印度瓜廖尔的一件石刻上，其年代可追溯到876年。

在数字"0"出现以前，人们用空格来表示"0"，但这样既容易引起歧义，又阻碍了位值表示法的形成。印度数学中"0"的出现是今日

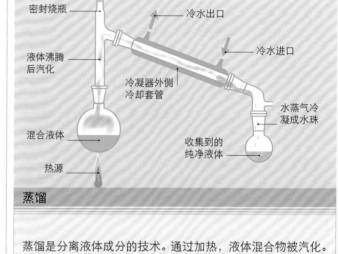

蒸馏

蒸馏是分离液体成分的技术。通过加热，液体混合物被汽化。由于混合物中不同成分沸点不同，它们的蒸馏速率也不同，这样可以将冷却后重新凝结的液体分别萃取。蒸馏可以用来提取酒精和汽油，也可用于盐水的净化。

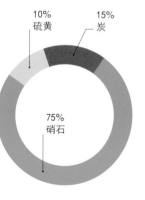

- 10% 硫黄
- 15% 炭
- 75% 硝石

火药成分
黑火药是硫黄、炭和硝石的混合物。3种物质单独放置时都很安全，按正确比例混合后则会产生巨大爆炸性。

炼金术士贾比尔·伊本·哈扬在工作
阿拉伯世界的炼金术包含了许多实验，导致了很多反应过程的发展，而被应用到后来的化学中。

我们使用的十进制得以形成的关键步骤。十进制系统通过穆斯林数学家传入欧洲，最终取代了罗马数字。

在9世纪末期，阿拉伯的炼金术士发明了能够分离液体混合物成分的蒸馏技术。穆罕默德·伊本·扎卡里亚·阿尔－拉齐（864~925）和其他炼金术士完善了这项

技术，成功地从葡萄酒中提取了无水乙醇。

英文酒精"alchohol"一词来自阿拉伯语"al kuhl"，本意是指矿物中提取的一种粉末，引申指代液体的本质或"精华"。阿尔－拉齐设计的蒸馏装置直到今日仍无大的变化。

868年，现存最早的印刷品《金刚经》刊刻年份

876年，印度数学家使用表示0的符号

890年，阿尔－拉齐在葡萄酒中提炼出酒精

> "医药之真谛难于企及，本书所载之法，亦不及经验丰富、勤于思考的医生所知之一二。"

阿尔-拉齐，10世纪阿拉伯医生

阿拉伯的医生与化学家阿尔-拉齐在实践出真知的信念下，提出了早期的元素分类法。

穆罕默德·伊本·扎卡里亚·阿尔-拉齐（拉齐斯）是阿拉伯世界最伟大的医生。在900年前后，他写下了《驳盖伦》，批判了盖伦的四体液学说（见公元75~250年）。

阿尔-拉齐（864~925）

阿尔-拉齐出生于美索不达米亚的拉维（今属伊朗），是医生和哲学家，也是炼金术士。他倡导在实验中发现，其行医记录是关键性的中世纪医学文献。他在拉维开办了一所医院，又在巴格达开办了两所。他对一名脑膜炎患者进行了最早记载的临床试验。

他认为体液平衡并非是人体健康的要件，并认为患者体温不会因为喝冷饮或热饮而升高或降低。他开办过精神病室，著文批评过未经培训的医生。他的笔记汇集的《医学集成》达23卷之巨，其中包括许多医学诊断，还有最早的对花粉病的记载。他的著作《论天花及麻疹》最早对天花症状进行了详细描述，但是他对于天花的起因进行的是交感巫术式的解读（阿尔-拉齐认为皮肤上发作的天花是胎儿期被母亲不洁的经血沾染所致）。他还专门倡导人们经常用玫瑰水清洗眼睛，这样可预防天花疮引起的失明。

作为炼金术士的阿尔-拉齐发展了一套将元素分为气、金属和矿物的体系。矿物又被他细分为石头、矾石、硼砂、盐和其他类别。对于每类元素，阿尔-拉齐都详细描述了它们的反应状况，如熔化和挥发。他描述了从原油中蒸馏煤油和汽油的方法，以及制取盐酸和硫酸的配方。

920年左右，阿拉伯天文学家、数学家阿尔-巴塔尼（858~929）对平仪（一种由叠置圆盘组成的平面天文观测仪器）提出了深刻见解。虽然最先介绍过平仪的是8世纪时的阿尔-法扎里，但是阿尔-巴塔尼解决了它的计算方法。阿尔-巴塔尼提出的球面三角算法取代了托勒密的几何法。

指示天体的星图

指示某一星体的位置

母盘，即纬度盘所嵌入的主体部分

旋转棒

显示太阳轨道的黄道环

平仪

通过调整可转动部分，使用者可以调到具体时日的刻度，此时仪器上会显示当日当时不同天体的位置。

900年，伊斯兰数学家阿尔-卡拉基发展了花拉子密的代数学，能够解决多次以上阶数

912年，伊本·塔伊本·鲁卡发现了麻痹症

900~930年，阿尔-拉齐描述了天花症状

900~930年，阿尔-拉齐驳斥了盖伦的四体液学说

920年，阿尔-巴塔尼揭示了平仪的数学原理

925年，阿尔-拉齐比论述了音乐疗法

927年，伊斯兰天文学家纳斯图鲁斯制造了现存最早的平仪

200

件发明，这是阿尔-扎哈拉维创制外科器械的大概数目

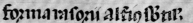

一份14世纪的手稿中展示了伊比利亚的阿拉伯医师扎哈拉维发明的两件器械。

976年，西班牙北部阿尔贝尔达修道院的比吉拉修士在一部论著中，使用了现代十进制数字（尽管他只用到1~9而没有使用0），这是欧洲人最早使用十进制的记录。这个今日被称作印度-阿拉伯的数字系统，起源于公元前3世纪中期印度使用的婆罗米文。在8世纪初，随着阿拉伯人同印度的交往而西传。

尽管2世纪的张衡和8世纪的僧一行创制了机械浑仪和时钟的机械擒纵机构，而最为成熟的浑仪则是由张思训在979年创制的。浑仪用水轮驱动，其上有水勺和漏壶（利用从一小孔滴出液体多少来计量时间的一种仪器）。在水轮转动时，将水注入漏壶，通过这种方式依次定时。僧一行为了避免蓄水的仪器在冬天结冰的问题，用水银替代了水。张思训对浑仪的改造是革命性的。在张思训改进的浑仪中，每一刻与每半个时辰，机械力臂或者撞响钟鼓，或在板上显示时间。浑仪还可以指示七曜在天球上的位置。据说由于张思训的浑仪过于先进，在他去世后无人能够继续维护它。

984年，波斯数学家伊本·萨勒（940~1000）在《论燃烧器具》中详细论述了光通过棱镜和曲面镜时的偏折。他是第一个发现折射几何学原理的学者。他注意到光在进入不同介质（如玻璃）时，会因折射率（见1621~1624年）的差别而有不同程度的衰减。

999年，成为教皇的经院学者热尔贝（943~1003），是中世纪西欧最早期的数学家之一。他致力于挖掘波爱修等古典学者的学说，研习伊斯兰数学家的学说。他还将算盘引入西欧，并介绍了如何用算盘做乘法和除法。

中世纪最伟大的阿拉伯医学家是阿布·阿尔-哈西姆·阿尔-扎哈拉维（亦被称为阿尔布卡西斯，936~1013年）。他在倭马亚王朝科尔多瓦哈里发哈卡姆二世的宫中服务。他的医学手册包含了对人体解剖和病理学的详细描述，是中世纪欧洲医生的基本教材。

算盘

这是一件当代的算盘，这种计算工具在公元前2700年前的美索不达米亚就出现了。990年，热尔贝将算盘引入欧洲。

> "……那些致力于外科手术的人必须精通……解剖学。"
>
> 扎哈拉维（阿尔布卡西斯），《医学手册》，约990年

古巴比伦	古埃及	古希腊	古罗马	中国古代	玛雅	今日印度-阿拉伯数字
𐤅	I	α	I	一	•	1
𐤅𐤅	II	β	II	二	••	2
𐤅𐤅𐤅	III	γ	III	三	•••	3
𐤅	IIII	δ	IV	四	••••	4
𐤅	IIIII	ε	V	五	▬	5
𐤅	IIIIII	ς	VI	六	•▬	6
𐤅	IIIIIII	ζ	VII	七	••▬	7
𐤅	IIIIIIII	η	VIII	八	•••▬	8
𐤅	IIIIIIIII	θ	IX	九	••••▬	9
◁	∩	ι	X	十	▬▬	10

数字的发展

许多早期数字体系是附加式的，例如古埃及，数值不取决于其数位，比如20就是将10写两次。公元前2000年时，古巴比伦人开始在一定程度上使用数位，符号出现的位置决定了它的大小次序。十进制数位系统产生于印度，逐渐演进为今日的印度-阿拉伯数字系统。

阿维森纳《医典》中的一页，在解释四体液学说的插图中画出了头骨和心脏。

> "如今已经明了，在科学研究中若不探明原因和开端，知识便无从获取。"
>
> 阿拉伯大学者伊本·西拿，《医典》，1005年

1005年左右，阿拉伯医学家、科学家伊本·西拿（在欧洲被称为阿维森纳）写下了《医典》，这是一部对当时医学知识进行系统概述的文献。阿维森纳试图将四体液学说（血液、黄胆汁、黑胆汁和黏液，见100~250年）和亚里士多德三灵魂说（精神的、自然的和人类的）相调和。阿维森纳的五卷本著作对生理学、诊断、治疗、病理学和药学的论述使其成为中世纪格外重要的医疗手册。这部书被后世许多阿拉伯医生注解，其拉丁文本印行了36版。

波斯天文学家、数学家阿布·萨赫勒·阿尔－库西（940~1000），是巴格达天文台（988年由沙拉夫·阿尔－达伍拉修建）的负责人。他最出名的成就是解二阶以上方程。他引入了几何学抛物线法。1000年左右，他在"正方形中取正五边形法"中给出了四阶方程的解法。

1005年，法蒂玛王朝哈里发阿尔－哈基姆在开罗建立了知识宫。其藏书包括从

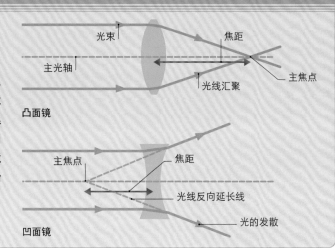

透镜如何工作

凸面镜的中央部分比四周厚，光线通过它时发生衍射，聚焦到透镜后的主焦点上。凸面镜将成像点拉近，可用来矫治远视眼。凹面镜的中央部分比四周薄，光线通过它时散射到镜前的焦点上。凹面镜可矫治近视。

伊斯兰哲学、法学到物理学、天文学在内的大量学科。这里成为哲学家和神学家汇聚的中心。这里还举办过一系列公共讲演，直到1015年为防范"离经叛道者"登台才宣告停止。

阿拉伯智者阿布·阿里·伊本·阿尔－海达姆（又称阿尔哈曾，965~1039年），以他在1011~1021年间写作的《光学》一书闻名于世。

他提出强光的致盲效应和后像的存在证明视觉形成于光进入眼睛。他还发展了一种新的眼科生理学理论，将眼球描绘为分隔于不同球型罩内的体液混合物。

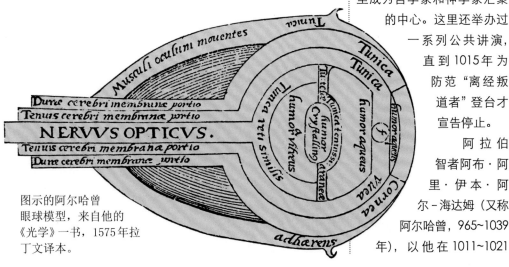

图示的阿尔哈曾眼球模型，来自他的《光学》一书，1575年拉丁文译本。

伊本·西拿（980~1037）

伊本·西拿出生于今日乌兹别克斯坦的布哈拉，是一名医学天才。他声称自己在16岁时就治愈过病人。他在布哈拉时曾为萨曼王朝统治者服务，999年萨曼王朝被推翻使他远走他乡。最后他来到了哈马丹，在那里完成了巨著《医典》。

中国最早的活字用黏土制作，后来使用木制的。直到17世纪的明朝，铜活字才被广泛使用。

11世纪初，伊比利亚的阿拉伯天文学家阿布·阿卜杜拉·伊本·穆阿德·阿尔-贾亚尼（989~1079）将三角学和光学融汇。他的《球体未知的弧度》一书是最早关于球面三角的综合著作。大约1030年，阿尔-贾亚尼在《黄昏》一书中算出黄昏后太阳落到地平线下的角度为18度。他以此作为日光射入大气层上界面的最小角度，从而算出大气层的高度为103千米。

雕版印刷在6世纪出现于中国，这种每一页都雕新

版的方式制约了印刷的速度。1040年，一位名叫毕昇的平民发明了活字印刷术。他在薄泥片上刻上字印，再进行烘烤，成型后在铁盘上排成待印页的版式。印刷新一页时将泥活字重新排布即可。活字印刷术在毕昇去世后一度停滞，13世纪中期时才被

广泛使用。此时已经有了更耐久的铁活字，它是1234年在高丽首先使用的。

中国人早在公元前300~前250年就了解到天然磁石可以让铁针具有极性，这

致命武器
中世纪的十字弩手的弩箭虽然更有力量，但是十字弩手的发射速度仅仅是长弓弓箭手的十分之一。

项原理的应用却是在后世。1044年左右，文献记载了装载"指南鱼"的"指南车"，在能见度低的时候用它可以

辨别方向。最早的罗盘指针可能是漂浮在碗中水面上的。这种技术后来用到了航海上。1086年前后的文献中记载了用"指南针"在夜间寻找方位。1123年，《宣和奉使高丽图经》谈到了船工使用罗盘。直到67年后，指南针才传播到欧洲。

十字弩早在公元前8世纪就在中国出现，公元前3

弩的结构
这把德国16世纪时的弩需要配备一个绞盘才能使用，绞盘由装在曲柄上的齿轮构成，用于张弩。

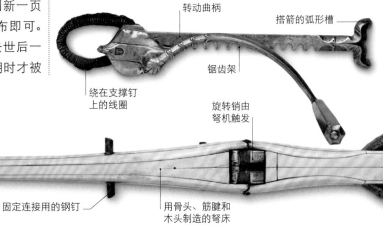

转动曲柄

搭箭的弧形槽

锯齿架

绕在支撑钉上的线圈

旋转销由弩机触发

固定连接用的钢钉

用骨头、筋腱和木头制造的弩床

箭羽

弩蹬

箭头

外包骨头的木柄

世纪时在希腊有了记载。法国人在10世纪时开始使用手持十字弩，但这种弩的发射力量取决于人拉弦的力度大小。在11世纪中期，弩臂后出现了弩蹬，弩手可以在拉弦时用脚踏弩蹬发射。同时用来拉近弓弦的机械曲轴也被发明。在13世纪初，十字弩上出现了复合式的绞盘，大大提高了推弦的张力。

*每分钟可射出的箭数*图表：
- 长弓：约10
- 弩：约1

纵轴：每分钟可射出的箭数（0~12）
横轴：武器

时间轴：

1030年，天文学家阿尔-比鲁尼提出了日心说的想法，但是并没有办法证明

1030年，阿尔-纳塞维总结了《几何原本》，阐述了开立方根的方法

1040年，毕昇发明了印刷用泥活字

1030年，圭多·阿雷佐使用了五线谱法，发展了六度音阶

1044年，中国人最早记录了磁性罗盘在航海中的作用

1050年，伊本·巴特兰写下了《健康日历》，强调了合理饮食和卫生的意义

"全英格兰都看到了这无人见过的征兆……"

《盎格鲁·撒克逊编年史》中关于 1066 年哈雷彗星的描述

贝叶挂毯
这个围绕 1066 年黑斯廷斯战役事件的刺绣显示了哈雷彗星的出现。

11 世纪，中国数学家贾宪介绍了开平方根和立方根的方法。他将数字一行一行排列，每行的数字都比上一行的多一个，这样上一行的两个数字同下一行的数字形成了一个三角，下面的数字是上两个的和，这就是贾宪三角。在西方直到 600 年后，法国数学家帕斯卡才使用它，因此又称"帕斯卡三角"。

1054 年，阿拉伯和中国的天文学家观测到了我们今

22 个月
1054~1055年可观测到超新星的月份

天称为蟹状星云的超新星爆发。中国天文学家还将其命名为"客星"。此时欧洲天文学家尚未重视到它。

1066 年，欧洲天文学家第一次观测到了以 76 年为回归周期的哈雷彗星。占星者把它视为恶兆。由于这一年诺曼人入侵英格兰，哈雷彗星受到了格外的关注。

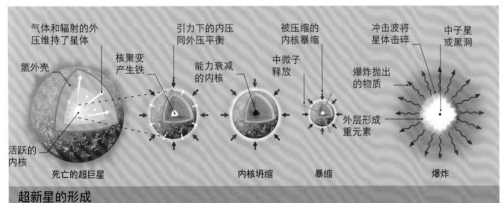

- 气体和辐射的外压维持了星体
- 氢外壳
- 核聚变产生铁
- 活跃的内核
- **死亡的超巨星**
- 引力下的内压同外压平衡
- 能力衰减的内核
- 被压缩的内核暴缩
- 中微子释放
- **内核坍缩**
- **暴缩**
- 冲击波将星体击碎
- 中子星或黑洞
- 爆炸抛出的物质
- 外层形成重元素
- **爆炸**

超新星的形成

超新星是巨大的超巨星在其生命末期的爆炸现象。经过一段漫长的时期，恒星内部形成了铁核，当恒星用于聚变的燃料耗尽时它最终会自我坍缩。这将导致一次爆炸，让恒星迅速重新升温，重启聚变的过程。中子这样的亚原子粒子在爆炸中被释放出来，使得恒星能量失去控制，它以高出太阳数十亿倍的能量爆炸，这时它会显得比所有恒星都明亮，并将大量残骸远远地抛向各个方向。

1050 年，贾宪发明了贾宪三角，后来被称为帕斯卡三角。

1054 年，中国和阿拉伯的天文学家观测到了蟹状星云。

1066 年，后来称为哈雷彗星的彗星被观察到。

"凭真主的宝贵援助，我称代数为科学艺术。"

奥马·海亚姆《论代数学中问题的证明》，1070年

这是奥马·海亚姆在数学、天文学、力学和哲学方面诸多手稿之一。

1070年，波斯数学家、天文学家奥马·海亚姆搬迁到了今日乌兹别克斯坦的撒马尔罕，开始了致力于研究和写作的生涯。这一年他开始撰写《论代数学中问题的证明》。书中，他对三次方程给出了完整的定义（例如：$x + y^3 = 15$），并首先给出了一般性的几何解法。解法用到了圆锥截面和曲线。他还注意到三次方程和四次方程等有不止一种解法。

海亚姆同时也是一位技艺高超的天文学家。1073年，他来到波斯的伊斯法罕天文台工作。他在编纂天文表方面成果颇多，同时他也提高了历法的精确性。在伊斯法罕，他还创作了大量诗歌，后来它们被编入《鲁拜集》之中。1079年，他算出天文年的时间为365.24219858156天，这个结果比之前都要大大精确，同今天测量的365.242190天已经相当接近了。他推动了伊斯兰世界新历法的出现，这种新历法比当时欧洲的儒略历要准确很多。

与此同时，曾经担任军政要职的北宋大学者沈括在致仕后开始潜心学问。他的著述范围极为广博，包括政治、占卜、音律和科学。以他的园林命名的《梦溪笔谈》在1088年问世，书中纵

奥马·海亚姆（1048~1131）

出生于波斯的奥马·海亚姆在早年就显示出了天文学和数学方面的才华。25岁前他已经写下了大量论著。1073年，苏丹马利克沙延揽他入宫，令他筹建伊斯法罕天文台。在那里他进行了历法改革，编纂了天文表，此后回到故乡。

览了当时的自然科学成就，并且提出了一些革新观念。沈括是最早介绍磁罗盘指针的人。他解释了如何在航行中使用它指示北方。他在考古和地质学方面同样有发现。他曾描述过内陆山崖中有古代海洋生物遗骸，并猜想这些地方最初覆盖在淤泥之下，后来被风化剥蚀而露出，进而推测山崖在上古时应是海岸。他还记述了在当时已不生竹木的地方，在一次山崩后露出了埋在地下的古竹化石。他的解释是此处为一段时期上古森林的遗迹，后来发生了气候变化。

"土下得竹笋一林……此入在数十尺土下。"

沈括《梦溪笔谈》，1088年

竹子
在凉爽干燥之地发现竹化石，让沈括得出结论：这个地区在过去应该温暖而潮湿。

1070年，奥马·海亚姆开始撰写中问《论代数学中问题的证明》

1079年，奥马·海亚姆计算出一年的长度，为历法改革提供了条件

1088年，沈括完成《梦溪笔谈》

认识星星

作为由炽热的电离气体构成的球，恒星的动力来自核反应

我们的银河系由几千亿颗恒星组成，宇宙中又有几千亿个星系，每个星系中都有相近数目的恒星。这样的巨型离子态球体因为高温而发光，其热量大多来自恒星中心的核反应。

汉斯·贝特
20世纪30年代，德国出生的物理学家汉斯·贝特解决了恒星内部聚变反应如何生成元素的问题，他因此获得1967年的诺贝尔物理学奖。

夜空中肉眼可见的恒星大约有6000颗。除了太阳外，其他恒星都距离我们如此遥远，以至尽管它们体积庞大，通过高清天文望远镜看去也不过是小小的光点。

太阳是恒星

太阳是离我们最近的恒星。它产生的光与其他辐射8分钟就可以到达地球，而太阳之外最近恒星的光线要经4年才能到达地球。和其他恒星一样，太阳主要由氢和氦构成，还有微量的其他元素。太阳的光球层呈白炽状，温度高达5500℃。太阳外层大气日冕层温度还要更高。太阳已经有50亿年的历史，目前正处于它的中年期。

恒星的生命周期

恒星是在大团气体与灰尘的混合物"分子云"中产生出来。在重力作用下，分子云中密度高的部分聚合，形成原恒星。重力坍缩产生的热量让原子电离形成离子，这样原恒星就形成由离子和电子混合的等离子态。在原恒星的中心，高温高压下氢原子的原子核聚变形成氦原子核及其他较重元素。核聚变释放出能量，进一步升高原恒星温度，于是恒星就诞生了。当氢耗尽时，核聚变也

就停止了，恒星将会冷却，在自身重力下坍缩。恒星最终的结局取决于它的质量，质量最大的恒星最终将变成黑洞（见右下图）。

109

太阳直径相当于地球直径的倍数

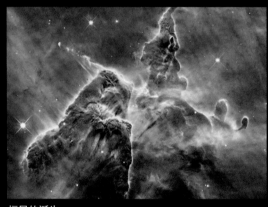

恒星的诞生
图中哈勃望远镜观测到的图像是船底座大星云巨大分子云的一部分。它是银河中最大的星区之一。

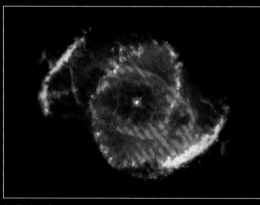

恒星的死亡
当恒星到达生命末期的临界质量时，它喷射出炽热的气体晕，形成行星状星云这样的物质。在每个行星星云的内部都有一颗白矮星，它曾经就是更大的恒星。

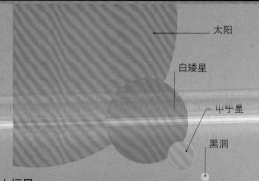

恒星体积

恒星体积大小不一。最大的超巨星可比太阳大1500倍。太阳的直径140万千米，大致是中年恒星的平均水平。最小的中子星直径只有20千米。

大恒星
大恒星的主要类型包括超巨星、红巨星、大型氢恒星等。太阳是平均大小的氢恒星。

小恒星
小恒星是大恒星死亡后的产物，太阳一类的恒星最后变成白矮星，质量更大的恒星变成中子星乃至黑洞。

日珥，一种等离子环

日冕，可向太空延伸几百万千米

辐射层

对流层

内核，温度高达 1500 万℃

色球层，光球层外侧的一层大气

太阳黑子，光球上温度较低的点

内部的核反应制造外推压力，同重力形成反作用

光球，太阳可见的耀眼外层

重力将等离子体向内吸引

太阳的内部

太阳内核的核反应产生大量能量，通过内部分层结构向外传递，散射到宇宙中。如果没有重力作为平衡，辐射引起的外压会将太阳撕裂。

中子星和黑洞

在恒星生命的末期，核反应衰减了。恒星开始冷却，在自身重力下坍缩。在像太阳这样的恒星内，电子简并压力阻止其进一步的坍缩，使它最终成为白矮星。但是，在质量更大的恒星中，占上风的重力作用将电子和质子压缩成中子，中子简并压力阻止其继续坍缩，结果形成中子星。对于巨大的恒星来说，这种力也不能阻止其坍缩，于是它继续收缩，最后成为黑洞——时空极为密集的天体，甚至光在其中也逃逸不出。

160000 光年
地球到最近黑洞的距离

四维时空的二维图示

陡壁引力井

奇点

黑洞

根据广义相对论理论，重力是质量引起的时空弯曲（见1916年）。黑洞是以质量无限大的奇点为中心的时空场，它形成了无限深的时空井。

16000人
17世纪，威尼斯兵工厂中造船者数量

17世纪的一幅油画描绘了威尼斯兵工厂的工人们。创新的造船技术使得威尼斯人称霸海洋几个世纪。

大约1104年，威尼斯共和国的市议会决定建立作为国家船厂和武器厂的兵工厂。至17世纪时，这里已经雇用了16000名工人。兵工厂使用了十分先进的技术，例如预制件生产和框架结构。这些

> "由于经验的频繁，一些判断可能被认为是确定的，即使我们并不知道原因。"

阿布·巴拉卡特，《论证据》，12世纪初期

技术使得一艘大船可以在一天内制造出来。

中国人早在东汉末年就开始用模板在丝帛上印

花（220年）。1107年左右，木板套色彩印技术才出现。1340年刻印的一部《金刚经》中（见861~899年）使用了这一技术，正文使用墨色印刷，而"真言"则用朱色印刷。11世纪，阿维森纳提出了抛物体理论。他认为抛射物体继续运动是因为投出者给了它一个力（阿维森

纳称"投力"），同时在一个物体中只能存在一个这样的力。后来法国教士让·布里丹也肯定了这一点（见1350~1362年）。1120年左右，巴格达的哲学家阿布·巴拉卡特（1080~1165）则提出抛物体中可能存在多个力。在下落过程中，使物体前进的投力开始衰减，而另一个力开始作用，让它加速下落，这个力产生了加速度，这样，他找到了力和加速度的关系。

1121年左右，在波斯的木鹿城，阿尔－哈齐尼写下

翻译古典手稿

古典哲学家的很多著述被西方基督徒散佚了，但是它们在8~9世纪时被大量翻译为阿拉伯文而得以保存下来。12世纪时欧洲人接触到了阿拉伯文本，克雷莫纳的杰拉德等学者再将它们翻译为拉丁文。

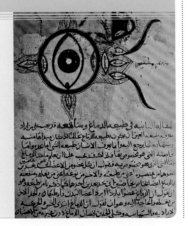

托莱多的雷蒙德

1135年，在阿方索七世的加冕仪式上，大主教雷蒙德站在他的前面，这幅图显示了王室赞助人的重要性。

了《智慧的均衡》一书，他在书中提出了万有引力的理论。他猜想根据离世界中心远近的不同，万有引力大小随距离地球中心远近的不同而不同——距离越远，物体看起来越重。出生于巴斯的英国哲学家阿德拉德（1080~1152）在萨勒诺和西西里住了7年，在那里他学习了阿拉伯语。凭借丰富的阿拉伯语言文化知识，他在1126年将阿尔－花拉子密的天文学著作《信德天文表》翻译为拉丁文，向更广大的受众介绍了这部著作。

1126~1152年间担任西班牙托莱多大主教的雷蒙德，推动了将阿拉伯书籍翻译成拉丁文的工作。1167年，意大利克雷莫纳的杰拉德（1114~1187）接任了工作，翻译了80余部阿拉伯著作。

印度数学家、天文学家婆什迦罗二世（1114~1185）描绘了一种一经推动，可以永远运转的永动机。婆什迦罗设计的永动机是一个辐条里注入水银的轮子。他认为因为水银足够重，在轮子旋转时水银就会流到辐条边上，推动轮子继续转动。

婆什迦罗二世在天文学和数学上的成就更有名，这使他成为印度中世纪最受尊重的数学家之一。以他女儿名字命名的《莉拉沃蒂》，是他集大成的著作。

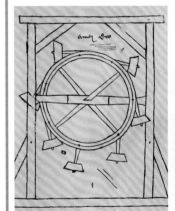

永动机

这是13世纪的永动机版本，是一个边缘用许多铰链拴着木槌的失衡的轮子。

1104年，威尼斯兵工厂开始建造

1107年，中国出现彩色套印

1120年，阿布·巴拉卡特表达了重力与加速度关系

1121年，波斯学者阿尔－哈齐尼提出引力理论

1125年，中国船队借助航海罗盘驶至高丽

1126年，巴斯的阿德拉德《几何原本》译版从阿拉伯文译为拉丁文

1126~1151年，托莱多的雷蒙德将大量古典著作从阿拉伯文译成拉丁文

1145年，西班牙的犹太数学家萨瓦苏达研究了四次方程

1150年，婆什迦罗二世证明了数学有正根与负根

1150年，欧洲最早留下姓名的女医师特罗图拉在意大利的萨勒诺行医

"知识是对象和智力的整合。"

《物理学注疏》，伊本·路世德，12世纪晚期

哲学家伊本·路世德（阿威罗伊）在阿尔莫哈德时期被驱逐出宫廷，穆拉比德王朝推翻其统治后，他重新成了御医。

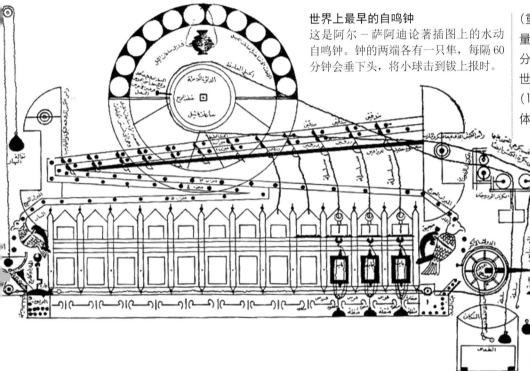

世界上最早的自鸣钟
这是阿尔－萨阿迪论著插图上的水动自鸣钟。钟的两端各有一只隼，每隔60分钟会垂下头，将小球击到钹上报时。

（重量）和运动中的阻力（质量）区分开来，但是这种区分仅限对天体的分析。13世纪时，托马斯·阿奎那（1224~1274）才在对地面物体的研究中使用了这种区分法。

1154年，阿拉伯工程师阿尔－开萨拉尼在大马士革的倭马亚清真寺制造了世界上最早的自鸣钟，以水力驱动。1203年，他的儿子里德万·阿尔－萨阿迪在《钟表制造和使用》中介绍了他父亲的发明。伊斯兰世界的水力自鸣钟非常精巧，1235年在巴格达造出的大钟可以报知礼拜时间、白天和黑夜。在中国，制图学和印刷术同时得到迅速发展，1155年左右出现的最早的印刷地图刊印在《六经图》中，直到3个多世纪后的1475年在欧洲才出现同类印刷地图。《六经图》中的这张地图描绘了中国西部的河流与省份名称，还标明了长城的位置。

1137年石刻的《禹迹图》是更为宏大的创制。这幅宋朝疆域全图刻在石碑上，上面有网格线和这张地图的比例尺。

欧洲人在使用水轮磨谷物很长时间后，改用风力。1180年，水轮的原理被用来制造风磨。同早期波斯的水平式风磨不同，欧洲的立式风磨使用了立在塔楼上的装有帆状叶片的杆状装置，风速变化时它随之转动。12世纪90年代，由于风磨的广泛使用，教皇塞莉斯泰因三世开始对其征税。

风车叶片动力
德国式风磨是直杆加4个扇页的，与早期只有磨坊顶部的叶片随风旋转的立磨不同。

书中他讨论了分数、代数、导数、排列组合、三角形与四边形几何学问题。他还提出了几何学中引入负数的问题。在《种子计数》一书中，他推断出以"0"为除数将得出无穷。他还是第一个认识到一个数同时有正平方根和负平方根的人。在他1150年的天文学著作《精确之冠》中，他为了计算量变

2
任何数字的平方根都有的个数

的比率，对运动进行了拆分计算，这非常接近微积分，不过视角要比5个世纪后的艾萨克·牛顿与戈特弗里德·莱布尼茨狭窄。

出生于西班牙的哲学家伊本·路世德（1126~1198）（在欧洲又称阿威罗伊），对公元前4世纪亚里士多德的著作进行了详细评述，旨在将他的思想同伊斯兰神学结合。1154年，阿威罗伊在《论亚里士多德的运动理论》中首次将物体的原动力

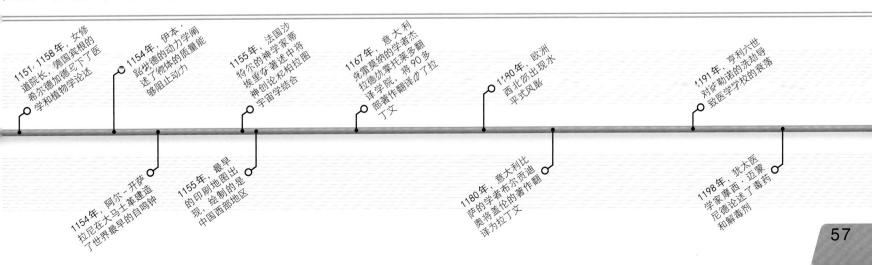

"阿尔－加扎利发明的影响，仍在今日的机械工程中萦绕。"

《中世纪伊斯兰科技研究》，唐纳德·希尔，1998年

意大利数学家列奥纳多·皮萨诺（斐波那契）在1202年出版了《算盘书》（Liber Abaci）。这部西欧的主要著作首先推广了印度－阿拉伯数字和位值制（见861~899年）。书中还介绍了代数学的法则，它们可能来自花拉子密（见821~860年），此外还有平方根和立方根的解法。

原创装置
左图所示是阿尔－加扎利的一项机械设计，装置自动将水倒入管子，然后流入储水室，再被自动提上去。

斐波那契介绍的方格乘法，对货物交换的建议以及用合金制币的方法对当时比萨商人很有用。斐波那契数列（见下图）是由兔子繁殖引发的一个难题。

1206年，阿拉伯工程师伊本·伊斯梅尔·阿尔－加扎利出版了《创造的知识与机械装置》，书中详细描述了包括最早的机轴与凸轮轴在内的50种机器。其中最特别的一件是形状如不死鸟骑象、高两米的水钟（亦称漏壶），它半个小时计时一次。

数列由1开始　　数列中每一个数都是前两个数之和　　这是个无穷数列

1+1　1+2　2+3　3+5

1, 1, 2, 3, 5, 8…

斐波那契数列

斐波那契数列中一长串数字里每一个都是前两个的和。数列中的数成为斐波那契数。斐波那契数列奇异地在自然界中存在着，许多花的花瓣数量常常是斐波那契数（雏菊花瓣13片，21片，34片），植株茎上的叶子通常也按照这个数列的相关比例排布。

1202年，斐波那契在《算盘书》中介绍了印度－阿拉伯字母的用途

1206年，阿尔－加扎利在《创造的知识与机械装置》中描述了机轴与凸轮轴

1210年，宗教会议宣布在巴黎大学禁止研究亚里士多德的著作

1214年，意大利广场成为休养医师们的消毒剂，他观察了感染中化们的作用

1217年，苏格兰学者迈克尔·斯科特将阿尔－比特鲁吉的《行星理论》译为拉丁文

14000千米
人体血管网络大约的总长度

13世纪插图，描绘了血液通过血管在人体内的循环。图中可以看到心脏顶端。

早期的中国火器是威力较低的手掷式榴弹与箭上装小型燃料筒的飞火箭。1231年，把守河中府的金兵面对蒙古大军时，使用了"震天雷"。震天雷内装含硝量大的火药，可将铁壳炸开。爆炸声可在50千米外听到，据说炸出的铁块可以削裂铁甲。

1232年，金兵又使用了装有竹制火药筒的长矛，它是火箭的一种早期形态。在点火后，长矛利用燃料的推力飞向前方。另一种火器是早期的火焰喷射器。它喷火可达两米远，对敌人造成重大伤亡。

火箭制作
这里展示的是1232年开封府战役中使用的一种中国早期类型的火箭。士兵正准备点燃竹火药筒的引信。

> "对线、角和形的思考是最伟大的能力，因为不借助它们自然哲学就无以为之。"

英国哲学家、神学家罗伯特·格罗斯泰斯特，
《论线、角和形》，1235年

林肯主教罗伯特·格罗斯泰斯特（1168~1253）通过1220~1235年间出版的《亚里士多德后验分析注疏》，在融合基督教思想与亚里士多德哲学和科学方法方面起到关键作用。

格罗斯泰斯特的逻辑方法是严格的，他将过程称为"解决与综合"，其中涉及对假说可能性进行的检验，同时他反对未经观察做出的结论。他的理论认为任何由力引起的变化都需要在一定介质中完成，这促使他去研究光学，并撰写关于彩虹和天体的论文。

1230年左右，欧洲数学家约尔丹努斯·德·尼莫尔在《重量证明之基础》中，引入了新的杠杆理论。在亚里士多德"若支点两端物体等距等重，则杠杆平衡"（见第34~35页）的理论基础上，约尔丹努斯在力学中加入了虚位移的概念。他的《重量论》研究了物体运动轨迹中的向下的力的问题。他证明了轨迹越倾斜，则向下的力越小（后来被理解为"位形重力"）。约尔丹努斯还为杠杆倾斜或弯曲时平衡点位置给出了证明。

叙利亚博学大家、解剖学家伊本·阿尔-纳菲斯（1213~1288）著有纲要式的《阿维森纳医典解剖学注解》。其中不仅包括了大量解剖学方面的发现，还有他最具突破性的发现：血液通过心肺循环。他指出血液自右心流出，经肺部流入左心，这和传统的盖伦观点（见100~250年）有所不同，后者认为血液自右心室流出后，穿过室间隔膜上的毛孔注入左心。阿尔-纳菲斯并没有

斐波那契（1170~1250）

列奥纳多·皮萨诺（斐波那契）出生在意大利比萨城一个富商家中。他的父亲是比萨在突尼斯的殖民地布吉亚的管理者，在那里斐波那契接触到了阿拉伯数学思想。32岁时，斐波那契出版了《算盘书》，这本书带给他巨大声望，他还为当时兼任西西里国王的腓特烈二世做过数学证明。

解释血液如何从左心室回到右心室。完整的血液循环理论直到17世纪才被威廉·哈维所提出（见1628~1630年）。

1220年，罗伯特·格罗斯泰斯特出版了《亚里士多德后验分析注疏》

1230年，约尔丹努斯·德·尼莫尔的杠杆平衡理论提出了虚位移概念

1231年，巴黎大学解除了亚里士多德学说禁令

1231年，阿尔-达里拨入重金，在大马士革修建了专门教授医学的学校

1220~1240年，巴瑟罗缪的《学百科全书》出版

1245~1246年，叙利亚医师伊本·阿比·乌舍比阿出版了《论医师类别信息的来源》，这是第一部阿拉伯医学史

1247年，宋慈编著了最早的法医学著作

1248年，伊斯兰医师伊本·阿尔-拜塔尔编撰了《诸溥药品通说》，这是中世纪阿拉伯最有影响的药学著作

> "治疗抑郁，需在颅骨中打十字形洞……患者应该用铁链系住。"
>
> 罗杰·弗鲁伽迪，意大利外科医生，《外科学》，12世纪后期

罗杰·弗鲁伽迪的著作《外科学》是欧洲最早的外科专著之一。图中描绘的是疝气手术过程。

1250年左右，神父兼医师，英国人吉尔伯特写下了《医药纲要》。这是中世纪最为流行的一本医药学著作，被从拉丁文翻译成德文、希伯来文、加泰罗尼亚文和英文。全书各章分别讨论了头、心脏、呼吸器官、热病和妇科病的问题。在书中，吉尔伯特谈到了麻风病会让皮肤失去知觉。

1266年，英国牧师兼学者罗杰·培根完成了他的《大著作》。表面上在呼吁教会改革，书中实际用大量篇幅描写了实验观察和自然科学，以此向教会展示新知

> "实验科学是科学的王后，是一切思考的目标。"
>
> 罗杰·培根《第三著作》，1267年

识的好处。书中有西欧最早对于火药的描述、飞行器和蒸汽船的构想。光学部分在书中尤其重要。培根赞同阿拉伯学者阿尔哈曾"物体发光，眼方可视"的观点（见1000~1029年）。他研究了不同形状棱镜的性质，论述了

放大镜的用法，对其原理进行了数学证明——尽管他并不曾发明过眼镜。

意大利外科医生胡戈·博尔格尼奥尼（1180~1258）和特奥多里科·博尔格尼奥尼（1205~1298），来自医药学中心博洛尼亚的医学世家。在13世纪60年代，特奥多里科倡导用酒擦拭伤口再快速擦干的方式消毒。这种方法同当时仍然盛行的古希腊医学家盖伦的观念大不相同，盖伦相信伤口处应该任其化脓。二人提出用干绷带包扎伤口，而当时使用的方法以涂抹油膏和膏药为主。他们还是麻醉术的早期使用者。他们在海绵上浸入鸦片或毒芹汁，手术时把它放到病人鼻子边进行麻醉。

罗杰·培根（1220~1292）

罗杰·培根在英国牛津大学学习，后游历到巴黎讲授亚里士多德。1247年，他辞去职位，专心个人研究。1257年为继续研究，罗杰·培根加入了方济各会。教皇克雷芒四世委托他写一部关于教会改革的作品，这就是他撰写《大著作》的缘由。

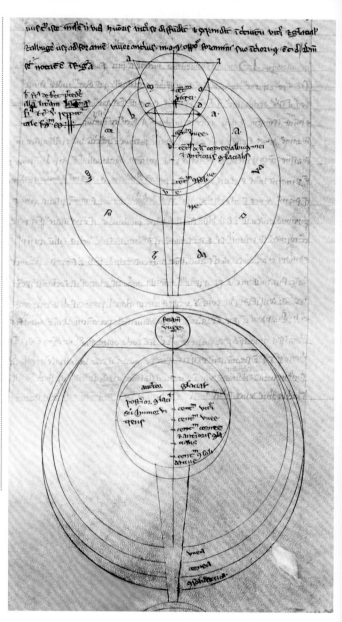

《大著作》
这幅图引自罗杰·培根的《大著作》，描绘了眼球的结构、其玻璃体的曲率，以及光线如何穿过玻璃体而产生视觉。

1250年，英国人吉尔伯特的《医药纲要》，份中内容包括麻风病的诊断

1260年，特奥多里科·博尔格尼奥尼倡导用酒清洗伤口，并在手术中使用麻醉剂

1260年，大阿尔伯图斯提出，火山是由地下的风导致的

1257年，罗杰·培根研究了眼睛的结构和放大镜的原理

"你将能够指引脚步，迈进城市和岛屿，乃至世界的任何角落。"

法国学者皮埃·德·马立克在《关于磁性的通信》中描述罗盘时如是说，1269年

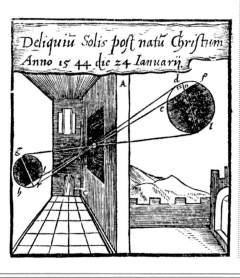

宗教艺术中很快就出现了戴眼镜的人物形象，如这幅作于1491年的巴黎圣母院壁画"犹大背叛"的局部细节所示。

告城观象台
由双塔构成，每座塔上各放置一架浑仪。两塔之间平铺量天尺（石圭），以测量12米高圭表的日影。

1269年，法国学者皮埃·德·马立克写出了《关于磁性的通信》，这是最早描述磁石性质的著作。在书中，他提出了相吸与相斥的法则，并解释了如何确定罗盘方向。马立克的论述激发人们去制作更好的磁罗盘，这对航海具有不可估量的作用。他还设想了利用磁性原理工作的永动机。

1276年，元朝皇帝忽必烈命数学家、工程师郭守敬（1231~1316）重修立法。为了完成这项工作，郭守敬制造了一系列天象仪器，其中包括用铜环表示天赤道的大型赤道浑仪。直到3个世纪后，第谷·布拉赫（见1565~1574年）才开始在欧洲使用这种系统的仪器。郭守敬继而于1279~1280年间在今天的北京和洛阳附近的登封市告城镇等地建造了观象台。告城镇的观象台高12米，台体直通上下的凹槽为测影圭表的表身。通过测量冬夏二至点圭表日影的长度，来测定一年的时间长度。郭守敬还使用先进的三角方法计算一年的长度。

1280年郭守敬完成了《授时历》的制定。根据他的计算，一年时长为365.2425天。

世界上现存最早的火炮来自中国，制造于1288年。在使用铁管强化炮身之前，中国人用铜管发射含火药的爆炸物。火炮发明可能比这更早，1274年和1277年的史料中有关于元军使用火炮摧毁南宋城池的记载。

虽然罗伯特·格罗斯泰斯特（1175~1253）和罗杰·培根在13世纪早期就研究了棱镜的放大功能，但

26秒
郭守敬计算结果和天文年实际长度的差异

最早提到眼镜的人是多明我会修士乔尔达诺·达皮萨（1260~1310）。他写道自己在1286年见到过这种东西。早期的眼镜是矫正远视的凸面镜，矫正近视的凹面镜在一个多世纪后才出现。

1290年，法国天文学家圣克卢的威廉记述了他在5年前观测到的日食。在观察那次日食中，很多人因为用肉眼直视太阳而损伤了眼睛。为了防止这种情况，威廉使用了暗箱。太阳光进入这种有孔的黑箱后，在对面的板上打出投影。这种技术在11世纪时就被阿尔哈曾使用过，以证明两条交叉的光线不会发生干涉。威廉则是最早用它来观测日食的人。他还通过观察至点的太阳位置来计算地轴的倾角。此外，他还编写了记录1292~1312年太阳、月亮和星星详细位置的天文年历。

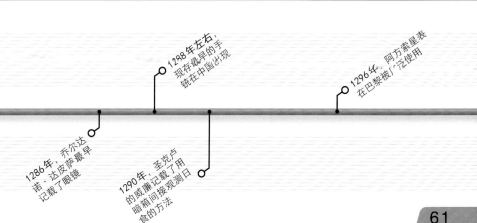

暗箱
16世纪绘画中的暗箱，从中可以看到当太阳穿过孔洞照入暗房时，墙壁上就会留下太阳的影子。

Deliquiū Solis poſt natū Chriſtum Anno 15 44 die 24 Ianuarij

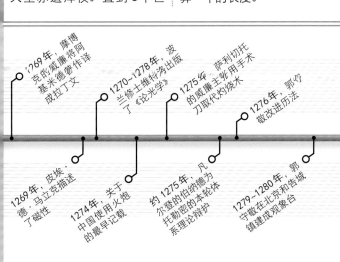

1269年，摩博利克的威廉将阿基米德著作译成拉丁文

1270~1278年，波兰修士维特洛出版了《论光学》

1275年，萨利切托的威廉主张用手术刀取代灼烧术

1276年，郭守敬改进历法

1298年左右，现存最早的手铳在中国出现

1296年，阿方索星表在巴黎被广泛使用

1269年，皮埃·德·马立克描述了磁性

1274年，关于中国使用火炮的最早记载

约1275年，凡尔登的伯纳德为托勒密的本轮体系理论辩护

1286年，乔尔达诺·达皮萨最早记载了眼镜

1290年，圣克卢的威廉记载了用暗箱间接观测日食的方法

1279~1280年，郭守敬在北京和告城镇建成观象台

"可控"轮用来操控车的前进方向

底盘下卷曲的弹簧用来释放和存储能量

手柄用来手动控制前轮的方向

像一辆玩具车一样，反方向转动轮子，在弹簧中储存能量

只要刹车装置不松开，车就能保持稳定

30件

从地中海沉船中复原的安提凯希拉装置中齿轮的数量

公元前 230 年早期齿轮
中国"指南车"可能已经使用了齿轮装置，以确保在车轮转动时小人永远指向南方。

指南车

公元前 125 年，张衡水运浑仪
中国学者张衡制造的水运浑仪用齿轮和流水驱动。他的用于演示日月星辰运动的浑仪模型，不仅对中国的齿轮技术而且对后来的钟表师都产生了影响（见 700~799 年）。

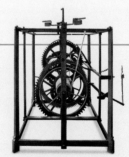

13 世纪，欧洲的机械钟
最早用齿轮控制指针和报时的钟在这一时期出现，其驱动力由连接着发条的摆锤提供。

索尔兹伯里教堂的钟

公元前 200 年水车
希腊水车用齿轮获取水力，这种技术开始传播到罗马世界。200 年后，中国人发展了自己的水车技术，用齿轮装置驱动各种运动。

中国水车

公元 7 世纪，波斯风磨
世界上最早的实用性风磨是波斯人发明的，以水平帆驱动立轴转动。

风磨的齿轮

1206 年，《创造的知识与机械装置》
阿拉伯全才阿尔－加扎利的一部论著中描绘了包括机轴在内的 100 种机器的结构，其中大多数都依靠齿轮。

阿尔－加扎利的论著

齿轮的故事

作为传递转动力的简单有效的装置，齿轮的发展应用经历了一个漫长和复杂的历史过程

能够改变力的方向，将它从一个转动轴传递到另一个轴，或者通过运动进行力的交换，这是很多现代机器的重要特征。然而，要实现这些机械功能常常需要依赖沿用了两千多年之久的齿轮技术。

齿轮是一个安置于中转轴上的轮，其外缘有一系列的齿与另一齿轮的齿相互啮合。齿可将转动传递给相邻的齿轮，形成相互配对的传输齿轮组合。两齿轮的齿数比决定了次级齿轮的转速和转动力，提供了所谓的机械效益；直径越小的次级齿轮转速越快，但所产生的转矩和转动力也越小。

最早可能使用齿轮的装置是公元前3世纪出现于中国的"指南车"。在古希腊，齿轮技术达到了顶峰，如从1900年左右在地中海沉船中发现的装置复原的"安提凯希拉机械装置"，就是一台装有齿轮的复杂的天文计算仪器。

列奥纳多·达·芬奇的自走车
这个自驱动车辆的模型是根据列奥纳多·达·芬奇绘制的草图制成。两翼弹簧的张力通过巧妙的齿轮传递到后轮。

实际应用：

齿轮的更多实际应用，如在水流和风中获取能量，在古代世界迅速传播。畜力或人力踏车变得常见起来。齿轮在多种工厂都可以看到，面粉磨坊可能是最普遍使用齿轮的，而锯木厂用齿轮来转动锯片，锻造厂中则用齿轮牵引铁锤，去敲打金属或者铸币。

13世纪时，新的进步推动了发条装置在欧洲的革新；工业革命时代，改进的齿轮又被用于控制蒸汽机。今天，从汽车到喷墨打印机的各种现代机器中，也依然使用齿轮。

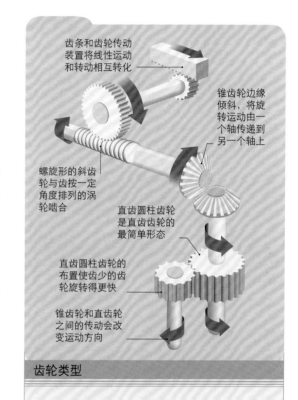

齿条和齿轮传动装置将线性运动和转动相互转化

锥齿轮边缘倾斜，将旋转运动由一个轴传递到另一个轴上

螺旋形的斜齿轮与齿按一定角度排列的涡轮啮合

直齿圆柱齿轮是直齿齿轮的最简单形态

直齿圆柱齿轮的布置使齿少的齿轮旋转得更快

锥齿轮和直齿轮之间的传动会改变运动方向

齿轮类型

不同设计和安装的齿轮，以多种多样的方式在不同方向间传递运动。复合传动装置可以用一个转轴产生的动力驱动一系列线性运动，或者以所需的速度驱动另外的转轴。

1480年，列奥纳多·达·芬奇设计的齿轮
意大利全才列奥纳多·达·芬奇在多种发明中使用复合齿轮装置，如打磨棱镜和轧制金属的装置。这些发明显示出他对齿轮功用的高度理论化理解。

1781年，默多克齿轮
苏格兰工程师威廉·默多克的"太阳－行星齿轮传输系统"可将蒸汽驱动梁的垂直运动转变为传动轴的转动。

"太阳－行星齿轮系统"

1835年，滚齿加工的发明
英国工程师约瑟夫·惠特沃思发明了滚齿加工技术，这是最早在工业层面上制造高精齿轮的技术。

塑料齿轮

20世纪50年代，塑料齿轮
用新型塑料制造的齿轮出现在20世纪50年代。它们的强度不如金属齿轮，但是却比金属齿轮更便宜更易于制作。

18世纪，工业革命
工业革命时蒸汽动力的发展提高了齿轮技术。蒸汽活塞的线性运动被用来驱动火车轮的旋转。

蒸汽机车

19世纪，自行车的发明
在19世纪，自行车从1817年前后发明的快速滑板车发展成为使用齿轮和传动链条的脚踏动力装置。

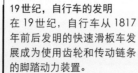

"安全"自行车

20世纪90年代，纳米技术
在纳米尺度下创制的机械与大型机械装置一样，依赖于相同的齿轮传动原理，只是其齿轮直径为微米级的。

中世纪学者们致力寻找彩虹色彩的成因，如罗杰·培根和弗莱堡的西奥多里克。

蒙迪诺·德·卢齐的《解剖学》在封面页中画出了解剖台上的尸体。尸体已经被剖腹摘除器官。

0.45 千克
相当于现代英制磅的重量

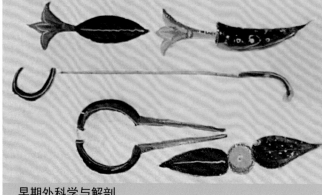

早期中世纪欧洲使用的重量单位是罗马磅。1罗马磅合12盎司，主要用来计量药物和钱币。1303年左右，英格兰的《大宪章》中提到了便于为羊毛等大件货物计重的新计量单位，称为常衡。这个名字来自法国北部的诺曼语，意为有重量的货品。常衡采用16盎司磅制，这个系统在此后700年间都在使用。

"常衡磅"可能起源于佛罗伦萨，在那里有一种几乎同样的羊毛称重单位。很快，常衡磅系统中增加了补充权，包括英担（1英担=112磅），其定义最早出现在1309年的一份法令中。

彩虹的性质吸引了从亚里士多德到罗杰·培根的许多哲人的思考。培根认为彩虹的颜色来自阳光在云中球形水滴上的反射。1310年，多明我会修士西奥多里克（1250~1311）进行了一个科学实验，他将光束透过盛满水的玻璃球打到幕布上，实验印证了培根对彩虹成因的猜想。西奥多里克进而指出，当阳光照到水珠上时，首先发生折射，之后在水珠球面内部发生反射，然后再折射。西奥多里克也正确描述了光谱，他发现实验幕布上颜色的种类和次序（红、黄、绿和蓝）与彩虹的相同。

重大事件
这是一套标准常衡制砝码中的一个，1582年由伊丽莎白一世发行。19世纪20年代之前，这些砝码一直是标准度量单位。

早期外科学与解剖

外科学经过漫长的历史才成为独立学科，但对其日益增长的医学思考自1170年起就见诸文献了。1200年时，囊肿、疝气和骨折的手术已经成为常事。14世纪时，外科医师们开始注意在手术时要避免感染，有时他们用酒擦拭创口并快速擦干。

但丁的《天堂篇》（1313~1321）中最早描述了依靠重力驱动的摆钟，而它的实际出现可能是在数十年之后。摆钟利用重锤存储动力，维持一天或一星期的运转。上发条时重锤被升起，重力再让它下坠。在下坠时，势能使得钟表进行机械运转。最早的钟盘是以宗教时间划分的，上面标注教堂一天之内的7次固定礼拜时间。12时制钟盘的最早记录出现在1330年。

最重要的外科专家之一，亨利·德·蒙德维尔（1260~1316）最初是随军医师，后来在蒙彼利埃教授医药学。1308年，他开始用解剖图和颅骨模型辅助教学。

1312年，他写下了《外科学》，这本手册一定程度上以他对尸体的实际解剖观察为基础，尽管他的一些定义并不完全准确。

1303年，常衡制引入入英格兰

1305~1307年，英国高德斯登的医师约翰描述了一种披牙工具——鹅嘴形异物钳

1309年，常衡磅系统中增加了英担

1310年，弗莱堡的西奥多里克进行了彩虹和光谱的实验

1312年，法国医师亨利·德·蒙德维尔出版了《外科学》

1313~1321年，意大利作家但丁·阿利吉耶那里在《天堂篇》中提及摆钟

> "用较少的东西就能够做好的事情，而用较多的东西去做，是一种无效的浪费。"

方济各会修士威廉·奥卡姆《逻辑大全》，1323年

> "上帝是最早的执业医师。他取土造出男人，又用其肋骨造出夏娃。"

法国医师亨利·德·蒙德维尔，《外科学》，1312年

意大利博洛尼亚大学的医学教授蒙迪诺·德·卢齐（1275~1326），在教学中时常进行尸体解剖。

1315年，他进行了一次公开解剖展示。1316年，蒙迪诺完成了《解剖学》，这是第一本有关解剖而非泛泛外科学的专著。

人身图谱
这幅引自亨利·德·蒙德维尔《外科学》的解剖图显示躯干下部被切除，露出了内脏。

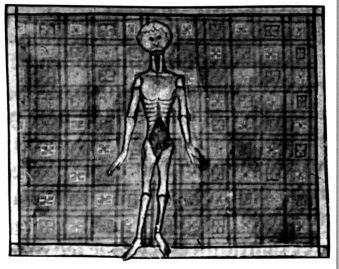

1323年，威廉·奥卡姆出版了他最重要的著作《逻辑大全》，在书中他与传统的经院哲学产生了根本的分歧。奥卡姆思想中最值得重视的是他的思维经济观念，即在论辩中"如无必要，勿增实体"，这条原则被称为"奥卡姆剃刀"。他宣传个别认识是世界一切知识的起点，反对长久以来对宇宙秩序的形而上学的解释。他还呼吁世俗和神权的分离。

12世纪起，欧洲人开始用风车来磨面粉。1345年，荷兰人第一次用风车驱动水泵排水造田。这种重新恢复的田地，或者称为围田，最后造就了这个国家五分之一的土地。今天，一系列堤坝还在保护着它们免遭海水侵蚀。

1349年，法国学者尼古拉·奥雷姆（1320~1382）扩展了用图表表示函数增长（如物体加速度）的体系，这对数学分析起到很大帮助。1377年，他在《论天空与大地》中提出了地球并非如传统星相学所言在宇宙中心静止，而是在一个轴上旋转的观点。为反驳质疑者所说地球运动会让飞鸟飞出地球的论调，他强调海洋中的水也处于旋转之中。

威廉·奥卡姆（1285~1349）

方济各会修士威廉·奥卡姆在牛津就学，1315年时开始讲授圣经。他的逻辑理论被很多人视为对基督教教条的攻击，因此被以传播错误学说之罪传唤到阿维尼翁教廷。在法庭做出判决前，他逃到了德国，在巴伐利亚选侯、神圣罗马帝国皇帝路易四世的宫廷中度过余生。

20%

荷兰人填海所得的陆地比例

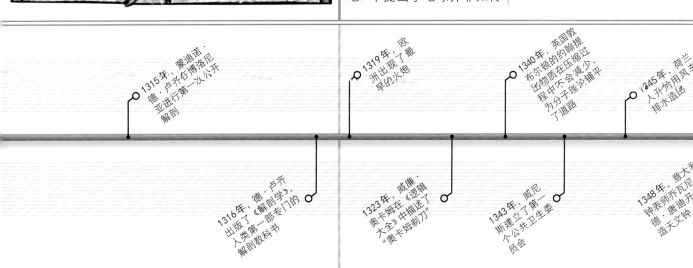

1315年，蒙迪诺·德·卢齐在博洛尼亚进行第一次公开解剖

1316年，德·卢齐出版了《解剖学》，人类第一部专门的解剖教科书

1319年，欧洲出现了最早的火炮

1323年，威廉·奥卡姆在《逻辑大全》中描述了"奥卡姆剃刀"

1340年，英国教士布尔顿的约翰提出物质在压缩过程中不会减少，为分子堆砌铺平了道路

1343年，威尼斯建立了第一个公共卫生委员会

1345年，荷兰人开始用风车排水造田

1348年，意大利钟表师乔瓦尼·德·唐迪开始制造天文钟

1348年，英国数学家理查德·斯温内谢德证明了习加速物体运动的恒等式

1349年，尼古拉·奥雷姆发展了一套图示法

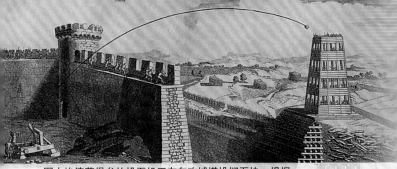

"投掷体依靠……投掷者赋予的冲力而运动。只要冲力强于阻力，运动就将继续。"

法国神父让·布里丹，《亚里士多德物理学问题》，1357年

图中埃德萨堡垒的投石机正在向攻城塔投掷石块。根据让·布里丹的理论，投石机将冲量赋予了投掷体。

在14世纪40年代后期，前所未有的可怕的黑死病席卷了欧洲、中东和北非。黑死病是腹股沟淋巴结鼠疫（腺鼠疫）经鼠蚤传播到人身上的传染病，后来人们发现其病原体是鼠疫杆菌。黑死病在1347年传播到君士坦丁堡，通过地中海的航船传播开来，1348年波及法国和英国。发病初期的症状体现为腹股沟和腋下的肿胀，之后病人身上会长满黑点并发高烧。黑死病在欧洲造成了数百万人的死亡。

当时的医生尚不能治疗鼠疫，他们相信这是因为潮湿腐烂的尸体污染空气所致。医生们的解决办法是少吃肉、鱼、菌菇这些"腐败性"食物，以此控制体温，另外他们还让人们把放有香辛料的香盒放在鼻子旁边。

虽然医生们没有控制住鼠疫，但是医疗力量在鼠疫后得到强化。1351年，帕多瓦有12位医学教授，而在1349年时只有3位。提升公共卫生水平的措施得到实施。1377年，拉古萨共和国（今克罗地亚的杜布罗夫尼克）制定了来自疫区人员须隔离检疫30日的制度，1383年马赛也采取了同样措施。1450年，米兰建立了永久性卫生委员会。1480年，健康通行证被引入意大利。

亚里士多德对抛物体运动的解释长期以来困扰着学者。1357年，法国神父让·布里丹（1300~1358）出版了《亚里士多德物理学问题》。他注意到扔出的石头在脱离投掷者后继续运动，将其归结为投掷者给了物体一个力（布里丹将其命名为冲力），使得物体能够继续运动，直到空气阻力让其停止。他认为物体的冲力取决于其中物质的量，因此扔出的羽毛不会快速飞行，但重物却能做到。

瘟疫受害者
这部15世纪瑞士的手稿显示了瘟疫受害者的症状，在他们身体的大多数部位都出现了肿胀或淋巴结炎。

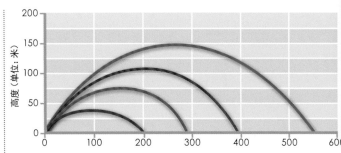

自由落体
把物体抛掷到一个更高高度的冲力，意味着它将使物体在下拉力作用下落回地面之前会再向前行进一段距离。

50%
14世纪黑死病高峰时期，欧洲大致的死亡率

约1年，黑死病疫情达到顶峰，约一半的欧洲人死于该病

1357年，法国神父让·布里丹提出了冲力理论

"不懂得解剖结构的外科医生就像一个盲人从事木头雕刻。"

居伊·德·肖利亚克，法国医生，《大外科学》，1363年

居伊·德·肖利亚克《大外科学》中的插图描绘了不同的疾病患者——手臂折断和眼睛受伤的人前去就医。

法国医生居伊·德·肖利亚克（1300~1368）给3位教皇当过私人医师。1348年，黑死病爆发时，他正在阿维尼翁，黑死病的经历让他首次区分了肺鼠疫和腹股沟淋巴结鼠疫（腺鼠疫）。

他的7卷本《大外科学》（1363年）是中世纪最重要的外科教科书之一。他在书中建议用滑轮和重物拉伸受伤肢体，并注意到颅骨骨折时脑脊液的流失。他概括了器官切开术和牛骨假牙植入术。对盖伦（见100~250年）的过度相信也令他在治疗时有倒退的地方，比如他放弃了伤口无菌处理法，重新将化脓视为康复的一个步骤。

准确的时间标记
图示为复原的德·唐迪1364年所制的天文钟，由图可见其7个表盘中的3个，以及平衡轮和校准用的砝码。

1364年，意大利钟表师乔瓦尼·德·唐迪（1318~1389）出版了《天文钟》，书中描述了他历时16年制造的天文钟。他的天文钟高一米，以重力驱动，擒纵装置和平衡轮使得它成为当时最先进的钟。钟上7个表盘指示太阳、月亮和五大行星的运动。天文钟是一种万年历，连每年复活节日期也可以指出。天文钟的钟摆每小时平均摆动1800次，如果要走快或走慢，可以通过微小的重量调整校准。

在欧洲，火箭作为武器的最早记录始于1380年威尼斯与热那亚间的基奥贾海战。火箭与炮弹不同，需要点火燃烧来提供在空中持续飞行和抛射前进的推力。由于燃料筒中的火药燃烧不均匀，集中于表面燃烧，军事技术专家必须发明新技

制造火药
德国传说将火药的发明归功于炼金士巴托尔德·施瓦茨。木刻版画描绘了他搅拌火药原料的情景。

术解决这个问题。他们在筒中央留下一个圆锥洞，这样有助于它燃烧得更均匀，发射更有效。他们还将火箭改进为密封式，只在尾部留出一个小孔。德国军事技术专家康拉德·基瑟尔在《堡垒》一书中讨论了这个办法。基瑟尔还建议在火箭尾部像箭一样加上羽毛，或者加上重物，这样射出轨迹可以更平，瞄准可以更加准确。

1363年，法国医学家居伊·德·肖利亚克完成了《大外科学》

1364年，意大利钟表师乔瓦尼·德·唐迪历时16年造出了天文钟

1368年，中载英国伦敦出现了医学奖学金

1370年，法国医学家约翰·阿德恩描述了新式灌肠器

1377年，奥德纳尔德围城战中，火炮首次在欧洲显示了威力

1377年，拉古萨共和国颁布了检疫法

1377年，法国哲学家尼古拉·奥雷姆提出了地球绕轴自转的理论

1380年，欧洲最早关于火箭的记载来自基奥贾海战

1383年，马赛引入了检疫法

1391年，西班牙最早的解剖牙被记录下来

意大利艺术家马索利诺·达·帕尼卡莱是早期视觉透视大师。他在为佛罗伦萨布兰卡奇礼拜堂绘制壁画《圣彼得医治跛脚人》和《塔比瑟复活》时，很好地运用了透视技术。

佛罗伦萨圣母百花大教堂的穹顶直径42米，高54米，由建筑师布鲁内莱斯基经16年建成。

关于古希腊人了解直线透视原理这件事，欧几里得在《几何原本》中就有过论述。但是这方面的知识在罗马帝国灭亡后就失传了。

意大利艺术家乔托（1266~1337）试图用代数公式制造透视效果，他仅仅成功了一部分。意大利数学家比亚吉奥·佩拉卡尼（1347~1416）为此继续努力，他在1377~1397年间的论述中发现了真正的直线透视，指出了如何利用镜面确定物体远

42米

佛罗伦萨大教堂穹顶宽度

近。1415年到1416年，意大利建筑师菲利波·布鲁内莱斯基（1377~1446）首次向公众演示了如何利用镜子作画。他将佛罗伦萨洗礼堂映射到30厘米见方的幕布上，这样就可以将透视效果

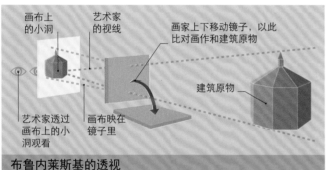

艺术家的视线
画布上的小洞
画家上下移动镜子，以此比对画作和建筑原物
建筑原物
艺术家透过画布上的小洞观看
画布映在镜子里

布鲁内莱斯基的透视

佛罗伦萨建筑家、画家布鲁内莱斯基使用镜子在画布上重现佛罗伦萨洗礼堂的精准图像。他注意到直线透视可以将三维物体准确地印在二维平面上。通过单点透视（在画布上开小洞）和镜子，他可以画出同原物肖似的画作。

画出。

布鲁内莱斯基可能师承自佛罗伦萨医生保拉·托斯卡内利（1397~1482）。直到1460年，布鲁内莱斯基才将他的理论发表。最早的关于直线透视应用的记述在1436年，由托斯卡内利另一名学生莱昂·巴蒂斯塔·阿尔伯蒂（1404~1472）在《论绘画》中提出，其中涉及用网格定出图像在画中位置的方法，还有消失点与地平线的原则。

作为一名绘画的革新者，布鲁内莱斯基在建造佛罗伦萨的大型建筑时，还使用了先进的机器，包括大型起重机。其中一件安放在驳船上的起重机械，能吊起一吨以上的重物，有3种不同的提升速度，可在不卸载重物的情况下进行反向操作。1421年，佛罗伦萨统治者为他颁布了最早的有据可查的专利。后来威尼斯将专利制度变为常规，规定发明者在登记成果后10年内可专享权益。

1420年，帖木儿汗国统治者兀鲁伯（1411~1449）在撒马尔罕建立了科学机构。1424年，他在那里开始建立天文台，那里的一台六分仪直径可达40米。在他延揽的天文学家中有一位叫贾姆希德·阿尔-卡西（1380~1429），他编纂过一部包含天文专章的数学百科，将圆周率推算到小数点后17位，制定了相当精确的三角函数表。1437年，撒马尔罕

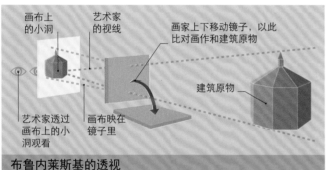

阿拉伯字母　　数学符号

新的数学语言

阿尔-卡拉沙第使用阿拉伯语短词表示代数运算，如و表示+（阿拉伯语中意为和），ة表示/（阿拉伯语中意为除）。

天文台的学者出版了《苏丹历表》（Zij-i-Sultani），这部天文表介绍了1018颗恒星的位置。

在1430~1440年间，西班牙的穆斯林数学家伊本·阿里·阿尔-卡拉沙第（1412~1486）在他的著作中使用了一系列短单词和缩写来表示代数式运算步骤。他并不是第一个这样做的人，一个世纪以前在北非已经出现阿拉伯字母缩写的数学符号，更早的丢番图也使用过一套代数符号。但阿尔-卡拉沙第广泛流传的著作将这种方法大为推广。

1436年，布鲁内莱斯基经过16年的工作，最终建成了佛罗伦萨大教堂的穹顶。它是当时世界上最大的无柱结构。为了解决承重问题，布鲁内莱斯基先修建了一个较小较轻的内层，再在外面修建了更坚硬的外层，两层之间是木石环肋结构。此外他还在砖壁上搭砌了鼓座。环肋和鼓座都能够分担穹顶的重量。

德国库萨的哲学家尼古

1420年，兀鲁伯在撒马尔罕建立了天文机构

1424年，兀鲁伯化乃撒马尔罕建造天文台

1415~1416年，布鲁内莱斯基在佛罗伦萨展示了透视的用法

1421年，最早有记录的专利由佛罗伦萨当局授予布鲁内莱斯基

1425年，阿尔-卡西将圆周率算至小数点后17位

> "我们不应该说，由于地球比太阳小，并受到太阳的影响，所以它是更卑下的。"

德国库萨的哲学家尼古拉，《论有学识的无知》，1440 年

16世纪早期的木刻画，描述了库萨的尼古拉夹在呼吁宗教改革的人群（尼古拉也是其中一员）与保守的教皇支持者之间。

约翰内斯·谷登堡（1400~1468）

谷登堡出生于美因兹，后来搬迁到斯特拉斯堡，他在那里进行了一项称为"冒险与艺术"的神秘投资项目。1448 年，他回到美因兹，1450 年他开始在家乡经营印刷厂。印刷厂的效益并不理想，1459 年谷登堡破产了。

面向大众的印刷

复原后的谷登堡印刷机为我们展示了这种在美因兹印刷《四十二行圣经》的机器。所谓《四十二行圣经》是因其每页每栏均为 42 行而得名。

杠杆压紧铅板，并把油墨压出来

盛放闲置活字的铅板

放纸的铅板

油墨流到字模上

拉（1401~1464）写下了《论有学识的无知》等一系列论著，其中也包含先进的天文学和宇宙学思想。

他有关地球沿地轴自转、在轨道上绕太阳公转的前卫主张，预示了百年后哥白尼理论的出现。

1440 年，约翰内斯·谷登堡开始实验活字印刷。字模按需要可以取下和重装。1450 年，他建立了印刷厂，其在欧洲最早批量印刷的出版物，是古罗马多纳图斯的《修辞学》。谷登堡印刷厂的技术越来越精细，1454 年他印刷了自己的《圣经》版本。

> "它是一台印刷机……不竭的溪流从中流出……像一颗新星驱散无知的黑暗。"

约翰内斯·谷登堡，德国印刷商，约 1450 年

1430~1440 年，阿尔·卡拉沙第在其著作中提出了用符号表示代数运算

1436 年，莱昂·巴蒂斯塔·阿尔伯蒂在《论绘画》中提出透视的数学原理

1436 年，布鲁内莱斯基建成了佛罗伦萨大教堂的穹顶

1437 年，撒马尔罕天文台的学者出版了星表《苏丹历表》

1440 年，库萨的尼古拉提出了外球围绕太阳转动，而且其他恒星可能也会有伴随的行星

1440 年，谷登堡开始尝试活字印刷

谷登堡《四十二行圣经》中的插图。如今存世的48本《谷登堡圣经》是世界上价值最高的书籍之一。

1454年，谷登堡完成了《圣经》的印刷，他所印《圣经》每页每栏均为42行，即《四十二行圣经》，也称《谷登堡圣经》。这是书籍在欧洲第一次付诸批量印刷，首印的180本立即被卖光。在《圣经》之后，数百部作品被谷登堡印刷机和其他印刷机印制出来，使科学思想得以迅速传播。

1464年，德国数学家约翰内斯·米勒（又称雷格蒙

30
弗罗林
《谷登堡圣经》最初的价格

塔努斯，1436~1476）完成了《论三角》，这是三角几何的系统教材。他最基本的一个命题是两个三角形若各边比例相同，则其角也相同。他重视并依靠阿拉伯数学家的著作。

13世纪时，最早的密码记载出现了。15世纪时，密码开始在外交通信中广泛使用。1466年，意大利画家、哲学家莱昂·巴蒂斯塔·阿尔伯蒂（1404~1472）发明的密码盘让多字母替换成为可能。每次旋转圆盘，都会出现新的字母排列方式，可用于生成新的编码表。

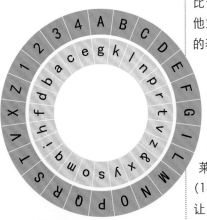

破解密码
转动阿尔伯蒂密码盘的内圈，一个确定的符号（如 g）就会和外圈的符号（如 A）对应。

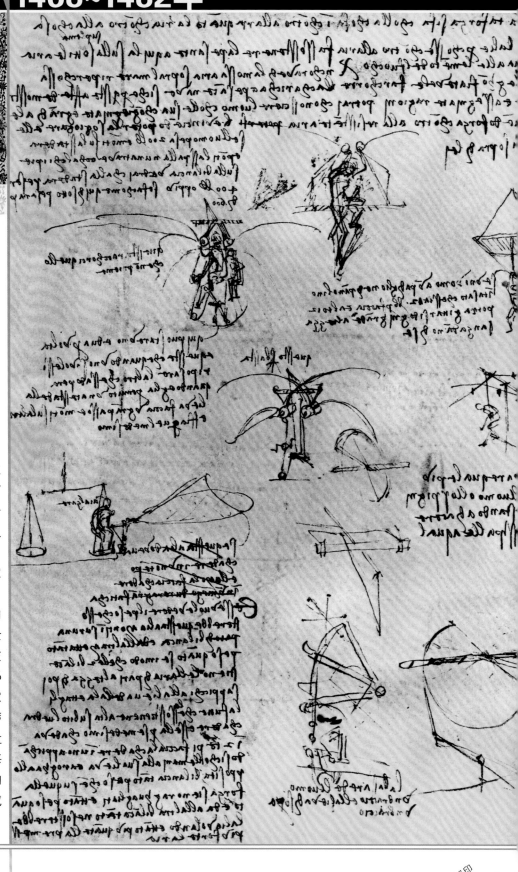

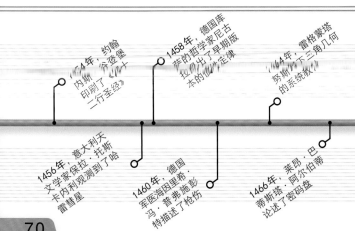

1454年，约翰内斯·谷登堡印刷了《四十二行圣经》

1458年，德国库萨的哲学家尼古拉的出了早期版本的微积分定律

1464年，雷格蒙塔努斯写下三角几何的系统教材

1478年，第一部印刷本综合性数学著作《特雷维索算术》出版

1456年，意大利天文学家保拉·托斯卡内利观测到了哈雷彗星

1460年，德国军医海因里希·冯·普弗施彭特描述了枪伤

1466年，莱昂·巴蒂斯塔·阿尔伯蒂论述了密码盘

1472年，奥地利天文学家格奥尔格·佩乌巴赫出版了《行星新论》，这是第一部被大量多次印刷的天文学著作

> "自然始于理性而终于经验，但我们必须反向而为……"

意大利画家、建筑学家、工程师列奥纳多·达·芬奇，《笔记》

木刻版画描绘了哥伦布的3艘帆船"尼娜""平塔"和"圣玛丽亚"号，历经5个星期横渡大西洋，最后发现了美洲。

最早的应用数学教科书见于15世纪后期，即出版于1478年的《特雷维索算术》，书中演示了四则运算的技术，其中乘法术有5种，包括"叉乘法"和接近今天的"棋盘法"。书中还介绍了诸如定合金中贵金属合适比例的混合法，以及黄金数的求法（见1723~1724年）。

1483年，德国的班贝格尔·雷兴布赫（人称"算术家班贝格尔"）继续开拓算术学。他制定了乘法五步法，提出了算术级数和几何级数的求总量原理。

意大利画家、建筑学家、工程师列奥纳多·达·芬奇的广泛兴趣之一是飞行原理。他认为"飞鸟是按数学法则运作的机械"，设计了鸟翼形的飞行装置。

1481年，达·芬奇设计了降落伞，它是一个用木棍支撑亚麻布罩的金字塔形装备，能够减缓下降者的加速度，为落地提供缓冲。但是尚无证据表明他真的制造出过这种降落伞。

列奥纳多·达·芬奇
（1452~1519）

出生在意大利托斯卡纳区的达·芬奇是文艺复兴时代最具创造力的人物之一。他在赴米兰为斯福尔扎家族工作之前，是一名见习雕塑师。作为一位天才艺术家，他的作品包括1495~1498年间完成的《最后的晚餐》和1503年完成的《蒙娜丽莎》。他广泛的科学兴趣体现在13000页的笔记中。

达·芬奇的笔记
笔记中的这一页画有他的飞行器草图。他用"反字"来做注记，其缘由我们不得而知。

数学符号在15世纪后期得到快速发展。1461年《德累斯顿手稿》出现了表示1~4阶级数的符号。1489年左右，德国数学家约翰内斯·威德曼（1462~1498）首次使用+和－表示加减。他还用一条长线表示等号。

1489年，达·芬奇开始了人体解剖的研究。他对大量动物和据称不下10具人类尸体进行解剖，记录在1489~1507年的笔记中。达·芬奇所绘的解剖图比之前所有的都更详细。

> "我……向加纳利群岛方向航行，从那里我远航而去，直到我抵达了印度。"

克里斯托弗·哥伦布，《第一次航行日记》，1492年

达·芬奇在1490年最早描述了水在狭小的空间中不依重力下落，反而上升的毛细现象。

1492年10月，热那亚航海家克里斯托弗·哥伦布登上了今天巴哈马群岛的圣萨尔瓦多海岸，他是继11世纪维京冒险家之后第一个到达美洲的欧洲人。哥伦布的发现带来了人口、农作物和疾病的传播交流。新大陆的发现还带来了美洲驼、犰狳等新物种的发现。

环球航行与世界地图

1409年，从希腊文翻译成拉丁文的托勒密的《地理学》，以及葡萄牙人到达西非海岸的航行，为地图绘制技术的发展提供了新的驱动力。许多15世纪的地图，就像威尼斯修士弗拉·莫罗在1540年绘制的作品那样，开始将托勒密的地理知识同航海图信息结合，但还没有使用能够准确标示距离的投影法。直到1569年，地理学家、地图学家赫拉尔杜斯·墨卡托在绘制世界地图时采用了投影法，依靠这样的地图，海员们就可以更容易地确定航线。

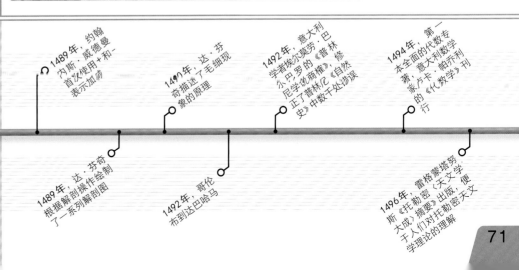

1481年，达·芬奇设计了降落伞图样

1489年，达·芬奇根据解剖操作绘制了一系列解剖图

1489年，约翰内斯·威德曼首次使用+和－表示加减

1490年，达·芬奇描述了毛细现象的原理

1492年，哥伦布到达巴哈马

1492年，意大利学者埃尔莫劳·巴尔巴罗的《普林尼学优荷椎》，修正了普林尼《自然史》中数千处谬误

1494年，第一本全面的代数学专著，意大利数学家卢卡·帕乔利的《代数学》刊行

1496年，雷格蒙塔努斯《托勒密〈天文学大成〉摘要》出版，便于人们对托勒密天文学理论的理解

马丁·瓦尔德塞弥勒1507年绘制的地图中最早出现了"亚美利加"这一名称，尽管此时美洲南北部的很多海岸线仍然未知。

"弗拉卡斯托罗……断定……贝壳化石皆属于曾经活着的生物。"

苏格兰地质学家查尔斯·赖尔，《地质学原理》，1830~1833年

15世纪末的地理大发现，主要指哥伦布1492年发现美洲和1497~1498年间达·伽马环绕非洲远航印度。地理大发现为地图学家提供了大量新资料。

1504年，洛林公国圣迪埃的一个团体得到了亚美利哥·韦斯普奇（1454~1512）叙述他第三次美洲航行的书信。这群人中的马丁·瓦尔德塞弥勒（1470~1522）在1507年绘制了一张全球地图，首次将发现的新大陆命名为亚美利加。1508年，瓦尔德塞弥勒在关于测绘的一篇论文中第一次描述了经纬仪。利用经纬仪，测绘和制图者的测量范围达到360度角。

4 年

瑞士军表的平均电池寿命

40小时 16世纪发条便携钟的平均工作寿命

电池与弹簧

亨莱因制造的第一块表尽管只能使用不到两天的时间就需要重上发条，但这在当时却是一个重大成就。

15世纪晚期，钟表师学会了如何利用旋绕的弹簧来驱动钟表，这就是发条钟表。

最早的怀表

图中所示为彼得·亨莱因1512年所制造便携钟的紧凑结构。它由缓慢旋绕的弹簧驱动。这是最早的可以装在口袋中的小型计时器。

纽伦堡的钟表师彼得·亨莱因用这项技术制造出"便携钟"，也就是后来所说的表。据史料记载，1512年时亨莱因制造的表可以连续走40个小时，一只口袋就能装下。

1513年，波兰天文学家尼古拉·哥白尼（1473~1543）写下了《纲要》，在这个前瞻大纲的基础上，他后来提出了革命性的日心说。旧的托勒密天文学中有繁复的本轮和均轮，相信地心说，将"行星退行"等现象视为异常，哥白尼对这些都深感不满。哥白尼解释了行星运行速度的周期变化是与其距离太阳位置的远近成比例的。因为担心教会的攻击，哥白尼将他的发现隐藏了30年。

1500年左右，枪炮师傅开始在火器上使用簧轮装置，让快速旋转的金属齿轮击打燧石块，摩擦出火花点燃火药。

13世纪中叶的学者大阿尔伯图斯描述了呈现动物形体的石头，但是阿拉伯和中世纪欧洲的多数学者或者认为它们是自然形成，或者认为它们是大洪水中淹死动物的遗骸。在1517年的一次辩论中，意大利医师吉罗拉莫·弗拉卡斯托罗（1478~1553）首次公开表述了化石是动物身上有机物长期石化之产物的观点。

1522年8月，麦哲伦船队的18位幸存者回到了西班牙，他们完成了第一次环球航行。航行历时3年，包括麦哲伦在内的230名船员在途中丧生。这次航行确证了地球的周长是40000千米。

1525年，德国艺术家阿尔布雷希特·丢勒（1471~1528）出版了《罗盘与尺的测量法》，这是应用数学最早的著作之一，书中详细介绍了弧度、螺线、正则图形、半正

帕拉塞尔苏斯肖像

帕拉塞尔苏斯是炼金术士兼医师。他强调了化学技术在医药中的意义。

则图形和立方体，以及它们对于精确的科学画图的意义。

被称为帕拉塞尔苏斯的德国炼金术士兼医师泰奥弗拉斯托斯·冯·霍恩海姆（1493~1541），摒弃了亚里士多德和盖伦的四体液学说，制定了一套新的化学分类法。他在《论矿物》中提出化学物质的3种基本元素是硫黄、汞和盐。帕拉塞尔苏斯不认可解剖研究，提出作为"小

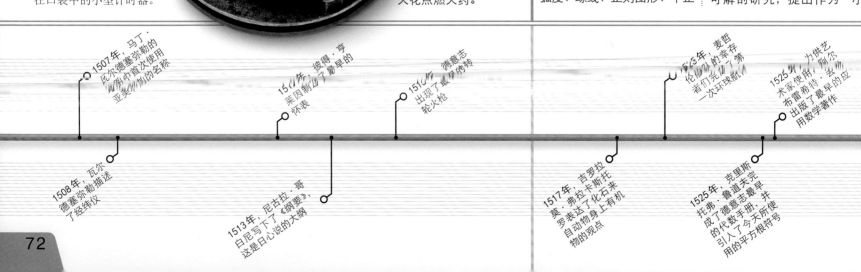

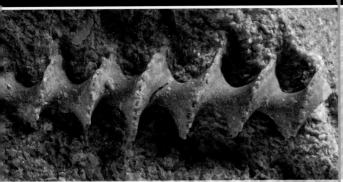

吉罗拉莫·弗拉卡斯托罗是最早认为阿基米德氏虫这样的贝壳化石来自生物。

"让古老王国与历史事件仍然记忆如新，让后世子孙依然知晓我们的时代。"

皇家宪章描述赫拉尔杜斯·墨卡托地球仪，1535年

宇宙"的人体应同"大宇宙"，即自然保持平衡。他热衷于蒸馏化学物质，甚至将硫酸（在治疗痛风时使用）、汞和砒霜等明显有毒害性的物质作为医药成分。1529年前，他开始使用一种被他起名叫鸦片酊的镇痛剂。

1533年，佛兰德斯制图家赫马·弗里修斯（1508~1555）首次完整描述了三角测量法。利用三角测量法，人们可以站在已经测量好的基线上测量更广大的区域。1547年时，他提出测算经度的新方法——在出发点校准便携钟，到终点后再将钟上时间和当地时间对比。不过由于当时钟表精度尚低，这种方法并没有立刻显示出实际意义。

1521年，在博洛尼亚大学教授解剖学的意大利外科医师，贝伦加里奥·达·卡尔皮（1460~1530）论述了对可观察物（包括人的尸体）进行解剖的意义。他把这作为其著作《卡尔皮解剖学》的理论基础。该书是第一部印刷了插图的解剖学著作。

注意细节

《卡尔皮解剖学》的绘图显示了连接心脏的血管。从这些示例能够看出卡尔皮的绘画何等忠实于尸体的解剖情况。

赫拉尔杜斯·墨卡托
(1512~1594)

赫拉尔杜斯·墨卡托出生于佛兰德斯，一生致力于制造数学工具。他从1537开始绘制地图，1538年完成了他第一幅世界地图。1569年，他编绘另一幅世界地图，这一次他使用一种将等值线表示为直线的投影法，即后来以他名字命名的"墨卡托投影"。

文艺复兴时期人们希望为古典作家著作中提到的植物名称配图说明，这成了植物学发展的动力。1530~1536年间，加尔都西会修士德国人奥托·布伦费尔斯（1488~1534）出版了《活植物图谱》。书中收录了260幅木刻植物画，其细节的精准为植物学画图奠定了标准。

1530年，赫马·弗里修斯编纂了一本关于制造地球仪的手册。1541年，佛兰德斯制图家墨卡托制造了现存最早的地球仪。墨卡托地球仪的外侧还附加有一些星体与等角线，二者对航海有重要帮助。

1542年，德意志植物学家莱昂哈德·福克斯（1501~1566）出版了《植物史》。书中记录了以药用植物为主的550余种植物，描述了它们的名称和医疗价值。《植物史》的插图尤其清晰，因此非专业人士也广泛使用。

植物绘图

这里画的是一株琉璃苣（又称星草），准确而精美的插图，使得福克斯的《植物史》成为极有价值的植物学手册。

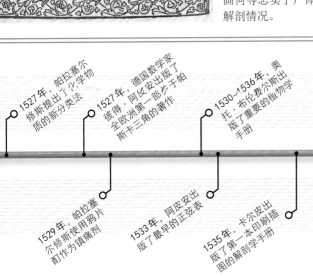

"太阳静止不动，而且位于宇宙的中心。"

1543年，尼古拉·哥白尼的《天体运行论》

哥白尼认为所有行星绕太阳而非地球运行。这一观点是与传统天文学的决裂和对教会权威的挑战。

在谷登堡用活字印刷革新了印刷术一个世纪之后（见1450~1467年），科学家的著作便能够被更多的读者读到，从而使新思想产生了更为广泛的影响。1543年是科学著作出版历史上具有里程碑意义的一年，许多重要著作在这一年问世。其中最著名的两本书分别是尼古拉·哥白尼的《天体运行论》以及安德烈亚斯·维萨里的《人体结构》。这两本书因各自对传统的天文学和解剖学的批判和颠覆而常被后人视为科学时代开启的标志。

直到那时，大多数天文学家仍相信地球位于宇宙的中心，这一观点由托勒密在2世纪确立。然而，哥白尼经过计算指出地球和其他所有行星都在围绕太阳运转。他从1510年起就致力于对这一观点进行研究，到16世纪30

400

哥白尼《天体运行论》一书第一版的印数

年代完成了其数学论证。但是，因为这一观点同传统天文学相悖并且和基督教会存在冲突，哥白尼对于其著作的出版犹豫不决。最后，在跟随他求学的奥地利数学家格奥尔格·雷蒂库斯的鼓动之下哥白尼终于同意出版这一著作。据说，他在临终时才得到出版的《天体运行论》的第一版。

然而，因为这本书造价昂贵，只售出几百本，并没有立即引起轰动，但是，他对于日心宇宙理论的数学论证则很快被广大天文学家接受，这使得他们同教会之间出现分裂。

相比之下，维萨里在其7卷本的关于人体解剖的综合研究著作《人体结构》出版之时年仅28岁。这是历史上第一本全插图形式的人体解剖学著作，细致展现了维萨里在人体解剖研究当中的发现。同哥白尼《天体运行论》一书不同的是，维萨里的书卖得很好，以至于他于1543年又出版了《人体结构》概要的单卷本。

在这一年里，数学的奠基之作，意大利工程师和数学家尼科洛·丰塔纳·塔尔

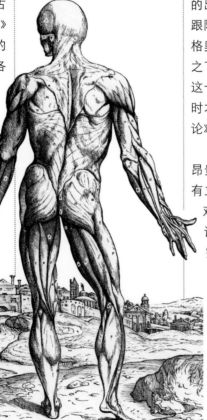

《人体结构》
维萨里有关人体解剖的著作中包含丰富而细致的人体结构插图。插图中的人体姿势和当时的寓言画相似。

日心宇宙
在《天体运行论》一书中，哥白尼运用数学计算和天文观测论证了地球及其他5颗行星是如何以圆周轨道围绕着太阳运转的。

塔利亚出版了欧几里得《几何原本》的意大利文译本，这是该书的第一个现代欧洲语言译作。

威尔士数学家罗伯特·雷科德出版了《艺术基础》，这本书是历史上第一本印刷出版的英文数学著作，此后被作为标准教科书使用了一个多世纪。

尼古拉·哥白尼（1473~1543）

哥白尼出生在波兰托伦的一个德裔家庭，幼年丧父，后由其叔叔抚养长大。他先后在博洛尼亚学习法律及在帕多瓦学医。他起初在罗马讲授数学，后回到波兰从事医生的职业。他创立了日心学说，但直到1543年其临终之时才出版了自己的著作。

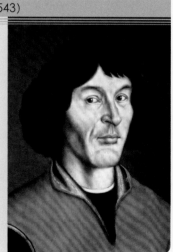

尼古拉·哥白尼称太阳位于宇宙的中心

安德烈亚斯·维萨里出版《人体结构》，该书是人体解剖领域的先驱之作

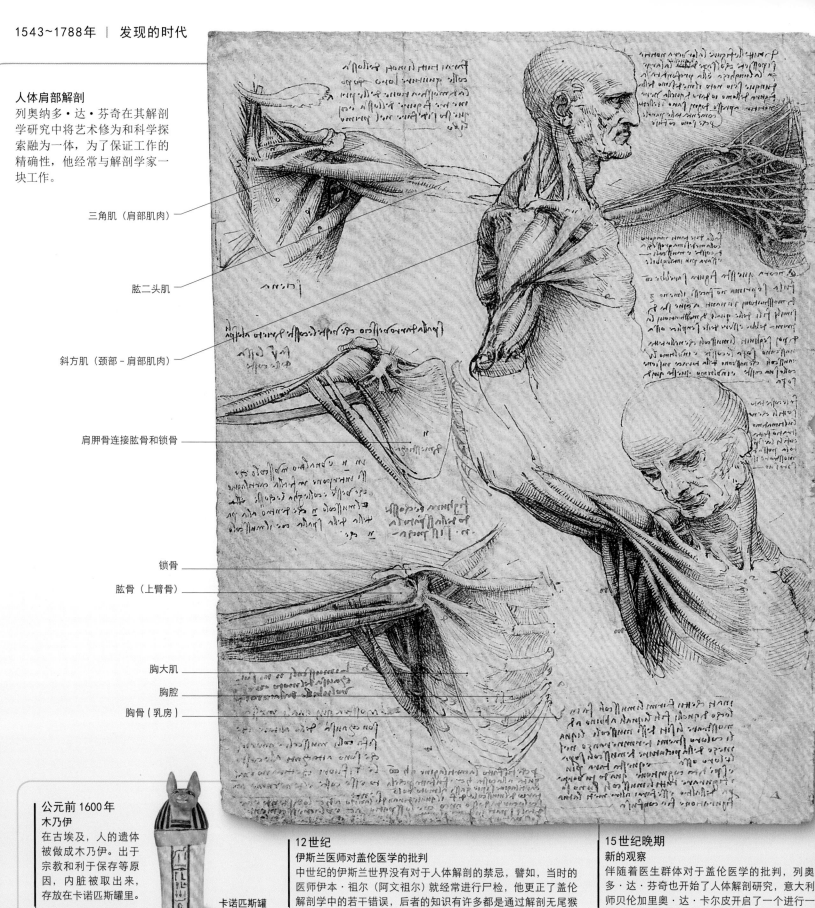

人体肩部解剖

列奥纳多·达·芬奇在其解剖学研究中将艺术修为和科学探索融为一体，为了保证工作的精确性，他经常与解剖学家一块工作。

三角肌（肩部肌肉）

肱二头肌

斜方肌（颈部–肩部肌肉）

肩胛骨连接肱骨和锁骨

锁骨

肱骨（上臂骨）

胸大肌

胸腔

胸骨（乳房）

公元前 1600 年
木乃伊
在古埃及，人的遗体被做成木乃伊。出于宗教和利于保存等原因，内脏被取出来，存放在卡诺匹斯罐里。

卡诺匹斯罐

公元前 500 年
古希腊解剖学
古希腊医生希波克拉底通过解剖动物来认识人体。

希波克拉底

12 世纪
伊斯兰医师对盖伦医学的批判
中世纪的伊斯兰世界没有对于人体解剖的禁忌，譬如，当时的医师伊本·祖尔（阿文祖尔）就经常进行尸检，他更正了盖伦解剖学中的若干错误，后者的知识有许多都是通过解剖无尾猴得到的。

公元前 180 年
盖伦的血液运动理论
古希腊出生的医生盖伦认为血液在人体中持续产生，这一观点直到 17 世纪才被更正。

盖伦的解剖学

15 世纪晚期
新的观察
伴随着医生群体对于盖伦医学的批判，列奥纳多·达·芬奇也开始了人体解剖研究，意大利医师贝伦加里奥·达·卡尔皮开启了一个进行一手解剖观察的新纪元。

14 世纪
蒙迪诺·德·卢齐
意大利医生蒙迪诺·德·卢齐在 1315 年进行了历史上第一例公开人体解剖。然而，他的记录延续了很多古代的错误。

卢齐的解剖学

解剖的故事

一直以来，生命体的秘密令科学家和艺术家们魂牵梦绕

解剖是对生物体结构所进行的探索，它是认识人体如何运作的基础。早期解剖学家只能通过解剖尸体去寻找一些非常简单的问题的答案，后来，诸如显微镜之类的技术开始帮助医生们对人体进行更为细致的检查。

在古代，解剖学家只能解剖动物，对人类的尸体进行解剖是被禁止的，因为人体被认为是神圣的。盖伦（129~200），这位当时罗马最著名的医生，因为以动物解剖为根据，对人体做出了许多错误的判断。等到人体解剖解禁以后，盖伦的观点才通过直接的观察得以更正。在文艺复兴时期，像列奥纳多·达·芬奇（见 1468~1482 年）这样的艺术家通过十分精致的现实手法刻画人体，每一部新的解剖学著作都配以插图并会命名新的结构。在佛兰德斯出生的解剖学家安德烈亚斯·维萨里（见 1543 年）通过其《人体结构》一书将这一潮流推向了高潮。

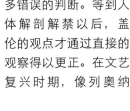

解剖学蜡像
图中所示的是一幅 19 世纪的三维蜡质胎儿像，它是进行医学教学的重要工具。

更深入的研究

显微镜在 17 世纪发明以后，解剖学家看到组织和器官由细胞构成。20 世纪初，X 射线的发现开启了解剖学的新方向。今天，功能强大的电子显微镜能够观察到细胞自身的细微结构，新的摄像技术能够在不切割人体的情况下复原人体内部结构的三维图像。

保存解剖学标本

尸体很容易腐败，通过酒精保存能够延长其用于研究的时间，但是酒精会使尸体脱水，从而造成变形。福尔马林常被用作固定剂来防止这一点。还有一些更复杂的现代方法，比如通过塑料替换体内的水分和脂肪来使尸体处于干燥状态，从而达到防腐的目的。

"人脚是一个工程和艺术的杰作。"

列奥纳多·达·芬奇，意大利学者，摘自其 1508~1518 年的笔记

维萨里书中的插图

1543 年
解剖学之父
艺术家参与安德烈亚斯·维萨里的解剖学工作，为其《人体结构》一书绘制插图。

切片机

1770 年
切片机
切片机可以将组织切割成极为纤薄、几乎透明的薄片，这样做能使样本在功能强大的光学显微镜下进行观察。

核磁共振成像

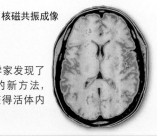

1940~1950 年代
核磁共振扫描
1946 年，美国物理学家发现了一种监测原子信号的新方法，这使得科学家能够获得活体内部软组织的图像。

1665 年
复式显微镜
马尔切洛·马尔皮吉、扬·斯瓦默丹和罗伯特·胡克等运用精致的显微镜记录细胞、毛细血管和组织的结构。

胡克的显微镜

19 世纪中叶
比较解剖学
在查尔斯·达尔文于 1859 年提出的进化论的指引下，许多解剖学家试图寻找证据以证明许多物种具有相同的血缘。

黑猩猩的骨架

1895 年
X 射线
德国物理学家威廉·伦琴利用他新发现的 X 射线拍摄了其夫人手掌骨的照片，开辟了无须解剖来进行人体内部骨质结构观察的新方法。

手掌的X射线照片

帕多瓦植物园是欧洲现存最古老的植物园，至今仍是植物和药物学的研究重镇。

"布、亚麻等并非自己腐烂而滋生了能够引起感染的传染病源。"

吉罗拉莫·弗拉卡斯托罗，意大利医学家、诗人和地理学家，1546年

德国牧师和仪器制造师格奥尔格·哈特曼（1489~1564）在1544年首次注意到并记录了地球的磁偏转现象。该现象又被称作磁倾角，它指的是罗盘的磁针会因为地球磁力线随着地球表面弯曲而偏转。结果是，罗盘指针的北极在北半球略微偏向地理北极以下，而在南半球略微偏向地理北极以上。

哈特曼的这一发现直到一个世纪以后才传播开来，1581年，英国的仪器制造师罗伯特·诺曼发表了自己对

迈克尔·塞尔维特（1511~1553）

西班牙科学家米格尔·塞尔维，又被称作迈克尔·塞尔维特，著有多部医学和人体解剖学著作。在《基督教的复兴》一书中，他在欧洲首次正确解释了肺循环。他的神学作品被视为异端邪说，这最终使他在日内瓦遭受火刑，被烧死在木柱上。

这一现象的记录。

1545年，意大利数学家吉罗拉莫·卡尔达诺（1501~1576）出版了《大术》一书，这是代数学的一本重要著作。他给出了三次、四次代数方程的一般解法。他在书中也吸收了其同时代数学家如尼科洛·丰塔纳·塔尔塔利亚（1499~1557）等人的观点，后者曾翻译欧几里得和阿基米德的作品。这本书首次引用了虚数——平方是负数的数。

随着帕多瓦植物园在1545年对外开放，意大利成

为植物学研究的中心。帕多瓦植物园由威尼斯共和国参议院设立，是同类机构中的首创，为后继植物园树立了榜样。植物园被用于种植和研究药用植物，植物园呈圆形，象征着世界，外围有水流环绕。

植物园第一任园长是路易吉·斯库勒莫（1512~1570），又称安圭拉腊。他培育了约1800种药草，对现代植物科学、医学和药学做出了重大贡献。

1546年，医学家、地理学家和诗人吉罗拉莫·弗拉卡斯托罗（1478~1553）在意大利出版了他最重要的著作《传染病论》。当时，他因1530年所著诗作《西菲利斯》（又名《法国疾病》）而声名远扬，而在《传染病论》一书中，他进一步深入研究了这一主题，较早地提出了疾病传播的解释机理。他的理论指出，每一种疾病都是由非常小的物体或"孢子"引起的，它们藏于被感染者的身体、皮肤和衣服内。他相信，这些微小物体会迅速增殖，并能通过人与人之间的生理接触、未经换洗的衣服

34
亿年

在澳大利亚发现的最早的单细胞体化石的年龄

甚至空气而传播。尽管一开始就被医学机构所接受，但是他的观点对于传染病的治疗和预防的影响微乎其微，直到数个世纪以后，他的理论被路易·巴斯德（见1857~1858年）和其他人证实。

弗拉卡斯托罗对新兴的地质学也颇感兴趣。

旋齿鲨颌部化石

早期学者相信化石是《圣经》中所记载的洪水的遗留物。到16世纪后，人们开始考虑其他解释。

"数学对事实何以如此、何以构成原因而成为证明基础的认识，给出了它自己的解释。"

摘自意大利数学家吉罗拉莫·卡尔达诺《我的生平》一书

1544年，格奥尔格·哈特曼发现磁倾角

1545年，帕多瓦植物园创立

1546年，在给同事杜斯特·杰拉德的一封信中，杰拉托·爱卡托提出地磁北极与地理北极不重叠

1545年，吉罗拉莫·卡尔达诺出版《大术》

1546年，吉罗拉莫·弗拉卡斯托罗出版《传染病论》

1546年，格奥尔格乌斯·阿格里科拉出版《化石研究》

弗拉卡斯托罗对于传染病学做出了重要贡献。

康拉德·冯·格斯纳出版了多卷本的《动物志》，书中配有生动而准确的绘图。

> "为每次脉搏跳动感恩，为每次呼吸唱赞歌。"
>
> 康拉德·冯·格斯纳，德国博物学家，1550 年

他在研究了由建筑工人在挖掘维罗纳一处工地中发现的海洋生物化石以后，提出了富有争议的观点，认为它们可能是多年以前生活在那里的动物的遗留物。

但是，这一观点不同于当时其他地质学家的主张。德国学者格奥尔格·帕沃，又称格奥尔格乌斯·阿格里科拉（1494~1555）反驳了他的观点。他认为这些化石是岩石中的热作用于脂肪类物质而形成的有机形貌。尽管这一观点是错误的，阿格里科拉仍然是地质科学的奠基人之一。在他 1546 年出版的《地下出土物质的研究》一书（又被称为《化石研究》）中，他试图根据各种矿物质和岩石的各自属性对它们进行分类。该书及其早期著作《论矿冶》为矿物学和地质学提供了一个广阔的视野，为当时的各种采矿技术和机械提供了实用的指南。它们也显示了当时地质理论的匮乏，自从罗马时期以来，这方面的研究一直少有进展。

英国测量员伦纳德·迪格斯（1520~1559）于 1551 年发明经纬仪，使得远距离测量更加准确。

同年，德国博物学家康拉德·冯·格斯纳（1516~1565）出版了其多卷本著作《动物志》的第一卷。这本书试图对所有真实存在的乃至神话传说中的动物出具一份综合目录。书中配有手绘插图及版画。更为重要的是，这本书为欧洲读者呈现了新近发现的生存于外国的动物。

尽管该书在北欧广受欢迎，但罗马天主教因作者格斯纳信仰新教而将该书列为禁书。

意大利医生巴尔托洛梅奥·欧斯塔基早在 1552 年即已完成解剖学绘图，但因为担心遭天主教会驱逐而直到 1714 年才有人将其作品发表。他曾研究过人的牙齿，并第一次描述了人体的肾上腺，但他最著名的工作是对于人耳，尤其是对现今被称为耳朵咽鼓管的生理结构的研究。

迈克尔·塞尔维特在 1553 年发表了《基督教的复兴》一书，该书首次正确刻画了肺循环，但这本书也同时招致了天主教和新教权威的仇视。

另一具有争议性的理论来自詹巴蒂斯塔·贝内代蒂（1530~1590）关于自由落体运动的研究。在其 1554 年出版的书中，他指出，对于同一种材料的物体，无论重量多少，其降落的速度相同，这一观点否定了亚里士多德的理论。在同一本书的第二版中，他通过修正自己的理论解释了空气阻力问题，并仍然坚持断言不同大小的物体在真空中下落的速度相同。

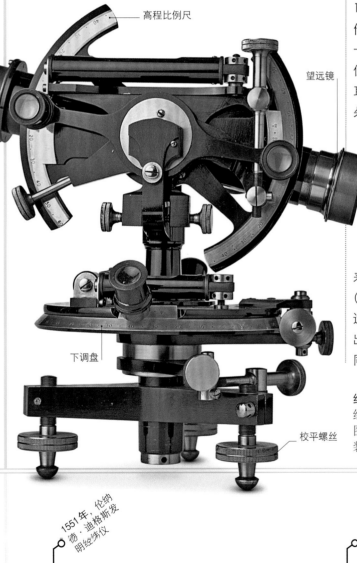

经纬仪
经纬仪可测量垂直与水平角，图中为现代版本的经纬仪，安装望远镜可以测量更远的距离。

高程比例尺

望远镜

下调盘

校平螺丝

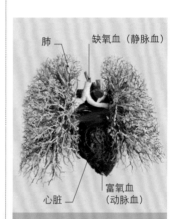

肺　　　缺氧血（静脉血）

心脏　　　富氧血（动脉血）

肺循环

心脏压迫静脉血通过肺动脉到达肺泡表面的毛细血管，血液当中的二氧化碳在此被氧气置换。此后，富氧的血液经过肺静脉重新回到心脏。迈克尔·塞尔维特在 1553 年第一次正确刻画了这一生理过程，但他的影响在当时微不足道。

> "为了避免恼人的重复，我将用一对等长的平行线段'='这种符号来代替'……等于……'"

罗伯特·雷科德，威尔士医生和数学家，1557年

第一部用英文撰写的代数书是由罗伯特·雷科德完成的。

在16世纪的欧洲，吸烟成为一种时尚。

《论金属的本性》

这本图文并茂的著作为格奥尔格乌斯·阿格里科拉所著，其中讲述了矿物如何在地下形成以及如何采掘等内容。

的经典文献中记录了发现于岩石中的矿石纹理以及如何从中取出矿石，还包括一个对于当时已知矿物的广泛分类系统。阿格里科拉被誉为"矿物学之父"，事实上，他对于当时新兴的地理学、冶金学和化学也都做出了贡献。

威尔士数学家罗伯特·雷科德先后于1543年和1551年著有算术著作《艺术基础》和几何学著作《通往知识的道路》。此后，他又于1557年出版了姊妹篇《励智石》。该书可能是历史上第一部以英文撰写的代数学著作。在讲述代数学的基本理论之余，书中还确立了加号

格奥尔格乌斯·阿格里科拉的著作《论金属的本性》在其死后的1556年出版。在这本书中，他讲述了开采矿物的多种技术和机械，尤其是从矿井中将矿物提升到地表的水磨。这一关于采矿工程

"+"和减号"-"等在数学中的使用习惯——此前，这些符号只是偶尔见于某些德国数学家的著述中，并且引入了其发明的新符号等号"="。雷科德以其在英国开启数学

1768°C
铂的熔点

教育著称，而他起初研习医学，曾担任皇室的医生，还一度任职于皇家造币厂，监管造币。尽管他声名远扬且位高权重，但是在《励智石》

一书出版之后，他竟死在一个债主的监狱中。

铂很早即被拉丁美洲的土著居民用于制作项链和装饰品，但欧洲人直到16世纪才认识这一元素。有关这一金属的第一条记录始于1557年，出自意大利学者尤利乌斯·凯撒·斯卡利杰尔（1484~1558）之手。他记录了西班牙探险家发现这种超高熔点和耐腐蚀的未知元素的过程。铂一开始被称作"白金"，人们日后在南美、俄国和南非等地发现这一元素以单质或者合金形态存在。

金属铂
天然铂矿，铂是一种惰性极强的贵金属。

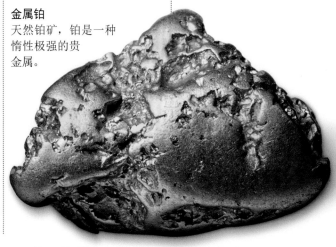

法国外交官让·尼科（1530~1600）在其任葡萄牙里斯本的外交大使之际，通过曾去过美洲的西班牙探险家认识了烟草。美洲土著居民在宗教仪式上吸食烟草，或者将烟草叶子捣成糊状吞咽从而治愈疾病。尼科将烟草和鼻烟献给法国宫廷，使吸烟很快在那里成为时尚。烟草的种名和其中的特有化学物质尼古丁均是根据尼科的名字命名的。

同年，意大利解剖学家和外科医生雷尔多·科隆博

《论解剖》一书的封面
尽管雷尔多·科隆博在解剖学领域仅有这一部著作，但是他的发现却震撼了安德烈亚斯·维萨里。

1536年，格奥尔格乌斯·阿格里科拉的著作《论金属的本性》一书以其拉丁姓名化奥尔格乌斯·阿格里科拉在巴塞尔出版

1557年，罗伯特·雷科德在其《励智石》一书中发明了等号"="

1557年，第一份记载金属铂的欧洲文献出自尤利乌斯·凯撒·斯卡利杰尔（1484~1558）之手

安布鲁瓦兹·帕雷在其担任军医的工作经历中发明了多项新的手术技巧，图为他将其发明展示给学生们。

加布里埃莱·法洛皮奥（1523~1562）

法洛皮奥出生于意大利摩德纳，在菲拉拉学医，后在菲拉拉及帕多瓦的大学教授解剖学和外科学。他也曾担任帕多瓦植物园的主管。他的主要成就在于人脑和生殖系统等领域的重要解剖学发现，著有《解剖学》。他英年早逝，年仅39岁死于帕多瓦。

（约1516~1559年间）出版了《论解剖》。科隆博在外科领域的实践背景有时会引起他与安德烈亚斯·维萨里之间的尖锐冲突。后者和他处于同一时代，但更为学究气。不过，科隆博在解剖学上包括在肺循环方面的研究卓有成就，得到公认。

> **"除了使一个人窒息以及让烟灰填满他的肺以外，（吸烟）没有任何好处。"**
>
> 本·琼森，英国剧作家，《人人高兴》，1598年

意大利博学者剧作家詹巴蒂斯塔·德拉·波尔塔（约1535~1615）对科学非常感兴趣，他在意大利那不勒斯组织了一群志同道合者，成立了"空闲会"，又称"闲人帮"，他们聚会的目的在于

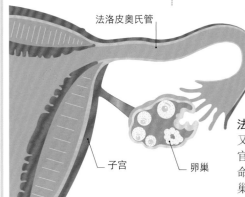

法洛皮奥氏管

子宫

卵巢

法洛皮奥氏管
又称输卵管，该器官以法洛皮奥姓氏命名，是卵子从卵巢进入子宫的通道。

"揭示自然的秘密"。这一组织更为正式的名字叫作"自然秘密研究会"，被认为是历史上第一个科学社团。该团体的会员入会标准对任何人都一视同仁，只要他能够证明自己在自然科学的某一个领域获得了新的发现。研究会的例会一直在德拉·波尔塔的家里召开，直到教皇保罗五世以该组织对神秘哲学的染指而令其于1578年解散为止。此后，在德拉·波尔塔的鼓励下，另一个同类性质的学会"山猫学院"又于1603年成立。

加布里埃莱·法洛皮奥于1551年接替科隆博担任帕多瓦大学解剖与外科主任，他的代表性著作是《解剖观察》，出版于1561年。这一时代后来被追忆为解剖学发现的黄金时代。有时，他以其拉丁文名字Fallopius为人所知，他在人的耳、眼、鼻以及人的生殖和器官等方面做出了重大贡献。连接卵巢和子宫的法洛皮奥氏管就是以他姓氏命名的。法洛皮奥是一位受人尊敬的生理学家和技术精湛的外科医生以及解剖学家，他终其一生只出版了关于生理学的一部著作，但他撰写了许多关于外科、医学和各种疾病治疗方法的文章。他的工作有益地补充了他的同时代人维萨里和科隆博的作品，并且经常悄悄地修正了这两位的错误观念。

同时，法国人安布鲁瓦兹·帕雷（1510~1590）写下了近代外科的第一批指南性读物。他的作品基于他作为军医的经验，用法语而非拉丁语写成。除了描写外科手术的操作步骤（当中有很多是他自己的发明）以外，帕雷的书还提出了外科手术作为一种恢复术的定位，应最大限度地减少病人的痛苦。书中提到，缓解病人的痛苦，关怀甚至同情对于手术的成

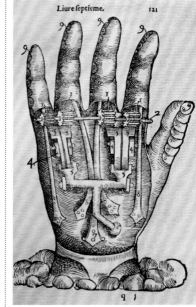

帕雷曾设计复杂而精巧的义肢来替代病人丧失的肢体，图为他于1585年绘制的假手图示。

功都非常重要。这一观点源自他的实际经验，在做截肢治疗时他用香油和药膏来处理伤口，而不是用沸油烧灼伤口消毒，后一种方法常常会伤害外科医生试图要修补的那些人体组织。帕雷基于经验观察而开创的科学方法极大地提高了"理发师-外科医生"的地位，此前，人们一度认为其地位不如内科医生。

1559年，让·尼科将烟草引入法国

1559，科隆博出版《论解剖》

1560，历史上第一个科学社团由德拉·波尔塔创建于那不勒斯

1561，法洛皮奥描述了人体卵巢-子宫以及输卵管

1564，帕雷出版《外科学》

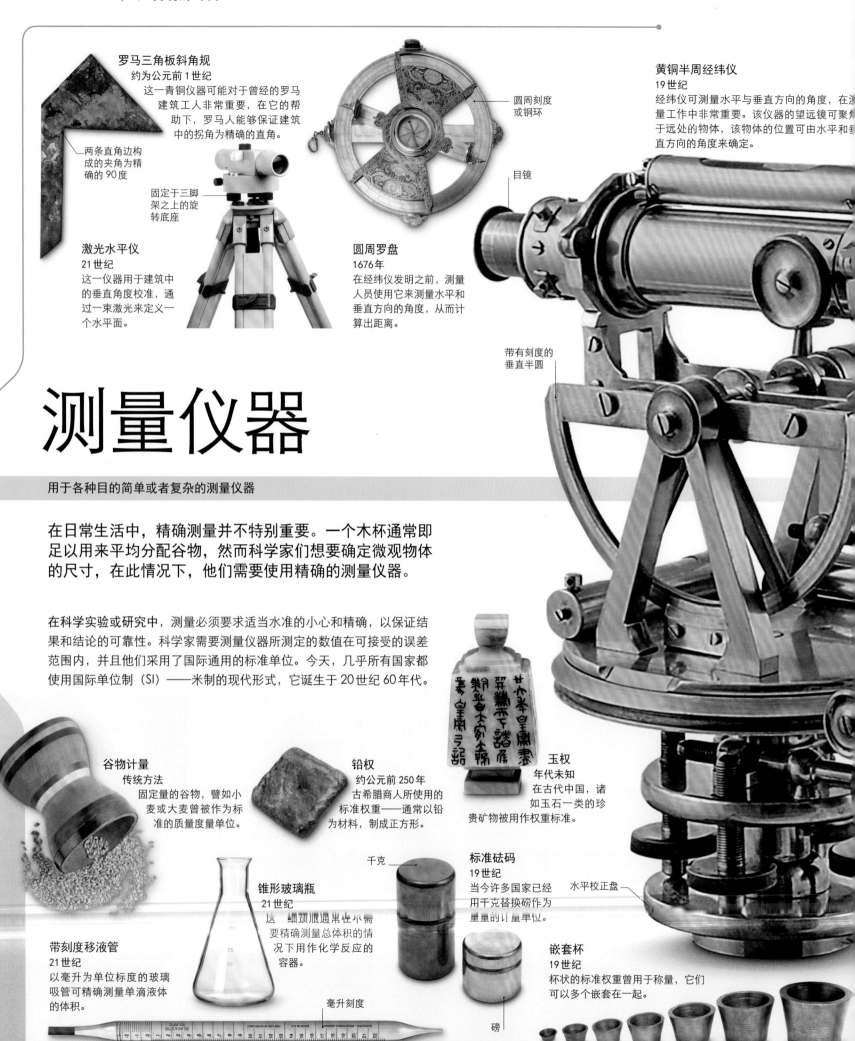

罗马三角板斜角规
约为公元前1世纪
这一青铜仪器可能对于曾经的罗马建筑工人非常重要，在它的帮助下，罗马人能够保证建筑中的拐角为精确的直角。

两条直角边构成的夹角为精确的90度

固定于三脚架之上的旋转底座

激光水平仪
21世纪
这一仪器用于建筑中的垂直角度校准，通过一束激光来定义一个水平面。

圆周罗盘
1676年
在经纬仪发明之前，测量人员使用它来测量水平和垂直方向的角度，从而计算出距离。

圆周刻度或铜环

黄铜半周经纬仪
19世纪
经纬仪可测量水平与垂直方向的角度，在测量工作中非常重要。该仪器的望远镜可聚焦于远处的物体，该物体的位置可由水平和垂直方向的角度来确定。

目镜

带有刻度的垂直半圆

测量仪器

用于各种目的简单或者复杂的测量仪器

在日常生活中，精确测量并不特别重要。一个木杯通常即足以用来平均分配谷物，然而科学家们想要确定微观物体的尺寸，在此情况下，他们需要使用精确的测量仪器。

在科学实验或研究中，测量必须要求适当水准的小心和精确，以保证结果和结论的可靠性。科学家需要测量仪器所测定的数值在可接受的误差范围内，并且他们采用了国际通用的标准单位。今天，几乎所有国家都使用国际单位制（SI）——米制的现代形式，它诞生于20世纪60年代。

谷物计量
传统方法
固定量的谷物，譬如小麦或大麦曾被作为标准的质量度量单位。

铅权
约公元前250年
古希腊商人所使用的标准权重——通常以铅为材料，制成正方形。

玉权
年代未知
在古代中国，诸如玉石一类的珍贵矿物被用作权重标准。

千克

标准砝码
19世纪
当今许多国家已经用千克替换磅作为重量的计量单位。

水平校正盘

锥形玻璃瓶
21世纪
这种锥形玻璃瓶通常在不需要精确测量总体积的情况下用作化学反应的容器。

带刻度移液管
21世纪
以毫升为单位标度的玻璃吸管可精确测量单滴液体的体积。

嵌套杯
19世纪
杯状的标准权重曾用于称量，它们可以多个嵌套在一起。

毫升刻度

磅

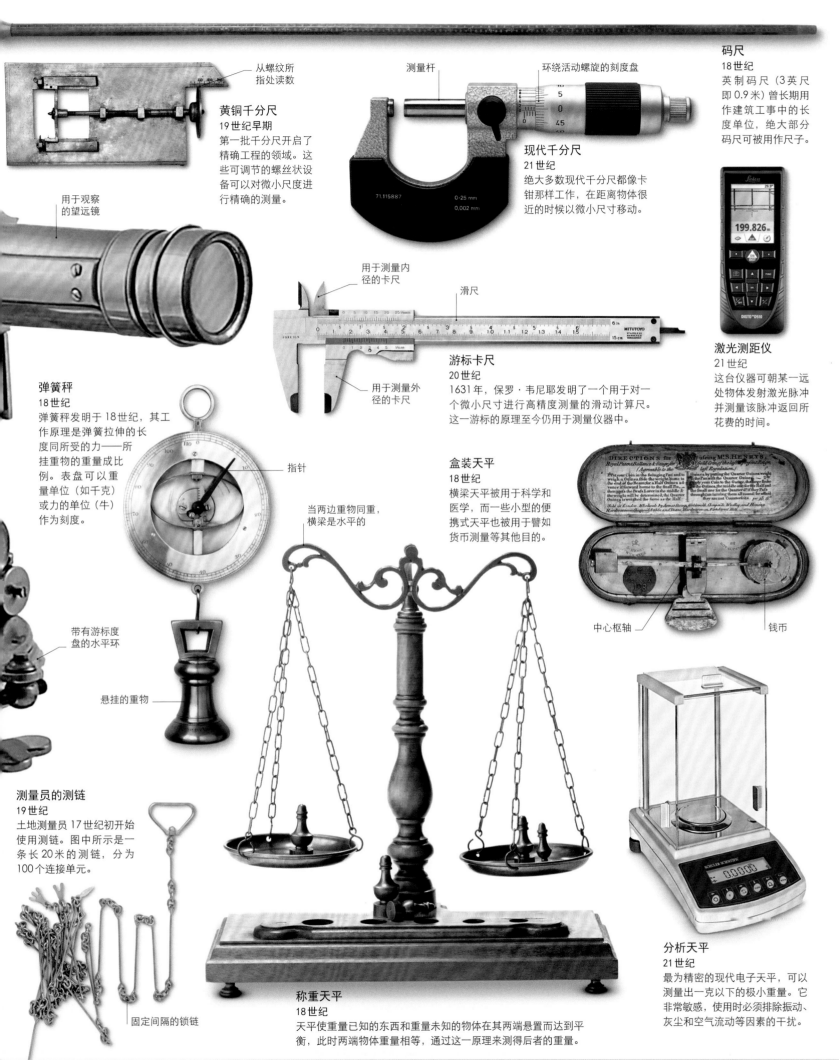

码尺
18 世纪
英制码尺（3英尺即 0.9 米）曾长期用作建筑工事中的长度单位，绝大部分码尺可被用作尺子。

从螺纹所指处读数

黄铜千分尺
19 世纪早期
第一批千分尺开启了精确工程的领域。这些可调节的螺丝状设备可以对微小尺度进行精确的测量。

测量杆

环绕活动螺旋的刻度盘

现代千分尺
21 世纪
绝大多数现代千分尺都像卡钳那样工作，在距离物体很近的时候以微小尺寸移动。

用于观察的望远镜

用于测量内径的卡尺

滑尺

用于测量外径的卡尺

游标卡尺
20 世纪
1631 年，保罗·韦尼耶发明了一个用于对一个微小尺寸进行高精度测量的滑动计算尺。这一游标的原理至今仍用于测量仪器中。

激光测距仪
21 世纪
这台仪器可朝某一远处物体发射激光脉冲并测量该脉冲返回所花费的时间。

弹簧秤
18 世纪
弹簧秤发明于 18 世纪，其工作原理是弹簧拉伸的长度同所受的力——所挂重物的重量成比例。表盘可以重量单位（如千克）或力的单位（牛）作为刻度。

指针

当两边重物同重，横梁是水平的

盒装天平
18 世纪
横梁天平被用于科学和医学，而一些小型的便携式天平也被用于譬如货币测量等其他目的。

中心枢轴

钱币

带有游标度盘的水平环

悬挂的重物

测量员的测链
19 世纪
土地测量员 17 世纪初开始使用测链。图中所示是一条长 20 米的测链，分为100 个连接单元。

固定间隔的锁链

称重天平
18 世纪
天平使重量已知的东西和重量未知的物体在其两端悬置而达到平衡，此时两端物体重量相等，通过这一原理来测得后者的重量。

分析天平
21 世纪
最为精密的现代电子天平，可以测量出一克以下的极小重量。它非常敏感，使用时必须排除振动、灰尘和空气流动等因素的干扰。

埃克塞特运河绕过不再通航的艾克塞河，重新连通了英国内陆港埃克塞特和海洋。

第一个现代世界地图集——《世界剧场》，显示了16世纪航海发现的范围。

埃克塞特运河于1564年破土动工，1566或1567年建成。作为一条人工航道，它使得英国埃克塞特重新成为港口，此前为建水磨坊而设的堤坝造成了埃克塞特河经年累月的壅塞。埃克塞特运河大概是英国的第一条人工水道，它成为此后18世纪工业革命期间运河修筑热潮的先驱。

16世纪以来，随着商人

> "他已不满足于增加了印度的新地图，而将目光投向了更多的航线。"

威廉·莎士比亚，《第十二夜》，约1602年

和探险家在世界各处航行，地图开始变得越来越重要。尽管制图师能够在地球仪上精确绘制海洋和大陆，但这些对于航海并不实用。问题在于如何将三维的地球展开为二维的平面地图。1569年，佛兰德斯绘图师墨卡托（1512~1594）发明了一种在设计世界地图时用于表现地球曲面的新

方法。当时，墨卡托已因其所制的地球仪和欧洲地图而名声在外。这一方法现在被称作墨卡托投影，它将经线看作是等宽的、平行的垂线，纬线与经线垂直，就好像它们被投射到一个封闭球体的表面上。尽管这一方法扭曲了大陆与海洋的形状和大小，但它对于航海特别有用，因为罗盘航向可以被看作是直线。

尽管瑞士籍德国炼金术师和医生帕拉塞尔苏斯（1493~1541）是一个多产的作家和著名的自我吹捧的高手，但事实上其著作中仅有少量在其生前出版发行。他最有影响的一部著作《阿奇多哈》在他死后的1569年出版于克拉科夫。该书对炼金术中的神秘要素进行了批判，对于现代化学和医学的发展具有重要意义。

墨卡托

墨卡托投影是一种对球面世界作二维地图展开的方法，至今仍被用于航海，帮助选定精确的航海路线。

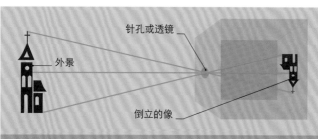

外景 | 针孔或透镜 | 倒立的像

成像暗箱

暗箱（拉丁语为"暗室"）是一面墙上带有小孔的房间。光从外面透过小孔投射到室内对面墙壁上，投射出外面物体的像。像是倒立的，孔径越小其边界越清晰，孔径越大则越亮，并可借助透镜来聚焦。

在他的朋友和同事墨卡托的鼓励下，佛兰德斯地图绘制师亚伯拉罕·奥特柳斯（1527~1598）于1570年出版了地图集《世界剧场》。他已于此前制作了一幅8页幅面的超大世界地图以及若干幅世界各地区的单独地图。但是，这一以书的形式呈现由

53幅地图和附加文字构成的地图集却是第一部现代世界地图集。在其最初的拉丁文版之后，这部地图集又被翻译成多种其他文字。在后续的这些版本中，奥特柳斯又添加了若干地图，并更正了此前的一些错误。

意大利博学者詹巴蒂斯

53 第一部世界地图集所包含的地图数目

1566年或1567年，埃克塞特运河竣工

1569年，帕拉塞尔苏斯关于炼金术和医学的论文在他死后出版

1569年，墨卡托出版了第一张完整的世界地图

1570年，亚伯拉罕·奥特柳斯出版第一部地图集《世界剧场》

约1570年，詹巴蒂斯塔·德拉·波尔塔描述了一种改进的成像暗箱

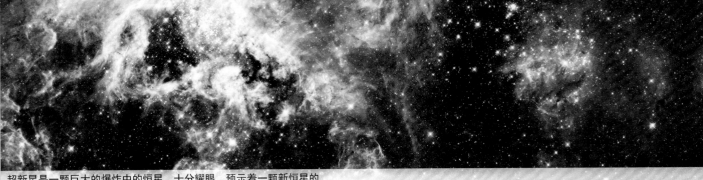

超新星是一颗巨大的爆炸中的恒星，十分耀眼，预示着一颗新恒星的诞生。第谷·布拉赫于1573年首次记录了这一现象。

塔·德拉·波尔塔（1535~1615）起先于1558年出版了《自然魔法》一书，书中汇集了有关各种科学主题的描述和观察，此后因为广受欢迎而多次再版，并被扩充为一部20卷本的著作。

在1570年左右出版的版本中，他添加了关于成像暗箱的内容。这一设备的原理可追溯至2000年之前的中国和古希腊，但是波尔塔是第一个以凸透镜代替针孔，从而既能提升像的亮度又不使之失真的人。这一设计在下一个世纪开普勒关于人眼的研究中起到了关键性作用（见1598~1604年）。

弗朗索瓦·维埃特（1540~1603）除了是巴黎一名成功的律师以外，也是一位天才的数学家，他将自己的大部分空闲时间都用于这项事业。他在数学中的第一个成就是建立了一系列用于帮助计算的三角函数表。1571年，他的著作《对数学定律的普遍探究》出版。

拉斐尔·邦贝利（1526~1572）在1572年其生命最后一年出版了著作《代数学》。对于非数学读者而言，该书内容广博且易于理解。他以各种语言解释了当时的人对于代数学的理解，并且处理了一个当时的人很难理解的问题——虚数：一类自身平方小于零的数。

这类数字应与其他数区别对待，但它们对于求解二次、三次或四次方程极为关键。邦贝利第一次有效地设定了使用这些虚数的原则。尽管他对此做出了开创性的工作，但虚数为数学界所接纳一直要等到近200年之后。

第谷·布拉赫于1572年在仙后座星云中观察到了一颗明亮的新星，并于第二年在《关于

天文钟
这台天文钟建于1547~1574年间，在19世纪之前一直安置于斯特拉斯堡教堂。19世纪40年代起，一架复制品取代了它的位置。

活动人物图像

楼梯

"并非只有教会反对哥白尼的日心说。"

第谷·布拉赫，丹麦天文学家，1587年

新星》一书中发表了他对于该星的观察。那事实上是一个巨大的恒星的爆炸，而不是一颗新出现的恒星。书中的拉丁词汇"nova"在此后被用于指称现在所谓的超新星，以及那些突然发亮的恒星。

第谷意识到他所发现的星星距离地球非常遥远，显然超出了月球轨道的范围。始于亚里士多德时代的传统智慧认为，地球临近处以外的存在都是不变的，包括天界的星辰，然而第谷的观察同星星不变的观点相矛盾。

一座在当时最精准的天文钟被安置到斯特拉斯堡的圣母教堂，以替换另一座曾在此存在了近两百年而当时已停摆的古钟。新钟由数学家克里斯蒂安·埃兰于1540年前后设计，但直到埃兰于1547年逝世，该钟仍只初步完成。政治风波随后再次延误了这项工作，一直到16世纪70年代，由埃兰的学生数学家康拉德·达西波丢斯（1532~1600）重新接管

第谷·布拉赫
（1546~1601）

第谷出生于斯堪尼亚（当时属丹麦，今是瑞典的一部分），在哥本哈根学习法律期间对天文学产生兴趣。在丹麦国王腓特烈二世的赞助之下，他建立了一个配置当时最精良的天文仪器的观测台。

了该项目。该钟最终由艾萨克·哈伯海特和约西亚·哈伯海特完成。该钟的设计中融汇了许多当时最新的数学和天文学理念及钟表制作技术，包括一个天球仪、一个星盘和一个日历盘以及自动装置。

1571年，弗朗索瓦·维埃特开始出版其三角函数表

1572年，拉斐尔·邦贝利出版《代数学》

1573年，丹麦天文学家第谷·布拉赫出版《关于新星》

1574年，斯特拉斯堡大教堂天文钟建成

由塔居丁设计的位于伊斯坦布尔的天文台曾装配了当时最先进的技术，吸引了奥斯曼帝国最优秀的天文学家。

西西里人，希腊数学家和天文学家弗兰西斯科·马若利科（1494~1575）曾出版多部数学著作。在他1575年出版的著作《算术二书》中，第一次明确运用数学归纳法证明了一个数学命题。这是一种通过一系列连续逻辑步骤来证明一个命题的方法。

为了说服天文学家第谷·布拉赫（见1572~1574年）重回祖国丹麦，腓特烈二世赐给第谷土地和资金用于在汶岛（今属瑞典）建立天文台。这一被称为天堡的天文台建设项目启动于1576年。然而所建成的结构不够稳定，不足以支持精确观测。于是，又于1584年在附近建造了第二个天文台星堡，安装了更精密的设备。这两处建筑一起构成了天文学和科学研究的主要中心。

意大利通才吉罗拉莫·卡尔达诺受过医学教育，是一名受人尊敬的内科医生。他著有多本著作，包括1576年首次对于伤寒的记载。他首先认识到这一疾病的独特症状。

16世纪下半叶，植物学领域有许多重要进展。从

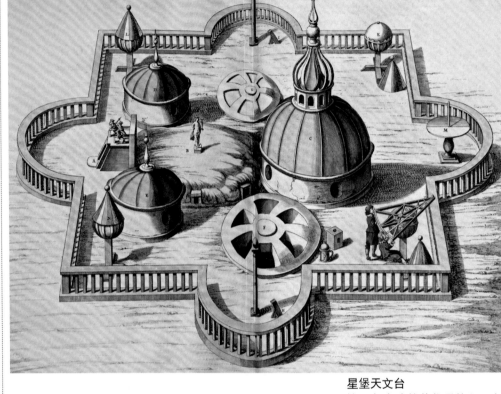

星堡天文台
这一复合建筑替代了第谷·布拉赫的天堡天文台，装备了当时最先进的天文学仪器。

对植物药理性质的关注开始转向更广泛的研究主题和植物的分类学研究。植物学家查尔斯·德埃克吕斯（1526~1609），又称卡罗卢斯·克卢修斯，在1576年出版了关于西班牙植物的第一本著作。他随后创建了荷兰莱顿大学植物园，他在那里

的工作为此后的荷兰郁金香工业奠定了基础。

在第谷·布拉赫接到丹麦国王任命的时候，奥斯曼土耳其工程师和天文学家塔居丁也说服了苏丹穆拉德三世于1577年在伊斯坦布尔建了一个同样级别的天文台。这一机构被设计为伊斯兰世

界的主要观测台。然而，这个天文台只存在了很短的时间，在一次关于奥斯曼军队在战斗中胜负的错误占星预测后，苏丹下令于1580年拆毁了此天文台。

1579年，帕多瓦大学的解剖学和外科教授耶罗尼米斯·法布里休斯（1537~1619）在解剖静脉血管的过程中，发现了血管内壁的瓣膜。他将这些瓣膜描述为阀门，但是没有对其功能给出解释。此后，这些结构才被发现有助于防止血液在流回心脏的过程中发生回流。法布里休斯关于这一主题的著作《血管之阀》对其后来的学生威廉·哈维产生了关键的影响（见1628~1630年）。

尽管所学专业为医学，威尼斯医生普罗斯佩罗·阿尔皮尼却（1553~1616）对植物学更感兴趣。1580年，他开始担任驻开罗威尼斯领事的医生一职，也在此研习植物。他还曾担任埃及一处椰枣树种植园的经理。在此，他观察到授粉是植物生出果实所必需的，从而得出植物也有两性的结论。阿尔皮尼在埃及的植物学研究激励他撰写了多本关于异国植物的书，包括于1592年在威尼斯出版的《埃及植物》和1629

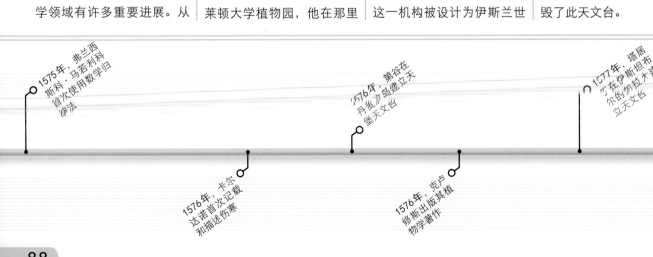

1575年，弗兰西斯科·马若利科首次使用数学归纳法

1576年，第谷在丹麦方岛建立天堡天文台

1577年，塔居丁在伊斯坦布尔的加拉太建立天文台

1579年，法布里休斯描述静脉血管瓣膜

1576年，卡尔达诺首次记载和描述伤寒

1576年，克卢修斯出版其植物学著作

在埃及管理棕榈种植园时，阿尔皮尼观察到了植物的性别差异。

> "……外界物体的形状和颜色……光通过瞳仁进入眼睛，并借由晶状体投射至视神经。"

费利克斯·普拉特，瑞士医生，1583年

"钟摆的神奇之处在于其每次摆动花费的时间相同。"

伽利略·加利莱，意大利天文学家和物理学家

年在其去世后出版的《异国植物》。此外，他还因将香蕉和猴面包树引入欧洲而闻名。

英国探险家和航海家斯蒂文·伯勒（1525~1584）此前组织译出了由马丁·科尔特斯·德·阿尔瓦卡尔所著的《简明摘要》或称《航海艺术》的英文本，这是当时关于航海的标准读物。1581年，他又出版了自己关于磁铁性质及其对罗盘指针的作用的书。这部著作反映了他作为一名海员的经验，对于磁性罗盘在航海与绘图中的理解和实际用途有着重大影响。

1581年，在他父亲的一再要求下，伽利略前往意大利比萨学医。然而，他业已对数学和物理产生了浓厚兴趣，他专注地观察比萨教堂

伽利略和钟摆
伽利略在对一个摆动着的吊灯的运动和以脉搏计时的观察中，首次发现了钟摆频率的稳定性。

里的吊灯的摆动，发现无论灯距离平衡位置有多远，其每一次摆动所耗的时间都相同。他随后用摆钟来做实验，发现摆动的频率确实是个常量，无论摆的振幅有多大，两台等高的钟摆即使振幅不一致，也会发生共振。伽利略随后发表了他对于钟摆衡量的观察。

16世纪磁石日晷
这台可移动日晷带有磁罗盘，可在不同位置对其进行调整，指针（对角线）必须被设置为南北向。

到1582年为止，始于古罗马时期的儒略历已经开始跟不上实际时间的节奏，昼夜平分点已有10天的差距，因此教皇格列高利十三世颁布了一套新的历法。儒略历估计将一年——连续两次春分之间的时间预估为365.25天。这导致400年当中产生3天左右的时差。重新修订的历法后被称作格列高利历，通过一个更为精确的春分时间差值来计算。这一历法首先被天主教国家采用，随后逐渐传播开来。

对新世界的殖民在16世纪末期开始加速。作家理查德·哈克卢特（1552~1616）曾帮助英国在北美建立殖民地。在其1582年的作品《感知美洲发现之旅》及其他著作中，他通过援引建立生产食物和烟草种植园的可能性的例子，指出了殖民的好处。

意大利医生和植物学家安德烈亚·切萨尔皮诺（1519~1603）曾是毗邻比萨大学的植物园的园长，在其1583年出版的著作《植物十六书》中给出了第一套对植物进行分类的科学方法。他根据开花植物的果实、种子和根而不是通过药理属性来分类。

768

切萨尔皮诺植物标本中的植物种类数目

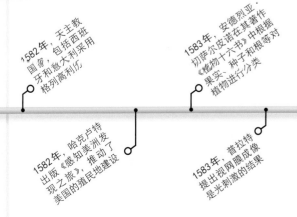

切萨尔皮诺
16世纪最重要的植物学家之一，革新了植物分类学。

ANDREA CESALPINO

1580年，苏丹穆拉德三世下令捣毁伊斯坦布尔天文台

约1580年，阿尔皮尼描述了植物的两性

1581年，伯勒出版《关于罗盘变化的论文》

1581年，伽利略观察比萨大教堂的钟摆等时性

1582年，天主教国家，包括西班牙和意大利采用格列高利历

1582年，哈克卢特出版《感知美洲发现之旅》，推动了美国的殖民地建设

1583年，安德烈亚·切萨尔皮诺在其著作《植物十六书》中根据对果实、种子和根等对植物进行分类

1583年，普拉特提出视网膜成像是光刺激的结果

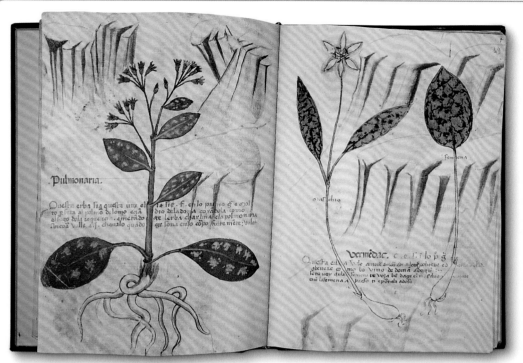

关于药草的书
16世纪
早期的文献被称为"草药集"，其中涉及根据植物的药用性质或被人为赋予的奇异能量来进行分类。

钢针

针灸针
19世纪
最早的针灸记录可追溯至公元前3000年。针灸师绘制了人体的经络图，以标识针灸最有效的部位。

用于存放钢针的桃木匣子

顺势疗法药丸
19世纪
顺势疗法认为小剂量的某种物质如果能在健康人身体中引发某种症状，那么它也能够治愈患有相似病症的病人。这一观点源自古希腊，但是直到18世纪末，才由德国医生塞缪尔·哈内曼开始将其付诸实践。

医学

旧有的医学习惯和传统开始逐渐被新的科学方法取代

医学的历史和人类自身一样古老。数千年以来，人们在人体认知和技术革新方面的突破性进展，极大改进了诊断和治疗疾病的方法。

医学一开始起源于草药学和巫术，并在古代经典世界兴旺流行，第一批内科医生开始基于科学的判断来救治病人。早期的解剖学、生理学、疾病学和伴随而来的药物、疫苗和新的设备的研究使得医学转变为一门复杂而多分支的学科。

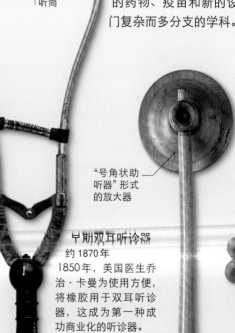

听筒

"号角状助听器"形式的放大器

木制听诊器
19世纪60年代
听诊器是法国医生勒内·拉埃内克于1816年发明的，最初听诊器是木制的。助听器借助一个导管来听诊心跳，形状像号角一样。

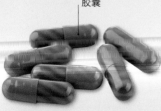

胶囊

早期双耳听诊器
约1870年
1850年，美国医生乔治·卡曼为使用方便，将橡胶用于双耳听诊器，这成为第一种成功商业化的听诊器。

药片胶囊
20世纪
药片胶囊保障了微量药物的精准使用。它们起初是用硬化的葡萄糖浆将活性成分包裹起来。

军事药品箱
约1942年
药品是重要的战略物资，用于对战场上的负伤和疾病做紧急处理，使士兵尽快康复重返岗位。医官配有包含止疼剂、镇静剂和抗菌药等药品的急救箱。

压力计

止疼药瓶

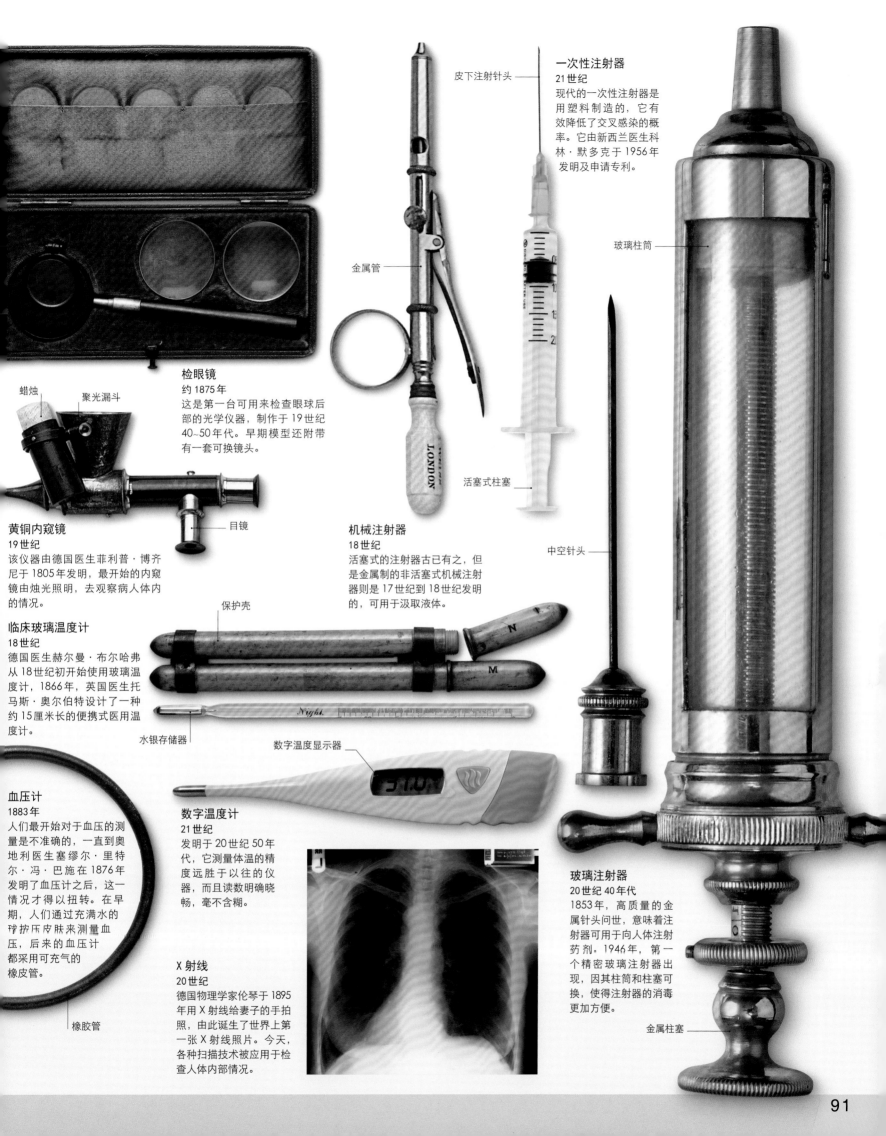

检眼镜
约 1875 年
这是第一台可用来检查眼球后部的光学仪器，制作于 19 世纪 40~50 年代。早期模型还附带有一套可换镜头。

蜡烛

聚光漏斗

目镜

黄铜内窥镜
19 世纪
该仪器由德国医生菲利普·博齐尼于 1805 年发明，最开始的内窥镜由烛光照明，去观察病人体内的情况。

临床玻璃温度计
18 世纪
德国医生赫尔曼·布尔哈弗从 18 世纪初开始使用玻璃温度计，1866 年，英国医生托马斯·奥尔伯特设计了一种约 15 厘米长的便携式医用温度计。

保护壳

水银存储器

血压计
1883 年
人们最开始对于血压的测量是不准确的，一直到奥地利医生塞缪尔·里特尔·冯·巴施在 1876 年发明了血压计之后，这一情况才得以扭转。在早期，人们通过充满水的弦挤压皮肤来测量血压，后来的血压计都采用可充气的橡皮管。

橡胶管

皮下注射针头

金属管

LONDON

机械注射器
18 世纪
活塞式的注射器古已有之，但是金属制的非活塞式机械注射器则是 17 世纪到 18 世纪发明的，可用于汲取液体。

数字温度显示器

数字温度计
21 世纪
发明于 20 世纪 50 年代，它测量体温的精度远胜于以往的仪器，而且读数明确晓畅，毫不含糊。

X 射线
20 世纪
德国物理学家伦琴于 1895 年用 X 射线给妻子的手拍照，由此诞生了世界上第一张 X 射线照片。今天，各种扫描技术被应用于检查人体内部情况。

一次性注射器
21 世纪
现代的一次性注射器是用塑料制造的，它有效降低了交叉感染的概率。它由新西兰医生科林·默多克于 1956 年发明及申请专利。

活塞式柱塞

玻璃柱筒

中空针头

玻璃注射器
20 世纪 40 年代
1853 年，高质量的金属针头问世，意味着注射器可用于向人体注射药剂，1946 年，第一个精密玻璃注射器出现，因其柱筒和柱塞可换，使得注射器的消毒更加方便。

金属柱塞

> "十进制小数使得曾经用分数所做的复杂计算都变得轻而易举。"
>
> 西蒙·斯蒂文，佛兰德斯数学家和工程师，
> 《第十》，1585年

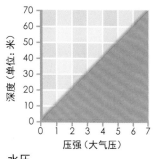

西蒙·斯蒂文用荷兰语写作，他认为这种语言适合于说明技术性问题。

伽利略的测温计是一种测量温度的早期设备。

佛兰德斯的数学家、工程师西蒙·斯蒂文（1548~1620）在1585年出版了一本题为《第十》的小册子。这本书推动了十进制小数的使用，并且预测十进制系统将被用于表示重量和长度。事实上，

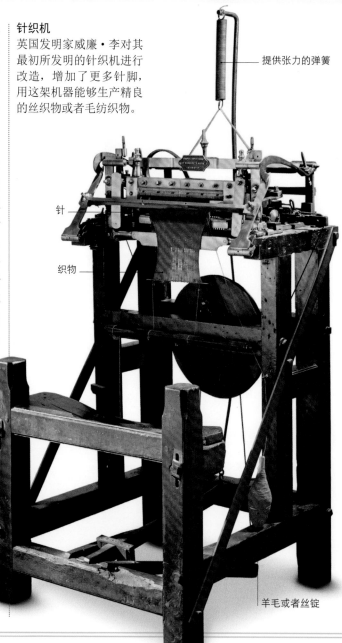

针织机
英国发明家威廉·李对其最初所发明的针织机进行改造，增加了更多针脚，用这架机器能够生产精良的丝织物或者毛纺织物。

提供张力的弹簧

针

织物

羊毛或者丝锭

水压

水的压强同深度成正比，深度每增加10米，水压增加一个大气压。

水压

当一个物体没入水里时，物体上面的水对其施加压强，而该压强是和水深成正比的。在水深10米的地方，水的压强差不多两倍于水平面的压强。海底处的水压可达到1000个大气压。

伊斯兰数学家使用十进制小数的历史已有百年，斯蒂文通过广泛的实例表明了其在计算中的便捷性。他所使用的符号系统仍与今天不同，相比之下显得笨拙不堪。

第二年，斯蒂文出版了分别以水和静力学为题目的两部书。他在书中指出，因为水的重量，水越深处压强越大。他的观点成为流体静力学这门工程学科的基础。1588年，丹麦天文学家第谷出版了更多的著作，包括《新天文学导论》一书的第二部分。他在其中描述了关于彗星的观察及所使用的仪器。此外，他还编纂了恒星星表，描绘了一种地球-太阳中心模型，在此模型中，绝大多数行星绕日旋转，而日月绕地球旋转。

1589年，英国发明家威廉·李（1563~1614）设计了一架织袜机，能够模仿人手缝衣服的动作。尽管这架机器有可能革新当时的纺织业，但是由于害怕惹怒手工纺织缝纫工人，李放弃了在英国申请专利而移民法国。

荷兰镜片制造师扎哈里亚斯·扬森（1580~1638）被视为显微镜的发明者。起初他采用了单片放大镜，16世纪末，他将两块放大镜组合起来使用，从而发明了第一台组合式光学显微镜，这台显微镜最多能使物象放大9倍。扬森也与望远镜的发明有关，但望远镜被认为是扬森的竞争对手汉斯·利伯希于1608年发明。1591年，法国数学家弗朗索瓦·维埃特，也称为韦达出版了六卷本《分析方法入门》，为现代代数学奠定了基础。他的分析系统（被称为新代数）的一个关键创新之处在于用字母标识方程中的未知参数和变量。他创立了一套符号代数学，用其取代了经典的和伊斯兰的陈述性代数学，后者依靠解释而不是符号说明。

1592年，意大利科学家伽利略发明了测温计，在一个注有液体的导管中，液面的高度随温度的升降而变化。这是液体温度计的前身，在后续的发展中，导管表面加上了刻度。

1585年，西蒙·斯蒂文出版《第十》，提出了十进制小数

1586年，斯蒂文发现水压随深度递增的规律

1588年，第谷出版了更多天文学著作，描述了恒星星表

1589年，威廉·李发明针织机

1590年，扬森制作复合式显微镜

1590年，伽利略撰写《论运动》

1591年，韦达建立新代数学

1592年，伽利略发明测温计

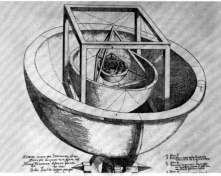

> "我更期望得到一个智慧之人的尖锐批评，远胜过大众未经思考的赞同。"
>
> 约翰内斯·开普勒，德国天文学家

开普勒《宇宙的奥秘》一书中的行星模型插图。

由耶罗尼米斯·法布里休斯设计的位于意大利帕多瓦的解剖大厅，向公众展示人体解剖。

自维萨里于1537年担任外科与解剖学教授以来，帕多瓦大学一直走在解剖学黄金时代的前沿。那里吸引了来自欧洲各地的学员，该系先后由一系列杰出的外科学及解剖学家主持工作。

法布里休斯于1565年被任命为该系主任，他因人体和动物解剖而闻名。此外，他制定了一个新型的解剖学研究方案。为了使这些原理被更多人认识，他专为解剖设计了一个"剧场"。该建筑建于1594年，资金由威尼斯共和国上议院提供。尽管之前曾有过若干公开解剖，但这是第一个专门用于展示解剖的永久性建筑物。学生尤利乌斯·卡塞留斯接任了法布里休斯的工作，再后来是阿德里安·范德尔·施皮格尔。施皮格尔继承了公开解剖研究的传统。

同一年，西蒙·斯蒂文写成《算术》一书。这本书致力于求解二次方程，其中还有关于数论领域的许多重要观点。

耶罗尼米斯·法布里休斯（1537~1619）

法布里休斯生于意大利阿夸彭登泰，早年在帕多瓦求学，1562年成为解剖学教授，1565年成为外科学教授。他以公开解剖展示著名，最广为人知的是其在胚胎学领域的先驱性工作以及他对于静脉瓣的记录。

1596年，德国天文学家约翰内斯·开普勒（1571~1630）出版了他的第一本天文学重要著作《宇宙的奥秘》。书中除了为哥白尼（见1543年）的日心说摇旗呐喊之外，还用几何学术语说明了当时已知的绕日行星轨道，试图以此揭示上帝对宇宙的神秘旨意。为此，他借鉴了"球体和谐"的经典观念，并将之同5个"柏拉图多面体"相关联，它们是正八面体、正二十面体、正十二面体、正四面体和立方体。让这些多面体依次外切或内接于一系列同心球体，则水星、金星、地球、火星、木星和土星的运行轨道被认为分别位于这些球壳之上。

1596年，佛兰德斯的地图制作师亚伯拉罕·奥特柳斯发现大西洋东西两侧的海岸线像拼图一样是近似相互吻合的。由此，他第一个提出非洲、欧洲和美洲曾经是相连的。他将大陆的分割归结于某一次巨大灾难，他的观点启发了现代大陆漂移学说（见1914~1915年）。

同样是在1596年，英国作家约翰·哈林顿爵士（1561~

1612）出版了《旧论新说：关于埃贾克斯的蜕变》。这本书一部分是政治讽刺的内容，另一部分介绍了他的新发明——一种简易抽水马桶，唤名"埃贾克斯"。这一发明朝着现代公共卫生迈出了一大步。

抽水马桶
约翰·哈林顿的"埃贾克斯"是现代抽水马桶的前身，其目的是为了消灭疾病。

1597年，德国冶金学家安德烈亚斯·利巴菲乌斯出版了《炼金之城》，该书是历史上关于炼金术最重要的作品之一。不同于之前的炼金术作品，该书强调系统的实验步骤的重要性。书中还列出了各种药剂和金属的一份目录，其中包括对于锌的性质的首次记载。

锌
锌从14世纪始即已为中国和印度所知，而欧洲对于锌的首次记录出现于16世纪，作者是安德烈亚斯·利巴菲乌斯。

1594年，法布里休斯在帕多瓦开辟了历史上第一个向公众开放的家用人体解剖室

1594年，斯蒂文出版《算术》

1596年，开普勒出版《宇宙的奥秘》，为哥白尼日心体系和地动学说辩护

1596年，奥特柳斯经过对比大陆海岸线的形貌提出大陆曾彼此相接壤

1596年，哈林顿构想了最早的抽水马桶"埃贾克斯"

1596年，奥地利天文学家和数学家格奥尔格·雷蒂库斯《三角学准则》一书在其去世后出版

1597年，利巴菲乌斯出版《炼金之城》

1004

这是第谷恒星表中所涉恒星的数目

焦尔达诺·布鲁诺被罗马教廷指控为异端，在1562年被逮捕入狱直至1600年被处死。

1598年，丹麦天文学家第谷·布拉赫出版《天文学复兴的工具》一书，列出了其所观测到的超过1000颗恒星位置记录的目录。自从与赞助人——新任丹麦皇帝克里斯蒂安四世吵翻之后（克里斯蒂安四世不像腓特烈二世那样热衷于天文学），他就离开了汶岛的天文台。在离开之前，第谷留下了详细的观测记录，并就自己观测中用到的工具和设备配以插图，这些记录被收进了前述书中。第二年，第谷找到了一位新赞助人，神圣罗马帝国皇帝鲁道夫二世，并移居布拉格（现今为捷克共和国首都）。

9月，荷兰海员在印度洋的毛里求斯岛登陆，宣布此地归荷兰所有。他们是第一批认识渡渡鸟的人。这种鸟是鸽子的近亲，不能飞行，是毛里求斯岛的特有物种。但是，竟然在不到一个世纪的时间里，这种鸟即被新定居的人类及其所引入的动物捕杀灭绝。

灭绝物种
渡渡鸟是有记载的由人为因素所导致的第一例灭绝的物种。人们最后一次见到这种动物是在1662年。

大多数船只设计的目的是航海探险和贸易，但与此不同，朝鲜海军将领李舜臣对军事舰艇的设计更为关注。他对传统朝鲜"龟船"加以改进，装备了金属武器。这些最早的铁甲战舰通过在船体上覆盖钉铁板来施加保护。

桅杆

绳索

钉铁板

朝鲜舰艇
李舜臣将军对朝鲜"龟船"的改进设计是19世纪蒸汽铁甲舰的先驱。

意大利博物学家乌利塞·阿尔德罗万迪（1522~1605）1568年曾在博洛尼亚创建植物园。1599年，他出版了鸟类研究的三卷本《鸟类学》的第一卷。就像对植物园所进行的优秀设计和管理一样，阿尔德罗万迪还组织许多次远征活动为植物标本馆采集植物。他收集了大量的植物和动物标本，写了多部涉及自然史各个领域的著作，为植物学和动物学的现代研究打下了基础。

1600年，英国物理学家和科学家威廉·吉尔伯特（1544~1603）出版了《论磁》。

50~55千米/年

北磁极移动的速度

在这本书中，他讲述了自己关于磁体所做的实验，当中有许多实验用到了被称为"terrellae"的小磁球，以此来模拟地球的运行。他得出结论，指出地球是一个大磁体，这一属性造成了磁针指向南北，而地球中心是铁。

《论磁》还声称磁和电是

地球磁极

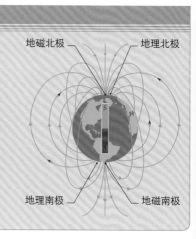

地心是由铁合金构成的，类似巨大的条形磁体。磁制罗盘的指针被地球磁核的两极吸引。这两极又被称为地磁极，其位置大致和地理上的南北极相重合。因为地心是液态的，所以地磁极的方位不断发生变化。

地磁北极　　地理北极

地理南极　　地磁南极

第谷出版恒星表

朝鲜将领李舜臣改进"龟船"

1599年，意大利博物学家阿尔德罗万迪出版《鸟类学》第一卷

1599年，第谷在汶岛建天文台

荷兰航海家在毛里求斯岛发现渡渡鸟

1600年，吉尔伯特出版《论磁》

94

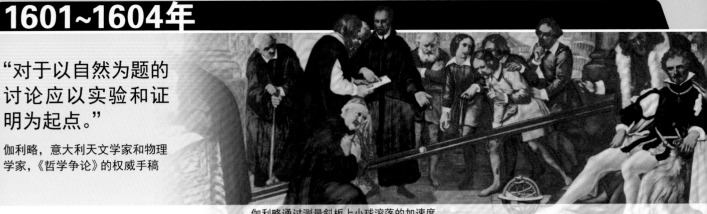

"对于以自然为题的讨论应以实验和证明为起点。"

伽利略，意大利天文学家和物理学家，《哲学争论》的权威手稿

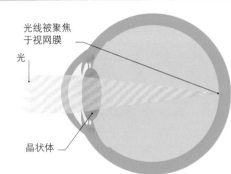

伽利略通过测量斜板上小球滚落的加速度这一实验来证明他的落体定律。

两种不同类型的力。为了展示静电的性质，吉尔伯特只做了一个静电验电器——这是历史上的第一个验电器，当中包含有一个自由旋转的未被磁化的金属针，这根针被带有静电的琥珀所吸引，类似于罗盘指针被磁力所吸引一样。吉尔伯特错误地将引力当作是磁作用力，并且推断是地球的磁力将月球维系在其运行轨道之上。

同年，意大利修道士和天文学家焦尔达诺·布鲁诺（1548~1600）被罗马宗教裁判所以异端之罪名处以火刑。他最初被批捕可能纯粹是因为他激进的神学信仰，但导致宗教裁判所愤怒的更有可能是他的科学观点。布鲁诺的宇宙理论比哥白尼更进了一步（见1543年），对教会权威的潜在威胁更大：他相信太阳非但不在宇宙的中心，并且只是和其他恒星一样的星体，而且地球很可能并不是宇宙中栖息有智慧生命的唯一星球。

英国天文学家和数学家托马斯·哈里奥特（1560~1621）曾对光的行为着迷。1602年，他研究了光在以不同入射角穿越两种传播介质的交界面（譬如水–空气交界面）时所发生的折射和弯曲。现在为人所知的折射定律最先是由波斯数学家伊本·萨尔于984年发现的。但不巧的是，哈里奥特并未发表他的发现，威理博·斯涅耳（见1621~1624年）在20多年后重又发现此规律，因而这一规律现在被称为斯涅耳定律。

次年，博物学家费德里科·切西（1585~1630）在

约翰内斯·开普勒（1571~1630）

开普勒生于德国，在图宾根大学学习的时候接触了哥白尼的学说。在1600年跟随第谷·布拉赫移居布拉格之前，他曾在奥地利格拉茨大学任教。第谷死后，开普勒留任皇家天文学家，直到12年后，因政治和个人家庭问题而被迫离开。

罗马建立了一个被称为山猫学院的科学社团。这一机构是此前自然秘密研究会的继承者，后者始建于1560年，但之后被强制解散。

有关伽利略曾在意大利比萨斜塔上抛掷不同重量的铁球以测定落体速度的故事，或许是真的，或许不是真的。不过，能够确定的是他确实于1604年提出了一种假说，认为同种材质的物体在相同介质中自由降落时的速度是相同的，与物体的质量大小无关。这一观点同当时流行的越重的物体下落越快的亚里士多德理论相冲突。1638

年，伽利略发表了有关落体定律的最终版本。

开普勒通常以天文学家为人所知，事实上，他还是光学领域的一个先驱人物，曾于1604年出版《天文学的光学须知》一书。除了对天文仪器的描写以外，他还以大量的篇幅讨论光学理论，其中包括对于视差（天体在不同方位观察时所显示的位置上的明显变化）的解释、平直和弯曲镜面的反射以及小孔成像原理。他研究了人

人眼

眼睛看到物体是通过使光经过眼睛前部的晶状体而实现的。晶状体将光投射至眼睛后部的视网膜，并对光线进行聚焦从而产生一个清晰的倒立的像。

光线被聚焦于视网膜

光

晶状体

眼的光学，描述了晶状体如何将物像反转及透射至视网膜，而后在大脑中再次反转成正立的像。

1604年，意大利外科医生和解剖学家法布里休斯（见1594~1595年）出版了他对于各种动物胚胎所做解剖的研究结果，开辟了胚胎学这一新的研究领域。他展示了胎儿发育的不同阶段，并结合他关于血液循环所做的研究从而在历史上第一次研究了胎儿血液循环。

"发现天宇之力吧，人们啊：一旦认识了它，就能付之于应用。"

约翰内斯·开普勒，德国天文学家，摘自《关于占星术更坚实的基础》，1601年

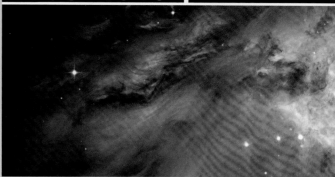

> "如果一个人以肯定开始，他将以怀疑结尾；而如果他以怀疑开始，那么他将最终到达确定。"

弗兰西斯·培根，英国哲学家，《学问的进步》，1605年

猎户座位于距离地球约1344光年的星云里，猎户座星云是距离地球最近和最亮的星云之一。

17世纪初，科学仍然被称为"自然哲学"。1605年，英国哲学家弗兰西斯·培根（1561~1626）出版了他的第一部著作《学问的进步》，其中提出把归纳法——一种利用观察而积累数据从而得出结论的方法，作为科学知识的基础。这一方法此后被称为培根方法或者"科学方法"，自此以后，归纳开始在现代经验科学中扮演重要角色。

德国天文学家开普勒于1607年观察到一颗彗星（现在被称为哈雷彗星），并记录下了它的位置和在夜空中的轨道。他认为这颗星体位于月球轨道以外。这类观察后来影响了他的行星运动定律（见100~101页）。

第一台双透镜望远镜一般被认为是由荷兰发明家汉斯·利伯希（约1570~1619）于1608年发明的。与后来的反射式望远镜使用的镜片不同，利伯希的折射式望远镜在镜筒两端分别安装有一枚透镜。尽管他未能为此取得专利，但是其发明仍因在军事和商业领域的应用而为他赢得了财富及荣耀。

望远镜中的物像
3 倍
于一般视觉的物像

一般视觉的物像

早期望远镜的放大率
由利伯希及其同时代人所制作的望远镜只能将物体的像放大3倍左右。

另一项对战事产生革命性影响的发明是火器中的燧石点火装置。或许枪械和小提琴制造师马林·勒·包尔吉欧耶斯（1550~1634）的工作，使得第一支燧发枪出现在1608年的法国。燧发枪比以往的装置更快速更有效率，并且在换装的时候能够被固定住，因而更安全。这一技术此后使用了逾200年。

利伯希在他的工作室
在发明望远镜的过程中，利伯希可能使用了凸透镜和凹透镜，或者是两块凸透镜的组合。

1609年，德国天文学家开普勒出版《新天文学》。书中记录了他对于火星运动的观测，计算结果肯定了行星绕日公转的理论。此外，他进一步指出行星绕日公转的轨道是椭圆形而非圆形，并且行星绕日公转的速度并非一成不变而是随其所处轨道的位置不同而发生变化。

这些原理构成了后来被称为开普勒行星运动三定律（见100~101页）的前两条定律。第一定律指出每个行星以椭圆轨道绕日公转，而太阳位于该椭圆的一个焦点之处；第二定律为，行星公转的速度反比于其到太阳的距离，即当一个行星越靠近太阳时，其公转速度越大。

折射望远镜发明的消息于1609年传至意大利，伽利略也开始着手制作了自己的望远镜，这使他能够进行更为精细的天文学观测。他最初制作的望远镜能够放大物像8倍，此后经过进一步改进，能达到30倍。英国天文学家托马斯·哈里奥特

4

伽利略所观察到的木星的卫星数量

于1609年利用望远镜研究了月球，并绘制了第一幅月表地图。第二年，伽利略使用自己的更高倍率的望远镜及更为艺术的风格重绘了更为精致的月球地貌地图，清晰显示了月球表面的不规则构造——低地和高山。他的地图如此精准，以至于他甚至能据此测算月球表面山峰的高度。

伽利略还研究了其他行星，1610年他将目光投向了木星。他注意到3颗此前未被观测到的木星附近的星

1605年，培根出版《学问的进步》

1607年，开普勒记录哈雷彗星及其运动轨迹

1608年，燧石点火装置用于火器

1608年，利伯希制成双透镜望远镜

1609年，伽利略在威尼斯展示了他的望远镜

1609年，开普勒在其《新天文学》一书中提出行星运动的前两条定律

1609年，荷兰发明家德雷贝尔发明恒温器

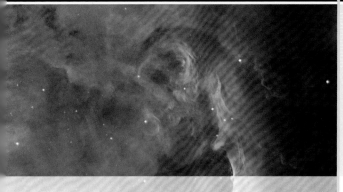

> "在科学问题上，一千个人的权威也未必抵得上一个人卑微的说理。"
>
> 伽利略·加利莱，意大利数学家和天文学家，1632年

体。然而，它们的运动显示其实际上是环绕木星旋转的卫星，而不是独立的星体——因为它们可以绕至木星背后。通过更进一步的观察，他又发现了位于相近轨道的第四颗卫星。它们是木星的卫星中最大的4颗，后来被称为伽利略卫星，现在它们被以经典神话人物命名，分别被称为艾奥、欧罗巴、伽倪墨得斯和卡利斯托。

望远镜还促成了其他新发现，比如法国天文学家尼古拉-克洛德·法布里·德·佩雷斯克（1580~1637）在1610年获得望远镜之后，也独立发现了伽利略卫星。那一年晚些时候，他成为历史上观察到猎户座星云的第一人。

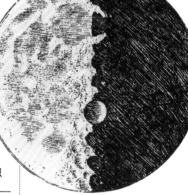

伽利略月面地图
尽管这并不是历史上最早的月面地图，但这幅精致的图画却在历史上第一次清晰展示了月球表面的山谷轮廓。

伽利略1611年在天文学上继续有了新的发现，他描述了太阳表面的黑色区域——今天被称为太阳黑子。尽管他声称自己是历史上做出该发现的第一人，但也可能有人此前就已观察到。这一发现的重要之处在于，太阳黑子的周期性显现对亚里士多德关于天空完美不变的观念构成了挑战。

1611年，开普勒出版了光学著作《屈光学》。在此书中，他解释了显微镜和折射望远镜的工作原理。他还考察了使用不同形状和焦距透镜的效果。他解释了伽利略望远镜中的凹透镜与凸透镜的工作原理，并提出了一种使用两块凸透镜来进一步改进伽利略的设计，以获得更高放大倍数的方案。

同年，开普勒还撰写了一部题为《梦》的特殊的"思想实验"。这本书在他去世后出版。在这本书中，他幻想了星际旅行，并尝试提出一个非地心说的宇宙模型。

佛罗伦萨修道士、化学家安东尼奥·内里（1576~1614）将一生中的大多数经历都用来研究玻璃制作。1612年，他出版了一本有关玻璃制造和使用的综合性著作《玻璃的艺术》。此书在19世纪之前一直是该领域的标准教科书。

伽利略的研究兴趣不仅局限于天文学，还涉及多个其他领域。1613年，他研究了运动的概念，提出了惯性原理，该原理指出"一个物体在一个水平面运动时，将

伽利略·加利莱（1564~1642）

伽利略出生于意大利比萨，曾在大学学医和学习数学。1592年，他在帕多瓦大学取得教授职位。他的兴趣包括天文学和运动学。伽利略的科学思想在天主教会的眼里是异端，1633年他被软禁，直至逝世。

以不变的速度沿着相同的方向持续运动，直到外部因素使之停下来"。这一原理解释了运动物体在不受外力（如摩擦力）作用的情况下，保持其运动状态的现象。它是牛顿运动第一定律的前身（见120~121页）。

伽利略望远镜
根据对利伯希望远镜的一个粗糙描述，伽利略利用凹透镜和凸透镜的组合做了一架望远镜。

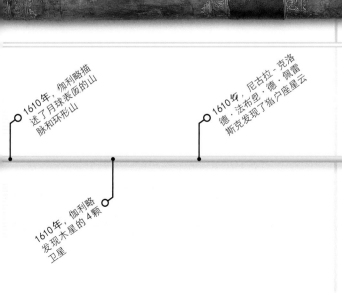

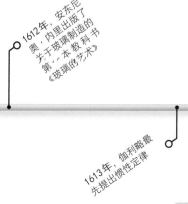

1610年，伽利略描述了月球表面的山脉和环形山

1610年，伽利略发现木星的4颗卫星

1610年，尼古拉-克洛德·法布里·德·佩雷斯克发现了猎户座星云

1611年，开普勒出版关于望远镜光学的《屈光学》和《梦》

1611年，伽利略观察并描述了太阳黑子

1612年，安东尼奥·内里出版了关于玻璃制造的第一本教科书《玻璃的艺术》

1613年，伽利略最先提出惯性定律

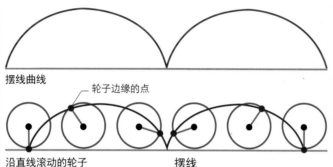

纳皮尔算筹，一组刻有数字的木棍，用于更快速简便地完成乘除运算及求平方根和立方根。

德雷贝尔的潜水艇的复原物，它是第一个水下航行工具，由一个船舵、带有防水舷窗的桨和鳍状物组成。

1614年，苏格兰数学家约翰·纳皮尔（1550~1617）出版了对数（就是一个数以某数如10为底数计算所得的幂）运算表，指出了改进冗长乏味的乘法、除法及求比率、开平方根和立方根运算的方法。两个数之积的对数等于两数各自对数的和。使用纳皮尔书中的表格，可以从中查找两个数字的对数，相加之后，在反对数表中可以查到所要求的结果。

桑托里奥·桑托里奥（1561~1636），又称圣多里奥，是意大利帕多瓦解剖学教授，在其《医学测量》一书中讲述了自己对于新陈代谢的研究。在长达30年中，圣多里奥记录了自己的体重、饮食的重量及所有大小便排泄物的重量，经过对比发现在这些数据之间存在一个差值，他将其称为"不易察觉

6371千米
地球的平均半径

摆线曲线

轮子边缘的点

沿直线滚动的轮子

摆线

的汗"。

1615年，法国数学家和神学家马林·梅森（1588~1648）首次通过追踪轮子边缘一点的轨迹而正确定义了摆线。他还对摆线下方的面积计算做了一个不成功的尝试，为17世纪的数学家们留下了一道待解的难题。

1616年4月，作为自己在伦敦皇家医学院的首次年度演讲，威廉·哈维（1578~1657）选择以血液循环作为自己的题目。他是第一个解释心脏如何将富氧血液推动至身体各部分的人。在这个持续7年的系列讲座中，他详细说明了自己的理论，但直到1628年其理论的完整表述才得以出版。

摆线

由一个圆形轮子边缘处某一点在轮子沿直线滚动时所描画出的曲线被称为摆线，这种曲线在17世纪使许多数学家为之着迷。

1617年，荷兰天文学家和数学家威涅博·斯涅耳（1580~1626）出版了《荷兰的埃拉托色尼》一书，提出了一种测量地球半径的新方法，首次利用三角测量法发现了纬度差为1°的两个点之间的距离。他的工作被认为是现代大地测量学的基础。

同年，纳皮尔在其《筹算集》一书中提出了另一种辅助计算的工具。这是一组从乘法运算表演化而来的刻有数字的木棍，后来被称为纳皮尔算筹。

1619年，德国天文学家开普勒（见1601~1604年）出版了《宇宙的和谐》一书。在此书中，开普勒用几何图形和音乐和声等术语解释了宇宙的结构和性质，非常类似于在他之前的古代哲学家毕达哥拉斯和托勒密所做的那样。这本书的很多篇幅都是关于球体的和谐——他认为每颗行星根据其运行轨道都产生出一种特定的声音。还讨论了星体相位（行星之间的夹角）和音调之间的关系。更有影响的是在著作最后一部分描述的开普勒行星运动第三定律，即一颗行星到太阳的距离和其绕日一周所用时间及行星在任何时间处于轨道上的某一位置时的线速度之间的关系（见100~101页）。

荷兰发明家科尼利厄

斯·德雷贝尔（1572~1633）于1604年左右移居英格兰。1620年，他在英国皇家海

弗朗西斯·培根
（1561~1626）

培根生于一个贵族家庭，他自12岁起在英国伦敦剑桥大学三一学院求学。他后来成为一名律师和国会议员，被詹姆士一世封为爵士，又先后被任命为首席检察官（1613）和大法官（1618）。1621年，培根被检举贪污。此后，他将自己的余生奉献给了写作。

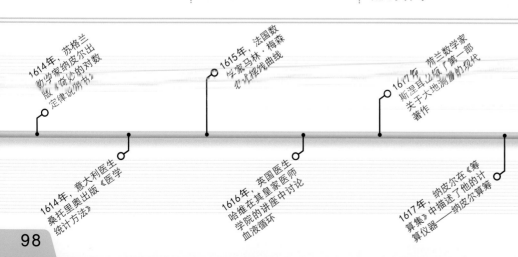

"忧郁症是一种习惯，一种严重的疾病，一种稳定的情绪，并非偶然而是固定的。"

罗伯特·伯顿，英国学者，《忧郁的解剖》，1621年

这幅古希腊哲学家德谟克利特的版画取自罗伯特·伯顿关于精神疾病的书《忧郁的解剖》。

军工作期间发明了世界上第一台水下航行设备。它是根据英国小说家威廉·伯恩（1535~1582）在1578年的设计而建造的，由外表包裹着皮革的外壳和桨组成。

德雷贝尔随后建造了两艘更大的潜水艇，可乘坐一定数量的乘客，曾在泰晤士河公开展示。在这些测试中，德雷贝尔最终版本的潜水艇可以在水下逗留超过3个小时，这意味着此设备应具有为乘客供应氧气的某种办法，虽然没有历史记录解释他是如何做到的。他的潜水艇试验尽管成功了，但皇家海军毫无兴趣去使用它。

1605年，在《学问的进步》一书中，英国哲学家培根倡导在科学研究中使用归纳推理。1620年，他又就此主题写了另一本书，题为《新工具》。培根仍然倡导归纳过程，这种方法涉及用物体各部分之间的关系来解释物体性质。

1621年，荷兰人威理博·斯涅耳在关于圆的书中于欧洲首次发表了折射定律，描述了折射光线在两种相邻介质（如空气和玻璃）中传播角度之间的关系。尽管现在被称为斯涅耳定律，这一定律却于20年前由托马斯·哈里奥特提出过，并且最初是由波斯数学家伊本·萨尔在984年表述的。

英国学者罗伯特·伯顿（1577~1640）最著名的一本书《忧郁的解剖》出版于1621年。书中尝试对各种精神障碍及其症状进行描述，提出了可能的医学原因和疗法。尽管这本书是以医学教科书的形式写成，但它更像是一部文学作品而非科学著作。尽管如此，它仍然是近代关于心理学和精神病学研究的先驱。

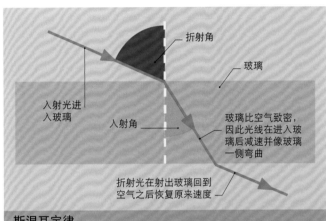

入射光进入玻璃

折射角

玻璃

入射角

玻璃比空气致密，因此光线在进入玻璃后减速并像玻璃一侧弯曲

折射光在射出玻璃回到空气之后恢复原来速度

斯涅耳定律

折射定律又被称为斯涅耳定律，是关于光线入射角（光线进入某种透明介质表面的角度）和折射角（光线进入新介质的角度）的关系的定律。这两个角度的比值是常量，不因入射角和折射角的变化而变化，只由介质种类决定。

自纳皮尔发现对数以后，英国数学家埃德蒙·甘特（1581~1626）设计了对数尺度，可被刻在尺子上帮助海员使用一对圆规做航海计算。1622年，英国数学家威

廉·奥特雷德（1574~1660）发现乘除运算可以通过两把可相对滑动的甘特标尺来完成，并从中读到结果。奥特雷德实验了多种计算尺的设计，开始是圆形，最后固定

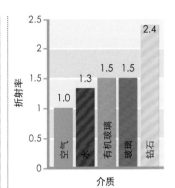

折射率

某种物质的折射率就是光线在穿过该物体时的速度和光在真空中的速度的比率。

为我们今天熟悉的中间可滑动的直尺，这一设计被长期使用，直到300年后电子计算器发明之后为止。

现代计算尺

复杂计算可借助将不同的对数刻度同计算尺上的刻度对齐，从而通过游标快速读出计算结果。

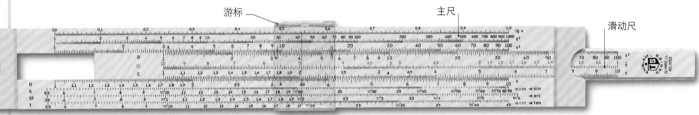

游标　　主尺　　滑动尺

1620年，荷兰发明家德雷贝尔建造了世界上第一艘可航行的潜水艇

1620年，英国哲学家弗朗西斯·培根在《新工具》中诠释了他的归纳推理方法

1621年，荷兰人斯涅耳发现了折射定律

1621年，英国学者伯顿出版了《忧郁的解剖》

1622年，英国数学家奥特雷德发明计算尺

认识行星轨道

行星的运动可以用三条定律来刻画，并用万有引力来解释

太阳系的八颗行星以及成千上万颗诸如彗星和小行星之类的小星体以环形的轨道环绕太阳运转。使天体维持在各自的弯曲轨道运行和促使物体降落地表的是同一种力：万有引力。

几百年来，人们普遍以为地球位于宇宙的中心，而太阳、月亮和诸行星及恒星绕地球公转。然而，这种地心模型不能完美地解释行星的运行轨道。1543年，波兰天文学家尼古拉·哥白尼（1473~1543）提出了他的日心模型。在这一模型中，诸行星以圆形轨道绕太阳公转（见1543年）。

开普勒定律

1600年早期，德国天文学家约翰内斯·开普勒（1571~1630）尝试用行星运动的观察数据来证明哥白尼学说的正确。然而，他发现观察数据只适应于一个行星轨道为椭圆形而非圆形的日心体系，太阳处于行星椭圆轨道的一个焦点上（见下文）。这个事实成了开普勒行星运动三定律的第一条定律。他的第二条定律（见右下）是关于行星在其轨道上速度发生变化的方式，第三条定律（见对面）描述的是从太阳到行星的距离和行星在轨道上绕太阳一周所用时间（轨道周期）之间的关系。

约翰内斯·开普勒
开普勒曾经是丹麦著名天文学家第谷·布拉赫的助手，他使用第谷的行星观测数据总结出了行星运动的定律。

万有引力

开普勒不明白行星轨道为什么是椭圆形的。在他死后，这一问题由英国科学家艾萨克·牛顿（1642~1727）给出了答案。牛顿指出，引起重物降落的力和使月球维持在其运行轨道的作用力是同一种吸引力。牛顿意识到距离地心越远，受到地球的吸引力越弱。他指出引力的强弱同两物体之间的距离平方成反比。当他将这一规律应用于

月球时，他能够计算出月球公转的周期。这让他得出了万有引力的普遍规律（见1687年），并使他意识到这种作用力正是维持各行星在各自轨道绕日公转的原因。

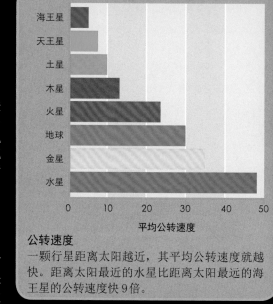

公转速度
一颗行星距离太阳越近，其平均公转速度就越快。距离太阳最近的水星比距离太阳最远的海王星的公转速度快9倍。

149597871 千米
这是地球距离太阳的平均距离

椭圆轨道

开普勒第一定律指出，每一个行星的轨道都是以太阳为其中一个焦点的椭圆。一个椭圆有两个焦点，椭圆上的任一点到这两焦点的距离之和相等。

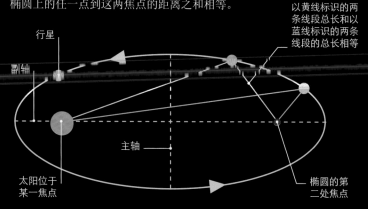

行星

副轴

以黄线标识的两条线段总长和以蓝线标识的两条线段的总长相等

主轴

太阳位于某一焦点

椭圆的第二处焦点

速度和距离

开普勒第二定律指出，从行星指向太阳的虚拟连线在相同时间所扫过的面积相等。这意味着行星距离太阳越近，速度越快，而距离太阳越远，速度越慢。

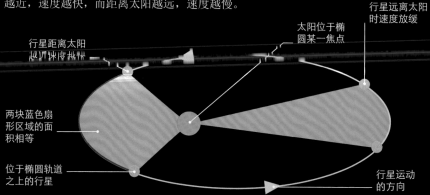

行星距离太阳越近速度越快

两块蓝色扇形区域的面积相等

位于椭圆轨道之上的行星

太阳位于椭圆某一焦点

行星远离太阳时速度放缓

行星运动的方向

平衡力

太阳施加于一颗行星以一定大小的吸引力，反之，该行星也施加于太阳以相同大小的吸引力。结果，行星和太阳共同围绕被称为质心的一点转动。如果没有引力作用，行星将沿切线方向飞出太阳系，是引力将它拉到环绕质心的一个椭圆轨道之上。质心位于太阳内部某一点，因此，太阳的运行轨道显示为一种小幅摆动。

行星的椭圆轨道

太阳小幅摆动

引力将太阳拉向行星

行星

质心位于太阳内部

引力将行星拉向太阳

行星的实际运动方向因引力作用而持续变动，结果表现为椭圆

如果没有引力，行星的运动将沿直线运动

轨道周期

开普勒第三定律给出了一颗行星平均到太阳的距离同其轨道周期（完成每一次公转所用时间）的数学关系。具体而言，该定律指出，轨道周期的平方同椭圆半长轴的立方成正比。这一定律使得计算到太阳的距离变化所对应的速度变化成为可能。尽管开普勒第三定律不如第二定律简单，但它让牛顿发展出了万有引力定律。

行星年

行星年或曰公转周期的长度取决于行星到太阳的平均距离。太阳系最靠近太阳的行星水星的行星年最短，只有 88 个地球日。海王星的最长，达 60190 个地球日（164.8 个地球年）。右图以地球年为单位列出了行星公转周期。

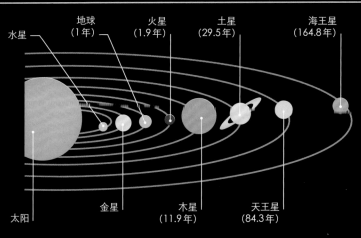

地球（1 年） 火星（1.9 年） 土星（29.5 年） 海王星（164.8 年）

水星

太阳

金星 木星（11.9 年） 天王星（84.3 年）

"心脏是动物生命的基础……是它们的微小宇宙中的太阳，万物的生长基础和一切力量的源泉。"

威廉·哈维，英国医生，节选自其解剖学论文，1628年

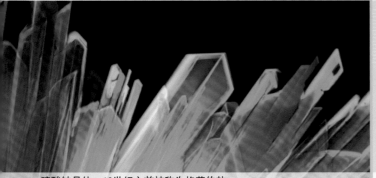

硫酸钠晶体，18世纪之前被称为格劳伯盐，绝大部分蕴藏于自然矿物中。

1625年，年轻的德国化学家约翰·格劳伯（1604~1670）在喝了一处井水之后胃病被治愈了。第二年，他成功从这口井的水中获得了硫酸钠（神奇的盐）结晶。这种物质被称为格劳伯盐，其实际成分为硫酸钠，具有通便作用。在长达300多年的时间里，医生都将其用作泻药。

1626年，在途经冰天雪地的伦敦时，曾提出理论必须从经验证据中建立这一

观点的英国哲学家弗朗西斯·培根突发灵感。他想验证是否可以通过往鸡肚子内填充雪来达到保鲜的目的。这一实验最终成功了，但是培根自己却遭受风寒得了肺炎，并且因病情恶化离世。

1627年，自尼古拉·哥白尼提出太阳位于太阳系的中心（见1543年）以来，最精确的行星测量目录出版。其中大部分数据是由丹麦天文学家第谷·布拉赫测得的，但他未能活着看到这一作品的出版。这项意图完成以神圣罗马帝国皇帝鲁道夫二世命名的鲁道夫星表的工作转交至他的合作者——德国天文学家约翰内斯·开普勒手中。这份工作涉及近1500颗恒星及当时所知行星的位置数据。开普勒承担了该书的印刷费用并将之献给第谷。

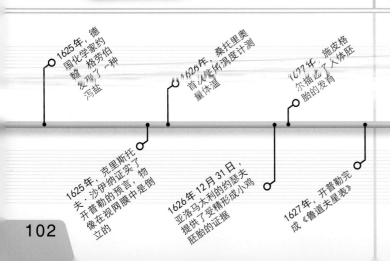

《鲁道夫星表》标题页
这幅图描写了一座想象中的纪念亭，这一建筑为庆祝历代天文学家，包括喜帕恰斯、托勒密、哥白尼和第谷等人的成就而建。

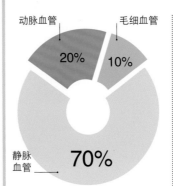

动脉血管 20%

毛细血管 10%

静脉血管 70%

血液分布
绝大部分循环系统中的血液都存在于静脉血管之中。这种薄壁管道中的血液的压力非常低，因此能够稳定停留。

1628年，英国医生威廉·哈维出版了他最著名的书《心血运行论》。哈维是实验科学的忠实信徒，亲自研究了动物的血液系统。在此前一个世纪，意大利医生马泰奥·科隆博已经证明了心脏的工作方式就像一台泵，而非古希腊学者所设想的吸引机制。但是，传统观点坚持认为肝脏可以持续产生血液——这一观点最初由古希腊医生和哲学家盖伦提出。在对心脏的抽运效应进行评

估以后，哈维对传统观点提出了质疑。他的实验指出，心脏抽运血液的能力非常高效，持续产生如此大量的血液是不可想象的。相反，他得出血液总量恒定的结论，因而是在体内持续循环的。高压血液从心脏出发，通过动脉血管被输送至身体各部分，而低压血液从静脉回归心脏。他还提出了肺循环理论。

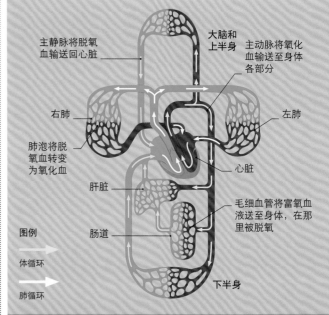

主静脉将脱氧血送回心脏

大脑和上半身

主动脉将氧化血输送至身体各部分

右肺

肺泡将脱氧血转变为氧化血

左肺

心脏

肝脏

毛细血管将富氧血液送至身体，在那里被脱氧

肠道

图例

体循环

肺循环

下半身

血液循环

一种血液的双循环系统保障了氧气和二氧化碳的交换，并且保证了肺部及身体各部分的血液的最大压力。在肺部被氧化的血液（红色）自左侧心脏压出，流至身体各部分。氧化血液在流经身体各组织和器官时再次被脱氧，而后再流回心脏的右侧。

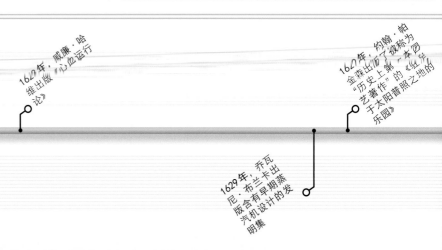

1625年，德国化学家约翰·格劳伯发现了一种泻盐

1625年，克里斯托夫·沙伊纳证实了开普勒的预言，物像在视网膜中是倒立的

1626年，桑托里奥首次能将湿度计测量体温

1626年12月31日，亚洛马大利的约瑟夫提供了受精后形成小鸡胚胎的证据

1627年，施皮格尔描述了人体胚胎的发育

1627年，开普勒完成《鲁道夫星表》

1628年，威廉·哈维出版《心血运行论》

1629年，乔瓦尼·布兰卡出版含有早期蒸汽机设计的安明集

1620年，约翰·帕金森出版了被称为"历史上第一本园艺著作"的《生长于太阳普照之地的乐园》

威廉·哈维证明单向静脉瓣的作用在于组织血液回流至四肢。

伽利略在宗教法庭受审，被要求放弃其日心说观点。此后，他被软禁直至去世。

威廉·哈维（1578~1657）

威廉·哈维出生于英格兰，在英国开始研究血液循环的工作之前，曾先后就读于剑桥大学和意大利帕多瓦大学。后来，他还研究了繁殖和发育。他曾担任英王詹姆士一世和查理一世的医生，后在英国内战中不幸去世。

1629年，意大利发明家乔瓦尼·布兰卡出版了一本机器设计集，其中包括早期蒸汽机。蒸汽缸通过导管输送蒸汽至明轮的叶片，从而推动轮子转动。布兰卡为其机器设想了多种用途：汲水、打磨石头或研磨火药。然而事实上，其真正的用途非常有限，并且它同此后更为成功的蒸汽机设计毫无关联。

英国人约翰·帕金森（1567~1650）是国王的草药医生和药剂师。他还是介于古代草药医生和新一代植物学家之间的花卉栽培者。他的第一本主要的园艺学著作

《驻足于太阳普照之地的乐园》，因其审美和药用价值而成为植物栽培领域的一本重要教科书。这本书尽管被广泛视为第一本园艺著作，但它对科学理解植物的作用仍然是有限的。

800

帕金森 1629 年著作中所包括植物种类的大致数字

"但是地球确实在动啊。"

伽利略·加利莱，意大利天文学家，这可能是在他被教廷要求收回其地球围绕太阳公转的观点时的回应，1633年

1631年，法国数学家皮埃尔·韦尼耶（1580~1637）提出了一种进行精确长度测量的工具。这种工具是在德国数学家克里斯托弗·克拉维于斯的早期设计基础上改进的。起初，这种器具在一象限仪边缘部位安装一个可滑动的缩尺，使用者可以测量最小刻度所示的长度。直到今天，韦尼耶游标卡尺仍然是进行精确测量的最好机械工具之一。

同年，计算尺的发明者英国数学家威廉·奥特雷德出版了一本对包括牛顿在内的后世多位数学家都产生了深远影响的著作。这本书名为《数学之钥》，介绍了一些基本的代数学符号：相乘符号（×），比的符号（：）。在许多年中，这本书都被认为是英国最有影响的数学著作。

1632年初，意大利天文学家伽利略出版了《关于两大世界体系的对话》。在此书中，

他捍卫了哥白尼的日心说模型，反驳了托勒密所提出的以地球为太阳系中心的传统观点。因为这一异端观点，伽利略受到了宗教裁判所的审判并被判有罪。他被迫放弃自己的观点。

17世纪30年代初期，意大利遭受了致命的自然灾难，疟疾由北方传入潮湿而低洼的南部地区，夺去了数位教皇和无数罗马市民的生命。阿戈斯蒂诺·沙仑布尼诺（1561~1642）曾在秘鲁当药剂师，当地的金鸡纳树的树皮被用来控制这种疾病。他将这种树皮运至对其需求量与日俱增的欧洲。树皮当中的活性成分——奎宁，将在此后的逾300年里作为治疗疟疾的灵丹妙药。

游标卡尺

两个相互紧邻的可滑动标尺被用于精确测量。这一仪器能够对主尺上的最小度量单位做更进一步的划分。

量爪

定位器

韦尼耶游标

主尺

1629年，尼尔·欧格拉肯经过对真实瘟疫的研究，出版了一本关于瘟疫的书

1631年，皮埃尔·韦尼耶最先设计了一种游标卡尺

1631年，英国数学家威廉·奥特雷德发明代数符号

1631年，秘鲁的阿戈斯蒂诺·沙仑布尼诺将金鸡纳树皮运送到罗马以对付当地的疟疾

1632年2月22日，伽利略·加利莱出版《关于两大世界体系的对话》

1632年，意大利医生马尔科·奥雷里诺出版了历史上第一本外科药理学教科书

"我所解决的每一个问题都成为解决后续问题的法则。"

勒内·笛卡尔，法国哲学家和数学家，摘自《方法论》，1637年

勒内·笛卡尔宣称知识必须明晰而准确。

1639年，杰里迈亚·霍罗克斯是已知的历史上记录金星凌日现象的第一人。

1636年，法国数学家马林·梅森出版了一部关于乐音的数学分析的书。他在书中给出了用来解释一根绷紧的弦的振动频率的公式，提出频率的高低反比于弦长而正比于绷紧弦的力。

1633年，随着意大利物理学家伽利略被判处异端罪名，法国哲学家和数学家勒内·笛卡尔推迟了其《论世界》的发行。这是一本观点前卫的科学著作，其中包括对于伽利略日心理论的支持。此书的部分内容在1637年以《科学中正确运用理性和追求真理的方法论》为题出版，书中包括气象学、几何学和

光学等内容。笛卡尔揭示了代数与几何的统一性。x、y两个变量可以通过一幅图中的两个交叉的坐标线——x和y轴来标记，而两个变量之间的关系可以用一个代数式来表示。另一位法国数学家皮埃尔·费马（1601~1665）已于1629年独立发明了这一方法，但最终这一成果被冠以笛卡尔之名，称为笛卡尔坐标系（见下图）。

费马因其"最后定理"（又称费马大定理）而闻名。这一定理指出，没有正整数符合下述公式 $a^n+b^n=c^n$，（n>2）。这一定理被记录在一本破旧的教科书的页边，

皮埃尔·德·费马（1601~1665）

费马曾受过律师训练，但却对多个数学分支产生了影响。他常自称是业余数学家，从而避免被要求提供他的发现的证明。他在几何学上的工作先于笛卡尔。1654年，费马与布莱兹·帕斯卡通信，帮助后者建立了概率论。

他声称自己已经证明了该定理，但因为空白处不够，故没记下来。对于这一定理的独立证明一直要等到1995年才出现。

1638年，伽利略出版了他的最后一部物理著作《两门新科学的对话和数学证明》，书中论及材料强度和运动学（对身体的运动研究，不涉及质量或力量）。教廷在1633年的审判中曾禁止伽利略再发表任何著作，该书最终在荷兰莱顿这一教廷影响力薄弱的地方出版。

英国天文学家杰里迈亚·霍罗克斯（1618~1641）曾研究金星，并预测其将于1639年12月4日经过太阳。他的预测是基于对金星凌日成对出现的理解，以两次凌日为一组，间隔8年，但是

两组之间的间隔却有100多年。当时间到来时，霍罗克斯在一张纸上聚焦太阳的像，金星在其中的暗影比自己预估的晚15分钟出现，霍罗克斯比以往任何时候都精确地计算了金星的大小和距离。

1640年，16岁的法国天才布莱兹·帕斯卡（1623~1662）出版了《圆锥曲线论》。他在书中描写了六边形与其外接圆之间的几何关系。在此过程中，他完成了一个超前的数学定理。一开始，包括笛卡尔在内的许多数学家都难以置信该发现是由这么年轻的数学家做出的。

1640年，英国数学家约翰·帕金森（1566~1650）出版了《植物讲坛》。该书是当时有关植物分类学的最具综合意义的著作，并且在多年内广受欢迎。

12000 千米
金星直径

笛卡尔坐标系

在笛卡尔和费马意识到坐标可以将代数与几何统一起来的那一刻，科学获得了突破性进展。坐标系由两条相交的坐标轴——x（水平）和y（垂直）组成。在由两条轴所确定的平面上，任何一点的位置都可以通过对应的x和y值，即x和y坐标来记录。

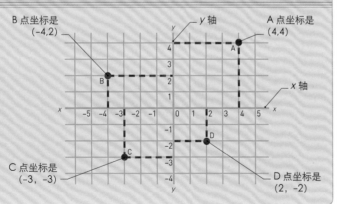

B 点坐标是 (-4,2)
A 点坐标是 (4,4)
y轴
x轴
C 点坐标是 (-3，-3)
D 点坐标是 (2，-2)

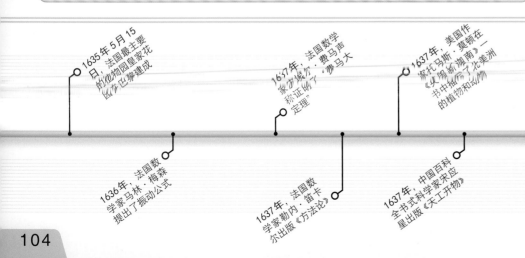

1635年5月15日，法国最主要的植物园皇家花园在巴黎建成

1636年，法国数学家马林·梅森提出了振动公式

1637年，法国数学家费尔玛声称证明了"费马大定理"

1637年，法国数学家勒内·笛卡尔出版《方法论》

1637年，美国作家托马斯·莫顿在《美国新迦南》一书中描写了北美洲的植物和动物

1637年，中国百科全书式科学家宋应星出版《天工开物》

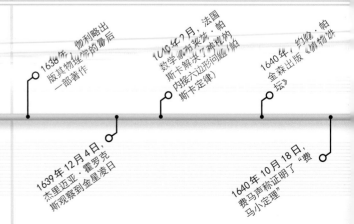

1638年，伽利略略出版其物理学的最后一部著作

1639年12月4日，杰里迈亚·霍罗克斯观察到金星凌日

1640年2月，法国数学家布莱兹·帕斯卡解决了帕普斯内接六边形问题（帕斯卡定律）

1640年，约翰·帕金森出版《植物讲坛》

1640年10月18日，费马声称证明了"费马小定理"

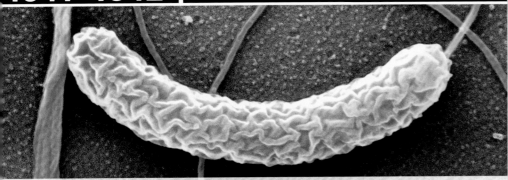

尽管霍乱在17世纪就已经被记录在案，但是霍乱病毒直到19世纪才被分离出来。

76厘米
海平面处气压计中水银柱的标准高度

意大利托斯卡纳大公斐迪南二世（1610~1670）在1641年发明了封闭式玻璃温度计。他和意大利物理学家埃万杰利斯塔·托里拆利一起，通过将液体封存于毛细玻璃管中，改进了伽利略的测温计（见1590~1593年）。他们还用比水更不易结冰的酒精作为测温液体。

帕斯卡计算器
第一批帕斯卡计算器的主要使用者是会计人员，机器上的刻度盘是以法国货币来计量的。

一年以后，布莱兹·帕斯卡发明了一种机械计算器，以帮助他的父亲从事政府计税工作。这台机器被称为（帕斯卡）加法器，能通过一个轮盘和齿轮系统进行加减乘除运算。

荷兰物理学家雅各布斯·邦迪尤斯（1591~1631）于1627年受荷兰东印度公司之约前往热带东印度群岛。1642年，他的医学著作《印度医学》在其死后出版。这本书包含了一些对于热带疾病的最早记录，比如脚气和霍乱。

另一个荷兰人，探险家和商人阿贝尔·塔斯曼（1603~1659）是第一个到达塔斯马尼亚岛的欧洲人。他接着考察了新西兰和东南太平洋诸岛屿。在整个航海经历中，他完成了欧洲人对大洋洲的植物和动物的最早记录。

16世纪40年代初，托里拆利研究了从深井汲水的实际问题。

他用一个小管和一种密度较大的液体——水银来替代水，模仿汲水的效应。他发现水银柱能够上升至一端封闭的管子的高度是恒定的76厘米，并在封闭一端留下空隙，这部分空间在此后被称为托里拆利真空。

托里拆利管
托里拆利管是一根填充有水银的真空玻璃管，管中水银柱的高度由大气压决定。

他推断这是大气压强使得水银在管中上升，而水银柱的高度取决于此压强的大小（见106页）。后来，人们发现，这一压强值随着海拔和天气的变化而变动，大气压的微小变动是天气变化的前兆。托里拆利的仪器因此被用作第一个气压计。

1644年，勒内·笛卡尔出版了《哲学原理》。在这本书中，他为宇宙设想了一个完全机械化的图景。他提出宇宙充满了微小不可见的物质微粒，它们由上帝注入动力，因此，一切科学都可以根据力学原理来解释。

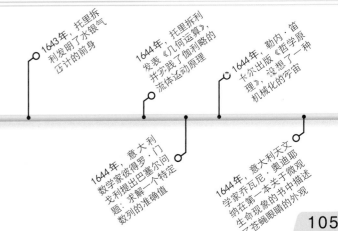

显示计算中输入和输出的数据

输入数据的刻度盘

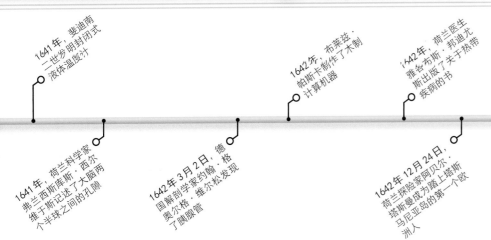

1641年，斐迪南二世发明封闭式液体温度计

1642年，布莱兹·帕斯卡制作了木制计算机器

1642年，荷兰医生邦迪尤斯出版了关于热带疾病的书

1643年，托里拆利发明了水银气压计的前身

1644年，托里拆利发表《几何运算》，并改进了伽利略的流体运动原理

1644年，勒内·笛卡尔出版《哲学原理》，设想了一种机械化的宇宙

1641年，荷兰科学家西尔弗斯西斯·弗兰记述了大脑两个半球之间的孔隙

1642年3月2日，德国解剖学家约翰·维尔松发现了胰腺管

1642年12月24日，荷兰探险家阿贝尔·塔斯曼成为踏上塔斯马尼亚岛的第一个欧洲人

1644年，意大利数学家彼得罗·门戈利提出巴塞尔问题：求解一个特定数列的精确值

1644年，意大利天文学家乔瓦尼·奥迪耶纳在第一本关于微观生命现象的书中描述了苍蝇眼睛的外观

布莱兹·帕斯卡的姻兄弗洛兰·佩里耶登上法国的克莱蒙费朗火山，试图在一个高海拔位置使用气压计测量大气压随高度的变化情况。

"原子运动……碰撞、交织、混合、铺展、聚集并结合……形成分子。"

皮埃尔·伽桑狄，法国哲学家，《伊壁鸠鲁的哲学体系》，1649 年

17世纪40年代，法国数学家布莱兹·帕斯卡开始研究水力学——液体的力学性质。他发现液体不像气体那样可以被压缩，当施加力时，液体会传导这种作用。帕斯卡的研究促成了液压机和注射器的发明。1646年，帕斯卡确定了意大利物理学家托里拆利的观察结果，液柱确实会随着大气压的增加而上升。帕斯卡还预测这种压力在非常高的地方会消失。他让家住高山附近的姻兄佩里耶实验他的想法。在猜想获得证实以后，帕斯卡认为，在更高的空中，空气将变得更加稀薄以致变为真空。

波兰天文学家约翰内斯·赫维留（1611~1687）于1647年出版了《月面学》，这是他最为著名的学术成就。该书是历史上第一本月面地图册，成为之后多年相关领域的标准参考书目。

1648年，佛兰德斯化学家扬·巴普蒂斯特·范·海尔蒙特（1580~1644）撰写的一组文章在其死后由他儿子出版。海尔蒙特通过一个长达5年的柳树生长实验提出了一个早期版本的物质守恒定律。他通过对植物和土壤的测重，推断供给树木生长的材料来源于水。一个多世纪之后，实验者们发现，更大部分的增重来自于空气中的二氧化碳。

13594

千克／立方米

1000 千克／立方米

相对密度

水银　　　水

因为水银的比重近14倍于水，所以其在毛细玻璃管中的上升高度易于测量，这使得水银气压计成为可能。

1644年，法国哲学家和数学家勒内·笛卡尔描绘了一种机械化的宇宙图景，其中充满了物质微粒而不存在真空。1649年，法国传教士、实验科学家和哲学家皮埃尔·伽桑狄（1592~1655）反驳了任何事情都可以纯粹用机械哲学术语予以解释的观念，并提出了一种备选方案。他提出，物质的性质是由原子的形状决定的，而原子之间的联合则进一步形成更大的分子。伽桑狄接受了真空的存在，并且提出绝大部分物质是中空的。伽桑狄的这一观点预言了后来关于原子元素的结合以及原子的几乎所有质量都集中于原子核的思想（见1911年）。

德国物理学家奥托·冯·

盖利克（1602~1686）进行了许多实验以证明真空存在。1650年前后，他发明了一种活塞式真空泵，其中的阀门系统能够从容器中不断去除空气。冯·盖利克1672年出

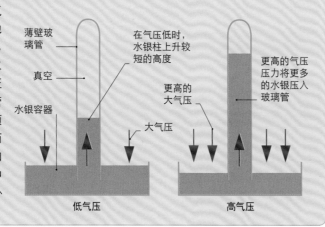

测量大气压

几个世纪以来，人们以为空气没有重量。但实际上大气对地球表面施加了可测量的压力。布莱兹·帕斯卡通过一个倒立在水银池中的半封闭玻璃管证明了大气压力的存在。玻璃管中的水银回落从而在玻璃管顶部形成一个无空气的空间，而大气压力对外部水银液面施加了力的作用，从而在玻璃管中维持着一定高度的水银柱，外压越大，水银柱越高。

薄壁玻璃管

在气压低时，水银柱上升较短的高度

真空

更高的气压压力将更多的水银压入玻璃管

水银容器

更高的大气压

大气压

低气压　　　　高气压

活塞式真空泵

奥托·冯·盖利克利用一套制作精良的活塞系统在两个对合在一起的半球之中制造出真空，这一装置被命名为马德堡半球。

"我们周围的每一处都有空气在流动。空气从头部往下施加压力，一如它在我们的脚底往上施加压力……事实上，空气从各个方向向我们身体的各个部分施加压力。"

奥托·冯·盖利克，德国物理学家，摘自《新实验》，1672年

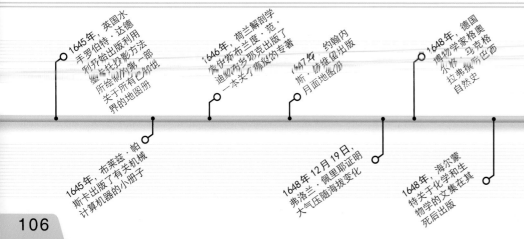

1645年，英国木手罗伯特·达德列开始出版利用数轮方法所绘制的第一部关于所有已知世界的地图册

1646年，荷兰解剖学家弗洛兰·范·迪默布罗克出版了一本关于瘟疫的专著

1647 约翰内斯·赫维留出版《月面地图册》

1648年，德国博物学家格奥尔格·马克格拉夫撰写的巴西自然史

1645年，布莱兹·帕斯卡出版了有关机械计算机器的小册子

1648 年 12 月 19 日，弗洛兰·佩里耶证明大气压随海拔变化

1648年，海尔蒙特关于化学和生物学的文集在其死后出版

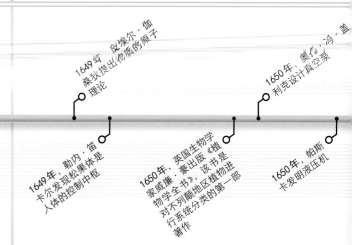

1649 年，皮埃尔·伽桑狄提出物质的原子理论

1650年，奥托·冯·盖利克设计真空泵

1649年，勒内·笛卡尔发现松果体是人体的控制中枢

1650年，英国生物学家威廉·豪出版《植物全书》，该书是对不列颠地区植物进行系统分类的第一部著作

1650年，帕斯卡发明液压机

皮埃尔·伽桑狄的"原子"理论超前于其所处的时代。

奥托·冯·盖利克将两个仅仅用少量油脂密封起来的半球抽成真空，然而双方各有8匹马的队伍也无法将两个半球拉开。

版了《新实验》，书中描述了他所做的实验。当中包含他的真空泵的设计图。

在物理学家就物体的本性而争论不休时，生物学家则对生命的起源提出了疑问。许多人认为生命可以自发出现。1651年，曾提出血液循环理论（见1628~1630年）的英国医生威廉·哈维则认为动物只能从卵中形成。在对鸡进行研究以后，他继续寻找"哺乳动物的卵"。作为皇家医生，哈维被允许以英王的小鹿为对象进行研究。他对那些在交配之后尽可能短的时间内被宰杀的动物进行检查，希望从中找到"卵"的线索。哈维不知道鹿的胚胎发育在受精之后自然地延后8周的时间，因此，他错误地得出了卵自发地在子宫中形成的结论。直到19世纪，人们在显微镜下检查卵巢时，哺乳动物的卵子才被发现。

1652年，英国医生尼古拉斯·卡尔佩珀（1616~1654）出版融合了其医学和植物学研究的著作《英国医生》，该书综合了草药医学和占星术。第二年，他又出版了《草药大全》，该书广泛梳理了各种药用植物。他收录的许多植物至今仍在使用，比如治疗心脏病的毛地黄。卡尔佩珀的书中记录了许多在当时仍属于私密内容的疗法。

1653年，布莱兹·帕斯卡出版了《论液体平衡》一书，该书包含了他有关液体物理研究的全部成果。这部著作中包含有后来被称为帕

"应当在草药的生机最旺盛的时候进行蒸馏……对于花也一样。"

尼古拉斯·卡尔佩珀，英国植物学家，摘自《英国医生》，1652年

概率
帕斯卡-费马理论指出，掷骰子游戏中，两个骰子都为6的概率是1/36。

斯卡定律的理论，即在一个封闭系统中的不可压缩液体中的力在各个方向相等。

1654年，在发明真空泵并将封闭的两个对合空心半球内部抽成真空4年以后，

奥托·冯·盖利克在其家乡德国马德堡演示了历史上最具戏剧性效果的一个公开实验。他将两个中空的铜质半球用油脂密封，然后用泵抽走内部的空气，将每个半球各同一组8匹马的马队拴在一起。结果，大气对这两个铜质半球的压力是如此显著，两队马匹使出浑身解数都未能将它们拉开。这一情况震惊了在场的观众，并帮助盖利克证实了真空的理论。

与此同时，法国贵族安托万·贡博（1607~1684）对于赌博的兴趣帮助他开辟了一个新的数学研究领域。贡博对一定策略之下的掷骰子游戏的收益规律提出了质疑，因此，他倡议自己的助手——数学家布莱兹·帕斯卡对此问题展开研究。帕斯卡于是与他的同时代人费马（见1635~1637年）通信，以

《草药大全》
这幅药用植物的插图引自英国医生尼古拉斯·卡尔佩珀所著的1850年版的《草药大全》。

图解决这一问题。这项合作促进了概率原理的形成。在获悉帕斯卡与费马的交流消息后，荷兰学者惠更斯在1657年出版了第一本关于概率的书。由于对赌博的普遍痴迷，概率理论开始在那些好赌者中流行开来，他们不厌其烦地去理解它。

布莱兹·帕斯卡
（1623~1662）

帕斯卡生于法国克莱蒙费朗，在收税官父亲的指导下，帕斯卡成为一名神童。十几岁时，他就解决了一个复杂的数学问题并且发明了一台机械计算器。他打下了概率论及液压物理学的理论根基。

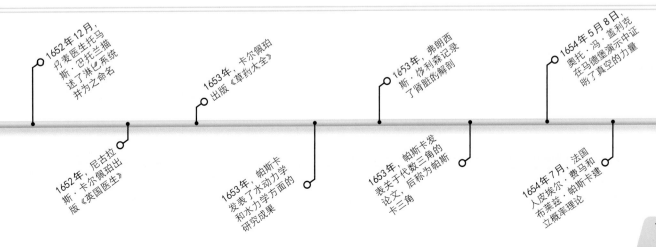

1651年，威廉·哈维声称所有动物都由卵而生

1652年12月，丹麦医生托马斯·巴托兰描述了淋巴系统并为之命名

1652年，尼古拉斯·卡尔佩珀出版《英国医生》

1653年，卡尔佩珀出版《草药大全》

1653年，帕斯卡发表了水动力学和水力学方面的研究成果

1653年，弗朗西斯·格利森记录了肾脏的解剖

1653年，帕斯卡发表关于代数三角的论文，后称为帕斯卡三角

1654年5月8日，奥托·冯·盖利克在马德堡演示中证明了真空的力量

1654年7月，法国人皮埃尔·费马和布莱兹·帕斯卡建立概率理论

时间计量的故事

对时间进行准确计量对于现代世界的许多工作具有重要意义

现代关于标准时间单位的观念受到普遍的公认。它将基于恒星和行星视运动的天文历法和钟表知识，与最近测量和记录相对短的间隔时间的技术结合在了一起。

人类大约自开化伊始就对时间的流逝有所觉悟，但是对于每一年中季节和时日的长短变化的准确把握和理解只有到公元前 8000 年前人类部落开始定居、农耕文明开始兴起之时才逐渐变得重要。包括英国巨石阵在内的散布于世界各地的史前文明遗迹，都显示出古人已具有根据太阳的升降而确定季节变化的能力。

对更短的时间段进行测量的需求，最早出现于公元前 2000 年具有发达文明的古代美索不达米亚，这也许是出于宗教、仪式或是管理的需要。日晷被用于粗略地度量一天的时间变化，更精确的时间通过水漏或者后来的沙漏来确定。

钟表计时

欧洲最早由重力驱动的机械钟可能出现于 2 世纪左右。这种机械往往被置于教堂一类的公共建筑中，以满足一个社区或是城市居民的计时需求。大约在 16 世纪，钟表上引入了弹簧驱动装置，从而出现了便携式钟表，这种表的准确性在 17 世纪晚期大幅提升。工业革命以后，随着交通的发展和电报通信的出现，相距遥远的世界各地亟须达成一个统一的时间计量标准。

黄道带表现的是诸星系

主指针显示的是当地太阳时

太阳在一年里经过十二宫的各个星座

> "真实时间和数学时间……是同步流逝的……绵延不绝。"

艾萨克·牛顿，摘自《原理》，1687 年

天文钟，位于捷克共和国布拉格的古镇广场

公元前 2000 年
第一套历法
古巴比伦人发明了已知最早的历法。根据月相，一年被分为 12 个月，每若干年额外增加一个月以保持月周期和太阳周期的一致。其他文明也发展出了类似的历法。

玛雅历法

520 年
计时蜡烛
关于最早的计时蜡烛的记录出现于中国的一首古诗，计时蜡烛是一种燃烧缓慢的香或是蜡烛，它能够粗略地估计时间，并且不分昼夜。

800 年
沙漏
第一份对于沙漏的明确记载出现于 14 世纪，但是这种计时器可能早在 9 世纪就已经由欧洲人发明，或者是从其他地方传到了欧洲。

公元前 1800 年
水钟
尽管第一台水钟可能出自美索不达米亚，然而这一装置却在古希腊和古罗马流行。其典型的构造是底部有小洞而内壁刻有用于度量水位的刻度。

古希腊漏壶

公元前 1500 年
早期日晷
日晷最早出现于古巴比伦和古埃及。最早的日晷通过直立的一根被称为指时针的棍子来跟踪日影来计时。

古埃及日晷

1088 年
苏颂水运仪象台
中国古代学者苏颂曾建造一架水钟，当中使用了一系列复杂的齿轮以模仿天体运行，影响了欧洲钟表技术的发展。

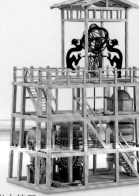

钟塔

月球运行一周用时大约 29.5 天，小球的旋转代表着月相的变化

星星代表着当地的恒星时间，随着太阳相对于背景太空的运动而变化

以古代捷克、罗马和阿拉伯数字所表示的 24 小时的刻度

古代捷克的一天的开始和终了

阴影区域表示白天、夜晚、黎明与黄昏的分界

天文钟钟面
这架时钟 1401 年安装于布拉格古老的城市大厅，它将钟面同一系列机械装置关联起来，能够显示太阳、月亮相对于恒星的方位以及月相。

时区

19 世纪以前，各个地方都根据太阳在中午的位置来设定自己的时间，铁路的出现使得旅行的时间从以日为单位缩短为以小时计量，这造成了不同地方时间之间的混乱。铁路公司于是牵头推动多个地方的时间进行协调，从而共同遵守一个适用于很大一块地域，甚至跨越不同国家的计时标准。19 世纪晚期，电报的出现使通信几乎可以瞬间实现，这导致了计时发生了又一次变革。大英帝国版图硕大无朋，故而采取了时区的计时标准，以伦敦皇家格林尼治天文台所测时间为准，在此前后分别定义各个不同时区。到 1929 年，这一系统几乎为全世界所采用。

3 世纪
重力驱动机械钟
最早的机械钟出现于英国索尔兹白里和诺维奇等教堂。这种钟通过一个系于锁链之上的摆锤来带动齿轮的转动，而摆锤则由一套擒纵摆动装置来加以控制。

1656 年
惠更斯的摆钟
荷兰发明家克里斯蒂安·惠更斯利用摆锤的规则振动，制作了一天当中误差仅有几秒的摆钟。

惠更斯摆钟

1927 年
石英钟
第一块电子表产生，其所依赖的是高速振动的石英晶体所产生的自然电流，它的计时精度可以控制在每天误差一秒以内。

石英钟

1967 年
秒的定义
一秒钟的时长被定义为一个铯原子两个能级之间发生跃迁对应辐射的 9192631770 个周期的持续时间。

1430 年
弹簧驱动的钟表
利用储存在卷曲弹簧中的力，可以大大缩小时钟的尺寸。德国钟表匠彼得·亨莱因通过这种技术制作了第一块怀表。

亨莱因的怀表

1759 年
航海天文钟
英国钟表匠约翰·哈里森能够制造长期守时的弹簧驱动时钟，第一次使海上精确测量经度成为可能。

1947 年
原子钟
这种设备使用铯等元素内部结构中的快速变化来进行高精度的时间测定。

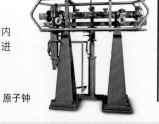
原子钟

20 世纪 70 年代
电子表
在电子设备上使用液晶屏来显示数字变化的技术，彻底革新了时间的显示方式。

卡西欧电子表

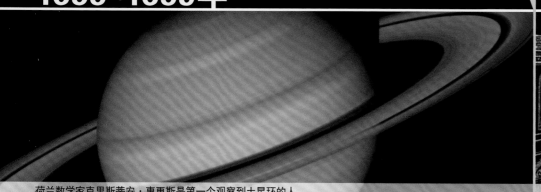

荷兰数学家克里斯蒂安·惠更斯是第一个观察到土星环的人，他认为这种结构是由固体微粒组成的。

英国伦敦格雷欣学院是英国皇家学会的发源地，该学院由托马斯·格雷欣捐资建立。

1665年，英国数学家约翰·沃利斯发明了一种计算曲线上某一点的切线的方法，这一成果是研究无穷小变化的微积分的一个重要基础。他发明了一个表示无穷大的新符号：∞。4年以后，瑞士数学家约翰·拉恩发明了除法运算的符号：÷。

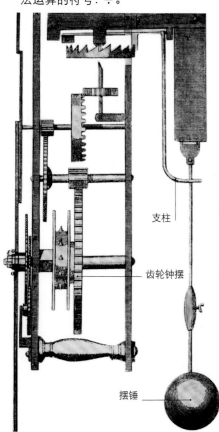

支柱

齿轮钟摆

摆锤

摆钟
惠更斯钟之所以能够更准确地计时是因为钟摆的摆动周期是恒定的，而与振幅无关。

荷兰数学家、仪器制造师克里斯蒂安·惠更斯发明了新的计时器和望远镜。1655年初，他使用自己和兄弟共同制作的望远镜发现土星的最大卫星泰坦。1656年末，他注意到土星的新月在其表面留下投影，他指出这一带状结构由块状固体组成，并且它不在土星表面。同年，惠更斯发明了一架能够精准计时的摆钟。直到17世纪初，一般时钟的计时误差仍然高达每天15分钟左右，而惠更斯摆钟的精确度较之提高了百倍。1657年以后，惠更斯转而研究数学，他同费马和帕斯卡合作出版了第一部关于概率论的教科书。1657年，随着锚式擒纵技术的发明，惠更斯的摆钟机械获得了进一步的改进。摆

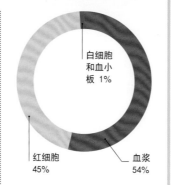

白细胞和血小板 1%

红细胞 45%

血浆 54%

血液成分（体积比）
白血细胞数量稀少，这使得17世纪的显微学家在低倍率显微镜下仅仅能够看到血红细胞。

钟能够采用更小的弹簧和更长及更重的摆锤，要归功于英国发明家罗伯特·胡克。此后，胡克在1658年又设计了游丝，从而进一步改进了钟表的擒纵技术。

1657年，意大利佛罗伦萨成立了一个新的科学社团——实验科学院，致力于通过实验对自然做进一步研究，其规章制度成为18世纪各大实验室广为沿用的范本。

荷兰生物学家扬·斯瓦默丹一生的大部分精力都在用显微镜研究解剖学和昆虫。据称，他在1658年未进大学之前即已首次观察到血红细胞。

皇家学会成立于1660年11月，是历史上最古老的科学社团之一。学会的首次会议在格雷欣学院召开，参加会议的是12位自然哲学家，其中包括英国建筑师克里斯托弗·雷恩和罗伯特·波义耳。学会每周召开例会讨论"自然知识"和演示实验，学会的第一任实验总监是罗伯特·胡克。一年以后，罗伯特·波义耳出版了《怀疑派化学家》，这本著作作为他赢得了"化学之父"的美誉。他在书中批判了古老的炼金术传统，并提出了一种新的通过实验进行化学研究的科学方法。他抛弃了古老的元素论观点，而代之以现代意义上的元素观念，即元素是不

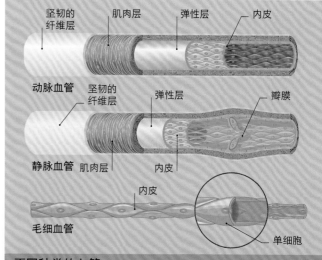

坚韧的纤维层　肌肉层　弹性层　内皮
动脉血管　坚韧的纤维层　弹性层　瓣膜
静脉血管　肌肉层　内皮
毛细血管　内皮　单细胞

不同种类的血管
厚壁的动脉血管含有最多的弹性纤维以保持源自心脏的血液的高压。薄壁的静脉血管输送低压的静脉血，其中的瓣膜结构可以防止血液在流向心脏时发生回流。在动脉血管和静脉血管之间是毛细血管，多数仅仅由单层内皮细胞构成，这保证了血液中的营养物质和氧气透过血管壁被组织吸收。

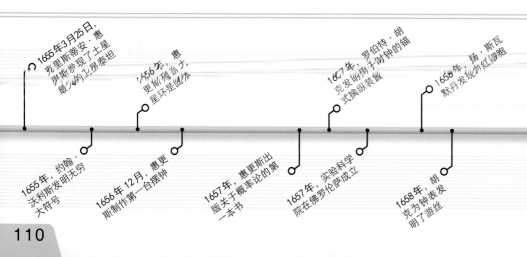
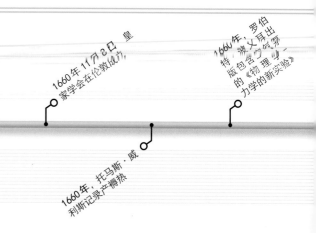

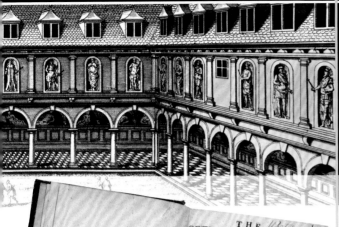

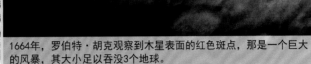

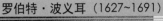

1664年，罗伯特·胡克观察到木星表面的红色斑点，那是一个巨大的风暴，其大小足以吞没3个地球。

能进一步分解的纯物质。

英国医生威廉·哈维在自己三十多年前所著的关于血液循环的伟大著作中已经提出，身体可能含有微小的血管将动脉血管和静脉血管连接在一起，从而构成一个完整的血液循环回路。1661年，意大利医生和生物学家马尔切洛·马尔皮吉使用显微镜发现了毛细血管。

《怀疑派化学家》

罗伯特·波义耳的著作是一本假想的对话录，对话的一派是炼金术的支持者，另一派是理性的声音，宣扬一门基于原子、被明确定义了的元素和实验的科学。

马尔皮吉投入巨大的精力从事解剖学的显微研究。他在肾脏、胚胎、昆虫甚至植物学等领域都做出了重要发现。

> **"我现在所说的元素是那些原初的或者简单的，或者完全未混杂他物的物质……"**
>
> 罗伯特·波义耳，英国科学家和发明家，摘自《怀疑派化学家》，1661年

在气压与高度成反比的规律获得证明20年之后，英国气象学家理查德·图奈里指出，一定量的空气在高海拔处体积会发生膨胀。罗伯特·胡克随后通过实验证实了这一观察。罗伯特·波义耳随后于1662年发表了题为《图奈里的假说》一文，但是这一规律后来被称为波义耳定律。同一年，腺鼠疫在伦敦爆发之际，英国零售商约翰·格兰特发表了自己对《死亡率表》的分析。尽管不是一个学者，格兰特却通过这些记录找到了瘟疫流行的趋势。格兰特的工作获得了查理二世的垂青，后者要求皇家学会将其吸纳为会员。在今天看来，格兰特对《死亡率表》

罗伯特·波义耳（1627~1691）

波义耳是英国物理学家和发明家，也是化学领域的先驱人物之一。他受伽利略的影响而倡导以实验和推理来研究科学。波义耳曾制作空气泵并将之用于研究气体性质。他是皇家学会的奠基人之一，提出了现代化学元素的概念。

的研究为人口统计学奠定了基础。

1663年，苏格兰天文学家詹姆斯·格列高利设计了一种反射式望远镜。他在望远镜中使用面镜替代透

波义耳定律

与液体不同，气体是可压缩的。物理学家罗伯特·波义耳提出了一个描述一定量气体的压力和体积之间定量关系的公式。在温度恒定的前提下，气体的压力和体积成反比。在定量的意义上，这意味着如果压力加倍则体积减半，反之亦然。

一个砝码的重量给予容器中的空气以一定压力

均匀分散的气体分子

扩散

两个砝码对容器中的空气产生了双倍压力

高压将气体分子挤压至原来一半的空间内

压迫

镜，从而避免不同波长的光在通过透镜时因不同折射率而产生的色差。但是，第一个真正制作出反射式望远镜的人则是艾萨克·牛顿（见1667~1668年）。

天文学家很早就开始对木星进行研究，但在17世纪60年代以前，一直未注意到木星表面的巨大红斑。这也许是因为早期望远镜的质量不高，或者因为这一现象在当时还未出现。这一斑点事实上是一场巨型风暴，可能始于17世纪初。罗伯特·胡克于1664年观察到它，不过意大利天文学家乔瓦尼·卡西尼可能在更早的1655年已观察到这一现象。

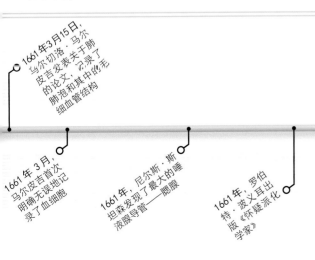

1661年3月15日，马尔切洛·马尔皮吉发表关于肺的论文，记录了其中的毛细血管结构

1661年3月，马尔皮吉首次明确无误地记录了血细胞

1661年，尼尔斯·斯坦森发现了最大的唾液腺导管——腮腺

1661年，罗伯特·波义耳出版《怀疑派化学家》

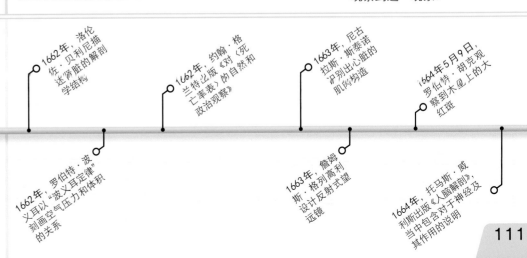

1662年，洛伦佐·贝利尼描述肾脏的解剖学结构

1662年，约翰·格兰特出版《对〈死亡率表〉的自然和政治观察》

1662年，罗伯特·波义耳以"波义耳定律"刻画空气压力和体积的关系

1663年，尼古拉斯·斯泰诺识别出心脏的肌肉构造

1663年，詹姆斯·格列高利设计反射式望远镜

1664年5月9日，罗伯特·胡克观察到木星上的大红斑

1664年，托马斯·威利斯出版《人脑解剖》，当中包含对于神经及其作用的说明

"……发现了一个新的可见世界。"

罗伯特·胡克，英国发明家，摘自《显微术》，1665年

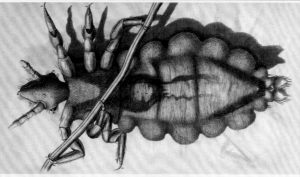

《显微术》中由胡克使用显微镜所做的一项观察记录：一只虱子的显微图像。

5.5升

成年人体内平均血液含量

英国发明家罗伯特·胡克曾任伦敦皇家学会的实验总监，他从事过显微学研究，并于1665年出版了学会的第一本专著《显微术》。书中附有微小生命的精美插图，包括对微生物——一种霉菌的首次描述。书中还首次出现了公开出版物中对于一种生物细胞的记录，细胞这一词汇就是由胡克在对软木塞的组织结构进行观察后给出的。

这一年，英国剑桥大学因为瘟疫而封校。该校的一

火星冰冠

乔瓦尼·卡西尼观察到了火星冰冠，尽管几个世纪之后才有这样的图片可助于揭示它的构造。

名学生，也就是后来的物理学家和数学家艾萨克·牛顿（1642~1727）利用这段自由时光做出了一系列惊人的发现。在两年的时间内，他发明了流数术（即微积分），开始形成万有引力的观念，并且还使用三棱镜研究了彩虹的颜色。

1666年，意大利天文学

家乔瓦尼·卡西尼（1625~1712）首次观察到火星具有极地冰冠。他还计算出火星自转周期为24小时40分钟。两年前，他已经确定了木星和金星的自转周期。

1666年，历史上首次狗与狗之间的输血实验在皇家学会进行。1667年，又进行了动物血液输入人体的尝试，动物学院因此被认为受到野蛮与邪恶浸染而不洁。与此同时，英国医生理查德·洛厄（1631~1691）与法国医生让·巴蒂斯特·丹尼斯分别独立开展了将少量羊羔血液输入病人体内的实验。这些患者得以侥幸存活下来，无疑是因为过敏反应非常微小。

但是，这类实验此后导致了一系列事故，最终受到

水平目镜

并未产生广泛的影响，但是该书的作者弗朗西斯科·雷迪（1626~1697）在书中已经给出了具有奠基意义的实验。雷迪在这一实验中对流行的"腐草为萤"观念进行了检验。他将肉放置于多个罐子中，将其中一部分用纱布密封起来，而让另一部分敞开。结果，只有

3厘米

牛顿望远镜中物镜的直径

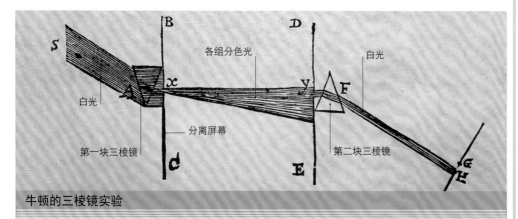

牛顿的三棱镜实验

尽管其他科学家此前已经使用三棱镜在日光中制造彩虹，但是艾萨克·牛顿首先想到这些颜色各异的光线组成了白光，三棱镜所起的作用只是将它们分开而已。为了证明这一点，他在第一块倒立的三棱镜之后隔一段距离处又安装

了另一块正立的三棱镜。第一块三棱镜将白光分解为7种颜色，每一种光线具有不同的波长。分解之所以发生是因为波长最长的红光比波长最短的紫光折射得少。第二块三棱镜将这些单色光再次折射，从而复原了白光。

了巴黎当局的禁止。

1668年，艾萨克·牛顿制作了第一台反射式望远镜。这台仪器通过使用镜子避免了折射望远镜中的镜头像差。苏格兰天文学家詹姆斯·格列高利此前已经有了类似的构想，但未能制出来。

尽管《关于昆虫繁殖的实验》一书在1668年的出版

瓶口敞开的罐子中发现了蛆虫，证明这些生命并不是自发独立产生的。然而，他对于生命凭空自发生成的观念的揭穿并没有对当时生物学思想的进步产生重大影响。一直到19世纪，路易·巴斯德的科学发现被广泛传播

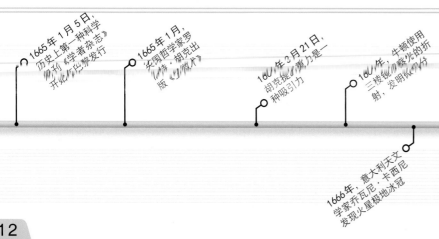

1665年1月5日，历史上第一种科学期刊《学者杂志》开始以月刊形式发行

1665年1月，英国哲学家罗伯特·胡克出版《显微术》

1665年2月21日，胡克提出万有引力是一种吸引力

1665年，牛顿使用三棱镜观察光的折射，发明微积分

1666年，意大利天文学家乔瓦尼·卡西尼发现火星极地冰冠

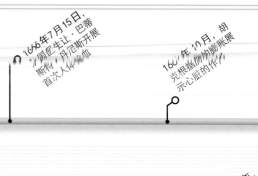

1666年7月15日，洛厄与让·巴蒂斯特·丹尼斯开展首次人体输血

1667年10月，胡克根据肌肉的膨胀展示心脏的作用

1667年，丹麦生物学家尼古拉斯·斯泰诺撰写最早的地质学论文

理查德·洛厄是曾经风靡欧洲的输血狂热分子大军中的一员，这幅图展示了他正看着羊血被输入人的体内。

一幅19世纪的浮雕刻画了荷兰博物学家扬·斯瓦默丹从一处蜂巢中拿走蜂王后，受到蜂群攻击的场景。

牛顿望远镜的复制品

牛顿的反射式望远镜具有水平目镜，较之以往的同类仪器操作起来更为方便。它所具有的直径3厘米的面镜弥补了以往折射望远镜的缺点。

皮质的可滑动聚焦装置

可转动底座

之后，他的思想才得到了复兴（见1870~1871年）。

过去，人们认为燃烧过程对应于物体中"燃素"的释放过程。1668年，英国化学家约翰·梅奥（1640~1679）批判了这一思想，提出了一种新的燃烧理论。他在观察金属锑的燃烧过程中发现实验系统的重量不降反增。他认为这是因为金属结合了空气中的某种成分，他称之为活性空气。这一观点预言了一个世纪之后氧气的发现。

约瑟夫·赖特的《炼金术士》

这幅作于1771年的画作刻画了亨尼希·布兰德偶然发现磷的场景，这幅画与其说是对当时的真实情形的描写，倒不如说是一种引人入胜的虚构。

德国炼金术士亨尼希·布兰德一直寻找传说中能够将"低贱"金属点化为金子的"哲人石"。1669年，他以为自己终于发现了它。但是他所发现的那团闪闪发光的物质事实上只是磷而已。

那一年，丹麦生物学家、地质学家尼古拉斯·斯泰诺（1638~1686）提出，随着沉积物的累积，古老的岩石层被层层覆盖。这意味着岩石中那些已被矿化的灭绝的生命可以根据其所处的地层而判断年代。

对于昆虫的科学研究在很大程度上是以1669年扬·斯瓦默丹的著作《昆虫通史》为基础的，在这本书中这位荷兰显微镜学家描述了昆虫生命周期中所经历的幼虫和蛹等阶段。

1670年，英国化学家罗伯特·波义耳将酸倾倒至金属上得到一种易燃空气，这种气体就是氢气。

1671年，卡西尼在天文学领域的成就包括对地球至火星距离的计算——这使人们得以第一次展望太阳系的

真实大小。1672年，他又计算了地球到太阳的距离，其结果与今天的数据相差无几。

1672年，艾萨克·牛顿向皇家学会提交论文，描述了他对彩虹颜色的观察，提出白光由各种颜色的光组成。他随后被推选为皇家学会会员。但实验负责人罗伯特·胡克批评了牛顿的论文，这引发了两人间的持久争论。

1673年，德国数学家戈特弗里德·莱布尼茨制造了一台计算器并将之赠予皇家学会。同一年，荷兰天文学家，摆钟的发明者克里斯蒂安·惠更斯发表了《关于单摆运动的数学分析》，说明了摆长与重量对于摆动的影响。

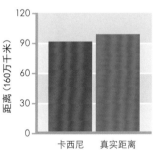

地日距离

卡西尼的宗教信仰让他坚持太阳位于宇宙中心的观点，但是随着对天文距离的计算，他改变了自己的观点。

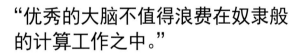

> **"优秀的大脑不值得浪费在奴隶般的计算工作之中。"**
>
> 戈特弗里德·莱布尼茨，德国哲学家和数学家，1685年

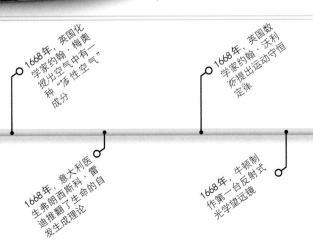

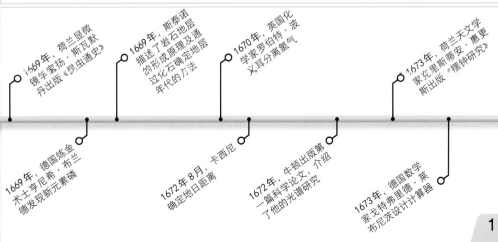

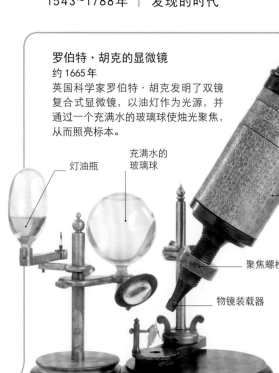

罗伯特·胡克的显微镜
约1665年
英国科学家罗伯特·胡克发明了双镜复合式显微镜，以油灯作为光源，并通过一个充满水的玻璃球使烛光聚焦，从而照亮标本。

灯油瓶

充满水的玻璃球

纸板制镜筒

聚焦螺栓

物镜装载器

备用镜头

样本固定器

镜头

范·米森布鲁克的显微镜
约17世纪70年代
荷兰仪器制造师约翰·范·米森布鲁克的显微镜具有球窝式接头，能够将昆虫之类的微小样本移动至焦点。

球窝接头

列文虎克的显微镜
约1674年
荷兰商人安东尼·范·列文虎克发明了一种独特的单透镜显微镜，其中的小巧球形透镜帮助他看到微小的有机体。

镜头

螺栓控制样本的高低

显微镜

观察裸眼所看不见的微观世界

显微镜开启了微观世界的大门，从组成生命体的细胞到组成物体的分子甚至是原子，它帮助科学家理解世界是由什么构成的。

17世纪初，荷兰眼镜制造师将两块透镜安装到一个镜筒中，得到放大倍数远超单个放大镜的效果。随着透镜制造技术的不断成熟，放大图像的质量也不断改善。20世纪，原子物理领域的突破促进了电子显微镜的发明，后者以波长更短的电子束替代光线来探查尺径更为微小的粒子。

镜筒

粗略调焦

将光聚焦于样本处的镜子

塔利桑斯消色差显微镜
约1835年
英国科学家约瑟夫·李斯特设计了消色差显微镜，这种显微镜使用消色差透镜制作而成，能够将不同颜色的光精确地聚焦到同一点，从而产生更清晰的图像。

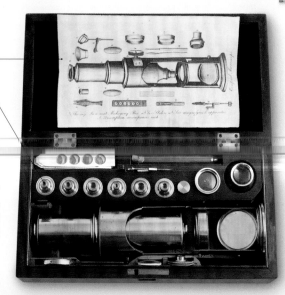

说明书

可更换的目镜

复合筒显微镜
约1850年
复合筒显微镜使用一个可滑动的具有镜头的主镜筒来对样本进行聚光。这种设计使其便于携带。

载物台

镜子

卡尔佩珀复合式显微镜
约1740年
英国仪器制造师埃德蒙·卡尔佩珀制造了廉价的三脚架显微镜。早期支架部分是木制的，但是固定的倒立设计和糟糕的聚焦能力使其使用起来十分困难。

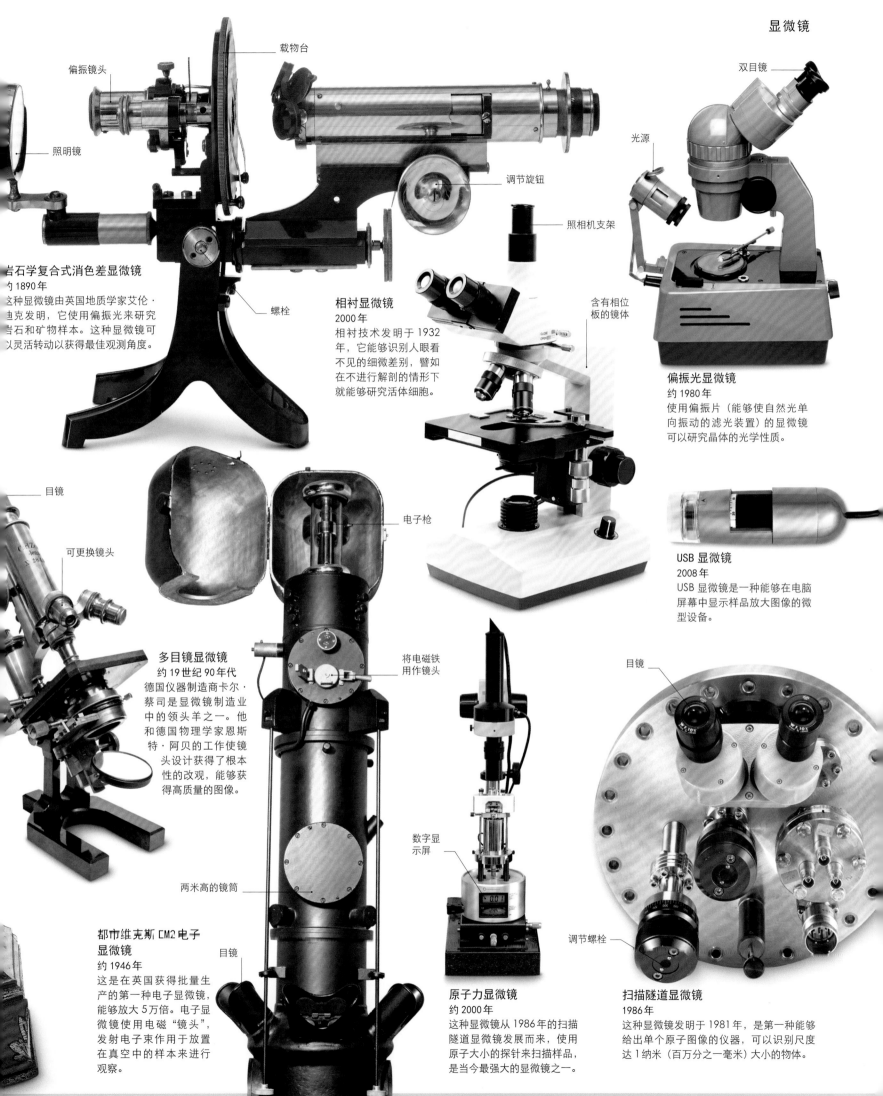

显微镜

岩石学复合式消色差显微镜
约 1890 年
这种显微镜由英国地质学家艾伦·迪克发明，它使用偏振光来研究岩石和矿物样本。这种显微镜可以灵活转动以获得最佳观测角度。

偏振镜头
照明镜
载物台
螺栓

相衬显微镜
2000 年
相衬技术发明于 1932 年，它能够识别人眼看不见的细微差别，譬如在不进行解剖的情形下就能够研究活体细胞。

调节旋钮
照相机支架

双目镜
光源

偏振光显微镜
约 1980 年
使用偏振片（能够使自然光单向振动的滤光装置）的显微镜可以研究晶体的光学性质。

含有相位板的镜体

USB 显微镜
2008 年
USB 显微镜是一种能够在电脑屏幕中显示样品放大图像的微型设备。

目镜
可更换镜头
电子枪

多目镜显微镜
约 19 世纪 90 年代
德国仪器制造商卡尔·蔡司是显微镜制造业中的领头羊之一。他和德国物理学家恩斯特·阿贝的工作使镜头设计获得了根本性的改观，能够获得高质量的图像。

将电磁铁用作镜头

两米高的镜筒

都市维克斯 CM2 电子显微镜
约 1946 年
这是在英国获得批量生产的第一种电子显微镜，能够放大 5 万倍。电子显微镜使用电磁"镜头"，发射电子束作用于放置在真空中的样本来进行观察。

目镜

数字显示屏

目镜

调节螺栓

原子力显微镜
约 2000 年
这种显微镜从 1986 年的扫描隧道显微镜发展而来，使用原子大小的探针来扫描样品，是当今最强大的显微镜之一。

扫描隧道显微镜
1986 年
这种显微镜发明于 1981 年，是第一种能够给出单个原子图像的仪器，可以识别尺度达 1 纳米（百万分之一毫米）大小的物体。

4800 千米

土星A环和B环之间缝隙的间隔，这一缝隙被称为卡西尼环缝

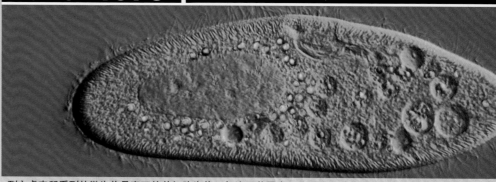

列文虎克所看到的微生物是真正的单细胞生物，如这只草履虫，它们能够在静止的水环境中快速繁殖。

艾萨克·牛顿1675年发表了他对光的属性的假说，提出光由微粒组成。物理学家长期以来就光的本性争吵不休，其中一些人，比如牛顿，信奉光的微粒说，另一些人则坚持光以波动的方式传播的理论。19世纪以前，光的微粒说一直盛行，直到英国物理学家托马斯·扬后来证实光的传播与波动类似（见1801年）。

3月，英国国王查理二世任命天文学家约翰·弗拉姆斯蒂德（1646~1719）为伦敦格林尼治新天文台的第一位皇家天文学家。皇家天

皇家格林尼治天文台

作为本初子午线和格林尼治标准时间的所在地，皇家天文台被联合国教科文组织于1997年评为世界文化遗产。

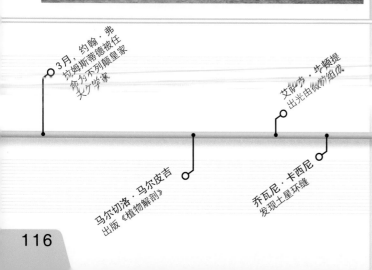

文台的建立是为了发展航海钟的精度测量技术，它标记了后来的东方和西方之间的本初子午线。多年以后，经过国际社会的一致认可，格林尼治标准时间的午夜零点标志着每一天的开始。

意大利显微镜学家马尔切洛·马尔皮吉（1628~1694）出版了关于植物组织的精细结构的主要著作《植物解剖》。该书将叶子的最外皮层命名为表皮，而将叶子中的呼吸孔称为气孔。

另一位意大利天文学家乔瓦尼·卡西尼观察后发现土星环是分裂的。环之间的缝隙被称作卡西尼环缝。科学家今天认识到这一缝隙实为组成微粒的密度相对稀疏所致。

1676年，荷兰天文学家奥勒·罗默（1644~1710）运用天文学方法推导出光速有一个确定值的结论，但这一观点直到18世纪中叶才被广泛接受。

1668年，荷兰纺织商人安东尼·范·列文虎克（1632~1723）曾旅行至伦敦，对英国罗伯特·胡克关于微生物的著作《显微术》一书留下深刻印象。回家以后，他随即设计了自己的显微镜。他的显微镜具有小球面镜头，由玻璃拉丝制成，端部呈圆形（见114页）。其放大倍数胜过当时使用的任何其他显微镜，他开始用它来探索微观世界。当他看到牛舌头上味蕾的显微图像时，便对味觉研究产生了兴趣。他将辣椒泡在水里，一段时间以后，一份辣椒水中出现许多微小的生物，列文虎克称之为微小动物。他所观察到的这些生物很可能是后来被称为原生动物的微生物。

1676年，列文虎克给皇家学会写了第一封信，描述自己所看到的，但最初引起了质疑。第二年，他成为历

史上首次看到人类精子的人。经过不懈努力，列文虎克的科学声誉终于得到提高。

1677年，英国天文学家埃德蒙·哈雷提出，可以在

安东尼·范·列文虎克
使用放大镜观察纺织品的经验引导他制作了显微镜，并且取得了微生物学方面的发现。

胡克定律

胡克最先将这一定律应用于时钟弹簧，但事实上这一规律适用于一切弹性材料——发生形变以后可复原的固体。随着作用力（F）的增加，弹簧的长度（X）也增长：双倍的作用力将弹簧拉伸至双倍的长度。这一定律只适应于一定的弹性范围，超出这一限度以后，材料将无法复原，并可能断裂。

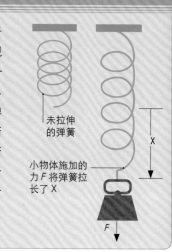

未拉伸的弹簧

小物体施加的力 F 将弹簧拉长了 X

金星凌日之时进行几何学测量，从而推算出地球到太阳的距离——后来称作一个天文单位。哈雷在其有生之年无缘验证这个理论，但是在1761年下一个金星凌日到来时，他的方法被付诸实践，获得了一个非常接近于现代估计的数值。

在英国，罗伯特·胡克将他的注意力转向了具有弹性的钟表弹簧的物理学研究。他将弹簧弹力正比于其拉伸距离这一日常观察经验加以形式化，从而得到了胡克定律，这一成果于1678年发表。

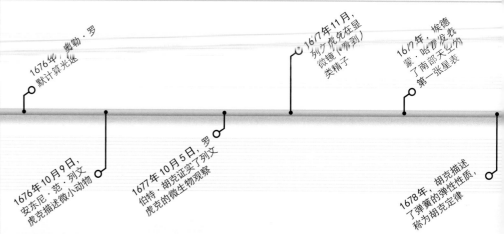

3月，约翰·弗拉姆斯蒂德被任命为不列颠皇家天文学家

艾萨克·牛顿提出光由微粒所组成

1676年，奥勒·罗默计算光速

1677年11月，列文虎克在显微镜下看到人类精子

1677年，埃德蒙·哈雷发表了南部天空的第一张星表

马尔切洛·马尔皮吉出版《植物解剖》

乔瓦尼·卡西尼发现土星环缝

1676年10月9日，安东尼·范·列文虎克描述微小动物

1677年10月5日，罗伯特·胡克证实了列文虎克的微生物观察

1678年，胡克描述了弹簧的弹性性质，称为胡克定律

"如果装卸工（码头工人）的脊柱承受 120 磅的负荷……那么自然施加于每块脊椎骨和脊椎之上的肌肉的作用力将等于 25585 磅。"

乔瓦尼·博雷利，意大利生理学家，17世纪70年代

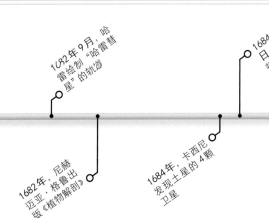

狄俄涅是土星的卫星之一，由意大利天文学家乔瓦尼·卡西尼发现于1684年。

螺栓

安全阀杠杆

砝码

容器

德国数学家戈特弗里德·莱布尼茨研究了一种二进制数系统，这一系统中的数字只有 0 和 1 两种。1679年，他提出使用该系统制造一台计算机的基础理论。

这一年，法国发明家丹尼斯·帕潘（1647~1712）与他的同事罗伯特·波义耳合作研究一台蒸汽蒸煮器。这种烹饪设备使用高压蒸汽来使骨肉分离，这项工作导致了此后蒸汽机和压力锅的发明。意大利生理学家和物理学家乔瓦尼·博雷利（1608~1679）长期钻

帕潘的蒸汽锅
帕潘所发明的蒸汽锅安全阀，为利用蒸汽作动力提供了重要的技术条件。

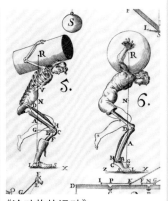

《论动物的运动》
在这本书中，乔瓦尼·博雷利运用物理学和力学原理描述了生命体如何工作和运动。

研动物的运动。他意识到肌肉收缩依赖于一种化学过程和肌肉刺激。他在生物力学这一新型的学术领域当中的开创性工作成果在他逝世一年之后的 1680 年出版。

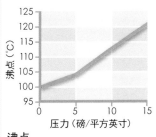

沸点
随着压力升高，沸点也会上升。结果在加压的条件下用沸水蒸煮食物能够实现高温烹饪。

1682 年，当英国天文学家埃德蒙·哈雷描绘出一颗彗星的轨道时，他注意到这颗彗星的特点和此前于 1531 年和 1607 年的两份记录吻合。他推断这些记录都属于同一颗彗星——今天，这颗彗星被冠以哈雷之名。

同一年，英国植物学家尼赫迈亚·格鲁（1641~1712）出版了《植物解剖》一书，这是关于植物生态学的最早的综合性著作之一。

粒具有与众不同的表面形状（见 1916~1917 年）。

乔瓦尼·卡西尼曾研究土星，并于 1684 年发现土星的 4 颗卫星。他称它们为"路易之星"，以此纪念巴黎天文台的赞助人路易十四。今天，这 4 颗卫星分别被称为伊阿珀托斯、瑞亚、狄俄涅和忒提斯。

罗伯特·胡克和埃德蒙·哈雷曾合作开展研究，试图用德国天文学家开普勒

"整个自然有如上帝制造和维护的一台巨大的发动机。"

尼赫迈亚·格鲁，英国植物学家，摘自《植物解剖》，1682 年

格鲁经常与意大利人马尔切洛·马尔皮吉合作进行显微学解剖方面的研究，前者专注于植物，而后者专注于动物。之前，格鲁已经提取出了绿色植物染料——今天称之为叶绿素，并且很可能进行了关于叶绿素的最早期的观察。他还声称，植物也通过有性繁殖，即植物界也有雌雄两性，并且发现花粉颗

在世纪之初所描述的数学定律去解释观察到的行星运动，但是他们遇到了困难。1684 年，哈雷去剑桥拜访英国物理学家和数学家艾萨克·牛顿，征求他的意见，但被告知牛顿已解决了这一问题。在哈雷的鼓励之下，牛顿进一步解释了行星的椭圆轨道，这项工作最终纳入了《原理》（见 1678~1689 年）一书。

1679 年，戈特弗里德·莱布尼茨描述了二进制系统

1679 年，丹尼斯·帕潘演示蒸汽锅

1680 年，乔瓦尼·博雷利解释生命体的力学

1682 年 9 月，哈雷绘制"哈雷彗星"的轨道

1682 年，尼赫迈亚·格鲁出版《植物解剖》

1684 年，卡西尼发现土星的 4 颗卫星

1684 年 9 月 10 日，艾萨克·牛顿基于开普勒定律解释行星运动

"总之，牙齿的蛀蚀和脱落是一种严重的生理缺陷，会对一个人造成极大伤害，像任何其他害处一样。"

查尔斯·艾伦，英国牙医，摘自《牙科手术》，1685年

这幅荷兰画家赫里特·冯·洪特霍斯特的作品展示了17世纪牙医替人拔牙的粗暴场面。

牛顿认为月亮受到了地球引力的作

1685年，早期的牙医查尔斯·艾伦出版了第一部关于牙医的英文著作《牙科手术》。牙科学自古代起就被不同程度地加以研究，但是专门的牙齿手术直至17世纪才出现。这些早期牙医对患者的口腔卫生提出建议，制作假牙，并且在不用麻药的情况下拔牙，他们在拔牙手术中使用一种被称作"鹈鹕"的工具，之所以这样称呼是因为其形似鹈鹕的喙。

17世纪下半叶，生命多样性的分类学研究取得了

埃德蒙·哈雷

哈雷最知名的工作可能是其天文学研究，实际上，他还是一位数学家和地球物理学家，并且曾任英国牛津大学数学教授。

重要进展。博物学家根据动物和植物的结构进行整理和分类，这一工作时常需要对标本进行辛苦的解剖。这些博物学家中的代表性人物有英国的博物学家约翰·雷（1627~1705），他于1686年出版了《植物的历史》一书的第一卷，此书依赖于他在欧洲各地的旅行见闻而写成。雷创造了一种分类系统来安排他的目录，相当重要的是，他形成了物种的概念。他强调繁殖的重要性，由同一种母本植物的种子而生的植物属于同一种，尽管它们可能在某些性状方面表现出偶然性的变化。雷的这些观念为后来的博物学家所采用。

英国博物学家弗朗西斯·维路格比（1635~1672）曾在英国剑桥大学学习过，

HISTORIA PLANTARUM
Species hactenus editas aliasque insuper multas noviter inventas & descriptas complectens.
In qua agitur primò
De Plantis in genere,
Earumque
PARTIBUS, ACCIDENTIBUS & DIFFERENTIIS;
Deinde
Genera omnia tum summa tum subalterna ad Species usque infimas, Nuis suis certis & Characteristicis Definita,
METHODO
Naturae vestigiis insistente disponuntur;
Species singulae accurate describuntur, obscura illustrantur, omissa supplentur, superflua resecantur, Synonyma necessaria adjiciuntur;
VIRES denique & USUS
recepti compendiò traduntur.
AUCTORE
JOANNE RAIO,
E Societate Regia, & SS. Individuae Trinitatis Collegii apud Cantabrigienses quondam Socio.
TOMUS PRIMUS.
LONDINI:
Prostant apud HENRICUM FAITHORNE & JOANNEM KERSEY ad insigne Rosae in Coemeterio D. Pauli, & è regione minoris Basilicae Occidentalis in vico dicto Ludgate-street. CIƆ IƆC LXXXVI.

与约翰·雷合作在分类学方面做了大量工作。维路格比在1672年英年早逝，雷随后出版了他的作品。维路格比的《鸟类学》出版于1676年，是以科学方法研究鸟类的第一本书。1686年出版的《鱼的历史》是博物学领域中的另

"为了列出一张植物的清单，我们必须首先制定一种标准以区分我们所称的'物种'。"

约翰·雷，摘自《植物的历史》，1686年

《植物的历史》

约翰·雷自1686至1704年出版了其三卷本著作《植物的历史》。他在该书中将植物分为草本和木本，并且区分了裸子和被子植物。

一本奠基性的著作，但卖不出去，这意味着该书的发行方皇家学会在一年后将无财力去资助牛顿所著的《原理》的出版。

英国数学家埃德蒙·哈雷因他的天文学发现而闻名。此外，他还研究过地球大气。1686年，他提出地面风的产生是由于受太阳的加热作用所引起的大气环流造成的。赤道附近的热带暖流上升引起更多的空气涌入赤道两侧临近处的低气压区。这一现象为哈雷解释信风和季风提供了根据。这一时期，他还重新审视了40多年前由其他研究者做出的观察：大气压随海拔高度升高而降低（见1645~1654年）。哈雷寻找压力和海拔之间的关系，从而确立了在实际调查中使用气压计的惯例。

1687年夏天，伦敦皇家学会授权出版艾萨克·牛顿《自然哲学的数学原理》一书。这部作品被一些人视作有史以来最为重要的科学著作。

在这部著名的书（通常简称为《原理》）中，牛顿描述了关于运动和万有引力的

艾萨克·牛顿
（1642~1727）

牛顿毫无疑义是历史上最伟大的科学家之一，他建立了经典力学，发明了微积分，在重力和光学等领域做出了突破性的发现。他曾就读于英国剑桥大学，并随后成为该校的数学教授。在改革皇家造币厂的造币工艺之后，他于1703年被遴选为皇家学会主席，并于1705年受封爵士。

1685年，英国人查尔斯·艾伦出版《牙科手术》，这本书是数目的牙医学著作之一

1686年，约翰·雷出版了其《植物的历史》第一卷，包含对于物种的定义

1686年，弗朗西斯·维路格比《鱼的历史》出版

1686年，埃德蒙·哈雷解释了大气环流以及大气压和海拔之间的关联

1687年7月5日，牛顿出版《原理》，标志着经典力学的建立

"万有引力定律可以表述为：一个粒子对另一个粒子的吸引力，其大小与两粒子之间距离的平方成反比。"

艾萨克·牛顿，英国数学家，摘自《原理》，1687年

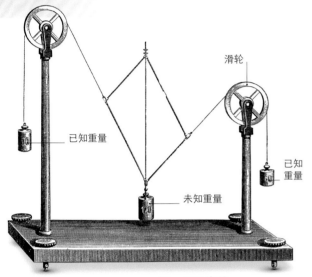

第一运动定律

根据牛顿第一运动定律，这些砝码因不受外力作用而保持静止。那个未知的重量，可据那些使它保持静止的已知作用力计算出来。

定律，从而奠定了物理科学的基础。《原理》的问世要部分归功于哈雷。在皇家学会已经用尽年度出版经费之际，哈雷资助了《原理》的出版。起初也正是因为他，牛顿才开始了这方面的研究。

3年之前，皇家学会的3位会员：克里斯托弗·雷恩、罗伯特·胡克与哈雷之间争论主宰行星轨道的数学定律，当时哈雷请求牛顿帮助解决其中一个技术性问题。牛顿回应的是一份关于行星运动的手稿，这给哈雷留下了深刻的印象，于是他让牛顿为皇家学会准备一份更为详细的文本。在一年多的时间里，牛顿全身心投入到物理定律的研究中，所得成果就是他的3个杰作。在《原理》中，牛顿论述了他的运动学三定律（见120~121页）和万有引力定律（见右图），它们是研究力和运动的物理学分支——力学的基础。

波兰天文学家约翰内斯·赫维留（1611~1687）在其死前完成了当时最为全面的星图和星表。其中，他辨识了几个新的星系，包括小三角星座。他的著作在几年之后出版。1688年，德国天文学家、柏林天文台台长戈特弗里德·基尔希（1639~1710）记录了另一个新的星系，为纪念皇家普鲁士行省而取名为勃兰登王笏座。现今，它所包含的星体被认为是波江星座的组成部分。

博物学家不断地描绘生物界的多样性。在法国，植物学家皮埃尔·马尼奥尔（1638~1715）成为位于蒙彼利埃的法国最大植物园的园长。

马尼奥尔和已着手对植物种类进行独立研究的英国博物学家约翰·雷通信。两人皆遵循解剖学相似性的分类原则。他们的工作暗示着植物种群之间潜在的亲缘关系，不过这种进化含义在接下来的几乎两个世纪的时间里没有得到充分的认识。马尼奥尔于1689年发表了他的研究成果，引人注目的是他所提出的植物科属中有许多至今仍被公认沿用。

关于儿科医学最早的一部著作出现于1689年，由英国医生沃尔特·哈里斯（1647~1732）出版。这部关于儿童疾病的著作成为该领域的标准文本。

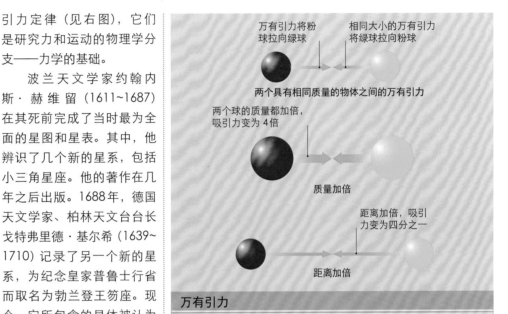

万有引力

牛顿应用行星间相互作用的物理性质创建了万有引力定律。引力是物体之间相互吸引的作用：物体的质量越大吸引力越大，距离越远则吸引力越弱。作用力与质量之间具有一种简单的对应关系，即力和距离之间遵从平方反比规律——距离加倍，力则减为四分之一。

9.8 牛顿

质量为1千克物体在地表受到的重力

认识牛顿的运动定律

3个简单明了的定律描述并预测了物体的运动

17世纪晚期，英国物理学家和数学家艾萨克·牛顿通过3个简单而具有革命性的科学定律（至今仍在使用）建立了研究力和运动的力学科学。

在牛顿还是个学生的时候，人们对于力和运动的理解基本上源自古希腊哲学家亚里士多德（公元前384~前322）。后者相信物体只有在力的持续作用下才能保持运动。比如，根据亚里士多德的观点，抛物体的自由运动是由后面的空气流所持续驱动的。中世纪的学者将这一观点进行扩展，提出了"冲力理论"，认为抛出的物体中携带了某种力的作用，

这种作用力在随后的运动中逐渐耗尽。意大利数学家和物理学家伽利略（1564~1642）推翻了这些观点，他认识到一个物体将保持其运动速度和方向，直到有外力——比如重力或空气阻力——作用于它。牛顿吸收了这一观点，作为其三定律的第一条，并在《自然哲学的数学原理》（1687）一书中用数学形式表达出来。牛顿定律在绝大部分情形下都能够准确描述和预测物体的运动。但在非常高的速度或者强引力场的情形下，由于受到爱因斯坦相对论所解释的那些效应的影响（见244~245页），这些定律就不再准确了。

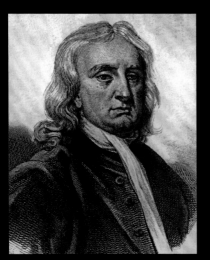

艾萨克·牛顿
牛顿是17和18世纪最有影响力的思想家和实验家。他对于重力、光、天文学和数学研究都做出了巨大贡献。

50000
千米/时

"旅行者"1号探测器离开太阳系的速度。"旅行者"1号之所以能够保持这个速度是因为太空中没有空气阻力。

静止的火箭
一艘火箭停在发射塔之上。火箭受到来自地球向下的重力，发射塔则对火箭产生与其重力大小精确相等的支撑力，从而保证了火箭的静止状态。

火箭保持静止□
到有力作用于□

罐中装有燃料□
氧气，点燃时□
产生推进力□

液体燃料

液氧

火箭的重力是地球对火箭的万有引力

反作用力平衡了火箭的重力

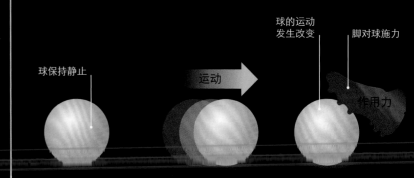

第一定律

牛顿运动第一定律指出，一个物体在不受外力的情况下，将保持静止或者持续沿直线运动。现实中，绝大部分物体无时无刻不受到多种不同的作用力，但是这些力之间保持相互平衡。比如，放在桌面上的一本书受到指向地面的重力，同时也受到桌面向上的推力，这两种力的大小相等（见第三定律）。因为书受到的各种力相互平衡，所以保持静止。

球保持静止

运动

球的运动发生改变

脚对球施力

作用力

保持静止
一个球在未受到外力作用的情况下将保持静止。球所受到的重力向下，而地面施加于球以向上的作用力，这两种力大小相等，净力为零。

运动
当球处于运动状态，其速度和方向将保持不变。现实中，球与地面的摩擦力将使球逐渐静止。

施加外力
一种力，比如用脚踢球□将改变球的速度，产生□加速度。球将或者变慢□或者加速或者在速度变□化或不变的情形下改变□其方向。

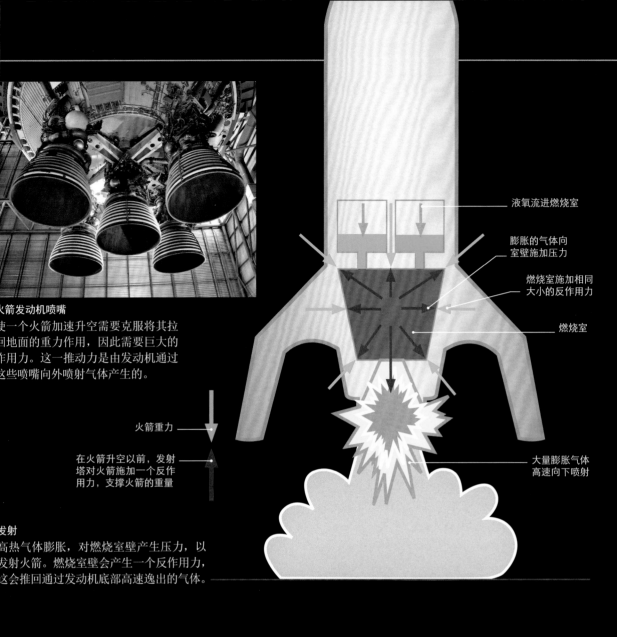

液氧流进燃烧室

膨胀的气体向室壁施加压力

燃烧室施加相同大小的反作用力

燃烧室

大量膨胀气体高速向下喷射

火箭重力

在火箭升空以前，发射塔对火箭施加一个反作用力，支撑火箭的重量

火箭发动机喷嘴

使一个火箭加速升空需要克服将其拉回地面的重力作用，因此需要巨大的作用力。这一推动力是由发动机通过这些喷嘴向外喷射气体产生的。

发射

高热气体膨胀，对燃烧室壁产生压力，以发射火箭。燃烧室壁会产生一个反作用力，这会推回通过发动机底部高速逸出的气体。

"土星" 5 号
"土星" 5 号火箭曾在 20 世纪 60~70 年代美国国家航空航天局的 "阿波罗" 计划中使用过，重约为 2800 万牛，其发动机推力达 3400 万牛。

第二定律

牛顿第二定律包含了动量的定义：一个物体的质量乘以其速度。这一定律指出动量的变化与其所受的力成比例。因此，当作用力加倍时，则该物体的加速度也将翻倍。但是相同作用力作用于两倍质量的物体时，所产生的加速度则只有原来的一半。第二定律常常被总结为一个简单的公式：$a=F/m$。在此式中，a 代表加速度，F 是作用力，m 是该物体的质量。

第三定律

牛顿第三定律指出，力是成对出现的。当一个物体对另一个物体施加力的作用，第二个物体将向第一个物体施加一个大小相等而方向相反的作用力。如果其中一个物体是不可动的，那么另一个物体将运动；在一个溜冰场推一面墙，墙壁将反推你，使你在冰面滑行。如果两个物体都是可动的，那么质量小的物体的加速度将大于质量大的物体，比如，一把质量大的枪高速发射子弹时所产生的后坐力将相对小。

小质量，小作用力

作用力引起物体加速。加速度取决于力的大小，也受物体质量的影响。

小作用力

小质量

加速度

小质量，双倍作用力

根据 $a=F/m$，作用力加倍而保持质量不变将使得物体产生两倍加速度。

作用力加倍

相同质量

双倍加速度

双倍质量，双倍作用力

使作用力再加倍（变为最初的 4 倍），同时使质量加倍，将产生与之前相同的加速度。

作用力再加倍

质量加倍

与之前相同的加速度

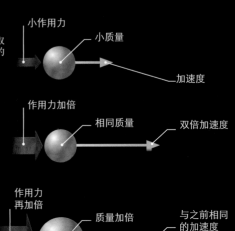

当两个人互推对方，力是大小相等而方向相反的

两个人将以相同的速度彼此分离

大小相等和方向相反

两个人在溜冰场相互推彼此，两个人将相互弹开。即使只有一个人使力，另一个人的身体也将产生一个大小相等方向相反的作用力。

相同质量

如果两个人质量相等，他们的加速度也是相等的；但是如果其中一个人的质量小于另一个人，他将以更快的速度离开，因为相同作用力将对质量小的物体产生更大的加速度。

"我们可以想象光以球形波的形式连续传播。"

克里斯蒂安·惠更斯，荷兰物理学家，摘自《光论》，1690年

在大陆深处所发现的鱼类和其他海洋类生物的化石在博物学家与神学家阵营之间引发了理论争端。

1690年，在早期压力锅使用高压蒸汽10年之后，法国发明家丹尼斯·帕潘在其基础上加入了活塞的设计，从而制成了历史上第一台可以工作的气体发动机。沸水在气缸中产生蒸汽，推动活塞上行；当气体冷却时，在气缸中产生了一段真空，外部大气压便将活塞推回气缸。这一发明标志着蒸汽机发展的开始。帕潘接受了荷兰天文学家克里斯蒂安·惠更斯对他的设计给予的建议，后者还于1690年通过其《光论》一书对其他科学领域做出了重要贡献。惠更斯根据光束可以穿过物体而不被反弹的现象推断光是波动的，这

一观点是对法国哲学家勒内·笛卡尔在17世纪30年代和英国发明家罗伯特·胡克在17世纪60年代所提出的假说的支持。但是艾萨克·牛顿的微粒说理论（见1675~1684年）占支配地位达100多年。

克洛普顿·哈弗斯（1657~1702）是一个英国医生，他是第一个研究骨骼——包括骨髓和软骨在内的解剖学细节的人。他于1691年发表了他的研究成果，指出了骨骼结构中的气孔和腔隙。哈弗斯以为它们是存储油脂的，但现在知道这些"哈弗斯管"的作用在于存储血液和淋巴，从而为骨骼细胞提供氧气和养料。

充满气孔的骨骼
人体骨骼内充满着微小的有机孔道，这种构造被以其发现者哈弗斯医生的名字命名。

70%
骨骼中非生物矿物质所占的比例

约翰·雷
作为一名哲学家和神学家，约翰·雷同时也被认为是英国自然历史之父。

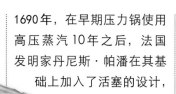

1692年，苏格兰医生约翰·阿巴斯诺特（1667~1735）出版了《概率定律》。这是1675年克里斯蒂安·惠更斯关于概率论的经典著作的翻译本，是关于这一主题的第一部英文出版物。

英国博物学家约翰·雷自17世纪60年代起就在植物多样性这一领域里笔耕不辍，但是到17世纪90年代后，他也开始活跃于古生物学（以化石生物体为研究对象）和动物学研究领域。他对于化石的准确描述支持了它们是曾经活着的远古生物的遗体的观点。雷还试图对这些化石的位置进行解释。一个流行的观点是《圣经》

中的大洪水造成了这些化石，然而雷意识到一场洪水不可能产生在地质沉积物中所观察到的特定的地层结构。他推测古代世界曾一度被海洋覆盖，火山活动使得陆地不断升高，从而形成了陆地内部的海洋生物化石。然而，雷的神学信仰意味着他不愿轻易接受上帝所造的神圣物种可能灭绝这一理论。

"我过去从未想过要写一部关于四足动物的历史。"

约翰·雷，摘自《四足动物提纲》，1693年

因此，他提出，当时仅于化石中看到的这些物种将来或有可能被发现仍生活在某个遥远的区域。

1693年，雷出版了自己关于动物学研究的最重要的一部著作——《四足兽和巨

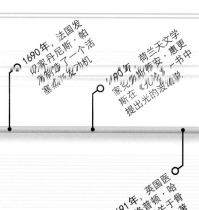

1690年，法国发明家丹尼斯·帕潘制造了一个活塞蒸汽发动机

1690年，荷兰天文学家克里斯蒂安·惠更斯在《光论》一书中提出光的波动说

1691年，英国医生克洛普顿·哈弗斯出版关于骨骼解剖学的专著

1692年，苏格兰医生约翰·阿巴斯诺特出版了关于概率论的第一部英文著作

"许多动物物种都已从这个世界消失了，而哲学家和神学家却不愿承认……"

约翰·雷，英国博物学家，摘自他关于原始混沌和世界创生的三个自然神学演讲，1713年

17世纪末，人们已经认识到花的性功能。图中展示了雌雄异体植株的铁线莲。

蛇》。根据解剖学特征，他给出了世界上第一种科学的动物分类方法。他将哺乳类动物确认为胎生的四足动物，并根据四肢和牙齿等方面的结构特征来分组。

同一年，比利时医生菲利普·费尔海恩（1648~1711）出版了自己的插图著作《人体解剖》。此书之后成为欧洲大学中关于这一主题的标准教科书。在这部书中，费尔海恩提出了"跟腱"这一术语，以古希腊神话中被箭射中脚后跟而死的英雄阿喀琉斯命名。机缘巧合，费尔海恩还曾经对自己的左腿进行解剖——这条腿在20年前因疾病被切除。费尔海恩坚持保留自己被切除的肢体以便对其开展研究。基于个人体验，他也是历史上第一个对幻肢现象（一种以为被切除的肢体仍然健在的幻觉）进行记录的医生。

1693年，英国天文学家和数学家埃德蒙·哈雷根据死亡表绘制了人口死亡率表。此前30年，一个名为约翰·格兰特的零售商曾经绘制过一张"死亡率表"作为监测腺鼠疫发展计划的一部分。不过，哈雷的数学素养使他能够对此做更为深入的分析。他根据布雷斯劳市的出生与死亡数据估计了该市的人口及其市民的平均寿命。这项研究成为此后人口统计学调查的一个模板。

至17世纪末，多位博物学家已经揭示了关于开花植物的若干秘密。1694年，法国植物学家约瑟夫·皮顿·德·图内福尔（1656~1708）出版了一套根据花和果实以及叶子和根所构造的分类系统。尽管图内福尔的结论经常具有误导性，但是他的工作因为能够清晰地解释物种层面的问题而产生了长远的影响。他也是第一个使用属作为分类范畴来统摄相似种的生物学家，为林奈在18世纪创立的标准双命名法奠定了基础（见1733~1739年）。

德国生物学家鲁道夫·卡梅拉留斯（1665~1721）对花进行了更深入的研究。他于1694年发表关于植物繁殖的论文，提供了实验证据证明植物不仅具有性器官，并且花粉粒就是雄性植物的精子。卡梅拉留斯观察到雄蕊和雌蕊相分离的植物常常不能结果，而当雄蕊被剪除后，植物则完全不能结果。但不能更深入探究花的一些细微功能的事实则使他颇为沮丧。这要等到一个多世纪之后，随着显微镜技术的进一步发展，细胞世界和植物生殖才能得到恰当的探索。

英国仪器制造师丹尼尔·奎尔（1649~1724）被认为在测时法研究中做出了一系列创新，其中包括打簧表和分针的发明。1694年，他还制作了第一个便携式气压计，并于第二年注册了专利。自那时起，气压计当中的玻璃管变得牢靠而不易脱落，便携式的气压计使实验者能够前往矿井和高山等各种地方去测量大气压。

雷对哺乳动物的分类
约翰·雷根据是否有蹄、爪或指甲对哺乳动物进行分类。他所称的有爪类现在已被废弃，但是他的有蹄类则被现代生物学所采用。他还识别出了反刍动物：具有反刍胃的食草动物。

哺乳动物
├── 有蹄类
│   ├── 独蹄类
│   ├── 偶蹄类
│   │   ├── 反刍类
│   │   └── 非反刍类
│   └── 多蹄类
└── 有爪（指甲）类

便携式气压计
丹尼尔·奎尔气压计的结构能够阻止空气进入或水银泄漏，并且可以自由移动。

1693年，英国博物学家约翰·雷对动物进行首次对动物进行科学分类

1693年，比利时医生菲利普·费尔海恩出版关于人体解剖的著作

1693年，英国天文学家埃德蒙·哈雷绘制人口死亡率表

法国植物学家约瑟夫·图内福尔根据花的结构对植物进行分类

德国植物学家鲁道夫·卡梅拉留斯出版关于植物繁殖的论文

英国仪器制造师丹尼尔·奎尔制造便携式气压计

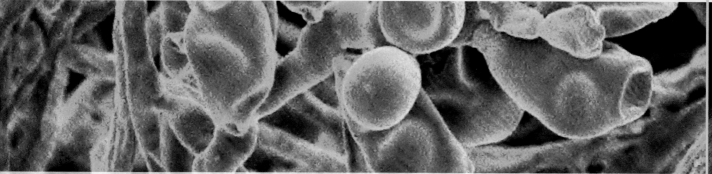

荷兰人安东尼·范·列文虎克是历史上第一个观察到诸如图中所示的霉菌孢子囊之类的微生物的人。

1698年，历史上首次解剖大猩猩，发现其具有类似人的大脑。

在对微生物做出历史上的第一次观察20年以后，荷兰显微学家安东尼·范·列文虎克于1695年出版了他的著作《自然的奥秘》。除了对从蝌蚪到血红细胞等一系列生命奇迹进行描写和图示之外，这本书还描述了他用于观察研究的技术，其中包括他自己发明的显微镜。

同一年，英国神学家、数学家威廉·惠斯顿（1667~1752）出版了他的《地球的新理论》。这是一本综合了信仰和科学思想的书，他在书中支持神创论，因而得到了包括艾萨克·牛顿等人的赞许。惠斯顿提出，《圣经》所

记载的大洪水由彗星撞击地球引起。他在此后接替牛顿继任英国剑桥大学卢卡斯讲座的第三任教授。

1697年，在发现氧气数十年之前，德国化学家格奥尔格·斯塔尔（1660~1734）提出了一个燃烧理论。该理论认为金属和矿物质内含有两种要素，一种为灰质，另一种为燃素，当燃素释放时，物体发生燃烧。斯塔尔认为不同物体中含有的燃素多少是不一样的，煤炭中含有大量燃素，当其中的燃素

释放后，煤炭变成灰；金属中含有非常少的燃素，因而多数情况下只是生锈而不发生燃烧。燃素理论有其根源，斯塔尔的导师、德国炼金术士约翰·比彻曾经将燃素构想为一种经典元素——油性物质。后来，法国化学家安东尼·拉瓦锡指出燃烧是氧化——物质和空气中的氧气之间所发生的反应，而斯塔尔所称的灰质对应于现代化学中的氧化物。

1697年，瑞士数学家约翰·伯努利同他的哥哥（两人经常是竞争对手）为处理抛体问题而发生争论，伯努利认为抛体在重力作用下有一个特定的轨迹。通过对抛体轨迹各点中物体的运动速度的研究，伯努利对微积分

——主螺旋

——载玻片

简易显微镜

在他1695年出版的《自然的奥秘》一书中，列文虎克解释了由自己设计的显微镜的使用方法。

这种处理无穷小变化的数学分支的发展起了重大的推动作用。

同样是在1697年，英国探险家威廉·丹皮尔（1651~1715）出版了一本记录自己航海旅行的书，书中包含了对美洲和东印度等地的记录。此后，英国海军部又授权他做另一次航行，丹皮尔最终环绕地球航行了3圈。他对于航海的研究影响了探险家詹姆斯·库克，而后者对于博物学的研究又将影响到亚历山大·冯·洪堡和查尔斯·达尔文（见1859年）。

艾萨克·牛顿提出声音是纵波而非横波（振动方向与传播方向垂直）。1698年，他进一步计算了声音在空气中的速度，他将之确定为298米/秒（今天的数据为343米/秒）。

荷兰天文学家克里斯蒂安·惠更斯于1695年去世，但是他的最后一部著作《被发现的天上的世界》出版于1698年。因为惧怕冒犯宗教人士，他有意推迟了这本书的出版日期。在此书中，他设想可能有生命存在于其他具有合适环境的星球上。

英国医生爱德华·泰森（1650~1708）是伦敦贝特莱姆医院负责精神病治疗的医生。他定期进行尸检，试图去了解精神疾病的原因。不过，他还对动物做解剖，因而成为比较解剖学之父。

约翰·伯努利（1667~1748）

约翰·伯努利出生于一个杰出的数学世家，先后在荷兰的格罗宁根和瑞士的巴塞尔担任教授职位。他从事的工作涉及对曲线的数学轨迹的研究以及对光的折射与反射的探讨。他和他哥哥雅各布一起，帮助牛顿和莱布尼茨发展了微积分。

343
米/秒 声速

1695年，安东尼·范·列文虎克出版"自然的奥秘"

1695年，威廉·惠斯顿出版《地球的新理论》

1697年，约翰·伯努利解决抛体问题

1697年，格奥尔格·斯塔尔提出燃烧的燃素理论

1697年，威廉·丹皮尔出版他的第一次环球航海志

1698年，艾萨克·牛顿测量声速

> "'我们的俾格米人'并不属于人类，也不是普通的类人猿，而是一种介于人类和类人猿之间的动物。"
>
> 爱德华·泰森，英国医生，摘自《丛林之人》，1699年

蒸汽动力

当水被加热到沸点时，便产生蒸汽；所产生的蒸汽若封在密闭容器中加以冷却，又会凝结成水。当蒸汽数量下降时，其压力也随之减小，从而形成局部真空。当空气进来填补真空时，蒸汽动力的力就随之产生了。要在"空气发动机"中利用这种力的思想起源于17世纪90年代，而这在18世纪出现的蒸汽机上得到完全实现。

1699年，他出版了自己对于黑猩猩的研究，认为人与黑猩猩要比人与猴子有更多的共同点。

那一年，英国发明家托马斯·萨弗里（1650~1715）向皇家学会展示了他最新的发明：一台利用火来汲水的发动机。这一发明已于前一年申请了专利，其中使用了新近发现的蒸汽压力的作用。当气体涌入真空时能够产生相当大的压力。萨弗里的蒸汽泵由一个锅炉制造蒸汽，随后将蒸汽导入一个可以通过冷水淋浴器降温的集汽缸。当蒸汽冷却后即可以在集汽缸中制造出一个真空，从而能够将地下水吸附上来，这一系列动作由一套按钮控制。

萨弗里声称他的泵可用于从矿井中汲水，但是这一装置有一个7.5米的工作高度限制，并且容易发生爆炸。

同样是在1699年，威尔士博物学家爱德华·卢伊德（1660~1709）出版了一份化石目录，其中包含有早期最令人捉摸不透的一个样本——一颗牙齿，后来被鉴定为属于一只恐龙。卢伊德对于他的化石样本有一种设想，认为它们是由来自海里的雾状卵块在岩石中生长而成。

法国物理学家纪尧姆·

萨弗里的蒸汽泵
在认识了大气压力的原理以后，萨弗里制造了一台可垂直泵水的蒸汽锅炉。

阿蒙顿（1663~1705）是一个经验老到的仪器制造师，他进一步改进了温度计和气压计。他还是第一个讨论绝对零度思想的实验家。1699年，阿蒙顿转而研究力学，揭示了压力和摩擦力的关系。阿蒙顿摩擦定律的来源历史悠久，以最早由列奥纳多·达·芬奇所开展的实验为基础。

冷水淋浴器

龙头

加水漏斗

蒸汽锅炉

集汽缸

吸管

1699年，爱德华·泰森出版了他关于黑猩猩的研究

1699年，托马斯·萨弗里演示了他的蒸汽泵

1699年，爱德华·卢伊德出版化石目录

1694年，纪尧姆·阿蒙顿提出摩擦定律

埃德蒙·哈雷的磁偏角等值线地图呈现了始自地磁北极的磁力线的变化。

艾萨克·牛顿于1703年被推举为皇家学会主席，图中所示为牛顿在学会一次会议上发表讲话的情景。

18世纪伊始，英国天文学家埃德蒙·哈雷开启了自己第三次远航大西洋的发现之旅。1700年1月，他对南极辐合带进行了首次观察，冰冷的南极水和温热的大西洋流在那里相遇形成一个围绕着南极的环流。2月1日，他首次记录了具有陡峭边缘和平坦顶部的板状冰山。哈雷还发现，地球的磁力作用涨落过于频繁，使得在海洋上测量精度非常困难。他确认地磁极和地理两极并不重合，这一现象被称为磁偏角（见1598~1604年）。

同样是在1700年，法国医生尼古拉·安德里（1658~

杰思罗·塔尔（1674~1741）

塔尔出生于英格兰伯克郡，原本意图进入伦敦政界，但由于健康问题使得他只能在家中从事耕作。他注意到手工播撒的种子散布混乱，于是发明了能够成行列均匀播种的条播机。他成为18世纪横扫英国而后席卷世界的农业革命中的一位关键人物。

1742）提出天花是由他从显微镜中所看到的微小生命体或"蠕虫"引起的。

1701年，英国农学家杰思罗·塔尔发明了可以自动进行整齐而均匀播种的机械条播机，从而推动了农业的现代化。塔尔的发明使农作物增产达9倍之多。

播种

杰思罗·塔尔于1701年发明的播种机能够进行规则的、等行间距作业。这种机器给种子更充分的生长空间，因此能够增产和减少播种过程中的浪费。

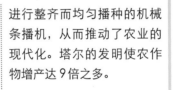

艾萨克·牛顿因其科学成就在18世纪声名鹊起。在其声名增长过程中的一个关键时刻，苏格兰数学家戴维·格列高利于1702年出版了《天文学的元素，物理学和几何学》一书。这是第一本关于牛顿理论的通俗读本，其中讨论了牛顿的万有引力和行星运动的思想。牛顿于1703年被选为伦敦皇家学会的主席，他担任这个职务直到1727年逝世。

在18世纪，学者们开始考虑地震一类的自然事件并非上帝所为，而是有待科学调查的现象。1703年，法国传教士和发明家阿贝·让·德·奥特弗耶（1647~1724）描述了一种测量地震烈度的地震仪。这台地震仪只是一个简单的摆，能够响应地动而发生摆动，这是欧洲所使用的最早的地震仪之一。

与此同时，植物学家开始踏上了航海探险旅程，去

500000

地球上每年发生的地震的次数

1703年，德国化学家格奥尔格·斯塔尔发展了约翰·比彻1667年提出的物体燃烧时释放一种特定物质的思想，并将这种物质命名为燃素。此后，斯塔尔的燃素理论统治了18世纪的化学界，直至这个世纪后期最终被安东尼·拉瓦锡推翻了（见1789年）。

研究新发现的世界角落里的那些丰富未知的植物品种。在对西印度群岛植物种类经过3次猎寻航行之后，法国植物学家查尔斯·帕鲁密尔出版了《美洲植物新属》，是植物分类学研究中一部开创性的巨著。他在书中首次描述了倒挂金钟属和玉兰属植物。

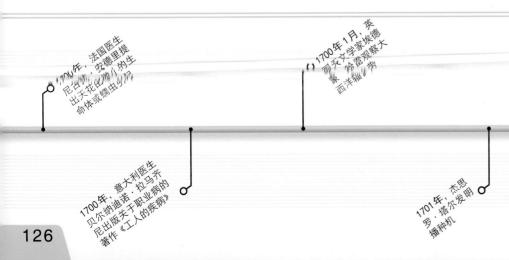

1700年，法国医生尼古拉·安德里提出天花由微小的生命体或蠕虫引起

1700年1月，英国天文学家埃德蒙·哈雷观察大西洋辐合带

1703年，法国传教士阿贝·奥特弗耶发明地震仪

1700年，意大利医生拉马齐尼出版关于职业病的著作《工人的疾病》

1701年，杰思罗·塔尔发明播种机

1703年，德国化学家格奥尔格·斯塔尔提出燃素理论

1703年，法国植物学家查尔斯·帕鲁密尔提出倒挂金钟属和玉兰属植物

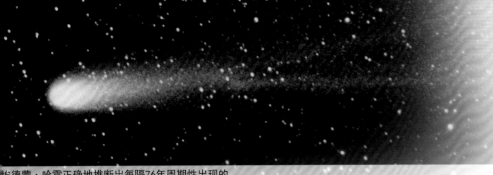

"1456年，人们曾看到一颗彗星在地球和太阳之间逆行……因此我敢预言，它将于1758年再次返回。"

埃德蒙·哈雷，摘自《彗星天文学论说》，1705年

埃德蒙·哈雷正确地推断出每隔76年周期性出现的是同一颗彗星，后被命名为哈雷彗星。

"物体变为光以及光变为物体与看似喜好嬗变的自然过程非常一致。"

艾萨克·牛顿，摘自《光学》，1704年

1704年，牛顿出版了自己的第二本科学巨著《光学》。他在书中所给出的实验证明了日光通过三棱镜所产生的各色光线不是玻璃对光造成改变所引起的（见1665~1666年），而是它对日光的简单分解造成的。各种颜色的光原本包含在白色的太阳光中，当受到玻璃的折射作用时，会发生程度不等的弯曲。他还提出光是一束高速运行的微小粒子流。这一理论引发了一场持续超过200年之久的争论，辨析主题为光究竟是粒子，还是如牛顿的竞争对手荷兰科学家克里斯蒂安·惠更斯所说的波。

同一年，英国仪器制造师和实验家弗朗西斯·霍克斯比（1660~1713）开始在伦敦皇家学会做了一系列静电作用的演示实验。1704年，霍克斯比因观察到了气体发光而兴奋异常。他发现当摇晃水银气压计时，处于水银柱顶端的真空处有闪光。两年之后，

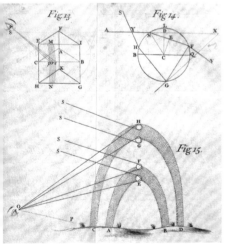

光的分解
牛顿在1704年出版的著作《光学》中的发现，表明"白色"的太阳光包含了彩虹的所有颜色。

霍克斯比制造了第一台发电机——他将之称为"静电发电机"。在这一装置中，一个手摇纺锤通过在真空玻璃球内摩擦羊毛和琥珀产生了一种发光的静电，这是电光源的前身。

1703年，荷兰数学家和天文学家克里斯蒂安·惠更斯发表文章介绍了一个齿轮传动装置的细节，此装置用于驱动模拟太阳系的模型，可准确演示太阳和星星在一年365.242天中是如何运行的。1704年，英国钟表匠乔治·格雷厄姆（1674~1751）和托马斯·汤皮恩（1639~1713）在惠更斯计算的基础上制造了一套发条机构，用以演示地球和月球是如何环绕太阳运行的。这对搭档曾受邀为英国贵族第四任奥雷里公爵查尔斯·波义耳制作了一套这种装置。这种装置随后被称为太阳系仪。

1705年，英国天文学家埃德蒙·哈雷解释了彗星是如何沿着巨大的椭圆轨道绕日运转的，它们的运行轨道

会让它们周期性地出现在太阳和地球的临近处。他论证了人们于1456年、1531年、1607年和1682年所见的是同一颗彗星——现被称为哈雷彗星，并且成功预测了它在1758年重返。

1706年，威尔士数学家威廉·琼斯（1675~1749）提议用希腊字母 π 来表示圆周率（圆周长度同其直径的

地球和月亮
这台太阳系仪由乔治·格雷厄姆和托马斯·汤皮恩制作，能够演示地球和月亮是如何绕日运转的。后来的太阳系仪纳入了所有行星的运动。

比值，约等于3.14159）。同在这一年，英国发明家托马斯·纽科门（1663~1729）制造出了他的蒸汽机原型，这一发明将揭开欧洲工业革命的序幕（见1712~1713年）。

154900
万吨
世界年度铁产量

工程师亚伯拉罕·达比在英国什罗普郡的煤溪谷建造了世界上第一个冶铁的焦炭高炉

珊瑚看上去像植物，但实则是动物

从2500多年前起，人们就以脉搏作为表征人体健康状况的一种标志。但是直到英国医生约翰·弗洛耶于1707年发明脉搏表以后，西方医生才开始以心跳/分钟为单位来测算脉搏。弗洛耶的计时器是一种每次只精确走1分钟的时钟。

第二年，荷兰生物学家和医生赫尔曼·布尔哈弗发明了一套系统化的诊断方法，其中的程序包括考察患者的病史、测量脉搏和化验排泄物等。

1708年，德国医生、数学家和实验家埃伦弗里德·瓦尔特·冯·奇恩豪斯（1651~1708）发现可以通过泥土、雪花石粉和硫酸钙的混合物制造陶瓷。中国在此几百年之前就已经能够制作精美的瓷器，而欧洲

至此才开始拥有这种技术。

1709年，英国实验家弗朗西斯·霍克斯比出版了《关于多种主题的物理学力学实验》，本书中包含了许多他所做的著名的静电实验。霍克斯比发现通过摩擦玻璃能够产生静电和令人惊讶的电效应如"电光"（摩擦旋转的真空玻璃球发光）、电风（当把摩擦过的玻璃靠近脸部时产生刺痛感）和电的排斥与吸引等。

英国工程师亚伯拉罕·达比（1678~1717）于1709年在英国煤溪谷建造用于冶铁的焦炭高炉，对炼铁业产生了

酒精温度计

加布里埃尔·华伦海特在1709年制作的温度计是同类产品中第一款集成设备。它通过着色酒精柱来指示温度。此后，各种版本的使用水银的温度计开始流行。

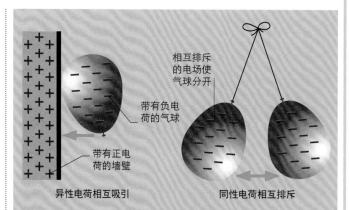

相互排斥的电场使气球分开

带有负电荷的气球

带有正电荷的墙壁

异性电荷相互吸引

同性电荷相互排斥

静电

静电是电子（原子的组成部分）的积聚或缺失。电子富余的表面倾向于吸引电子缺失的表面。在18世纪，制造静电的实验被广泛实践，经常产生惊人的结果。这些实验中最重要的几次观察是由英国实验家弗朗西斯·霍克斯比完成的。

革命性的影响。通过这种方式，历史上第一次能够一次性铸造大块钢铁，为在工业革命中大显身手的机器和发动机的制造铺平了道路。

1709年在阿姆斯特丹，荷兰物理学家加布里埃尔·丹尼尔·华伦海特（1686~1736）制造了一个酒精温度计。这是历史上第一个结构紧凑带刻度具有现代风格的温度计，与今天的温度计类

似。华氏温标即以他的姓氏命名（见1740~1742年）。

在里斯本，生于巴西的传教士和博物学家巴塞洛缪·德·古斯芒（1685~1724）使用热空气将一个小球送上了屋顶，他由此设计了一艘热气飞艇。尽管有记载的第一个热气球式载人飞艇要等到74年之后才出现，古斯芒的实验预测了未来的航空发展。

1710年，德国画家雅各布·克里斯托夫·莱布隆（1667~1741）发现仅用3种颜色墨水就可印出一系列颜色的画。3种基本色的混合能够制造几乎任何颜色，不过他同时发现这并不需要将各种颜色混合，而只要将不同颜色以三层叠印即可。1710年，他开始使用红、黄、蓝三种颜色做尝试。后来，他发现使用黑（K）和另外3种基本色——青（C）、品红（M）和黄（Y）这四种颜色的效果更好，今天称这4种颜色为CMYK体系。

在这一年，法国昆虫学家勒内·德·雷奥米尔（1683~1757）开始研究蜘蛛是否像蚕那样吐丝。他发现，尽管蜘蛛确实能够吐丝，但是这种丝要比蚕丝纤细得多，

280
毫升
人类心脏的容积

1707年，约翰·弗洛耶制作了测量脉搏的表

1707年，赫尔曼·布尔哈弗提出诊断疾病的系统方法

1708年，埃伦弗里德·瓦尔特·奇恩豪斯发现了制作陶瓷的配方

1709年，华伦海特制作酒精温度计

1709年1月10日，亚伯拉罕·达比使用焦炭炼铁

1709年，弗朗西斯·霍克斯比进行静电实验

1709年8月8日，古斯芒设计热气飞艇

1710年，雅各布·莱布隆发现彩印刷方法

1710年，雷奥米尔展示蛛吐丝

英国天文学家约翰·弗拉姆斯蒂德对夜空一丝不苟的观察形成了第一张现代星表的基础。

且蜘蛛太具有攻击性，不适于商业利用。

数学家约翰·基尔（1671~1721）发表文章声称德国数学家戈特弗里德·莱布尼茨窃取了英国数学家和物理学家艾萨克·牛顿的微积分思想。今天，一般认为两个人各自独立发明了微积分的基础。

在意大利，波伦亚贵族路易吉·费尔南多·马尔西利声称珊瑚是植物而非动物。尽管其他人认为珊瑚是动物，然而他的错误观点仍流行一时。

蜘蛛网

1710年，法国人勒内·雷奥米尔指出了蜘蛛的吐丝行为。蜘蛛用丝来织网捕猎或者缠裹自己的幼虫。

由英国工程师托马斯·萨弗里于1698年研制的第一台全尺寸蒸汽机，因其锅炉在高压下具有发生爆炸的危险而未被普遍使用。但是英国金属器皿商人托马斯·纽科门（1663~1792）在1712年克服了这种缺点，制造了世界上第一台实用蒸汽机。纽科门的解决办法是在一个独立的容器中制造蒸汽，然后将之引入一个安装有活塞的低压柱体中。当蒸汽进入柱体，它将推动活塞上行，此时一个阀门关闭，冷水进入使蒸汽冷却，形成真空将活塞下拉，从而移动蒸汽机的杠杆。纽科门蒸汽机获得了巨大成功，很快就有数以千计的这种蒸汽机安装于英国乃至欧洲各地的矿井，用于汲水工作。

在这一年的伦敦，艾萨克·牛顿和天文学家埃德蒙·哈雷因为发表了一份超过3000颗恒星的星表而触怒了英国天文学家约翰·弗拉姆斯蒂德。这份星表基于后者在皇家格林尼治天文台超过40年的天文观测。牛顿和

546
公升
纽科门第一台发动机每分钟泵出的水量

哈雷认为这些数据应当发表，但是弗拉姆斯蒂德认为它还不够完整。他对星表的出版非常恼火，收集并烧掉了已出版400本中的300本。

瑞士数学家雅各布·伯努利的著作《猜想的艺术》在其去世7年以后的1713年出版。其中介绍了大数定理，该定理指出，当一份实验被进行的次数越多，其平均值就越接近于一个大样本实验结果的平均值。那一年，伯努利的侄子尼古拉斯·伯努利提出了今天概率论学者熟知的圣彼得堡悖论。这个悖论讲述了一个假想的彩票游戏，表面上赢的概率很大，但任何有理智的人都不会参与。

蒸汽动力

冶铁生产对煤的需求大量增长意味着煤矿变得越来越深。纽科门蒸汽机在排除矿井渗水方面发挥了重要作用。

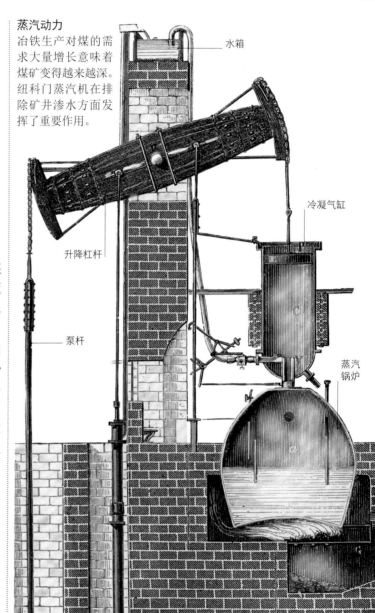

水箱

冷凝气缸

升降杠杆

泵杆

蒸汽锅炉

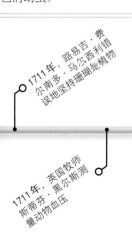

1711年，路易吉·费尔南多·马尔西利错误地坚持珊瑚是植物

1711年，英国牧师斯蒂芬·黑尔斯测量动物血压

1712年，托马斯·纽科门发明第一台实用蒸汽机

1712年，约翰·弗拉姆斯蒂德的星表发表

1713年，约翰·伯努利《猜想的艺术》在其去世后出版

1713年9月9日，瑞士数学家尼古拉斯·伯努利提出圣彼得堡悖论

50亿
太阳变为行星状星云所需年数

马头星云是由星际气体和灰尘构成的。埃德蒙·哈雷首先提出宇宙中这种模糊不清的物体可能是星云。

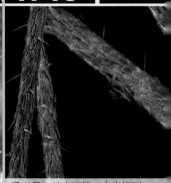

乔瓦尼·兰奇西第一个意识到疟疾是由蚊子传播的。

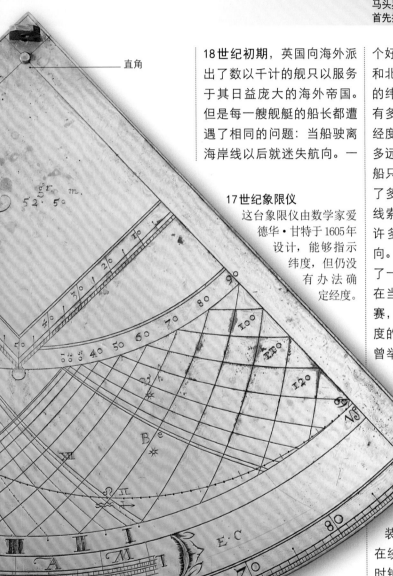

直角

17世纪象限仪

这台象限仪由数学家爱德华·甘特于1605年设计，能够指示纬度，但仍没有办法确定经度。

标度

18世纪初期，英国向海外派出了数以千计的舰只以服务于其日益庞大的海外帝国。但是每一艘舰艇的船长都遭遇了相同的问题：当船驶离海岸线以后就迷失航向。一个好的航海家能够根据太阳和北极星的仰角确定他所在的纬度——距离南极或北极有多远。问题在于如何确定经度——距离"东""西"有多远。航位推测技术或根据船只的平均速度来估算航行了多少里程，或许能够提供线索，但计算错误则意味着许多船只在大海上迷失方向。1714年，英国国会举办了一个奖金为2万英镑（这在当时是很大一笔钱）的竞赛，奖励给能够准确测定经度的人。法国和荷兰政府也曾举办过类似的比赛。经度计算棘手的一个原因在于当时的时钟极其不准确，所以1715年英国发明家乔治·格雷厄姆研发的直进式擒纵机构是一个重大突破。这一装置消除了时钟内的齿轮在绕卡槽运转时的反弹，使时钟的精度误差每天保持在一秒以内。直进式擒纵机构时钟因其准确性而在接下来的200年中被首选用于科学观察。

1715年，英国天文学家埃德蒙·哈雷提出地球的年龄可以由海洋的盐度来确定，因为海水中的盐分是随着其不断由陆地冲刷进海里而逐渐增加的。但是他的理论无法得到验证，事实上，海水中的盐分变化多端难于测量。哈雷是第一个正确提出在夜空中所见的模糊不定的灰色星云是由尘埃和气体组成的。

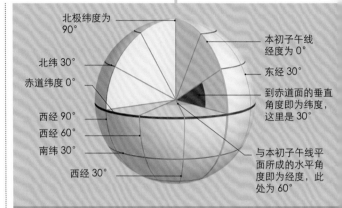

北极纬度为90°

北纬30°
赤道纬度0°

西经90°
西经60°
南纬30°

西经30°

本初子午线经度为0°

东经30°

到赤道面的垂直角度即为纬度，这里是30°

与本初子午线平面所成的水平角度即为经度，此处为60°

地理坐标

如何在海上确定经度这一问题在18世纪初是事关优先权的。经线或子午线沿南北向将地球划分为一瓣瓣的区位。零度经线即本初子午线经过伦敦格林尼治，地球上某一点的经度大小就是该位置所处经线同本初子午线之间的夹角的度数。

1716年，意大利医生乔瓦尼·马里亚·兰奇西（1654~1720）首次指出了疟疾的传染源。这种致命疾病在当时的欧洲非常猖獗，因为易发于沼泽附近，比如罗马周边的沼泽，因此又被称为"沼泽热"。人们原以为病因在于沼泽下的湿气——"瘴气"，在意大利语中它是"坏气体"的意思。但是，兰奇西意识到疟疾是由于栖息于沼泽中的蚊虫叮咬引起的。当

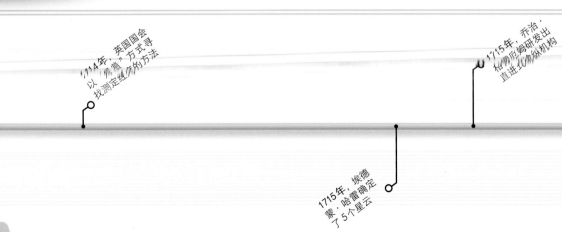

1714年，英国国会以"奖赏"方式寻找测定经度的方法

1715年，乔治·格雷厄姆研发出直进化擒纵机构

1715年，埃德蒙·哈雷确定了5个星云

意大利医生兰奇西发现疟疾是由蚊虫叮咬引起的

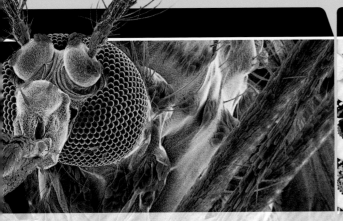

18世纪出现了历史上第一个科学的蝴蝶标本，如图所示的英国蝴蝶标本收藏品，最初以英国博物学家詹姆斯·佩蒂夫命名。

时很少有人听信他，但今天我们知道，这种疾病确实是由一种雌性蚊子传播的（见1893~1894年）。

在英格兰，天文学家埃德蒙·哈雷研制了第一台安全而实用的潜水钟——一个钟形的潜水舱，能载一人潜入水下，呼吸舱内的空气。潜水钟的构思最早可以追溯至亚里士多德。在17世纪，简易的潜水钟被用于打捞海事灾难中的货物。但是，哈雷经过对该问题长达20多年的研究，意识到空气在深水之

中被压缩，这就是为什么一个简单通到水面之上的通气管不能工作的原因。哈雷天才的解决方案是通过位于钟下的充满压缩空气的桶来持续补充钟内的空气。他还增加了一个加重托盘以保持钟体正立，以及一个玻璃窗户来获取光线。

哈雷潜水钟
这幅哈雷潜水钟的版画展示了钟体底部的加重托盘和分离的装有压缩空气的桶。

压缩空气不断更新钟内的空气

天花是18世纪一种致命的疾病，曾夺去数百万人（其中有许多是儿童）的生命，而侥幸活下来的人也因为脸上留下的伤疤而永久毁容。然而，很久以前，中国人就认识到一旦一个人从这种疾病中恢复，那么他便再也不受这种疾病的威胁。中国医生

玛丽·蒙塔古夫人
(1689~1762)

玛丽·蒙塔古在英国所发起的天花接种运动确立了疾病可以通过免疫来预防的观念。她在自己年轻的时候也曾得过天花。除了在疾病方面的开创性工作以外，她还是一位杰出的小说家，得到当时许多杰出人士的赞赏。

开始有意地拿曾受感染的病人的疮痂来涂抹健康人的伤口。一些人在这样做之后很快死去，但绝大部分人活了下来，并且永久地获得了免疫。这种人痘接种方法从亚洲传播至土耳其，在那里被希腊医生贾科莫·佩拉里(1659~1718)注意到，然后为英国驻君士坦丁堡（伊斯坦布尔）大使年轻的妻子玛丽·沃特利·蒙塔古所留意。这一方法使蒙塔古夫人大受触动，她随即写了一系列著名的信笺寄回英国，倡导使用这种方法。她在自己的孩子身上接种，并鼓动英国的上流社会使用这一方法。她的努力促使了爱德华·詹纳发现牛痘（见1796年）。

1717年，伦敦药剂师詹姆斯·佩蒂夫(1685~1718)出版了《英国蝴蝶图谱》。这本书根据佩蒂夫所收藏的种类编纂，是历史上最早的蝴蝶目录之一，现存于伦敦自然博物馆。

1718年，英国发明家詹姆斯·帕克尔(1667~1724)致力于一种早期机关枪的设计工作。帕克尔枪是安装于一个三脚架上的具有旋转弹

17500
世界

3700
秘鲁

56
英国

蝴蝶种类
詹姆斯·佩蒂夫描述过48种生长在英国的蝴蝶，目前已知英国有56种蝴蝶（全世界有17500种蝴蝶），但随着栖息地的消失很多蝴蝶正在消失。

夹的燧石发火步枪，其弹夹能装载11发子弹，通过手柄旋转能在7分钟之内发射63发子弹，比最好的火枪手的出击速度还要快3倍。

1720年，英国仪器制造师乔纳森·西森(1690~1747)在经纬仪上加装望远镜，为第一次精准的区域勘测和地图绘制铺平了道路。历史上第一架经纬仪由伦纳德·迪格斯于1554年发明（见1551~1554年），经过加装望远镜以后，经纬仪能够用于远距离的角度测量。这意味着一处地形中的任何高度和位置属性都能借由简单三角学的方法加以测量。

英国天文学家埃德蒙·哈雷制造了第一台实用潜水钟

1717年，詹姆斯·佩蒂夫出版《英国蝴蝶图谱》

1718年5月15日，詹姆斯·帕克尔发明机关枪

1720年，乔纳森·西森发明望远镜经纬仪

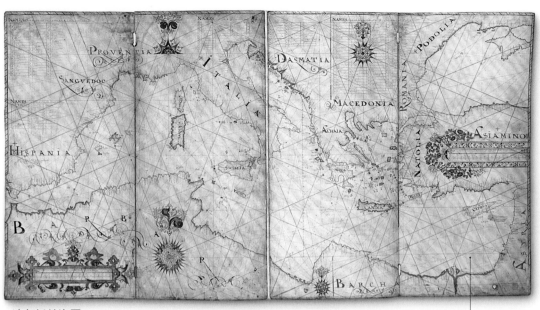

波尔托兰海图
年代未知
从13世纪开始,海员就依赖波尔托兰海图(标识了罗盘方位的地图)在港口之间指示航向。这份地中海区域的早期地图描写了数百个港口之间的航海路线。

指示罗盘
方位的线

观察星星
的照准仪

星星指针

星盘
15世纪晚期
星盘最早出现于2000年以前,用于观察行星和进行天文计算。后来通过测量太阳和恒星的高度来简化星盘,以查找海上的纬度。

导航工具

工具设计的进步使得航海越来越精确

古代海员依靠天空中太阳和各种恒星的位置来确定自己所处的位置和绘制航线图。后来,罗盘和准确的计时器被用来计算方向和位置。

在历史上很长一段时间里,海员借助六分仪、星盘和象限仪这些工具,测量太阳或其他恒星与地平线之间的垂直角度来确定他们所处的纬度。大约从1000多年前开始,罗盘的出现使航海有了航向。从18世纪开始,精密的计时器最终使他们得以计算出经度。对于大部分现代海员来说,这些仪器都已经被卫星定位系统所取代。

航海罗盘
约1860年
从13世纪起,海员开始使用一种磁罗盘,其中安装着一个可以自由旋转的金属针,能够指示南北。

磁性矿物质

箱式罗盘
约1930年
从18世纪中期开始,罗盘被安装在箱子内的平衡架上——一种能够克服船只颠簸而使磁针永远保持水平的枢轴。

观察窗上的
滑动盖板

罗盘箱

天然磁石
约1550~1600年
中国海员使用可旋转的磁石——能够与地磁场方向保持一致的磁性石头,在阴天时指示航向。

屏蔽船只上的
金属物的磁性
作用的金属球

船钟
约1893年
高精度的时钟能够提供精确的计时,从而保障了长途航海中准确的经度定位。

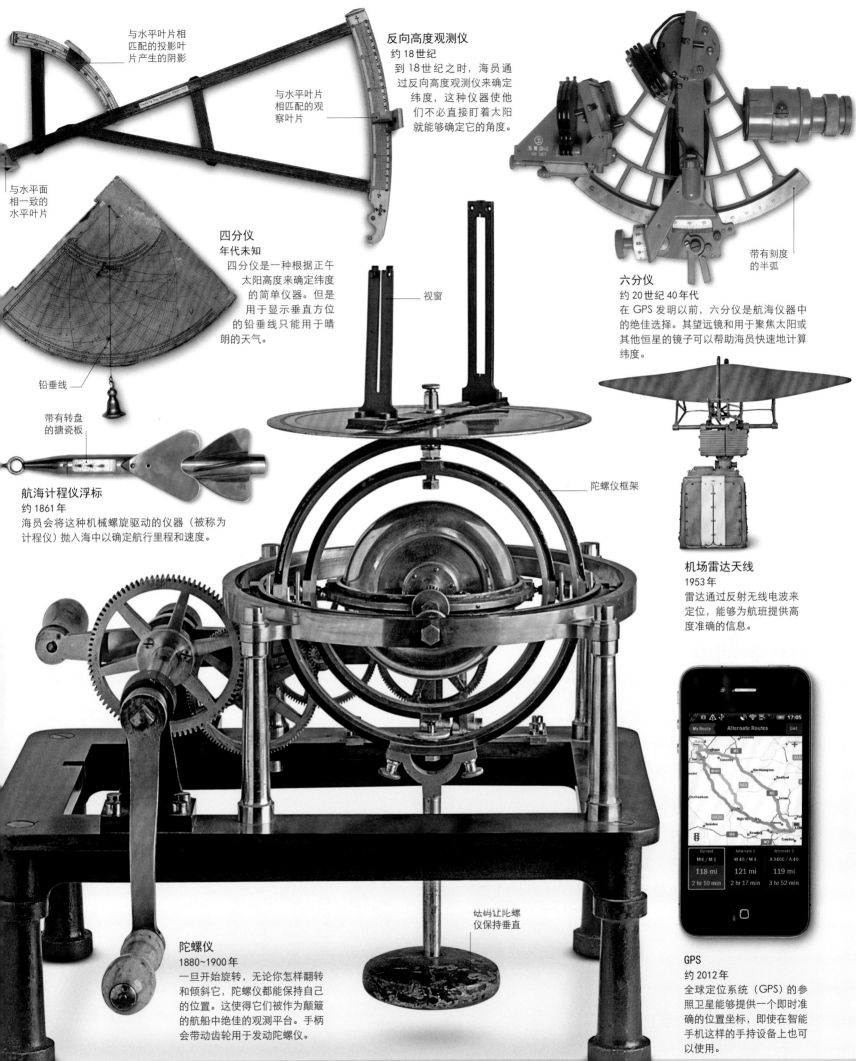

与水平叶片相匹配的投影叶片产生的阴影

与水平叶片相匹配的观察叶片

反向高度观测仪
约 18 世纪
到 18 世纪之时，海员通过反向高度观测仪来确定纬度，这种仪器使他们不必直接盯着太阳就能够确定它的角度。

带有刻度的半弧

与水平面相一致的水平叶片

四分仪
年代未知
四分仪是一种根据正午太阳高度来确定纬度的简单仪器。但是用于显示垂直方位的铅垂线只能用于晴朗的天气。

视窗

六分仪
约 20 世纪 40 年代
在 GPS 发明以前，六分仪是航海仪器中的绝佳选择。其望远镜和用于聚焦太阳或其他恒星的镜子可以帮助海员快速地计算纬度。

铅垂线

带有转盘的搪瓷板

陀螺仪框架

航海计程仪浮标
约 1861 年
海员会将这种机械螺旋驱动的仪器（被称为计程仪）抛入海中以确定航行里程和速度。

机场雷达天线
1953 年
雷达通过反射无线电波来定位，能够为航班提供高度准确的信息。

GPS
约 2012 年
全球定位系统（GPS）的参照卫星能够提供一个即时准确的位置坐标，即使在智能手机这样的手持设备上也可以使用。

陀螺仪
1880~1900 年
一旦开始旋转，无论你怎样翻转和倾斜它，陀螺仪都能保持自己的位置。这使得它们被作为颠簸的航船中绝佳的观测平台。手柄会带动齿轮用于发动陀螺仪。

砝码让陀螺仪保持垂直

1722年，英国钟表匠乔治·格雷厄姆发现极光和地球磁场变化之间的关联。

俄罗斯科学院于1724年在圣彼得堡成

对于18世纪大部分为木结构建筑的城市来讲，火灾是首要的安全隐患。17世纪的荷兰在手推车上安装抽水机用来防火，但这种设备只能运载很少一点水。伦敦纽扣工匠理查德·纽山姆于1721年在北美申请的水泵专利带来了突破性的进展。他的消防泵车是今天消防车的先驱，配有一个容积达640公斤的水箱，由长手柄和脚踩踏板操纵，每分钟能够取水达380升。

1722年，钟表匠乔治·格雷厄姆（1674~1751）注意到极光（一种在天空中显现的自然光）和地球磁场之间存在关联。他在对磁暴的观察中，发现罗盘指针的剧烈摆动对应于极光的出现。1716年，格雷厄姆发表其发现后不久，自然界迎来了一次特别戏剧性的北极光的盛

精确的计时
水银摆钟能够帮助时钟消除因摆锤温度变化所造成的计时误差。

勒内·安托万·费尔绍·雷奥米尔（1683~1757）

雷奥米尔出生于法国拉罗谢尔，他是一位博物学家，在从昆虫研究到制陶和冶金等多个不同的科学领域中都做出了贡献。他在年仅24岁之时，即被遴选为法国科学院院士。他最大的成就在博物学方面，揭示了一些甲壳类昆虫能够再生失去的肢体的现象。

景，远在南边的伦敦等地也看得见极光现象，这使当时的人们兴奋异常。

格雷厄姆还通过使用一瓶水银来替代固体的铅作为摆锤的方法改进了摆钟的精确性。这种方法减少了因温度变化所引起的摆线长度的变化和固体重物的伸缩对摆动所造成的影响。

在法国，通才勒内·雷奥米尔（1683~1757）正在进行钢和铁的实验研究。他意识到这两种金属的不同是由于其中硫与盐的含量差异。钢由铁熔炼而来，因含有硫而比纯铁要脆，铸铁则更脆，因其硫含量更高。雷奥米尔发现可以通过将生铁在石灰中燃烧以减少其中的硫，从而达到增强韧性的目的。他认为这种方法太过昂贵不便商用，但后来却被广泛使用。

1000 千米
一些北极光显示的高度

1723年，意大利天文学家贾科莫·菲利波·马拉尔迪（1665~1729）在巴黎发现任一圆盘阴影的中心有一亮点。这一现象后来被称为阿拉戈点，是由来自圆盘边缘的光波相互干涉所造成的。马拉尔迪的观察后来成为光以波而不是粒子形式传播的理论证明，因为只有波才能产生这样的干涉图案（见1801年）。

同样是在这一年的巴黎，博物学家安托万·德·朱西厄（1686~1758）对一种被称为塞拉尼亚石的石头（曾被认为是天然的）和美洲土著人的石器进行比较后认为两者是相似的，这种相似性证明塞拉尼亚石乃是古人的斧子和箭镞。

1724年，俄国皇帝彼得大帝（1672~1725）建立了圣彼得堡科学院，并聘请瑞士数学家丹

史前工具
起初被认为源于天然，与图示箭镞相似的塞拉尼亚石后来被理解为人造工具。

1721年，伦敦纽扣工匠理查德·纽山姆在北美申请防火水泵专利

1722年，乔治·格雷厄姆的银摆钟

1723年，意大利天文学家贾科莫·菲利波·马拉尔迪观察到阿拉戈点

1722年，英国钟表匠乔治·格雷厄姆揭示了极光和地磁场之间的关联

1722年，法国通才勒内·雷奥米尔揭示了硫元素在钢和铁中的重要性

威廉·格德的铅版印刷过程包括从模具制作出一个排版页面的铅版，然后可以反复利用它来印刷。

尼尔·伯努利（1700~1782）作为科学院教授。

伯努利将两种古代思想结合了起来：黄金数（古希腊人相信它符合最完美的艺术比例）和斐波那契数列（见1200~1219年）。黄金数（约为1.618）是指当一个矩形被切割为两个矩形，大块矩形的面积和小块矩形的面积之比与整个矩形和大块

鹦鹉螺壳

黄金螺旋
在一个鹦鹉螺壳中，每一个螺旋生长的大小所遵循的法则是黄金数。

矩形面积之比相等时的比值。斐波那契数列中，每一个数字是前两个相邻数字之和。伯努利表明，黄金数实际上是斐波那契数列中任一数值和相邻前一个数的比值。

从16世纪开始，法国里昂一直是欧洲丝绸制造业的中心。1725年，里昂丝织工巴西勒·布雄发明了一种可在丝织机上选线编织的方法。通常，这是一个冗长而艰苦的工作，但是通过移动纸带上的孔来安排穿线针的上升或下降，布雄使这种机器部分实现了自动化。这种方法减少了失误，提高了纺织效率。布雄的穿孔纸带为包括今天的计算机在内的所有可程控机器的发展铺平了道路。

尽管到1700年为止，人们已经普遍接受了地球不是固定而是围绕太阳运转的理论，但是这一点很难得到实践证明。1725年，英国天文学家詹姆斯·布拉得雷（1693~1762）观察到天棓四（天龙座内最亮的恒星）沿着其通常路径相反的方向运动。这一点很难解释，但是据说布拉得雷在泰晤士河上航行时意识到桅杆上的风向标有时改变方向并非因为风向变了，也可能是因为船改变了航向。同理，布拉得雷推断，恒星方向的神秘改变——今天称为恒星光行差，必定是因为地球自身的运动引起的。这一年的伦敦，苏格兰印刷工威廉·格德（1699~1749）发明了铅版——使用模具制得原始排版页的版面。这意味着可以用这种铅版进行无数次印刷，而不必费力反复重新排版。

在同时期的中国，《古今图书集成》出版。这是由清朝皇帝康熙和雍正监造的一部大型百科全书，总共只出版

10000
《古今图书集成》所包含的卷数

了64套，但是每套则包含了1万卷、80万页和1亿汉字。

1726年，英国牧师斯蒂芬·黑尔斯（1677~1761）描述了他是如何进行首次血压测量的。他将针管刺入马的动脉血管中，观察针管内血柱的高度。他测量了各种动物的心脏容积和输出量，以及动脉血管中的血流速度和阻力。

血压测量
英国牧师斯蒂芬·黑尔斯将一根长约3.5米的玻璃管插入一匹马的颈动脉中，在垂直放置的条件下观察血液在玻璃管中上升的高度。

1723年，法国博物学家安托万·朱西厄推断塞拉尼亚石是古代人的工具

1724年，圣彼得堡科学院建立

1724年，瑞士科学家丹尼尔·伯努利关联黄金数和斐波那契数列

1725年，英国天文学家詹姆斯·布拉得雷观察恒星光行差

1725年，法国丝织工巴西勒·布雄制造了第一台半自动化机器

1725年，威廉·格德发明铅版印刷

1725年，《古今图书集成》在中国印刷

1726年，英国牧师斯蒂芬·黑尔斯首次测量血压

百科全书是人类知识的总汇，反映了人们越来越相信可以通过科学的研究来了解世界。

"……当光通过管道传到物体的时候……电力可能并没有同时到达……"

——斯蒂芬·格雷，英国实验家，摘自《致克伦威尔·莫蒂默关于几个电学实验的信》，1731年

在18世纪的印度，天文学知识是再好不过的象征能力和教化的符号，这也许就是杰·辛格二世在其王国版图内建造了5个巨大天文台的原因。其中最大的简塔曼塔天文台位于斋普尔，建成于1727年，至今仍保存完好。简塔曼塔意思是"计算工具"，那里具有世界上最大的日晷，称萨姆拉特·曼陀罗，其精度可控制在两秒钟之内。它既有重大的科学意义，也具有重大的宗教意义。

1727年，英国牧师、博物学家斯蒂芬·黑尔斯在其著作《植物静力学》中论述了他在植物生理学方面的实验。他注意到植物在根压和蒸腾作用（叶子蒸发水分）下是怎样通过茎来吸收水分的。他还提出植物使用来自太阳光的能量从空气中吸收

斋普尔的简塔曼塔天文台
简塔曼塔天文台中的萨姆拉特·曼陀罗是世界上最大的日晷，高达27米，可清晰地看到日影每10秒钟移动1厘米。

养分——这一观点最终指引我们认识了光合作用（见1787~1788年）。

1728年，英国物理学家詹姆斯·布拉得雷通过观察恒星，对光速进行了第一次准确测量。他使用了自己1722年观察到的恒星光行差现象——因地球运动而引起的恒星视觉移动。布拉得雷测量了来自天龙星座中的一

27米

简塔曼塔天文台萨姆拉特·曼陀罗日晷指针的长度

颗恒星的光行差，计算出光速为301000000米/秒，这一数值极为接近于今天的测量值299792458米/秒。

在巴黎，法国医生皮埃尔·福沙尔在其《牙医外科》一书中推出了现代牙医学。他发明了填料，并倡导减少食用糖类以免造成龋齿。在伦敦，英国作家伊弗雷姆·钱伯斯出版了《百科全书或艺术与科学通用字典》，这是最早以英文写成的知识百科书籍之一。

英国人斯蒂芬·格雷在其一生中的绝大部分时间里都在家庭作坊中做染工，他基本上是自学成才。他在18世纪20年代退休以后，开始着手开展电学实验。他的实验简单明了，吸引了许多人关注电学现象。最为引人注目的是，他通过展现电荷在一根几百米长的潮湿丝线上传导的实验，演示了如何能够实现电荷的长距离传输。

在法国，天才数学家、天文学家皮埃尔·布盖正要做出他关于光传播的关键发现。在年仅15岁被任命为物理学教授和数学讲师时，他已开始研究光如何被空气一类透明介质吸收。他发现光在经过空气时强度的减小不是算术性（均匀减小）而是几何性的。

不仅仅是大气扭曲了星光，在白天，望远镜也会产生色差——传统的单透镜不能使不同波长的光线聚焦于一点，造成像的模糊和像周边的带色边缘。英国发明家切斯特·摩尔·霍尔制造了第一块消色差透镜，从而解决了这一问题。这种透镜通过将多个透镜熔融黏合在一起，使不同波长的光线能够在同一点聚焦。

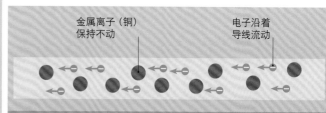

金属离子（铜）保持不动　　电子沿着导线流动

电传导

电传导是电荷的移动，事实上是电子的接力传输（后于1897年发现）。电子通常附着在原子上，但在某些情况下可以脱离原子而变为自由电子。电子逃逸越容易，则物质的导电能力越强，这就是铜之类的金属具有良好导电性能的原因。

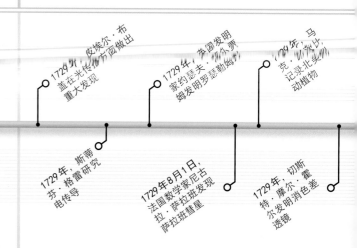

1727年，杰·辛格开始建造简塔曼塔天文台

1727年，斯蒂芬·黑尔斯出版《植物静力学》

1728年7月14日，丹麦航海家维图斯·白令进入白令海峡

1728年，詹姆斯·布拉得雷借用恒星光行差测量光速

1728年，皮埃尔·福沙尔开创牙医学

1728年，英国小说家伊弗雷姆·钱伯斯出版《百科全书或艺术与科学通用字典》

1729年，皮埃尔·布盖在光传播方面做出重大发现

1729年，斯蒂芬·格雷研究电传导

1729年8月1日，法国数学家尼古拉·萨拉班发现萨拉班彗星

1729年，英国发明家约瑟夫·摩尔发明罗盘德勒姆

1729年8月1日，马克，记录北美的动植物

1729年，切斯特·摩尔·霍尔发明消色差透镜

斯蒂芬·格雷用潮湿的丝线导电。

法国工程师亨利·皮托为测量巴黎塞纳河桥下的水流速度而设计了皮托管。

凯茨比的动植物记录

图为凯茨比所描述的象牙喙啄木鸟。这种鸟是世界上最大的啄木鸟，现今处于极端濒危状态。

这些融合的镜头设计用来将不同波长的光聚焦在一起。

同一年，约瑟夫·福尔贾姆发明了一种快速、轻便的犁，成为此后180多年的标准。这种犁被称为罗瑟勒姆平衡犁，可以由单人和两匹马驾驭。这是历史上由工厂生产的第一种犁，并且非常畅销。

在北美，英国博物学家马克·凯茨比开始出版关于美洲大陆动植物的一系列著作。

1731年出现的多个发明标志着人们对测量自然界的兴趣的增加。意大利发明家尼古拉斯·奇里洛制作了用于测量地震强度的第一台现代地震仪。在每一次震动中，它的非常敏感的平衡摆能够随着摆动，并带动一支笔在纸上留下划痕，摆幅记录了地震的强度。

英国人约翰·哈德利和美国人托马斯·戈弗雷各自独立发明了八分仪，在海上通过将镜中图像与地平线对齐来测量星星和太阳的角度。1759年加装的望远镜非常重要，使八分仪得以广泛应用于航海。

在这一年，杰思罗·塔尔关于使用马匹耕作的书为农业发展注入了动力。这本书指出耕地可以连续使用而不必休耕。

1.5 米/秒
塞纳河流经巴黎的水流速度

荷兰科学家和医生赫尔曼·布尔哈弗通过《化学基础》一书为18世纪的化学奠定了一个坚实的基础。此书出版于1732年，他在其中强调了仔细测量的重要性，并帮助化学立足于原理而成为一门科学。布尔哈弗还对尿液和牛奶等自然物质的化学性质做了杰出论述，从而建立了生物化学科学。

1732年，法国水动力工程师亨利·皮托为了测量河流速度而制造了皮托管。可将这种直角造型的管子沉入河水，此时管中

垂向的水位高度表示的即为水流速度。皮托管如今广泛应用于测量飞机空速。

反射镜 —
— 瞄准旋钮
45° 框架 —
刻度

劳拉·巴锡（1711~1778）

劳拉·巴锡生于一户富裕的博洛尼亚家庭。她的科学研究由枢机主教朗贝蒂尼赞助，后者后来成为本笃十四世教皇。她于1731年和1732年分别被任命为博洛尼亚大学的解剖学教授和哲学教授。她将牛顿物理学引进意大利，并为许多女性从事科学研究打开了局面。

用于航海的八分仪

八分仪通过将镜中的反射像与地平线对齐，能在海上很容易地测得太阳和星星的角度。

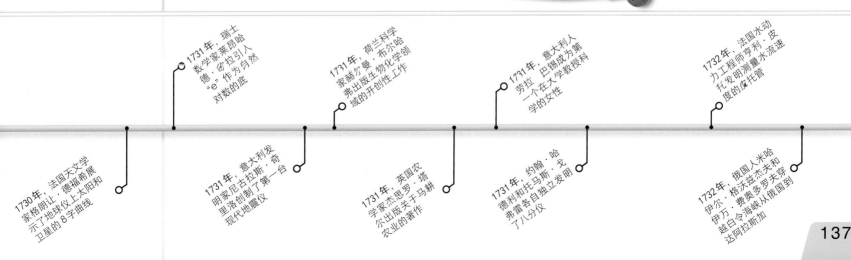

1730年，法国天文学家格朗让·德福希展示了地球仪上太阳和卫星的8字曲线。

1731年，瑞士数学家莱昂哈德·欧拉引入"e"作为自然对数的底

1731年，意大利发明家尼古拉斯·奇里洛创制了第一台现代地震仪

1731年，荷兰科学家赫尔曼·布尔哈弗出版生物化学领域的开创性工作

1731年，英国农学家杰思罗·塔尔出版关于马耕农业的著作

1731年，意大利人劳拉·巴锡成为第一个在大学教授科学的女性

1731年，约翰·哈德利和托马斯·戈弗雷各自独立发明了八分仪

1732年，法国水动力工程师亨利·皮托发明测量水流速度的皮托管

1732年，俄国人米哈伊尔·格沃兹杰夫和伊万·费奥多罗夫穿越白令海峡从俄国到达阿拉斯加

137

约翰·凯的飞梭是改造纺织品制造并引发工业革命的许多设备中的第一个。

"上帝造物，而林奈管理。"

卡尔·林奈，瑞典植物学家

机器时代真正开始于1733年，当时英国发明家约翰·凯（1704~1779）设计了一台棉纺织机，使得这种材料价格迅速便宜下来，足以满足大众市场的需求。凯的半自动纺织机能迅速织成一种宽幅的新布料。这种机械因操作速度快而被命名为"飞梭"。

在同一年的巴黎，富裕的实验家查尔斯·杜费伊（1689~1739）通过一系列实验研究电流。他观察到不同物质对电和热的传导和绝缘性能是不一样的。他还指出电荷分为两种，一种由摩擦玻璃产生（他称之为玻璃电荷），另一种通过摩擦树脂产生（他称之为树脂电荷）。这些术语15年后被"正电荷"和"负电荷"取代。杜费伊还发现同性电荷相斥，异性电荷相吸。

大约是在同一时期，另一位法国贵族勒内·雷奥米尔（1683~1757）开始了他对昆虫的伟大研究。他的著作《昆虫的自然史回忆录》包含了对当时所知的几乎所有昆虫的生命和习性的精确描述，为昆虫学奠定了基础。

全欧洲的哲学家都在质疑新建立的科学理论。1734年，英国哲学家乔治·伯克利主教（1685~1753）批评微积分从来没有在任何一个事例中解决过旋转停止的运动，指责其未能对无穷小距离——今天我们称为极限进行过计算，而是喜欢用胡说八道来搪塞。

瑞典哲学家伊曼纽尔·斯韦登伯格提出一个思想，认为太阳系最初是由一团气体和灰尘在引力作用下坍缩形成的，然后为了保持角动量守恒而开始旋转。

925000
今天所知的昆虫种类的总数

1735年，测量地球的大小成为一个重大科学问题。艾萨克·牛顿曾指出地球并不是规则的球形：因为地球自转使赤道处比两极更宽。法国天文学家雅克·卡西尼则坚持认为地球两极更宽。为了显示国家的荣耀，法王路易十五派出两支远征队以测量地球靠近赤道和北极部分的弧度（同一经度上的两点之间的距离）。前往北极的船队由数学家和生物学家皮埃尔·莫佩尔蒂（1698~1759）率领驶往拉普兰。与此同时，前往赤道的船队由博物学家和探险家查尔斯·孔达米纳（1701~1774）率领驶往秘鲁

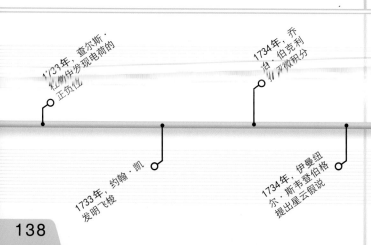

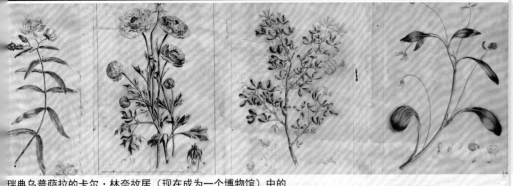

"那些假装做出了某种新发现的人……通过诋毁所有那些超越了他们的……来暗示对他们自己体系的赞美。"

戴维·休谟，苏格兰哲学家，摘自《人性论》，1739年

和厄瓜多尔。

当两支队伍汇报了他们的发现之后，他们证明正确的是牛顿而非卡西尼——地球确实是赤道处更宽。同样是在1735年，在法国探险队扬帆起航之时，英国气象学家乔治·哈德利（1685~1768）对推动帆船穿越大西洋的信风有了重要发现：这些风的方向不是指向赤道，而是由东向西，其原因在于地球的自转。

这一年，英国钟表匠约翰·哈里森（1693~1776）完成了他的第一代航海天文钟。这种天文钟在海上具有足够的精度，可用来计算经度。1759年，哈里森制作了他的第四代袖珍型钟表H4，具有更高的精度（见1759~1764年）。

在莫佩尔蒂和他率领的船队到达拉普兰的3年以前，瑞典博物学家卡尔·林奈曾经到那里采集植物和鸟类标本。正是这趟旅行在他心里播下了从事分类学研究的种子，他的宏大计划《自然系统》首次于1735年出版。林奈在书中将自然世界分为三界（动物界、植物界和矿物界），并将其中的每一个进一步细分为纲、目、属和种。他引入了如今为世界公认的拉丁双名（命名分两部分）分类系统，分别指示物种的属和种。

林奈的动物界

在这张摘自《自然系统》一书的表中，卡尔·林奈给出了动物界之下的六大门类：哺乳纲、鸟纲、两栖纲、鱼纲、昆虫纲和蠕虫纲。

哈德利环流

我们今天知道在赤道两侧存在三大垂直方向的空气循环（或称环流）带，赤道两侧包括以气象学家乔治·哈德利名字命名的热带环流。地球自转引起这些空气环流发生自东向西的偏转，从而表现为螺旋形循环形式，成为导致不同纬度盛行不同风类型的成因。

地球自转的方向

哈德利环流

1737年5月28日深夜，英国医生和天文学家约翰·贝维斯（1695~1771）通过伦敦皇家格林尼治天文台的望远镜见证了一个罕见现象：行星掩星——一个天体经过另一个而将后者遮蔽，使之从视线中消失的现象。贝维斯所看到的是金星从水星前面经过，这是历史上第一次关于行星掩星现象的记录。

在瑞士，数学家丹尼尔·伯努利（1700~1782）出版《流体力学》。此书根据他在俄罗斯圣彼得堡对于水流的研究写成。伯努利指出，当液体流速变快，液体内部的压力亦随之降低——这一现象即为现在所知的伯努利原理。同在圣彼得堡，法国天文学家约瑟夫-尼古拉·德利勒（1688~1768）发明了一种追踪穿过太阳的黑子的方法。

1739年，法国探险家让-巴蒂斯特·夏尔·布韦（1705~1786）在南大西洋发现了世界上距离大陆最遥远的岛屿，现称布韦岛。在法国，物理学家埃米莉·杜·夏特莱（1706~

卡尔·林奈
（1707~1778）

林奈生于瑞典艾尔姆胡尔特，它是当时最伟大的博物学家之一。他原本是一位从业医生，但是却将绝大部分精力投入植物分类研究。他的学生走遍世界，将标本寄回乌普萨拉并传播林奈的理论。1741年，他成为乌普萨拉植物学教授。

1749）在1739年发表了关于燃烧的论文，她在其中预言了现在所称的红外辐射的存在。在法国安茹，年轻的苏格兰哲学家戴维·休谟完成了他的著作《人性论》，在书中他试图构建出人类完整的心理特征。

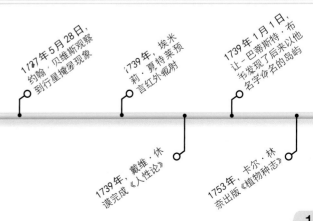

1735年，英国钟表匠约翰·哈里森完成他的第一代航海天文钟

1736年，查尔斯·孔达米纳发现橡胶

1737年5月28日，约翰·贝维斯观察到行星掩星现象

1739年，埃米莉·夏特莱预言红外辐射

1739年，戴维·休谟完成《人性论》

1739年1月1日，让-巴蒂斯特·布韦发现了后来以他名字命名的岛屿

1753年，卡尔·林奈出版《植物种志》

"这种动物从不登岸……它的皮黑而厚……头小，没有牙齿，而只有两片扁平的白色骨头。"

格奥尔格·斯特勒，德国动物学家，1740年

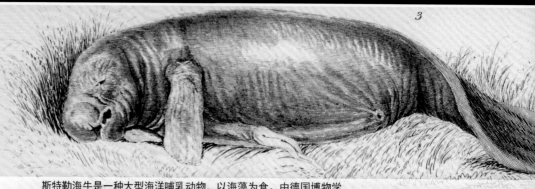

斯特勒海牛是一种大型海洋哺乳动物，以海藻为食。由德国博物学家格奥尔格·斯特勒于1740年发现，1767年灭绝。

坚硬和耐腐蚀的钢铁是一种用于建筑和机械制造的实用金属材料。但是几千年来，因为难以获得，它仅被用来制作刀剑。到了1740年，英国钟表匠本杰明·亨茨曼（1704~1776）在谢菲尔德完善了他的坩埚冶铁方法。这种方法使用焦炭炉加热陶罐或坩埚，温度可达1600℃以上，能制成坚硬的钢锭，块大、纯度足，适于铸造成多种形状。亨茨曼的坩埚冶铁法引发了钢铁制造业的一场革命，到下个世纪时，谢菲尔德地区的钢产量已从200吨/年提升至8万吨/年，几乎占到整个欧洲钢铁产量的一半。

1740年6月4日，丹麦探险家维图斯·白令（1681~1741）发动了一次远征，到偏远的西伯利亚北极海岸绘制地图。他从俄国东部的堪察加起航登陆圣彼得，与此同时，同行的探险家阿列克谢·奇里科夫（1703~1748）登陆圣保罗。此时，两只船队渐渐分开，白令发现了阿拉斯加半岛，而奇里科夫发现了阿留申群岛。在白令因败血症病倒以后，他的船也

安德斯·摄尔西乌斯
（1701~1741）

摄尔西乌斯出生于瑞典乌普萨拉，于1730年继任他父亲的职位，担任乌普萨拉大学天文学教授。他最著名的事迹是发明了如今以其姓氏命名的温标，不过他还帮助发现了太阳磁暴和地球极光之间的关联。

在阿留申群岛遇难，白令即葬身此地。船上的一些幸存船员制作了一艘小船回到俄国，带回了能使俄国富强的皮毛贸易的消息。这些幸存者中有德国的博物学家格奥尔格·斯特勒（1709~1746），他在那次远征中带回了许多当时人从未见过的野生动物

的标本。斯特勒海牛、斯特勒松鸡、斯特勒海鹰以及斯特勒绒鸭等物种都以他的姓氏命名。然而在他发现海牛以后仅仅27年的时间里，这种动物就因为人类的捕猎而灭绝。

17世纪早期，经过内科医生罗伯特·弗拉德和天文学家伽利略·加利莱等学者的创造性工作，人们能够通过温度计玻璃管中液体的高度来测定温度。但是一个世纪过去了，人们仍然未能就如何校正温度达成共识。在关于这一主题的讨论中，英国物理学家和数学家艾萨克·牛顿曾经提议以雪的熔点和水的沸点分别作为温度计上两端的刻度，中间部分分成33度。但是最终胜出的是瑞典天文学家安德斯·摄尔西乌斯（1701~1744）于1742年提出的方案，这一方案最终发展成为现代摄氏温标。在摄氏温标中，两端温度中间被分为100个区间，100℃被设定为水开始结冰的温度，而0℃被设定为标准大气压下沸水的温度。两年以后，瑞典博物学家卡

6 格奥尔格·斯特勒在1740年的远航中所发现的新物种数目

尔·林奈采用了摄氏温标来标识自己温室中的温度计，但将温标次序颠倒了过来，因此100℃是指水的沸点。

1742年，法国数学家让·勒龙·达朗贝尔（1717~1783）通过引入一个虚构的平衡力，从而给出了理解牛顿第二运动定律的另一种方式。它被称为达朗贝尔原理，可将有关动力学和变化的力的计算简化为静态计算。同一年，美国发明家和政治家本杰明·富兰克林设计了铸铁火炉，可以置于房间中央，最大限度地发挥其加热效果。铸铁火炉很快就在社会上广为流行。

温标

18世纪使用的温标有多种，包括雷奥米尔的版本。现在常用的温标只有3种：开尔文温标（K，1848年引入）、摄氏温标（C）和华氏温标（F）。每一种都只指示固定点之间的标度。开尔文温标以绝对零度为起点。1开尔文和摄氏温标的1度相等，因此273.15K是水的熔点0℃，373.15K是水的沸点100℃。

	开氏温度	摄氏温度	华氏温度
	373K	100℃	212°F
	300K	27℃	81°F
	273K	0℃	32°F
	255K	−18℃	0°F
	200K	−73℃	−99°F
	100K	−173℃	−279°F
绝对零度	0K	−273℃	−460°F

1740年，英国钟表匠本杰明·亨茨曼发明坩埚炼钢

1741年5月，丹麦探险家维图斯·白令绘制阿拉斯加和北极西伯利亚的海岸线图

1741年7月20日，德国博物学家格奥尔格·斯特勒登陆阿拉斯加

1741年7月，俄国探险家阿列克谢·奇里科夫发现阿留申群岛

1741年，瑞典天文学家安德斯·摄尔西乌斯提出摄氏温标

140

1744年3月，可见超高亮度大彗星在地平线上展现出的6条不寻常的彗尾。

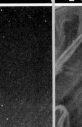

"今天的物种只是盲目的命运所造就的（物种中的）最小的部分。"

皮埃尔·路易·莫佩尔蒂，《论宇宙》，1750年

法国哲学家皮埃尔·莫佩尔蒂的观点暗示了后来的进化理论。

1744年春天，世界各地的夜空被一颗史上最明亮的彗星照亮。它最初是由德国天文学家扬·戴蒙克和迪尔克·克林肯贝格以及瑞士天文学家让-菲利普·歇索通过天文望远镜于1743年末发现，后被命名为克林肯贝格-歇索彗星。到第二年春天，这颗稀有的"大彗星"已变得非常明亮，它在夜间的亮度已超过金星，而在3月的几周内，则几乎在白天也能看见。

由于出现了新的测量仪器，人们可以使用三角测量

卡西尼的法国地图

在绘制第一幅精细而准确的法国地图时，卡西尼着手于："通过使用三角测量法测量距离，以此建立定居点的确切位置。"

法——通过测定角度来确定位置的技术，绘制精确的地图。1744年，法国地图制作者塞萨尔-弗朗索瓦·卡西尼·德·蒂里（1714~1784），又称卡西尼三世，启动了一项以1：84600为比例尺绘制第一份法国全境准确地图的项目。这是地图绘制史上一个重要的里程碑。

这一年，瑞士数学家莱昂哈德·欧拉（1707~1783）在柏林研究光学。他的研究论文支持并帮助惠更斯的光波动理论战胜了牛顿的光微粒说（见1675年）。

据估计有约
1
万亿颗彗星

4185颗已知彗星 80颗大彗星

彗星

大彗星——超高亮度的彗星，比其他彗星要罕见得多。至今仍有数以百万计的彗星未被发现。

1745年，瑞士博物学家查尔斯·邦内特（1720~1793）撰写了一本关于昆虫研究的重要著作《昆虫学》。他在书中指出毛毛虫通过气孔呼吸，蚜虫不需要进行交配就可以单性繁殖。

在这一年的法国，数学家和哲学家皮埃尔·路易·莫佩尔蒂（1698~1759）正在写作《金星形貌》，在其书中暗示了后来出现于进化论中的观点。他认为只有最适合于生存环境的动物才能存活下来，而那些缺少适当技能的物种则会灭绝。莫佩尔蒂还提出所有物种都来自同一个祖先。

同样是在这一年，法国数学家塞萨尔-弗朗索瓦·卡西尼·德·蒂里发明了卡西尼地图投影方法。所有的地图投影都是准确的，但是各自以不同的方式扭曲。卡西尼投影在同本初子午线呈直角时是准确的，并且对于基于网格的本地地图绘制是适用的。由于这一原因，卡西尼投影法被用于开展著名的全英地形测量及地图绘制工作。

1746年，法国矿物学家

"关于电我已经发现了那么多……我却什么也不明白，什么也解释不了。"

皮特·范·米森布鲁克，荷兰物理学家，1746年

让-艾蒂安·盖塔尔（1715~1786）成为另一种地图的创新者。这种地图显示了整个国家中表层矿物的分布，也许是有史以来第一幅重要的地质图。

在荷兰莱顿，德国牧师埃瓦尔德·格奥尔格·冯·克莱斯特（1700~1748）和荷兰物理学家皮特·范·米森布鲁克（1692~1761）彼此独立地发明了第一台储电设备。莱顿瓶通过玻璃瓶内外分离的两个电极来储存静电。因为自身不产生电流，所以它不是电池，只能用来存储由摩擦发电机生成的静电。不过，这是一种储存电能的紧凑方式，可提供有用的和即时的充电电源。

电极
绝缘盖
电极
导线
金属涂层

莱顿瓶

莱顿瓶提供了一个存储和输出静电的方法。

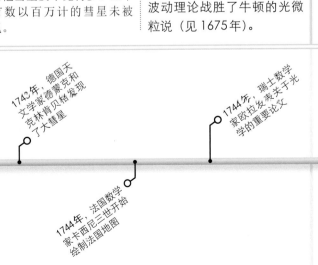

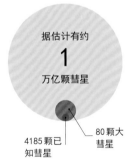

1742年，德国天文学家戴蒙克和克林肯贝格发现了大彗星

1744年，法国数学家卡西尼三世开始绘制法国地图

1744年，瑞士数学家欧拉发表关于光学的重要论文

1745年，瑞士博物学家查尔斯·邦内特出版昆虫学著作

1745年，莱顿瓶分别由发明家克莱斯特和米森布鲁克独立发明

1745年，法国数学家卡西尼发明卡西尼地图投影方法

1745年，法国哲学家莫佩尔蒂提出所有生命源自同一祖先

1746年，英国药剂师威廉·库克沃西在英国康沃尔发现高岭土

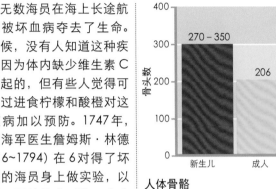

伯恩哈德·齐格弗里德·阿尔比努斯所著《人体骨骼和肌肉图谱》中包含了前所未有的准确解剖图。

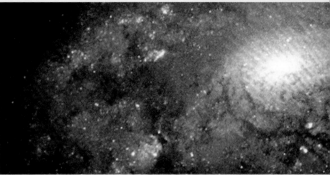

英国天文学家托马斯·赖特描述银河系形似一个圆盘。

在英国物理学家艾萨克·牛顿发现万有引力之后（见1687~1689年），许多人开始对月球的引力效应产生兴趣。1747年，法国数学家让·达朗贝尔提出风是由月球推动的大气潮汐引起的，就像海水的涨落。这是错的——风是由太阳对空气加热方式的变化驱动的，当热空气上升时，冷空气进来取而代之。不过，他在这项工作中引入了偏微分方程，在复杂方程中包含了多个变量。后来经瑞士数学家莱昂哈德·欧拉的发展，偏微分方程现在用于计算当其他参数保持恒定时，某种变量变化的快慢情况，从而成为计算声、热、电和流体运动的重要方法。

无数海员在海上长途航行中被坏血病夺去了生命。那时候，没有人知道这种疾病是因为体内缺少维生素C而引起的，但有些人觉得可以通过进食柠檬和酸橙对这一疾病加以预防。1747年，英国海军医生詹姆斯·林德（1716~1794）在6对得了坏血病的海员身上做实验，以测试不同的饮食对这一疾病的效果。结果只有进食酸橙的那一对获得了康复。我们如今知道，之所以吃柑橘类水果可以预防坏血病是因为这些水果中含有维生素C。

1748年，荷兰解剖学家伯恩哈德·齐格弗里德·阿尔比努斯（1697~1770）出版了一项关于人体解剖的重

人体骨骼

婴儿比成人体内含有更多数目的骨头，成人骨头中有部分是新生婴儿骨头通过融合生成的。

要研究，书名为《人体骨骼和肌肉图谱》。这些图绘制于网格之上，以保证其准确性。

同样是在1748年，英国医生詹姆斯·布拉得雷解释了一个他已研究了20年的天文学效应，这就是地球的章动——地轴以18.6年为周期轻微的上下摆动。月球绕地轨道并不是恰好落在黄道（地球绕太阳运行的平面）平面上，因此，其非对称变化的引力作用使得地球的自转出现了不平衡性。

治疗坏血病

詹姆斯·林德1747年的研究证明柑橘类水果能够治愈坏血病，但是他的观点直到多年以后才被付诸实践。

1749年，法国博物学家乔治·布丰（1707~1788）开始出版44卷本的关于动物和矿物研究的著作《自然史》。他是最早认识到世界具有古老历史以及自世界形成以来曾有许多物种产生和灭绝的人之一。这为达尔文在一个世纪之后提出进化论奠定了基础（见204~205页）。

同一年，瑞士数学家莱昂哈德·欧拉在其《航海学》一书中着重于轮船的稳定性研究。他为了精确分析船在海上的三维运动，加入了第

布丰的《自然史》

乔治·布丰的重要研究著作《自然史》中有许多准确观察的绘图，这张火鸡图是其中之一。此著作被译成了多种语言。

这幅关于18世纪中叶最先进的科学实验室的插图，取自狄德罗与达朗贝尔编纂的《百科全书》。

三条坐标轴以指示船在深度、长度和宽度等方向的变化。

三条轴所确定的位置或坐标 (x, y, z) 现在成为三角学的核心工具（见1635~1637年）。同一年，欧拉证明了法国数学家皮埃尔·费马的定理——素数（仅能被自身和1所整除的整数）能够表示为两个平方数的和。

同时，法国水文测量学家皮埃尔·布盖（1698~1758）卷入了一场关于地球形状的争论。由布盖和查尔斯·孔达米纳在18世纪30年代所率领的一支法国远征队（见1733~1739年）曾帮助证明了地球圆周在两极处扁平。但是两个人对于结果各执一词，分歧很大。布盖于1749年发表了他的声明《地球的形状》。孔达米纳于两年后发表了自己的回应。

1750年，英国天文学家托马斯·赖特（1711~1786）开始思考银河系的形状，那时候的人还没有星系的概念。赖特正确指出，尽管我们看不见银河系的形状——因为我们在银河系的中间，但是它的形状像一个扁平的圆盘。

1751年，法国数学家皮埃尔·莫佩尔蒂（1698~1759）完成《自然系统》一书。在这本书中，他讨论了动物的性状是怎样传递给后代身上的问题，此观点后来成为基因科学的基础。他的观点还包括了博物学家查尔斯·达尔文一度备受质疑的泛生论。作为一种早期的遗传理论，泛生论于当时又受到新的关注。

同在这一年，法国哲学家丹尼斯·狄德罗（1713~1784）和让·达朗贝尔正开始着手《百科全书》的编纂

闪电放电

1752年6月，实验家和政治家本杰明·富兰克林在费城冒死进行实验，他在雷雨天气中将风筝放飞到雷雨云里以将电引向地面，以此来证明闪电的带电本性。

工作，试图总结当时的所有知识。这是第一部囊括来自各种指定贡献者作品的百科全书，目标是要将世界上的所有知识放在一处进行整理和校对。

在1751年的爱丁堡，苏格兰医生罗伯特·怀特（1714~1766）发现眼睛瞳孔在不同强度的光线环境中自动张合。他所发现的瞳孔反射是人类所发现的第一种身体的反射——身体对刺激的自动反应。

"他从天庭夺走闪电，从暴君手里夺走权杖。"

阿内-罗贝尔·杜尔哥，法国经济学家和政治家，关于本杰明·富兰克林的描述，摘自一封写给塞缪尔·杜邦的信，1778年

未来的美国政治家本杰明·富兰克林（1706~1790）对于自然闪电和在自己家中所进行的电学实验现象之间的相似性非常着迷。他相信闪电就是自然界的电流，在其1751年出版的《电学实验和观察》一书中，描述了一个用于证明自己理论的实验。该实验设计将自然闪电引至一个岗亭的尖端处。

1752年5月，法国人达朗贝尔（1703~1799）在法国尝试了富兰克林的实验并证实了富兰克林的理论。在接下来的6月，对达朗贝尔的成功一无所知的富兰克林在费城一个夏季雷雨天时，将风筝放飞到乌云下，试图将闪电通过风筝线引至以丝带与实验者隔绝的钥匙上。当火花从钥匙上闪现出来时，富兰克林像达朗贝尔一样看到云是带电的。

在同一年，物理学家托马斯·梅尔维尔（1726~1753）发现当点燃不同的物质时，火焰发出的光经过三棱镜折射后所得到的光谱是不同的，比如，食盐的光谱主要是明亮的黄色。这标志着光谱学的开端，物质种类有望根据物体所发出的光线的颜色来加以识别。

**本杰明·富兰克林
(1706~1790)**

富兰克林出生于美国波士顿，在费城度过了他一生中绝大部分的时间。在那里，他经营过印刷生意。他是美国独立运动的元勋，因在电的本性方面的研究而出名。他还发明了避雷针和一种生铁火炉，对墨西哥湾流做过研究。

1751年，法国数学家皮埃尔·莫佩尔蒂（1698~1759）完成《自然系统》一书。

1750年，托马斯·赖特将银河系描述为圆盘形

1751年，罗伯特·怀特发现瞳孔反射

1751年，丹尼斯·狄德罗和让·达朗贝尔开始编纂《百科全书》

1752年，本杰明·富兰克林证明闪电为放电

1751年，皮埃尔·莫佩尔蒂提出泛生论

1752年，英国化学家托马斯·梅尔维尔开创光谱学研究

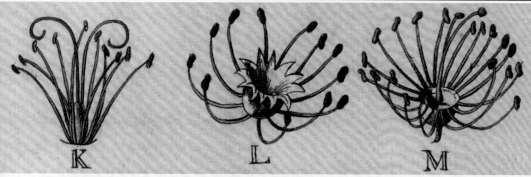

K　L　M

卡尔·林奈的植物分类方法聚焦于植物的性器官：雄蕊和雌蕊。图中所示为植物学家格奥尔格·埃雷特所做，他在18世纪30年代曾与林奈一起工作。

"……那是一种由许多恒星组成的系统，它们距离地球十分遥远，在一个狭窄的空间展开，它们的光芒到达地球时已变为一种均匀的苍白的微光……"

伊曼纽尔·康德，德国哲学家，摘自《宇宙发展史概论》，1755年

美国发明家和博学家本杰明·富兰克林（1706~1790）于1751年证明了闪电是自然电。两年多以后，他发明了避雷针，这一设备能够保护建筑物免受雷电所害。它是一根安装在屋顶的金属棒，能够将闪电通过导线安全传导至大地，从而使建筑不至于遭受雷击，这种简单装置至今仍在使用。尽管许多人质疑这样做更易招致雷击，但富兰克林的办法还是很快流行起来。

捷克发明家普罗科普·迪维什（1698~1765）在同一时期独立发明了另一种相似设备，实际上今天应用更广的是迪维什的设计。

英国海军医生詹姆斯·林德于1753年出版了著作《论坏血病》的第一版，这本书是他在6年多的时间里对柑橘类水果预防可怕的坏血病效用的研究成果。但直到数十年以后，人们才真正开始实践林德的理论。

避雷针

富兰克林的避雷针一开始引来了许多反对意见，但很快许多建筑物都安装了这种"财产保护者"。

瑞士数学家莱昂哈德·欧拉（1707~1783）提出了一个问题：三个重物（如太阳、月球和地球）之间如何相互作用。他在《一个月球运动理论》一书中讨论了这一"三体问题"，并最终于1760年给出了一个解答。欧拉还率先研究了来自月球和地球的引力如何作用于地球上的潮汐。在1754年荷兰堤坝管理员阿尔贝特·布拉姆斯（1692~1758）最先开始对潮汐水位进行科学记录之时，人们对这类力学作用的认识仍十分肤浅。

克罗地亚杜布罗夫尼克的鲁杰尔·约瑟普·博什科维奇（1711~1787）曾对至少6个科学领域都做出过重大贡献，他声称月球没有大气层。事实上，我们今天知道，

月球表面存在一层稀薄的大气层，虽然还不足以像地球一样能满足生命所需。不过，博什科维奇几乎正确的理论是迈向理解地球以外世界的关键一步。

苏格兰化学家约瑟夫·布莱克（1728~1799）发现了二氧化碳——他称之为固定空气。布莱克发现，这种气体比空气重，可使火焰熄灭，能引起窒息，是由动物呼吸产生的。

在这一时期，瑞典博物学家卡尔·林奈（见1737~1739年）出版了他的植物分类学研究工作《植物种志》。这本著作中收录有约6000种植物，用拉丁文双命名法对每一种都做了命名，分别指示这一物种的属和种。这一系统为今天的植物学家所使用的植物命名法打下了基础。

30000
人们估计一道闪电所携带电流的安培数

1755年11月1日上午的时候，葡萄牙里斯本遭受了如今估计为里氏（见1935年）8.5级的大地震。英国地质学家约翰·米歇尔（1724~1793）对这次地震做了研究以后正确指出地震以地震波的形式传播，对地面进行交替的压缩和拉伸。米歇尔计算出这次地震的震中——震撼里斯本的地震波的发源点，位于亚速尔群岛和直布罗陀海峡之间的东大西洋。

英国工程师约翰·斯米顿（1724~1792）最早使用了水硬混凝土——一种见水

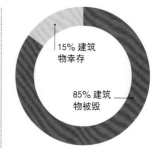

15% 建筑物幸存

85% 建筑物被毁

大地震
1755年里斯本地震造成大量建筑和12000多处民宅被毁。

凝固遇湿退化的建筑黏接材料，提高了建筑的稳定性。斯密顿使用这种材料建造了位于英国西南海岸的第三座艾迪斯顿灯塔。

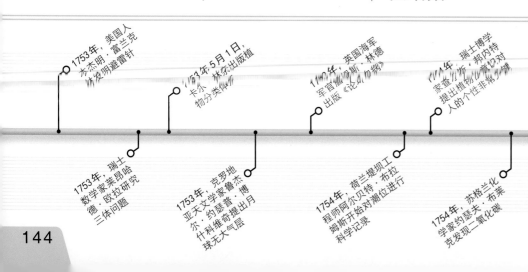

1753年，美国人本杰明·富兰克林发明避雷针

1753年5月1日，卡尔·林奈出版植物分类法作品

1753年，英国海军军官詹姆斯·林德出版《论坏血病》

1754年，瑞士博学家查尔方·邦内特提出植物的雷对人的个性非常重要

1755年，德国哲学家伊曼纽尔·康德提出太阳系形成的星云假说

1753年，瑞士数学家莱昂哈德·欧拉研究三体问题

1753年，克罗地亚天文学家鲁杰尔·约瑟普·博什科维奇提出月球无大气层

1754年，荷兰堤坝工程师阿尔贝特·布拉姆斯开始对潮位进行科学记录

1754年，苏格兰化学家约瑟夫·布莱克发现二氧化碳

1755年11月1日，里斯本大地震，约翰·米歇尔提出地震波理论

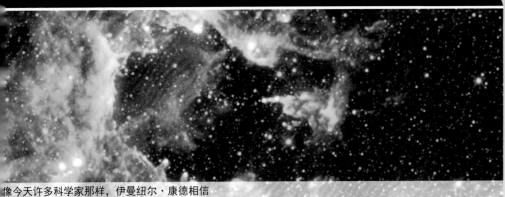

像今天许多科学家那样，伊曼纽尔·康德相信太阳系起源于星际中的一团尘埃。

> "一个服从力学定律的点状微粒对另一个与其同种类的微粒的作用或为吸引，或为排斥，或者没有作用。"
>
> 鲁杰尔·博什科维奇，《自然哲学理论》，1758年

在俄国，通才米哈伊尔·罗蒙诺索夫在封闭的罐子中煅烧铅片。尽管铅在加热作用下发生各种变化，但是其同罐子的总重量保持不变，这便证明了质量守恒定律。他的这项工作比此后法国化学家安东尼·拉瓦锡（1781~1782）的同类工作早30年。

德国哲学家伊曼纽尔·康德（1724~1804）提出了星云假说，此前瑞典有远见的思想家伊曼纽尔·斯韦登伯格（1688~1772）曾在18世纪30年代提出过类似假说。这种理论认为太阳系起源于

米哈伊尔·罗蒙诺索夫 （1711~1765）

在西方，很少人知道罗蒙诺索夫，他出生于一个农民家庭，此后成为物理学、化学和天文学等科学领域的先锋。此外，他还是一个诗人和俄国启蒙运动的旗帜式人物。他的主要成就包括发现金星的大气层、提出光的波动理论和冰山形成理论。

一团旋转的气体云，此后因自身的引力而坍缩，物质聚集成太阳和诸行星。

城市的毁灭
1755年11月，葡萄牙里斯本发生大地震，超过30000人于此灾难中丧生。

从17世纪早期开始，物体由原子构成这一观念变得日益重要。当时正居住在威尼斯的鲁杰尔·博什科维奇在《自然哲学理论》一书中进一步发展了自己的原子理论，提出物质是由点状微粒成对构成的。

在法国，天文学家亚历克西·克劳德·克莱罗（1713~1765）提出了一个关于彗星的理论，此前他曾以自己的姓氏命名了其关于地球两极为什么必须是扁平状的理论。他推测将于1759年再现的哈雷彗星可能受到其他未知引力——譬如另一颗彗星的作用。克莱罗还编纂了月表，只不过这项工作不如德国天文学家托比亚

斯·迈尔（1723~1762）在哥廷根所绘制的精确，后者的工作可以帮助航海者在海上计算经度。同一时期做经度计算的还有英国的钟表匠约翰·哈里森（1693~1776），他的第三代精密航海天文钟H3被证明足够精确，可在任何条件下用于经度计算。

在瑞士，工程师格鲁本曼三兄弟雅各布（1694~1758）、约翰内斯（1707~1771）和汉斯（1709~1783）建造了当时世界上最长的路桥，包括一座在赖歇瑙岛横跨莱茵河一条支流长达67米的桥。

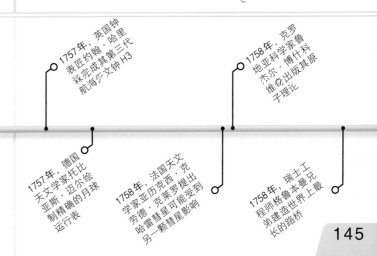

月面图
德国天文学家托比亚斯·迈尔在对月球进行细致研究的基础上绘制了第一幅能够精准显示月面环形山的月面图。

1756年，俄国通才米哈伊尔·罗蒙诺索夫证实质量守恒定律

1756年，英国工程师约翰·斯米顿开发了水硬混凝土

1757年，德国天文学家托比亚斯·迈尔绘制精确的月球运行表

1757年，英国钟表匠约翰·哈里森完成其第三代航海天文钟H3

1758年，法国天文学家亚历克西·克劳德·克莱罗提出哈雷彗星可能受到另一颗彗星影响

1758年，克罗地亚科学家鲁杰尔·博什科维奇在威尼斯出版其原子理论

1758年，瑞士工程师格鲁本曼兄弟建造世界上最长的路桥

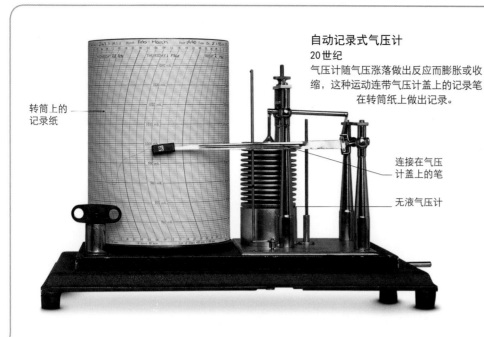

转筒上的
记录纸

自动记录式气压计
20世纪
气压计随气压涨落做出反应而膨胀或收
缩，这种运动连带气压计盖上的记录笔
在转筒纸上做出记录。

连接在气压
计盖上的笔

无液气压计

显示风向的叶片

使叶片转向顺
风向的转子

气象仪器

精准的气象测量为天气预报铺平道路

人们一直在尝试各种办法对周围的天气做出预测，这推动
了测量空气的性质，如气温和气压的仪器的发展。

第一台气象仪器出现于17世纪的意大利。最初的仪器仅仅为了研究大气，
如温度计测量温度变化，气压计揭示气压波动，风速计记录风的强度，湿
度计显示空气湿度。渐渐地，人们意识到这些测量可以帮助
预测天气。今天，来自全球各地的无数气象站得到的数
据被输入强大的计算机用于天气预报。

玻璃球的反射
面聚焦太阳光

聚焦的太阳光
线在卡片上留
下的烤焦痕迹

日照仪
1881年
日照时间可被记录
在日照仪上，仪器
上的玻璃球可将日
光聚焦到卡片上，
如此就会在太阳光
所经之处留下烤焦
的痕迹。

铺设记录纸的鼓

水银温度计

无液气压计
20世纪
无液气压计可以在刻
度盘上显示气压的变
化，是未来天气的一
个良好指示器。气压
骤降意味着雷雨天，
平稳的高气压意味着
晴明大气。

以毫巴计量的气压

转杯式风速计
20世纪
这种仪器由爱尔兰人约翰·罗宾逊于1846
年发明，可以连续地对风速进行测量，并
把测量结果记录在一张柱状图上。

无液气压计/温度计
20世纪
在还没有天气预报的19世纪，将无液气压
计和温度计组合放置在一个班卓琴形状的盒
子里，可帮助主人对天气做出自己的预测。

杯的旋转速度
指示着风速

地温表
20世纪90年代
这种直角形的温度计可以测量
不同深度的土壤温度，借此观
察霜冻所渗透的土壤深度。

天气计算器
20世纪20年代
英国气象学家路易斯·理查
森创制出特殊的计算器，发
展了数值式天气预测技术。

玻璃温度计
18世纪
这种漂亮的温度计
由意大利玻璃吹制
师制作，它由内部
充满酒精的细玻璃
管构成。当温度升
高时，酒精将发生
膨胀从而沿着螺旋
形细管上升。

集水漏斗

雨水沿漏斗进
入柱状集水器

雨量计
1980年
降水量可以由这种简
易雨量计内所集雨水
的高度进行记录，为
了避免水花溅射，这
一仪器通常安装在高
出地面20厘米以上
的地方。

温度计
20世纪90年代
每日的最高和最低温度
分别被记录在这种双头
式温度计的左右臂中。

棉线轴式温度计
约1855~1877年
这台可置于桌面的组合
式仪器由一个水银温度
计和一个罗盘组成。

天线

螺旋测风叶
片能够测量
风速和风向

海水温度计
约1870年
这支海水温度计曾用于
1872~1876年英国皇家
海军舰艇"挑战者"号
远洋科学考察活动。

测量气温
的感应器

干燥的
玻璃球

用湿布保湿
的玻璃球

海洋气象站
20世纪80年代
从20世纪70年代开
始，气象浮标被用
于指示海上的天气
状况。它们随洋流
自由漂浮，并通过
与卫星联系连续
地传递测量结果。

显示湿度
的刻度盘

发丝湿度计
约1830年
这种测量空气湿度的
简易方法基于人的头
发随空气湿度的变化
而规则伸缩的特性。

测量海水
表面温度
的感应器

绷紧的头发

传感器测量
海面的温度

湿度计
1836年
蒸发可以降温，因此通过比较同一支温度计
上两个玻璃球的温度差即可计算出湿度。其
中，一个玻璃球保持潮湿，另一个保持干燥。

30000

英国皇家植物园裘园中收集
的植物活体标本种类数目

1760年，为适应大量的来自遥远异国的新植物的加入，伦敦裘园进行了扩建。图为1848年裘园内著名的棕榈屋。

H4天文钟
哈里森的H4天文钟是历史上第一个实际应用于海上经度计算的天文钟，它的样子像一块大型怀表，直径约13厘米，重1.45千克。

海上经度测量问题最终于1759年借助于一种高精度钟表，或者说计时器获得了解决。绝大多数人以为这样一台高精度的仪器会非常庞大而复杂。在1730~1759年间，英国钟表匠约翰·哈里森曾制作过3种天文钟，每一种都有相当的精度，但仍旧不够精准。后来，哈里森意识到钟表不必做得太大，到1760年，他制作了一个大小类似一块怀表的天文钟，称之为H4。它具有惊人的精度，在1761年一次跨越大西洋的长达两个月的航海旅行中只变慢了5.1秒。

随着人们在海上越走越远，欧洲迎来了从全球各地带回的异国植物，它们被栽培于许多新建的植物园当中，其中有伦敦裘园。裘园于1760年由威尔士王妃、萨克森－科堡的奥古斯塔主导进行了大规模扩建。海员们越过南部大洋，带回了关于巨大冰山的故事。俄国博学家米哈伊尔·罗蒙诺

索夫认为，这些冰山一定是在一处尚未被发现的大陆之上形成的，这一大陆就是后来被发现的南极洲。他还认为，一些冰块比其他古老得多，因此地球地貌的历史必定古老而复杂，绝不仅仅是几次简单的大灾难的结果。

一年前，意大利地质学家乔瓦尼·阿尔杜伊诺（1714~1795）建议将地球的

地质史划分为4个时期：第一纪，第二纪，第三纪和第四纪（火山纪）。

1760年，查尔斯·邦内特发现了后来被称为查尔斯·邦内特综合征的疾病。这种病人在视力不佳的时候产生幻觉。他通过观察自己患有这种疾病的祖父，提出意识所产生的这些幻觉是由大脑产生的。

"心灵的剧场可由大脑组织产生出来。"

查尔斯·邦内特，引自《对灵魂（精神）能力的分析》，1760年

查尔斯·邦内特（1720~1793）

查尔斯·邦内特出生于日内瓦并在此度过其一生。他对昆虫单性生殖进行研究，并发现毛毛虫通过气孔呼吸。他既是一位博物学家也是一位哲学家。此外，他还提出，意识是大脑的产物。

1759年，乔瓦尼·阿尔杜伊诺将地球的地质史分为4个时期

1760年，萨克森－科堡的奥古斯塔扩建伦敦裘园

1760年，英国地质学家约翰·米歇尔解释地震的成因

1760年，约翰·哈里森完成H4天文钟

1760年，米哈伊尔·罗蒙诺索夫认为地球的形貌是经过古老的过程产生的

"在水转变为蒸汽的过程中不见了的热量并没有丢失。"

约瑟夫·布莱克，苏格兰化学家，摘自《化学元素讲义》，1960年

约瑟夫·布莱克在苏格兰格拉斯哥大学所做的关于热研究的开拓性演讲使其声名鹊起。

爱德华·斯通发现柳树皮的药用价值，这是姑息医学发展历史中的重大突破。

通往工业革命道路的一个里程碑式的事件是1761年在英国伯明翰建立了索霍工厂。该工厂是企业家马修·博尔顿的思想产物，装配了首批流水线作业，能够为普通民众大批量生产价格低廉的货物，如纽扣、带扣和盒子。几年以后，英国工程师詹姆斯·瓦特的蒸汽机正是在这里制造的（见1765~1766年）。

苏格兰化学家约瑟夫·布莱克（1728~1799）是瓦特的早期赞助人，他发现了热的一种性质。他发现冰融化

潜热

物质在发生相变时会伴随吸收或释放热量的现象。一块固体融化为液体必须吸收热能，而当液体凝固为固体，则会放热。这种能量被称为潜热。使液体转变为气体和使固体转变为液体的过程，需要提供比简单地提升物质温度多得多的热能。

100+
星爆星系

└ 1
普通星系

每年在星系中新生的恒星数
至18世纪60年代，银河系仍是人类认识的唯一星系。今天所认识的星爆星系每一年的新生恒星数目则高达数百颗。

所需的热比将温度相同的冰水加热所需的热量多得多，恰如蒸发水需要额外的热一样。这种潜在的热的发现指明了热和温度之间的差别，成为现代理解能量的基础。这一发现还帮助瓦特使蒸汽机从一种低效的装置发展成为工业时代的能量之源。

在瑞典，化学家约翰·戈特沙尔克·瓦勒留斯（1709~1785）展示了科学如何应用于农业和工业。他在农业化学方面的开创性工作《农业的自然和化学元素》中讨论了对农作物生长最有作用的化学元素。

同时，另一个瑞典人约翰·卡尔·维尔克（1732~1796）设计了一个可分割的电容器，可以产生静电。

在瑞士，数学家约翰·海因里希·兰伯特（1728~1777）发表了一篇论文，提出了他自己的星云假说，认为太阳系从一团星际尘埃演化而来。英国天文学家托马斯·赖特和德国哲学家伊曼纽尔·康德曾独立提出过相似理论。兰伯特还正确指出太阳和邻近恒星一同绕银河系中心运转。

1763年，英国牧师爱德华·斯通（1702~1768）经过仔细的实验研究，发现了柳树皮的药用价值，即能够显著减轻寒战，这是一种症状同疟疾相似的发烧。后来人们发现柳树皮中的活性成分为水杨酸，即阿司匹林的主要成分（见1897年）。

1764年最有影响力的发明之一是英国木匠和纺织工人詹姆斯·哈格里夫斯（1721~1778）的珍妮纺纱机，其纺棉速度比手工工人

要高8倍。珍妮纺纱机是手动的，需要一定的操作技巧，但它却是朝着能够大量织布的自动化机械迈出的关键一步。

1764年，意大利出生的法国数学家约瑟夫·路易·拉格朗日（1736~1813）阐释了月球为什么在不断振荡或摆动。他还解释了月球为什么总是同一面朝向地球。这一解释后来成为他的运动方程的基础，为计算一个系统中的运动提供了简便方法。

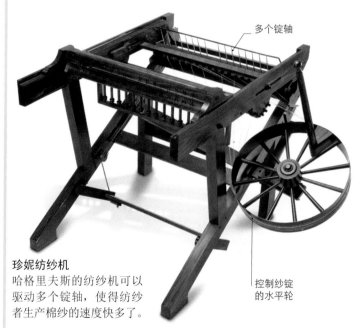

多个锭轴

控制纱锭的水平轮

珍妮纺纱机
哈格里夫斯的纺纱机可以驱动多个锭轴，使得纺纱者生产棉纱的速度快多了。

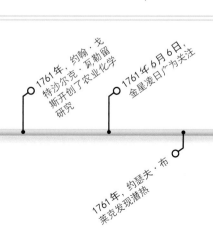

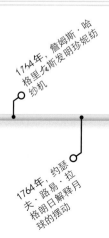

1761年，约翰·戈特沙尔克·瓦勒留斯开创了农业化学研究

1761年6月6日，金星凌日广为关注

1761年，约瑟夫·布莱克发现潜热

1762年，约翰·维尔克设计静电发电机

1764年，詹姆斯·哈格里夫斯发明珍妮纺纱机

1764年，约瑟夫·路易·拉夫·拉格朗日解释月球的摆动

2.02

木卫三伽倪墨得斯与地球的卫星月球的质量之比

数学家约瑟夫·路易·拉格朗日计算了18世纪已知的4颗木星卫星：艾奥、欧罗巴、伽倪墨得斯和卡利斯托的运动。

1765年，年轻的苏格兰工程师詹姆斯·瓦特（1736~1819）在格拉斯哥大学一处隐蔽的车间里开展改进托马斯·纽科门蒸汽机的工作，此时还只是小规模使用。在纽科门发动机上，蒸汽进入气缸，以推动活塞上行，然后喷入冷水使蒸汽冷凝，产生的真空让活塞回落。在这一过程中，冷凝水浪费了大量的热量，因此瓦特加装了一个独立于气缸的冷凝部件，以避免频繁的冷却。18世纪70年代，瓦特与伯明翰工业家马修·博尔顿（1728~1809）合作，将自己的改进付诸实践，瓦特的发明将蒸汽机从原来作用有限的水泵改造成为推动工业革命的动力源。

博尔顿成立了伯明翰月光学社，这是一小群具有创新意识的思想家，其中包括伊拉斯谟·达尔文、乔赛亚·韦奇伍德和约瑟夫·普里斯特利（1733~1804）。后来，瓦特也加入进来。普里斯特利和化学家约瑟夫·布莱克以及亨利·卡文迪什（1731~1810）后来因有关空气和气体方面的研究工作而被称为"气体化学家"。1765年，卡文迪什发现氢气是一种元素，他将其称为"易燃气体"，可通过在酸液中溶解金属来制得。

1766年，瑞士数学家莱昂哈德·欧拉接受了圣彼得堡科学院的一个职位，在那里度过了他早期学术生涯。那一年，他发展了计算刚体（能够保持形状不变的物体，如行星）运动的关键公式。意大利出生的法国数学家约瑟夫·拉格朗日（1736~1813）接替了欧拉在柏林普

横梁

活塞

气缸

飞轮

工业动力

詹姆斯·瓦特革命性的蒸汽机采用了双向作用气缸，允许蒸汽进入一个分离的冷凝器之中，这是工业发展的一个关键变革。

詹姆斯·瓦特
（1736~1819）

工程师瓦特于1736年1月19日出生在苏格兰格林诺克，他是历史上最伟大的发明家之一。他对蒸汽机的改进使之从一种故障频出的矿井抽水机转变成为工厂的动力源。他还拥有许多其他发明，包括一种复制雕塑的机器和世界上第一台复印机。

鲁士科学院的职位，撰写了一篇关于木星卫星运动的论文——当时只发现了木星的4颗卫星。一个世纪以后，这4颗卫星分别被命名为艾奥、欧罗巴、伽倪墨得斯和卡利斯托。

在日本久留米，数学家有马赖僮（1714~1783）将 π 的精度计算至小数点后29位。

> "分离具有两种相反电荷的两个导体的电物质，被认为是带电的。"

约瑟夫·普里斯特利，英国牧师和科学家，摘自《电学的历史与现状》，1767年

法国工程师尼古拉·约瑟夫·屈尼奥制造了用于运输枪支的蒸汽机车，但因为太过笨重而难以付之实用，并且可能如这幅古老的印刷品所示的那样撞到墙上。

在约瑟夫·普里斯特利于1667~1773年间任利兹的牧师时，他曾开展了许多关于恒星和电学的实验，并于1767年出版了一本非常成功的书《电学的历史与现状》。普里斯特利注意到二氧化碳，或在当时所称的"固定空气"，是当地一家啤酒厂发酵啤酒桶的副产品。普里斯特利发现含有二氧化碳气泡的水具有刺激性。他继续着自己的发现，但是却受错误信念的指示，他试图通过这种二氧化碳水溶液预防水手的坏血病。1783年，瑞士钟表匠约翰·施韦佩（1740~1821）利用这一发现开启了世界碳酸饮料工业。

意大利博物学家拉扎罗·斯帕兰扎尼（1729~1799）第一个提出食物应当保存在密闭的容器里。1767年，他发现微生物本来就存在于空气中并且能自然增殖，而不是毫无理由地从无到有。这一发现在很大程度上归功于路易·巴斯德（见1857~1858年），后者在一个世纪以后证明了同样的事情。

莱昂哈德·欧拉在一个更具理论性的层次上指出光的颜色由其波长决定。

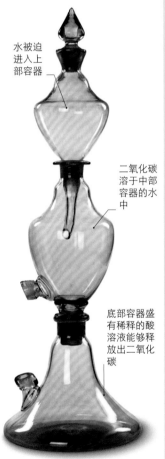

水被迫进入上部容器

二氧化碳溶于中部容器的水中

底部容器盛有稀释的酸溶液能够释放出二氧化碳

努斯的设备
图示设备由约翰·默文·努斯（1737~1828）于1774年制作，用来按照普里斯特利建议的方法生成药用碳酸水溶液。

30000

约瑟夫·班克斯在植物学湾所发现的植物种类的数目

1769年出现了两种导致关键技术发明的机器，其中一种可以被称作汽车的前身：由法国军事工程师尼古拉·约瑟夫·屈尼奥（1725~1804）发明的蒸汽机车。第二辆全尺寸屈尼奥车制造于1770年，有三个轮子和一个大的铜质锅炉悬挂于前轮之上。这辆机车只能走20分钟，因为太过笨重而难于驾驶或停止，以致失控和撞坏墙。

另一种是由理查德·阿克赖特（1732~1792）发明的具有强大功能的工厂机器。人们常说，阿克赖特于1769年委托钟表匠约翰·凯所造的阿克赖特纺纱机是他最伟大的发明。这种纺纱机可以用纤细的英国丝线自动纺出强韧的棉线。阿克赖特最有创见之处是将数十台这种机器安置于一个为特定目的而建造的工厂，这些机器不是由人力而是由水轮驱动，因此也被称为水力机器。阿克赖特的革命性的水力机器工厂于1771年在英国德比郡克罗姆福德的德文特河边建成。

在世界的另一边，英国海军军官詹姆斯·库克船长（1728~1779）正指挥英国皇家海军"奋进"号踏上他第一次伟大的航海之旅。他和他的船队成为到达澳大利亚东海岸的第一批欧洲人。同行的人中间有植物学家约瑟夫·班克斯，当他们在一处现被称为植物学湾的海岸登陆时，班克斯一共发现了30000种植物，其中有1600种是欧洲科学界所未知的。1769年6月3日，库克和他

植物学湾
这幅18世纪的植物学湾地图是根据詹姆斯·库克在他于澳大利亚东海岸的航行中所制地图绘制的。

的船员们从塔希提岛观察到了金星凌日现象。这一事件也被当时世界各地的天文学家观察到。那一年，法国天文学家夏尔·梅西耶（1730~1817）首次记录了大型宇宙云猎户座星云——猎户座恒星诞生的地方。

1377648 千米
太阳直径

12104 千米
金星直径

相对尺寸
与太阳相比，金星显得很小，所以在观察金星凌日现象时，这颗行星看起来只是穿过太阳表面的一个黑点。

- 1767年，英国化学家约瑟夫·普里斯特利发明二氧化碳疗液
- 1768年，欧拉提出光的颜色由其波长决定
- 1769年3月4日，法国天文学家夏尔·梅西耶首次记录猎户座星云
- 1769年，英国发明家阿克赖特委托约翰·凯所造水力驱动的纺纱机
- 1769年，法国工程师尼古拉·约瑟夫·屈尼奥制造蒸汽机车
- 1767年，意大利博物学家斯帕兰扎尼批判微生物自发产生的理论
- 1769年6月3日，世界范围内观察金星凌日现象，库克船长在塔希提岛也观察到这一现象
- 1770年，詹姆斯·库克的探险队在澳大利亚植物学湾登陆

"我发现了一种比普通空气好5~6倍的气体。"

约瑟夫·普里斯特利，英国化学家，关于一氧化二氮的发现，摘自《关于不同气体的实验和观察》，1775年

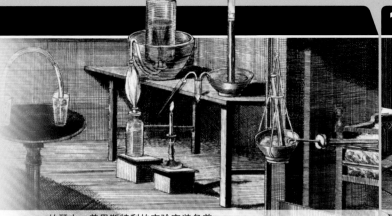

约瑟夫·普里斯特利的实验室装备着他用于进行气体研究的实验器材。

瑞士物理学家乔治-路易斯·勒萨热自己制造的电报机。

1771年，德国博物学家彼得·西蒙·帕拉斯（1741~1811）在远征俄罗斯东部和西伯利亚6年之后，开始发送关于这些地区的报告回国。那时，这些地方几乎和南美洲一样不为欧洲人所知。帕拉斯识别了许多动植物的新品种，包括现在以他姓氏命名的帕拉斯猫。

1772年，瑞士物理学家和数学家莱昂哈德·欧拉提出数字2147483647是一个梅森素数。这一概念以法国修道士马林·梅森命名，后者曾于17世纪研究素数。这是过去一个世纪所发现的最大梅森素数。这一命题的证明包括了372步手算步骤。

1772年，欧拉因写给一位德国公主的信的发表而驰名欧洲。这些信写于1760年4月至1763年5月间，基本上每个星期两封，是为年幼的普鲁士安哈尔特-德绍公主路易丝·亨丽埃特·威廉明妮所写的初级科学课程教材。这份800页篇幅的作品涉及一系列科学主题，包括光、颜色、引力、天文学、电磁学、光学以及其他内容。

同样是在这一年，莱昂哈德·欧拉在柏林科学院的继承人、生于意大利的法国数学家约瑟夫·路易·拉格朗日开始了一项关于力学的重要工作，题名为《分析力学》。从1766年起，拉格朗日还产出了一系列关于如何应用数学进行天体运动计算的成果。特别是，他探讨了三体问题，即空中运动的三体如太阳、地球和月球，如何因引力作用而相互影响的。这曾是一个困扰了数学界长达90多年的难题。拉格朗日发现一个小的天体（如月亮）可以在5个位置保持同其他两个大的天体（如太阳和地球）的作用力平衡，这些位置点现在被称作拉格朗日点。

在这一年的英国，化学家约瑟夫·普里斯特利发现了一氧化二氮，他称之为"含燃素硝气"。这种气体后来被作为一种镇静剂使

野猫

帕拉斯猫是一种小型的、现已濒危的野生猫类动物，生活在中亚山区。它是德国博物学家彼得·帕拉斯首先发现的物种之一。

用，并且因为吸入后产生愉悦的感受而被称作笑气。在同一年，苏格兰物理学家丹尼尔·卢瑟福（1749~1819）首次从空气中分离出氮气，他因为发现当老鼠被放入充满这种气体的封闭容器后窒息死亡，因而称之为"有毒气体"。他还发现这种气体不能助燃。

科学史中总存在着关于某项发现是谁首先做出的争论，氧气的发现即是一例。因为氧气在燃烧理论，特别是当时广为接受的燃烧的燃素理论（见1702~1703年）中扮演着非常重要的角色，许多化学家在18世纪70年代都在从事这方面的研究。第一个声称发现该气体的是普里斯特利，他于1775年描述了其在1774年8月1日所做的一个实验。在实验中，他通过将日光聚焦于放置在一个玻璃管中的氧化汞而生成了氧气（他称之为脱燃素空气）。但在1777年，瑞典药剂师卡尔·谢勒（1742~1786）指出他早在

莱昂哈德·欧拉（1707~1783）

欧拉生于瑞士巴塞尔，一生中大多数时间都在圣彼得堡和柏林度过。他为现代数学符号奠定了基础，同时在微积分和图论方面做出了重大贡献。他在所有的科学领域都取得了惊人的成就。尽管他在晚年时完全失明，但仍运用脑力进行计算。

"宇宙中什么事也没有发生，在这里最大或最小的原理都不会出现。"

莱昂哈德·欧拉，瑞士数学家，摘自《求曲线的方法》，1744年

发现氧气

氧气是空气两种主要组成成分之一，对人的生命和燃烧起着至关重要的作用。普里斯特利指出，没有氧气的情况下蜡烛不能燃烧，老鼠不能呼吸。后来，在1777年，法国化学家安东尼·拉瓦锡进一步证明是氧气参与了燃烧过程而非当时普遍认为的燃素。

1771年，德国博物学家彼得·帕拉斯报告北方西伯利亚野生动物

1772年，瑞典化学家卡尔·谢勒发现氧气

1772年，法国数学家约瑟夫·拉格朗日描述三体问题

1772年，英国化学家约瑟夫·普里斯特利合成一氧化二氮

1772年，苏格兰物理学家识别氮气，卢瑟福识别氮

1772年，瑞士数学家莱昂哈德·欧拉发现已知最大梅森素数

1772年，瑞士数学家欧拉发表《致一位德国公主的信》

1773年，英国船长詹姆斯·库克跨越南极圈

1773年，法国天文学家夏尔·梅西耶发现一系列星云，引起人们对非恒星天体的关注

26 勒萨热电报机的绝缘电线数目

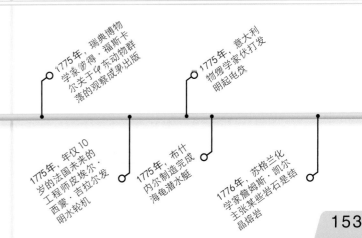
苏格兰化学家詹姆斯·凯尔认识到北爱尔兰的巨人堤道的奇怪石柱是由熔岩形成的。

1772年就已通过加热氧化汞和多种硝酸盐制得了氧气。法国化学家安东尼·拉瓦锡（1743~1794）后来声称是自己首先发现氧气并给其命名。但此前，普里斯特利和谢勒已将自己的发现告诉了他。

美国发明家戴维·布什内尔（1742~1824）于1773年制造了一个水下爆炸装置来帮助美国独立战争。1775年，他驾驶世界上第一艘潜水艇投放其装置。他的潜水艇被称为海龟，但形状像柠檬，在其顶部设有密闭舱口供人员出入，有手动曲柄控制的螺旋桨和舵。

第二年，卡尔·谢勒发现了另一种气体，他将其命名为氯气。他称之为"脱燃素盐酸气"，因为这种气体产生自盐酸。

1774年，物理学家乔治-路易斯·勒萨热（1724~1803）在瑞士日内瓦制造了一种早期的电报机。它为字母表26个字母的每个字母都配置了一根独立导线，可以在不同的房间之间传递信息。

通风管
用于下潜的垂直螺旋桨
舱口

第一艘潜水艇
布什内尔的海龟潜水艇（图中为一台模型）于1775年试水，成功在哈得孙河上拖运爆炸物。

到1775年时，电已经成为无数实验的研究主题，在这一年，年轻的意大利物理学家亚历山德罗·伏打（1745~1827）发明了起电盘：一块带有绝缘手柄的金属盘贴着另一块已经通过摩擦毛皮或羊毛而带电的树脂盘，这是一种放大和积累静电的简单而有效的方法。

同年，瑞典博物学家彼得·福斯卡尔（1732~1763）关于中东动物群落研究的著作在其去世后出版。他在也门搜集标本时感染疟疾而死。

在法国，未来的工程师皮埃尔·西蒙·吉拉尔（1750~1817）年仅10岁，却发明了水轮机。此后他继续完成液体力学方面的重要工作。

另一个重要的研究领域是地球上的岩石和地貌的形成过程。1776年，德国地质学家亚伯拉罕·维尔纳（1750~1817）错误地坚称所有岩石都是从原本淹

40000 组成巨人堤道玄武岩石柱的数目

没着大地的海洋而来，这种理论被叫作水成论。然而，火成论则认为岩石是由火山活动造成的。火成论者苏格兰化学家詹姆斯·凯尔（1735~1820）认识到像北爱尔兰的巨人堤道那种连续的玄武岩石柱是由熔岩结晶形成的。

绝缘手柄

起电盘
亚历山德罗·伏打的起电盘是对静电进行放大和积累的一个简单便捷的工具。

金属盘
蜡或树脂盘

1773年，美国发明家戴维·布什内尔制造爆炸装置

1774年，瑞典物理学家乔治-路易斯·勒萨热制造第一台电报机

1774年，瑞典化学家卡尔·谢勒发现氯气、锰和钡

1774年8月1日，英国化学家约瑟夫·普里斯特利分离氧气

1775年，瑞典博物学家彼得·福斯卡尔关于伊东动物群落的观察成果出版

1775年，年仅10岁的法国未来工程师皮埃尔·西蒙·吉拉尔发明水轮机

1775年，意大利物理学家伏打发明起电盘

1775年，布什内尔制造完成海龟潜水艇

1776年，苏格兰化学家詹姆斯·凯尔主张某些岩石是结晶熔岩

"我的视力变得混乱……像一个注视着太阳的人……我的头开始疼起来……非常严重……"

塞缪尔·奥古斯特·蒂索，瑞士医生，关于一个病人症状的记录，摘自《论神经和神经疾病》，1783年

由托马斯·普理查德设计、亚伯拉罕·德比三世建造的横跨英国什罗普郡塞汶河的桥，完全以预制铁件制造而成。

数学家长期以来为求解负数的根而苦恼，称其为"虚数"。到了1777年，瑞士数学家莱昂哈德·欧拉提出了虚数单位，符号为i，其平方被定义为–1。欧拉的创建使得任何带有负号的数字都可以开平方根。

1777年，伦敦钟表匠约翰·阿诺尔德（1736~1799）进一步改造了哈里森1759年所制作的H4天文钟，制成了空前精确用于航海经度计算的时钟。阿诺尔德称这种时钟为计时器。瑞士医生塞缪尔·奥古斯特·蒂索（1728~1797）记录了偏头痛。尽管

他错误地以为偏头痛开始于胃，但他对这一疾病症状的记录非常准确，譬如疼痛的程度、复发、突发及对视觉和呕吐的影响。

苏格兰外科医生约翰·亨特（1728~1793）写了一本重要的关于牙齿的研究著作。他还主张移植捐赠者的好牙替换烂牙，但受者的免疫系统对新牙齿会有排斥作用。

牙齿移植
这张卡通图画讽刺了约翰·亨特从穷人那里购买健康牙齿移植到掉了牙齿的富人嘴里的行为。

在1779年一个简单实验中，荷兰医生扬·英根豪斯发现了光合作用的本质——植物利用太阳光制造食物的化学过程（见1783~1788年）。当英根豪斯将植物放在一个盛水的玻璃容器内，他看见气泡在叶片下面生成，他所发现的是氧气。但是这些气泡只在太阳光下而不在黑暗中产生。英根豪斯发现植物需要借助阳光进行呼吸——它们吸进空气来生成富含能量的葡萄糖，而把氧气作为代谢产物排出。

随着英国发明家塞缪尔·克朗普顿（1753~1827）在1779年天才地将一架纺纱机和一架织布机组合在一起，从而制成一种能够从生丝直接产出布料的机器，工厂的棉产量获得了快速增长。同在1779年，由托马斯·普理查德（约1723~1777）设计、亚伯拉罕·德比三世（1750~1791）建造的伦敦大铁桥开始大量使用铁制件制造。

1780年，法国化学家安

老鼠被置于内盒里

冰放在外盒里

融水出水龙头

拉瓦锡－拉普拉斯量热器
关在箱子里的老鼠所产生的热量通过箱子外围的冰所融化成的水的量加以测量。

东尼·拉瓦锡在记事录《燃烧概论》中，最终推翻了认为物质燃烧时丢失一种所谓燃素成分的理论。经过对燃烧前后物体重量的缜密称量，拉瓦锡指出物质燃烧时可能通过与空气中的氧气结合增重，而不是减重。拉瓦锡和法国数学家拉普拉斯一起通过测量化学变化中的温度而发明了冰量热器，这标志着热化学科学的开始。拉瓦锡利用这种仪器证明了动物产热而不减重，从而推翻了之前所认为的物体热量来自于

1777年，欧拉引入虚数单位i

1777年，德国－瑞典化学家舍勒发现钼

1778年，塞尔·蒂索描述偏头痛

1779年，扬·英根豪斯研究光合作用

1779年，塞·克朗普顿发明纱织布机

1780年，拉瓦锡证明氧在燃烧中的作用

1777年，约翰·阿诺尔德发明术语"计时器"

1778年，英国地理学家詹姆斯·伦纳尔绘制阿古拉斯海流图

1778年，德国天文学家塞缪尔·冯·苏迈尔发现识别出12对预神经

1778年，约翰·亨特出版《人类牙齿》的自然史

1779年，第一座纯铁大桥在英国开工

1780年，拉瓦锡和皮埃尔·拉普拉斯发明冰量热器

379
吨
建造英国大铁桥所用铁材总重

图中所示的场景在今天看来也许略显骇人，但是加尔瓦尼这一通过电击使死青蛙大腿肌肉运动的实验向人类理解电的方向迈出了一大步。

扬·英根豪斯
(1730~1799)

英根豪斯出生于荷兰，他是一位物理学家，对其他多个科学领域也兴趣浓厚，包括对电的研究。他是用接种方法预防天花的先驱者之一，曾为奥地利女皇玛丽亚·特丽莎和她的家人成功做了接种。

燃素的理论。事实上，动物通过使用氧气发生氧化作用而生热。

瑞士物理学家阿尔姆·阿尔冈（1750~1803）发明了阿尔冈油灯，比蜡烛亮10倍，从而带来了家庭用光的一场革命。阿尔冈灯具有圆形的灯芯和高高的玻璃烟囱来改善空气流动。

1781年科学界的头条新闻大约是德国出生的英国天文学家威廉·赫歇尔（1738~1822）发现了第6颗行星。当赫歇尔3月13日在英国巴斯的自家花园里首次通过望远镜观察到这颗星体时，他以为那是一颗彗星。但是它的亮度和椭圆轨道很快使天文学家们不再怀疑其行星身份。赫歇尔以英王乔治三世命名这颗行星，不过天文学家们最终决定使用天王星（乌拉诺斯）这一称呼，取自古希腊的天空之神乌拉诺斯。

法国天文学家夏尔·梅西耶（1730~1817）在1781年出版了他的最终版本的《星云和星团表》。梅西耶自18世纪70年代起即开始编辑的这份表单记录了夜空中103个模糊而遥远的天体，他对这些星云的编号仍为今天的天文学家所熟知。同在1781年，另一位天文学家捷克人克里斯蒂安·迈尔（1719~1783）出版了一份星表，列

梅西耶天体
梅西耶星表中的许多天体后来被揭示为距离我们的银河系非常遥远的星系，在梅西耶的时代它们被认为构成了整个宇宙。

2,877
百万千米
天王星

149.6
百万千米
地球

到太阳的距离
天王星的公转轨道距离太阳2877百万千米，几乎是地球到太阳距离的20倍，公转周期为84年。

出了80对星体，后被称为双子星。1767年约翰·米歇尔曾探讨过这种星体相互围绕运转的现象，后被天文学家

如赫歇尔等人观察到。

同一年，意大利医生路易吉·加尔瓦尼（1739~1798）开展实验来演示静电可以引起解剖过的青蛙腿部肌肉发生伸缩的现象。4月，他将一只死青蛙的神经同一根金属线连接，并在雷雨天将导线伸向空中。在实验中，青蛙腿随着每一次闪电而抽搐。这个实验激发了玛丽·雪莱创作小说《弗兰肯斯坦》的灵感。9月，加尔瓦尼发现只要将青蛙腿挂在金属杆的铜钩上就会发生抽搐。此后，加尔瓦尼和意大利实验家同行伏打就这种现象的本质展开激烈的争论。加尔瓦尼声称其为肌肉和生命（生物电）

之间所固有的电效应，而伏打坚信其为一个化学反应。生物电和化学电的性质后来被证明是相同的。

1782年，拉瓦锡阐述了可能在今天看来化学中最重要的原理——物质守恒定律。这一原理揭示，在任何化学反应中，不会有哪怕一丁点物质消失，只是发生了物质的重新组合。

103
梅西耶星表中所列天体的数目

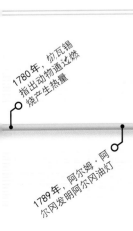

1780年，伯瓦锡指出动物通过燃烧产生热量

1789年，阿尔姆·阿尔冈发明阿尔冈油灯

1781年1月26日，加尔瓦尼开始进行静电实验

1781年，克里斯蒂安·迈尔出版了80对双子星的星表

1781年，夏尔·梅西耶出版他的《星云和星团表》

1781年3月13日，威廉·赫歇尔发现天王星

1781年4月26日，加尔瓦尼演示闪电如何激活死青蛙肌肉的实验

1782年，拉瓦锡阐述物质守恒定律

155

> "如果你能带来一辆可行驶的脱粒机……
> 它将是这个国家最珍贵的宝贝之一。"

乔治·华盛顿，美国第一任总统，摘自一封写给托马斯·杰斐逊以说明脱粒机的重要性的信，1786年

1783年科学界的头号大事是第一架人造飞行器于11月21日在巴黎诞生。这是一种热气球，由飞行员皮拉特尔·德·罗齐耶（1754~1785）和马尔奎斯·达尔兰蒂斯驾驶，发明者是法国造纸商蒙哥尔费兄弟约瑟夫-米歇尔（1740~1810）和艾蒂安（1745~1799）。他们此前曾发现当热空气封装在一个袋子里时，因热空气比冷空气的密度稀疏，会使袋子飘起。

10天后，法国物理学家雅克·查尔斯（1746~1832）和手艺人诺埃尔·罗贝尔

（1760~1820）乘坐一个充满氢气的气球飞跃巴黎。他们实现了比乘坐热气球（易冷却）更长时间和更可控的飞行。

同在1783年，西班牙的一对兄弟何塞（1754~1796）和福斯托·埃尔赫亚（1755~1833）通过使钨酸和木炭反应而分离出一种新的金属元素

900 米

1783年蒙哥尔费热气球飞行高度

钨。钨是一种最坚硬的金属。

1784年，英国化学家亨利·卡文迪什（1731~1810）指出水由氢气和氧气这两种气体构成。当天文学家约翰·米歇尔发现一个足够大的恒星会有极为强大的引力场，使得光无法逃逸时，他预言了黑洞的存在。在伦敦，发明家约瑟夫·布拉

曼（1748~1814）为其发明的安全锁申请了注册专利。这种锁只有当钥匙在锁孔中移动了一组特定的滑块组合时，才能被打开。

18世纪80年代，困扰地质学家最大的问题是海洋生物化石最后怎么会处在高山的岩石中。德国地质学家亚伯拉罕·维尔纳（1749~1817）相信像大洪水那样的灾难能急剧改变世界的面貌（见1775~1776年），但苏格兰地质学家詹姆斯·赫顿（1726~1797）却不同意这一说法。他在1785年发表的奠基性论文《地球的学说》中提出，地貌是经过长期缓慢而连续的变化，通过反复侵蚀、沉积和隆起等一系列循环过程而形成的。赫顿的学说（现被证明是正确的）意味着地球已经有数百万年而不是只有几千年的古老历史。

在法国，物理学家夏

第一个升空的热气球
在这幅画作中，皮拉特尔·德·罗齐耶和马尔奎斯·达尔兰德斯于1783年11月在他们的蒙哥尔费热气球升空时向围观的人打招呼致意。

亨利·卡文迪什的测气管
这只测气管是一个复制品，其原为卡文迪什使用，用来测量化学反应中产生的气体（如氧气）体积。

存储气体的扩张室

黄铜外壳

气体入口

1783年11月21日，第一架人造飞行器蒙哥尔费热气球在巴黎起飞

1784年1月15日，亨利·卡文迪什指出水由氢气和氧气构成

1785年，艾德鲁·米克尔发明脱粒机

1785年，詹姆斯·赫顿发表地球学说，提出地貌成因的渐变说

1783年12月1日，第一个氢气球飞行器在巴黎起飞

1784年8月21日，约瑟夫·布拉曼为其安全锁注册专利

1785年，夏尔·库仑建立了电流定律

1785年，让·布朗夏尔发明降落伞

1785年，埃德蒙·卡特赖特开发了一种动力织机

安德鲁·米克尔的脱粒机取代了用手持连枷分离谷物和谷秆、谷壳的古老劳作。

瑞士博物学家让·塞纳比耶是第一批认识到植物呼吸作用的人之一，在图示电子显微镜图像中，气体正是从叶面的这种小孔（气孔）出入的。

尔·德·库仑（1736~1806）建立了一条重要的电学定律，指出两个电荷之间的吸引和排斥作用反比于其距离的平方。电荷的标准单位就是以库仑命名。

同在1785年的巴黎，飞行员让·布朗夏尔（1753~1809）发明了第一顶折叠式的丝质降落伞。过去的降落伞设计中常常带有笨重的木制伞架而易引发事故。布朗夏尔用他的降落伞成功使高空飞行的气球篮筐中的一只狗安全着陆。布朗夏尔和美国人约翰·杰弗里斯（1744~1819）一起乘坐气球首次飞越英吉利海峡。为了防止过早降落，他们将篮筐内的所

"在发生巨大改变的时候，人们很少考虑原因。"

詹姆斯·赫顿，苏格兰地质学家，摘自《地球的学说》，1795年

有东西——包括几乎所有衣物都扔掉了，以使气球保持在空中。

同一年，苏格兰工程师安德鲁·米克尔（1719~1811）发明了脱粒机，而英国发明家埃德蒙·卡特赖特（1743~1823）则开发了一种蒸汽动力织机。两种机器都急剧降低了对劳工的需求，引发了失业工人的抗议。

詹姆斯·赫顿（1726~1797）

1753年，赫顿在接手了其父亲在苏格兰博维克郡的农场后，开始对地质学发生兴趣。他研究了岩石形成的过程，发现其中存在间断，这使他正确提出，地质是以不断循环的方式在极为漫长的时期内形成的。

德国出生的英国天文学家威廉·赫歇尔是他所在的那个时代最伟大的天文学家。他利用自己设计的强大的望远镜对宇宙深处的许多天体开展了研究，取得了成千上万的发现。1787年1月11日，他发现自己于6年前所发现的天王星（见1781~1782年）有两个卫星，他以莎士比亚《仲夏夜之梦》中的仙王和仙后两个童话人物命名它们为奥伯龙和泰坦尼亚。

瑞士博物学家让·塞纳比耶（1742~1809）在扬·英根豪斯1779年所发现的植物光合作用现象的基础上又有了新的发现。他看到，当植物被放置在光线中时，它们从空气中吸收二氧化碳而放出氧气（见右图）。

硅是地壳中除氧以外的第二大丰产元素，然而一直到1787年人们才识别出它。在那一年，法国化学家安东尼·拉瓦锡认识到沙子是一种未知元素的氧化物，这种未知元素被他命名为硅。

同年，许多发明家试图驾驭蒸汽来推动船只。美国发明家约翰·菲奇（1743~

光合作用

植物在光合作用时从空气中吸收二氧化碳的器官是叶绿体，它们使植物显现为绿色。叶绿体能够促成二氧化碳和水在叶子中发生化学反应，生成植物的能量食物——葡萄糖。氧气作为这一过程的代谢副产品，被从叶片两面的气孔释放出来。

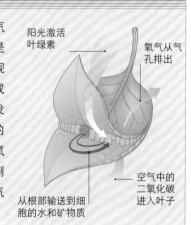

阳光激活叶绿素

氧气从气孔排出

空气中的二氧化碳进入叶子

从根部输送到细胞的水和矿物质

1798）在不懈努力之下，使一艘蒸汽驱动桨划动的船在特拉华河下水。苏格兰工程师威廉·赛明顿（1764~1831）制作了一艘明轮船，并首次使用它在苏格兰的多尔斯温顿湖试水。在西弗吉尼亚的波托马克河上，另一位美国工程师詹姆斯·拉姆齐（1743~1792）实验了一艘由蒸汽泵所产生的水流推动的船。

1788年，法国数学家约瑟夫·拉格朗日（1736~1813）出版了他的《分析力学》，这也许是自牛顿《原理》（见1685~1689年）以来最伟大的一本力学著作。在此书中，拉格朗日使用他自己的微积分新方法将力学过程简化为少数几个基本公式，从这些公式出发能够计算出一切其他的力学过程。

8 千米/时

赛明顿明轮船的行驶速度

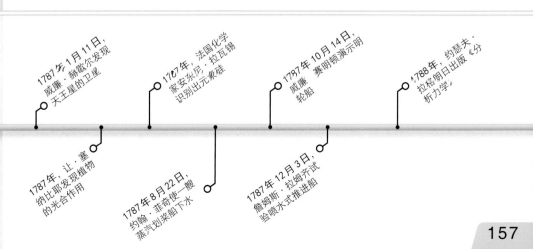

1786年，美国科学家本杰明·富兰克林1770年的湾流地图在美国出版

1787年1月11日，威廉·赫歇尔发现天王星的卫星

1787年，让·塞纳比耶发现植物的光合作用

1787年，法国化学家安东尼·拉瓦锡识别出元素硅

1787年8月22日，约翰·菲奇使一艘蒸汽划桨船下水

1797年10月14日，威廉·赛明顿演示明轮船

1787年12月3日，拉姆斯·拉姆齐试验喷水式推进船

1788年，约瑟夫·拉格朗日出版《分析力学》

> "我们必须得承认，可以通过各种办法将所有物质分解还原为元素。"

安东尼·拉瓦锡，法国化学家，《化学概要》，1789年

1789年，在法国大革命的背景下，一场科学革命也在进行中。法国化学家安东尼·拉瓦锡完成了他的《化学概要》，该书奠定了化学作为一门科学的基础。拉瓦锡创造了第一张元素表，其中还包括光和热。他引入了国际化学符号和化学名词，如作为气体的氧和氢，作为化合物的硫酸盐。

8月28日，出生于德国的英国天文学家威廉·赫歇尔第一次透过他那巨大的望远镜观察太空。他已经建造了几架望远镜，但是这个12米的反射式望远镜是其中最大的。那天晚上，他发现了土星的一颗新卫星——土卫二恩克拉多斯。三周后，他又发现了土卫一米玛斯。

法国植物学家安东尼·劳伦·德·朱西厄发表了一种区分开花植物的分类系统。他使用林奈的拉丁文双命名法（见1754年），根据雄蕊和雌蕊的数目将开花植物分

赫歇尔的望远镜

天文学家威廉·赫歇尔花了4年时间，在他位于英国斯劳的庄园里建造了这架巨大的望远镜，国王乔治三世提供了制造费用。此望远镜于1839年拆除。

安东尼·拉瓦锡
(1743~1794)

拉瓦锡出生于法国巴黎，被人称为化学之父。他证实了氧气在燃烧中的作用，从而奠定了现代化学的基础。拉瓦锡确立了物质在化学变化过程中既不能被创造、也不能被破坏的学说。作为大革命的对象，他于1794年5月8日被送上断头台。

为不同的类别。这种分类系统沿用至今。

在加拿大，英国探险家亚历山大·马更些（1764~1820）乘坐他的独木舟，沿着未被地图标注的长1770千米的一条河流航行直达北冰洋，现在这条河被命名为马更些河。

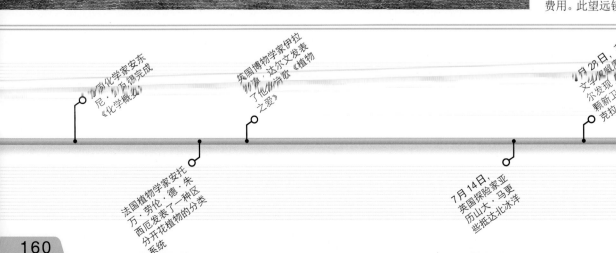

法国化学家安东尼·拉瓦锡完成《化学概要》

英国博物学家伊拉兹马·达尔文发表了他的诗歌《植物之爱》

7月29日，英国天文学家威廉·赫歇尔发现了土星的一颗新卫星土卫二恩克拉多斯

法国植物学家安东尼·劳伦·德·朱西厄发表了一种区分开花植物的分类系统

7月14日，英国探险家亚历山大·马更些抵达北冰洋

9月17日，威廉·赫歇尔发现了土星的卫星土卫一米玛斯

可马天文台是北爱尔兰最古老的科研机构，建于1790年，是当时最大、最先进的天文台。

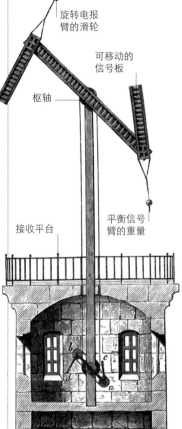

1807年的一幅卡通画，呈现了伦敦起初对新式煤气路灯的复杂反应，这种灯将很快改变夜间的城市。

生费城，美国发明家奥利韦·埃文斯（1755~1819）产生了可将动力交通运输变为现实的想法。对于陆地车辆来说，当时的低压瓦特蒸汽机（见1765~1766年）太大太笨重。埃文斯意识到，如果蒸汽更热一些，活塞就可以被蒸汽驱动——通过低压玉缩活塞就可以创造出真空。这一发现促使埃文斯发明了高压蒸汽机，可以提供相当于瓦特蒸汽机10倍的能量。

在英格兰沃里克郡，发明家约翰·巴伯（1734~1801）正在发展一种更具革命性的发动机——气涡轮机。他的想法是压缩从木头或煤中得到的气体，使气体爆炸性燃烧，从而转动桨轮的叶片。巴伯从没有建造出原型，但是他的思想在几个世纪后喷气发动机开发的时候得到重视。

此外，对于今天的飞机必不可少的是钛的发现。这种金属由英国的地质学家威廉·格雷戈尔牧师（1761~1817）从钛铁矿中分离出来。几个月后，德国化学家马丁·克拉普罗特（1743~1817）也独立地做出了相同的发现，

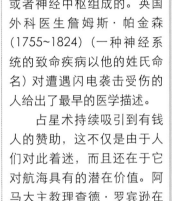

9:1 雷电伤害

每10个遭受雷电击中的人有9人能够存活下来。詹姆斯·帕金森提出，幸存者会受到肌肉麻痹和皮肤灼伤的折磨。

并将之命名为钛。

在纯科学领域也获得了一些新进展。瑞士物理学家皮埃尔·普雷沃斯特（1751~1839）证明所有的物体，不管是热的还是冷的，都会辐射出热量。德国生

理学家弗朗兹·约瑟夫·加尔（1758~1828）表明神经系统事实上是由神经纤维团或者神经中枢组成的。英国外科医生詹姆斯·帕金森（1755~1824）（一种神经系统的致命疾病以他的姓氏命名）对遭遇闪电袭击后受伤的人给出了最早的医学描述。

占星术持续吸引到有钱人的赞助，这不仅是由于人们对此着迷，而且还在于它对航海具有的潜在价值。阿马大主教理查德·罗宾逊在北爱尔兰的阿马建造了非常昂贵的天文台，迄今为止仍是主要的科研机构之一。

钛

金属钛有几种矿石，如钛铁矿、金红石，在岩石、水体、土壤和所有生命体中都有少量存在。

一项未来将会促进技术改变世界各地城市的发现在这一年诞生了——亚历山德罗·伏打发现了化学电。此前，人们已经通过摩擦产生静电。伏打发现通过金属的接触，可以产生流动的电。他制造出了最早的电池（见1800年）。

在通讯领域另一个显著的发展是法国发明家克劳德·沙普的电报——一条塔线通过在不同角度的显示面板来传递可见的信息。它可在一个小时内将信息传送220千米——从里尔到巴黎。

苏格兰工程师威廉·默多克（1754~1839）发明了煤气灯。他在英格兰康沃尔的家，是第一处被煤气灯点亮的房子。很快，许多家庭、工厂、城市道路都被煤气灯点亮了。

第一个铁壳火箭——现代导弹的先驱——是由英国的反对者、迈索尔的统治者蒂普·苏丹在印度首先使用的。

英国科学家托马斯·韦奇伍德（1771~1805）取得一项当时不受重视的发现，他观察到所有的材料在加热到相同的温度时会

沙普电报
这个电报塔展示了沙普的臂板信号系统，通过改变显示面板的角度来传递信息。

呈现相同的颜色。比如我们现在知道太阳的表面温度为5800K（5527℃），这是根据它的颜色来确定的。

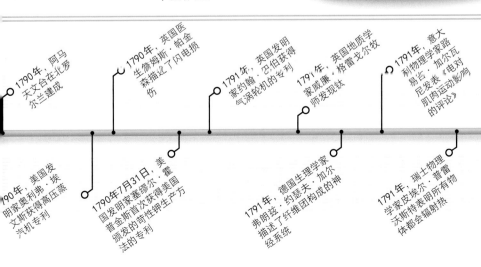

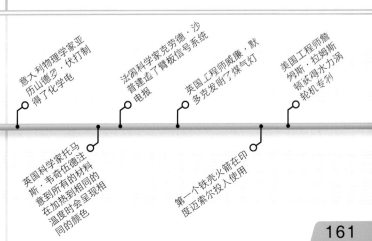

> "这项工作的目标在于……解释由病理引起的人体最重要部分的结构变化。"

马修·贝利，英国医生，《人体某些最重要部位的病理解剖学》序言，1793年

法国与瑞士交界处的侏罗山脉的石灰岩，形成了识别侏罗纪的基础。

在大革命时期的巴黎，法国最早的自然历史博物馆——国家自然历史博物馆于6月10日建成。它是在皇家药用植物园的原址上建成的，该植物园由国王路易十三于1635年创立。1794年世界上第一个公共动物园也落户这里。

7月22日，英国探险家亚历山大·马更些（1764~1820）成为第一个跨越墨西哥北部的北美大陆的人，他的和平江河探险之旅最终抵达终点——加拿大的不列颠哥伦比亚省的贝拉库拉西部。

英国乡村斯特朗申附近的一个铅矿成为一种新元素锶的发现地。1790年，爱尔兰化学家阿代尔·克劳福德（1748~1795）与他的英国同事威廉·克鲁克香克注意到当地有些铅矿组成不同。许多科学家，如德国化学家马丁·克拉普罗特（1743~1817）开始研究这些矿石，1793年英国化学家托

自然历史博物馆
世界上首个自然历史博物馆在巴黎开放，就在几个月前，法国国王路易十六在附近被送上了断头台。

马斯·查尔斯·霍普（1766~1844）根据苏格兰高地发现该矿石所在地的名字，将其命名为斯特朗申矿石。1808年，英国化学家汉弗莱·戴维从这些矿石中分离出一种新的元素，一种软金属，即锶。

1803年提出原子论的英国科学家约翰·道尔顿（1766~1844），在1793年出版了《气象的观察与随笔》。在书中，道尔顿记述了从气压计到云的形成的诸多内容，对空气冷却时空气中的湿气如何形成雨做了解释。

英国医生马修·贝利（1761~1823）出版了《人体某些最重要部位的病理解剖学》。这是关于疾病的最早的近代科学研究，展示了如何通过解剖学研究来考察疾病对器官结构变化的作用，以更好地认识疾病。

360米
阿奎莱拉的滑翔机滑翔的距离

1.99亿年
侏罗山脉的年龄

1794年美国发明家伊莱·惠特尼（1765~1825）设计了一种机器，可以将棉花中的种子剥离出来，从而获得纯纤维纺布。他的轧花机和其他与此类似的机械，迅即在美国南部使用，导致了1800年原棉产量的巨大增长。棉产量的增产也极大地推动了英格兰西北部工厂城镇包括曼彻斯特的发展。在那里，1794年约翰·道尔顿发表了他关于色盲的开拓性研究。道尔顿是绿色色盲，他认为是他眼中的蓝色液体夺去了

英国化学家托马斯·查尔斯·霍斯命名了锶元素

6月15日，西班牙开发明将游戈·马丁·阿奎莱拉观察滑翔机滑翔了360米

7月22日，英探险家亚历山大·马更些到达太平洋岸

英国科学家约翰·道尔顿出版气象学著作

1794年，英国科学家约翰·道尔顿发表关于色盲的论文

1794年，德国物理学家恩斯特·克拉德尼研究出陨石来自太空

英国医生马修·贝利写作病理学著作

6月10日，法国国家自然历史博物馆在巴黎落成

1794年，最早的一个动物园落户于原巴黎皇家药用植物园

1794年，美国发明家伊莱·惠特尼发明了轧花机

斯皮策空间望远镜的一幅照片揭示出遥远的恒星和行星从一团旋转气体中形成的情景，我们的太阳系也是在数十亿年前经由相同的途径形成的。

他看到绿色或红色的能力。

他要求在他死后检查他的眼睛，来验证他的论文，但他眼中的液体是正常和清晰的。20世纪90年代对其保存下来的一只眼睛进行的DNA检测表明，他具有常见的遗传缺陷，缺少对绿色敏感的色素，证明他对于自己色盲原因的看法是正确的。

在这个时间点上，陨石一直被认为来自火山，但在1794年，德国物理学家恩斯特·克拉德尼（1756~1827）提出陨石来自太空。接下来的一年，一个大陨石落在英格兰约克郡的沃尔德牛顿，这里远离任何火山，由此支持了克拉德尼的理论。

1795年，法国政府倡导一种新的十进制测量系统。规定1克指的是"在冰点时，1米的百分之一长度的立方体的水的

道尔顿色盲测试
道尔顿用这本有染色丝线的书测试自己的色盲。他患有遗传性红绿色盲。

卡尔·弗里德里希·高斯（1777~1855）

高斯出生于德国布伦瑞克公国，是一位数学天才。他在很小的时候就以聪明才智震惊众人。他后来成为最伟大的数学家之一，在数论、非欧几何、行星天文学、概率论和函数论等领域做出了杰出贡献。

质量"。

同样在法国，博物学家乔治·居维叶（1769~1832）引入了地球上曾经生存着大量已经灭绝的物种的思想。这让很多人感到震惊，因为欧洲的许多人仍然相信所有的动物是在创世纪的时候被创造出来的。

化石猎人在法国侏罗山脉的侏罗系石灰岩中发现了更多化石。普鲁士地质学家亚历山大·冯·洪堡（1769~1859）判断出了这些石灰岩的形成年代，由此为地质学家奠定了判断恐龙生活的侏罗纪年代的基础。

法国数学家皮埃尔·西蒙·拉普拉斯（1749~1827）出版《宇宙体系论》，书中有关于轨道和潮汐的理论，是对1755年康德提出的星云假说的第一次完整的科学解

爱德华·詹纳为儿子接种疫苗
即使在1796年已经有了成功的实践案例，许多人仍然不相信疫苗接种。1797年，詹纳为他11个月大的儿子接种疫苗，以此来证明它是安全的。

释。这种学说认为太阳系起初是一个围绕着太阳的巨大的气体云团（星云），冷却凝结成为行星。

对于19岁的德国数学家卡尔·高斯而言，1796年是突破的一年。3月30日，他证明只用一个圆规和一把直尺可以建构出正十七边形，这个问题困扰着毕达哥拉斯以来的众多数学家。4月8日，他对解答二次恒等式问题做出关键贡献。5月31日，他提出素数定理以说明素数

是如何拓展的。7月10日，他发现任何一个正整数都可以表示为至多3个三角形数的和。

18世纪20年代以来，许多人通过小心接种天花病毒来预防致命的疾病天花。但是接种是有风险的，有时也会致死。1796年，英国乡村医生爱德华·詹纳（1748~1823）注意到挤牛奶的女工一般不会感染天花，他想知道她们是否通过接触相似的但是低致病性的牛痘而获得了免疫力。他想牛痘"疫苗"会比接种天花更安全，于是他小心地用牛痘感染他家园丁的儿子。疫苗起初是指接种牛痘，但现在这个术语指代接种任何灭活或死亡的病原体。

几周后，詹纳用天花病毒感染那个小男孩，结果证明小男孩已经获得了终生免疫。疫苗作为危险疾病的无害形式，已经成为现在预防疾病最有效的方法之一。

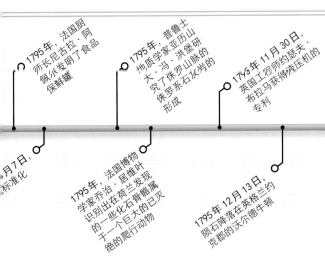
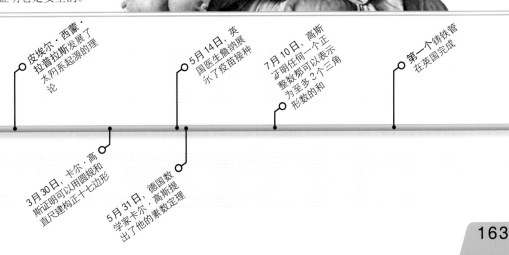

藻青菌
前寒武纪：40亿~5.42亿年前
藻青菌是现存最古老最简单的生物。沉淀物聚集在藻青菌的核周围。

棒螺壳
上新世：530万~180万年前
棒螺与现在的海螺有关，它们的贝壳曾在离海很远的地方被发现，这让希腊人推测陆地曾经被水所覆盖。

叠层石
前寒武纪：40亿~5.42亿年前
叠层石是由远古海洋的浅海微生物排泄物沉积堆叠而成。至今仍有存活的叠层石。

三叶虫
志留纪：4.44亿~4.16亿年前
早期学者将三叶虫化石叫作"化石昆虫"。在18世纪它们被认为属于节肢动物。

龙头菊石
下侏罗纪：19960万~17560万年前
罗马博物学家普林尼以埃及太阳神的名字命名菊石。

五角海百合
早第三纪：6500万~2300万年前
像海百合这样精致的动物能在它们居住其中的软泥变成岩石的时候得以完美地保存下来。

化石

化石有助于我们了解自远古以来的地球上生命的历史

史前时期人类就开始认识化石，但是早期的基督教学者认为化石是在《圣经》中提到的大洪水中死亡的生物的遗存。我们现在知道化石乃是一个不断变化的地球演化的证据。

对于化石的研究可以追溯到启蒙时期，那时博物学家开始描述其发现并将它们分类。到19世纪，地质学家认识到岩层不仅仅是经年累月形成的，而且每一层都有独特的化石类型。从这些化石记录中找到的证据支持了达尔文的进化理论。今天，古生物学可运用技术探测化石的年代，甚至能研究它们的DNA。

链状床板珊瑚
志留纪：4.44亿~4.16亿年前
蜂巢一样的床板珊瑚在志留纪形成化石。床板珊瑚集群生活，是志留纪时期浅海生物的重要成员。

水甲虫
早第三纪：6500万~2300万年前
湿泥有利于保存动物。第一个硬翅类甲虫化石标本发现于19世纪。后来，整个昆虫界也都被找到了。

海胆
白垩纪：1.45亿~6500万年前
有刺或壳等硬质部分的动物往往会留下丰富的化石。到1850年的时候，地质学家已经可以根据岩层中的化石来推算其地质年代。

壳

刺

凝固的琥珀

捕鱼蛛
早第三纪：6500万~2300万年前
今天，捕鱼蛛居住在湿地，但是琥珀中的化石表明它们曾经生活在树上。这只捕鱼蛛被困在树脂中，随着时间的推移而变硬。

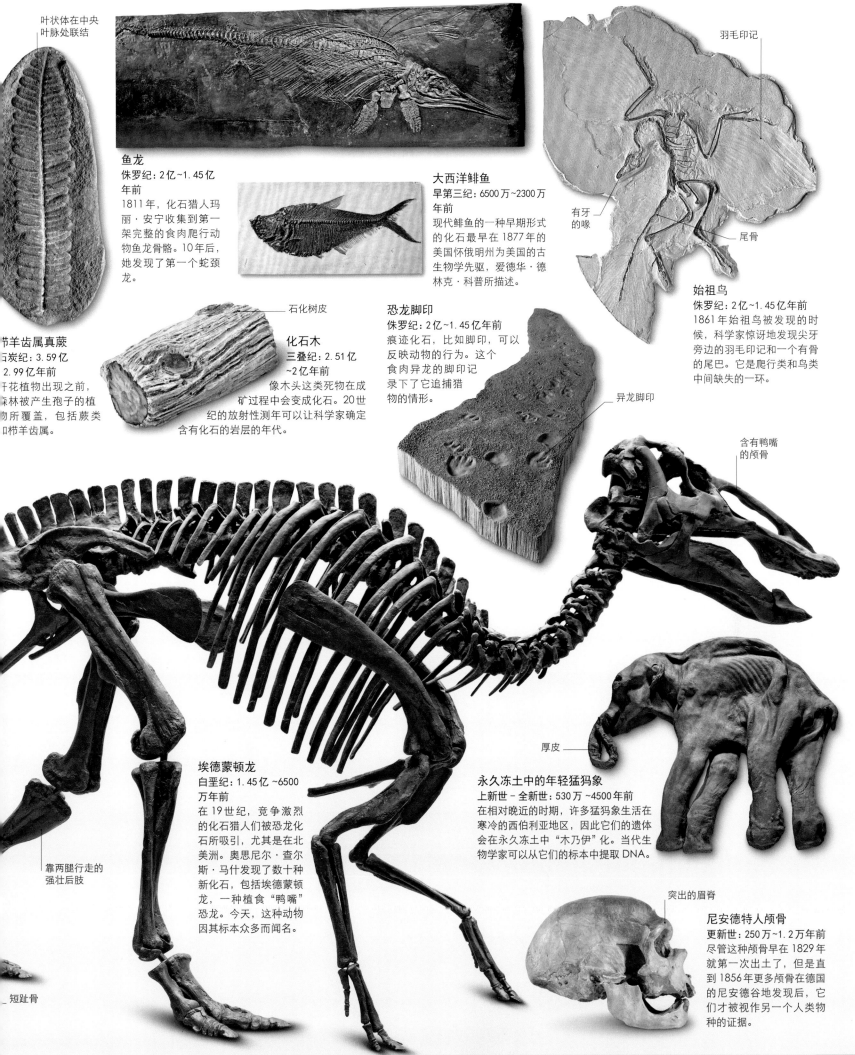

叶状体在中央叶脉处联结

鱼龙
侏罗纪: 2亿~1.45亿年前
1811年, 化石猎人玛丽·安宁收集到第一架完整的食肉爬行动物鱼龙骨骼。10年后, 她发现了第一个蛇颈龙。

大西洋鲱鱼
早第三纪: 6500万~2300万年前
现代鲱鱼的一种早期形式的化石最早在1877年的美国怀俄明州为美国的古生物学先驱, 爱德华·德林克·科普所描述。

羽毛印记

有牙的喙

尾骨

始祖鸟
侏罗纪: 2亿~1.45亿年前
1861年始祖鸟被发现的时候, 科学家惊讶地发现尖牙旁边的羽毛印记和一个有骨的尾巴。它是爬行类和鸟类中间缺失的一环。

带羊齿属真蕨
石炭纪: 3.59亿~2.99亿年前
开花植物出现之前, 森林被产生孢子的植物所覆盖, 包括蕨类和栉羊齿属。

石化树皮

化石木
三叠纪: 2.51亿~2亿年前
像木头这类死物在成矿过程中会变成化石。20世纪的放射性测年可以让科学家确定含有化石的岩层的年代。

恐龙脚印
侏罗纪: 2亿~1.45亿年前
痕迹化石, 比如脚印, 可以反映动物的行为。这个食肉异龙的脚印记录下了它追捕猎物的情形。

异龙脚印

含有鸭嘴的颅骨

埃德蒙顿龙
白垩纪: 1.45亿~6500万年前
在19世纪, 竞争激烈的化石猎人们被恐龙化石所吸引, 尤其是在北美洲。奥思尼尔·查尔斯·马什发现了数十种新化石, 包括埃德蒙顿龙, 一种植食"鸭嘴"恐龙。今天, 这种动物因其标本众多而闻名。

靠两腿行走的强壮后肢

短趾骨

厚皮

永久冻土中的年轻猛犸象
上新世-全新世: 530万~4500年前
在相对晚近的时期, 许多猛犸象生活在寒冷的西伯利亚地区, 因此它们的遗体会在永久冻土中"木乃伊"化。当代生物学家可以从它们的标本中提取DNA。

突出的眉脊

尼安德特人颅骨
更新世: 250万~1.2万年前
尽管这种颅骨早在1829年就第一次出土了, 但是直到1856年更多颅骨在德国的尼安德谷地发现后, 它们才被视作另一个人类物种的证据。

165

托马斯·比尤伊克《英国鸟类史》第一卷中一幅喜鹊的木刻画。

760
千克
罗塞塔石碑的重量

罗塞塔石碑制作于公元前196年，刻有埃及国王托勒密五世的诏书。它用3种文字表达了相同的一段内容。

碳以3种形式存在——石墨、钻石和木炭。直到18世纪末，人们才知道这3种属于同一物质。1772年，法国化学家安东尼·拉瓦锡在氧气中燃烧石墨，并证明二氧化碳为唯一产物。1797年，英国化学家史密森·坦南特（1761~1851）用钻石而不是石墨重复了这个实验，产物仍然是二氧化碳，证明钻石是碳的一种同素异形体。

这一年，在法国大革命后的混乱中，法国籍意大利裔数学家约瑟夫·路易·拉格朗日（1736~1813）出版了《解析函数论》，由此建立了新的微积分方法。尽管在

当时没有获得广泛赞誉，但他的思想在20世纪被证明是无价的，尤其是在量子力学的研究中。

托马斯·杰弗逊（1743~1826）当时是美国的副总统，他向美国费城的哲学学会提交了一篇论文，描述了一种他称之为巨爪地懒的生物遗存的化石。这种化石属于一种已经灭绝的地懒，现在被称为杰弗逊巨爪地懒。

英国艺术家、鸟类学家托马斯·比尤伊克（1753~1828）出版了《英国鸟类史》的第一卷。他采用了当时插图书籍的先进印刷技术——木刻技术，来呈现这些卷册的内容。

1798年，法国药剂师、化学家路易·沃克兰（1763~1829）发现了铍，一种金属，熔点为1287℃。他用化学提纯技术从绿宝石中得到了铍。

英国经济学家、人口统计学家托马斯·罗伯特·马尔萨斯（1766~1834），当时也是英格兰萨瑞的圣公会牧师，匿名出版了《人口论》第一版。书中认为人口的增长最终会超过地球的承载能力。这一思想对查尔斯·达尔文的生存竞争思想产生了深远影响（见204~205页）。

1798年，隐居的英国物理学家亨利·卡文迪什（1731~1810）完成了科学史

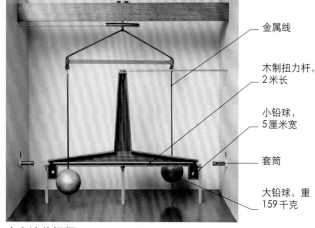

金属线

木制扭力杆，2米长

小铅球，5厘米宽

套筒

大铅球，重159千克

卡文迪什扭秤
这个卡文迪什扭秤实验的模型展示了与木杆连接的大、小铅球的布置。

上最重要的一个实验，他用其朋友英国地质学家兼天文学家约翰·米歇尔（1724~1793）设计的扭秤测量了地球的质量。这架仪器包括一根金属线吊着的木杆、杆两侧各吸住一个大铅球、两个小铅球。他测量了大小铅球之间的引力，通过称量小球测出了小球的重力，通过这两个力的比值可以计算出地球的质量和密度。他发现地球的密度是水的5.48倍，

现在的估计值是5.52倍。卡文迪什对可能误差的精确计算以及他勤奋工作的细节，使得这次实验毫无争议地成为第一个现代物理学实验。

一丝不苟地开展实验也是美国出生的英国物理学家本杰明·汤普森（1753~1814）的工作特质。在德国巴伐利亚工作时，他研究了大炮镗孔过程中摩擦生热的方式，驳斥了热是一种被称作热质的流体的观念。在1798年的一篇论文中，汤普森发表了这些发现。

一年后，一个专门制作的质量相当于1.000025升水

结晶碳

钻石是碳的一种结晶形式，在地球内部高压条件下形成，经由构造运动到达地面。它们被发现于30亿年之久的岩层中。碳原子以钻石晶格（面心立方体）的晶体结构排列。这种严整的结构使得钻石坚硬而透明。

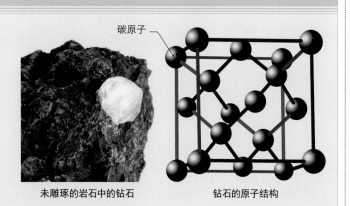

碳原子

未雕琢的岩石中的钻石　　钻石的原子结构

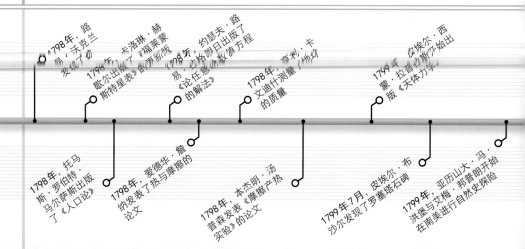

由英国动物学家乔治·肖首次描述的鸭嘴、产蛋和蹼足的鸭嘴兽，是一种水陆两栖生活的动物。

的铂圆柱体被宣布作为法定的千克原器。现在的千克就是从这个原器发展而来的。

1799年7月，皮埃尔·布沙尔（1772~1832），一位拿破仑法国军队里的军官，在埃及的罗塞塔发现了一块黑色的花岗石。这块石头上有3种文字，象形文字、埃及通俗文字和古希腊文字。这给翻译象形文字提供了线索。罗塞塔石碑成为1801年英国的战利品之一。

同一年，法国天文学家皮埃尔·西蒙·拉普拉斯（1749~1827）出版了他的五卷本《天体力学》的第一部分。该书被描述为"计算已知的6颗行星和它们的卫星、形状和地球海洋潮汐的百科全书"，表明在与人类相关的时间尺度上，太阳系是稳定的。

1799年，内科医生托马斯·贝多斯（1760~1808）在英国布里斯托尔建立气体研究所，以研究新发现气体对医学的作用。英国化学家汉弗莱·戴维就是在这里当他的学徒。

这一年，意大利科学家亚历山德罗·伏打（1745~1827）给伦敦的皇家学会写信，报告他制作的被称为"伏打电堆"的电池。他的发明事实上是一种"湿电池"。1799年，伏打发现将锌、铜和纸板多层堆叠在一起，浸泡在盐水中，可以产生电流。叠层数增加，会增强所产生的电流。

这一年，英国动物学家乔治·肖（1751~1813）基于保存的标本和来自澳大利亚的草图，首次发表关于鸭嘴兽（鸭嘴兽肖）的科学描述时，产生了一个困惑。这种动物是如此的怪诞，以至于起初他认为这是某个动物标本剥制师未完成的恶作剧产品。

另一个惊讶来自于英国籍德裔天文学家威廉·赫歇尔，他研究了通过棱镜分裂为光谱的太阳光中不同色光的辐射热。他将温度计放在光谱的不同位置，发现从紫端到红端温度逐渐增加。他又把温度计放在红光外侧，得到了最高的温度。看不见的射线现在被称为红外线（见234~235页）。

在工业上，工程的精确性迈出了划时代的一步，英国工程师、发明家亨利·莫兹利（1771~1831）发明了第一台螺纹切削车床，可以精确地切削螺丝钉线。

1800年，位于伦敦的大不列颠皇家学院获准成立，其目标在于为科学界提供比皇家学会更受欢迎的讨论主题。亨利·卡文迪什和本杰明·汤普森为其建立起到了重要作用。不久之后，汉弗莱·戴维成为该机构负责人。它成为一个贯穿19世纪和通向20世纪的主要研究中心和科学普及中心。

电池是如何工作的

电池包含一个或多个电化学电池。化学反应使电子移动到电池的阴极，在那里积聚了负电荷。正电荷聚集在阳极。当阴极和阳极通过外部导线连接时，电子就沿着导线流动而产生了电流。这是一种简单的"湿电池"。

- 阴极
- 银盘
- 锌板
- 吸墨纸
- 单个组元
- 阳极

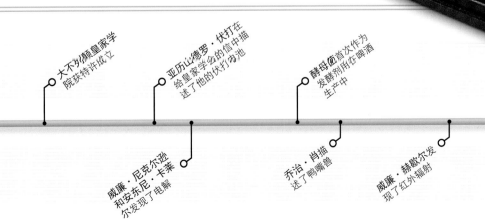

- 浸泡在电解液中的多孔板
- 锌盘
- 铜盘

伏打电池
意大利科学家亚历山德罗·伏打发明的这个"湿电池"，以硬纸板分隔锌盘和铜盘，构成交替层，再浸于盐水中制成。

1799年，托马斯·贝多斯在英国布里斯托尔建立气体研究所

1799年，汉弗莱·戴维认为热不是一种称作热质的流体，而是一种"运动"

1799年，制作出千克原器

大不列颠皇家学院获特许成立

威廉·尼克尔逊和安东尼·卡莱尔发现了电解

亚历山德罗·伏打在给皇家学会的信中描述了他的伏打电池

乔治·肖描述了鸭嘴兽

酵母首次作为发酵剂用在啤酒生产中

威廉·赫歇尔发现了红外辐射

亨利·莫兹利发明了第一台可应用的螺丝切削车床

"高压发动机的优势将有助于……
一直纪念……特里维西克。"

迈克尔·威廉姆斯，西康沃尔议会议员，1853年

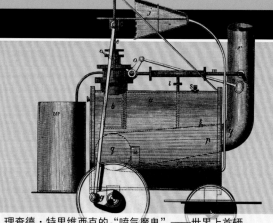

理查德·特里维西克的"喷气魔鬼"——世界上首辆载客蒸汽机车，可以行驶在路上，而不是轨道上。

托马斯·杨（1773~1829）

作为执业医师和博学家，托马斯·杨在认识视觉、光、力学、能量以及语言、音乐和埃及学方面都做出了贡献。他协助破译了罗塞塔石碑。他在21岁时当选伦敦皇家学会会员，1801年成为皇家学院的自然哲学教授。

这一年的年初，意大利天文学家朱塞佩·皮亚齐（1746~1826）发现了谷神星，一个由岩石和冰组成的天体，每1679.819天绕太阳旋转一周。在当时被认为是一颗行星，现在则被认为是矮行星的原型。谷神星有时被误认为是小行星，因为它的轨道与位于火星和木星之间的岩石碎片组成的小行星带大致相同。

19世纪见证了人类对原子和分子认识的增长。1801年，英国化学家约翰·道尔顿发展了他的分压定律——即混合气体的压力等于其中每种气体的压力的总和。因此在氮气与氧气的混合气体中，总的压力等于氧气的分压加上氮气的分压。

从英国的物理学家和数学家艾萨克·牛顿（见1687~1689年）开始，人们广泛认为光是粒子流。1801年5月，英国博学家托马斯·杨（1773~1829）展示了双缝实验（见右图），展示了光的波动性。现在我们知道光有时表现出波动性，有时表现为粒子。同一年，德国数学家约翰·格奥尔格·冯·索德纳（1776~1833）对光作为粒子流在靠近太阳时由于重力作用而受到的偏转做出了预测。根据他的计算结果，一束光会偏转0.84秒弧度。100多年后，美国籍德裔物理学家阿尔贝特·爱因斯坦（1879~1955）用他的广义相对论做出了不同的预测（见244~245页）。

英国科学家威廉·海德·渥拉斯顿（1766~1828）阐明摩擦产生的电（静电）与现在所指的由电池产生的电是完全相同的。

法国生物学家让－巴普蒂斯特·拉马克（1744~1829）出版了《无脊椎动物的系统》，在书中他创造了"无脊椎"这个术语，并建立了无脊椎动物的分类系统。

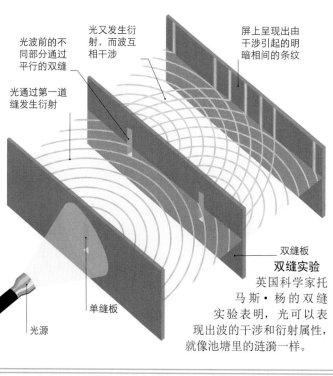

光波前的不同部分通过平行的双缝

光通过第一道缝发生衍射

光又发生衍射，而波互相干涉

屏上呈现出由干涉引起的明暗相间的条纹

双缝板

双缝实验
英国科学家托马斯·杨的双缝实验表明，光可以表现出波的干涉和衍射属性，就像池塘里的涟漪一样。

单缝板

光源

950
千米
谷神星的直径，第一个已知的矮行星

工程领域发展迅猛。美籍爱尔兰人詹姆斯·芬利（1756~1828）设计的第一座铁索桥在美国宾夕法尼亚的杰卡斯落成，耗费了600美元。

法国发明家约瑟夫·玛丽·雅卡尔（1752~1834）开发了一种采用穿孔卡片来控制纺织机的系统。这是进入可程控机器化时代的开端。

在圣诞前夜，英国工程师理查德·特里维西克（1771~1833）顺利地测试了第一辆成功的陆路蒸汽机车。它载着一些乘客行驶到英国康沃尔坎伯恩的山上，时速接近6.4千米。

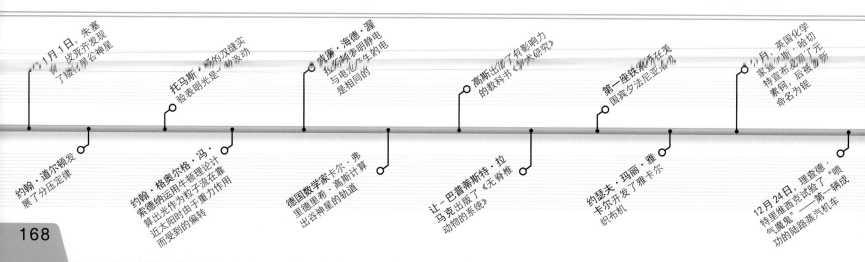

1月1日，朱塞佩·皮亚齐发现了矮行星谷神星

托马斯·杨的双缝实验表明光是一种波动

威廉·海德·渥拉斯顿证明静电与电池产生的电是相同的

高斯出版了《理论天文学术研究》的教科书

第一座铁索桥在美国宾夕法尼亚州落成

11月，英国化学家汉弗里·戴维宣布发现了元素钠，后被命名为方钠

约翰·道尔顿发展了分压定律

约翰·格奥尔格·冯·索德纳运用牛顿理论计算出光作为粒子流在靠近太阳时由于重力作用而受到的偏转

德国数学家卡尔·弗里德里希·高斯计算出谷神星的轨道

让－巴普蒂斯特·拉马克出版了《无脊椎动物的系统》

约瑟夫·玛丽·雅卡尔开发了雅卡尔织布机

12月24日，理查德·特里维西克试验了"喷气魔鬼"——第一辆成功的陆路蒸汽机车

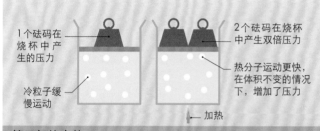

800

威廉·赫歇尔
所发现的双星
系统的数量

艺术家的这幅想象图展示了非比寻常的J0806双星系统，距离地球1600光年。
在这个罕见案例中，两颗高密度白矮星互相环绕。

3月28日，德国天文学家威廉·奥伯斯（1758~1840）发现了与谷神星轨道相似的小行星智神星。他错误地认为智神星、谷神星和其他后来发现的小行星都是爆炸的行星的残余。

让－巴普蒂斯特·拉马克
（1744~1829）

让－巴普蒂斯特·拉马克起初只是一个银行职员和军官，后来他对植物学感兴趣，并于1773年出版了畅销书《法国全境植物志》。他还写过一部无脊椎动物的历史和分类著作，成为一位备受推崇的分类学家。拉马克以获得性遗传而闻名。

在开展玻璃棱镜实验的时候，威廉·海德·渥拉斯顿注意到了太阳光谱中的黑线。虽然当时还不清楚，但是这些黑线暗示了阳光中特殊颜色的存在。它们通常被称为夫琅和费线，以纪念德国物理学家约瑟夫·冯·夫琅和费（1787~1826），是他独立发现了这些黑线，并在1814年进行了更加细致的研究。

在19世纪60年代，德国科学家古斯塔夫·罗伯特·基尔霍夫（1824~1887）和罗伯特·本生（1811~1899）展示了这些线如何在区分不同元素时起到的指纹作用。

对于演化的研究稳步前进。让－巴普蒂斯特·拉马克是第一个使用现代意义上的"生物学"一词的科学家。德国博物学家、植物学家戈特弗里德·莱因霍尔德·特雷维拉努斯（1776~1837）也独立地使用了这个术语，称之为生物学或自然生命哲学。拉马克和特雷维拉努斯都想出了获得性遗传——被称为拉马克主义的一个概念。这个概念也

被长颈鹿的例子所解释：长颈鹿伸长脖子以便吃到高处的食物，结果它的后代也有长脖子（见1809年）。尽管是错误的，这个概念却是通向认识进化的重要一步。

英国发明家托马斯·韦奇伍德（1771~1805）在摄影领域取得重要进展。他用硝酸银获得了第一张永久图像——至今仍可辨认的照片。英国化学家汉弗莱·戴维（1778~1829）1802年在《皇家学院学报》上介绍了韦奇伍德的工作。

这一年，德国出生的英国天文学家威廉·赫歇尔（1738~1822）提出了双星（binary stars）这个术语。双

星系统指的是两个恒星组成双星互相环绕。这种恒星与一般双星（double stars）不同，一般的双星尽管相距距离很远，却几乎沿着同一条直线。

第三气体定律

1个砝码在烧杯中产生的压力

冷粒子缓慢运动

2个砝码在烧杯中产生双倍压力

热分子运动更快，在体积不变的情况下，增加了压力

加热

根据法国化学家约瑟夫·盖－吕萨克的描述，该定律阐述对于体积不变的一定量的气体，压力和温度成正比。在这里所示的例子，当加在烧杯中气体之上的压力增加一倍时，气体所达到的温度也随之成比例增加。

魔鬼的脚趾甲
法国生物学家让－巴蒂斯特·拉马克一生中命名了很多物种。其中一种是中生代卷嘴牡蛎化石，通常被称为"魔鬼的脚趾甲"。

随着天文学研究的步伐加快，法国化学家约瑟夫·盖－吕萨克（1778~1850）提出了一个描述气体行为的定律。该定律指出，一定量的气体体积不变的时候，其压强与温度成正比（绝对温标范围内）。起先这个定律叫盖－吕萨克定律，但是因为直接沿袭了法国化学家雅克·查尔斯和爱尔兰化学家罗伯特·波义耳的早期工作，现在被称为第三气体定律（见上方面板）。今天，还有另外一个完全不同的定律叫作盖－吕萨克定律。

渥拉斯顿注意到了太阳光谱中的黑线

汉弗莱·戴维描述了托马斯·韦奇伍德用硝酸银获得照片的方法

3月28日，威廉·奥伯斯发现了小行星智神星

英国数学家约翰·普莱费尔出版了《关于赫顿地球论的说明》

拉马克和戈特弗里德·莱因霍尔德·特雷维拉努斯提出了获得性遗传的思想

4月10日，印度大三角测量从马德拉斯附近的基线开始测量

6月，第一家儿科医院在法国巴黎旧址开放孤儿院旧址开放

威廉·赫歇尔第一次用双星术语来指称一颗恒星围绕着另一颗恒星旋转运动

约瑟夫·盖－吕萨克描述了第三气体定律

发动机的故事

工业背后的驱动力，发动机运转了从汽车到火箭的一系列机器

发动机燃烧燃料产生的热气剧烈膨胀，产生使物体运动的机械力。经过几个世纪的发展，发动机已经采用了许多不同的形式，从蒸汽机到转缸式发动机和燃气轮机。

2400年前希腊思想家注意到热可以使物体运动。公元1世纪，他们发明了汽转球，蒸汽从一个金属球中喷出，让金属球在一个枢轴上旋转。这比第一台实用蒸汽机的建造早了1600年。突破出

现在17世纪70年代，这要得益于对真空动力的发现。法国发明家丹尼斯·帕潘认识到如果将蒸汽封闭在缸体中，在其凝结时会剧烈收缩，从而形成局部真空，所产生的动力足可推动物体。1698年，英国发明家托马斯·萨弗里根据此原理制造出了第一台完整的蒸汽发动机。

从汽车到火星

在150年的时间里，发动机都全部依靠蒸汽。它们推动了工业革命，为从机器到船舶和机车的一切机械提供动力。在19世纪中期，工程师们开始根据气体在气缸内燃烧的迅速扩张，发展出内燃机。这些发动机更紧凑，以更浓缩的汽油作为燃料，燃油可自动添加，不像煤那样需人工添加。内燃机是汽车发展的关键，改变了20世纪的流动性。喷气发动机和火箭发动机的发展有助于飞行器获得以前无法想象的速度，并最终推动太空船飞行到达月球和更远的太空。

混合动力汽车

热力发动机燃烧大量燃料，并产生废气。燃料的短缺和对环境的关注导致了混合动力汽车的发展，这种汽车结合使用不同的动力源，如内燃机和电动马达，以提供更环保、更具成本效益的折中产品。

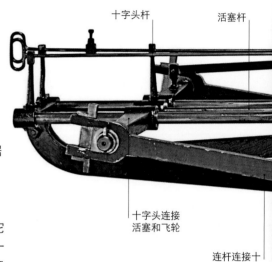

十字头杆　　　活塞杆

十字头连接
活塞和飞轮

连杆连接十
字头和曲柄

公元1世纪
汽转球
亚历山大的学者希罗设计了一个由蒸汽流驱使球旋转的装置。它只是满足了科学上的好奇心，而并没有明显的实用目的。　汽转球

1712年
纽科门发动机
英国发明家托马斯·纽科门制造了一种蒸汽机，通过独立煮沸水，并在低压下将蒸汽发送到活塞缸中来避免爆炸的危险。　纽科门发动机

1791年
巴伯燃气轮机
英国发明家约翰·巴伯申请了燃气轮机的专利，目的是推动一个"无马的马车"。在该装置中，燃料与空气混合并点燃，以产生热气体，气体膨胀驱使涡轮机旋转。

1804年
特里维西克发动机
低压真空发动机大而笨重，英国工程师理查德·特里维西克开发了一种紧凑、动力更强的高压蒸汽机。

1679年
帕潘的蒸汽蒸煮器
法国发明家丹尼斯·帕潘发明了蒸汽蒸煮器，可以将蒸汽封闭在缸体中。这样在蒸汽冷却、凝结和收缩的过程中，产生出强力真空。　蒸汽蒸煮器

1698年
萨弗里蒸汽机
托马斯·萨弗里制造了第一台可从矿中抽水的蒸汽机，但是它容易爆炸。　萨弗里蒸汽机

1774年
瓦特蒸汽机
苏格兰工程师詹姆斯·瓦特制造了一种改进的蒸汽机，有一个独立的冷凝室，更高效。

瓦特蒸汽机

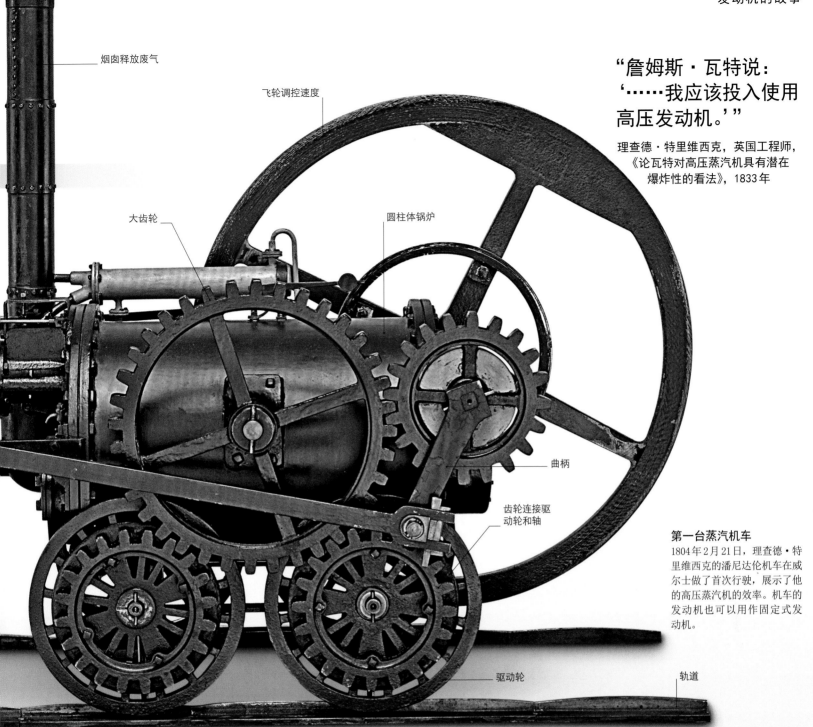

烟囱释放废气

飞轮调控速度

大齿轮

圆柱体锅炉

曲柄

齿轮连接驱动轮和轴

驱动轮

轨道

"詹姆斯·瓦特说：
'……我应该投入使用
高压发动机。'"

理查德·特里维西克，英国工程师，
《论瓦特对高压蒸汽机具有潜在
爆炸性的看法》，1833年

第一台蒸汽机车

1804年2月21日，理查德·特里维西克的潘尼达伦机车在威尔士做了首次行驶，展示了他的高压蒸汽机的效率。机车的发动机也可以用作固定式发动机。

1860年
燃气发动机
由比利时工程师艾蒂安·勒努瓦发明的、第一个成功的内燃机——燃气发动机通过燃烧气缸内的煤气和空气产生功率。

艾蒂安·勒努瓦的燃气发动机

1897年
柴油发动机
首台柴油发动机是由在法国出生的德国工程师鲁道夫·狄塞尔制造的。尽管较重，他的发明却比汽油发动机更有效率，使用的是压缩热而不是火花来点燃燃料。

柴油发动机

1937年
涡轮喷气发动机
英国工程师弗兰克·惠特尔和德国工程师汉斯·冯·奥海因各自发明并测试了燃烧燃料、并使用一个风扇使热空气连续喷射推动飞机前进的发动机。

W2/700涡轮喷气发动机

816年
闭式循环蒸汽机
苏格兰工程师罗伯特·斯特林发明了一种蒸汽机，将气体保留在系统内，因此不会产生废气和爆炸噪音。

1876年
四冲程发动机
德国工程师尼古拉斯·奥托的强力四冲程发动机，其四个气缸依次点火，每个气缸中的燃料在每次循环的第四个冲程点燃，向下推动活塞。

四冲程戴姆勒摩托车

1926年
液体燃料火箭
美国工程师罗伯特·戈达德发明了火箭发动机。通过燃烧液体燃料来获得飞行的推动力。

1956年
转缸式发动机
德国工程师费利克斯·汪克尔发明了一种转缸式发动机，在椭圆形圆柱体内有一个三角形的转子，而不是活塞。

汪克尔的转缸式发动机

> "凸起或圆锥形堆，从一个水平面升上来。"

卢克·霍华德，英国气象学家，在《关于云的修改随笔》中描述积云，1803年

英国药剂师和气象学家卢克·霍华德从拉丁文"堆"衍生出"积云"。正如在这个图片中表现的，积云像棉花一样，而且往往有平坦的底部。

1803年3月28日，由英国工程师威廉·赛明顿（1764~1831）设计的"夏洛特·邓达斯"号成为第一艘实用的轮船，在苏格兰拖着两艘载货驳船通过了福思-克莱德运河。

次年，另一位英国工程师托马斯·特尔福德（1757~1834），开始在苏格兰的喀里多尼亚运河工作。这条运河于1822年完工，长100千米，宽30.5米，封闭水的门上有28道锁，是当时世界上最大的运河。

1803年10月，英国化学家约翰·道尔顿在英国曼彻斯特提出了原子论。他认为：所有物质都是由原子组成，原子不能被创造或消灭，同一元素的所有原子是相同的，而不同的元素具有不同类型的原子。道尔顿还指出，当原子重新排列时会发生化学反应，并且该化合物是由构成元素的原子形成。

同样在1803年，英国科学家威廉·海德·渥拉斯顿为已知元素增加了钯和铑。

英国药剂师和气象学家卢克·霍华德（1772~1864）出版了描述云的小册子。他使用拉丁文名字把它们分为3个简单的类别——卷云、积云和层云，这些名称至今仍在使用。

1804年2月21日，在斯蒂芬森的"火箭"号机车发明25年前（见1829年），一辆由英国工程师理查德·特里维西克（1771~1833）设计的蒸汽机车拉着70名乘客、

12%
鸦片中吗啡的含量

11.2吨铁和5辆货车从潘尼达伦（音译）的炼铁厂行驶到威尔士的梅瑟-卡迪夫运河，行程14千米。它的行驶速度接近8千米/时。

瑞士化学家尼古拉斯·西奥多·德·索绪尔（1767~1845）描述了光合作用的过程（见1787~1788年），并证明了植物生长过程中会吸收水和二氧化碳。索绪尔后来分析了植物的灰分，展示出其矿物组成与土壤的差异，表明植物有选择地吸

道尔顿的元素表
约翰·道尔顿是最早使用符号来表示元素和计算出它们的原子量的人。此表显示了他的符号和20种元素的原子量。

手术突破
华冈青洲运用全身麻醉对一位60岁患有乳腺癌的妇女进行了第一次成功的手术。

收营养物质。

德国药剂师弗里德里希·瑟托内尔（1783~1841），第一次分离出了药用植物的有效成分。自1803年开始至1805年发表的实验中，他分离出了鸦片中的吗啡。这种物质将在后来的手术中显示非常宝贵的价值。

10月，日本外科医生华冈青洲（1760~1835）第一个使用全身麻醉成功实施了手术。麻醉剂是一种口服中药。

约翰·道尔顿（1766~1844）

身为教友会教师的约翰·道尔顿从1800年开始担任英国曼彻斯特文学和哲学学会的秘书。尽管因原子论而为人们所铭记，但道尔顿在气象学和让他深受其害的色盲研究上也有贡献，70多岁的他还在做气象观测、发表科技论文。

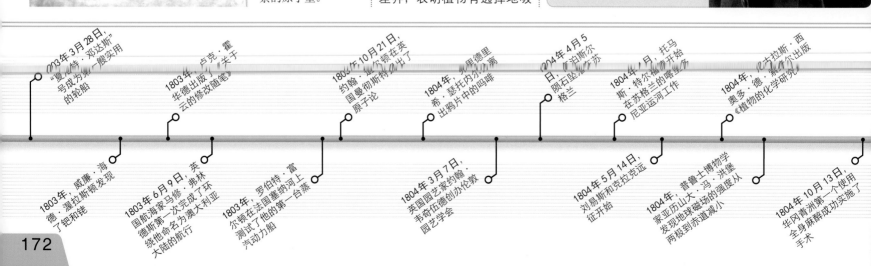

1920年的一幅描绘刘易斯和克拉克远征的图画。

"……试图去推测电能的原因是无用的……"

汉弗莱·戴维，英国化学家，引自《论电力的化学机构》，1806年

这幅版画展示了英国化学家汉弗莱·戴维用金属如镁和钡进行实验的情形。

法国化学家尼古拉·路易·沃克兰（1763~1829）和皮埃尔-让·罗比凯（1780~1840）1805年从芦笋中分离出天冬酰胺，这是被确定的第一个氨基酸（蛋白质的结构单元）。

第二年，英国发明家拉尔夫·韦奇伍德（1766~1837）被授予一种复写纸专利。他本来打算用它来帮助视觉受损的人书写的，但他后来意识到可以用它来复写信件。

9月，由队长梅里韦瑟·刘易斯（1774~1809）和美军中尉威廉·克拉克（1770~1838）指挥的刘易斯和克拉克远征队，到达北美的太平洋海岸。1803年，在购买了法国领地路易斯安那210万平方千米土地后，美国总统托马斯·杰斐逊委托他们去考察密苏里河。探险队发现了一些植物和动物的新品种。

11月，英国化学家汉弗莱·戴维在英国伦敦皇家学会介绍了他对水的电解工作——通电后将水分解成氢气和氧气（见1834年）。

1807年，北河汽船，后改名"克莱蒙特"号，载着乘客在美国哈得孙河上从纽约到奥尔巴尼，成为第一个成功的商业汽船。该船由美国工程师罗伯特·富尔顿（1765~1815）设计，在短短30小时内航行了240千米。

在英国，化学家汉弗莱·戴维用电解法分离出多种纯金属，包括镁、钠、钡和钙。1807年，他用这种方法分离出了第一种金属钾。

1807年，威廉·海德·渥拉斯顿获得明箱（光室）的专利，可帮助艺术家绘画。该装置采用4面棱镜将场景图像投射到画幅表面，使艺术家能够有迹可循。

美国的第一艘汽船

罗伯特·富尔顿的明轮船，后来被命名为"克莱蒙特"号，长41米，宽4米。它有两个明轮，每个直径5米。

同年另一项专利被授予法国发明家兄弟尼埃普斯（1765~1833）和克劳德·涅普斯（1763~1828），他们发明了一种名为Pyréolophore（来自希腊语，意为火、风、承载）的内燃机。一艘由这种发动机驱动的船，以像碎煤粉一样的细粉为燃料，在法国塞纳河上进行了试航。

瑞士工程师弗朗索瓦·

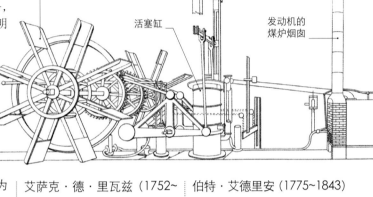

艾萨克·德·里瓦兹（1752~1828）也致力于发动机的设计，并在1807年获得氢动力内燃机的专利。这种早期的发动机只用了两个冲程。四冲程发动机（下表）直到1876年才出现。

爱尔兰裔美国数学家罗伯特·艾德里安（1775~1843）在不了解欧洲该领域早期工作的情况下，于1808年出版了他的《最小二乘法》。这种统计方法最大限度地减少了数据处理中产生的误差的平方和，并应用于数据曲线（曲线图）。

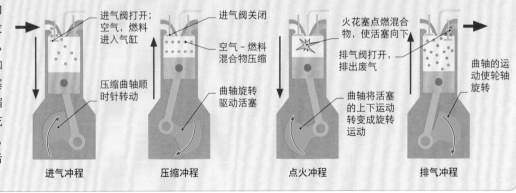

明轮　活塞缸　发动机的煤炉烟囱

内燃机

内燃机通过燃烧气缸内的燃料产生动力。四冲程发动机需要四冲程循环操作。首先，进气阀允许燃料和空气进入气缸；接着活塞在气缸中向上移动，压缩空气－燃料混合物；火花塞点燃混合物，使其爆炸，推动活塞下行；活塞然后推动废气排出。

进气阀打开；空气，燃料进入气缸

压缩曲轴顺时针转动

进气阀关闭

空气－燃料混合物压缩

曲轴旋转驱动活塞

火花塞点燃混合物，使活塞向下

排气阀打开，排出废气

曲轴将活塞的上下运动转变成旋转运动

曲轴的运动使轮轴旋转

进气冲程　压缩冲程　点火冲程　排气冲程

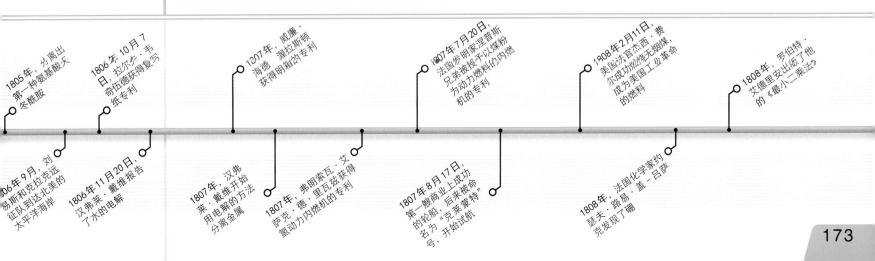

1805年，分离出第一种氨基酸天冬酰胺

1806年10月7日，拉尔夫·韦奇伍德获得复写纸专利

1807年，威廉·海德·渥拉斯顿获得明箱的专利

1807年7月20日，法国发明家涅普斯兄弟被授予以煤粉为动力燃料的内燃机的专利

1808年2月11日，美国法官杰西·费尔成功地炼无烟煤，成为美国工业革命的燃料

1808年，罗伯特·艾德里安出版了他的《最小二乘法》

1806年9月，刘易斯和克拉克远征队到达北美的太平洋海岸

1806年11月20日，汉弗莱·戴维报告了水的电解

1807年，汉弗莱·戴维开始用电解的方法分离金属

1807年，弗朗索瓦·艾萨克·德·里瓦兹获得氢动力内燃机的专利

1807年8月17日，第一艘商业上成功的轮船，后来被命名为"克莱蒙特"号，开始试航

1808年，法国化学家约瑟夫·路易·盖-吕萨克发现了硼

认识化合物与化学反应

物质在化学反应中会发生变化

化合物是两种或更多种类型的原子通过化学键结合在一起构成的物质。例如水是由氢原子和氧原子键合在一起形成的。化学反应中涉及化学键的断裂或形成，从而产生新的物质。

钾在水中
当钾与水反应时，会释放出氢气。反应同时会产生热量，将氢点燃。

大多数的固体、液体和气体是由化合物或元素组成的混合物（元素是指只有一种原子构成的物质）。例如空气主要是由氮和氧元素组成的混合物，其余大部分由氩气、化合态的水、二氧化碳和甲烷组成。在一些化合物中，原子通过共享电子形成分子（见右图），这种键称为共价键。在其他类型的化合物中，其原子失去或获得电子，以带电离子的形式存在。这些离子通过它们之间的电作用——离子键结合在一起。

1000兆
一滴水中拥有的分子粗略数

化合物

任何特定的化合物，其构成元素都有相同的比例。例如，如果将化合物甲烷分解成它的构成原子，并对原子数进行计算，那么其中碳（C）和氢（H）原子的比例将始终为 1：4。其结果是，每一种化合物都有一个化学式。甲烷的是 CH_4。

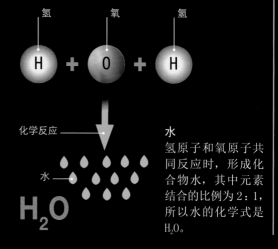

水
氢原子和氧原子共同反应时，形成化合物水，其中元素结合的比例为 2：1，所以水的化学式是 H_2O。

化学反应 →

水 →

H_2O

分子

构成分子的原子被一个或多个共价键联结在一起，而不像非分子化合物如氯化钠（食盐）那样靠离子键将原子结合在一起。最小的分子只有两个原子组成，但是有些是大得多的分子，例如蛋白质可以由数万个原子构成。一些元素也可以分子形式存在。例如，纯的氢气和氧气都是典型的由两个原子（双原子）构成的分子，即 H_2 和 O_2。

N 原子和 H 原子之间的共价键

氨分子
每个氨分子是由一个氮原子通过共价键结合到 3 个氢原子上构成的，因此氨的化学式为 NH_3。

化学式是由构成原子的符号和比率组成。

NH_3

反应

参与反应的单质或化合物被称为反应物。在反应中，反应物的键断裂，形成新键，产生一个或多个不同的物质，被称为产物。例如，在右图所示的反应中，两种反应物的原子结合在一起，形成一个单一的化合物作为产物。涉及反应的原子数既不减少也不增加，它们只是重新排列，因此该产物的总质量与反应物的总质量是相同的。

放能反应
两种反应物在混合时可能会自发地发生反应，形成新的化合物。在一些反应中，会释放出能量，如像水和钾发生反应时那样。

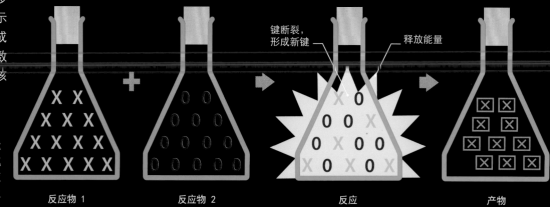

键断裂，形成新键

释放能量

反应物 1   反应物 2   反应   产物

反应类型

有许多不同类型的反应，例如，电解（其中电流将化合物分裂成其组成部分）和酸-碱反应（其中的酸和碱，或者碱金属，一起反应）。一般情况下，可以根据物质发生的变化将化学反应分为3种主要类型：分解反应、化合反应和置换反应。在分解反应中，化合物分解成更小的部分。化合反应与此相反，两种或多种化合物结合成一个单一的产物。在置换反应中，一种化合物的部分断离并变为另一化合物的一部分。

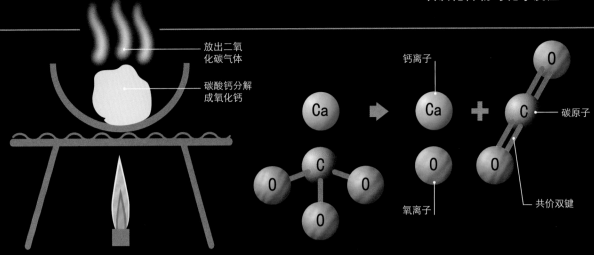

分解反应
加热矿物石灰石（碳酸钙），使其分解成钙、氧和二氧化碳。钙和氧以离子（带电粒子）的形式存在，它们形成离子固体氧化钙。二氧化碳是一种共价键分子构成的气体。

$$CaCO_3 \rightarrow CaO + CO_2$$

碳酸钙　　　　　　氧化钙　　　二氧化碳

> "化学反应的世界就像一个舞台，一幕接着一幕不断上演。演员都是元素。"
>
> 克莱门斯·亚历山大·温克勒，德国化学家　1887年

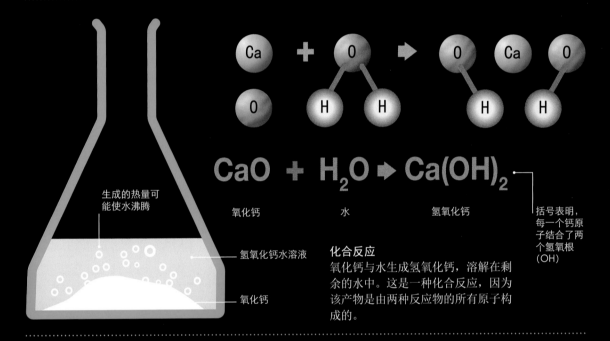

$$CaO + H_2O \rightarrow Ca(OH)_2$$

氧化钙　　　水　　　　氢氧化钙

化合反应
氧化钙与水生成氢氧化钙，溶解在剩余的水中。这是一种化合反应，因为该产物是由两种反应物的所有原子构成的。

括号表明，每一个钙原子结合了两个氢氧根（OH）

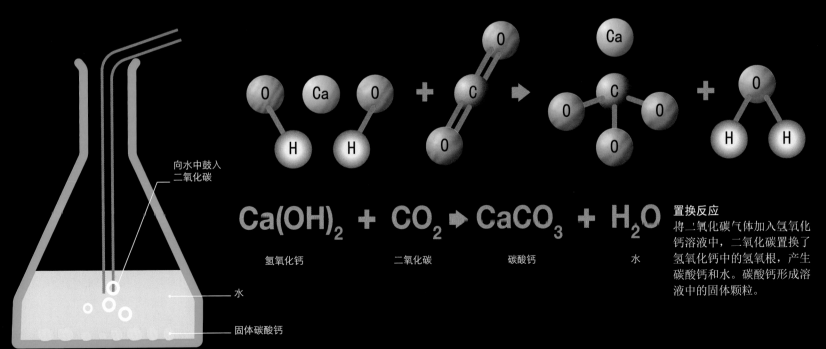

$$Ca(OH)_2 + CO_2 \rightarrow CaCO_3 + H_2O$$

氢氧化钙　　　　二氧化碳　　　碳酸钙　　　水

置换反应
将二氧化碳气体加入氢氧化钙溶液中，二氧化碳置换了氢氧化钙中的氢氧根，产生碳酸钙和水。碳酸钙形成溶液中的固体颗粒。

后来的评论家经常用长颈鹿常伸长脖子去吃高处树枝叶，
因而获得了长脖子的例子来描述拉马克的进化思想。

玛丽·安宁发现的化石，后来被命名为鱼龙，证实了
海洋也曾生活过今天已经不存在了的奇怪生物。

1809年，法国生物学家让-巴普蒂斯特·拉马克（见1802年）提出了第一个系统的关于生命演化的理论。拉马克认为，生命是从最简单到最复杂逐渐演变的。他认为环境的变化可能引起生物的变化，而这些变化也可以遗传。在他看来，有用的特性在多代以后被进一步发展，而那些一点用处都没有的则被废弃，并可能会消失。不同于查尔斯·达尔文（见1859年），拉马克没有解释这些变化发生的机制。他的一个想法是，生物在生命过程中会发生改变，以适应它的环境，而这些变化可以传递给其后代。这一思想被称为拉马克遗传，在很大程度上被达尔文的追随者嘲笑，但最近研究发现环境可以改变基因及其表达，则使人们对拉马克遗传理论重新产生

兴趣，这种研究叫作表观遗传学。

在德国，数学家卡尔·弗里德里希·高斯（见1796年）以他的万有引力常数奠定了天文数学的基础。牛顿已经表明，存在一个宇宙常数或常量，可以表示万有引力的大小。高斯的洞察力体现于用3个量值来计算引力影响的简单组合，其中以太阳的质量作为质量单位，以地球轨道的最长直径作为距离单位，以天作为时间计量单位。通过这些量值，他发现了引力的常数0.01720209895。将这个数值带入计算，就可以计算出行星的轨道。尽管他的工作对于天文学家来说具有非常重要的价值，但现在我们知道，高斯的测量值并不像原先以为的那样是恒定不变的。

0.01720209895

卡尔·弗里德里希·高斯计算出来的万有引力常数

英国化学家汉弗莱·戴维（1778~1829）在伦敦的科学表演让观众惊叹，他展示了高压划过第一种电灯——弧光灯两碳电极之间的间隙所激发出的光芒。尽管很明亮，弧光灯却不适用于日常照明。直到美国发明家托马斯·爱迪生（1847~1931）和英国物理学家约瑟夫·斯旺（1828~1914）发明了白炽灯（见1878~1879年），人们才有了日用电灯。戴维还证明，氯是一种元素，而盐酸是氢和氯的化合物（现名氢氯酸），推翻了法国化学家安东尼-洛朗·拉瓦锡每种酸中都含有氧的理论。

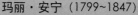

"我认为大脑是统领思想的重要器官。"

查尔斯·贝尔，英国解剖学家，《脑解剖学的新概念》，1811年

1811年，意大利化学家阿莫迪欧·阿伏伽德罗（1776~1856）用1808年的盖-吕萨克定律完善了约翰·道尔顿的元素原子学说（见1803~1804年）。盖-吕萨克定律说：当两种气体发生反应时，反应物的量和产物的量在理论上呈简单的整数比关系。阿伏伽德罗意识到了原子和分子之间的差异。因此，简单的气体，如氢气

和氧气，是由两个或两个以上的原子结合在一起的分子。由此，阿伏伽德罗推导出他的假设，即等体积的任何气体在同温、同压情况下总是含有相同的分子数。

化学中的另一个里程碑是1811年瑞典化学家约恩斯·雅各布·贝尔塞柳斯（1779~1848）提出的化学符号和化学公式系统，此系统今天仍在使用。他建议，每一个元素用它的大写的首字母来简单表示。凡两个元素首字母相同的，再添加其名称中的第二个字母或辅音。如果要表示化合物中元素的原子数，可以在元素符号上添加数字。因此水的化学式为 H_2O，这表示对于每一个氧原子有两个氢原子与之对应。

同时期，在英格兰南部海岸，11岁的玛丽·安宁取得了她的众多重要化石发现

玛丽·安宁（1799~1847）

作为一位贫穷家具制造商的女儿，玛丽·安宁出生于英国沿海小镇莱姆里杰斯，她后来成为那个时代最伟大的化石猎人。她的重大发现包括了对海洋爬行动物如鱼龙和蛇颈龙几乎完整骨架化石的发现。在当时，安宁是这些化石生物解剖最重要的专家之一。

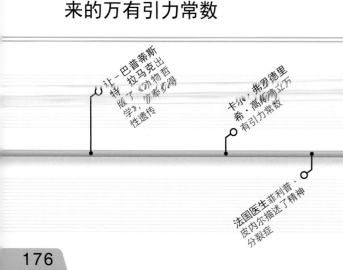

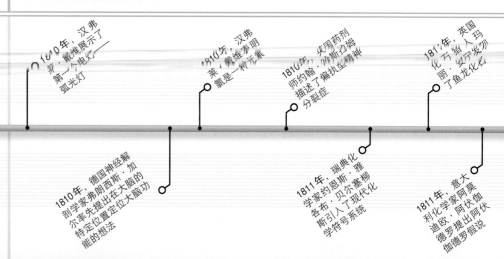

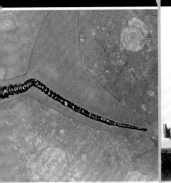

"……人们对铁路的愤怒如此之巨，以至于把不能付钱的铁路都拆断了。"

乔治·斯蒂芬森，英国土木工程师，致约瑟夫·桑达斯，1824年12月

1814年，在英国米德尔顿煤矿铁路，一列运送煤炭的火车由蒸汽机车萨拉曼卡牵引着。

原子序数　原子量

26　55.845

Fe

铁

元素名　化学符号

化学符号

由贝尔塞柳斯设计的符号系统，即使在今天仍为化学家所使用。每个元素是由其拉丁学名的初始或两个字母表示的。Fe 是铁的符号，源于它的拉丁名 ferrum。周期表中每个元素的框中表示出了它的原子序数、原子量以及各原子核中的质子数。

……中的第一个重要发现。这是一个鱼龙的化石——一种像海豚的海洋爬行动物，生活在恐龙时代。

同样在英国，解剖学家查尔斯·贝尔出版了《脑解剖学的新概念》，将大脑的感觉神经和运动神经区分开来。

法国大革命中引入的公制系统在 18 世纪 90 年代引起了混乱，因为许多人坚持继续使用在不同的城市存在的本地的计量单位。因此，在 1812 年，法国皇帝拿破仑·波拿巴推出了标准化量度系统，将基本公制单位如米和千克与旧的熟悉的计量单位相结合。这套系统最终在 1840 年被完整的公制系统取代。

在这一年，德国地质学家弗里德里希·莫斯（1773~1839）设计了一个系统来识别矿物质。它基于硬度、颜色和形状等物理性质。莫斯注意到，硬矿物质会划伤柔软的矿物质。他建立了一种划痕试验，以确定每种矿物的硬度，并确定了 10 个标准的矿物硬度等级，现在被称为莫氏硬度表，据此来得到各种矿物质的硬度位置。

法国古生物学家乔治·居维叶（1769~1832）出版了《导论》，是他关于四足动物（四条腿动物）化石的论文引言，文中提出地球历史

新公制系统

这幅版画讽刺了法国人在采用公制系统时的混乱，这是拿破仑为什么会推行一种妥协的量度系统—— *mesures usuelles* 的原因。

上曾生活了更多的物种，在地球过去不同时间形成的每一个岩层中都含有化石。与那些相信世界的形貌是由一系列灾难塑造的地质学家一样，居维叶认为世界过去曾遭灾难或剧烈变革，从而毁灭了大量的物种。

同时，随着明轮船"PS 彗星"号在苏格兰克莱德河上的往来，欧洲开始了第一艘汽船的服务。在英国西约克郡的米德尔顿，蒸汽机车第一次成功地用于牵引列车。

它行驶在经过调整的初建于 18 世纪 50 年代的轨道上，此轨道最初是为用马从米德尔顿矿拉出满载煤的货车而建。

在 18 世纪 90 年代，法国人尼古拉·阿佩尔开发了密封的玻璃罐来保存食物，但玻璃易碎。随后在 1810 年，英国商人彼得·杜兰德获得锡罐专利，以铁制罐，表面涂锡，可以防止生锈。1812 年，美国雕刻师托马斯·肯西特（1786~1829）在美国纽约建立了第一个食品保鲜厂，用玻璃罐保存牡蛎、肉类、水果和蔬菜。1825 年，肯西特成立了美国第一家罐头厂。

詹姆斯·巴里（约 1792~1865）出生和成长时叫作玛格丽特·安·巴尔克利，选择了像男人一样生活，这样她可以被大学录取。1812 年，她在苏格兰爱丁堡大学毕业，成为第一个合格的女性医生。她后来成为一位杰出的外科医生。

莫氏硬度表

根据标准矿物从 1~10 的标度判断矿物的硬度。地质学家利用划痕试验，以确定矿物的硬度。例如，一个可以划伤磷灰石，同时可以被石英划伤的矿物，其硬度为 6。

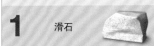

1	滑石
2	石膏
3	方解石
4	萤石
5	磷灰石
6	正长石
7	石英
8	黄玉
9	刚玉
10	钻石

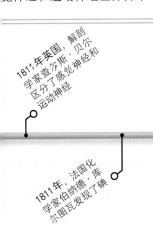

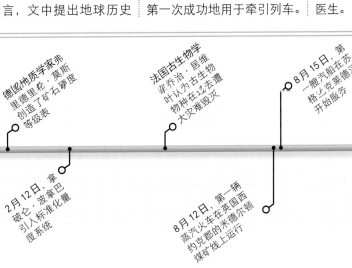

1811年英国，解剖学家查尔斯·贝尔区分了感觉神经和运动神经

1811年，法国化学家伯纳德·库尔图瓦发现了碘

德国地质学家弗里德里希·莫斯创造了矿石硬度等级表

2月12日，拿破仑·波拿巴引入标准化量度系统

法国古生物学家乔治·居维叶认为古生物物种在过去遭大灾难毁灭

8月12日，第一辆蒸汽火车在英国西约克郡的米德尔顿煤矿线上运行

8月15日，第一艘汽船在苏格兰克莱德河开始服务

美国雕刻师托马斯·肯西特成立了美国第一家食品保鲜厂

玛格丽特·安·巴尔克利——即詹姆斯·巴里成为英国第一位合格的女性医生

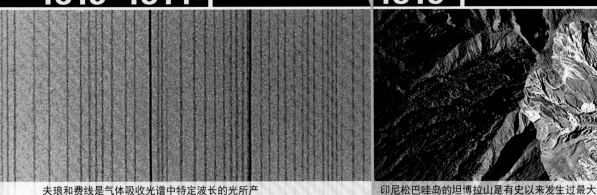

夫琅和费线是气体吸收光谱中特定波长的光所产生的暗线。图案揭示了气体的本性。

印尼松巴哇岛的坦博拉山是有史以来发生过最大火山活动的地点。喷发物离火山锥1400米。

1813年3月13日，英国工程师威廉·赫德利（1779~1843）设计的名为普芬比利的蒸汽机车获得了专利。1814年，它在英格兰诺森伯兰郡开始牵引运煤货车，该车是世界上现存最古老的蒸汽机车。作为蒸汽火车最伟大的先驱，乔治·斯蒂芬森（1781~1848）也在英国北部建成了自己的第一台蒸汽机车，该车于1814年7月25日开始运行。

把光分离成不同的颜色。当日光穿过玻璃时，夫琅和费发现了暗线（夫琅和费线），光谱中的颜色消失了。夫琅和费并不是第一个注意到这些线的人，但在1814年，他是第一个开始广泛研究这些线的人，并由此奠定了光谱学的科学基础（见1884~1885年）。

1814年，时事新闻通过蒸汽动力印刷机印刷在《泰晤士报》上，并在伦敦地区传播。

> "他清晰地认识到了自然选择的原理……这是第一次识别……但他也只是将其应用于人类。"

查尔斯·达尔文，英国博物学家，《通过自然选择的物种起源》，第4版，1866年

1813年在伦敦，美国医生威廉·威尔斯（1757~1817）在英国皇家学会宣读了一篇论文，他在文中根据自然选择进化过程解释种族差异。

在巴伐利亚，德国眼镜商约瑟夫·冯·夫琅和费正在制作精细的光学玻璃，以

在美国康涅狄格州，发明家伊莱·特里（1772~1852）为钟表的批量生产开发了一种突破性的设计，可以由机器制造代替熟练的钟表匠手工组装。这使得钟表的价格变得更便宜了。

4月5日印尼松巴哇岛的坦博拉山发生火山喷发。这是有史以来最强烈的火山喷发，远在2600千米之外都可以听到爆炸声。

英国地质学家威廉·史密斯（1769~1839）揭示了化石在研究地球历史中的作用。作为一个勘测员，史密斯负责监督运河的挖掘，他注意到广泛分离露出地面的同一岩层可通过它们所包含的化石来进行鉴别。1799年，他以此绘制出第一幅地质图，1815年他出版了英国地质图。他的地图成为

丝网防止火焰点燃煤矿气体

戴维灯
这个矿工安全灯包括金属丝网的圆筒，其中含有连接到储油器的燃烧芯。

一切地质图的基础。

史密斯帮助建造的运河对加速英国的工业革命是必不可少的，就像矿井为蒸汽机提供煤炭一样。然而，采矿是危险的工作，矿工一直担心会碰到甲烷或其他可燃气体（沼气），如果沼气碰到矿工蜡烛的明火就可能爆炸。英国科学家汉弗莱·戴维发明了矿工安全灯。该灯的火焰被包裹在金属丝网中，减少了点燃气体的可能性。

在化学上，元素的原子理论正在赢得支持者。英国科学家威廉·普劳特（1785~1850）从研究的原子量表（见1803~1804年）得出结论，原子质量为氢原子质量的整数倍，并且氢原子是组成所有其他元素的唯一的基本颗粒。他的说法并不正确，但一个世纪后的1920年，欧内斯特·卢瑟福（1871~1937）命

威廉·史密斯的地质图
英国的这一开创性的地图展示了这个国家的地质构成，并为将来的地质图树立了先例。

名了质子，部分是为了纪念普劳特。

在法国，科学家让-巴普蒂斯特·毕奥（1774~1862）在进行偏振光实验——光只在一个单一的平面上振动（见对面面板）。10月23日，他让偏振光束通过装有松节油的管子，并注意到偏振面如何旋转。其他的有机液体，如柠檬汁，也会产生相同的效果。这种旋转是现在在显示屏中广泛使用的液晶显示器（LCD）的核心。

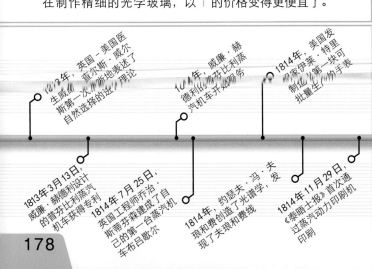

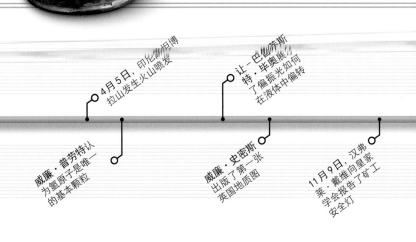

16 千米/时
德莱斯的"跑步机"
的平均速度

卡尔·冯·德莱斯的跑步机是自行车的前身，
也是首个两轮形式的个人交通工具。

每个环在不同的角度折射光线

层级透镜将光束聚焦

菲涅耳灯塔透镜
菲涅耳在光线和光学上的实验促使他发明了灯塔使用的特殊透镜，它有时也被用作剧场的灯光。它使用多重阶梯状玻璃而不是单一的厚镜片将光聚焦。

奥古斯丁-让·菲涅耳（1788~1827）

菲涅耳在1803~1815年拿破仑战争期间担任工程师。后来，他开始研究光与光学元件，在认识光波的本性、衍射和偏振方面做出了重要的贡献。他最广为人知之处在于他发明了菲涅耳透镜，以阶梯状玻璃制成，常用在灯塔上。

光的波动学说（见1801年）在1816年被法国工程师奥古斯丁-让·菲涅耳的一系列精确的衍射——光在物体的周围投射阴影——实验所支持。当菲涅耳让一束光透过缝的时候，他探测到了只有通过波之间的干扰才能产生的细小条纹。通过详细计算光波可能会如何移动并产生衍射，菲涅耳更支持了这一学说。

1817年，与法国物理学家弗朗索瓦·阿拉戈（1786~1853）共事时，菲涅耳开始探索偏振现象。这种现象在当时被认为与光的波动理论不可调和。偏振光只能被反射在一个平面上；菲涅耳发现偏振光被偏振在不同的平面上时，其光束不会产生干涉条纹。

1816年，英国物理学家大卫·布鲁斯特（1781~1868）计算出布鲁斯特角——光产生最大偏振时入射到物体上的角度。1817年，3个新元素被发现：德国化学家弗里德里希·施特罗迈尔（1776~1835）发现了镉；瑞典化学家约翰·阿韦德松（1792~1841）发现了锂；瑞典化学家约恩斯·贝尔塞柳斯（1779~1848）发现了硒。

在德国，卡尔·冯·德莱斯（1785~1851）发明了一种早期的自行车被称为"跑步机"——由脚而不是踏板推进。1817年6月12日，他第一次公开骑上了这辆车。

偏振

奥古斯丁-让·菲涅耳计算出光横向振动着向前运动——垂直于它们移动的方向。普通光在每一个角度或平面振动，但是当它被偏振——通过偏振光过滤器——振动减少到只在一个单一的平面上。

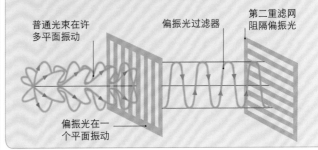

普通光束在许多平面振动

偏振光过滤器

第二重滤网阻隔偏振光

偏振光在一个平面振动

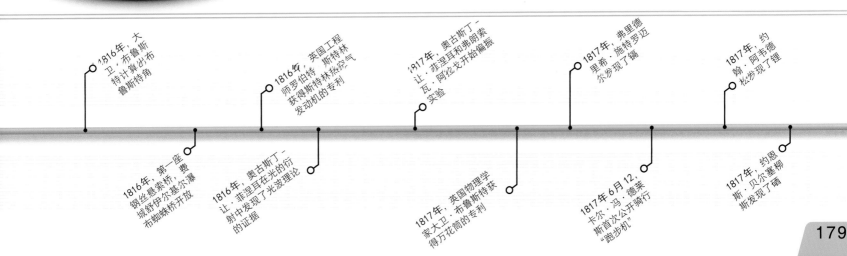

118 毫升
布伦德尔提取的血量

詹姆斯·布伦德尔从他的助手的手臂上取了血，并将其注射到病人体内，实现了第一次成功输血。

后来由于电磁学工作而闻名的英国物理学家迈克尔·法拉第（1791~1867），最初几年的职业生涯是与化学有关的。与餐具生产商詹姆斯·斯托达特一起，法拉第开始从事融合了稀有金属（如铂）的不同钢合金的实验。这些新的合金太贵了而不能商业化，但它们表现出一种科学方法的价值。

工业的需求加速了技术进步，伦敦土木工程师协会的成立反映了工程师地位的提高。蒸汽机车虽然越来越受青睐，但它们仍然昂贵而无法运行，且极易爆炸。英国工程师罗伯特·斯特林发明了一种热机，可以作为一种替代方案。这种热机通过在一个封闭的空间中不断压缩和膨胀空气或其他气体来工作。虽然当时不受重视，但是斯特林热机已作为简单和低维护的能源引起了人们的兴趣，从而投入到从第三世界到太空探索的各种使用中。

同时，自然界依旧保持对人们的强大吸引力。法国博物学家乔治·居维叶研究了英国牧师威廉·巴克兰所收藏的化石，这些化石是几年前在英格兰斯通斯菲尔德附近发现的。居维叶证实这些化石属于一只巨大的灭绝蜥蜴。

这一时期也见证了外科医生和行医的日益专业化。伦敦医生詹姆斯·布伦德尔第一次成功地为一位分娩后的母亲输了血，使其免于失血致死。他用一个注射器从一个捐血者的手臂提取血液，再将血液注射到患者的手臂上。这发生在医生认识到是什么引起了血液凝集或者知道血型（见1901年）之前。

斯特林热机
斯特林热机可以交替地压缩和扩张热空气，使它成为更安静和高效率的机器。

导管把热量传送到热油缸

热缸中气体被加热，产生驱动活塞的压力

热气体在冷缸冷却，降低其压力

冷却管从冷油缸中的气体汲取热量

活塞驱动的轮轴

压力表

热与冷气缸内的压力变化驱动活塞杆

置于病人身体上的洞

听诊器
雷奈克的听诊器可以让医生听到病人胸部内杂音。

听筒

另一个医学的进步是在1816年，巴黎医生勒内·拉埃内克（1781~1826）发明了可以听到心跳和呼吸模式的简单听诊器。1819年，他在关于诊断的书《论间接听诊》中对它做了描述。他的听诊器使得医生能够提早并更准确地诊断疾病。

在巴黎，法国物理学家亚历克西斯·珀蒂（1791~1820）和皮埃尔·杜隆（1785~1838）找到一个方法，可以验证元素的原子量。1803年，英国化学家约翰·道尔顿提出了原子理论，认为每个元素由特定质量的原子组成，

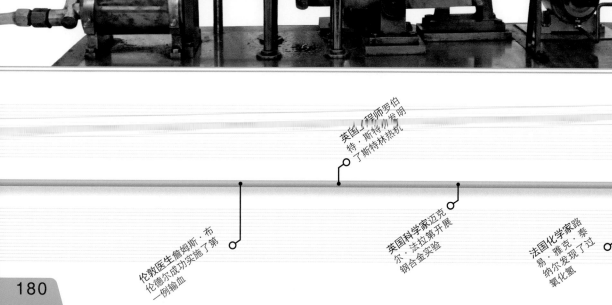

英国工程师罗伯特·斯特林发明了斯特林热机

同医生勒内·拉埃内克在《论间接听诊》中描述了他发明的听诊器

伦敦医生詹姆斯·布伦德尔成功实施了第一例输血

英国科学家迈克尔·法拉第开展钢合金实验

法国化学路易·雅克·泰纳尔发现了过氧化氢

威廉·帕里带领的皇家海军舰艇"赫克拉"号和"格里珀"号，被困在北极冰面上。

> "安培用来建立电动力学定律的实验研究是科学中最辉煌的成就之一。"
>
> 詹姆斯·克拉克·麦克斯韦，英国理论物理学家，《电磁通论》，1873年

112° 51'

皇家海军舰艇"赫克拉"号和"格里珀"号经西北通道到达的经度

但确定原子的质量被证明是一个困难的任务。

珀蒂、杜隆发现元素的比热（见1761~1762年）——提高1℃所需的热量与其原子量成反比。通过测量一种元素的比热，珀蒂、杜隆得以估计其原子量。

在此期间，寻找一条经由北极到达太平洋的航行路线，对欧洲的商业利益来说是一个具有吸引力的命题，因为通往南部的航线路途遥远，且充满了暴风雨。英国海军军官威廉·帕里率领的探险队在1819年成功地发现西北通道。他到达了北极的梅尔维尔岛，并获得由议会提供的跨越西经110°的奖金。帕里带领的皇家海军舰艇"赫克拉"号和"格里珀"号被困在冰冻的大海中，直到1820年春天冰雪最终融化才解困。

另一艘船"SS萨凡纳"号，成为第一艘使用蒸汽发动机穿越大西洋的船，5月22日它从美国萨凡纳出发，18天后抵达英格兰的利物浦。超过20年的时间里没有人再重复这一壮举。尽管配备了豪华舱室，然而没有乘客愿意参加航行，因为船舶做了革命性的设计：这是一艘包含了由明轮操纵的蒸汽发动机的帆船。

20% 行程由蒸汽驱动

80% 行程由帆驱动

"SS萨凡纳"号的航行
虽然"SS萨凡纳"号是第一艘使用蒸汽动力横渡大西洋的船，在207小时航行期间这艘船的蒸汽发动机只用了41.5个小时。

丹麦物理学家汉斯·克里斯蒂安·奥斯特（1777~1851）揭示了电和磁之间的联系。在哥本哈根举行的公开演讲中，当他把罗盘放在导电线附近时，罗盘针发生了移动，这震惊了观众。受奥斯特的发现的影响，法国物理学家安德烈·玛丽·安培创建了电磁理论。该理论表明反向流动的电流产生的磁场，导致导线互相吸引，而同向电流产生的磁场会让导线互相排斥。

英国物理学家约翰·赫拉帕斯（1790~1868）解释了分子的运动如何产生了气体的温度和压力。这是气体动力学的早期版本。

在巴黎，法国博物学家乔治·居维叶嘲笑同行让-巴普蒂斯特·拉马克所认为的物种是随时间推移进行转化或演化的思想。这一思想现在作为进化理论的一部分已经被接受。

同样在巴黎，化学家

安德烈·玛丽·安培（1775~1836）

出生在法国里昂附近的安德烈·玛丽·安培是一个有天赋的数学家和教师。他奠定了电磁理论的基础，发现两根电线的磁相互作用的大小与它们的长度和通过它们的电流的强度成正比。这被称为安培定律。

皮埃尔·约瑟夫·佩尔蒂埃（1788~1842）和约瑟夫·别奈梅·卡文图（1795~1877）努力分离植物中的医学活性成分。在1820年，他们从金鸡纳树皮中分离出后来对治疗疟疾非常重要的奎宁。

电磁铁

电流会产生磁场，这是电磁铁的基础。这些都是强大的磁铁，可以通过电流开关控制。螺线管（线圈）是电磁铁的一种常见形式。线圈越多、磁场强度越大。从控制一个电话的话筒到电动机，电磁铁都是至关重要的。

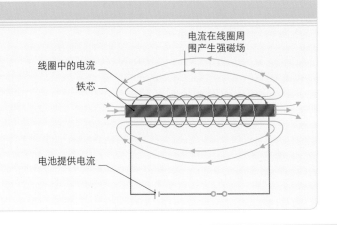

电流在线圈周围产生强磁场

线圈中的电流

铁芯

电池提供电流

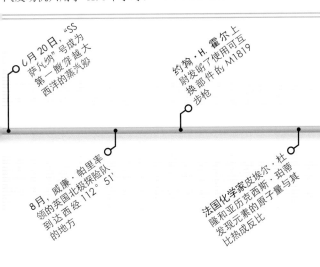

6月20日，"SS萨凡纳"号成为第一艘穿越大西洋的蒸汽船

约翰·H.霍尔上尉发明了使用可互换部件的M1819步枪

1月28日，俄国人别林斯高晋发现南极洲

1月30日，英国人布兰斯菲尔德发现南极洲

4月20日，安德烈·玛丽·安培开始建立电磁学理论的基础工作

8月，威廉·帕里率领的英国北极探险队到达西经112° 51'的地方

法国化学家皮埃尔·杜隆和亚历克西斯·珀蒂发现比热与原子量量成反比

4月21日，丹麦物理学家汉斯·克里斯蒂安·奥斯特展示了电与磁之间的联系

7月，汉斯·奥斯特出版了展示其电磁学思想的小册子

11月17日，美国人纳撒尼尔·帕尔默发现了南极洲

> "我……发现肺的一部分就像一只火鸡的蛋一样大，通过外部撕裂和烧灼的伤口突出来。"

威廉·博蒙特，美国军队外科医生，引自《胃液的实验与观察及消化生理学》，1833年

美国军队外科医生威廉·博蒙特将一根管子插入他的同事亚历克西·圣·马丁的胃内，马丁受了枪伤。

在丹麦物理学家汉斯·克里斯蒂安·奥斯特1820年发现的电流可使磁针移动的基础上，英国科学家迈克尔·法拉第（见1837年）表明，通电线圈可环绕固定的磁铁运动，悬浮的磁铁也可环绕固定的通电导线运动。他由此发现了电磁旋转——电动机的原理。

德国爱沙尼亚科学家托马斯·塞贝克（1770~1831）观察到，两个不同的金属组成的闭合环路中，如果一个地方冷另一个地方热，当罗盘靠近时指针就会转动。这是由于两种金属内轻微的热运动差异扰动原子而产生了电流，这种现象叫作塞贝克效应或者热电效应。

在地质学领域，瑞士地质学家伊格纳兹·维尼特（1788~1859）认为在过去的冰河世纪，世界比现在更冷，欧洲被冰川所覆盖，形成了当时的大部分景观。

在英格兰海岸，多塞特郡附近的莱姆里吉斯，化石猎人玛丽·安宁（见1810~1811年）发现了第一枚蛇颈龙化石——一种生活在距今1.95亿~6500万年前的巨大海洋爬行动物。第二年，另

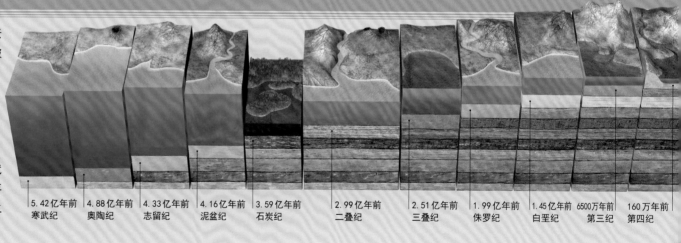

自由旋转的电线

磁铁

水构成电路回路

一个化石猎人吉迪恩·曼特尔（1790~1852）发现了一种巨大的爬行动物的牙齿，他命名为禽龙，后来经查明

法拉第实验

这是法拉第用来演示电磁旋转原理实验装置的复制品，此原理是电动马达的基础。

是一只恐龙。在约克郡，英国博物学家威廉·巴克兰（1784~1856）发现了鬣狗巢穴的古代遗迹，同时发现了犀牛、大象和狮子的骨头，表明在不列颠岛生活的野生动物曾经非常不同。

地质学家们开始通过岩石中发现的化石来确定地球过去的不同地质年代。1822年，英国地质学家威廉·菲利普斯（1775~1828）和威

廉·科尼比尔（1787~1857）首次对一段地质时期进行判别。他们将英格兰北部的石炭（煤）地层命名为石炭纪。

同一年，英国的计算机先驱查尔斯·巴贝奇（1791~1871）提出"差分机"的巧妙构思：一台由齿轮和轴组成的计算机，可以自动工作和消除人为误差。

美国军队外科医生威廉·博蒙特（1785~1853）是观察人类胃内消化的第一人。他演示了对一名腹部中枪士兵的实验，并开创了胃内窥镜检查——将管子插入胃里查看。

地质年代

岩石层堆叠在一起，最古老的在底部，除非它们已被破坏。这种排序构成了地质列，并成为把地球历史划分为地质年代的基础。每个岩层中发现的化石则成为该地质年代的标志。最古老、最深的岩层是寒武纪，距今5.42亿~4.88亿年前——第一个留下足够的生命化石的地质年代。

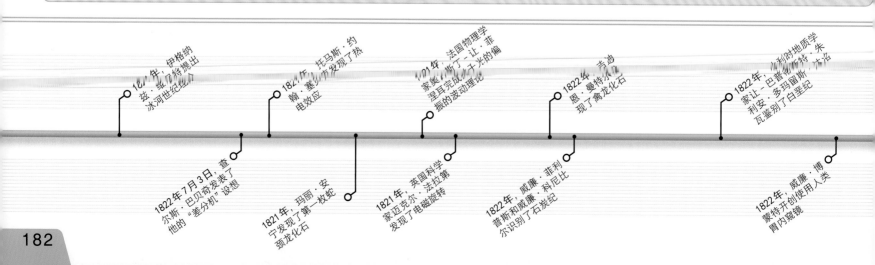

| 5.42亿年前 | 4.88亿年前 | 4.33亿年前 | 4.16亿年前 | 3.59亿年前 | 2.99亿年前 | 2.51亿年前 | 1.99亿年前 | 1.45亿年前 | 6500万年前 | 160万年前 |
| 寒武纪 | 奥陶纪 | 志留纪 | 泥盆纪 | 石炭纪 | 二叠纪 | 三叠纪 | 侏罗纪 | 白垩纪 | 第三纪 | 第四纪 |

1821年，伊格纳兹·维尼特提出冰河世纪假说

1822年7月3日，查尔斯·巴贝奇发表了他的"差分机"设想

1822年，托马斯·约翰·塞贝克发现了热电效应

1821年，玛丽·安宁发现了第一枚蛇颈龙化石

1821年，法国物理学家奥古斯丁-让·菲涅耳完成了对光的偏振的波动理论

1821年，英国科学家迈克尔·法拉第发现了电磁旋转

1822年，吉迪恩·曼特尔发现了禽龙化石

1822年，威廉·菲利普斯和威廉·科尼比尔识别了石炭纪

1822年，奥地利的地质学家让-巴普蒂斯特·朱利安·多马瑞斯·瓦里尔安·多布别了白垩纪

1822年，威廉·博蒙特开创使用人类胃内窥镜

A B C D E F G H I J
K L M N O P Q R S T

> "盲文是知识，知识就是力量。"
>
> 路易·布拉耶，法国盲文书写发明家

一个法国盲人男孩的简单发明可以帮他阅读，盲文已成为上百万视障人士进入图书世界的一个窗口。

1823~1824年，科学家研究夜晚的天空以及地球的历史。巴伐利亚天文学家弗朗茨·冯·格鲁伊图伊森（1774~1852）意识到在月球上的环形山是由过去的陨石撞击形成的。另一个德国天文学家海因里希·奥尔贝斯（1758~1840）想知道为什么夜晚的天空是黑暗的。当然，如果存在无限多颗恒星，那么在每一个方向上应该都可以看到恒星，其结果是夜晚的天空应该是明亮的。奥尔贝斯不是第一位问这个问题的科学家，不过此问题却被称为奥尔贝斯悖论。如今这一悖论已知是空间不断膨胀的结果，从而在很多方向上减少了遥远恒星的表观亮度，导致出现黑暗的天空。

英国博物学家威廉·巴克兰在地质学领域做出了两个重大贡献。第一个是他在英国威尔士海岸的洞里第一次发现了人类化石的遗存。巴克兰错误地确定他们为罗马的女性。碳测年（见1955年）已经证实他们实际上是33000年前的老年男性。巴克兰的第二个贡献是在1824年第一次对恐龙给出了科学描述（尽管该术语直到1842年才出现）——他将所发现的一些化石确定为一种被称为斑龙的巨型灭绝蜥蜴。

法国数学家约瑟夫·傅里叶计算出地球距离太阳太

约瑟夫·傅里叶
（1768~1830）

约瑟夫·傅里叶是卓越的数学家，1798年他跟随拿破仑去埃及破译了象形文字。他研究了热传递，并发现了温室效应。他对波的研究产生了傅里叶分析和波形式的数学分析，现在应用在从触摸屏到认识大脑功能的各种领域。

斑龙骨骼

威廉·巴克兰1824年的文章中的斑龙骨骼绘图，文中包括了对恐龙的第一次科学描述。

RIBS & BONES OF THE PELVIS & SCAPULA OF MEGALOSAURUS.

远，不可能只靠太阳能辐射获得温暖。他认为地球的大气层将热量阻隔。这是对后来被称为温室效应的现象的首次识别。

匈牙利数学家波尔约·亚诺什（1802~1860）开创了一种新形式的几何——非欧几何。它打破了欧几里得对平面上的平行线和二维表面的定义（见公元前400~前335年），并使数学家自由思考抽象的多维概念，例如空间、时间和宇宙的弯曲性，以及实际上可以相交的平行性。

一个失明的15岁法国男孩路易·布拉耶（1809~1852）发明了后来称为盲文的六圆点代码。此书写系统使失明或弱视者能够阅读，现在几乎应用于每一个国家。

同样在法国，工程师尼古拉·萨迪·卡诺（1796~1832）发表了《论火的动力和适于开发其动力的机器》一书。这本书包括了第一个成功的热机理论，即现在的卡诺循环。所有的热机都是低效的，因为每次在下一个循环之前释放热空气都会失去热量。卡诺循环显示了所有热机的最大理论效率。卡诺奠定了热力学的基础（见1847~1848年）。

700

现在已经发现的恐龙种类的数量

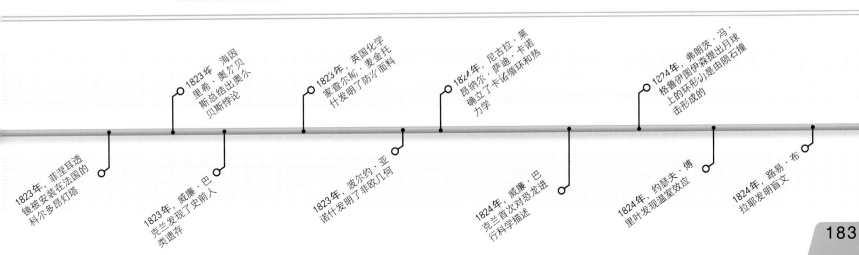

1823年，菲涅耳透镜被安装在法国的科尔多昂灯塔

1823年，海因里希·奥尔贝斯总结出奥尔贝斯悖论

1823年，威廉·巴克兰发现了史前人类遗存

1823年，英国化学家查尔斯·麦金托什发明了防水面料

1823年，波尔约·亚诺什发明了非欧几何

1824年，尼古拉·莱昂纳尔·萨迪·卡诺确立了卡诺循环和热力学

1824年，威廉·巴克兰首次对恐龙进行科学描述

1824年，弗朗茨·冯·格鲁伊图伊森提出月球上的环形山是由陨石撞击形成的

1824年，约瑟夫·傅里叶发现温室效应

1824年，路易·布拉耶发明盲文

183

算盘

公元前 2700 年
最早的算盘
算盘是苏美尔人（在今天的伊拉克）发明的，并很快得到广泛应用。

1617 年
纳皮尔算筹
约翰·纳皮尔的发明，由一组内切的杆或"骨头"提供大数字相乘或相除的快速方法。

纳皮尔算筹

1642 年
加法器
布莱兹·帕斯卡发明了最早的一种机械计算器，可以进行简单的算术计算。

加算器

1820 年
加算器
托马斯·德科尔马发明了商业上成功应用的最早的机械计算机。

公元前 100 年
安提凯希拉装置
这种早期的希腊设备使用青铜齿轮来计算天文方位。

1630 年
滑尺
由英国数学家威廉·奥特雷德发明，滑尺可以用来计算加法、除法、求根和对数。

加法器

1801 年
机械织布机
约瑟夫·玛丽·雅卡尔的织布机是用穿孔卡片来控制的，这一系统后来被应用在早期计算机中。

安提凯希拉装置

滑尺

雅卡尔织布机（提花织机）

计算机器的故事

从古至今，计算对于科学、工业和商业一直都很重要

"计算"一词是从拉丁文 calculus 或"小石头"派生而来，指古代使用石头进行计算的实践。自那时以来，伴随着科学的进步，日益复杂的计算设备不断发明出来。

当把计数的石头安排在一个机架上时，第一个计算设备算盘就诞生了，直到 17 世纪，算盘一直是最广泛使用的计算工具。苏格兰数学家约翰·纳皮尔发现了对数（见 1614~1617 年），引发了计算技术的突破，他发明了被称为纳皮尔算筹的计算器。应精确计算天文表的需要，第一个机械计算器也出现在 17 世纪。

可编程序的机器
在工业革命时期，法国的织布工约瑟夫·玛丽·雅卡尔用穿孔卡片来控制织机的工作。一台计算机能够执行不同的可编程功能的想法最初由英国数学家艾达·洛夫莱斯提出。英国发明家查尔斯·巴贝奇在他的"分析机"概念中也采用了同样的想法。

最早的电子计算机在 20 世纪 30 年代开始出现，随着集成电路或芯片的引入，更小和更强大的计算机和计算器最终变得可行。到了 20 世纪 70 年代中期，硅芯片上的集成处理器——微处理器使得个人电脑的生产成为可能。

二进制数

与十进制系统使用数字 0 到 9 不同，二进制数字系统只使用两个符号 0 和 1。在这个系统中，1 表示十进制的 1，10 表示 2，11 表示 3，100 表示 4，等等。因为只有两个符号，二进制系统非常适于应用在数字电子计算机上，对于其中电子线路的关闭或打开两个可能的状态，可以用数字 0 和 1 与之对应。

> "所有美丽和高贵的东西都
> 是推理和计算的结果。"

夏尔·波德莱尔，法国诗人（1821~1867）

1889 年
霍尔瑞斯制表机
美国赫尔曼·霍尔瑞斯发明的电子制表机是最早使用穿孔卡片来存储数据，而不是控制过程的设备。

霍尔瑞斯
制表机

20世纪 60 年代
电子计算器
晶体管发明后，20世纪60年代出现了电子桌面计算器。袖珍计算器很快也出现了。

袖珍计算器

20世纪 70 年代
微处理器芯片
集成电路包含数千个晶体管，可用在商用计算机上。

微芯片

1822 年
巴贝奇差分机
查尔斯·巴贝奇开始设计能进行复杂计算的机器。

1939 年
解码机
在波兰设计的基础上，这个机电装置在第二次世界大战期间建造于英国，用于破译密码。

20世纪 80 年代至今
个人计算机
伴随着个人电脑变得更小、功能更强大、更容易买得起，20世纪80年代出现了"微型计算机革命"。

早期苹果电脑

相互连接
的齿轮

表盘上的最
后一列显示
计算结果

刻在齿轮
上的数字

黄铜框架

巴贝奇的差分机
为了克服人为编写数值表的错误，查尔斯·巴贝奇在19世纪20年代设计了他的最早的计算机。1847~1849年，他改进设计了差分机。巴贝奇最早设计的这个演示模型是由他的儿子亨利建成的。

横跨图尔农县和坦耶尔米塔格镇之间的罗纳河上的马克·塞甘桥率先使用了钢索悬挂系统。

500

约翰·詹姆斯·奥杜邦画的鸟类物种的数量

9月27日在英格兰北部的斯托克顿和达灵顿铁路的开通标志着铁路时代的开始。较小的蒸汽铁路以前就有了，但这个工程涉及大量的桥梁和高架桥。这条铁路由乔治·斯蒂芬森担任工程师，他还设计了第一辆机车——1号机车。

一位早期的乘客是法国工程师马克·塞甘（1786~1875），他的经历启发他在法国创建了自己的蒸汽铁路。8月，塞甘还开放了欧洲的第一座大型钢悬索桥，横跨图尔农县和坦耶尔米塔格镇，跨度接近91米。

另一个技术创新是能够支持超过自身重量的电磁铁。由英国电气工程师威廉·斯

8%
地壳中铝的含量

特金（1783~1850）制造的，200克磁铁能举起4千克的物体。

1820年发现电磁学的丹麦物理学家汉斯·奥斯特，在1825年通过化学反应制得铝。

电磁学的另一位先驱英国科学家迈克尔·法拉第，从制作煤气灯的煤气残余物中发现了苯。苯是石油的重要成分，可以用来制造塑料。

与此同时，法国博物学家乔治·居维叶在他的《地

球表面灾变论》一书中发表了他的想法（1812年第一次提出），即大量的动物已在过去的灾难中灭绝。德国地质学家克里斯蒂安·冯·布赫（1774~1853）认为动物之间的自然变异会导致不同物种的产生。

斯托克顿和达灵顿铁路

乔治·斯蒂芬森的斯托克顿和达灵顿铁路的开通是一项重大事件，吸引了超过4万名观众的围观和全世界的关注。

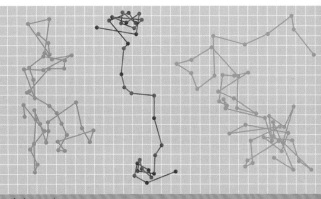

布朗运动

1827年，当罗伯特·布朗在显微镜下观察水中的花粉粒时，他注意到了它们的随机运动，但却无法给出解释。1905年，阿尔伯特·爱因斯坦（1879~1955）表明花粉粒受到水分子的撞击，由此导致它们的运动。布朗运动的轨迹显示出单个颗粒的随机运动路径。

在自然界，俄罗斯的博物学家卡尔·冯·贝尔（1792~1876）在1826年发现哺乳动物起始于卵，苏格兰生物学家罗伯特·格兰特（1793~1874）、德国博物学家奥古斯特·施韦格尔（1782~1821）和德国解剖学家弗里德里希·蒂德曼（1781~1861）都认为动物和植物有共同的起源。

另一个俄国人、数学家尼古拉·罗巴切夫斯基（1792~

1856）在1826年2月，提出了包括假想面和线的双曲几何体系。

1826年在工程领域还取得两个重要进展。美国发明家塞缪尔·莫里（1762~1843）获得内燃发动机早期版本的专利。

1826年夏天，法国发明家约瑟夫·尼塞福尔·涅普斯（1765~1833）用暗箱在涂有沥青的感光铅锡合金板上获得了世界上已知最古老

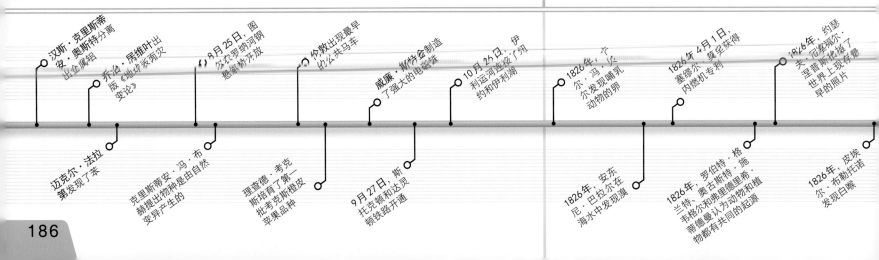

伦敦动物学会（伦敦动物园）的花园，建立之初只是一个科学研究的地方，最终在 1847 年向公众开放。

奥杜邦的书《美国鸟》中的一幅插图。

的照片。

在蒙彼利埃附近，法国化学家安东尼·巴拉尔（1802~1876）在海水中发现了溴。在图尔市，法国医生皮埃尔·布勒托诺（1778~1862）发现了白喉。

1827年，英国化学家威廉·普劳特（1785~1850）将食品分为今天已知的 3 个主要类别：碳水化合物、脂肪和蛋白质。

苏格兰的博物学家罗伯特·布朗（1773~1858）观察到现在称为布朗运动的现象（见对页栏目）。美国博物学家约翰·詹姆斯·奥杜邦（1785~1851）出版了他的著作《美国鸟》的第一部分。

> "物体看上去惊人的清晰……显示了最细微的细节……效果简直不可思议。"

约瑟夫·尼塞福尔·涅普斯，法国发明家，向他兄弟描述了最早的拍照实验，1824 年 9 月 16 日

随着西方世界变得日益城市化，人们反而对自然界产生兴趣，于是建立植物园和动物园来展示充满异国情调的植物和动物。第一个从事科学研究的动物园是英格兰的伦敦动物园，于 1828 年 4 月 27 日开放。

爱沙尼亚的博物学家卡尔·恩斯特·冯·贝尔（1792~1876）奠定了胚胎学（胚胎发育科学）的基础，他表明不同的动物种类在发育的早期阶段可能会类似。

英国化石收藏家玛丽·安宁（见 1810~1811 年）在英国海岸取得了一系列重要的史前发现，且在 1828 年发现了翼龙——巨大的会飞的爬行动物化石。这是这种化石第三次被发现和首次被确定。1859年，安宁发现的翼龙被古生物学家理查德·欧文（1804~1892）命名为双型齿翼龙。

在柏林，德国化学家弗里德里希·沃勒（1800~1882）发现了现在的沃勒合成，由此开创了有机化学——关于有生命物质的化学。这是一种化学反应，生产有机化学品尿素。它的发现表明有机化学品不仅仅像

沃勒以前的导师瑞典化学家约恩斯·雅各布·贝尔塞柳斯（1779~1848）坚持的那样只能由生命物质产生。

贝尔塞柳斯也在 1828 年取得了发现，他分离出了放射性元素钍，这种致密金属来自于挪威地质学家莫滕·埃斯马克（1801~1882）发现的黑色矿物。

世界上第一个电动机由匈牙利发明家和本笃会修士耶德利克·阿纽什（1800~1895）在布达佩斯完成。在

英格兰诺丁汉自学成才的数学家乔治·格林（1793~1841）发表了一篇文章，其中概述了电和磁的第一个数学理论，并成为詹姆斯·克拉克·麦克斯韦进行研究的基础（见 1861~1864 年）。

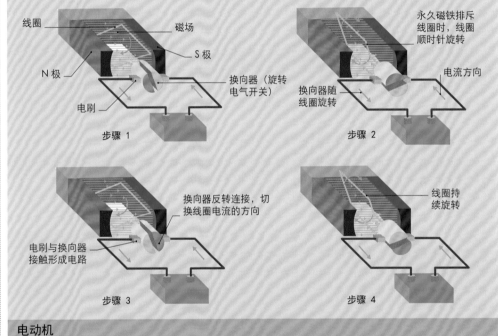

步骤 1

线圈　磁场　N 极　S 极　电刷　换向器（旋转电气开关）

步骤 2

永久磁铁排斥线圈时，线圈顺时针旋转　电流方向　换向器随线圈旋转

步骤 3

换向器反转连接，切换线圈电流的方向　电刷与换向器接触形成电路

步骤 4

线圈持续旋转

电动机

匈牙利发明家耶德利克·阿纽什展示了电磁线圈和永久磁铁两极之间的斥力如何驱动电动机工作。转动半圈使同名磁极线圈彼此远离，这实际上意味着没有斥力来驱动电机。

因此，通过换向器接触将线圈接入电路，使得线圈每转过半圈电路就变换一次方向。线圈的极性也随之变换，这样可持续地给永久磁铁提供同名磁极。

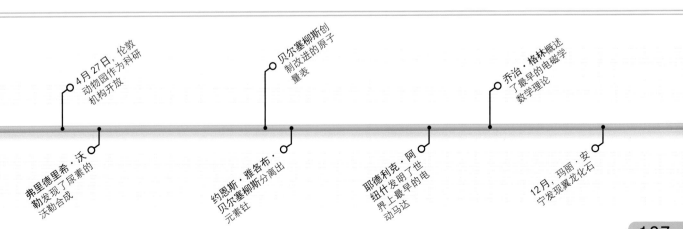

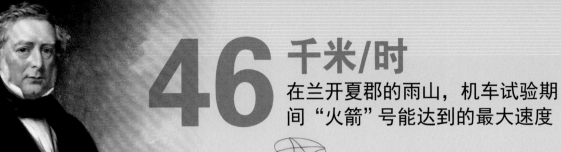

46 千米/时

在兰开夏郡的雨山，机车试验期间"火箭"号能达到的最大速度

土建工程师罗伯特·斯蒂芬森设计的"火箭"号蒸汽机车，得到了全世界的赞誉。

图示的这些变质岩是由查尔斯·赖尔首先发现的。

在纽约，美国科学家约瑟夫·亨利（1797~1878）正在探索电磁铁的力量（见 1820 年）。他发现通过仔细地将导线分离并绕成紧密的几个圈层，能得到很强的电磁铁。1830 年 12 月，亨利终于展示了第一个强大的电磁铁，能够提起 340 千克的铁。

10 月，具有开创性的利物浦和曼彻斯特铁路公司（L&MR）的董事们在英国兰开夏郡的雨山举行机车试验。公众都已经知道蒸汽机车的优点，所以举行比赛也是一种宣传，同时也可从中选择用于牵引 L&MR 公司列车的试验机车。试验取得了巨大的成功。虽然 5 辆相互竞争

的机车只有罗伯特·斯蒂芬森的"火箭"号完成了试验，但是蒸汽时代已经到来。

随着蒸汽机的发展，工程师们对发挥蒸汽机的最大效率产生了兴趣，理论科学家们开始探索能量的概念。法国科学家古斯塔夫·加斯帕尔·科里奥利（1792~1843）出版了《机器效率的计算》一书，书中他分析了能量与功（能量的效应）之间的关系，介绍了动能的概念——即当物理运动时产生的能量（见 1847~1848 年）。

人们对地质时期的鉴识也加快了步伐。在研究法国塞纳河流域的沉积物时，

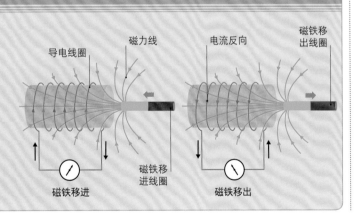

斯蒂芬森的"火箭"号

"火箭"号是第一个有多管锅炉的机车，用 25 个管道排放室内燃料燃烧产生的废气。这有助于生成更多的蒸汽动力。

（图注）烟囱
多管锅炉
驱动轮

地质学家朱尔·德努瓦耶（1800~1887）使用了第四纪这个词来描述最新的地质时

期，那时松散料（碎石、沙子和黏土）沉积在了坚实的岩石上。

在比利时恩吉斯的一个山洞里，比利时史前学家菲利普·夏尔·施梅林（1791~1836）发现了一个小孩的头骨碎片。这是第二个被发现的人类化石，英国地质学家威廉·巴克兰在 1823 年发现了第一个。施梅林的发现后来被证明距今 7 万至 3 万年前——是有史以来发现的第一个尼安德特人遗存。

在 19 世纪初，地质学家们分为两派。灾变论者声称地球表面是由几次巨大而又短暂的灾难塑造的，如洪水和地震（见 1812 年）。与此同时，均变论者认为地球的形貌是在很长一段时间内由缓慢的地质过程如河流侵蚀等塑造和重塑而成的。越来越多新发现的证据支持均变论学派的观点。英国地质学家查尔斯·赖尔（1797~1875）在他的不朽著作《地质学原理》中总结了这些发现，坚持认为变化是连续而渐进的，该书于 1830 年和 1833 年之间分 3 个部分出版。赖尔的文本是如此权威和令人信服，该书出版后很少有人怀疑地球已经经历过超越数百万年的地质历史。地球的巨大地质历史的图景为查尔斯·达尔文的进化理论（见 1859 年）铺平了道路，达尔文的理论在一定程度上受到了赖尔的工作的影响。

同年，德国天文学家约翰·冯·梅德勒（1794~1874）开始绘制火星表面图。这些图后来被认为是行星最早的真正地图。

电磁感应

该电磁感应的演示涉及在线圈内外来回移动棒状磁铁产生电流。磁铁的磁场牵引线圈中的电子并产生电压。如果线圈连接到电路中就会产生电流。如果在另一个方向移动了磁铁，电流也会反向。

（图注）
磁力线
导电线圈
电流反向
磁铁移出线圈
磁铁移进
磁铁移进线圈
磁铁移出

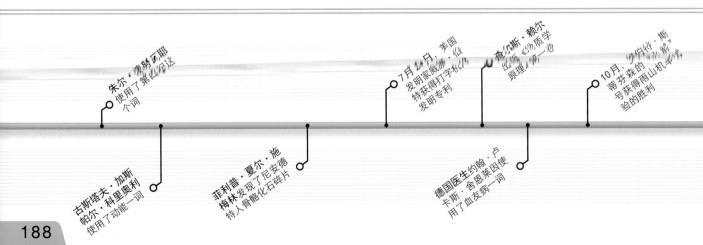

（时间轴标注）
朱尔·德努瓦耶使用了第四纪这个词

7月23日，美国发明家威廉·伯特获得了打字机的发明专利

查尔斯·赖尔出版《地质学原理》第一卷

10月，斯蒂芬森的"火箭"号获得雨山机车试验的胜利

约翰·海因里希·冯·梅德勒与威廉·比尔绘制了火星的最早地图

古斯塔夫·加斯帕尔·科里奥利使用了动能一词

菲利普·夏尔·施梅林发现了尼安德特人骨骼化石碎片

德国医生约翰·卢卡斯·舍恩莱因使用了血友病一词

乔瓦尼·阿米奇证实了花粉管的功能

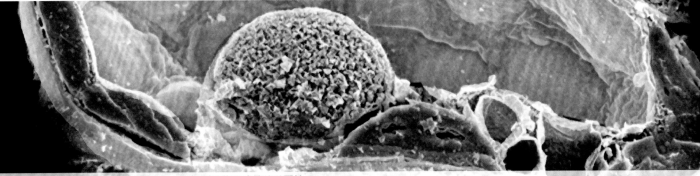

英国植物学家罗伯特·布朗首次观察和意识到植物细胞核的重要性，其在现代彩色扫描电子显微镜下呈现为橙色。

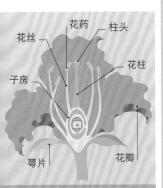

植物繁殖

开花植物进行有性繁殖，有雄性（雄蕊，由花药和花丝组成）和雌性部分（雌蕊，由柱头、花柱和子房组成）。当花粉从花药落到柱头上时，受精就开始了。花粉管沿着花柱到达子房将雄性细胞送给胚珠（雌性细胞）。

意大利显微镜学家和天文学家乔瓦尼·巴蒂斯塔·阿米奇（1786~1863）也研究了鲜花。1824年，他第一次注意到了花粉管——将雄性细胞输送到植物的胚珠的单细胞管道。1830年，阿米奇用显微镜观察到了花粉管的形成过程。

19世纪30年代电学和磁学研究正在迅猛发展，经常为谁做出了一个特定的发现而发生争执。1831年，英国科学家迈克尔·法拉第和他的美国同行约瑟夫·亨利独立发现移动一根导线附近的磁场会诱导电流产生，从而发现了电磁感应的原理。这一发现引发了可以产生大量电力的机器的出现，并推动了电力照明的发展。

少有争议的是，德国矿物学家弗朗茨·恩斯特·诺伊曼（1798~1895）将皮埃尔·杜隆和亚历克西斯·珀蒂发现的元素的原子量与其比热之间的反比关系（见1819年）扩大到了分子。由此建立了原子和分子与它们携带的能量之间的关系，诺依曼表明一种化合物的分子热等于其构成成分的原子热量的总和。这被称为诺依曼定律。

同年，英国植物学家罗伯特·布朗第一次在生物学中使用"细胞核"一词，来描述他透过显微镜观察兰花时看到的细胞中央的球体。其他科学家之前也曾见过细胞

瑞典化学家约恩斯·雅各布·贝尔塞柳斯已经在1825年出版了43种元素的原子量表。1831年，他引入了"异构体"一词，来表示那些具有相同化学成分的不同化合物。

核，但布朗将其与繁殖联系了起来。德国天文学家海因里希·施瓦贝（1789~1875）第一次详细描绘了木星的大红斑（见1662~1664年）。

1832年，法国仪器制造商伊波利特·皮克西（1808~1835）发明了一种磁电机，这是第一台直流发电机。英国医生托马斯·霍奇金（1798~1866）第一次描述了霍奇金淋巴瘤。

法拉第圆盘
也称为同极发电机，法拉第圆盘是由迈克尔·法拉第于1831年开发的。当圆盘在磁场中旋转时，就会有微弱的电流产生。

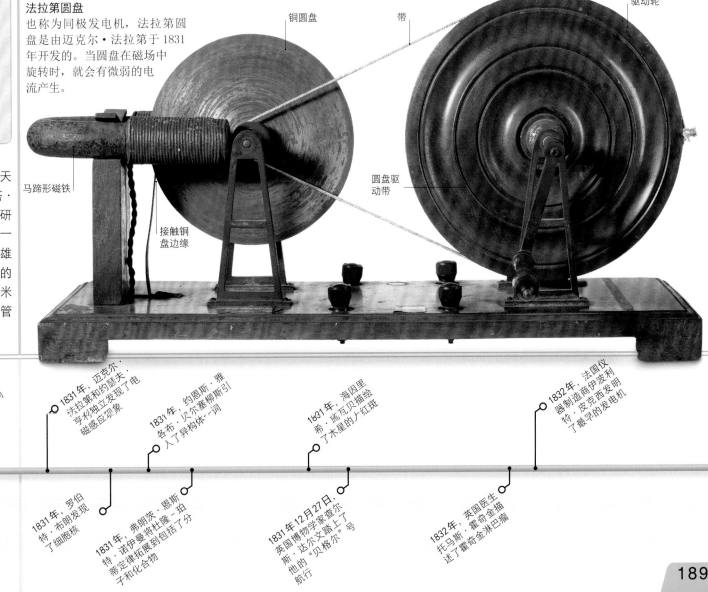

驱动轮

铜圆盘　　　　带

圆盘驱动带

马蹄形磁铁

接触铜盘边缘

意大利科学家马切多·梅洛尼发明了热电堆，一种测量温度的装置

12月，约瑟夫·亨利发明了强力电磁铁

英国科学促进会成立

1831年，迈克尔·法拉第和约瑟夫·亨利各自独立发现了电磁感应现象

1831年，罗伯特·布朗发现了细胞核

1831年，约恩斯·雅各布·贝尔塞柳斯引入了异构体一词

1831年，弗朗茨·恩斯特·诺伊曼将杜隆-珀蒂定律拓展到包括分子和化合物

1831年，海因里希·施瓦贝描绘了木星的大红斑

1831年12月27日，英国博物学家查尔斯·达尔文踏上了他的"贝格尔"号航行

1832年，法国仪器制造商伊波利特·皮克西发明了最早的发电机

1832年，英国医生托马斯·霍奇金描述了霍奇金淋巴瘤

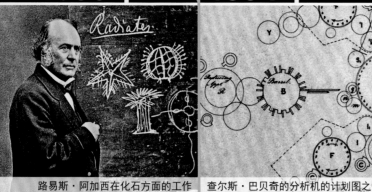

路易斯·阿加西在化石方面的工作为研究已经灭绝的生命提供了动力。

查尔斯·巴贝奇的分析机的计划图之一，如果它完成了就可能是计算机的机械先行者了。

生物化学（关于生物的化学研究）可以说开始于1833年，当时法国化学家安塞尔姆·帕扬（1795~1871）发现并分离出了淀粉酶。酶由活的生物体产生，可以充当引起生化反应的催化剂（见1893~1894年）。淀粉酶是啤酒麦芽中的酶，可以促进大麦种子中的淀粉变成可溶性糖。

"科学家"一词也是同年由博学家威廉·休厄尔（1794~1866）创造的。此前使用的名词是"自然哲学家"和"科学人"。

英国内科医生和生理学家马歇尔·霍尔（1790~1857）发现了反射弧——人体中枢神经系统的基本部分。大脑需要时间接收感应信号，然后处理并采取行动。反射弧通过大脑短路提供快速的自动响应。例如，当手接触到热的东西时，感觉信号只会传到脊髓，然后反应信息传回来，手发生移动。

德国数学家卡尔·弗里德里希·高斯和物理学家威廉·韦伯（1804~1891）开发了第一个实用的电磁电报。

1833年英国科学家迈克尔·法拉第曾在电解——电流通过液体时发生的化学反应（见对面栏目）方面做出了辉煌的工作。1834年，他发表了两项与此相关的定律。法拉第电解第一定律指出，化学物质的变化量与电流成正比。第二定律为，通过反应在电极上沉积的物质的量与参与反应的物质的量成正比。

与电有关的另一个定律是由俄国物理学家海因里希·楞次（1804~1865）提出的。楞次定律指出，电磁场诱导产生的电流总是会产生一个起反作用的磁力。

法国工程师埃米尔·克拉佩龙（1799~1864）开始提出第三个关键的科学定律。克拉佩龙延续

了法国物理学家尼古拉·莱昂纳尔·萨迪·卡诺（见1823~1824年）关于热机的工作，并将其以图形的形式呈现。它澄清了卡诺的观察，即在能量交换过程中，可用来使事物发生的能量（势能）总是逐渐消耗殆尽。燃料燃烧是一个不可逆转的过程，这就是为什么一辆车需要不断加油的道理。这成为热力学第二定律的基础（见热力学第二定律的基础（见

1849~1851年）。

也是在1834年，英国发明家查尔斯·巴贝奇（1791~1871）在完成机械计算器差分机（见1822年）之后，开始着手分析机的计划。如果

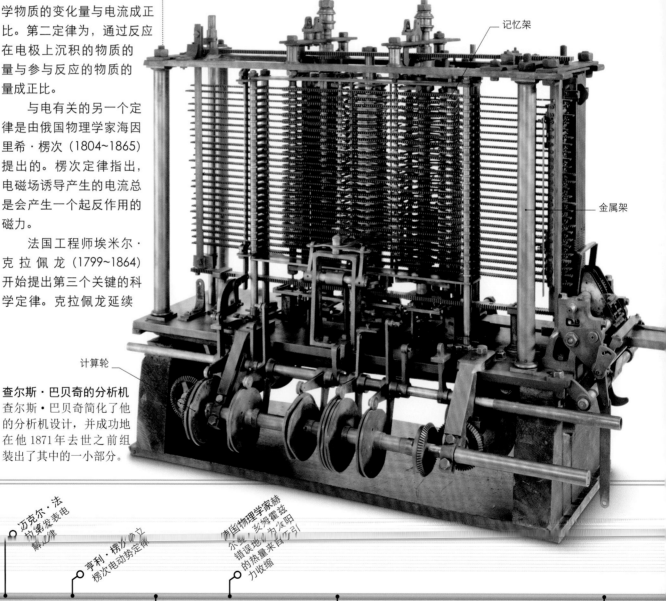

记忆架

金属架

计算轮

查尔斯·巴贝奇的分析机
查尔斯·巴贝奇简化了他的分析机设计，并成功地在他1871年去世之前组装出了其中的一小部分。

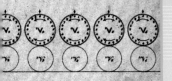

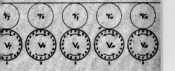

"我们发现非常优良的类人型物种蝙蝠人……他们出现在我们的面前，就像画家笔下的天使一样无比可爱。"

《纽约太阳报》关于月球居民的描述，1835年

《纽约太阳报》的月亮骗局引起了轰动，使用月球人物的图片愚弄了许多人。

它完成了，就会是一个真正计算机的先行者（见184~185页），因为它会是可编程的、有记忆力的，可以编程来执行除了简单的计算外的许多任务。

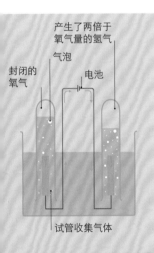

产生了两倍于氧气量的氢气气泡

封闭的氧气　电池

试管收集气体

水的电解

电解是通过在水中通电将水分解为其组成元素（氢和氧）。氢气聚集在负极上的试管中，氧气聚集在正极上的试管中。两倍的氢气被释放出来。

1835年流行的科学故事原来是一场骗局。月亮骗局是《纽约太阳报》报道的涉及英国著名天文学家约翰·赫歇尔（1792~1871）的发现的一系列故事。配图说明的文章声称在月球上有生命甚至文明。直到几周之后这个笑话才被揭穿。

1835年，法国工程师加斯帕尔·古斯塔夫·科里奥利（1792~1843）确定了现在通称的科里奥利效应——地球的自转会影响风和地球表面上运动的水。风不会按照一条直线行进，而是在北半球向东偏转，在南半球向西偏转，有时则按照顺时针和逆时针环流。洋流同样如此。

随着两个地质年代的确定，地球历史的知识又向前迈进了一步（见1821~1822年）。英国地质学家亚当·塞奇威克（1785~1873）提出了寒武纪，根据威尔士的拉丁名Cambria命名，那里的英国寒武纪岩石暴露最完

地球自西向东转

向赤道运动的空气自东向西偏转　远离赤道的空气自西向东偏转

科里奥利效应

地球自转是产生科里奥利效应的原因。其主要影响是风的偏转和洋流。

全。苏格兰地质学家罗德里克·默奇森（1792~1871），在同一年提出了志留纪，根据古代凯尔特人的部落Silures命名。他们两人同一年在一份联合论文中发表了他们的研究结果。

1835年9月16日，查

塔尔博特公开照相底片

福克斯·塔尔博特的卡罗摄影法记录了反向底片，由此可以得到大量正面照片。

达尔文的笔记本

达尔文记录了他在"贝格尔"号上航行的见闻（1831~1836）。旅行记录帮助他在接下来的20年里发展出了其进化理论。

尔斯·达尔文（1809~1882）首次登陆加拉帕戈斯群岛。这次考察对他的演化理论（见1857~1858年）产生了重大影响。

在英格兰，发明家亨利·福克斯·塔尔博特（1800~1877）制出了世界上第一张照相底片（黑暗与光亮反转）。虽然法国物理学家路易·达盖尔（1787~1851）早先公开了其银版照相的过程（见1837年），但是在这个过程中产生的是一次性的正面照片（正片）。塔尔博特的过程称为碘化银纸照相法，

产生反向的底片，可以制成很多正片。

在大西洋的另一边，1836年美国发明家塞缪尔·莫尔斯（1791~1872）发明了代码（后来称为莫尔斯电码）用于通过电报发送消息，用独特的短脉冲（点）和长脉冲（短划线）来表示字母表的每个字母。

另一个美国人塞缪尔·柯尔特（1814~1862）获得左轮手枪的美国专利。此枪可以通过旋转弹仓在每次击发之后自动将一发新子弹移动到发射位置，从而能够实现6发快速连射。

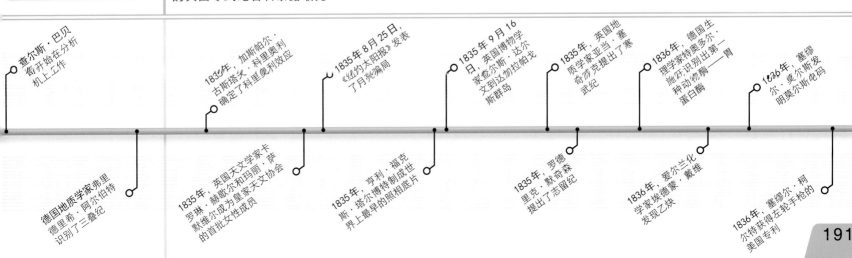

查尔斯·巴贝奇开始在分析机上工作

1835年，加斯帕尔·古斯塔夫·科里奥利确定了科里奥利效应

《1835年8月25日，《纽约太阳报》发表了月亮骗局

1835年9月16日，英国博物学家查尔斯·达尔文到达加拉帕戈斯群岛

1835年，英国地质学家亚当·塞奇威克提出了寒武纪

1836年，德国生理学家西奥多·施旺识别出第一种动物酶——胃蛋白酶

1836年，塞缪尔·奥尔斯发明莫尔斯电码

德国地质学家弗里德里希·阿尔伯特识别了三叠纪

1835年，英国天文学家卡罗琳·赫歇尔和玛丽·萨默维尔成为皇家天文协会的首批女性成员

1835年，亨利·福克斯·塔尔博特制成世界上最早的照相底片

1835年，罗德里克·默奇森提出了志留纪

1836年，爱尔兰化学家埃德蒙·戴维发现乙炔

1836年，塞缪尔·柯尔特获得左轮手枪的美国专利

"这个巨大的发动机在很久以前所启动的工作，其作用是什么……开沟和揉搓……在地球的表面？冰川就是上帝的大犁耙。"

路易斯·阿加西，瑞士地质学家，《地质学概要》，1866年

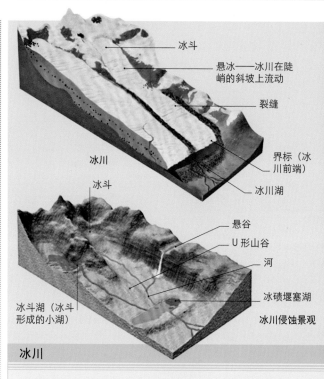

美国阿拉斯加州冰河湾的马乔里冰川从高山流到大海，绵延34千米。

这一年，电信才真正开始。3名男子一直为电报的想法而努力，他们是美国的塞缪尔·莫尔斯、英格兰的威廉·库克（1806~1879）和查尔斯·惠特斯通（1802~1875）。1837年，它成为现实。库克和惠特斯通第一次成功地实现了从伦敦的尤斯顿到卡姆登的2000米电报。最后，莫尔斯电报的单线系统和点划代码的简易意味着它被采纳为标准电报，而惠特斯通-库克模型则被抛弃。同样重大的突破是法国画家路易·雅克·芒代·达盖尔（1787~1851）对第一次

达盖尔银版照相机
可以追溯到19世纪40年代，这是最早用来摄影的照相机之一，每张照片的底片都嵌在后面。

成功摄影过程的发展。达盖尔曾长期寻找固定他在艺术家暗箱中看到的转瞬即逝的图像的方法。最终他成功发明了达盖尔摄影术（银版摄影术），即用涂布在镀银铜板上的化学物品定影获得一次性照片。他的第一次达盖尔银版法摄影拍摄于1837年，

照片是模糊的，但在几年之内，达盖尔银版法就能记录下令人惊讶的清晰照片。

这一年度最非凡的科学洞察力，除了它的创造者、英国科学家迈克尔·法拉第外没有其他人能够理解。这就是场的思想——可以感知磁和电流的效应产生的区域。法拉第认为在这些场中电荷是由看不见的力线驱动的，这可以通过铁屑在磁铁周围的聚集体现出来。这也是罗盘在磁场中偏转、磁使带电粒子产生电流的原因。

法国数学家西梅翁·德尼·泊松（1781~1840）发展了非常有价值的统计思想——泊松分布：一定数量的事件在随机发生的情况下发生在某一特定时间的概率。

1817年在巴黎发现植物叶片中的叶绿素后，法

迈克尔·法拉第（1791~1867）

迈克尔·法拉第是伦敦一个贫穷铁匠的儿子，1813年来到伦敦皇家学会成为化学家汉弗莱·戴维的助手。他在电磁学中的发现给我们带来了电动机和发电机。他是一个有远见的理论家，看到了自然界力的统一，并且表明光是电磁波。

冰斗
悬冰——冰川在陡峭的斜坡上流动
裂缝
冰川
界标（冰川前端）
冰川湖
冰斗
悬谷
U形山谷
河
冰斗湖（冰斗形成的小湖）
冰碛堰塞湖
冰川侵蚀景观

冰川

冰川经过多年积聚拥有巨大的重量，可以塑造景观。它们可以开拓出广阔的U形山谷，截断山腰，并留下成堆的岩石碎片。这个改变地球形貌的过程被称作冰期，冰河时代遗留下来的冰川景观对于今天的地质学家来说已经是明确无误的了。

国生理学家亨利·迪特罗谢（1776~1847）认为叶绿素是光合作用的关键，植物借助它在阳光照射下固定空气中的氧气（见1787~1788年）。

与此同时，在瑞士，

地质学家路易斯·阿加西（1807~1873）出版了《冰川研究》，提出地球曾经历了冰河世纪，巨大冰川和冰盖的侵蚀与沉积的痕迹至今仍是很明显的景观。

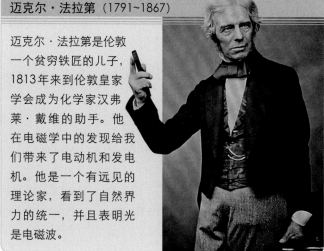

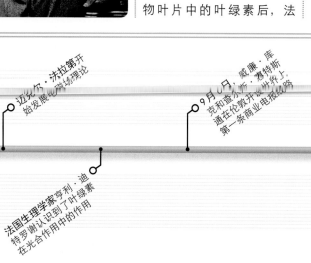

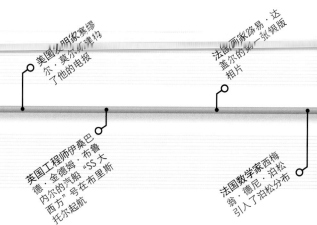

迈克尔·法拉第开始发展他的场论理论

9月1日，威廉·库克和查尔斯·惠特斯通在伦敦开设世界上第一条商业电报线路

美国发明家塞缪尔·莫尔斯新开设了他的电报

法国画家路易·达盖尔的第一张银版相片

瑞士地质学家路易斯·阿加西提出冰川理论

法国生理学家亨利·迪特罗谢认识到了叶绿素在光合作用中的作用

英国工程师伊桑巴德·金德姆·布鲁内尔的汽船"西方"号大西"SS"大托尔起航、号在布里斯托尔起航

法国数学家西梅翁·德尼·泊松引入了泊松分布

'发明家做实验确定热的影响……标本经
与火热的炉子接触，像烧焦的皮革。'

查尔斯·古德伊尔，美国发明家，《硫化橡胶的应用和使用》，1853年

美国发明家查尔斯·古德伊尔的实验表明，适量加
硫的橡胶加热后会变硬或"硫化"。

早期的显微镜颜色模糊，存在色差。直到1838年，消色差显微镜解决了这一问题，让科学家们得以看到活细胞更清晰的图像。德国生理学家特奥多尔·施旺（1810~1882）用他的显微镜研究植物和动物细胞时，意识到所有的生物都是由细胞和细胞产物组成的，细胞是生命的基本单位。

荷兰化学家赫拉尔杜斯·米尔德（1802~1880）得出了有关细胞基本组成物质的同样重要的结论。经过实验，用碱（强碱溶液）加热混浊的物质，如卵白、血、乳固体和植物面筋，他总是能得到相同的物质。莫特认为，这种物质由单一的大分子组成，存在于所有生物体内。瑞典化学家约恩斯·雅各布·贝尔塞柳斯（1779~1848）将这种物质命名为蛋白质。现在已知有许多种蛋白质，它们是生命的基本化学物质。

同年，法国物理学家克劳德·普耶（1791~1868）第一次准确地测量了太阳常数（地球接收的太阳辐射热量）。

德国天文学家弗里德里希·贝塞尔（1784~1846）使用视差法第一次准确估计到一颗恒星的距离，该方法利用了地球的运动所引起的恒星视位置的轻微变化。

瑞士化学家克里斯蒂安·弗里德里希·舍恩拜因（1799~1868）发展了燃料电池的想法，即将氢等燃料中的化学能转化为电能。1839年，英国物理学家威廉·格罗夫（1811~1896）制出了第一个燃料电池。他知道电可以把水分解成氢气和氧气；他的燃料电池将这一过程颠倒过来，通过将这两种气体结合产生水而发电。不过，格罗夫当时更多地是因为同年发明了格罗夫电池而闻名。

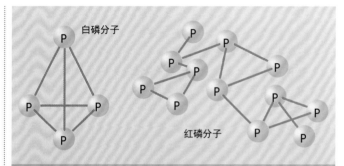

白磷分子

红磷分子

同素异形体

一些元素有不同的物理形式，称为同素异形体。每种形式由相同类型的原子组成，而原子以不同的方式连接起来。碳有8种同素异形体，包括金刚石、石墨和富勒烯。磷至少有12种，最常见的是白色和红色的固体。

美国发明家查尔斯·古德伊尔（1800~1860）发展了硫化橡胶技术，可以增加橡胶韧性，使其适合用于轮胎中。

1840年，雅各布·贝尔塞柳斯提出同素异形体一词，来描述同一元素的不同形式。同素异形体由于具有不同的原子结合形式而有了不同的化学和物理特性。另外，在1840年，克里斯蒂安·弗里德里希·舍恩拜因发现了氧的一种同素异形体，他称之为"臭氧"。

锌、铂板电极

充满酸的电池

格罗夫电池

威廉·格罗夫发明的电池，电荷在沉浸于酸中的锌和铂电极上生成。

太阳常数

1838年，克劳德·普耶特用太阳热辐射计测得的太阳热辐射估算值，与今天的结果非常接近。

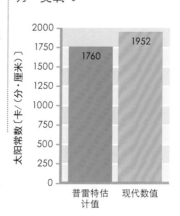

	普雷特估计值	现代数值
	1760	1952

太阳常数〔卡/（分·厘米）〕

1838年4月8日，"SS大西方"号开始第一次常规的跨大西洋轮船服务

1838年，德国天文学家弗里德里希·贝塞尔使用视差法估计到一颗恒星的距离

1838年，荷兰化学家赫拉尔杜斯·米尔德发现蛋白质

1839年，美国发明家查尔斯·古德伊尔发明了硫化橡胶

1839年1月，苏格兰天文学家托马斯·亨德森使用视差法测量了从地球到半人马座阿尔法星的距离

1838年，法国物理学家克劳德·普耶特测量了太阳常数

1838年，德国-瑞士化学家克里斯蒂安·弗里德里希·舍恩拜因发明了燃料电池

1838年，英国发明家查尔斯·惠斯通发明立体镜

1839年，德国生理学家特奥多尔·施旺开启了细胞理论

1839年，苏格兰发明家柯克兰·帕特里克·麦克米伦发明了踏板自行车

1839年，英国物理学家威廉·格罗夫制出了第一个燃料电池

1840年，瑞典化学家约恩斯·雅各布·贝尔塞柳斯引入了同素异形体的概念

1840年，舍恩拜因分离出了臭氧

193

认识细胞

细胞在微尺度上具有复杂性，是最小的生命体

植物或动物体内包含的细胞数量比地球上出现的总人数还要多——一个针头可以容纳几百个细胞。在其外部结构里面，细胞具有无可匹敌的复杂化学性质，用来控制其生长、繁殖和营养。

特奥多尔·施旺
德国科学家施旺是细胞理论之父，坚信细胞可以通过化学术语来理解，而非神秘的"生命力量"。

1663年，英国科学家罗伯特·胡克用他的显微镜看到了软木细胞，这是最早被发现的细胞。但是直到19世纪，人们才重视细胞的意义，德国生物学家开创了"细胞理论"。他们认为细胞是所有生物的单位，并且只能从其他细胞中产生。换句话说，细胞生命不能自发地形成。到1900年，科学家们开始看到这种繁殖能力如何与细胞的细胞核和染色体相关联。这项工作最终引导人们发现了细胞核中自我复制的化学物质——被称为DNA，它是繁殖过程的核心。同时一些细胞，例如细菌的细胞，结构简单，动物和植物的细胞里含有更小的单元来发挥特定的功能。这些所谓的细胞器包括能够执行特定任务所需的特别的化学混合物。

动物细胞
大多数的动物细胞都比植物细胞小——因为它们缺乏刚性支撑的细胞壁。这也使得动物细胞在形状上不那么僵硬。许多在植物细胞中发现的细胞器在动物细胞中也可以发现（右图）。

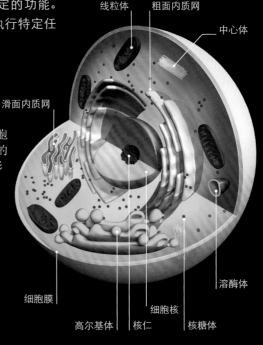

高尔基体——用于将物质分类、包装，包括那些需要排出的物质

线粒体　　粗面内质网

中心体

滑面内质网

溶酶体

细胞膜

高尔基体　　核仁　　细胞核　　核糖体

60 万亿
组成人体的细胞的可能数量

细胞分裂
19世纪末，显微镜已经可以仔细观察细胞分裂了。科学家们观察到线状染色体以精确的方式运动——染色体是DNA束，携带着产生新细胞的信息。在细胞分裂前细胞内的DNA通过自我复制加倍——所以当体细胞生长分裂（有丝分裂）时，每个子细胞都有了每个染色体或DNA束的一整套拷贝。有性繁殖时，一种特殊的分裂（减数分裂）使染色体数目减半，产生精子和卵子；当卵细胞和精子细胞在受精过程中结合后，将恢复正常的染色体数目。

免疫荧光显微照相
今天，科学家可以用连接到特殊结构上的荧光染色抗体来揭示细胞中用传统显微镜看不到的部分。图中，抗体照亮了在细胞分裂中牵引染色体（蓝色）的纺锤丝纤维（绿色）。

纺锤丝纤维缩短将染色体分开

细胞中央形成细胞膜

细胞分裂为两个，每一个都有全套的染色体

有丝分裂
在生长过程中，这种多步骤的分裂可以保证所有的细胞在遗传上的一致性。蛋白质的纺锤丝牵拉染色体，最后使得子细胞与母细胞具有相同的染色体数。

细胞核　　4个为例

染色单体是连在一起的相同的染色体拷贝

纺锤丝纤维从两极复制与染色体相连

每个细胞的染色体周围形成细胞核

早期前期　　　晚期前期　　　中期　　　后期　　　末期　　　胞质分裂

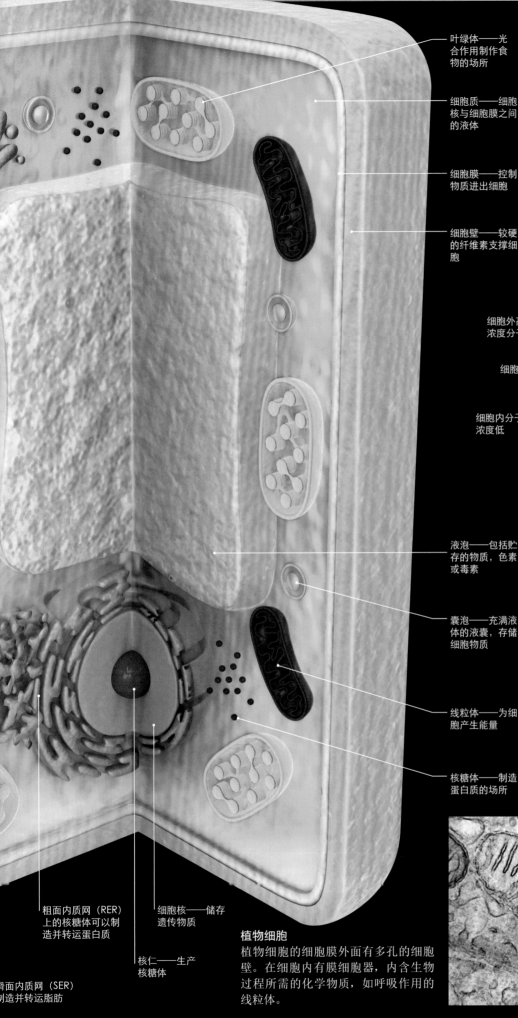

叶绿体——光合作用制作食物的场所

细胞质——细胞核与细胞膜之间的液体

细胞膜——控制物质进出细胞

细胞壁——较硬的纤维素支撑细胞

液泡——包括贮存的物质，色素或毒素

囊泡——充满液体的液囊，存储细胞物质

线粒体——为细胞产生能量

核糖体——制造蛋白质的场所

粗面内质网（RER）上的核糖体可以制造并转运蛋白质

细胞核——储存遗传物质

核仁——生产核糖体

滑面内质网（SER）制造并转运脂肪

植物细胞

植物细胞的细胞膜外面有多孔的细胞壁。在细胞内有膜细胞器，内含生物过程所需的化学物质，如呼吸作用的线粒体。

跨膜运动

细胞及其细胞器是由能将膜两侧的水溶性混合物分开的脂膜连在一起的。小分子物质或可以与脂类混溶的物质可以穿透膜——通过扩散从高浓度向低浓度运动，其他粒子只能在一个被称为主动运输的过程中通过特殊的分子"泵"来穿越。细胞需要能量完成这一过程。能量来自呼吸作用（见下）。细胞通过扩散吸收氧气和排出二氧化碳，但是需要主动运输运送盐类和大分子。

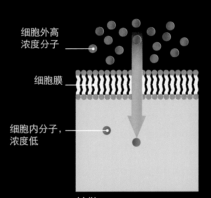

需要能量将分子泵入细胞

分子太大无法通过细胞膜

细胞外高浓度分子

细胞膜

细胞内分子，浓度低

扩散
将物质从高浓度移向低浓度。差异越大（浓度梯度），移动的越多。

主动运输
将物质从低浓度移向高浓度，使细胞在细胞质或细胞器中积累物质。

释放能量

细胞是由来自于食物的能量驱动的。植物通过光合作用制造自己的食物，这一过程中二氧化碳和水与光和叶绿素发生反应。几乎所有的细胞都以相同的方式获得能量：通过分解被称为葡萄糖的糖类。这个过程始于细胞的细胞质，在被称为线粒体的细胞器中完成。这些"能量车间"以特别有效的方式利用氧气来提取能量，产生了大量的富含能量的化合物三磷酸腺苷，它可以为运动中的细胞活动提供能量。

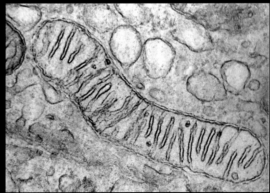

线粒体
释放细胞大部分能量的化学反应发生在线粒体的内膜上；最活跃的细胞有最多的膜包装的线粒体。

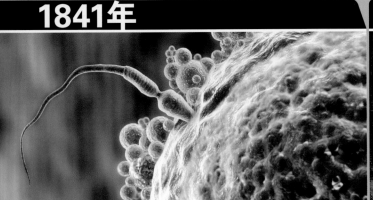

瑞士心理学家阿尔伯特·冯·科立克表明，像其他的活细胞一样，每个精子都是有自己细胞核的单细胞。

英国工程师詹姆斯·内史密斯的蒸汽锤能打造大块的锻铁，并为了响应19世纪工程增加的需求而得到了发展。

1~3 毫米/分钟
精子的可能行进速度

1841年，德国科学家尤利乌斯·冯·迈尔（1814~1878）首次提出能量既不能被创造，也不能被消灭。这就是现在的热力学第一定律（见1847~1848年）。冯·迈尔还提出了功和热是等效的——一定量的功总是会产生一定的热量——与英国物理学家詹姆斯·焦耳（1818~1889）两年后独立发现的相同。然而，无论是冯·迈尔还是焦耳，他们的工作过了一段时间才被世人所承认。

与此相反的是，瑞士生理学家阿尔伯特·冯·科立克（1817~1905）改进的显微镜技术，如样品染色，很快就被承认并得到采用。冯·科立克还证实精子和卵子都是有细胞核的细胞，由此导致了组织学（研究活细胞的科学）的诞生。

在英国，工程师约瑟夫·惠特沃思（1803~1887）发现和解决了装配精密机器的一个基本问题——螺钉的变化。惠特沃思创造了一套螺纹和螺距的标准化系统。当几家铁路公司决定采用它时，其他团体迅速跟进。这个系统现在被称为 BSW（英国标准惠氏）系统。

在南极洲，英国探险家詹姆斯·克拉克·罗斯（1800~1862）发现并命名了维多利亚坝，后来被称为罗斯冰架。

螺纹
约瑟夫·惠特沃思设定一个固定的角度为 55° 的螺杆螺纹标准。

脊
螺距
螺纹根部

多普勒效应

警车越来越近，随着声波在警车前面的挤压，使得警笛声调也越来越高。当车经过及驶离听者之后，警笛声调也随声波的扩展而越来越低。这是因为，当警车靠近的时候，每个连续的声波都更接近警车。当警车开走时，每个连续的声波开始更加远离警车。

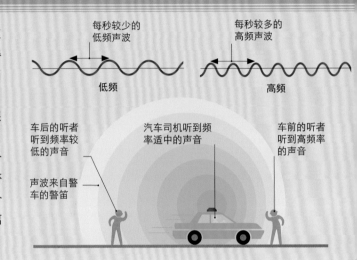

每秒较少的低频声波
每秒较多的高频声波
低频
高频
车后的听者听到频率较低的声音
汽车司机听到频率适中的声音
车前的听者听到高频率的声音
声波来自警车的警笛

1842年，化石被第一次发现并认可 25 年后，英国生物学家理查德·欧文（1804~1892）第一次用"恐龙"来形容这些"可怕的爬行动物"。讽刺的是，欧文是错误地鄙视英国地质学家吉迪恩·曼特尔（1790~1852）的人之一，后者认为他发现的禽龙化石属于已经灭绝的巨型爬行动物。

同时，蒸汽锤促成了制造业的一场革命，1842年6月英国工程师詹姆斯·内史密斯（1808~1890）获得其专

利。以前，铸铁厂都使用转轴的倾斜锤，机械地抬起然后放下来，铸造的铁件不结实、不精确。与此相反的是，内史密斯的立式蒸汽锤靠巨大的作用力落下来，但仍然可以在短时间内停下来，并有足够的精确度将一个鸡蛋打入一个酒杯中。内史密斯

一具禽龙的骨架
这类恐龙是 1822 年由英国地质学家吉迪恩·曼特尔发现的，尽管"恐龙"这个词直到 1842 年才提出来。

的蒸汽锤的力量与精度意味着诸如铁路车轮和最早的钢质船体都可以第一次用实心钢锻造出来，从而革新了制造过程。

英国发明家约翰·斯特林费洛（1799~1883）和威廉·亨森（1812~1888）

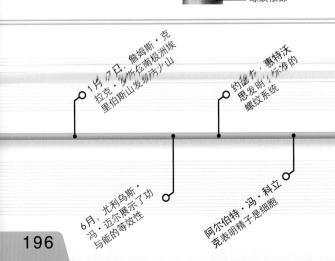

1月7日，詹姆斯·克拉克·罗斯在南极洲埃里伯斯山发现活火山

约瑟夫·惠特沃思发明了标准的螺纹系统

1842年1月，美E.北仑生威廉在全身麻醉下做拔牙手术

1842年，理查德·欧文提出了"恐龙"

1842年6月，詹姆斯·内史密斯获得蒸汽锤专利

6月，尤利乌斯·冯·迈尔展示了功与能的等效性

阿尔伯特·冯·科立克表明精子是细胞

1842年3月30日，美国医师克劳福德·朗第一次在全身麻醉下做外科手术

1842年，克里斯蒂安·多普勒发现了著名的多普勒效应

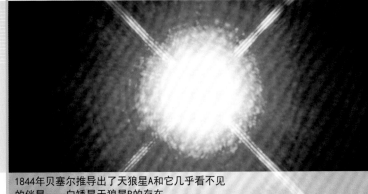

25 吨
詹姆斯·内史密斯的蒸汽锤的最大重量

艾达·洛夫莱斯 (1815~1852)

诗人拜伦勋爵的女儿艾达·洛夫莱斯是一位杰出的数学家。1843年，她开始宣传英国发明家查尔斯·巴贝奇的分析机想法，并为其写了所谓的世界上第一个计算机程序。她预见到巴贝奇分析机的作用将远远超出单纯计算的功能。

一起设想制造有动力的飞行器，1842年他们设计了一架巨大的蒸汽驱动的客机。他们在1843年获得专利，并成立了空中蒸汽运输公司，声称可以飞往具有异国情调的地方，如金字塔，但是这个想法最终被放弃了。

1842年，奥地利科学家克里斯蒂安·多普勒（1803~1853）提出了声音和光波的频率如何在物体靠近或远离观察者时发生变化（见小框，对页）。这被称为多普勒效应。正是所谓的多普勒偏移，后来帮助揭示了宇宙的膨胀（见1929~1930年）。

世界上第一个"计算机程序"是英国诗人拜伦勋爵的女儿、数学家艾达·洛夫莱斯在1843年写的。洛夫莱斯与英国发明家查尔斯·巴贝奇（1791~1871）一起研究他的分析机（见1834年），如果它曾建好，那将是世界上第一台计算机。1842年到1843年间她在翻译一篇意大利数学家路易吉·梅纳布雷亚（1809~1896）写的关于分析机的文章。在翻译时，她为这篇文章补充了一个注释，包括一个编码的算法，设计由机器进行处理。如果这台机器曾建立起来，那么这种算法将是第一个计算机程序。

肋骨

股骨（大腿骨）

> **"这种体型远远超过现存最大爬行动物的生物……我建议称它们为恐龙。"**
>
> 理查德·欧文，英国生物学家，《英国爬行动物化石报告》，1842年

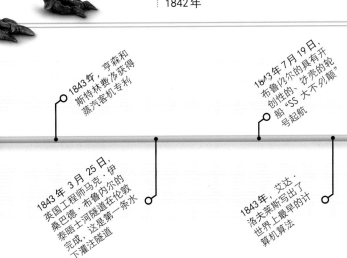

1844年贝塞尔推导出了天狼星A和它几乎看不见的伴星——白矮星天狼星B的存在。

20 天文单位
天狼星A和天狼星B之间的近似距离

1844年，德国天文学家弗里德里希·贝塞尔（1784~1846）发现了天狼星和南河三的运动摆动。艾萨克·牛顿的引力定律（见120~121页）让天文学家可以计算出遥远恒星的运动，其精度可以揭示运动的差异。贝塞尔推导出这些恒星有黑暗的伴星，现在被称为天狼星B和南河三B。

另一个德国天文学家海因里希·施瓦贝（1789~1875），观察到太阳黑子如何以10年为周期进行变化——后来，这个周期被证明是11年。

同年5月24日，美国发明家塞缪尔·莫尔斯通过从华盛顿到巴尔的摩铺设的新线路发送了美国的第一次长途电报消息。这是一段用他自己的莫尔斯电码写的《圣经》信息："上帝创造了什么？"——即时通信已经成功实现。

莫尔斯发报机
这部发报机使用莫尔斯的点划电码发送信息。

键

触点

枢轴

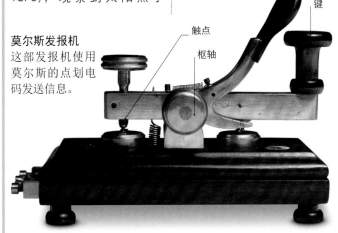

1843年，亨森和斯特林费洛获得蒸汽客机专利

1843年7月19日，布鲁内尔的具有开创性的、铁壳的轮船"SS 大不列颠"号起航

弗里德里希·贝塞尔推导出天狼星和南河三有黑暗的伴星

德国天文学家海因里希·施瓦贝观察到太阳黑子的周期性变化

1843年3月25日，英国工程师马克·伊桑巴德·布鲁内尔的泰晤士河隧道在伦敦完成，这是第一条水下灌注隧道

1843年，艾达·洛夫莱斯写出了世界上最早的计算机算法

5月24日，塞缪尔·莫尔斯用莫尔斯电码发送了第一条信息

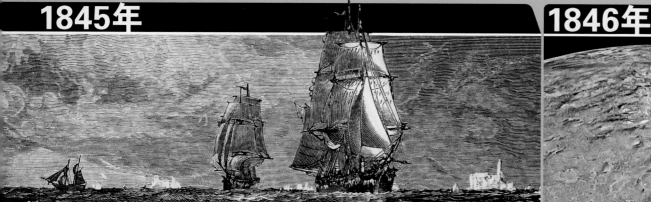

约翰·富兰克林充满厄运的探险队，想要发现穿越北冰洋的神秘的西北航道。他的两艘船——皇家海军舰艇"恐怖"号和"埃里伯斯"号进入巴芬湾后消失了。

海王星在它的卫星海卫一上方上升，该构造图像来自于"旅行者"号探测器拍摄的照片。二者都是1846年发现的。

今天科学的一项重要探索任务就是发现力与能量的潜在统一性。1845年，英国物理学家迈克尔·法拉第的一系列实验为此做出了早期贡献。他的实验表明，当光通过重铅玻璃时，磁场可以改变光的偏振状态。这一发现揭示了此前未被注意的光、磁和电之间的联系，为完整的电磁波谱的发现铺平了道路（见234~235页）。

与此同时，天文学家继续探索夜晚的天空。一位英国的天文学家罗斯伯爵三世在爱尔兰建造了巨大的反射

340 吨

"SS 大不列颠"号三层高蒸汽发动机的重量

式望远镜，被称为帕森斯城的利维亚森。通过其1.8米的光圈，能观察到M51星系（现在被称为旋涡星系）有一个螺旋结构。这是第一个被观察到的螺旋星系。

其他天文学家质疑为什么天王星不断出现在根据开

普勒定律（见100~101页）和牛顿定律（见120~121页）不应出现的地方。英国数学家约翰·库奇·亚当斯（1819~1892）认为天王星以外的另一颗行星干扰了它的轨道。法国天文学家于尔班·勒威耶（1811~1877）观察天王星的轨道干扰，并预测出这颗行星可能在什么地方。

另一个谜是英国探险家约翰·富兰克林和他的皇家海军舰艇"埃里伯斯"号和"恐怖"号在巴芬湾的失踪，他们这次探险想要寻找北极地区的西北航道。

"SS 大不列颠"号成功地从利物浦航行到纽约，成为第一艘由螺旋桨而不是明轮驱动穿越大西洋的铁轮船。

罗斯伯爵的反射式望远镜
帕森斯城的利维亚森，1845年建造于爱尔兰的奥法利，曾在70多年的时间里一直是世界上最大的望远镜。

全身麻醉

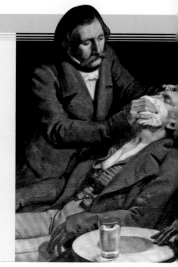

全身麻醉剂（使人处于无意识状态的物质）的引入改革了外科手术。它让外科医生能够使病人毫无痛苦地进行各种手术。术语麻醉意味着"失去知觉"：麻醉通过阻断沿神经传递给大脑的信号发挥作用。最早的麻醉药有乙醚、笑气（一氧化二氮）和氯仿。

1846年9月23日，德国天文学家约翰·戈特弗里德·加勒（1812~1910）收到一封来自法国天文学家于尔班·勒威耶的信。它包含了一些说明，告诉他去哪里能找到太阳系的第八颗行星（很快就被称为海王星）。接下来是长时间的争执，海王星被发现的功劳该归功于谁——于尔班·勒

威耶还是约翰·库奇·亚当斯，后者在上一年度也曾预言它的存在。大多数权威人士支持勒威耶，因为是他对海王星位置足够精确的计算，使得加勒能立即找到它。17天后，英国天文学家威廉·拉塞尔（1799~1880）发现海王星有一颗卫星。一个世纪以后，它被命名为海卫一。

"这意味着没有知觉……对触摸的对象而言。用形容词来表示可说是'麻醉的'。因此我们可能会说，'麻醉的状态'。"
奥利弗·温德尔·霍姆斯，美国内科医生，一封给威廉·莫顿博士的信，1846年

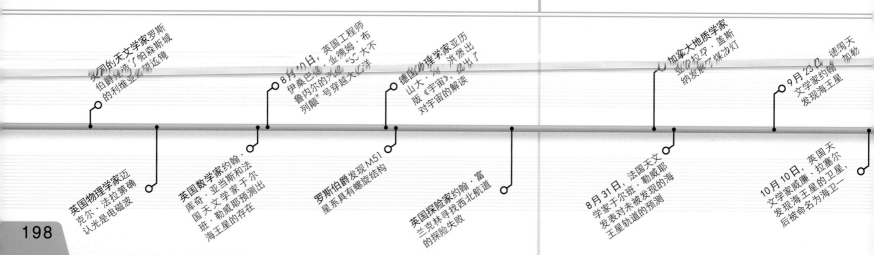

西尔的天文学家罗斯伯爵建造了帕森斯城的利维亚森的望远镜

英国物理学家迈克尔·法拉第确认光是电磁波

8月10日，英国工程师伊桑巴德·金德姆·布鲁内尔的铁船"SS 大不列颠"号穿越大西洋

英国数学家约翰·库奇·亚当斯和法国天文学家于尔班·勒威耶预测出天王星的存在

罗斯伯爵发现M51星系具有螺旋结构

德国物理学家亚历山大·洪堡出版了《宇宙》对宇宙的解读

英国探险家约翰·富兰克林寻找西北航道的探险失败

加拿大地质学家亚伯拉罕·盖斯纳发展了煤油灯

8月31日，法国天文学家于尔班·勒威耶发表对未被发现的海王星轨道的预测

9月23日，德国天文学家约翰·加勒发现海王星

10月10日，英国天文学家威廉·拉塞尔发现海王星的卫星，后被命名为海卫一

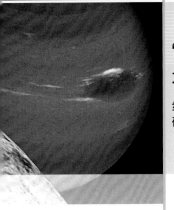

"他的智力和动物习性之间的均衡……（已经）被摧毁。"

约翰·马丁·哈洛，对铁棒穿过头颅这一事件的研究，1868年

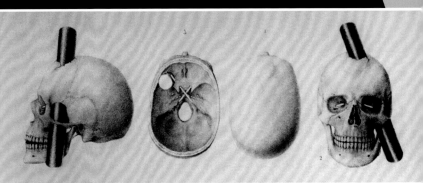

铁棒穿透菲尼亚斯·盖奇的头骨和大脑后，研究事故后他的性格是如何改变的，揭示出很多关于大脑功能的秘密。

麻醉的研究进展是由大西洋两岸的外科医生做出的。10月16日，在波士顿马萨诸塞州总医院，美国外科医生威廉·莫顿（1819~1868）麻醉了他的病人吉尔伯特·杨，莫顿用乙醚的气味将其催眠，并从他的脖子上切下一个肿瘤。手术半个小时以后，杨醒了，没有意识到手术已经做完了。此前别人也用过麻醉术，如美国医师克劳福德·朗（见1842~1843年）和美国牙医霍勒斯·威尔斯等。但只有莫顿的示范产生了影响。两个月后，苏格兰的外科医生罗伯特·利斯顿（1794~1847）在伦敦施行了麻醉下的腿部截肢手术。

另一个重要发现是加拿大地质学家亚伯拉罕·盖斯纳（1797~1864）发明的从煤或石油中生产煤油或石蜡。1846年，盖斯纳开始尝试提炼煤油的方法。到1853年，他完善煤油制作工艺，将其用作灯具燃料。在此之前大多数灯具都是燃用鲸油，而煤油却要便宜得多，因此人们就能用得起更明亮、使用时间更长的灯了。

1847年，匈牙利医师伊格纳茨·塞麦尔维斯取得了医学的一个重要的发现。他意识到如果医生洗手可以减少产褥热的感染，这是导致很多女性在分娩期间死亡的一种疾病。直到许多年以后，他的建议才被采纳。

连接病人面罩的出口管

苏格兰外科医生詹姆斯·辛普森意识到，如果要做大手术，乙醚和笑气都不能让病人长时间昏迷，于是他引入了氯仿作为麻醉剂。

德国物理学家赫尔曼·冯·亥姆霍兹概述了由尤利乌斯·冯·迈尔首先提出来的能量守恒定律（见1841年）。他将其表述为能量既不能产生也不能消灭（现在称为热力学第一定律）。

第二年，苏格兰物

氯仿支架

氯仿吸入器
氯仿吸入器是在1848年发明的。它让医生能够使用汽化氯仿雾气快速麻醉患者。

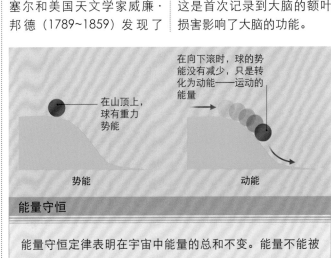

理学家威廉·汤姆孙（开尔文勋爵）给出了涉及他的绝对零度思想的热力学第三定律。他意识到肯定存在一个温度，所有的分子运动都会停止，他计算出该温度为 $-273.15℃$（$-459.67℉$）。汤姆孙用这个温度作为新的温标起始点——开氏温标（见1740~1742年）。

到1848年，日益强大的望远镜揭示了太阳系的更多秘密。天文学家发现行星经常有多个卫星。威廉·拉塞尔和美国天文学家威廉·邦德（1789~1859）发现了

土星的第八颗卫星，即现在所知的土卫七。

英国发明家约翰·斯特林费洛（1799~1883）和威廉·亨森（1812~1888）试飞了蒸汽动力的飞机模型，名为航空蒸汽运输，其飞行高度为10米。这是第一次有动力的飞行，他们企图试飞更大的模型却没有成功。

佛蒙特州铁路工人菲尼亚斯·盖奇被1米长的铁棒刺穿头部，他幸存了下来，但是智力和个性发生了变化。这是首次记录到大脑的额叶损害影响了大脑的功能。

在山顶上，球有重力势能

在向下滚时，球的势能没有减少，只是转化为动能——运动的能量

势能

动能

能量守恒

能量守恒定律表明在宇宙中能量的总和不变。能量不能被产生也不能被消灭，它只能改变形式。做功时，能量从一种形式转换为另一种，或从一个物体转移到另一个，例如，势能（静态的物体）可以转换为动能（运动能量）。

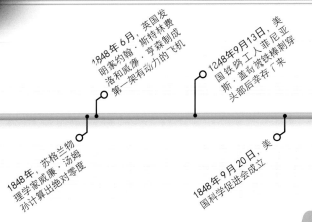

10月16日，美国外科医生威廉·莫顿在全身麻醉下实施手术

12月21日，苏格兰的外科医生罗伯特·利斯顿在全身麻醉下实施了腿部截肢手术

1847年，德国物理学家赫尔曼·冯·亥姆霍兹正式提出能量守恒定律的表述

1847年，匈牙利医师伊格纳茨·塞麦尔维斯建议通过洗手减少分娩感染

1847年9月1日，美国天文学家玛丽亚·米歇尔发现彗星1847 VI

1847年11月4~8日，苏格兰外科医生詹姆斯·辛普森用氯仿做手术麻醉

1848年6月，英国发明家约翰·斯特林费洛和威廉·亨森制成第一架有动力的飞机

1848年，苏格兰物理学家威廉·汤姆孙计算出绝对零度

1848年9月13日，美国铁路工人菲尼亚斯·盖奇被铁棒刺穿头部后幸存下来

1848年9月20日，美国科学促进会成立

199

1986年，"旅行者"2号探测器拍摄了天王星的5个最大的卫星的特写，包括发现于1851年的天卫一和天卫二，还有1948 年发现的最小的天卫五。

1849年，法国天文学家爱德华·洛希（1820~1883）解释了为什么土星有光环和卫星。如果行星和卫星靠土星太近，它们就会被潮汐力——在它们旋转时产生的重力不断变化的牵引——撕裂。行星和卫星之间靠得有多近而可以不被拉开存在一个限度，这个限度被称为洛希极限。如果行星和卫星有相同的密度，洛希极限是地球半径的 2.446 倍。如果月球离地球约18470 千米，它就会粉碎成环。

另外两位法国科学家，物理学家伊波利特·斐索（1819~1896）和让·傅科（1819~1868）在 1849 年测量了光速，他们让光在镜面、快速旋转的齿轮和另一面大约 35 千米外的镜子之间反射。光线通过齿轮反射到第一面镜子上。当光线再次到达旋转的齿轮时，齿轮已经前进到另一个卡槽。通过测量齿轮的旋转速度、卡槽的间距和更远的镜子到齿轮的距离，这两位科学家可以计算出光的速度。

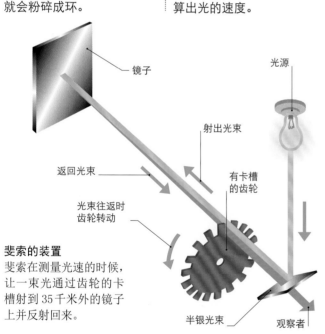

斐索的装置
斐索在测量光速的时候，让一束光通过齿轮的卡槽射到 35 千米外的镜子上并反射回来。

用这种方法很难得到关于光速的准确数字，所以在1850年傅科用旋转的镜子代替了齿轮。当镜子转动时，将返回的光线反射到一个略微不同的位置，这种位置差异可以清晰揭示出光速。傅科得到了光速更精确的近似值，298000 千米/秒。

科学的进展还包括德国物理学家鲁道夫·克劳修斯（1822~1888）1850 年发表的关于热运动的论文。他的两个基本定律奠定了热力学的基础。第一个是能量守恒——能量永远不会减少，只是重新分配。第二个是热量不能从寒冷的地方移动到一个热的地方，只能反过来。

1850年，英国化学家詹姆斯·杨（1811~1883）获得从煤中蒸馏石蜡的专利，石蜡逐步取代了油灯里的鲸油。苏格兰出生的美国发明家约翰·戈里（1803~1855）还发明了制冷技术，他发明了使用循环液体排出热量制造冰的机器（见 1872~1873年）。

1851年，英国天文学家威廉·拉塞尔（1799~1880）又发现天王星的两颗卫星，天卫一和天卫二。英国雕塑家弗雷德里克·斯科特·阿彻（1813~1857）发明了湿版摄影技术。其方法是在每次拍照前，于黑暗中在底片

湿版照相机
在便携式暗箱中工作，拍摄者有不超过 10 秒的时间拍照，并在底版干燥之前处理。

上涂抹黏稠液体火棉胶。这种技术兼具达盖尔银版摄影法（见 1837 年）呈现的精致细节和福克斯·塔尔博特卡罗摄影术（见 1835 年）的可重复性。

调焦风箱　　镜头　　相机前侧

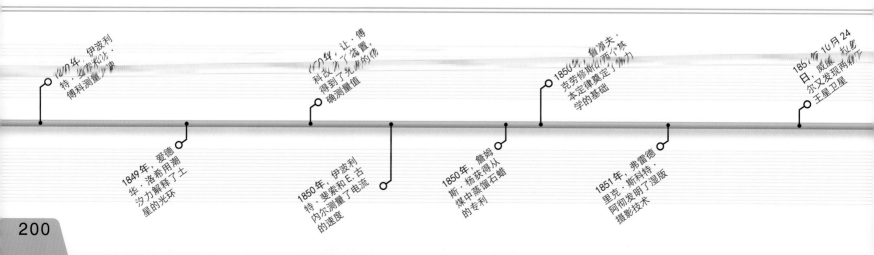

乔治·凯莱滑翔机的一个复制品，1853 年在英国约克郡实现了世界上第一次固定翼飞行。

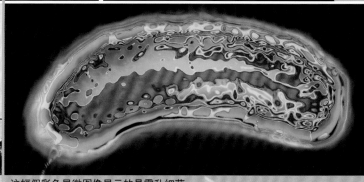

这幅假彩色显微图像显示的是霍乱细菌，后来知道它是霍乱的元凶。

> "我深信，航空将成为文明进步的一种最突出的特征。"
>
> 乔治·凯莱，英国航空工程师，1804 年

多年来，北大西洋周边地区的大海雀很容易成为猎人的目标。到 19 世纪 40 年代，它们几乎要绝迹了。1852 年，人们在加拿大纽芬兰岛海岸发现了最后一只大海雀。

英国物理学家詹姆斯·焦耳（1818~1889）和威廉·汤姆孙（1824~1907）在 1852 年发现了焦耳-汤姆孙效应，解释了气体和液体在流经节流阀后冷却并扩张的方式。焦耳-汤姆孙效应是冰箱和空调系统工作方式的核心。

航空时代始于 1852 年 9 月 24 日，法国工程师亨利·吉法尔（1825~1882）从法国的巴黎到特雷普斯进行了第一次有动力和可控制的飞行，飞行了 27 千米。飞行是在一艘有动力的飞艇上进行的，飞艇上安装了一个雪茄形、内充氢气的气球提供升力，还有蒸汽驱动的螺旋桨可以让飞艇在空气中运行。

1853 年还有另一个航空第一，全尺寸飞机——一架由英国工程师乔治·凯莱（1773~1857）建造的滑翔机——的首次飞行，刷新了

大海雀

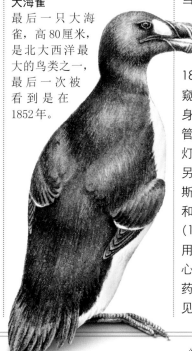

最后一只大海雀，高 80 厘米，是北大西洋最大的鸟类之一，最后一次被看到是在 1852 年。

对飞行理论的理解。这次在英国约克郡的布朗普顿山谷的飞行细节并不清楚；有报道称，凯莱的管家是飞行员，也有人说他只是其侍者。尽管如此，这次飞行仍是一个历史性的成就。

1853 年对于医学和生理学也是重要的一年。法国生理学家克劳德·伯纳德（1813~1878）发现葡萄糖——身体的能量食物，会以一种淀粉样的叫作糖原的物质形式暂时储存于肝脏中，当身体需要能量时就会释放到血液中成为葡萄糖。

法国医生安托万·德索尔莫（1815~1882）开发出外科手术的内窥镜。这是一个可以插入到身体中做探测的长长的金属管，使用来自燃烧石蜡的灯反射在一面镜子上的光。另一名法国外科医生查尔斯·普拉瓦（1791~1853）和英国医生亚历山大·伍德（1817~1884）独立发明了实用的皮下注射器，用一根空心的金属针插入身体直接把药物送到静脉，比口服药物见效更快。

接受了英国物理学家威廉·汤姆孙的建议后，德国物理学家赫尔曼·冯·亥姆霍兹（1821~1894）和英国工程师威廉·兰金（1820~1872）发展了鲁道夫·克劳修斯的热不能从冷处传到热处的理论。这意味着热将最终均匀分布于宇宙中，一旦发生这种情况，能量将不再移动，宇宙将会停下来，这被称为"宇宙的热寂"。

英国天文学家乔治·艾里（1801~1892）通过在地表和煤炭矿井下 383 米测量钟摆的摆动，计算出地球的密度。测量值的差别揭示了重力效应的微小变化，从这个差值他得到地球的密度为 6.566 克 / 立方厘米——今天接受的数字是 5.52 克 / 立方厘米。

在 1854 年产生了两种新的数学。一个是德国数学家伯恩哈德·黎曼（1826~1866）的非欧几何（黎曼几何）。欧几里得几何仅适用于平面；黎曼几何是曲面的几何，因为地球的表面呈曲线状，因此黎曼几何非常重要。在欧几里得几何中，一个三角形的内角和等于两个直角和，两点之间直线最短；在黎曼几何中，三角形内角和超过两个直角和，表面上再也没有直线。

5.52
克 / 立方厘米
地球的平均密度

英国数学家乔治·布尔（1815~1864）的新代数将使逻辑数学化，而非哲学化。布尔认为任何命题都可以减少到只用"与""或"和"否"，并进而得出结论。今天，布尔逻辑与二进制数字系统相结合，构成了所有计算机程序。

8 月，伦敦的苏荷区暴发了霍乱，英国医生约翰·斯诺（1813~1858）追踪其源头为一台水泵，从而验证了他的理论，霍乱是水源性的。

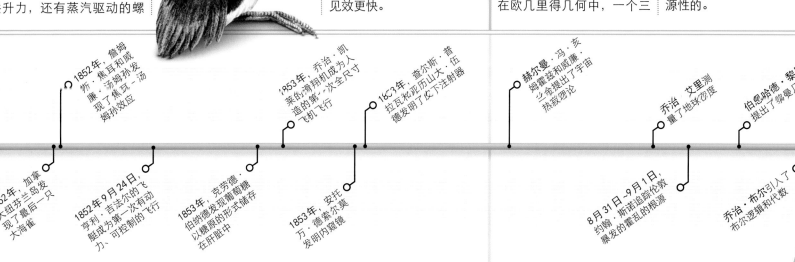

1852 年，詹姆斯·焦耳和威廉·汤姆孙发现了焦耳-汤姆孙效应

1853 年，乔治·凯莱的滑翔机成为人造的第一次全尺寸飞机飞行

1853 年，查尔斯·普拉瓦和亚历山大·伍德发明了皮下注射器

赫尔曼·冯·亥姆霍兹和威廉·兰金提出了宇宙热寂理论

乔治·艾里测量了地球密度

伯恩哈德·黎曼提出了黎曼几何

1852 年，加拿大纽芬兰岛发现了最后一只大海雀

1852 年 9 月 24 日，亨利·吉法尔的飞艇成为第一次有动力、可控制的飞行

1853 年，克劳德·伯纳德发现葡萄糖以糖原的形式储存在肝脏中

1853 年，安托万·德索尔莫发明内窥镜

8 月 31 日~9 月 1 日，约翰·斯诺追踪伦敦暴发的霍乱的根源

乔治·布尔引入了布尔逻辑和代数

转炉炼钢法可以更便宜、更高效地生产钢，引发了工程革命。

蒙哥马利调查了喀喇昆仑山脉，作为印度大三角调查的一部分。它包括了世界第二高峰乔戈里峰（K2）。

1855年的科学前沿是原子、光和电磁波关系的探寻。英国数学家詹姆斯·克拉克·麦克斯韦（1831~1879）想要研究一种理论，以统一电、光和磁，而其他科学家则通过实际实验去探寻原子是如何发光的。他们已经计算出，每一种原子发射和吸收特定范围的颜色或频谱，某些波长为暗线（间隔），另外一些波长是亮线（峰）。瑞典物理学家安德斯·埃格斯特朗（1814~1874）和美国的科学家戴维·奥尔特（1807~1881）各自独立地描述出了氢气的光谱，是理解光与原子之间联系的关键。

德国物理学家尤利乌斯·普吕克

盖斯勒管

这些充满气体的管子被制成精致的形状，可以发出各种颜色的光。

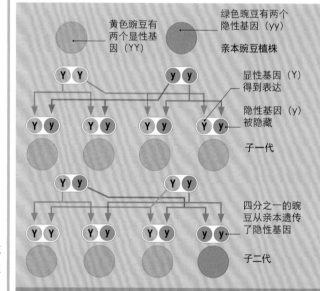

螺旋放电管

（1801~1879）通过研究电气火花产生的光亮（无失真地通过空气）来探究光谱。为了做到这一点，他委托仪器制造者海因里希·盖斯勒（1814~1879）发明了一个近乎完全真空、两端有电气端子的玻璃管。当电路接通时，电荷穿过端子之间的管道，产生明亮的光。

1853年法国化学家查尔斯·葛

哈德（1816~1856）提出有机化合物的4种基本类型是由碳氢、氯化氢、水或氨分子所产生的。1855年，英国化学家威廉·奥丁（1829~1921）添加了第五种类型，以甲烷为基础。这导致德国化学家弗里德里希·

"原子在我面前跳跃……"

弗里德里希·克库勒，德国化学家，描述引导他创造结构理论的白日梦，1855年

克库勒（1829~1896）和苏格兰化学家阿奇博尔德·库珀（1831~1892）开始发展分子结构理论。

这一年的技术突破是转炉的发展，是由英国工程师亨利·贝塞麦（1813~1898）发明的。这种转炉可以将生铁（铁的粗糙形式）便宜、批量地生产成钢。

遗传学始于奥地利修道士格雷戈尔·孟德尔（1822~1884），但是他的工作多年以来一直没有受到足够的重视。1856年，孟德尔开始在修道院的花园里种植豌豆进行实验。他表明了性状是如何通过他所谓的"因子"（后

来被称为基因）的作用传递从双亲一代一代繁衍下去的由此奠定了遗传学的基础。

另一个长期没有获得重视的发现，是第一个被承认的人类祖先化石的发现。

1856年8月，采石场工人在一个山洞里发现了一些

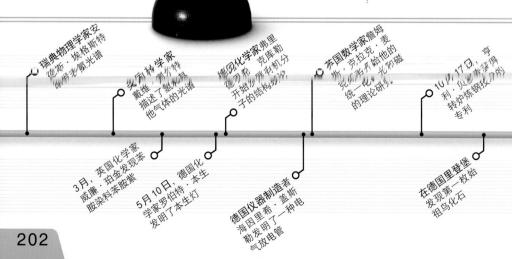

黄色豌豆有两个显性基因（YY）

绿色豌豆有两个隐性基因（yy）

亲本豌豆植株

显性基因（Y）得到表达

隐性基因（y）被隐藏

子一代

四分之一的豌豆从亲本遗传了隐性基因

子二代

显性与隐性基因

孟德尔的豌豆实验表明，颜色等可遗传的性状是由后来被称为基因的微粒决定的。具有不同的形式，后代以不同方式结合起来的基因，称为等位基因。显性的Y基因决定了黄色豌豆的颜色，只要有一个显性基因就足以产生黄色的豌豆。隐性y基因决定了绿色豌豆的颜色，只有两个隐性基因都存在的时候，才能产生绿色豌豆。

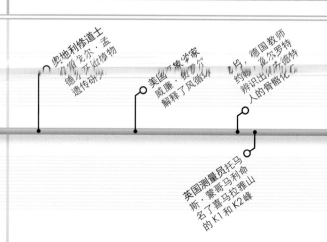

瑞典物理学家安德斯·埃格斯特朗恩斯·埃格斯特朗创作无霜光谱

法国科学家戴维·奥尔特描述了氢气的光谱他气体的光谱

德国化学家弗里德里希·克库勒开始了所在有机分子的结构分析

英国数学家詹姆斯·克拉克·麦克斯韦开始他的统一电、光和磁的理论研究

10月17日，亨利·贝塞麦获得转炉炼钢技术的专利

奥地利修道士格雷戈尔·孟德尔开始植物遗传研究

美国科学家威廉·雷德尔解释了风循环

德国教师约翰·雷尔特博士辨识出尼安德特人的骨骼化石

3月，英国化学家威廉·珀金发现苯胺染料苯胺紫

5月10日，德国化学家罗伯特·本生发明了本生灯

德国仪器制造者海因里希·盖斯勒发明了一种电气放电管

在德国里登堡发现第一枚始祖鸟化石

英国测量员托马斯·蒙哥马利命名了普马拉雅山的K1和K2峰

17
1858年电缆第一次传输信息所用的小时数

检查跨大西洋的电报电缆的工人。发送的第一个消息是："荣耀归于至上之神；而和平与友善属于地上之人。"

骨头，当地教师约翰·富尔罗特（1803~1877）认为它们是类人的，用发现这些骨头的德国尼安德谷为其命名，这些人类的祖先现在被称为尼安德特人。人们认为尼安德特人在距今30万到3万年前生活在欧洲，但是是在过了一段时间以后，许多人才接受世界上曾经有类人生物生存过的观点。

美国气象学家威廉·费雷尔（1817~1891）解释了上升的暖空气与地球自转如何在中纬度地区制造了螺旋式上升的空气环流，被叫作费雷尔环流圈。这些环流圈引发了暴雨，西风是这些纬度的特征。

1802年，在印度，英国测量员托马斯·蒙哥马利（1830~1878）开始了对喀喇昆仑山脉的调查，这是印度大三角调查的一部分。

英国发明家亚历山大·帕克斯（1830~1890）获得第一种塑料专利，叫作"帕克辛"，是用酸和一种溶剂处理过的纤维素制成的。

1857年，在法国，化学家、微生物学家路易·巴斯德（1822~1895）发表了他开创性的关于发酵和酵母增殖的研究结果。他发现当啤酒和葡萄酒发酵时，不是化学物质，而是微小的叫作酵母菌的微生物在起作用。巴斯德后来发明了巴氏灭菌法，加热杀死酵母微生物，以延长某些食品的保质期。

1858年2月13日，英国探险家理查德·弗朗西斯·伯顿（1821~1890）和约翰·汉宁·斯皮克（1827~1864）成为首批看到第二大淡水湖——非洲坦噶尼喀湖的欧洲人。斯皮克独自一人继续发现了维多利亚湖。

城市快速增长的人口对工程师和建设者提出新的要求。在纽约，防止电梯由于电缆失灵而坠落的特殊安全装置的发明者以利沙·奥蒂斯（1811~1861），于1857年3月23日在百老汇488号安装了他的第一部电梯。在德国，弗里德里希·霍夫曼在加快城镇化进程中起到了作用，他在1858年获得了霍夫曼窑的专利，可以一直烧制砖块。城市也开始跨洋通讯。第一条跨大西洋海底的电报电缆，铺设于西爱尔兰和加拿大纽芬兰省之间，

艾尔弗雷德·华莱士
（1823~1913）

艾尔弗雷德·华莱士以独立地构想出自然选择的演化理论而闻名。他还开创了研究某个区域物种的生物地理学。1854~1862年，他在印尼的工作催生了华莱士线，将亚洲和澳大利亚的物种划分开来。

在1858年8月投入使用。

1858年7月1日，一篇科学论文被送到伦敦林奈学会。它结合了英国博物学家查尔斯·达尔文和艾尔弗雷德·拉塞尔·华莱士的思想，是一种新的理论——通过自然选择的演化理论。物种经过长时间演化的思想并不新鲜，但达尔文和华莱士认为，地球上的所有物种都

格雷解剖学

被称为《格雷解剖学》的解剖学书籍是由英国外科医生亨利·格雷在1858年出版的，迄今已有40多个版本。

是由于一个被称为自然选择的变化过程逐渐演化的——不能很好适应环境的物种要么无法繁殖后代，要么死得很早，因此不能传递它们低劣的性状。1858年6月，华莱士曾从印度尼西亚写信给达尔文，并介绍他的这一思想的纲要，但是他不知道的是，达尔文已经花了20年的时间来发展这个理论。

英国外科医生亨利·格雷（1827~1861）的《描述与外科解剖学》出版于1858年，在医学史上被广泛使用，自此之后一直再版，现在被简称为《格雷解剖学》。

673 千米
非洲坦噶尼喀湖的长度

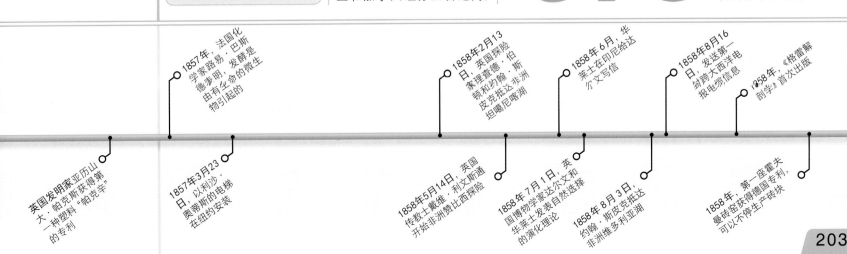

认识进化

除了作为生物多样性的来源，进化也为我们提供了与史前祖先联系的纽带

化石揭示出史前的生命形式与今天的是如何不同，对于不同物种的研究表明，所有的生命起源于数十亿年前的一个单一的、简单的祖先。今天，科学家们理解了引起生命多样性的演化背后的生物学和遗传学的过程。

在19世纪早期，法国博物学家让-巴普蒂斯特·拉马克错误地认为，生物在生存期间获得的特征可以传递给它的后代。后来，查尔斯·达尔文（见1859年）提出生物个体天生就有让它们"更适应"的变异——更容易存活下来并传递它们的特征。这被称为通过自然选择的演化。现在已知性状是由基因决定的，随机的基因突变会引起变异（见284~285页）。但只有自然选择可以解释有些变异如何能更好地适应环境，并在生物体中占据主导地位。

趋同进化

物理的相似之处可以表明有共同的祖先，但有时完全不相关的物种也会独立演化而变得相似。在相同的环境下，物种有类似的作用时，趋同进化通常就会发生，因此自然选择也会以相似的方式起作用。

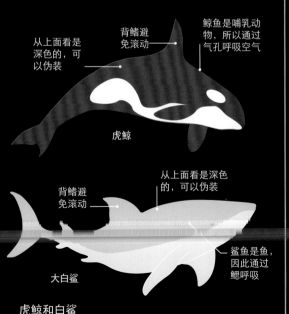

虎鲸和白鲨
这些海洋食肉动物都演化出了流线型的外形，以便在追逐猎物时获得更快的速度，深色背部和浅色的腹部可以提供伪装。

适应辐射

当一个共同祖先的后代适应不同的环境并产生多样性时，这就是适应辐射。适应辐射一般容易发生在可以提供更多生活方式的环境中。

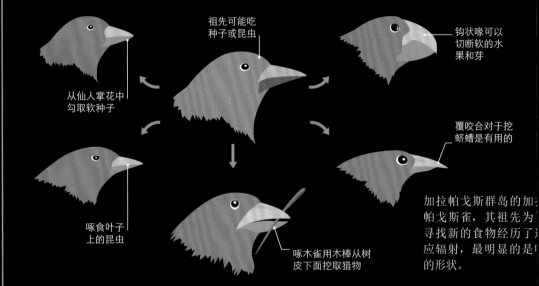

例如，在新形成的岛屿上可能有很少的竞争手，并有新的食物来源，因此经过许多世代后，一个物种的先锋种群就会发展出许多新的种，每一种适应略微不同的角色。

加拉帕戈斯群岛的加拉帕戈斯雀，其祖先为寻找新的食物经历了适应辐射，最明显的是喙的形状。

性选择

并不是所有的适应都增加个体的生存能力。有时，推动演变的选择优势来自于能更好地吸引配偶。例如，艳丽的羽毛可以使雄鸟更容易招引食肉动物，也会使它们在求爱中更成功。其结果是，它们可以留下更多的后代，并将艳丽羽毛的基因传递下去。

野鸡的尾巴

拥有长尾巴的雄性野鸡对雌性更有吸引力，因此长尾巴的基因被传递下来，而且随着世代相传，雄性的尾巴不断变长。

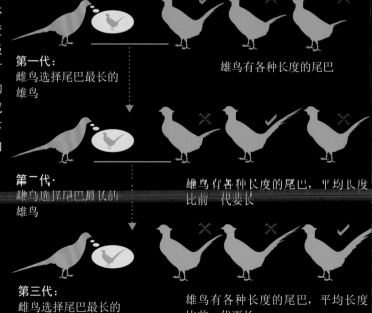

第一代：
雌鸟选择尾巴最长的雄鸟

雄鸟有各种长度的尾巴

第二代：
雌鸟选择尾巴最长的雄鸟

雄鸟有各种长度的尾巴，平均长度比前一代要长

第三代：
雌鸟选择尾巴最长的雄鸟

雄鸟有各种长度的尾巴，平均长度比前一代更长

亚洲

大洋洲

冲绳岛

艾尔弗雷德·拉塞尔·华莱士
华莱士是英国博物学家和探险家，他广泛游历亚洲和大洋洲，注意到了动物的分布类型。他独立于达尔文想到了自然选择的演化思想，在 1858 年两人联名提交了关于这一问题的论文。

菲律宾

安达曼群岛

东南亚大陆

巽他陆架的边缘，标志着许多亚洲动物的东部边界，如猿和犀牛。

华莱士线
作为观察的结果，华莱士在地图上画了一条线，展示了他认为的亚洲和大洋洲的演变区域的边界。这条线大致与大陆架——巽他陆架的边缘相吻合，标志着亚洲动物的东段边界。另一个大陆架——萨胡尔大陆架界定了澳大利亚地区。两个大陆架之间的深水形成了迁移的障碍，即便是在海平面很低的时候亦然。

巽他陆架，冰期海平面较低，这里都是陆地。

泰国－马来半岛

苏门答腊

安达曼群岛
萨胡尔大陆架的边缘，标志着许多澳大利亚动物的西部边界，如袋鼠。

婆罗洲

萨胡尔大陆架，冰期海平面较低，这里都是陆地。

新几内亚

协同进化
两个物种可能同时进化，互相适应对方的变化。例如，一个捕食者可能发展出更快的速度；反过来，它的猎物可能跑得更快，以免被抓到。这种协同进化的关系可能是高度专业化的。

苏拉威西岛

爪哇

帝汶岛

华莱士区，该区域在巽他陆架和萨胡尔大陆架之间，包括许多从未由大陆连接在一起的岛屿，因此动物无法到达那里。

蜜蜂被花香吸引

蜜蜂落在植物中的水里

水桶兰的液体

小出口

芳香的吸引力
雄蜂使用兰花的芬芳油来吸引伴侣——但在收集它们时掉进一个装满水的水桶兰中。

成功逃生
要逃脱，蜜蜂必须通过黏性的花粉，于是它带着油和给下一朵花授粉的花粉离开了。

大洋洲

1835年达尔文考察加拉帕戈斯群岛，据说他在那里观察到的动物和植物为他成为一个进化主义者做出了贡献，但是直到1859年达尔文才把他的观察写到《物种起源》一书中。

1859 年 11 月 24 日，查尔斯·达尔文出版划时代的著作《物种起源》。在书中，他详细阐释了自己 1858 年首次提出的进化理论。达尔文的理论是，物种通过自然选择过程自动变化发展；这种想法被哲学家赫伯特·斯宾塞（1820~ 1903）凝练地总结为"适者生存"。在书中，达尔文解释了出生时偶尔出现的定的栖息地。然而，如果栖息地改变了，这些特殊的优势可能成为弱势，结果这些物种就可能灭绝。

让达尔文的理论成为转折点的是他提出来的对所有生命都起作用的机制，他声称所有的生物都来自一个共同的祖先。尽管许多人承认了达尔文进化理论的力量，但仍有人提出尖锐的批评，辩论逐渐升温。

这年 4 月，两位英国考古学家，约翰·埃文斯（1823~1908）和约瑟夫·普雷斯特维奇（1812~1896）完成了一个惊人的发现，将人类的起源进一步推回到史前史。在法国北部的圣阿舍利，他们在含有已经灭绝的生物化石的底层中发现了石斧，包括猛犸象化石。如果猛犸象

突变如何使生物获得一些特质，以便让它们具有更好的生存机会，这意味着它们更可能将这些特质传递给后代。不同的突变会适应（或不适应）特定的环境条件，因此物种逐渐多样化，以适应特

地球上的物种数量
今天博物学家已经能够辨识出地球上现存的 125 万种生物，据估计物种总数超过 870 万种。

观察光谱的目镜

望远镜

目镜替换为瞄准仪的望远镜

将光线拆分为光谱的衍射光栅

分光镜座

分光镜
最早的分析光谱的仪器是由旧式的望远镜改造来的。这架特别制造的分光镜年代要稍晚些。

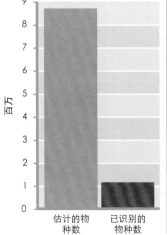

（图表纵轴标注：百万，0-9）
估计的物种数 / 已识别的物种数

和人类曾经在一起生活过，那么人类的生命一定可以向前追溯数万年。

早期的化学家已经意识到受热化学品发出的光的颜色有助于识别它们。1859 秋天的时候，德国科学家罗伯特·本生（1811~1899）和古斯塔夫·罗伯特·基尔霍夫

（1824~1887）开始系统地研究光谱，他们用本生在 1855 年设计的特殊燃气灯来加热化学物质。他们发现每种元素有其自身独特的频谱，并意识到光谱甚至可以用于显示非常微量的化学物质的存在。让阳光透过钠火焰，基尔霍夫还发现火焰吸收的阳光中的谱线与钠发出的一致——表明太阳中含钠。

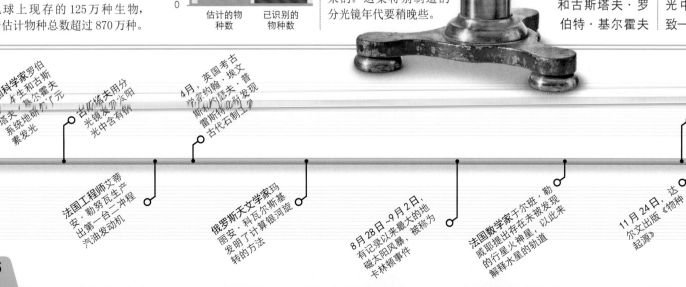

德国科学家罗伯特·本生和古斯塔夫·基尔霍夫系统地研究了元素发光

古斯塔夫用分光镜发现太阳光中含有钠

4月，英国考古学家约翰·埃文斯和约瑟夫·普雷斯特维奇发现古代石制工具

11月24日，第一艘铁甲战舰"光荣"号在法国启航

法国工程师艾蒂安·勒努瓦生产出第一台二冲程汽油发动机

俄罗斯天文学家玛丽安·科瓦尔斯基发明了计算银河旋转的方法

8月28日~9月2日，有记录以来最大的地磁太阳风暴，被称为卡林顿事件

法国数学家于尔班·勒威耶提出存在未被发现的行星火神星，以此来解释水星的轨道

11月 24 日，达尔文出版《物种起源》

沃伦·德拉鲁发明了一种特殊的相机,可以让他拍摄日全食,
正如1860年7月18日在西班牙看到的那样。

达尔文《物种起源 》出版引起的轰动终于引发了 6月英国牛津豪斯博物馆激烈的公开辩论。从宗教的角度反对达尔文的是主教塞缪尔·威尔伯福斯(1805~1873);支持达尔文和科学的是英国生物学家托马斯·赫胥黎(1825~1895)。辩论集中于人类是否是从猿演变而来的,不过达尔文却没有这么明确表达过。一般认为赫胥黎在辩论中获胜。

在 1859 年取得突破之后,本生和基尔霍夫在光谱学领域取得进一步进展。本生从矿物质水的吸收光谱中发现了两种新元素。每个都根据它们的光谱中最亮的

颜色命名:铯,来自于拉丁语中的"蓝色天空";铷,意思是"深红色"。基尔霍夫从太阳光谱对太阳的构成有了更多了解,从中发现了超过

16种不同的元素。英国天文学家沃伦·德拉鲁(1815~1889)拍下的日食照片,证明日食期间有时出现在月亮周围的火焰,现被称为日珥,来自太阳表面。

已知最早的人声记录是在 1860年 4月用法国书商爱德华·莱昂·斯科特·德马丁维尔(1817~1879)制作的声波记振仪完成的,是用声波拉动表面涂炭的滚筒来实现的。声波记振仪不是用来回放声音的,而只是用来将声音转化成图形,这个记录后来通过计算机技术才转

声波记振仪

声波记录仪使用膜片上的一个触片振动僵硬的鬃毛,在一个覆有炭黑(碳)的手摇的圆筒上画图。

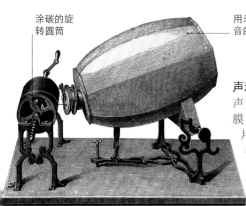

涂碳的旋转圆筒

用来采集声音的喇叭

"武士"号

作为装甲铁甲船,"武士"号是第一艘现代战舰。配备了 26 发前装炮,可以投射 31 千克的炮弹,射程超过 2700 米。

换为声音。

英国科学家约瑟夫·威尔森·斯旺(1828~1914)展示了最早的可以工作的白炽灯灯泡。光由真空玻璃灯泡中薄的炭丝发出,在电流将其加热到发光而产生。然而,如果灯泡里只有局部真空,灯丝很快就会烧坏。他对其做了改进,并在 1878 年申请了专利(见 1878~1879年)。

40万
地球上已知植物物种的约数

1500
约瑟夫·胡克在"埃里伯斯"号和"恐怖"号上前往南极航行时收集到的植物物种数

114
毫米
"武士"号上锻铁带的宽度

12月29日皇家海军舰艇"武士"号在伦敦泰晤士河上的启航是舰船技术发展的一个里程碑。"武士"号是继法国 1859年的"光荣"号之后的第二艘装甲铁甲军舰,具有史无前例的规模,长度超过 127 米,重约 1 万吨。

英国植物学家约瑟夫·胡克(1817~ 1911)总结了他发现的许多此前未知的植物,这些植物是他在 1839~1843 年间乘坐海军"埃里伯斯"号和"恐怖"号在通往南极洲的旅途中发现的。

植物物种数

人们一直在发现新的植物物种,现在已知有 40万。约瑟夫·胡克在他的南极航行中增加了1500种。

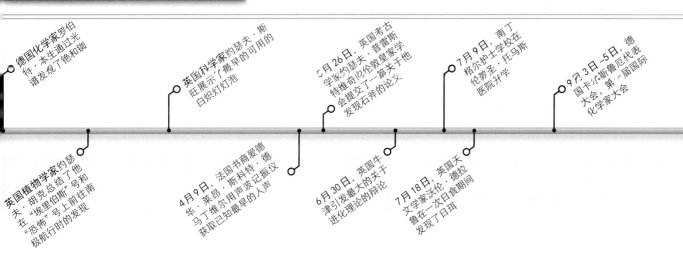

约塞米蒂法案，由亚伯拉罕·林肯总统于1864年6月30日签署，将美国加利福尼亚州约塞米蒂地区的自然景观保护区变为向公众开放的国家公园。

红细胞因血红蛋白而显红色。1864年费利克斯·霍佩-塞勒发现了血红蛋白在氧气运输中的关键作用。

英国物理学家詹姆斯·克拉克·麦克斯韦在他的两本书《论物理的力线》(1861)和《电磁场的动力学理论》(1864)中揭示了他在电学和磁学中取得的重大突破。他开始解释电磁场是如何由内向外辐射的波产生的。他证明了这些波动辐射的速度与光速完全相同，表明光也是一种电磁波。最后，他用4个方程总结了他的发现，现在被称为麦克斯韦方程组，奠定了有关电学和磁学的计算基础，就像艾萨克·牛顿方程奠定了所有有关运动的研究的基础一样。

1861年，麦克斯韦还拍摄了第一幅彩色照片。他已经证明了我们看到的颜色是不同强度的3种颜色的混合（见栏目，右），但为了证明这一点，他要求摄影师托马斯·萨顿(1819~1875)拍摄格子呢丝带的3张黑白照片，每一张通过不同的颜色过滤器——红色、绿色和蓝色。然后，他将3幅图像通过相同颜色的过滤器投射在一起，三色混合重新产生了全彩图像。

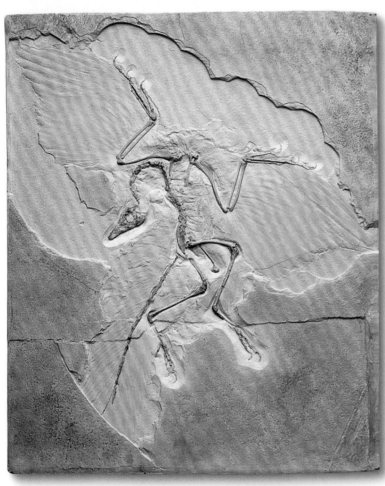

柏林始祖鸟
1874年发现的柏林始祖鸟化石是最完整的。它明确地显示了有齿的像恐龙一样的喙和有羽毛的像鸟一样的翅膀。

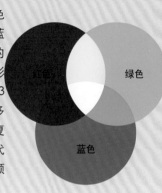

红色　绿色　蓝色

"光是由引起电磁现象的相同介质的横波组成的。"

詹姆斯·克拉克·麦克斯韦，英国物理学家，1862年1月

1861年，瑞典物理学家安德斯·埃格斯特朗(1814~1874)在太阳光谱中发现的颜色表明，太阳中含有氢气。

同一年，法国医生保尔·布罗卡(1824~1880)在一个脑部受伤不能说话但能理解语言的人的脑中发现了一块控制语言功能的关键区域。这个人死后，布罗卡对其进行了尸检，揭示了其脑部受到损伤的区域，现在被称为布罗卡区。

在非洲、印度和南美地区发现舌羊齿化石之后，1861年奥地利地质学家爱德华·聚斯(1831~1914)提出一个理论，认为这三个大洲曾经由大陆桥连接构成一个巨大的大陆，直到海平面上升将它们分开，他将其命

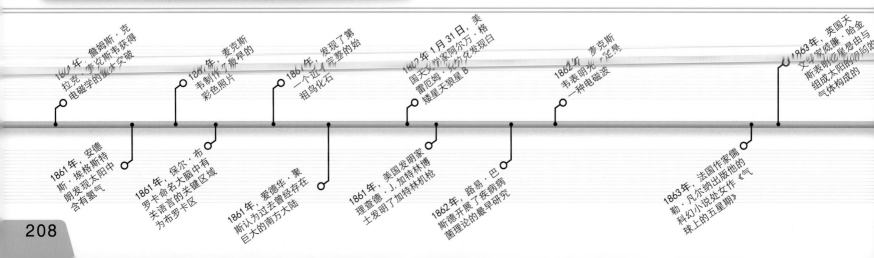

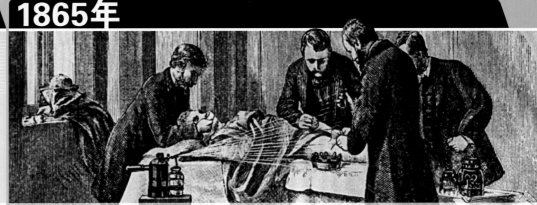

约瑟夫·李斯特将石炭酸引入了无菌手术，使得手术更加安全，因为酸可以杀死传播感染的细菌。

15 克
每升健康人血中的血红蛋白量

名为冈瓦纳大陆。对于巨大的大陆，他说得没错，但我们现在知道它们是通过大陆漂移（见1915年）分离开的，而不是因为海平面上升。

在德国朗恩艾特罕，发现了始祖鸟的第一个几乎完整的化石。这个带翅膀、有羽毛和长有爬行动物牙齿的生活在1.5亿年前的生物，显示了恐龙和鸟类之间的过渡。这一发现是支持达尔文关于一个物种逐渐演化成另一种的理论的重要证据。但达尔文的理论在1862年遭受重大挫折，当时英国物理学家威廉·汤姆孙计算出从地球形成到最终冷却下来可能需要的时间，即地球的年龄。他认为这个数字可能不会超过4亿年，并且很可能短到只有2000万年。即使4亿年对于达尔文的渐进演化来说也不够长。现在已知地球更接近45亿岁。

1862年，法国化学家路易·巴斯德（1822~1895）近乎确定微生物是许多传染性疾病的原因，这来自于他对产褥热的研究，妇女在分娩过程中常常感染此病。

詹姆斯·克拉克·麦克斯韦（1831~1879）

英国物理学家詹姆斯·克拉克·麦克斯韦出生在苏格兰的爱丁堡，他奠定了电磁理论的基石。借助杰出的数学天赋，他表明电、磁和光都以电磁场的形式存在。他的4个方程是所有经典电磁学的基础。

1864年的医学进步还在于，德国生理学家费利克斯·霍佩－塞勒（1825~1895）确定了含铁的血红蛋白在通过红血细胞运输氧气到血液中的作用。这一年，美国总统亚伯拉罕·林肯签署了约塞米蒂法案，这是1890年创建加利福尼亚州现在著名的国家公园的第一步。

1865年，德国物理学家鲁道夫·克劳修斯提出一个关于热的断言，其意义比当时大多数人的赞赏更重要。他从热力学第二定律（热量仅从热的地方流向冷的地方）出发，提出了熵的概念。熵是对任何系统无序度的数学度量。若要创建有序，热需要集中，而这需要能源。所以在任何系统中，无论是人体还是整个宇宙，熵和无序度会一直增加，除非连续有能量从外面输入以保持热量。例如，地球上的生命依赖从太阳输入的能量；一旦太阳的燃料耗尽，这种投入将会停止。

另一位德国人奥托·弗里德里希·卡尔·戴特斯（1834~1863），第一次在显微镜下观察到神经细胞的基本特征。他指出每个神经细胞拥有主要的细胞体、长长的尾状纤维（轴突）和一系列的树状纤维（树突）。

在医学上，英国外科医生约瑟夫·李斯特（1827~1912）在手术过程中率先使用石炭酸作为杀菌剂，用于清洁工具和伤口，以减少感染的机会。

> "宇宙的能量是恒定的。宇宙的熵趋向于最大值。"
>
> 鲁道夫·克劳修斯，德国物理学家，《论便于应用的热力学定律的各种形式》，1865年

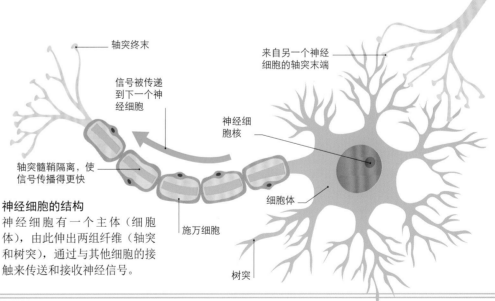

轴突终末

信号被传递到下一个神经细胞

来自另一个神经细胞的轴突末端

神经细胞核

轴突髓鞘隔离，使信号传播得更快

细胞体

施万细胞

树突

神经细胞的结构

神经细胞有一个主体（细胞体），由此伸出两组纤维（轴突和树突），通过与其他细胞的接触来传送和接收神经信号。

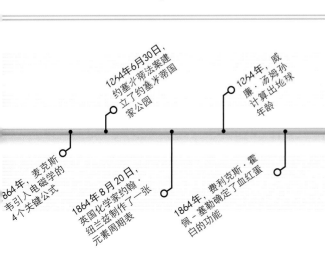

1864年6月30日，约塞米蒂法案建立了约塞米蒂国家公园

1864年，威廉·汤姆孙计算出地球年龄

1864年，麦克斯韦引入电磁学的4个关键公式

1864年8月20日，英国化学家约翰·纽兰兹制作了一张元素周期表

1864年，费利克斯·霍佩－塞勒确定了血红蛋白的功能

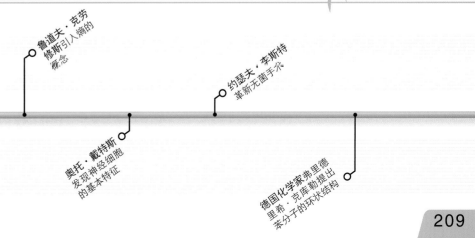

鲁道夫·克劳修斯引入熵的概念

约瑟夫·李斯特革新无菌手术

奥托·戴特斯发现神经细胞的基本特征

德国化学家弗里德里希·克库勒提出苯分子的环状结构

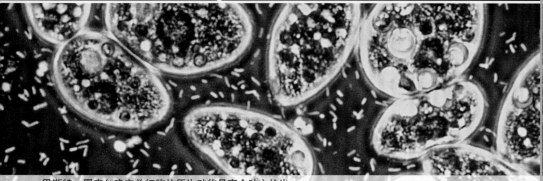

恩斯特·黑克尔确定单细胞的原生动物是完全独立的生物体，尽管确切的定义至今仍有争议。

经过数以万计的劳工10年的努力，苏伊士运河终于在1869年11月17日开放。

达尔文进化理论的初始的宗教争论平息了（见1860年），但科学的疑虑依然存在，其中一个疑问是性状是如何保存的。1867年，英国工程学教授弗莱明·詹金（1833~1885）认为适应最终会融入一般群体中，通过他所谓的"淹没效应"在世代交替中消失掉。

虽然不为达尔文和弗莱明所知，奥地利修道士孟德尔（1822~1884）却用他在1866年完成的豌豆实验（见1856年）回答了这个问题。

孟德尔表明遗传的特征通过"因子"（现称为基因）传递的时候得以保存。但是直到20世纪初，科学家才充分了解到此事与演化理论的重要关系。

进化理论的另一个评论员是德国博物学家恩斯特·黑克尔（1834~1919），他在1866年错误地认为，胚胎的发育重演了进化的历史。他画图显示鱼和人类胚胎之间的相似之处。同年，黑克尔还提议单细胞的原生生物应该有它们自己的一界，与植物和动物区分开来。

此外，在1866年，德国显微镜专家马克斯·舒尔策（1825~1874）对眼内的感光组织视网膜的结构做出了早期的重要研究。他识别了视网膜的层数，并画出了细胞构成的详图，包括视杆细胞和视锥细胞——眼睛后部对光和颜色做出反应、接收光的细胞（见1935年）。

在技术方面，英国工程师罗伯特·怀特黑德在1866年开发了第一枚自动鱼雷，后来在两次世界大战中证明有破坏性威力。一年后，瑞典化学家艾尔弗雷德·诺贝尔（1833~1896）发明了炸药。

1867年巴黎铁匠皮埃尔·米肖（1813~1883）发明了第一辆实用的自行车，或者叫脚踏车，有踏板和链子。他还发明了最早的摩托车，由一个很小的蒸汽发动机驱动。

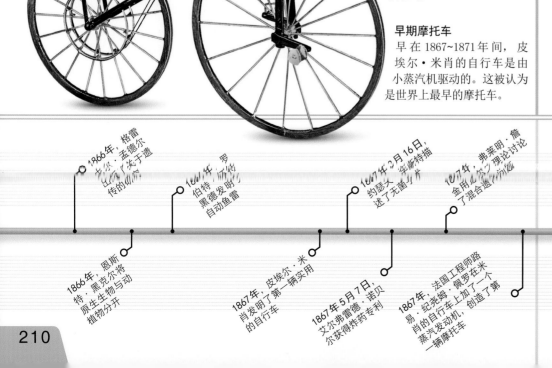

小蒸汽机　自行车铁架

早期摩托车

早在1867~1871年间，皮埃尔·米肖的自行车是由小蒸汽机驱动的。这被认为是世界上最早的摩托车。

在1868年准备一本化学教科书时，俄国化学家德米特里·门捷列夫（1834~1907）想知道是否可以将化学元素按照它们的原子量和性质排列在一个表里。他将已知的60种元素按照原子量大小排列，发现了某些性质出现周期性重复，意识到可以将元素分成8组或族。很明显，在每个周期中的特定位置的元素有相似的特性。

门捷列夫在1869年3月6日的俄国化学学会会议上提出了他的想法——现在被称为元素周期表，此后一直是关键引用来源。这个想法的强大之处在于门捷列夫用它预测了3种尚未发现的

智人的头骨

这个欧洲早期现代人类的头骨来自法国的克鲁马努山洞。它的发现为人类演化提供了证据。

元素，来填补表中的空白。在接下来的16年中，3种空缺的元素镓、钪和锗被发现，并且自那时起又有超过50种元素被确定和发现。

1868年，通过运用每种物质所发出的特定光谱或所具有的光特征（见1884~1885年）的知识发现了另一种新元素。在研究月全食期间太阳边缘的光谱时，英国天文学家诺曼·洛克耶（1836~1920）和法国天文学家朱尔·让森（1824~1907）

27千米

戈法德飞艇旅行的距离

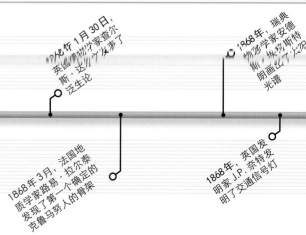

1866年，格雷戈尔·孟德尔出版了《植物杂交实验》，最终于遗传的研究

1866年，恩斯特·黑克尔将原生生物与动植物分开

1866年，罗伯特·怀特黑德发明自动鱼雷

1867年，皮埃尔·米肖发明了第一辆实用的自行车

1867年2月16日，约瑟夫·李斯特描述了无菌术

1867年5月7日，艾尔弗雷德·诺贝尔获得炸药专利

1867年，弗莱明·詹金用名为"混合遗传"理论讨论进化

1867年，法国工程师路易·纪尧姆·佩罗在米肖的自行车上加了一个蒸汽发动机，创造了第一辆摩托车

1868年1月30日，英国博物学家查尔斯·达尔文发表了泛生论

1868年3月，法国地质学家路易·拉尔泰确定的克鲁马努人的骨架发现了第一个现代人的骨架

1868年，瑞典物理学家安德斯·埃格斯特朗画出了太阳的光谱

1868年，英国发明家J.P.奈特发明了交通信号灯

鄂注意到了具有一定波长的明亮的黄线，与任何已知的物质都不匹配。洛克耶和让森认为这暗示太阳光中存在一种未知的元素，洛克耶根据希腊语中的太阳"赫利俄斯"将其命名为氦气。那一年，瑞典物理学家安

德米特里·门捷列夫
(1834~1907)

德米特里·门捷列夫 1834 年出生于西伯利亚的托博尔斯克，他徒步到圣彼得堡读大学。他是俄国的首席化学家，建立了元素周期表，这为他赢得了全世界的赞誉。他还预测了 3 种元素，填补元素周期表的空白。

德斯·埃格斯特朗（1814~1874）也画出了完整的太阳光谱，识别了上千条谱线，为了纪念他，将这些光谱线的长度单位记为埃。

关于进化的辩论仍在继续。达尔文通过他称之为泛生论的过程来描述性状是如何一代一代传递的。他认为在体内有无数的粒子或"泛生子"，像种子一样可以繁殖完整的有机体。一些人声称这与 DNA 有相似之处，DNA 是存在于每一个人体细胞中的遗传物质，在次年由瑞士生物学学生弗里德里希·米舍（1844~1895）碰巧在细胞核中发现。现在，众所周知只有在性细胞或生殖细胞（精子和卵子）中的 DNA 才能用于制造新的有机体。

在法国，地质学家路易·拉尔泰（1840~1899）用他发现的后来被称为克罗马努人第一次确定的骨架，增强了人类进化的思想。他们被以法国莱塞济附近发现骨架的山洞名字命名，现在更普遍地被认为是欧洲早期的现代人类。

1869 年，达尔文的表弟弗朗西斯·高尔顿（1822~1911）用达尔文的理论作为人类智慧遗传的基础，发展出了优生学。

技术变革的速度加快了，英国发明家约翰·皮克·奈特（1828~1886）发明了交通信号灯，美国工程师乔治·威斯汀豪斯（1846~1914）发明了空气制动器。另一位美国发明家约翰·海厄特（1837~1920）发明了胶片。

元素周期表

这张俄语的元素周期表起源于门捷列夫的周期表。表中包括了他预测的 3 种元素——镓、钪、锗。

苏伊士运河在 1869 年 11 月通航，将红海和地中海连通了。刚开放时，运河长 164 千米。建造这条运河花费了 10 年时间。

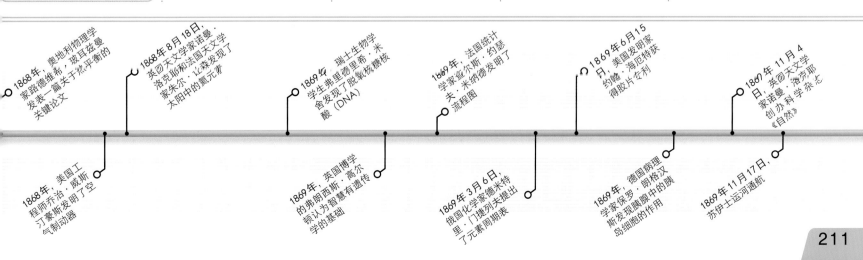

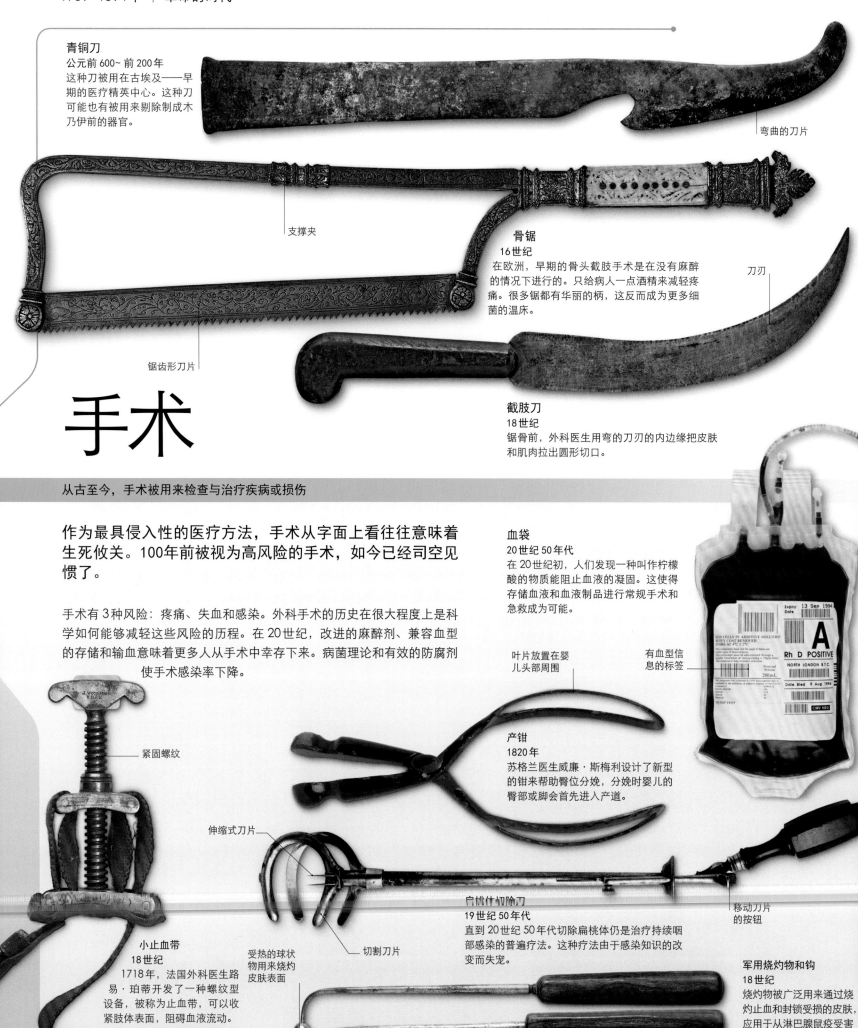

青铜刀
公元前 600~ 前 200 年
这种刀被用在古埃及和——早期的医疗精英中心。这种刀可能也有被用来剔除制成木乃伊前的器官。

弯曲的刀片

支撑夹

骨锯
16 世纪
在欧洲，早期的骨头截肢手术是在没有麻醉的情况下进行的。只给病人一点酒精来减轻疼痛。很多锯都有华丽的柄，这反而成为更多细菌的温床。

刀刃

锯齿形刀片

手术

截肢刀
18 世纪
锯骨前，外科医生用弯的刀刃的内边缘把皮肤和肌肉拉出圆形切口。

从古至今，手术被用来检查与治疗疾病或损伤

作为最具侵入性的医疗方法，手术从字面上看往往意味着生死攸关。100 年前被视为高风险的手术，如今已经司空见惯了。

手术有 3 种风险：疼痛、失血和感染。外科手术的历史在很大程度上是科学如何能够减轻这些风险的历程。在 20 世纪，改进的麻醉剂、兼容血型的存储和输血意味着更多人从手术中幸存下来。病菌理论和有效的防腐剂使手术感染率下降。

血袋
20 世纪 50 年代
在 20 世纪初，人们发现一种叫作柠檬酸的物质能阻止血液的凝固。这使得存储血液和血液制品进行常规手术和急救成为可能。

叶片放置在婴儿头部周围

有血型信息的标签

产钳
1820 年
苏格兰医生威廉·斯梅利设计了新型的钳来帮助臀位分娩，分娩时婴儿的臀部或脚会首先进入产道。

紧固螺纹

伸缩式刀片

切割刀片

扁桃体切除刀
19 世纪 50 年代
直到 20 世纪 50 年代切除扁桃体仍是治疗持续咽部感染的普遍疗法。这种疗法由于感染知识的改变而失宠。

移动刀片的按钮

小止血带
18 世纪
1718 年，法国外科医生路易·珀蒂开发了一种螺纹型设备，被称为止血带，可以收紧肢体表面，阻碍血液流动。

受热的球状物用来烧灼皮肤表面

军用烧灼物和钩
18 世纪
烧灼物被广泛用来通过烧灼止血和封锁受损的皮肤，应用于从淋巴腺鼠疫受害者到受伤的士兵。

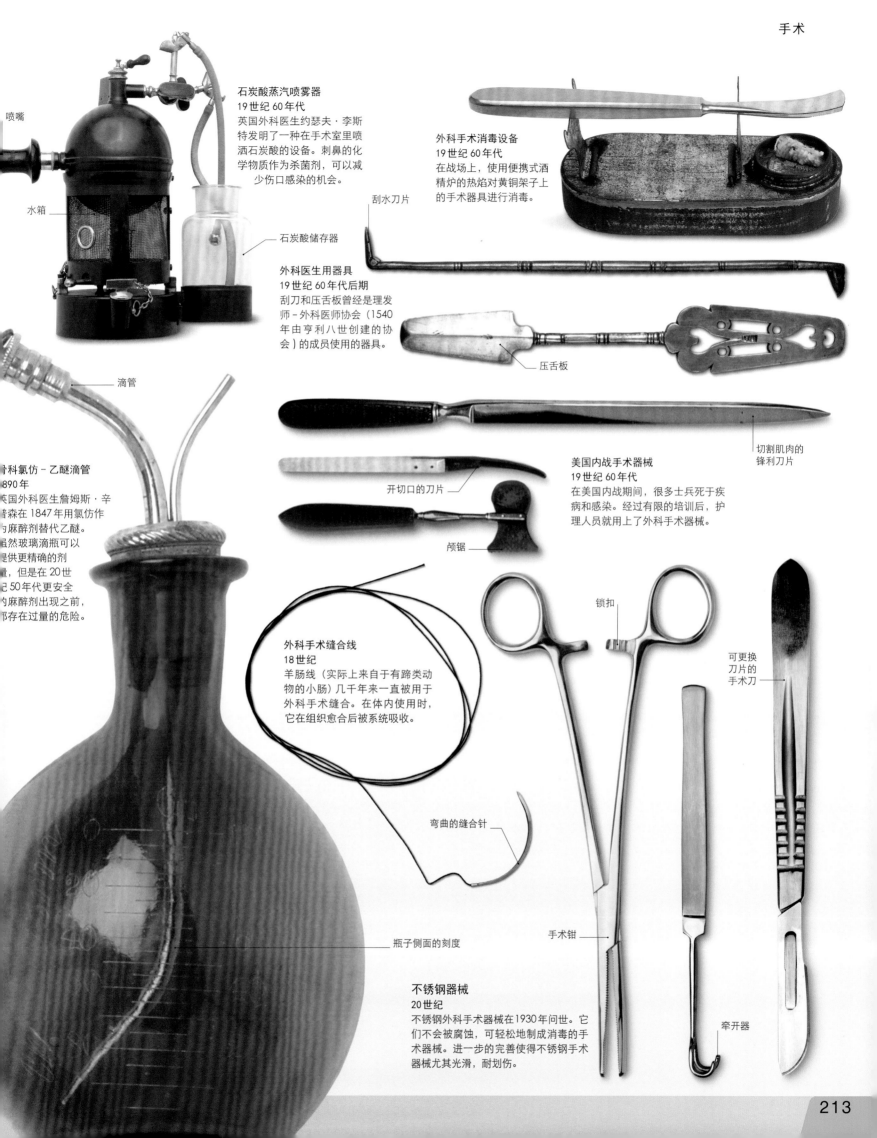

喷嘴

石炭酸蒸汽喷雾器
19世纪60年代
英国外科医生约瑟夫·李斯特发明了一种在手术室里喷洒石炭酸的设备。刺鼻的化学物质作为杀菌剂，可以减少伤口感染的机会。

水箱

石炭酸储存器

外科手术消毒设备
19世纪60年代
在战场上，使用便携式酒精炉的热焰对黄铜架子上的手术器具进行消毒。

刮水刀片

外科医生用器具
19世纪60年代后期
刮刀和压舌板曾经是理发师-外科医师协会（1540年由亨利八世创建的协会）的成员使用的器具。

压舌板

滴管

切割肌肉的锋利刀片

外科氯仿–乙醚滴管
1890年
英国外科医生詹姆斯·辛普森在1847年用氯仿作为麻醉剂替代乙醚。虽然玻璃滴瓶可以提供更精确的剂量，但是在20世纪50年代更安全的麻醉剂出现之前，都存在过量的危险。

开切口的刀片

颅锯

美国内战手术器械
19世纪60年代
在美国内战期间，很多士兵死于疾病和感染。经过有限的培训后，护理人员就用上了外科手术器械。

锁扣

可更换刀片的手术刀

外科手术缝合线
18世纪
羊肠线（实际上来自于有蹄类动物的小肠）几千年来一直被用于外科手术缝合。在体内使用时，它在组织愈合后被系统吸收。

弯曲的缝合针

瓶子侧面的刻度

手术钳

牵开器

不锈钢器械
20世纪
不锈钢外科手术器械在1930年问世。它们不会被腐蚀，可轻松地制成消毒的手术器械。进一步的完善使得不锈钢手术器械尤其光滑，耐划伤。

"我们之所以能从晴朗的天空获取光线，是由于……小的悬浮颗粒分散了光的规则传播路线。"

瑞利勋爵，英国科学家，《关于天空之光：极化与颜色》，1871年

由于瑞利散射——空气中的分子散射阳光，因此天空看上去是蓝色的。

1870年左右，意大利医生卡米洛·戈尔吉（又译高尔基）（1843~1926）开发出一种给脑和其他组织染色，以便能够在显微镜下观察到它们的技术。他用这个方法识别出神经元（神经细胞），神经元负责处理和传输大脑与身体其他部位之间的信息。由于在这一领域的工作，1906年戈尔吉被授予诺贝尔生理学或医学奖。

一个相关的发现是，德国科学家古斯塔夫·特奥多尔·弗里奇（1838~1927）和爱德华·希齐格（1839~1907）展示了电和大脑功能之间的联系。他们表明狗的大脑的不同部分在接受电刺激时会导致不同的肌肉收缩。

同年，英国数学家威廉·金登·克利福德（1845~1879）认为物质和能量是由空间弯曲引起的。克利福德因英年早逝，不能将其理论更向前推进一步；他的想法在出生于德国的物理学家阿尔贝特·爱因斯坦的广义相对论（见1914~1915年）中得以重现。

英国天文学家约瑟夫·诺曼·洛克耶（1836~1920）和他的法国同事皮埃尔·朱尔·塞萨尔·让森（1824~1907）独立提出太阳光谱中的某些线，是由以前未知的元素引起的（见1868~1869年）。1870年，洛克耶将此元素命名为氦。

此外，在1870年，法国微生物学家路易·巴斯德（1822~1895）出版了一本书，记录了杀死蚕的神秘疾病，并追溯到微生物。这与炭疽热细菌的发现（见1876~1877年）一起促进了细菌理论的发展。

1871年，英国科学家瑞利勋爵（1842~1919）发现当光反射小颗粒时，会发生散射——现在被称为瑞利散射。他阐明对于散射的可见光来说，粒子一定小于

"就野蛮人来说，身体软弱或智力低下的人很快会被淘汰……而我们文明人恰好相反，总是想方设法地阻止淘汰的进行。"

查尔斯·达尔文，英国博物学家，摘自《人类的由来及性选择》，1871年

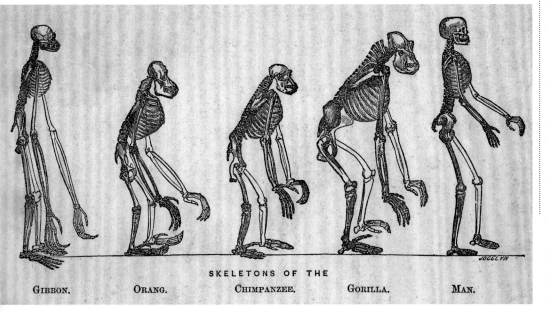

SKELETONS OF THE

GIBBON.　ORANG.　CHIMPANZEE.　GORILLA.　MAN.

JOCELYN

猿与人

这幅来自英国生物学家托马斯·亨利·赫胥黎（查尔斯·达尔文理论的倡导者）1863年出版的书中的插图，显示了人类和现存猿类之间的相似之处。

路易·巴斯德
（1822~1895）

在法国里尔大学工作时，路易·巴斯德研究了啤酒和葡萄酒（以及以后的牛奶）变酸的问题。他发现这是细菌造成的，而煮沸（巴氏消毒法）可以杀死这些细菌。这些研究帮助巴斯德发展了疾病的病菌理论和疾病的预防接种。

400~700纳米，也就是比被散射的光的波长小得多。

这一年，英国博物学家查尔斯·达尔文出版了《人类的由来及性选择》。在出版此书前他一直持谨慎态度，期待那种伴随1859年出版《物种起源》而引发的轰动。

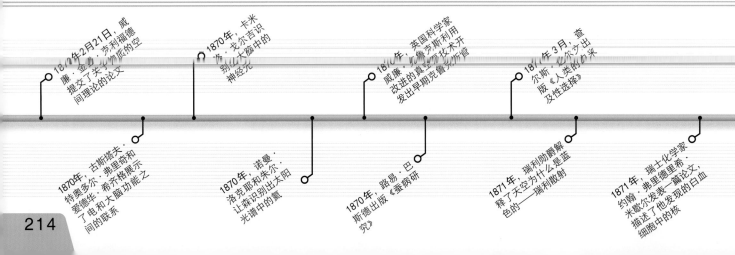

1871年2月21日，威廉·金登·克利福德提交了关于空间理论的论文

1870年，卡米洛·戈尔吉识别出脑中的神经元

1870年，英国科学家威廉·克鲁克斯利用改进的真空技术开发出早期克鲁克斯管

1871年3月，查尔斯·达尔文出版《人类的由来及性选择》

1870年，古斯塔夫·特奥多尔·弗里奇和爱德华·希齐格展示了电和大脑功能之间的联系

1870年，诺曼·洛克耶和朱尔·让森识别出太阳光谱中的氦

1870年，路易·巴斯德出版《蚕病研究》

1871年，瑞利勋爵解释了天空为什么是蓝色的——瑞利散射

1871年，瑞士化学家约翰·弗里德里希·米歇尔发表一篇论文，描述了他发现的白血细胞中的核

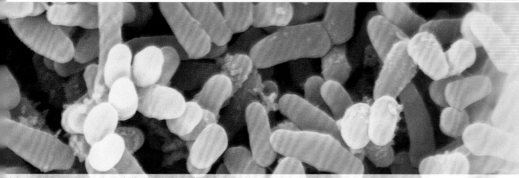

"我认为麻风病是可以接种的；而且，我认为麻风病在大多数情况下是由接种传播的。"

格哈德·汉森，挪威医生，一封给英国社会改革家威廉·特伯的信，1889年

这幅显微照片显示的麻风病菌麻风分枝杆菌的杆状细胞——第一种被认定为是人类疾病病因的细菌。

1872年，奥地利物理学家路德维希·爱德华·玻耳兹曼（1844~1906）通过将概率分布（见1652~1654年）应用于大量原子或分子之间的相互作用，来建立一种描述流体（气体或液体）行为的方程。这个方程为热力学第二定律提供了数学基础，该定律认为系统倾向于达到一种平衡状态。

1872年12月，英国皇家学会的远征队乘坐"挑战者"号从英国朴茨茅斯起航。在接下来的4年中，它发现了地球这个星球的重要特征，包括大西洋中脊和西太平洋的马里亚纳海沟，在那里深

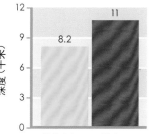

挑战者深渊
"挑战者"号估计了地球最低点的深度——挑战者深渊——在8200米。最新的估计值为11千米。

入到挑战者深渊——地球上最深的纪录点附近采样。这次探险也发现了大约4700种以前未知的动植物物种。

第二年，荷兰物理学家约翰内斯·迪德里克·范德瓦耳斯（1837~1923）推导出"状态方程"，其中描述了一种物质的液体和气体状态是如何彼此融合的。他假定分子存在，具有有限的大小，以弱相互作用吸引——现在被称为范德瓦耳斯力。同时，这些想法有助于人们更好地理解原子。

1873年，苏格兰物理学家詹姆斯·克拉克·麦克斯韦出版《电磁学通论》，在书中描述了他的电磁学理论（见234~235页）。该理论预言到无线电波的存在（见1886年），对20世纪的科学产生了重大影响。

威廉·克鲁克斯在研究光作为电磁辐射的一种形式的本性时发明了辐射计。此设备是一个部分真空的密闭玻璃泡，包含一组安装在主轴上的像水平风车的叶片。每个叶片的一侧被漆成白色，而另一侧是黑色。当叶片暴

露于光时，"光磨"旋转，漆成白色的一侧起引导作用。之所以会发生这种情况，是因为黑暗的一侧吸收了更多的辐射能量，比白色的一面更热；一些能量转移到表面的分子中，产生激发作用。同样的事情也发生在白色的一面，但程度较轻。

1873年，对于疾病的理解向前迈出了一步，挪威医生格哈德·汉森（1841~1912）发现了麻风病菌——麻风分枝杆菌。以前一般认为麻风病是遗传的或被称为污浊的"恶劣的空气"传播的。

与此同时，遗传的机制开始被理解，部分是由于德国动物学家安东·施奈

"挑战者"号
1858年2月13日起航，"挑战者"号基本上是帆船，但是也配备有辅助的蒸汽发动机。

德（1831~1890）的工作。他首次准确描述了有丝分裂——分裂的细胞为其每一个子细胞提供完全相同的染色体（当时称为核丝）副本

压缩机　　蒸发器

第一台实用冰箱
冯·林德改进了他在1873年的设计，使用甘油密封压缩机，利用氨作为制冷剂。

的过程。

第一个现代的制冷系统是由德国工程师卡尔·冯·林德（1842~1934）设计、奥格斯堡机械工程公司机械厂为德国慕尼黑的一家酿酒厂制造的。3年后，林德设计了一个更可靠的系统——第一台实用压缩氨冰箱。该发明在商业上的巨大成功使得冯·林德把重点放在研究上，成为液化空气、将氧和氮从空气中分离的第一人。

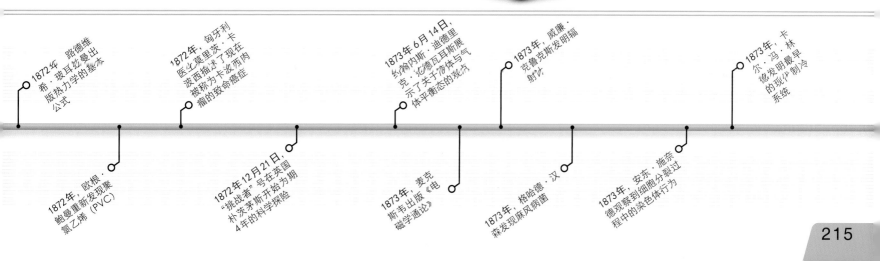

1872年，路德维希·玻耳兹曼出版热力学的基本公式

1872年，匈牙利医生莫里茨·卡波西描述了现在被称为卡波西肉瘤的致命癌症

1873年6月14日，约翰内斯·迪德里克·范德瓦耳斯展示了关于布体和气体平衡状态的观点

1873年，威廉·克鲁克斯发明辐射计

1873年，卡尔·冯·林德发明最早的现代制冷系统

1872年，欧根·鲍曼重新发现聚氯乙烯（PVC）

1872年12月21日，"挑战者"号在英国朴茨茅斯开始为期4年的科学探险

1873年，麦克斯韦出版《电磁学通论》

1873年，格哈德·汉森发现麻风病菌

1873年，安东·施奈德观察到细胞分裂过程中的染色体行为

> "天赋是一个人与生俱来带到这个世界上的一切；教养是在他出生之后除天赋外的对他造成的每一种影响。"
>
> 弗朗西斯·高尔顿，《英国科学家：他们的天赋和教养》，1874年

英国科学家弗朗西斯·高尔顿对科学的贡献涉及双生子研究和气象学。

德国数学家格奥尔格·康托尔（1845~1918）于1874年出版《所有实数代数的特征属性》。该文奠定了集合论的基础，并引入了不同种类的思想。

在同一年，俄国数学家索菲娅·瓦西里耶夫娜·科瓦列夫斯卡娅（1850~1891）成为第一位被授予数学博士学位的女性，她在德国哥廷根大学获得博士学位。1889年，她成为第一位被任命为瑞典斯德哥尔摩大学数学教授的女性。

与此同时，英国经济学家威廉·斯坦利·杰文斯（1835~1882）发表《科学原理：论逻辑与科学方法》，批评将归纳法作为新科学思想来源的方法，推荐以随机假设取而代之。

1874年，还是法国施特拉斯布格尔大学博士生的奥地利化学家奥特马·蔡德勒（1849~1911）合成DDT（双对氯苯基三氯乙烷）。直到20世纪30年代末，人们才认识到这种物质作为强力杀虫剂的重要性。

1875年法国化学家保罗·埃米尔·勒科克·德布瓦博德朗（1838~1912）在光谱中识别出金属镓，由此

银白色金属

镓是稀有金属之一，室温附近呈液态。像水一样，这种金属在凝固时会膨胀。

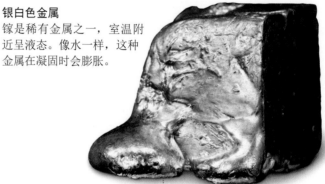

填补了门捷列夫元素周期表（见1868~1869年）的空白。在这年年底前，他通过在氢氧化钾溶液中电解氢氧化镓合成了纯镓。

奥地利地质学家爱德华·聚斯（1831~1914）在1875年创造了生物圈这个术语（见边栏，左），将其定义为"在地球表面上生命存在的地方"。这一概念被用来补充3个地质区域——岩石圈（地球岩石的外层）、水圈（地球表面的水层）和大气圈（地球周围的气体层）。然而，俄国地球化学家弗拉基米尔·韦尔纳茨基（1863~1945）在1926年的《生物圈》一书中加以推广前，该理论对科学界的影响甚微。

生物圈

生物圈这个术语用来指所有生态系统的总和。作为一个闭合的、自我调节系统，生物圈表明，生命不可能独立于非生命的世界而存活。1875年该思想由爱德华·聚斯提出后，詹姆斯·洛夫洛克和琳·马古利斯（1938~2011）在盖亚理论（见1979年）中对其做了发展。

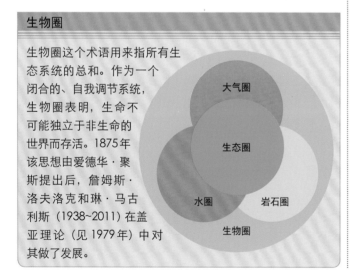

对于双生子的科学研究始于1875年，英国科学家弗朗西斯·高尔顿（1822~1911）发表了具有里程碑意义的论文《双生子史：天赋与教养的相对性》。虽然为这一主题的进一步研究铺平了道路，但是高尔顿没有意识到来自一个受精卵的同卵（相同）双胞胎和来自两个受精卵的异卵双胞胎之间的区别。到了20世纪才有人开展这方面的研究。

0.4%
同卵双胞胎的比例

英国博物学家艾尔弗雷德·拉塞尔·华莱士（见1855~1858年）在1876年出版《动物的地理分布》。与查尔斯·达尔文（见1859~1860年）一起，华莱士作为自然选择理论的创始人之一，也对生物地理学做出了贡献，包括动物中警告色的概念和杂交障碍对于新物种进化的贡献。

美国发明家伊莱沙·格雷（1835~1901）和亚历山大·格雷厄姆·贝尔（见边栏，对页）各自独立设计出了可以工作的电话。不过，1876年3月7日，贝尔在该设备的专利竞争中获胜。3天后，他在电话中说出了著名的一句话："汉森先生，来这里，我想见你。"召唤在隔壁房间里他的助手。

只过了大约两个月，德国发明家尼古拉斯·奥托（1832~1891）建造完成第一台实用的四冲程活塞内燃发动机（见1807~1809年）。

在这一年，德国神经学家卡尔·韦尼克（1848~1905）发现，大脑的特定部位（现在叫作韦尼克区）的

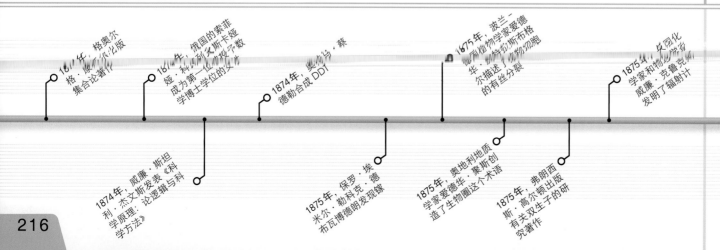

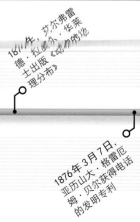

英国摄影师埃德沃德·迈布里奇的照片第一次显示小跑中马腿的确切位置。拍摄于1877年的原始照片没有保存下来，这里看到的照片来自1878年。

亚历山大·格雷厄姆·贝尔（1847~1922）

亚历山大·格雷厄姆·贝尔，1847年出生于苏格兰的爱丁堡。1870年，他首先搬到加拿大安大略省，然后是美国波士顿，在那里他开始了发明家生涯。贝尔的母亲和妻子患有听力障碍，激发了他对语言和听力的兴趣。这种兴趣促使他发明了麦克风和电话。

损坏会导致语言障碍。大脑的这个区域通过叫作弓状束的神经纤维束连接到布罗卡区（见1861~1864年）。这些纤维的损害可以让人能够理解语言，但却无法表达。

1876年德国生理学家威廉·屈内（1837~1900）发现并命名了胰腺中的胰蛋白酶。他还发明了"酶"这一术语，指的是充当催化剂、控制生物细胞中化学反应速率的生物大分子（见1893~1894年）。

1877年，德国细菌学家罗伯特·科赫（1843~1910）在实验室里培育出炭疽芽孢杆菌——导致传染病炭疽的生物，他把它注射到动物体内诱发了炭疽。这是第一个显示为疾病病因的细菌。

在心理学领域，查尔斯·达尔文出版了基于他37年前观察他新生儿子的一本10页的书《一个婴儿的传略》。达尔文推测他的儿子到达了他的祖先们经历了数百年达到的同样的学习阶段，并且"每个人都以某种方式保留了漫长的进化历史的雏形"。

1877年，英国摄影师埃德沃德·迈布里奇（1830~1904）制作了一个快门速度只有千分之一秒的照相机。使用这个相机和超敏感的感光板，他得以在照片中"冻结"一匹小跑中的马的运动。这幅照片证明这匹马的4条腿同时离开了地面，因此引起了轰动。

274

胰蛋白酶中氨基酸的数量

1877年，美国天文学家阿萨夫·霍尔（1829~1907）发现火星的两颗卫星。8月12日，他发现较小的卫星火卫二，8月18日发现火卫一。他还计算出火星的质量、卫星的轨道，并测量了土星的旋转。

1877年，意大利天文学家乔瓦尼·斯基亚帕雷利（1835~1910）也在研究火星。他报告说在这个星球上看到了canali。这个词只是"渠道"的意思，却被误译为"运河"，引起了火星上有智慧生命居住的投机狂潮。后来发现这些标记是视觉上的错觉。

马蹄形磁铁

外部连接端子

电线

隔板

喇叭状话筒

铜线圈

贝尔电话
这个早期的电话既被用作发射机，又被用作接收机，将声音的振动转化为电信号（反之亦然）。

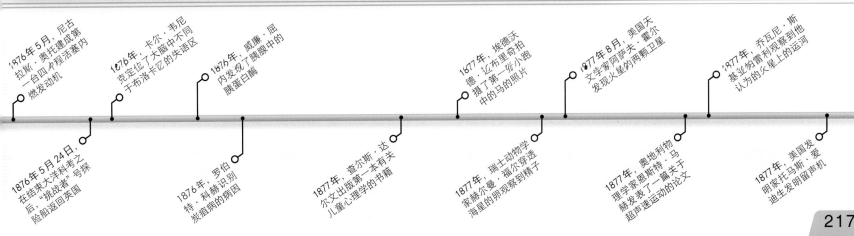

1876年5月，尼古拉斯·奥托建成第一台四冲程活塞内燃发动机

1876年5月24日，在结束大洋科考之后，"挑战者"号探险船返回英国

1876年，卡尔·韦尼克定位了大脑中不同于布洛卡区的失语区

1876年，罗伯特·科赫识别炭疽病的病因

1876年，威廉·屈内发现了胰腺中的胰蛋白酶

1877年，查尔斯·达尔文出版第一本有关儿童心理学的书籍

1877年，埃德沃德·迈布里奇拍摄了第一张小跑中的马的照片

1877年，瑞士动物学家赫尔曼·福尔穿透海星的卵观察到精子

1877年8月，美国天文学家阿萨夫·霍尔发现火星的两颗卫星

1877年，奥地利物理学家恩斯特·马赫发表了一篇关于超声速运动的论文

1877年，乔瓦尼·斯基亚帕雷利观察到他认为的火星上的运河

1877年，美国发明家托马斯·爱迪生发明留声机

1815年
多圆筒音乐盒
最早于1815年在瑞士生产，包含旋转的圆筒，上面的尖钉可以插入钢梳的齿中。1862年，人们发明了一种新的可以修改圆筒的系统，从而可演奏出不同的曲调。

多圆筒形音乐盒

1888年
留声机
埃米尔·贝利纳发明的留声机应用了黑胶唱片。可以从黄铜的母盘上大量拷贝而不会损失音质。

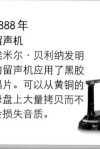

留声机

1857年
声波记振仪
爱德华·莱昂·斯科特发明的最早的可以录音的设备，但是不能回放。

1876年
自动钢琴
可以自动弹奏的钢琴一经展出就大受欢迎。它是通过电磁铁控制的，有纸质乐卷。

自动钢琴

1877年
爱迪生的留声机
爱迪生的留声机是最早的可以回放录音的设备。通过喇叭收集声音的振动，并记录在锡纸箔包裹的圆筒上。

喇叭聚集声音，并在回放时将其放大

录音的故事

录音是古人的梦想，只是在19世纪才变为现实

一个多世纪以前，大多数人听到的仅有的音乐都来自现场演出。录音和回放技术的进步，不只改变了我们听音乐的方式，而且还有其他应用，包括广播、电影制作和声音档案。

1857年法国人爱德华·莱昂·斯科特的声波记振仪是第一个能够录制声音的设备，使用移动针在涂碳的表面画出跟踪线。1877年，美国的托马斯·爱迪生发明了留声机——第一个可以录音和回放的设备。早期的录音机都是机械工作——捕获进入喇叭中的声音，使声音的振动移动针在圆盘或圆筒上刻出划痕。

20世纪20年代，随着麦克风的发明，录音进入了电气时代。很快声音就可以通过电磁铁驱动的扬声器重新产生，并且声音的质量更高、音量更大。

1945年后，音乐的录音由于使用黑胶唱片而获得发展，回放频率为每分钟33或45转（早期记录为每分钟回放78转）。磁性录音设备得到了发展，在磁带上以变化的磁场模式来记录声音的方式，取代了在圆盘上刻画物理凹槽的录音方式。

数字化
接下来的大突破是数字记录（见边栏，右），适用于更可靠、实用的系统。这其中包括第一张压缩光盘以及数字音频格式如MP3，这样人们就能够在小型设备上存储大量的音乐，开从互联网上下载无限的音乐。

爱迪生和他的留声机
1877年，爱迪生发明了留声机。它是通过在圆筒包裹的锡纸筒上涂漆剂的凹槽来记录声音。后来，圆筒改用涂蜡纸板制成。

"……我可以带你步入音乐的世界。"

记录在爱迪生留声机中的最早的促销信息，1877年

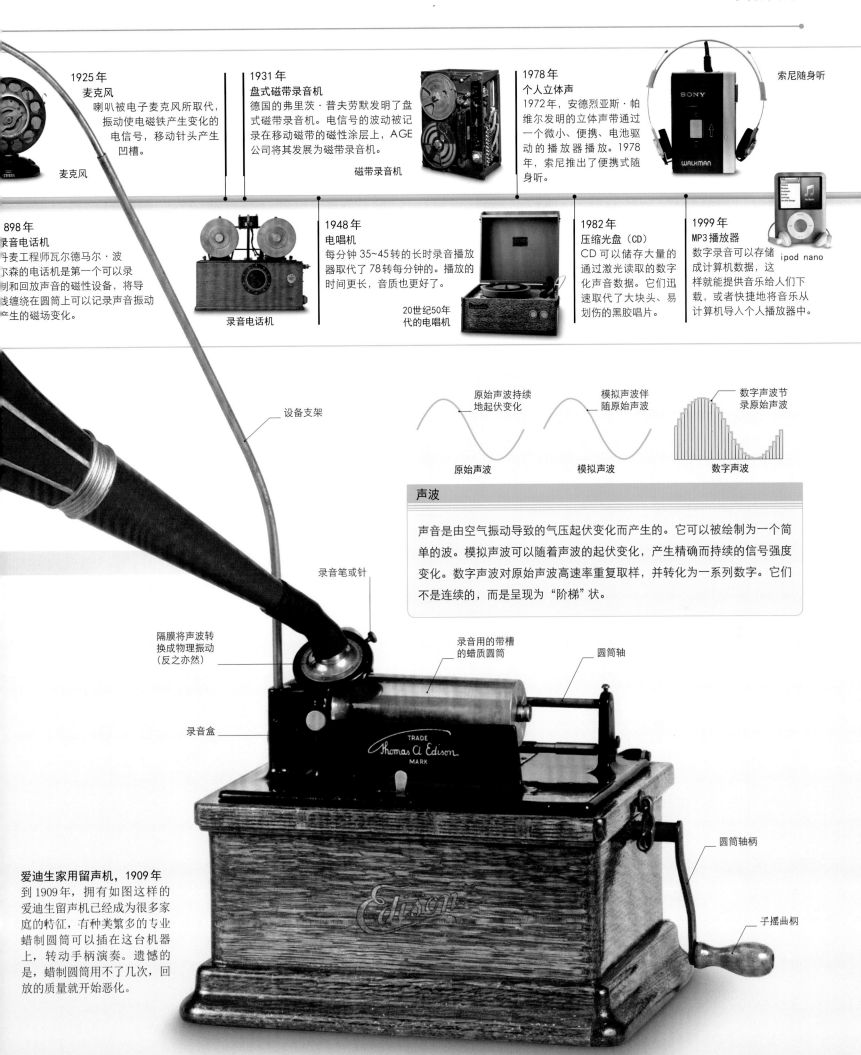

1925 年
麦克风
喇叭被电子麦克风所取代，振动使电磁铁产生变化的电信号，移动针头产生凹槽。

麦克风

1931 年
盘式磁带录音机
德国的弗里茨·普夫劳默发明了盘式磁带录音机。电信号的波动被记录在移动磁带的磁性涂层上，AGE 公司将其发展为磁带录音机。

磁带录音机

1978 年
个人立体声
1972年，安德烈亚斯·帕维尔发明的立体声带通过一个微小、便携、电池驱动的播放器播放。1978 年，索尼推出了便携式随身听。

索尼随身听

898 年
录音电话机
丹麦工程师瓦尔德马尔·波森的电话机是第一个可以录制和回放声音的磁性设备，将导线缠绕在圆筒上可以记录声音振动产生的磁场变化。

录音电话机

1948 年
电唱机
每分钟 35~45 转的长时录音播放器取代了 78 转每分钟的。播放的时间更长，音质也更好了。

20世纪50年代的电唱机

1982 年
压缩光盘（CD）
CD 可以储存大量的通过激光读取的数字化声音数据。它们迅速取代了大块头、易划伤的黑胶唱片。

1999 年
MP3 播放器
数字录音可以存储成计算机数据，这样就能提供音乐给人们下载，或者快捷地将音乐从计算机导入个人播放器中。

ipod nano

设备支架

原始声波持续地起伏变化

模拟声波伴随原始声波

数字声波节录原始声波

原始声波　　模拟声波　　数字声波

声波

声音是由空气振动导致的气压起伏变化而产生的。它可以被绘制为一个简单的波。模拟声波可以随着声波的起伏变化，产生精确而持续的信号强度变化。数字声波对原始声波高速率重复取样，并转化为一系列数字。它们不是连续的，而是呈现为"阶梯"状。

录音笔或针

隔膜将声波转换成物理振动（反之亦然）

录音用的带槽的蜡质圆筒

圆筒轴

录音盒

TRADE
Thomas A. Edison
MARK

Edison

圆筒轴柄

手摇曲柄

爱迪生家用留声机，1909 年
到 1909 年，拥有如图这样的爱迪生留声机已经成为很多家庭的特征，有种类繁多的专业蜡制圆筒可以插在这台机器上，转动手柄演奏。遗憾的是，蜡制圆筒用不了几次，回放的质量就开始恶化。

13 千米/时
西门子机车的速度

这张照片显示的是人们乘坐维尔纳-西门子机车牵引的车辆旅行，该机车于1879年在柏林交易会展出。这是第一台由电力驱动的机车。

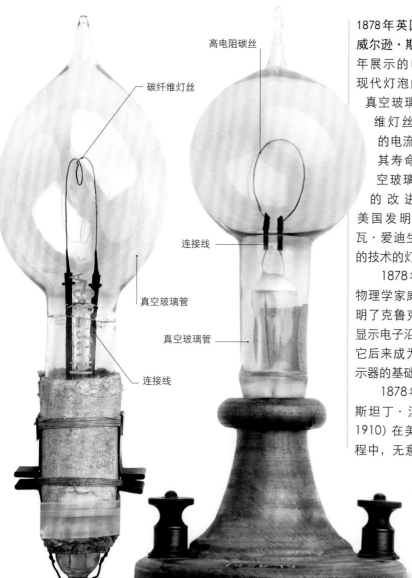

高电阻碳丝

碳纤维灯丝

连接线

真空玻璃管

真空玻璃管

连接线

斯旺的灯

爱迪生的灯

1878年英国发明家约瑟夫·威尔逊·斯旺获得他在1860年展示的电灯泡的专利。现代灯泡的早期形式由真空玻璃管和其中的碳纤维灯丝组成。通过灯丝的电流使之发光白热化。其寿命长的关键在于真空玻璃管和碳纤维灯丝的改进。1879年11月，美国发明家托马斯·阿尔瓦·爱迪生申请了使用类似的技术的灯泡专利。

1878年，英国化学家和物理学家威廉·克鲁克斯发明了克鲁克斯管，一种帮助显示电子沿直线运动的设备。它后来成为电视机和其他显示器的基础。

1878年，德国化学家康斯坦丁·法尔贝里（1850~1910）在美国处理煤焦油过程中，无意中发现一种天然

早期灯泡
斯旺和爱迪生发明的灯几乎完全相同。在经过一场发明权的官司之后，两个发明家组成爱迪生－斯旺公司联合开发灯泡市场。

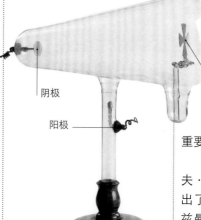

阴极

阳极

克鲁克斯管
在如图的克鲁克斯管中，电流通过一个十字形的物体，在荧光玻璃外产生阴影。

物体

的甜味剂，后来称为糖精。糖精比蔗糖甜200倍左右。

德国工程师卡尔·本茨（1844~1929）开发了单缸二冲程汽油发动机，并于1879年12月31日第一次展示。

在1879年的《俄国土壤制图学》一书中，俄国地质学家瓦西里·多库恰耶夫（1846~1905）引入了土壤学（土壤的科学研究）的概念。

美国物理学家埃德温·霍尔（1855~1938）发现，与电流成直角的磁场会在导体上产生电势差。现在被称为霍尔效应，这种现象对于半导体技术和磁传感器非常

重要。

奥地利物理学家约瑟夫·斯特藩（1835~1893）提出了现在称为斯特藩－玻耳兹曼定律的公式，用于计算黑体（表面可以吸收所有电磁辐射的物体）辐射。1884年，斯特藩的同事路德维希·玻耳兹曼（1844~1906）使用热力学解释了该定律。

美国科学家阿尔伯特·亚伯拉罕·迈克耳孙（1852~1931）测量到空气中的光速（221页）大约为299864千米/秒。这一估计值与英国物理学家詹姆斯·克

> **"我们会让电费非常便宜，以至于只有那些富人才会点蜡烛。"**
>
> 托马斯·爱迪生，美国发明家，1879年

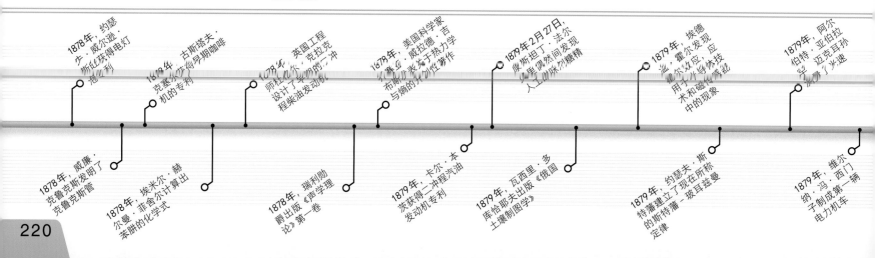

1878年，约瑟夫·威尔逊·斯旺获得电灯泡的专利

1878年，威廉·克鲁克斯发明了克鲁克斯管

1878年，埃米尔·赫尔曼·菲舍尔计算出苯肼的化学式

1878年，古斯塔夫·克鲁塞尔卖得早期咖啡机的专利

1878年，英国工程师卡尔·克拉克设计了早期单缸二冲程柴油发动机

1878年，瑞利勋爵出版《声学理论》第一卷

1879年，美国科学家吉布斯·威拉德发表于热力学与熵的开创性著作

1879年，卡尔·本茨获得二冲程汽油发动机专利

1879年2月27日，奥斯坦丁·法尔偶然间发现人工甜味剂糖精

1879年，瓦西里·多库恰耶夫出版《俄国土壤制图学》

1879年，埃德温·霍尔效应，应用于半导体技术和磁传感器中的现象

1879年，约瑟夫·斯特藩建立了现在所称的斯特藩－玻耳兹曼定律

1879年，阿尔伯特·亚伯拉罕·迈克耳孙测量了光速

1879年，维尔纳·冯·西门子制成第一辆电力机车

"……炭疽疫苗是第一次通过公众信念传播的微生物的科学。"

埃米尔·迪克洛，法国化学家与微生物学家，《巴斯德：一种思想的历史》，1896年

这幅刻版版画描述的是法国微生物学家路易·巴斯德1881年在法国普利堡给绵羊接种预防炭疽。

拉克·麦克斯韦（见1872~1873年）的预测相匹配。

在1879年柏林交易会上，德国工程师维尔纳·冯·西门子（1816~1892）展示了第一辆使用外部电源的电力机车。

托马斯·阿尔瓦·爱迪生
（1847~1931）

美国发明家爱迪生拥有很多项发明，特别是在电信领域。他在美国和世界各地提出了上千项专利。爱迪生将大规模生产和团队合作的想法应用到科学中，并建立了世界上第一个工业研究实验室。

1880年，英国逻辑学家和哲学家约翰·维恩（1834~1923）提出了"维恩图"的概念，用圆圈表示事物的集合，相互重叠的圆圈表明它们有共同的子集。维恩在1881年出版的《符号逻辑》一书中谈到这一概念。

1880年2月，托马斯·阿尔瓦·爱迪生重新发现了此前已被其他人观察到的现象。他注意到在真空灯泡中电可以从热丝流到凉的金属板上。爱迪生申请了这一概念的专利，后来被称为"爱迪生效应"。电只能以一种方式流动，因此开关就像一个阀门控制电流，与管道的阀门控制水的流动一样。这一概念成为晶体管发明前在电视及广播中放大电信号的阀门的基础。

对于电的理解，得益于由法国科学家皮埃尔·居里（1859~1906）和保罗·雅克·居里（1856~1941）发现的压电效应。他们发现对合适的材料施加压力可以产生电势。反之，对晶体施以电势可以让它们以非常精确的频率振动。这种效应有许多

地震仪
这架地震仪是由詹姆斯·怀特与约翰·米尔恩合作设计，在1885年制成的。它在卷纸上记录地震的振动。

金属线承载悬摆

金属线圈　　卷纸

应用，包括驱动石英时钟和手表中振动的晶体。

英国地质学家约翰·米尔恩（1850~1913）被称为现代地震学之父，当他对地震感兴趣的时候，他正在日本教授科学和工程学。1880年，他协助发明了地震仪——用来测量地震的仪器。该仪器是与英国工程师托马斯·格

雷（1850~1908）合作开发的，因此正确地说应称为米尔恩 – 格雷仪，是以水平摆为基础设计的。

1881年见证了电力应用的两个关键进展。5月，最早的电车轨道在德国柏林郊区开放。后来，英国戈德尔明成为第一个用电照明街道的小镇。

1881年9月，德国妇科专家费迪南德·阿道夫·克

雷尔（1837~1914）进行了首例现代剖腹手术。母亲和婴儿均存活下来。

法国微生物学家路易·巴斯德采用氧化物重铬酸钾削弱细菌制成炭疽疫苗。他开始使用英国外科医生爱德华·詹纳的术语"疫苗"来指称这类人工弱化的病菌。詹纳提出这个术语指天花（见1796年）。

德国科学家保罗·埃尔利希（1854~1915）找到一种更有效的染料亚甲蓝，他的堂兄病理学家卡尔·魏格特（1845~1904）是19世纪70年代用染料给细菌染色的第一人。这使得识别和调查细菌更加容易，德国医师海因里希·科赫用这种染料发现了导致肺结核的细菌（见1882~1883年）。

最早的电车轨道
最早电车的发明者维尔纳·冯·西门子也曾在最早的有轨电车——格罗斯 – 里希特费尔德（Gross-Lichterfelde）线上工作过。

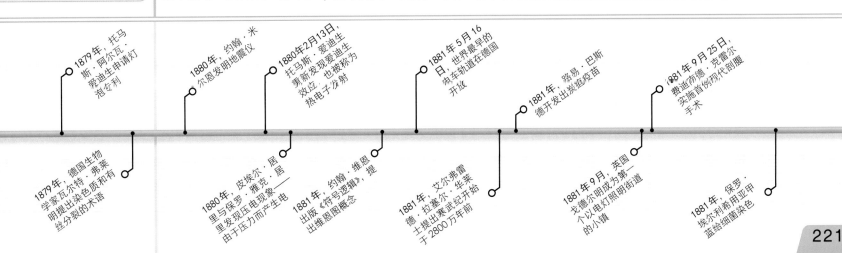

1879年，托马斯·阿尔瓦·爱迪生申请灯泡专利

1880年，约翰·米尔恩发明地震仪

1880年2月13日，托马斯·爱迪生重新发现爱迪生效应，也被称为热电子发射

1881年5月16日，世界最早的电车轨道在德国开放

1881年，路易·巴斯德开发出炭疽疫苗

1881年9月25日，克雷尔费迪南德·克雷尔实施首例现代剖腹手术

1879年，德国生物学家瓦尔特·弗莱明提出染色质和有丝分裂的术语

1880年，皮埃尔·居里与保罗·雅克·居里发现压电现象——由于压力而产生电

1881年，约翰·维恩，提出版《符号逻辑》出维恩图概念

1881年，艾尔弗雷德·拉塞尔·华莱士提出寒武纪开始于2800万年前

1881年9月，英国戈德尔明成为第一个以电灯照明街道的小镇

1881年，保罗·埃尔利希用亚甲蓝给细菌染色

487米
布鲁克林大桥的跨度

布鲁克林大桥横跨在美国纽约布鲁克林区和曼哈顿岛之间的东河上。建成时它是世界上最长的桥。

1882年，在英国外科医生约瑟夫·李斯特和法国微生物学家路易·巴斯德（见1870~1871年）的工作基础上，德国医生罗伯特·科赫（1843~1910）分离出了导致肺结核（TB）的生物。他发现结核病是通过水传播的，可以在拥挤的贫民窟中迅速蔓延。

> "我得出结论，这些结核杆菌出现在所有的结核疾病中，它们有别于其他的微生物。"
>
> 罗伯特·科赫，德国医生，《肺结核的病因》，1882年

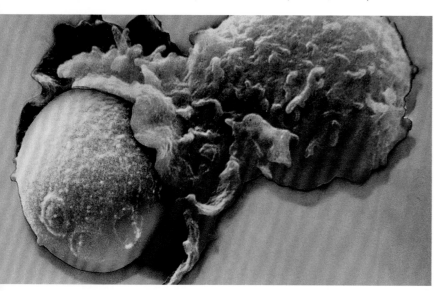

吞噬作用
在这个假彩色显微图像中，一个淋巴细胞（白细胞）吞食了一个酵母细胞，此过程被称为吞噬作用。

另一个医疗里程碑是由俄国生物学家埃利·梅奇尼可夫（1845~1916）创立的，他发现了吞噬作用——免疫系统用于清除细菌入侵的过程。在吞噬过程中，一个细胞吞没了另一个，并且实际上是将其消灭了。这一发现有利于人们更好地理解免疫系统。

德国植物学家爱德华·施特拉斯布格尔（1844~1912）也对理解细胞是如何工作的做出了贡献。他创造了"胞质"一词以表示细胞外层的果冻状外区域，用"核质"表示细胞核内的浓稠物质。

1882年，意大利火山学家和气象学家路易吉·帕尔米耶里（1807~1896）在意大利维苏威火山喷发期间对熔岩做光谱分析时，第一次观察到地球上的氦元素（见边栏，对页）。此前，该元素只在太阳光谱分析中检测到。

第二年，英国博物学家弗朗西斯·高尔顿提出了富有争议的优生学概念。他的理论旨在通过选择育种改善人类，后来被纳粹作为企图灭绝犹太人的借口滥用。优生学的科学基础部分来自于奥古斯特·魏斯曼（1834~1914）的种质理论，该理论认为特性只能通过卵子和精子细胞传递，并不受身体其他细胞（体细胞）的影响。举例来说，一个通过锻炼而肌肉发达的健美运动员不可能把他的肌肉传给他的孩子们。这标志着认为获得性性状可以遗传给后代的拉马克主义的终结（见1809年）。

奥斯本·雷诺兹（1842~1912）对人类社会做出了更

斑驴
斑驴是斑马的近亲，只是在其身体前部有独特的条纹。

实用的贡献，他是出生于爱尔兰的研究流体的工程师。1883年，他提出了表征流体流动方式的雷诺兹数。今天，雷诺兹的工作对运输不同流体的管道设计很重要，对造船也极为关键，全尺寸船只的运动性能必须根据在水箱中进行测试的模型来评估。

1883年5月24日，当时最长的桥——布鲁克林大桥在美国纽约开放。它是世界上第一座钢悬索桥。

一只雌性斑驴，该物种的最后一个幸存者，1883年死于阿姆斯特丹的一家动物园。这个南部非洲物种自19世纪70年代末期就已经在野外灭绝了。

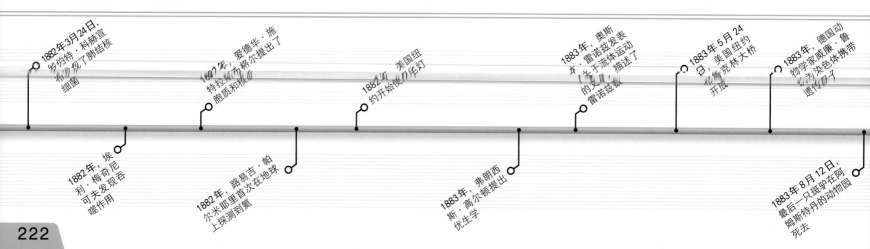

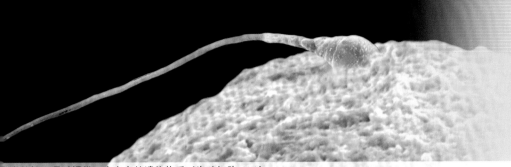

> "新的细胞核只能从其他的核分裂中产生。"
>
> 爱德华·施特拉斯布格尔，波兰-德国植物学家，《细胞形成与细胞分裂》，1880年

人类的精子通过提供一套自身的遗传物质（生殖细胞 DNA）与卵子的基因相结合，从而使卵子受精。

1884年，法国化学家伊莱尔·德·沙尔多内（1839~1924）获得人造丝专利。1878年，当他打翻了一瓶硝化纤维——一种高度易燃的化合物时，无意中发现了这种物质。当他准备把它收拾干净时，硝化纤维的薄丝状纤维粘在他的清洗布上。直到20世纪，这种物质才被开发成为人造丝材料的形式。

19世纪对疾病的认识在1884年获得了进一步的发展，罗伯特·科赫的同事德国物理学家弗里德里希·洛夫勒（1852~1915），分离出白喉致病菌白喉棒状杆菌。

1884年，科赫和洛夫勒还制定了科赫法则，制定了确定某种生物是否为一种疾病病因的标准。1890年，科赫发表了他们的研究结果，由此极大地改进了微生物学。

1884年，爱德华·施特拉斯布格尔，德国动物学家威廉·赫特维希（1849~1922）和瑞士解剖学家鲁道夫·冯·科立克（1817~1905）开始独立确定细胞核为遗传的起源。赫特维希指出，从生物学的角度来看，性只是两个细胞（严格地说，是两个细胞核）的结合。

奥地利眼科医师卡尔·科勒（1857~1944）开创了局部麻醉的时代，1884年他用可卡因作为表面麻醉剂实施了眼科手术（见1846年）。在研究可卡因是否可以用于病人戒掉吗啡时——应他在维也纳总医院的同事西格蒙德·弗洛伊德的请求，科勒发现了可卡因的组织麻木性能。

1885年7月6日，路易·巴斯德对一个被患有狂犬病的狗咬了的9岁男孩第一次使用狂犬病疫苗。治疗的成功为疫苗的广泛使用铺平了道路。

1885年8月20日，德国天文学家恩斯特·哈特维希（1851~1923）在仙女座星云中观察到一颗明亮的新星。该星体与银河系中见到的新星类似的信念支持星云也是银河系一部分的想法。20世纪，人们发现仙女座星云是一个星系（见1924年），远远超出了银河系，哈特维希的星体是一颗超新星，比一颗新星更明亮。

在天文学和原子物理学领域取得了一个重要发现，瑞士数学家约翰·巴耳末

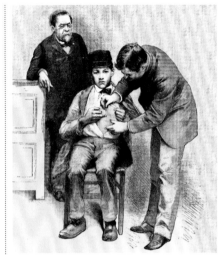

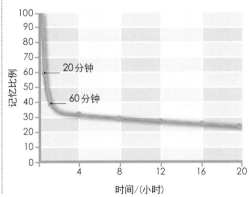

遗忘曲线

狂犬病疫苗

这幅1885年的雕刻画描述的是路易·巴斯德正在注视他的助手进行防疫注射，注射的对象是约瑟夫·迈斯特，一个被患有狂犬病的狗咬了的放羊娃。

（1825~1898）发展了一个数学公式来描述氢原子光谱中光线的位置——巴耳末系。利用他的公式，巴耳末预测了后来发现的光线的波长。

在心理学领域，德国心理学家赫尔曼·埃宾豪斯（1850~1909）开创了记忆的实验研究，并发展了遗忘曲线的概念。1885年，他出版了《记忆：实验心理学文集》。

遗忘曲线

埃宾豪斯给人们无意义的3个字母的单词列表，测量他们多久能记住它们。这为他提供了制作遗忘曲线的数据。

碳的发射光谱

氢的发射光谱

水星的发射光谱

光谱学

加热时，每种化学元素会产生一个与众不同的明亮谱线，像一个条码，可以标识元素。冷气体吸收波长完全相同的光线，产生出黑暗的谱线。分析光谱，就能够在实验室中确定物质的组成，并测量恒星的组成。

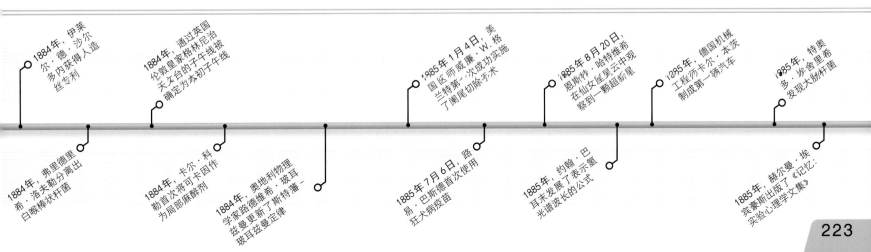

1884年，伊莱尔·德·沙尔多内内获得人造丝专利

1884年，通过英国伦敦皇家格林尼治天文台的子午线被确定为本初子午线

1885年1月4日，美国医师威廉·W.格兰特第一次成功实施了阑尾切除手术

1885年8月20日，恩斯特·哈特维希在仙女座星云中观察到一颗超新星

1885年，德国机械工程师卡尔·本茨制成第一辆汽车

1885年，特奥多·岑舍里希发现大肠杆菌

1884年，弗里德里希·洛夫勒分离出白喉棒状杆菌

1884年，卡尔·科勒首次将可卡因作为局部麻醉剂

1884年，奥地利物理学家路德维希·玻尔兹曼更新了斯特藩－玻尔兹曼定律

1885年7月6日，路易·巴斯德首次使用狂犬病疫苗

1885年，约翰·巴耳末发展了表示氢光谱波长的公式

1885年，赫尔曼·埃宾豪斯出版了《记忆：实验心理学文集》

"麦克斯韦是正确的……这些神秘的电磁波，我们用肉眼是看不到的。但它们的确存在。"

海因里希·赫兹，德国物理学家，1887年

利克天文台位于美国加利福尼亚州靠近圣何塞的哈密尔顿山，是世界上第一个永久性的山顶天文台。

1886年，美国化学家查尔斯·马丁·霍尔（1863~1914）和法国科学家保罗·路易·图桑·埃鲁（1863~1914）独立研发了电解氧化铝（铝的白色粉状氧化物）为铝的一种技术。

在同一年，出生于德国的美国发明家奥托马尔·默根特勒（1854~1899）发明了活字铸排机，彻底改变了出版世界。该设备可以同时设置整行排印，减少了印刷材料的成本和生产时间。由于这项发明，他被称为"第二个古登堡"（见1450年）。

排字机和其他机器很快就可以使用交流电或交流电力（见下面的边栏），这要归功于美国物理学家威廉·斯坦利（1858~1916）。3月20日他第一次展示了完全交流发电系统，用它来照亮美国马萨诸塞州的大巴灵顿镇。

与此同时，德国物理学家海因里希·赫兹证实了长波电磁辐射的存在（一种看不见的光现在被称为无线电波）。1867年，苏格兰物理学家詹姆斯·克拉克·麦克斯韦曾经对此做出预言。

美国物理学家亨利·奥古斯塔斯·罗兰（1848~1901）利用他自己做的衍射光栅（在玻璃板或镜子表面刻上平行线）分析了阳光。

交流电

当一个金属线圈在磁铁的两极之间旋转时，交流电就产生了。旋转时电流正反向（交替）反复流过导线。将3个线圈按照彼此之间120度方向放置，就可以产生干线或三相电。国内电力供应最常用的是每秒变换50或60次。

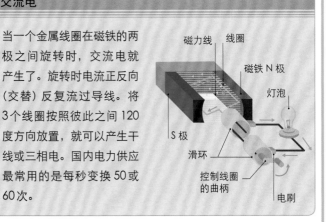

1887年，对光的研究继续进行，美国科学家阿尔伯特·亚伯拉罕·迈克耳孙（1852~1931）和爱德华·莫利（1838~1923）开展的一项实验表明，光速不受地球在太空中运动的影响。正如詹姆斯·克拉克·麦克斯韦方程（见1867年）预测的那样，相对于物体，测量到的光速总是保持不变，不论该物体是否与光相向或处于其他任何角度相对运动。迈克耳孙－莫利实验后来被视为出生于德国的美国物理学家阿尔伯特·爱因斯坦的狭义相对论（见1914~1915年）的确证。当时，迈克耳孙和莫利被视为失败了：他们没能证实物质通过以太的运动（假想的所有空间中充满的一种物质，可以使光在真空中传播）。

海因里希·赫兹的无线电波研究使他发现了光电效应。他观察到发射机产生的无线电波在几乎碰到的两个小金属球之间放出火花。现在，我们知道这是因为电磁辐射激发出了金属表面的电子。赫兹于1887年在《物理学年鉴》杂志上发表了他观

海因里希·赫兹（1857~1894）

德国物理学家海因里希·赫兹以检验詹姆斯·克拉克·麦克斯韦电磁理论的系列实验而闻名。这些实验包括无线电波的传输和检测，证明光是电磁振动的一种形式。为了纪念他，人们将频率——每秒转数的单位称为赫兹（Hz）。

察到的这一现象。

同年，美国发明家赫尔曼·霍尔瑞斯（1860~1929）获得穿孔卡片制表机的专利，可以帮助人们将人口普查统计资料制成表格。这台机器是电子计算机的先驱。

这一年的最后一天，一个直径91厘米的折射望远镜在美国加利福尼亚州的利克天文台建成，1888年1月3日投入使用。它是当时世界上最大的望远镜。

塞尔维亚裔美国籍发明

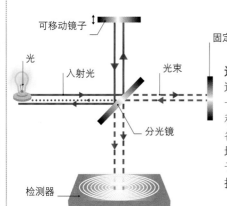

迈克耳孙－莫利干涉仪

迈克耳孙和莫利建造了一个由光源、两面镜子和一个探测器组成的设备。他们用它来研究随地球运动的光束与垂直于地球的运动之间的干扰。

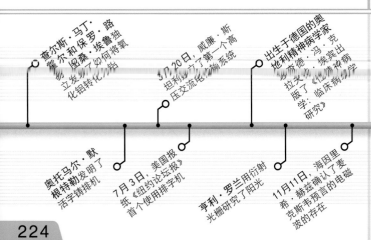

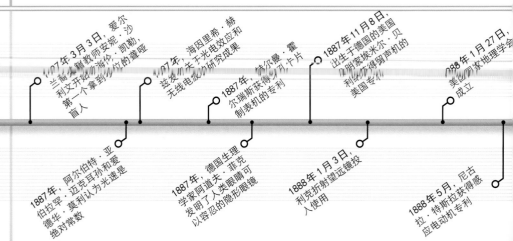

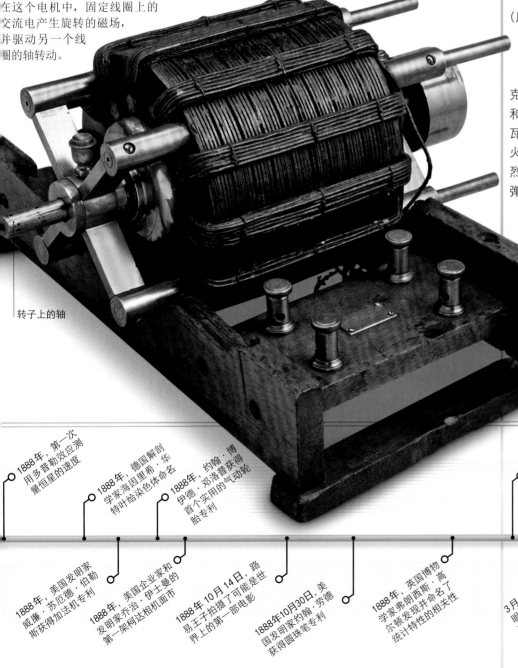

91 厘米
利克望远镜镜头的尺寸，当时世界上最大的折射望远镜

巴黎埃菲尔铁塔在1930年美国纽约的克莱斯勒大厦建成前，当时是世界上最高的人造建筑。

家尼古拉·特斯拉（1856~1943）正在开发交流电的应用。1888年，他获得感应电动机的专利。这是一个两相的机器，它使用两个交流电产生的旋转磁场，使转子转动。西屋电器公司购买了这项专利并将其用于开发电机，广泛应用于世界各地的工业和家用电器。

1887年，苏格兰发明家约翰·博伊德·邓洛普（1840~1921）发明了气动自行车轮胎（充满空气的轮胎），1888年在英国获得专利。专利后来被宣布无效，因为另一个苏格兰人罗伯特·汤姆森（1822~1873）分别于1846年在法国、1847年在美国获得其原理的专利。然而，邓洛普的轮胎是第一个实用的充气轮胎。

特斯拉的感应电动机
在这个电机中，固定线圈上的交流电产生旋转的磁场，并驱动另一个线圈的轴转动。

固定线圈（定子）

转子上的轴

23 千米
美国第一条远程输电线路的长度

德国生理学家奥斯卡·闵可夫斯基（1858~1931）和德国医师约瑟夫·冯·梅灵（1849~1908）表明胰腺产生一种调节体内葡萄糖的物质（后来被确定为胰岛素），该器官出现故障时，就会得糖尿病。

英国化学家弗雷德里克·阿贝尔（1827~1902）和苏格兰化学家詹姆斯·杜瓦（1842~1923）获得无烟火药的专利——一种可以剧烈燃烧并释放出能够推动子弹和炮弹的高压气体炸药。

法国工程师古斯塔夫·埃菲尔设计的法国巴黎的埃菲尔铁塔在3月31日揭幕。这座塔高300米，是当时世界上的最高建筑。

6月3日，美国建成第一条长距离输电线路。它被安装在俄勒冈州的波特兰和威拉米特瀑布发电站之间。

1889年，俄国生理学家伊万·彼得罗维奇·巴甫洛夫（1849~1936）开始研究狗的条件反射作用。他已经注意到狗在看到给它们喂食的实验室技术员时会流唾液。巴甫洛夫用一个节拍器的声音作为喂食的信号，不久，狗在每次听到节拍器的声音时都会流唾液（见1907年）。

爱尔兰物理学家乔治·斐兹杰惹（又译菲茨杰拉德）（1851~1901）发表了一篇文章，认为如果所有移动的物体在其运动的方向收缩，那么迈克耳孙－莫利实验的结果就可以得到解释。这种推测是基于电磁力将挤压运动物体的想法。荷兰物理学家亨德里克·洛伦兹（1853~1928）得到了一个类似的想法；按照狭义相对论这种收缩自然而然会出现（见1905年）。

1888年，第一次用多普勒效应测量恒星的速度

1888年，德国解剖学家海因里希·华特叶给染色体命名

1888年，约翰·博伊德·邓洛普获得首个实用的气动轮胎专利

1888年，美国发明家威廉·伯勒斯获得加法机专利

1888年，美国企业家和发明家乔治·伊士曼的第一架柯达相机面市

1888年10月14日，路易王子拍摄了可能是世界上的第一部电影

1888年10月30日，美国发明家约翰·劳德获得圆珠笔专利

1888年，英国博物学家弗朗西斯·高尔顿发现并阐述了相关性和统计特性的相关性

奥斯卡·闵可夫斯基和约瑟夫·冯·梅灵发现胰腺在糖尿病中的作用

3月31日，埃菲尔铁塔对公众开放

6月3日，美国建成第一条长距离输电线路

乔治·斐兹杰惹发表《以太与地球大气》

3月12日，美国发明家阿尔弗·斯特罗维格获得自动电话交换机专利

英国博物学家艾尔弗雷德·拉塞尔·华莱士出版了关于自然选择的书《达尔文主义》

弗雷德里克·阿贝尔和詹姆斯·杜瓦获得无烟火药的专利

伊万·巴甫洛夫开始研究狗的条件反射作用

49米

阿代尔·埃勒 旅行的距离

1890年10月9日，克莱芒·阿代尔的飞行机器是第一个依靠自身的蒸汽起飞的比空气重的试验机。

10月1日美国国会通过了在加州成立约塞米蒂国家公园的法案，使得这个自1872年就存在的公园置于联邦的控制之下。

减数分裂过程——细胞分裂中产生配子的一个阶段，已经首先被德国生物学家奥斯卡·赫特维希（1849~1922）在1876年研究海胆卵的时候描述过。减数分裂在繁殖和遗传上的全部意义在1890年德国生物学家奥古斯特·魏斯曼（1834~1914）的工作中得到充分阐述。他意识到两次细胞分裂对于1个二倍体细胞（有两套染色体）转化为4个单倍体细胞（每个有一套染色体）以维持

染色体的数目是必要的（见下文的边栏）。

德国细菌学家埃米尔·冯·贝林（1854~1917）和他的日本同行北里柴三郎（1853~1931）发现注射死去或减弱的致病细菌（如白喉

罗伯特·科赫
这个石版画（从19世纪90年代照片得到的拷贝）表现的是德国细菌学家罗伯特·科赫正在他的实验室里研究牛瘟病毒。

和破伤风）到动物体内，会使其血液产生抗体，对疾病产生免疫力。这在实践上与德国医师罗伯特·科赫（1843~1910）关于微生物和疾病的理论相吻合，该理论也在同年出版。德国细菌学家弗里德里希·洛夫勒（1852~1915）与科赫一起发展了这些想法。

可以认为，1890年出版的美国哲学家和心理学家威

廉·詹姆斯（1842~1910）的《心理学原理》是心理学史上最重要的书。这本两卷1200页的书花了詹姆斯12年的时间，涵盖了当时一切

已知的领域。

与流行的观念相反，莱特兄弟并没有做出比空气重的飞行机器的首次载人飞行。该荣誉应该给法国发明家克莱芒·阿代尔（1841~

1926），他在莱特兄弟之前13年就实现了这一壮举。他的机器名为阿代尔·埃勒，采用蝙蝠状设计，翼展14米，配置20马力的质轻、四

> **"飞机运输船是必不可少的……它看起来像着陆场。"**
>
> 克莱芒·阿代尔，法国发明家，《军事航空》，1909年

缸蒸汽发动机——重量只有51千克。

10月9日，飞机带着阿代尔起飞，飞行高度为20厘米。它还不受控制地飞行了大约50米。

减数分裂

减数分裂是细胞有性繁殖的分裂，可以产生配子，如精子和卵细胞。来自双亲的染色体经历了"重组"，经过"洗牌"的基因在每个配子中产生不同的基因组合。减数分裂产生4个遗传学上独特的细胞，每个都有一套染色体。

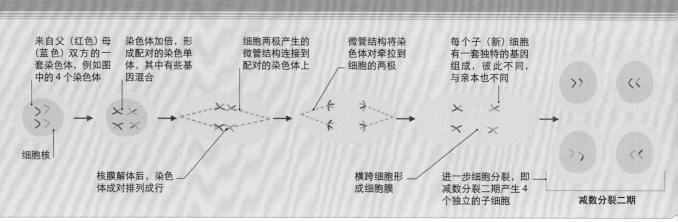

来自父（红色）母（蓝色）双方的一套染色体，例如图中的4个染色体

细胞核

染色体加倍，形成配对的染色单体，其中有些基因混合

核膜解体后，染色体成对排列成行

细胞两极产生的微管结构连接到配对的染色体上

微管结构将染色体对牵拉到细胞的两极

横跨细胞形成细胞膜

每个子（新）细胞有一套独特的基因组成，彼此不同，与亲本也不同

进一步细胞分裂，即减数分裂二期产生4个独立的子细胞

减数分裂二期

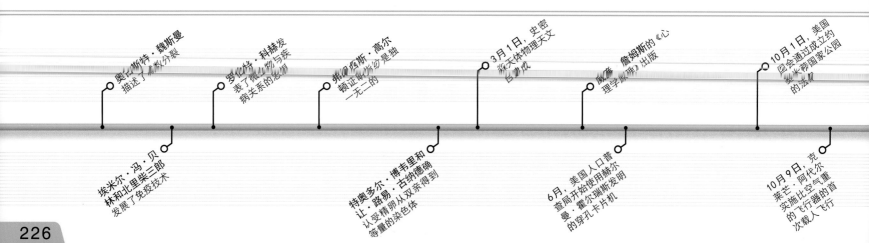

奥古斯特·魏斯曼描述了减数分裂

罗伯特·科赫发表了微生物与疾病关系的思想

弗朗西斯·高尔顿证明每个人都是独一无二的

3月1日，史密森天体物理天文台建成

威廉·詹姆斯的《心理学原理》出版

10月1日，国会通过成立约塞米蒂国家公园的法案

埃米尔·冯·贝林和北里柴三郎发展了免疫技术

特奥多尔·博韦里和让·路易·古纳德认为精卵从双亲得到等量的染色体

6月，美国人口普查局开始使用赫尔曼·霍尔瑞斯发明的穿孔卡片机

10月9日，克莱芒·阿代尔实施比空气重的飞行器的首次载人飞行

860 亿

人脑中
神经元
的平均数量

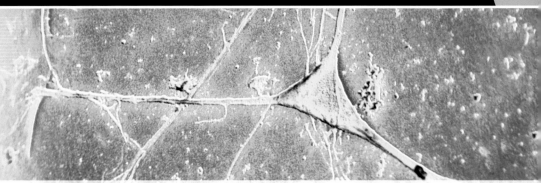

这个假彩色扫描电镜照片显示的是人类的大脑皮质（大脑外层的灰质）的三角形的神经元细胞体。

1891年，《自然》杂志报道了一些"厨房水槽"的发现。在德国，由于是女性而不能去上大学的阿格内斯·珀克尔（1862~1935），曾一直在调查不同物质对水表面张力的影响——洗碗时观测到的结果。珀克尔给英国物理学家瑞利勋爵（1842~1919）写信描述了她的发现，他将她的信翻译后发表在《自然》杂志上。珀克尔另外还发表了15篇科学论文。

大约此时，荷兰的古人类学家欧仁·杜布瓦（1858~1940）在印度尼西亚东爪哇获得了一个重大发现。他发现了被他称为"人类和猿之间的物种"的一些碎片，并将其命名为 *Pithecanthropus erectus*，意思是直立猿人。它现在被称为直立人（*Homo erectus*）。他对这些发现的解释是有争议的，

但现在公认为认识人类进化的一个步骤。

同年，德国解剖学家海因里希·威廉·戈特弗里德·冯·瓦尔代尔·哈尔茨（1836~1921）引入了神经元这一术语来描述传递神经冲动的细胞。

在法国，安德烈（1859~1940）和爱德华·米其林

水上漫步者
这只昆虫没有沉到水里，是因为水面张力——艾格尼丝·普克尔研究的现象——支撑它轻盈的体重。

庞阿尔汽车
1891年庞阿尔汽车迎来了现代汽车的时代。庞阿尔汽车赢得了一些比赛，并创造了多个记录。

（1859~1940）兄弟获得可移动的充气轮胎专利。同一年，他们的轮胎在世界上第一次从巴黎到布雷斯特的长途往返比赛中获胜。

第一辆前置引擎、后轮驱动的汽车是由法国汽车制造商庞阿尔和勒瓦索尔生产的。这种车辆设计被称为庞阿尔系统，几十年来已成为汽车的标准配置。然而，法国发明家阿梅代·博

勒（1844~1917）在1878年，就在蒸汽驱动的汽车中使用了相同的布局。

1892年，出生于法国的德国工程师鲁道夫·狄塞尔（1858~1913）获得以他的姓氏命名的新型发动机专利。实际的柴油发动机本身在两年后才获得专利。

1891年，科学也在利用新技术。德国天文学家马克斯·沃尔夫第一次（1863~1932）用摄影的机器（布鲁斯双筒天体照相仪，一种用于比较两个恒星场，看是否有天体运动的设备）发现了一颗小行星。他将小行星323命名为布鲁西亚，以纪念美国慈善家、为天体摄像仪买单的凯瑟琳·布鲁斯。

1892年，法国数学家亨利·庞加莱（1854~1912）出版了《天体力学新方法》第一卷，其中介绍了许多计算轨道的技术。

荷兰物理学家亨德里克·洛伦兹（1853~1928）将电磁学的新思想应用于将电子视为带电粒子的理论。爱尔兰物理学家乔治·约翰斯通·斯托尼（1826~1911）提出了"电子"的名字。洛伦兹暗示电子是原子的一部

分，原子不是不可分割的。

英国科学家詹姆斯·杜瓦（1842~1921）发明了真空保温杯，或叫杜瓦瓶。法国工程师弗朗索瓦·埃内比克（1842~1921）获得钢筋混凝土技术的专利，革新了建筑技术。

**亨利·庞加莱
（1844~1912）**

亨利·庞加莱并不是依靠大量的好主意而闻名，他还完成了三卷本的巨著《天体力学新方法》。在这部著作中，他阐述了天体力学——处理轨道和其他运动，特别是重力的影响的天文学的一个分支。

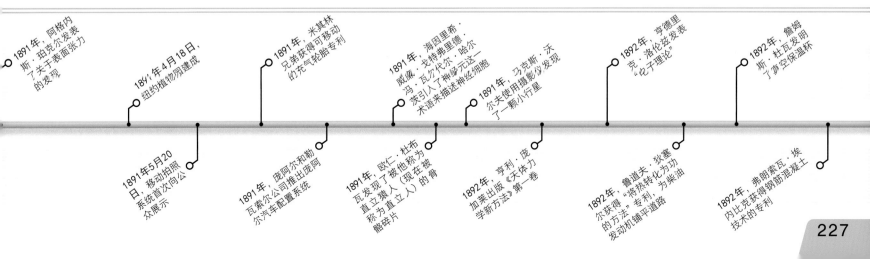

"如需必要，我会用木桩和螺钉强迫那些政客意识到人类学的价值。"

玛丽·金斯利，英国人类学家，一封给人类学家 E.B. 泰勒的信

玛丽·金斯利（图示在非洲的奥果韦河上旅行）写了大量关于非洲和它的人民的文章。

在拥护南半球曾经有过一个伟大的大陆冈瓦纳大陆（见1861~1864年）几十年后，奥地利地质学家爱德华·聚斯提出了一种新理论。1893年，他认为这个南部大陆是由一个名为忒提斯海的内海（来自希腊海洋女神的名字）从北方的劳亚大陆分离出去的。一种基于板块构造的现代方法认为，在距今2.51亿~6500万年前的中生代时期存在更大的忒提斯海。

1893年2月1日，美国

第一家电影制作工作室

黑玛丽亚是托马斯·爱迪生的第一家电影制作工作室，在新泽西州西奥兰治从1893年12月工作至1901年。

发明家托马斯·爱迪生和他的团队建成了第一家电影制作工作室。官方称为动态影像剧院，它也被称为黑玛丽亚（称呼警车的俚语），因为它们都狭小黑暗。

1893年6月1日，美国工程师小乔治·华盛顿·盖尔·费里斯（1859~1896）设计的世界上第一个摩天轮在美国芝加哥市启用，它一直运转到当年的11月6日。

该年7月，日本发明家御木本幸吉（1858~1954）在他的农场里生产了第一颗完美的珍珠。18世纪，瑞典植物学家卡尔·林奈已经在欧洲培育出了淡水珍珠，御木本却是商业培育珍珠的第一人。

1893年8月17日，英国人类学家先驱玛丽·金斯利（1862~1900）抵达塞拉利昂，这是她第一次非洲之旅。她画下了与土著人民一起生活、给他们讲座的场景，撰写了反映仍处于"野蛮人"状态的刻板非洲人的书籍，并且对殖民主义利益提出了质疑。

1891年，德国神经学家阿诺德·皮克（1851~1924）已经引入"早发性痴呆"（过早老年痴呆症）一词来指代在青少年晚期发生的精神病障碍。1893年，德国精神病学家埃米尔·克雷珀林（1856~1926）对这种情况给予了教科书式的详细说明，后来被重命名为精神分裂症。

这也是奥地利精神分析学家西格蒙德·弗洛伊德（1856~1939）和奥地利医师约瑟夫·布罗伊尔（1842~1925）发表他们的论文《歇斯底里现象的心理机制》，标志着精神分析学开端的一年。这篇论文以布罗伊尔对病人安娜·O.弗洛伊德的工作为基础，布罗伊尔还在《歇斯底里研究》一书中阐述

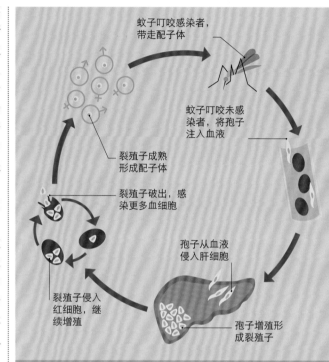

疟疾的生命周期

蚊子叮咬感染者，带走配子体

蚊子叮咬未感染者，将孢子注入血液

裂殖子成熟形成配子体

裂殖子破出，感染更多血细胞

孢子从血液侵入肝细胞

裂殖子侵入红细胞，继续增殖

孢子增殖形成裂殖子

携带疟疾的雌性疟蚊吸食人类血液，将寄生虫孢子注入人血中。它们在肝细胞中繁殖，并产生裂殖子，而后在血液的红细胞内增殖。一些受感染的细胞产生配子体，被其他蚊子摄取，然后成为疾病携带者。

了自己的想法，该书首版于1895年。

1893年，美国发明家爱德华·古德里奇·艾奇逊（1856~1931）获得制造工业

的磨料金刚砂的工艺专利，以精密研磨、可互换的金属零件为核心。1926年，美国专利局将金刚砂列入工业时代影响最大的22项专利中。

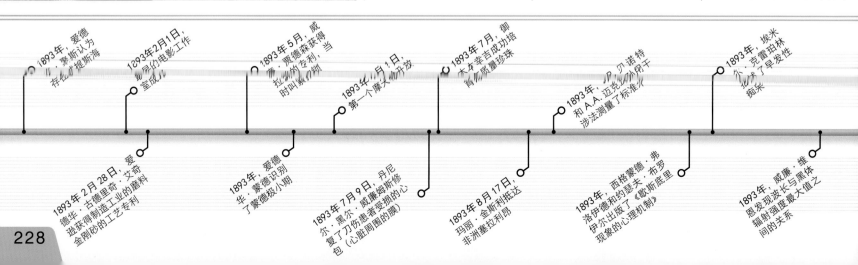

这盏灯含有氩气（1894年首次分离出来），放置在高电压互感器产生的电场作用下可放出紫色电光来产生霓虹灯光。

拉蒙·卡哈尔（1852~1934）

西班牙病理学家、组织学家拉蒙·卡哈尔发现了控制肠内食物移动的慢波收缩的细胞。他还是一个神经学家和催眠专家，他用催眠术帮助他的妻子分娩。1906年，他因为对中枢神经系统的工作而被授予诺贝尔奖。

1893年，运用干涉测量法，美国科学家阿尔伯特·亚伯拉罕·迈克耳孙和国际度量衡局的主任 J.R. 伯努瓦，决定使用光的波长来重新定义距离的标准。他们测量了米——一个保存在法国巴黎的铂－铱原器——根据加热镉发出的红光的波长。

爱德华·蒙德（1851~1928），在伦敦皇家格林尼治天文台工作的英国天文学家，1893年在研究太阳黑子的历史记录时，发现1645~1715年间观测到的黑子数量很少。这个时间间隔现在被称为蒙德极小期，正值小冰期（1500~1800）最冷的阶段，当时地球相当寒冷。

1894年，英国的寄生虫学家帕特里克·曼森（1844~1922）发展了疟疾由蚊子传播的思想。11月，曼森向英国医生罗纳德·罗斯（1857~1932）提到了这个假说，后者研究出该过程的细节，获得了1902年诺贝尔奖。

1784年，英国物理学家亨利·卡文迪什已经发现空气中含有较小比例的一种比氮气还不活泼的物质，但他未能将其分离。1894年8月，遵从英国科学家瑞利勋爵的建议，英国化学家威廉·拉姆齐（1852~1916）报告说他已经分离出这种气体，并命名为氩。它是第一个被分离出的所谓的惰性气体。

19世纪90年代初，法国工程师爱德华·布朗利（1844~1940）开发了早期的

> **"大脑是一个世界，尚有许多未曾触及的大陆，并延伸到未知的区域。"**
>
> 拉蒙·卡哈尔，西班牙病理学家、组织学家，1906年

0.93
大气中氩的百分比

无线电信号检测器。1894年，在伦敦皇家研究院的演讲中，英国物理学家奥利弗·洛奇（1851~1940）将其称为粉末检波器。洛奇在他的工作中使用了这项发明，成为意大利物理学家古列尔莫·马可尼无线电报系统的重要组成部分。

1894年，被誉为现代神经科学之父的西班牙组织学家（组织学研究的是组织和细胞）拉蒙·卡哈尔，提出记忆不会产生新的神经元（神经细胞），但会在现有的神经元之间产生新连接的理论。神经元之间的连接后来被称为突触。

1894年，英国生理学家爱德华·沙比－谢弗（1850~1935）和英格兰医生乔治·奥利弗（1841~1915）发现肾上腺提取物可以引起血压升高。这导致他们发现了肾上腺素。

1894年，德国化学家埃米尔·费歇尔（1852~1919）想到用锁和钥匙的理论来解释酶如何针对特定的分子，以及如何高效地发挥作用。

酶如何发挥作用

酶是蛋白质，作为提高特定化学反应速率的催化剂。它们折叠成复杂的形状，使较小的分子与其匹配。这些分子的活性部位可以使分子结合在一起或者分开。然而，酶保持不变，可无限地重复此过程。

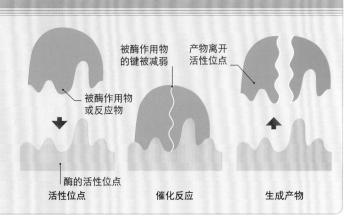

被酶作用物的键被减弱
产物离开活性位点
被酶作用物或反应物
酶的活性位点
活性位点　　催化反应　　生成产物

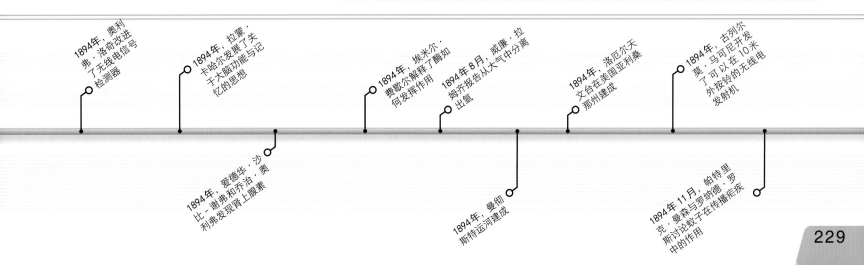

1894年，奥利弗·洛奇改进了无线电信号检测器

1894年，拉蒙·卡哈尔发展了关于大脑功能与记忆的思想

1894年，埃米尔·费歇尔解释了酶如何发挥作用

1894年8月，威廉·拉姆齐报告从大气中分离出氩

1894年，洛尼天文台在美国亚利桑那州建成

1894年，古列尔莫·马可尼开发了可以在10米外按铃的无线电发射机

1894年，爱德华·沙比－谢弗和乔治·奥利弗发现肾上腺素

1894年，曼彻斯特运河建成

1894年11月，帕特里克·曼森与罗纳德·罗斯讨论蚊子在传播疟疾中的作用

20世纪的植物学家通过植物的生态特征将其分类，比如沙丘上的植被（如图）。

"每天人类都在与时间和空间的搏斗中凯旋。"

古列尔莫·马可尼，意大利发明家

荷兰植物学家尤金纽斯·瓦尔明（1841~1924）和德国植物学家安德烈亚斯·申佩尔（1856~1901）于19世纪末出版的植物生态学著作，奠定了这个学科的一个里程碑。他们的工作展示了如何基于气候和土壤的条件来将植被划分为不同种类。

在英国，物理学家瑞利勋爵（1842~1919）和威廉·拉姆齐（1852~1916）发现了气体氩。瑞利意识到空气里一定包含着一种未知

"我已看到我的死亡。"

安娜·伦琴，威廉·伦琴的妻子，看到她手部的X射线片，1895年

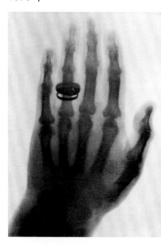

安娜·伦琴手部X射线片
伦琴所摄他妻子手部的X射线片显示，这种射线可以穿透她的皮肤和肌肉，但被致密的骨头和她的戒指挡住了。

的化学成分，因为大气层中氮的密度与在实验室中制得的纯氮密度不同。他发现大气中的氮含有氩和一些其他不活跃的元素的痕迹，后来把这些元素称为惰性气体。

11月，德国物理学家威廉·伦琴（1845~1923）发现带电真空管可以发射一种能使荧光屏发出荧光的射线，他称之为X射线。他发觉这种射线可以穿透人的皮肤，能让照相底片感光。这个发现推动了医疗放射线照相技术的发展。1896年，科学家们认识到X射线可以电离空气。一些内科医生甚至尝试向肿瘤放射X射线以试图治愈癌症，即放射疗法。

受到伦琴的启发，法国物理学家亨利·贝可勒尔（1852~1908）研究磷光物质，如铀盐，是否产生X射线。他原预期只有暴露在阳光下铀盐才会发出辐射，但却注意到即使在黑暗中它们也能使照相底片感光。由此，他发现了一种新现象：放射性。

4月，英国物理学家J. J. 汤姆孙（1856~1940）正在研究阴极射线。这些射线从带电真空管的负电极（阴极）发出，并被正电极（阳极）吸引。阴极射线引起真空管的远端发光。汤姆孙证明这种射线是由比最小的原子更轻的粒子构成。他认为这些他称为"微粒"的带负电荷的粒子，是所有原子的组成部分；汤姆孙发现了第一种亚原子粒子，它们后来被称作电子。

同年5月，英国进行了横穿布里斯托尔海峡的水上第一次无线电通讯。意大利发明家古列尔莫·马可尼（1874~1937）一直在实验无线电技术。1897年，他的科学家团队将一条莫尔斯电码信号从平霍尔姆岛成功发送到威尔士海岸的一台接收机上。后来，德国物理学家卡尔·布劳恩（1850~1918）改进技术，增加了无线电的

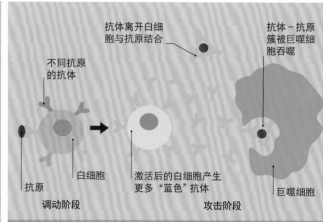

抗原和抗体的相互作用

保罗·埃尔利希解释了免疫系统如何被调动起来去消灭感染的机制。白细胞携带着能与外来微粒——抗原结合的侧链抗体。当它们结合在一起时，白细胞会加速产生更多的抗体。然后这些抗体聚集在抗原周围，使得巨噬细胞以及其他免疫系统细胞能够消灭它们。

传播范围。鉴于在无线电技术发明和发展方面的贡献，马可尼和布劳恩共同分享了12年后的诺贝尔奖。

1897年，布劳恩也在研究真空管。他改进了阴极

射线管，使射线可以撞击一个平面以显示出图像。布劳恩的真空管是第一个示波器——一种可以显示电信号图像的装置。这为电视的发

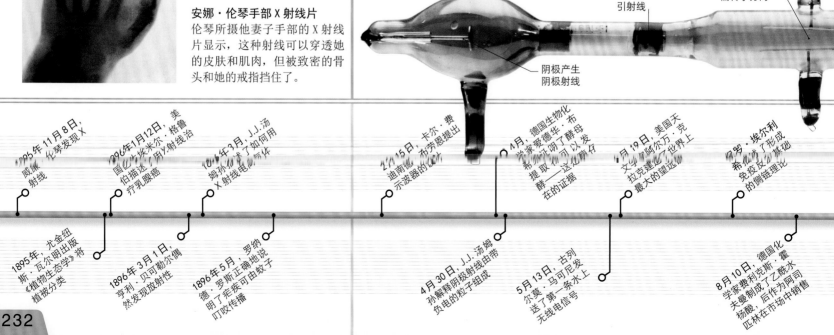

射线达到这里被电磁铁偏转了方向

阳极吸引射线

阴极产生阴极射线

897年，马可尼成立了他的无线电电报机和信号公司。

蚊子胃内壁存在的疟疾卵囊（蓝色），由罗纳德·罗斯首次观察到，穿透细胞感染昆虫的唾液腺，然后昆虫的叮咬同样传播感染。

明和医疗技术的发展开辟了道路，比如用于监测心率的心电图。

1897年8月，在拜耳制药实验室工作的德国化学家费利克斯·霍夫曼（1868~1946）制造了一种名为乙酰水杨酸的止痛物质，它效仿某些从古希腊时代就为人所知的药用植物提取的相关成分，例如柳树和绣线菊属植物。这种新的止痛药后来被命名为阿司匹林（见1899年）。

另一项医疗突破来自德国医生保罗·埃尔利希。他提出了可以解释免疫系统如何攻击特定感染的侧链理论。这个理论至今仍是免疫学的基础。

阴极射线管

对于科学家来说，真空玻璃管在X射线和电子的发现上被证明是有用的。射线穿过管子在管端形成图像，显示它们是带负电荷的粒子（电子）。

射线产生的偏转图像

亨利·贝可勒尔发现放射性后，法籍波兰物理学家玛丽·居里和她的丈夫法国物理学家皮埃尔·居里（1859~1906）在贝可勒尔实验室开始从事其一生的事业——放射性的研究。贝可勒尔发现纯铀辐射可以使空气导电。居里夫妇发现一种铀矿——沥青铀矿，比纯铀的放射性要强300倍，他们推断此铀矿中一定存在一种新的元素在起作用。他们以玛丽的祖国波兰将这种新元素命名为钋，同时创造了一个术语——放射性。同年后期，居里夫妇发现了另一种放射性元素——镭，并对钋和镭加以提纯以作进一步研究。

到了19世纪90年代，科学家们已经发现了两种不易发生化学反应的惰性气体氦和氩，但威廉·拉姆齐暗示元素周期表存在缺口以及对空气的实验室分析表明，有其他元素存在。1898年，他与英国化学家莫里斯·特拉弗斯（1872~1961）一起工作发现了3种惰性气体：

细菌 1000 纳米

病毒 20~40 纳米

病毒与细菌的大小差异

病毒是纳米量级的，它们没有细菌的细胞结构，仅仅由蛋白质和遗传物质构成。

氖、氪、氙。

同年7月，英国医学协会年会公布了一个关于致死疾病——疟疾的重大发现。工作在印度的英国医生罗纳德·罗斯（1857~1932）证明了蚊子通过叮咬传播疟原虫。经过前一年仔细地解剖蚊子的内脏，他发现疟疾寄生虫依附在这些昆虫的胃壁上。他的发现证明了疟疾寄生虫的生命周期（见1893~1894年），以及与特定的蚊子有一定关系。

与此同时，荷兰生物学家马丁努斯·拜耶林克（1851~1931）取得了另一项突破性成果。他发现一种烟草花叶病害，即使被它感染的提取物经过抑菌的过滤器，这种病害依旧会继续传播。他推测传染性的粒子一定比细菌更为微小，称它们为病毒。这种烟草花叶病毒直到20世纪30年代才被隔离。

在德国，物理学家威廉·维恩（1864~1928）用特定的真空管实验带正电的射线，奠定了分析科学的一个新领域——质谱学的基础。这是一种通过蒸发将分子变成离子（带电粒子），用以确定分子结构的技术。维恩发明了一种根据质量和电荷在电磁场中分离出不同种类离子的方法。精确性使质谱学在不同领域都得到了应用，如用于血液和尿液的医学测试以及太空探索中大气样品的分析。

玛丽·居里（1867~1934）

玛丽生于波兰，1895年在法国与皮埃尔·居里结婚。由于他们在放射性方面的工作，居里夫妇与亨利·贝可勒尔共享了1903年的诺贝尔奖。玛丽因为发现钋和镭在1911年获得了第二个诺贝尔奖。由于接触放射性物质，她最后因由此引起的白血病而逝世。

> "生活中没有可怕的东西，只有应去了解的东西。现在是时候了解更多了，所以我们……无所畏惧。"
>
> 玛丽·居里，法籍波兰物理学家

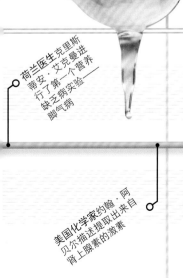

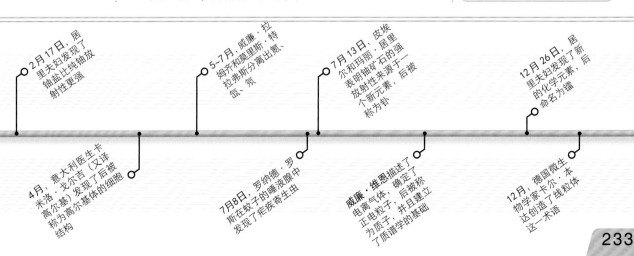

荷兰医生克里斯蒂安·艾克曼进行了第一个营养缺乏病实验——脚气病

2月17日，居里夫妇发现了铀盐比纯铀放射性更强

5~7月，威廉·拉姆齐和莫里斯·特拉弗斯分离出氖、氪、氙

7月13日，皮埃尔和玛丽·居里表明铀矿石的强放射性来源于一个新元素，后被称为钋

12月26日，居里夫妇发现了新的化学元素，后命名为镭

美国化学家约翰·阿贝尔描述提取出来自肾上腺素的激素

4月，意大利医生卡米洛·戈尔吉（又译米洛·戈尔基）发现了后被称为高尔基体的细胞结构

7月8日，罗纳德·罗斯在蚊子的唾液腺中发现了疟疾寄生虫

威廉·维恩描述了电离气体，确定了正电粒子，并且建立了质谱学的基础

12月，德国微生物学家卡尔·本达创造了线粒体这一术语

认识电磁辐射

19世纪的发现导致对辐射的本质有了新的理解

光、红外线、紫外线、X射线、伽马射线、微波和无线电波均以极高的速度在空间传播。它们都是不同种类的电磁辐射，可以理解为波，也可以理解为被称为光子的粒子。

直到19世纪，才有证据表明，光以波的形式运动并且波长决定了光的颜色。两种形式的不可见"光"——长波长的红外辐射和短波长的紫外辐射也被发现了。

电磁场

19世纪60年代，英国物理学家詹姆斯·克拉克·麦克斯韦建立了一组描述电场如何产生磁场以及磁场如何产生电场的方程组。麦克斯韦意识到他的方程是一种描述波的运动的"波动方程"。方程所描述的波的速度与光速完全吻合。麦克斯韦得出结论，光是一种"电磁波"，并预测了还有其他未知形式辐射的存在。其后20年内，德国物理学家海因里希·赫兹通过实验制造出了无线电波——比光的波长更长的电磁波（见1887年）。

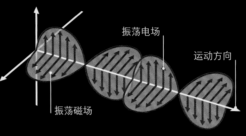

电磁波
在这些自动传输的波中，振荡电场和磁场在互相垂直的平面上沿同一方向运动。

詹姆斯·克拉克·麦克斯韦
詹姆斯·克拉克·麦克斯韦不但在理论上预言了电磁波的存在，而且在解释新兴科学——力学方面起到了重要作用，他还拍摄了第一张彩色照片（见1861年）。

3300千米
古列尔莫·马可尼于1901年发射的第一条跨洋无线电波信号的传播距离

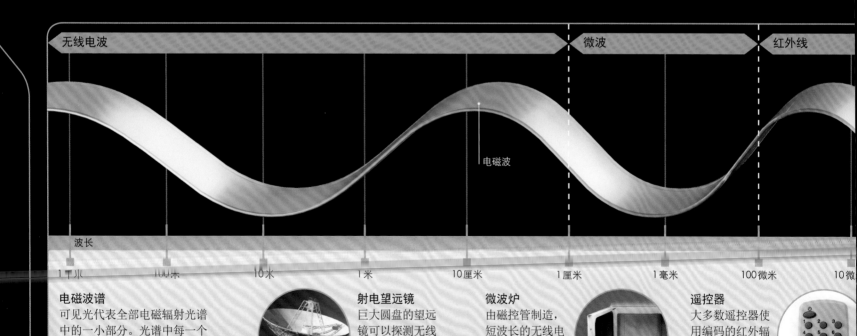

| 无线电波 | | | | | | 微波 | | 红外线 |

波长

1千米　　　100米　　　10米　　　1米　　　10厘米　　　1厘米　　　1毫米　　　100微米　　　10微

电磁波

电磁波谱
可见光代表全部电磁辐射光谱中的一小部分。光谱中每一个部分都会在现代世界中以某种方式起到重要作用，在这我们展示几个具有代表性的例子。

射电望远镜
巨大圆盘的望远镜可以探测无线电波，提供遥远空间的重要信息。

微波炉
由磁控管制造，短波长的无线电波称为微波，可用于加热食物。

遥控器
大多数遥控器使用编码的红外辐射向电气设备发射控制信号。

波和粒子

科学家们长久以来一直争论光在空间中的运动是取粒子流的形式还是波的形式。19世纪，波动理论甚至在麦克斯韦的发现之前就已得到支持。不过，仍然有一些波动理论不能解释的现象，其中就包括"光电效应"。

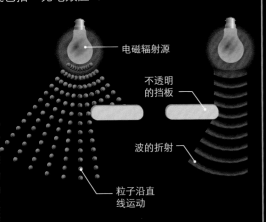

- 电磁辐射源
- 不透明的挡板
- 波的折射
- 粒子沿直线运动

波粒二象性的矛盾

所有的波都可以"衍射"或者沿着静止物体的边缘分散传播。例如，水波涌进港口时就是如此。如果光被理解为一种粒子流，那么其衍射现象就很难解释。

1887年，赫兹在电池上附加两个电极，并分开一小段距离放置在真空管中。当光照在两个电极上，就会在两个电极之间产生电流，但是超过某一波长时电流停止，这时无论再怎么增加光的照射强度也不会有电流被激发出来。阿尔贝特·爱因斯坦证明电磁辐射发射的是粒子（光子），不同颜色的光和不同形式的辐射发射的光子所携带的能量也不相同，以此解释了这种光电效应。

"X射线将被证明是一个骗局。"

威廉·汤姆孙（开尔文勋爵），英国物理学家，1899年

使用电磁辐射

除了紫外线、红外线和无线电波，科学家们在19世纪90年代发现了两种波长非常短（高能量光子）的新形式电磁辐射：X射线和伽马射线。

可以产生或检测不同形式电磁波的设备多种多样，它们有很多不同的应用。例如，不同类型的无线电波可以用来携带电视、广播和电话信号。在医学方面，X射线用于形成身体内部的图像，伽马射线则可以用于放射治疗。

红外辐射
利用照相机对红外辐射非常敏感的特性，可以制成反应温度变化的彩色信息图像，如工程师可以用其检测房屋损失的热量。

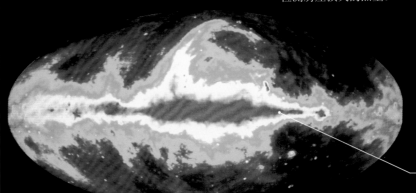

天空的无线电地图
不可见的电磁辐射为我们研究宇宙打开了一扇新的窗口。一般情况下，不可见的星际尘埃发射无线电波，这张图展示了天空的射电天文图。

- 银河系的平面

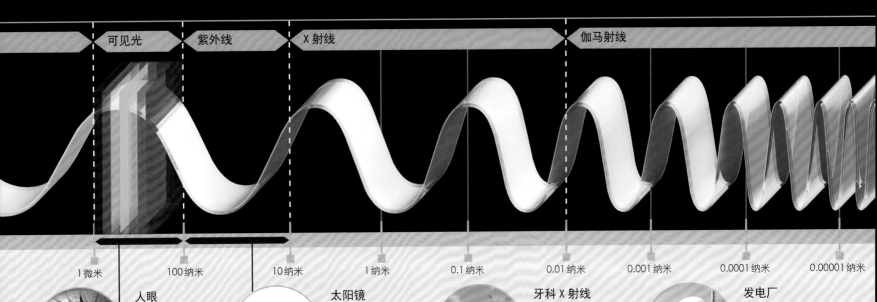

可见光	紫外线	X射线	伽马射线

1微米	100纳米	10纳米	1纳米	0.1纳米	0.01纳米	0.001纳米	0.0001纳米	0.00001纳米

人眼
人类在特定的范围唯一能看到的辐射——光。有些动物能够看到这个范围之外的。

太阳镜
大多数太阳镜都有透镜阻挡紫外辐射，这种辐射会伤害眼睛的视网膜。

牙科X射线
X射线可以穿透软组织，但穿不透骨头和牙齿，这对医学成像很有帮助。

发电厂
核电站有着非常厚的屏蔽层防护伽马射线，这种射线对人类健康有害。

128 米
第一架齐柏林
飞艇的长度

一辆来自20世纪20年代的汽车给拜耳药品做了一个荷兰口号的广告，翻译为"克服所有的痛苦"。

1900年，"齐柏林LZ1"号飞艇在德国南部完成了它的首航。

新西兰出生的物理学家欧内斯特·卢瑟福（1871~1937）一直致力于研究来自铀盐中的辐射——首次由亨利·贝可勒尔发现。卢瑟福对放射性能够引起气体导电的方式很感兴趣。这种现象的产生源于气体的电离：辐射击出一个或多个电子（带负电粒子），留下了带正电的粒子。卢瑟福还发现铀可以发射两种辐射，他将之命名为α和β。α射线后来被确认为是氦原子核的组成粒子，而β射线是电子流。它们都是放射性衰变的副产品。

3月，位于柏林的帝国专利局为德国拜耳制药公司

40000 吨
全世界每年消耗阿司匹林的数量

注册了一种新药。这种药就是阿司匹林，是拜耳公司的科学家们两年前研制出来的止痛药。它很快成了世界上最畅销的药品。

电离效应
电离辐射（α和β粒子，γ射线和X射线）携带了足够的能量从原子中激发出离子（带电荷的粒子）。

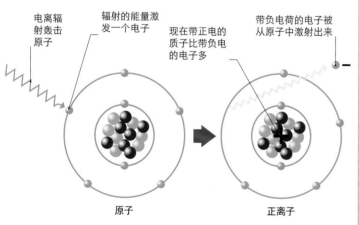

电离辐射击中原子
辐射的能量激发一个电子
现在带正电的质子比带负电的电子多
带负电荷的电子被从原子中激射出来

原子 → 正离子

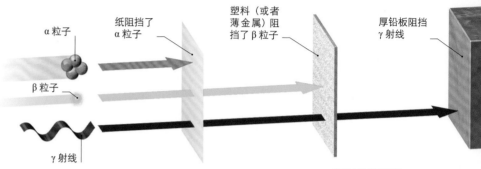

α粒子
β粒子
纸阻挡了α粒子
塑料（或者薄金属）阻挡了β粒子
厚铅板阻挡γ射线
γ射线

在α和β辐射发现之后仅一年，法国化学家保罗·维拉尔（1860~1934）就宣称他发现了第三种类型的辐射——维拉尔射线，自镭盐中产生，穿透能力更强：它们和X射线相似，但具有更短的波长和更高的能量。卢瑟福后来称之为γ射线。

7月，以德国费迪南德·

冯·齐柏林（1838~1917）伯爵名字命名的硬式飞艇进行了首次飞行。它的轻合金结构——由氢气球内部系统支撑，被证明很难控制。它曾被誉为商业飞艇时代的成功开端。然而，在1937年兴登堡号致命空难之后，商业飞艇计划宣告终结。

10月，德国物理学家马

辐射的穿透性
α粒子不能穿过纸张，不如更小的β粒子。γ辐射不是由粒子组成的，其具有很高能量的射线只有铅板才能阻挡住。

克斯·普朗克提出了一种以新的方式看待物理学的理论。他对一种日常现象背后的科学发生兴趣——深色的物体比浅色的物体吸收更多的热量。理论上最黑的物体，即所谓的"黑体"，吸收包括可见光在内的所有电磁辐射，从而也是这种辐射完美的发射体。普朗克推断物体中存在原子的离散振动，相当于能量"包"，当它们叠加到一起时便发射出全部的能量。这种如光之类的辐射自能量包（即后来所称的量子）产生的思想，成为量子物理学的基础。

这一年生物学也发生了

马克斯·普朗克（1858~1947）
物理学家马克斯·普朗克在慕尼黑大学和柏林大学学习，先后在基尔大学和柏林大学当教授。1911年，他帮助组织了第一次索尔维物理学会议，当时科学家们聚在一起讨论量子理论。1918年，他被授予诺贝尔奖。与其他科学家不同，普朗克在纳粹统治时期一直留在德国。

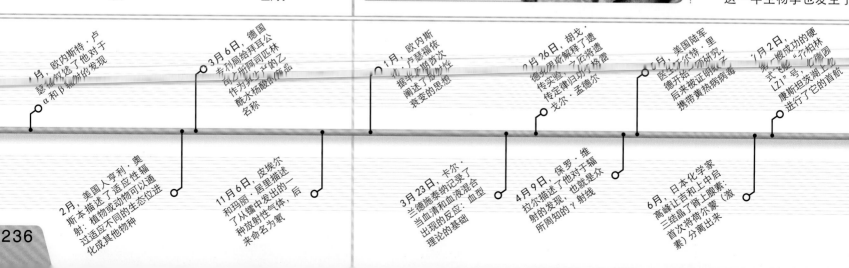

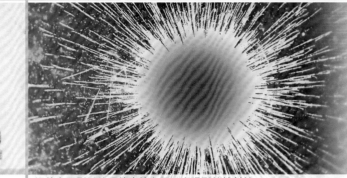

"放射性为……化学变化所伴随，新的物质类型于其中……产生。"

欧内斯特·卢瑟福，《哲学杂志》，1902年

镭盐在显影后的照片底片上显示出强烈的放射性——黄色的轨迹表示正在放射 α 粒子。

一次关于起源的革命：一些生物学家重新发现了由格雷戈尔·孟德尔建立的遗传定律（见 1866 年）。荷兰植物学家胡戈·德弗里斯（1848~1935）发现植物的遗传特征是由泛子的微粒所决定，这就是后来被广泛认知的基因。

奥地利生物学家卡尔·兰德施泰纳（1868~1943）在一篇科学论文的注脚中提出了一个关于血液相容性的理论。他发现如果来自一个人的血清（血液的液体部分）与另一个人的完整血液混合，可能导致红细胞的凝结。这解释了为什么有些输血是致命的。

德弗里斯在他的花园
胡戈·德弗里斯培育植物来做实验，就像多年前格雷戈尔·孟德尔一样。他在 1918 年退休后继续从事研究，直至去世。

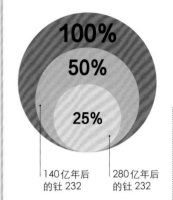

100%
50%
25%

140亿年后的钍 232
280亿年后的钍 232

在 2 月和 8 月，英国工程师休伯特·塞西尔·布思（1871~1955）给一种通过过滤系统抽气的设备申请了专利。他发明了第一台有动力装置的真空吸尘器。11 月，美国电气工程师米勒·里斯·哈钦森（1876~1944）受一位朋友因患猩红热导致耳聋之事的启发，获得了第一台电子助听器的发明专利。里斯·哈钦森改进了亚历山大·贝尔的电话技术，这一设备可以将声音从扩音器通过耳机传送到耳朵里。

欧内斯特·卢瑟福和英国物理学家弗雷德里克·索迪（1877~1956）发现放射性元素在发射放射性物质时会变成其他元素。他们后来称之为嬗变（见 1916 年），

放射性衰变
放射性元素的半衰期是指特定元素衰变成另一种形式所用的时间。钍 232 的半衰期是 140 亿年。

这种嬗变总会以不变的方式发生：比如钍变成镭。卢瑟福确定了放射性物质衰变成另一种形式的半衰变所用的时间，他后来将之命名为半衰期。索迪继续证明某些元素存在变异体，即众所周知的同位素。这些同位素可能具有放射性，也可能没有。元素的半衰期和它们的同位素多种多样：铍的某些同位素的半衰期只有几分之一秒，

而铋 209 的半衰期却比宇宙的估算年龄要长数十亿倍。

在生物学上，卡尔·兰德施泰纳阐述了关于血液相容性的理论。11 月 14 日，他宣布了基于相容模式所确定的三种不同血型：A、B 和 O。另一种罕见的血型 AB 后来才被发现。

伦敦动物学会的一次会议报告了探险家哈里·约翰斯顿（1858~1927）在非洲森林里发现的一种惊人的新的大型哺乳动物。经皮肤和颅骨检查，它被确认为㺢㹢狓。

11 月，德国精神病学家阿洛伊斯·阿尔茨海默

（1864~1915）为一个表现严重痴呆迹象的女病患做检查，他描述了这种后来以他名字命名的病症的症状。1906 年那位女病患去世后，阿尔茨海默检查了她的大脑并且观察到异常的斑块，这些是阿尔茨海默病的特征。

12 月，据报道，意大利发明家古列尔莫·马可尼发射了第一条横跨大西洋的无线电信号——从英格兰最西南端的波斯科诺到北美的纽芬兰。有些人认为它只不过是一些干扰，但也有人将其描述为有意发送的莫尔斯电码信号。

血型
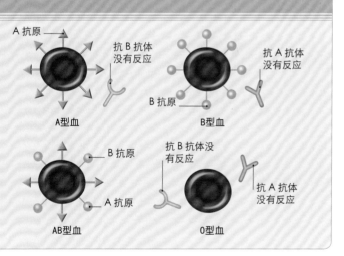

有些人的红细胞表面携带着被称为抗体的组织。卡尔·兰德施泰纳确定了两种类型——A 型和 B 型，如果给予某人适当敏感的抗体，它们可以引发致命的凝结（凝集反应）。O 型血没有抗原，所以可以捐献给任何人。然而，AB 型血液具有 A、B 两种抗原，所以只能给 AB 型血的人输血。

A 抗原
抗 B 抗体没有反应
A型血

抗 A 抗体没有反应
B 抗原
B型血

B 抗原
抗 B 抗体没有反应
A 抗原
AB型血

抗 A 抗体没有反应
O型血

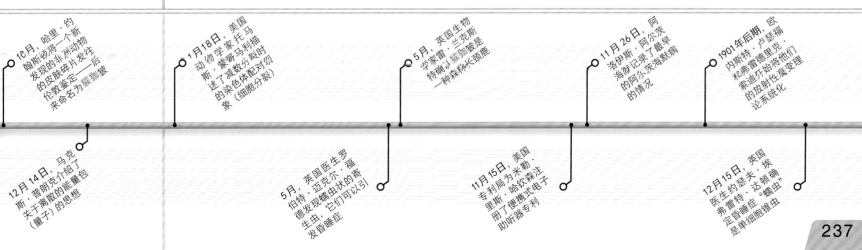

10 月，哈里·约翰斯顿将一个新发现的非洲动物的皮肤碎片发往伦敦鉴定——后来命名为㺢㹢狓

12 月 14 日，马克斯·普朗克介绍了他关于离散的能量包（量子）的思想

1 月 18 日，美国动物学家托马斯·蒙哥马利描述了减数分裂时的染色体配对以及（细胞分裂）

5 月，英国医生罗伯特·迈克尔·福德发现蜱虫状的寄生虫，它们可以引发昏睡症

5 月，英国生物学家雷·兰克斯特确认㺢㹢狓是一种森林长颈鹿

11 月 15 日，美国专利局为米勒·里斯·哈钦森注册了便携式电子助听器专利

11 月 26 日，阿洛伊斯·阿尔茨海默记录了最早的阿尔茨海默病的情况

12 月 15 日，英国医生约瑟夫·达顿佛弗雷德里克·达顿确定昏睡症"锥虫"是单细胞推虫

1901 年后期，欧内斯特·卢瑟福和弗雷德里克·索迪开始将他们的放射性嬗变论系统化

接近地球表面的是发出橙红色光的对流层，对流层包括可供我们呼吸的空气和天气系统。褐色层，即对流层顶，标志着向其上灰蓝色平流层的过渡。

莱特兄弟1903年首次在北卡罗来纳州的小鹰镇飞行。

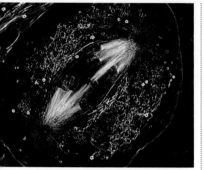

显微照片展示的细胞分裂
在细胞分裂时，染色体分开，它们携带的基因会传递到两个新细胞中。

1月1日，肯塔基州的农民发明家内森·斯塔布菲尔德（1860~1928）展示了一种电气设备，能够无线发送语音和音乐到几百米以外。尽管它激发了科学的讨论，但这种无线技术没有持续下来，因为它依赖于电磁感应产生的扰动而不是无线电信号，而且很容易受到干扰。

美国生物学家沃尔特·

> **"个体的染色体掌控不同的特性。"**
>
> 特奥多尔·博韦里，《多极有丝分裂——一种细胞分析的方法》，1902年2月17日

萨顿（1877~1916）和德国生物学家特奥多尔·博韦里（1862~1915）分别独立地确定染色体是遗传物质的载体。大约40年前，格雷戈尔·孟德尔已经表明遗传特征是一种微粒的结果（见1866年）。萨顿观察了蝗虫精子的形成并发现移动的染色体，印证了孟德尔的遗传微粒的说法。特奥多尔观察到海胆胚胎需要一个完整的染色体来保证正常发育。

4月，气象学家莱昂·泰

到 1000 千米：热电离层
85千米：中间层
到50千米：平流层
到16千米：对流层
海平面

地球大气层的分层
大气是由四层组成。气体集中在较薄的对流层。

瑟朗·德·博尔特（1855~1913）向法国科学院报告了

他对大气的研究。在10多年间，他发送了200多个带有特殊设备的氢气球。他发现天气系统至少延伸到地球表面以上9千米范围的层内。超过这一层，空气变得更稀薄而且更平静。后来，德·博尔特把这种低一些的层叫对流层，其上叫平流层。

2月17日，斯坦利汽车运输公司在美国成立，1897年最早生产出蒸汽驱动汽车；这个工厂在1924年关闭。

斯坦利蒸汽汽车
早期的斯坦利汽车通过座位下面的锅炉提供蒸汽。著名的斯坦利蒸汽汽车从汽油炉得到燃料，并由曲柄进行启动。

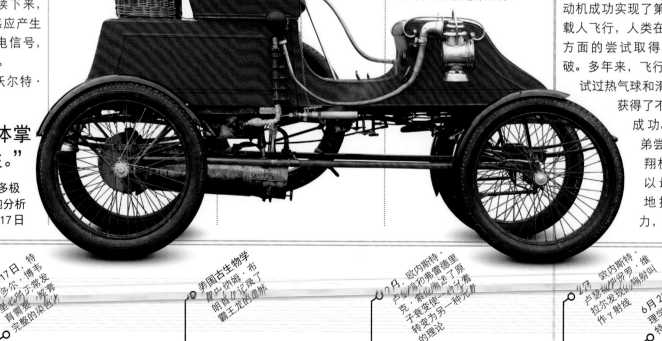

首篇描述后来被称为"色谱分析法的步骤"的文章于1903年发表在华沙自然科学会会刊上。俄罗斯的植物学家米哈伊尔·茨维特（1872~1919）成功分离出植物色素的化学成分。他首先让混合物溶解在石油醚中，然后让其穿过精细的重质碳酸钙色谱柱。橙色、黄色和绿色色素便分离成不同的色带：那些在溶剂中溶解越好的色素移动得越快越远。后来，茨维特的技术被用作分离物质混合物的重要分析工具。

当美国发明家奥维尔·莱特（1871~1948）和威尔伯·莱特（1867~1912）兄弟在12月17日通过一架发动机成功实现了第一次可控载人飞行，人类在动力飞行方面的尝试取得了重大突破。多年来，飞行先驱们尝试过热气球和滑翔机，获得了不同程度的成功。莱特兄弟尝试改进滑翔机的设计，以最大限度地提高其升力，并装了一

1月1日，内森·斯塔布菲尔德演示了一种新的无线设备可以传送无线语音

2月17日，特奥多尔·博韦里发现异常发育需要完整的染色体

美国古生物学家巴纳姆·布朗首次记录了霸王龙的化石

欧内斯特·卢瑟福和弗雷德里克·索迪描述了原子衰变为另一种元素的理论

欧内斯特·卢瑟福发现拉莫能够发出γ射线

6月21日，布兰特物理学家威廉·艾恩特霍芬介绍了第一台心电图仪

2月17日，斯坦利汽车运输公司成立

4月28日，莱昂·德·博尔特描述了平流层

奥地利生物学家阿尔弗雷德·冯·德卡斯特洛和阿德里亚诺·斯塔利描述了AB血型

10月17日，沃尔特·萨顿认为染色体是孟德尔遗传规律的物质基础

12月，罗伯特·斯科特的两极探险队抵达人类能够接近的最南端

3月21日，俄罗斯科学家齐奥尔科夫斯基介绍如何用火箭研究太空

俄罗斯科学家介绍了色谱法

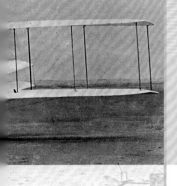

> "我现在确信……人类不用电线发送穿越大西洋的信息的那一天将会来临。"

古列尔莫·马可尼，意大利发明家，《无线通信》，1901年

美国马萨诸塞州马可尼无线电台的设备，可以将无线电信号横跨大西洋传送到英国的康沃尔。

个轻量级铝制汽油发动机来提供动力。1903年，奥维尔在他们的飞机上首次进行了持续12秒、跨度37米的飞行。同一天，威尔伯在59秒内飞行了260米。

奥维尔·莱特和威尔伯·莱特

莱特兄弟经营一家自行车商店，他们受到了早期航空飞行的启发。1908年，他们携带一名乘客完成了一个小时的长途飞行。

莱特兄弟的第一架飞机，在设计时做到了尽可能地减少负荷，最大限度地提高灵活性。它有一个云杉灰的木质框架，覆以棉布。发动机给予机翼足够的速度以产生超过飞机重量的升力，这就是飞行的原理。

发送横跨大西洋的无线电信号三年后（包括连贯的信息），意大利发明家古列尔莫·马可尼（1874~1937）建立了首个横跨大西洋的商业无线电业务。到1907年，这已经成为一种常规的服务。

《哲学杂志》在3月刊上刊登了一篇英国物理学家J.J.汤姆孙（1865~1940）写的文章，文中描述了一种看待原子的新方式，这种方式包含了新发现的电子，即众所周知的"葡萄干布丁模型"。汤姆孙把原子看作一块带有正电荷的"布丁"，带负电荷的"葡萄干"镶嵌其中。同年晚些时候，日本物理学家长冈半太郎（1865~1950）否定了这种正电荷和负电荷混合在一起的思想，他提出了自己的"土星模型"。此模型有一个大的正电核，负电荷围着它环绕，就像土星周围的圆环。几年之内，英国

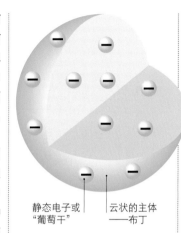

静态电子或
"葡萄干" ── 云状的主体
── 布丁

葡萄干布丁模型
汤姆孙关于原子结构的模型是解释带电粒子如何在中性原子中共存的一种早期尝试。

开展的实验表明原子确实有一个为电子所环绕的紧密的正电核──更像长冈的模型。

7月，皮耶罗·孔蒂（1865~1939）这位来自托斯卡纳区拉德瑞罗火山地区的意大利商人，演示了一个在地热上运行的蒸汽机。孔蒂成功地从一台发电机得到足

够的电力点亮了5个灯泡。孔蒂的遗产价值在于，拉德瑞罗地区的地热发电量至今占到了全世界地热发电量的10%。

11月，英国物理学家约翰·安布罗斯·弗莱明（1849~1945）为世界第一个真空二极管申请专利，他的设计在爱迪生灯泡上增加了一个正电极（阳极）。来自热灯丝的电子通过灯泡的真空部分流到冷的阳极──把交流信号（AC）转换成直流信号（DC）。这标志着电子时代的开始，从收音机到第一批电脑，此后数十年经多次改进的弗莱明二极管在许多设备中得到了应用。

12月初，在加利福尼亚州的利克天文台，美国天文学家查尔斯·狄龙·珀赖因（1867~1951）发现了木星的

卫星。这颗卫星后来被命名为希玛利亚──希腊神话中的女神。它是木星的第六大卫星，被认为是由木星在其轨道上俘获的一颗小行星而形成。

阳极板

11480000 千米
木卫六到木星的距离

弗莱明的真空二极管
此设计的特点在于用一个金属板作为阳极（带正电荷），来吸引灯泡灯丝中的电子，从而产生直流电。

9月24日，乔治·达尔文提出地球被放射性射线加热

荷兰科学家科尼利尼斯·科宁提出真菌可以帮助分解有机物质，形成腐殖质

3月，J.J.汤姆孙描述了原子结构的葡萄干布丁模型

7月4日，皮耶罗·孔蒂测试了第一个使用地热能量的发电机

12月3日，狄龙·珀赖因发现了木星的第10颗卫星

10月17日，戴维·布鲁斯报告昏睡症由采采蝇传播

6月，英国天文学家爱德华·蒙德阐述了太阳黑子分布的模式

德国生物学家弗里德里希·梅韦斯描述了植物细胞中的线粒体

11月16日，英国专利局为约翰·弗莱明注册热离子二极管专利

12月5日，长冈半太郎阐述了原子结构的土星模型

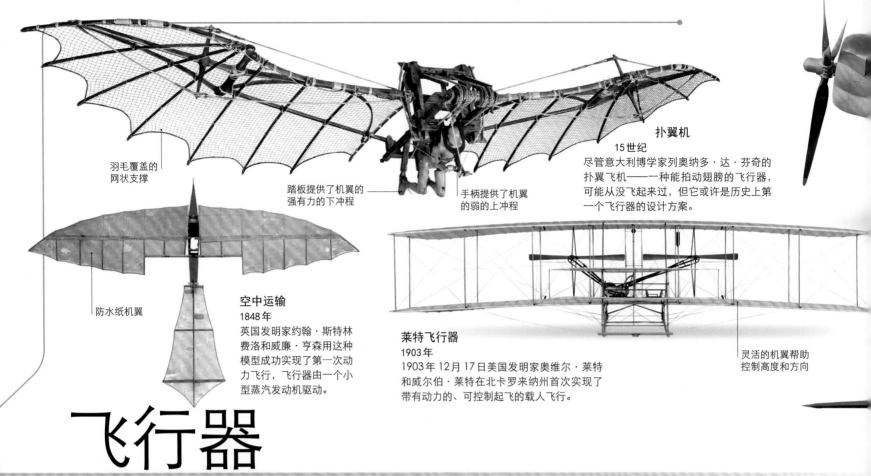

扑翼机
15世纪
尽管意大利博学家列奥纳多·达·芬奇的扑翼飞机——一种能拍动翅膀的飞行器，可能从没飞起来过，但它或许是历史上第一个飞行器的设计方案。

羽毛覆盖的网状支撑

踏板提供了机翼的强有力的下冲程

手柄提供了机翼的弱的上冲程

防水纸机翼

空中运输
1848年
英国发明家约翰·斯特林费洛和威廉·亨森用这种模型成功实现了第一次动力飞行，飞行器由一个小型蒸汽发动机驱动。

莱特飞行器
1903年
1903年12月17日美国发明家奥维尔·莱特和威尔伯·莱特在北卡罗来纳州首次实现了带有动力的、可控制起飞的载人飞行。

灵活的机翼帮助控制高度和方向

飞行器

动力飞行器的发展导致了军事和运输业的革命

飞行的梦想可以追溯到古希腊神话中的建筑师和雕刻家代达罗斯，他用鸟的羽毛和蜡做成翅膀进行飞行。直到18世纪这才成为现实，为一系列的飞行器铺平了道路。

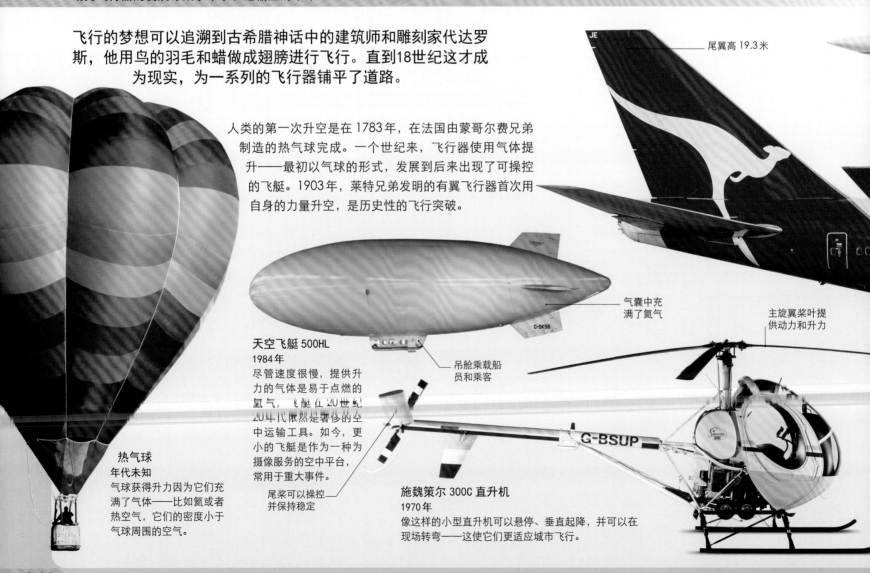

人类的第一次升空是在1783年，在法国由蒙哥尔费兄弟制造的热气球完成。一个世纪来，飞行器使用气体提升——最初以气球的形式，发展到后来出现了可操控的飞艇。1903年，莱特兄弟发明的有翼飞行器首次用自身的力量升空，是历史性的飞行突破。

尾翼高 19.3米

气囊中充满了氢气

主旋翼桨叶提供动力和升力

天空飞艇 500HL
1984年
尽管速度很慢，提供升力的气体是易于点燃的氢气，飞艇在20世纪20年代依然是奢侈的空中运输工具。如今，更小的飞艇是作为一种为摄像服务的空中平台，常用于重大事件。

吊舱乘载船员和乘客

尾桨可以操控并保持稳定

热气球
年代未知
气球获得升力因为它们充满了气体——比如氢或者热空气，它们的密度小于气球周围的空气。

施魏策尔 300C 直升机
1970年
像这样的小型直升机可以悬停、垂直起降，并可以在现场转弯——这使它们更适应城市飞行。

F4U 海盗式战斗机
1943年
快速且高机动性的单发动机
战斗轰炸机，在二战期间，
海盗式战斗机需求量非常大。

可完全伸缩
的起落架

轻铝合金机身

超级马林海象式水上飞机
1935年
二战中用于侦察任务，"海象"可以从船
的甲板上弹射到空中，也可以在水上停
靠，然后被提回甲板。

可折叠机翼

金属机身

翼梢浮筒

洛克希德马丁公司 F-117A 夜鹰战斗机
1982年
设计出夜鹰这样的隐形飞机，是为了躲避
敌军雷达的侦察。它们的形状和特殊涂料
是为了减少雷达波的衍射和反射。

平面机身

协和式超声速喷射客机
1976年
英法协同设计，由涡轮式喷射发动机提供动力，
协和式飞机是两种投入商业服务的超声速客机之
一。从美国纽约飞往英国伦敦还不到3个小时。

窄且流线
型的机身

下垂的头锥保证了
对跑道的可视性

三角翼，末
端呈圆锥状

波音 747
1970年
波音 747 曾是世界上最大的客机，能载 680 名乘
客，直到 2007 年被 A380 超过。

宽机身

QANTAS
THE SPIRIT OF AUSTRALIA   LONGREACH

VH-OJE

高功率，低油耗
涡轮风扇发动机

尾翼提供方
向稳定性

美国航天飞机
1982年
虽然必须由火箭发射，但美国航天飞机是
第一个能降落在跑道上的航天器，像传统
飞机一样可用于更远的飞行。

可打开空间释
放有效载荷

施莱克尔 ASK13
1966年
使用现代超强、超轻材料制
造，利用上升气流的升力，
滑翔机可以飞得更远更高。

长而薄的机翼
能减少阻力

United States

主发动机

> "大小在显微镜下可见的物体悬浮于液体中时，将表现出如此剧烈的运动以至于它们能够……在显微镜下被观察到。"

阿尔贝特·爱因斯坦，关于布朗运动，1905 年 7 月 18 日

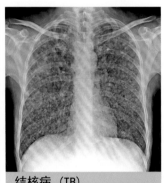

阿尔贝·卡尔梅特（居中）研究动物毒素并研制了第一批抗蛇毒血清。后来，他和卡米耶·介朗合作共同研制出卡介苗。

阿尔贝特·爱因斯坦在众所周知的奇迹之年发表了 4 篇革命性的论文。他首先扩展了 1900 年马克斯·普朗克提出的能量存在于微小的能量包中的思想。爱因斯坦提出，光的能量包可以解释光电效应，在光电效应中光的波长（而非强度）提供从金属表面上射出电子的能量，后来被实验证明（见 1921 年）。

爱因斯坦的第二个理论解释了在气体或水中的小微粒的无规则运动是由分子撞击这些微粒引起的，他称其为布朗运动。9 月，爱因斯坦发表了狭义相对论理论（见 244~245 页）。他调和了光速

3 亿

光速，即光每秒行进的米数

的不变性与相对性原理：相对性原理是指无论静止还是运动，力学过程都以相同的方式发生。在此之前，光曾经被认为是这个原理的例外，但爱因斯坦对时间和空间的分析说明它是兼容的。最后在 11 月，他发表了关于相对

论研究的结论。他提出，当一个物体释放出能量时，也会失去质量，因此能量与质量是可以互换的。这种关系可用一个简单的公式表达：$E=mc^2$。

英国生物学家威廉·贝特森（1861~1926）是众多对遗传研究感兴趣的科学家之一。在这一年 4 月的一封信中，他称这为遗传学。

日益增长的人口需要更多的食物，所以农作物肥料的需求量也大大增加。德国化学家发明了一种合成氨的方法，这种化合物提供了植物生长所需要的氮（氨由氢和氮构成）。弗里茨·哈伯（1868~1934）描述了一个大气中的氮和氢之间的关键反应。第一次世界大战期间，由于天然的亚硝酸盐被协约国控制，卡尔·博施（1874~1940）使用了哈伯的原理生产了大量工业用氨。

德国化学家阿尔弗雷德·艾因霍恩（1856~1917）成功制作了局部麻醉剂普鲁卡因。此药后作为麻醉药品奴佛卡因销售，成为一种标准的止痛药。

阿尔贝特·爱因斯坦（1879~1955）

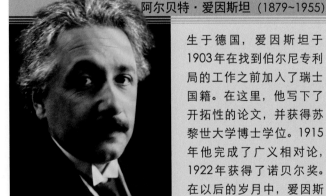

生于德国，爱因斯坦于 1903 年在找到伯尔尼专利局的工作之前加入了瑞士国籍。在这里，他写下了开拓性的论文，并获得苏黎世大学博士学位。1915 年他完成了广义相对论，1922 年获得了诺贝尔奖。在以后的岁月中，爱因斯坦成为美国公民。

英国地质学家理查德·奥尔德姆（1858~1936）研究了紧随地震后穿过地球的地震冲击。19 世纪末，奥尔德姆确定了两种波：快速、纵向、主要的纵波和慢速的、横向、次要的横波。他发现，在地球一定的深度以下，地震波传播得更慢——横波完全停

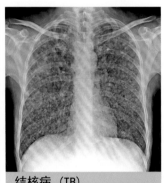

结核病（TB）

德国医师罗伯特·科赫（1843~1910）确定了可导致结核病的细菌，获得了 1905 年诺贝尔奖。肺结核过去称为肺痨，通常是致命的。它感染肺部引起损伤或者结核节，并且通过咳嗽和喷嚏的飞沫传播。卡介苗是对抗结核病的第一道防线。

止。同年 2 月，奥尔德姆发现这种现象可用由不同物质组成的地球内部存在一个核心来解释。后来的研究表明地球在 2900 千米的深处有一个核，并确认外核是流体。

1906 年的圣诞前夜，在美国气象局工作的加拿大发明家雷金纳德·费森登（1866~1932）（他曾被认为是意大利发明家古列尔莫·马可尼的竞争对手），在美国马萨诸塞州的布兰特罗克镇播放了第一个广播节目。广播内容包括语音消息和音乐并定向传送给大西洋上航行的船只。

法国巴斯德研究所开始一个项目：一种新疫苗的研制，这种新的疫苗能保护上百万人远离致命疾病——肺结核。历史上人们曾用无害的牛痘接种来对抗危险的天花（见 1796 年），法国科学家阿尔贝·卡尔梅特（1863~1933）和卡米耶·介朗（1872~1961）受此启发，认为可以尝试用类似的方法对付结核病。卡尔梅特和介朗想在患结核病的牛身上找到可用于对抗人类结核病的

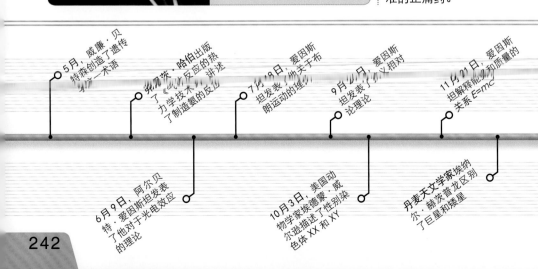

5 月，威廉·贝特森创造了遗传学这一术语

弗里茨·哈伯出版了《气体反应的热力学技术》，讲述了制造氨的反应

7 月 18 日，爱因斯坦发表了种关于布朗运动的理论

9 月，爱因斯坦发表了狭义相对论理论

11 月 21 日，爱因斯坦解释能量和质量的关系 $E=mc^2$

6 月 9 日，阿尔贝特·爱因斯坦发表了他对于光电效应的理论

10 月 3 日，美国动物学家埃德蒙·威尔逊描述了性别决定色体 XX 和 XY

丹麦天文学家埃纳尔·赫茨普龙区别了巨星和矮星

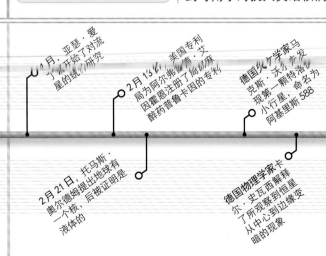

4 月，亚瑟·爱丁顿开始了对流星的线光谱研究

2 月 13 日，美国专利局为阿尔弗雷德·艾因霍恩注册了局部麻醉药普鲁卡因的专利

德国天文学家马克斯·沃尔夫发现第一颗特洛伊小行星，命名为阿基里斯 588

2 月 21 日，托马斯·奥尔德姆提出地球有一个核，后被证明是液体的

德国物理学家卡尔·史瓦西解释恒星变暗的现象

德国物理学家卡尔·史瓦西解释了所观察到恒星从中心到边缘变暗的现象

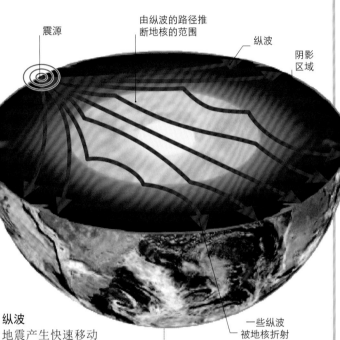

到 1907 年，诺贝尔奖得主伊万·巴甫洛夫因做了动物条件反射方面的实验获得了众多赞誉。图中所示，他与同事们和实验用的一条狗在一起。

震源 / **由纵波的路径推断地核的范围** / **纵波** / **阴影区域**

纵波
地震产生快速移动的波，当它们穿过地核时会慢下来并会弯曲，同时产生一个"阴影"区域，在阴影区域地震仪无法检测到它们。

一些纵波被地核折射

疫苗。他们在已经被牛胆汁（牛的肝脏中获得）浸泡过的马铃薯切片上培养牛结核菌，并且继续培养直到它们可以被安全使用。经过 10 年的探索之后，他们才对动物使用了 BCG（卡介苗），直到 1921 年才尝试用于人类。

5500℃
地球内核的温度

美国发明家李·德福雷斯特获得了三极管专利，三极管可以放大电信信号，并且可以作为一种开关。在晶体管发明之前（见 1947 年），二极管和三极管被用于收音机、电视和电脑的电路中。

出生于比利时的化学家利奥·贝克兰（1863~1944）制造了第一块由合成材料制成的塑料。贝克兰的新产品后来被称为酚醛塑料，耐热且绝缘，被广泛用于绝缘体以及制作家用炊具和儿童玩具。

法国导演奥古斯特·卢米埃尔（1862~1954）和路易·卢米埃尔（1864~1948）开始销售第一个商业化的彩色照相法。这种彩色底片（自着色）形成过程中，使用了一个上面涂着透明着色染料淀粉颗粒的负片，在光线接触到感光乳剂之前，负片对其已过滤了颜色。

基于 J.J. 汤姆孙对电子是粒子的证明（见 1896 年），美国物理学家罗伯特·密立根（1868~1953）开始计算电子的电荷的实验。他发现下降油滴中的电荷总是一个微小

值：单电荷的倍数。密立根在 1910 年发表了他的初步结果。

基于放射性物质以一个固定速率衰变现象的发现（见 1901 年），美国科学家伯特伦·博尔特伍德（1849~1936）使用这个特性测量了岩石的年代。他发现铀矿（沥青铀矿）包含一定比例的铅，并且岩石越老，所含的铅就越多。铅是已知铀衰变的一种产物，所以随着时间推移积累越多。同位素年代测定法的研究后来为英国地质学家亚瑟·霍姆斯所延续下来（见 1913 年）。

"材料的 1000 种用途。"
利奥·贝克兰 关于酚醛塑料

德国化学家埃米尔·费歇尔（1852~1919）成功链接了蛋白质的基本成分。这些叫作氨基酸的单位有多种类型。费歇尔确定了它们当中的许多种类，并展示了它们如何结为蛋白质链。他的工作是蛋白质化学的基础。

俄国生理学家伊万·巴甫洛夫（1849~1936）将他的实验室转向能更专注于动物行为的研究。通过用狗实验，巴甫洛夫发现动物可以被训练成在它们听到响铃时分泌唾液，即著名的条件反射，或者称为学习反射（见 1889 年）。

早期的彩色照片
这张彩色底片的图像展示了卢米埃尔兄弟的侄女道格及婴儿车旁边的保姆。拍摄于 1906 年和 1912 年之间。

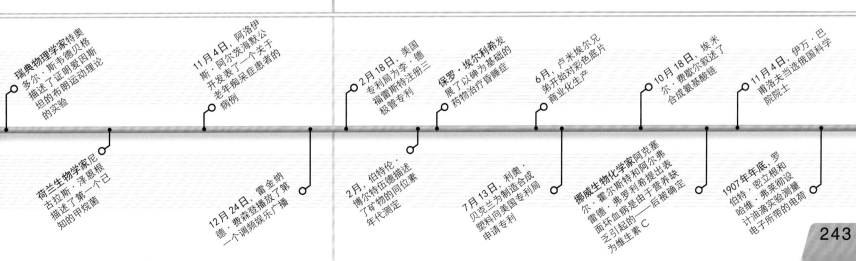

了解相对论

爱因斯坦的开创性理论揭示了时间和空间是紧密联系的

20世纪初，德国出生的物理学家阿尔贝特·爱因斯坦发表的两个理论彻底改变了我们对空间、时间、能量和重力的理解。第一个被称为狭义相对论的理论只适用于某些特定情况；第二个则是广义相对论。

阿尔贝特·爱因斯坦
爱因斯坦发表狭义相对论时，他正作为一位职员在瑞士伯尔尼专利局工作。

19世纪，物理学家们认为"空的"空间中实际上充满了一种物质，他们称其为以太，光以一定的速度穿过以太。因为我们的地球在运动，他们预测光的测量速度将不同于其实际速度——就像路过的汽车，如果你也在运动，汽车的速度好像会比它的实际速度更快或更慢。为了验证这个想法——为了确定地球通过空间的实际速度或者"绝对"速度，他们测定了光在不同方向以及光在一年中不同时间的速度。但无论哪种情况，光速总是相同的。

得到不同的答案。爱因斯坦的相对论还去掉了"静止的"以太，并表明在空间或时间上没有绝对的参考点。

狭义相对论

光速不变这一事实是令人费解的，而且它挑战了关于时间和空间本质的常识假设。爱因斯坦在他的狭义相对论中指出时间和空间实际是"相对的"的量：两个相对运动的观察者一起测量空间中相同两点的距离或是测量相同两个事件的时间，会

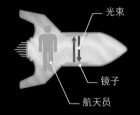

观察者在参考系内

光束

镜子

航天员

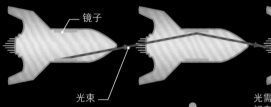

观察者在参考系外

镜子

光束

光需要更长的时间在镜面间反射

观察者在地球上

时间膨胀
一束光在一艘经过地球的太空船内的镜面间反射。太空舱内的航天员只能感觉到光垂直移动。而在地球观测同一个运动，光似乎在镜面间移动更长的距离，并需要更长的时间。因此，时间在运动的参考系变慢了。

> "从狭义相对论中得出质量和能量是……同一个东西的表现。"

阿尔贝特·爱因斯坦，《电影原子物理学》，1948年

质量与能量

通过相对论中的数学方程计算，爱因斯坦发现了一个令人惊讶的结果：一个物体的质量随着速度增加而增加，到达光速时物体会有无限大的质量，爱因斯坦因此意识到光速一定是宇宙终极速度的极限。他的方程指出，质量和能量彼此是等价的，他定义了一个新的量——"质能"。质量和能量的等价性可用爱因斯坦最著名的方程表达：$E=mc^2$，E代表能量，m代表质量，c^2是光速的平方。

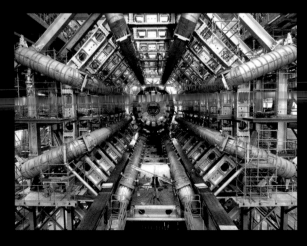

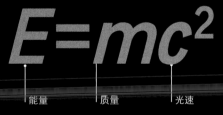

$$E=mc^2$$

能量　　质量　　光速

粒子加速器
物理学家使用粒子加速器，依照爱因斯坦的理论预测出高速运动粒子所增加的质量，并且计算出由于时间膨胀它们衰变需要多长时间（如前述）。

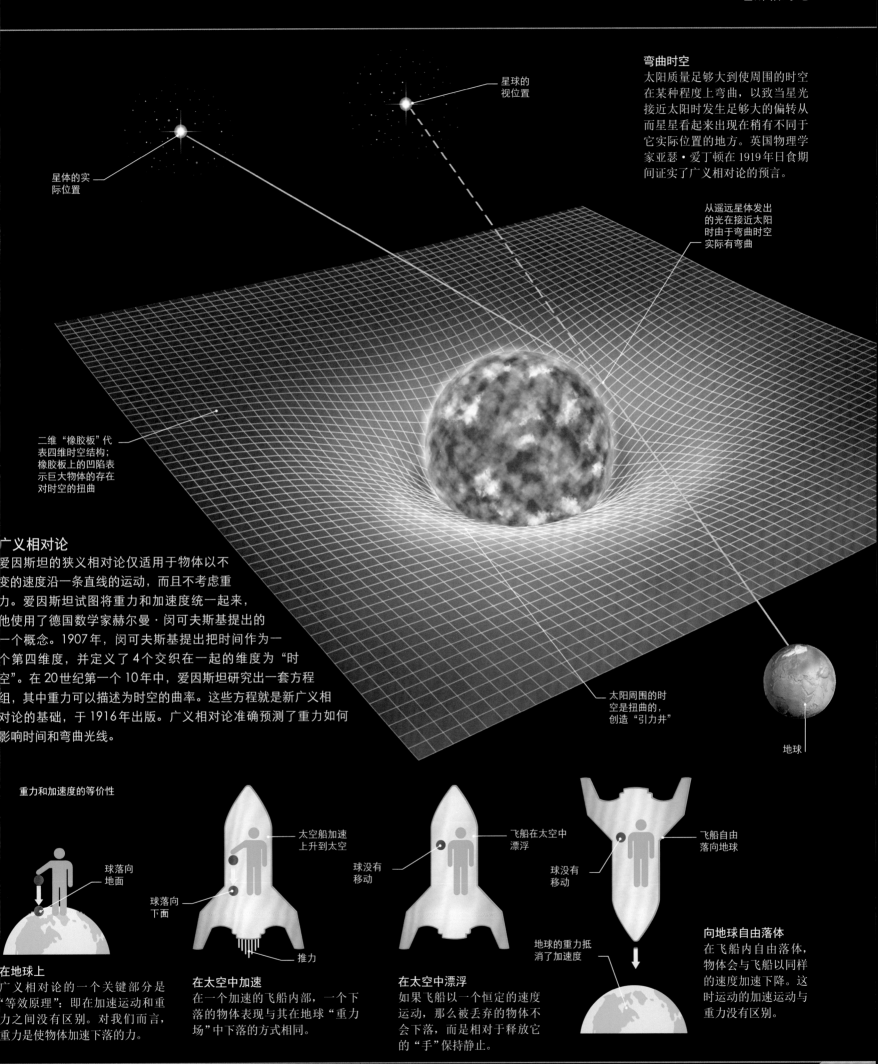

弯曲时空
太阳质量足够大到使周围的时空在某种程度上弯曲，以致当星光接近太阳时发生足够大的偏转从而星星看起来出现在稍有不同于它实际位置的地方。英国物理学家亚瑟·爱丁顿在 1919 年日食期间证实了广义相对论的预言。

星体的实际位置

星球的视位置

从遥远星体发出的光在接近太阳时由于弯曲时空实际有弯曲

二维"橡胶板"代表四维时空结构；橡胶板上的凹陷表示巨大物体的存在对时空的扭曲

太阳周围的时空是扭曲的，创造"引力井"

地球

广义相对论
爱因斯坦的狭义相对论仅适用于物体以不变的速度沿一条直线的运动，而且不考虑重力。爱因斯坦试图将重力和加速度统一起来，他使用了德国数学家赫尔曼·闵可夫斯基提出的一个概念。1907 年，闵可夫斯基提出把时间作为一个第四维度，并定义了 4 个交织在一起的维度为"时空"。在 20 世纪第一个 10 年中，爱因斯坦研究出一套方程组，其中重力可以描述为时空的曲率。这些方程就是新广义相对论的基础，于 1916 年出版。广义相对论准确预测了重力如何影响时间和弯曲光线。

重力和加速度的等价性

球落向地面

球落向下面

太空船加速上升到太空

推力

球没有移动

飞船在太空中漂浮

球没有移动

飞船自由落向地球

地球的重力抵消了加速度

在地球上
广义相对论的一个关键部分是"等效原理"：即在加速运动和重力之间没有区别。对我们而言，重力是使物体加速下落的力。

在太空中加速
在一个加速的飞船内部，一个下落的物体表现与其在地球"重力场"中下落的方式相同。

在太空中漂浮
如果飞船以一个恒定的速度运动，那么被丢弃的物体不会下落，而是相对于释放它的"手"保持静止。

向地球自由落体
在飞船内自由落体，物体会与飞船以同样的速度加速下降。这时运动的加速运动与重力没有区别。

据说，雅克·布兰登贝格尔发明玻璃纸的灵感来自于他所看见的酒洒溅在桌布上的情景。玻璃纸的出现证明防水包装比污染防护更实用。

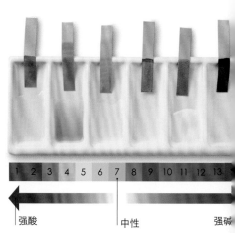

加拿大布尔吉斯页岩记载着5亿年前寒武纪的海洋生物，储藏着一些最古老的动物化石，是著名的资源库。

瑞士化学家雅克·布兰登贝格尔（1872~1954）发明了一种用木纤维素生产防水薄膜的方法。这种薄膜被称为赛璐玢，玻璃纸的一种。布兰登贝格尔最初的想法是用液化纤维素向织物上喷雾来防污染，但他发现可以抽离干膜，这显得更为有用。

新西兰出生的物理学家欧内斯特·卢瑟福的放射性半衰期理论仍然受到普遍关注。他和德国物理学家汉斯·盖革（1882~1945）设

"这是我生命中曾发生过的最不可思议的事件。"

欧内斯特·卢瑟福，新西兰出生的物理学家，来自他1936年的演讲"原子结构理论的发展"

计了一种用闪烁计数器测量放射性的方法——计数射线打到硫化氢屏幕上的闪光。他们在实验助手欧内斯特·马斯登（1889~1970）的帮助下，进行了发射射线通过障碍物的实验。盖革和

马斯登研究α粒子轰击金箔的效果。马斯登用金箔实验的工作得到意想不到的结果。根据原子结构理论（葡萄干布丁模型，见1904年）α粒子本应该直接穿过金箔，但事实并非如此——有一些发生了反弹。卢瑟福后来说，"好像你对着很薄的纸发射一颗子弹但它被反弹回来了"。他根据马斯登的发现，分析提出偏转的粒子打到了一个非常致密的核上，这种致密的核存在于每个原子的核心。

8月，在莱特兄弟历史性首飞的5年后，他们再一次上天，但这次他们有了观众。在一片怀疑的气氛中，威尔伯飞向了法国，炫耀他们能载人的动力飞机。连日里他演示了对飞机的操控，聚集的人群日益增加：莱特兄弟成了航空名人。

德国制药公司拜耳（阿司匹林的先驱）被授予了含硫基药物专利。这种药物是磺胺类的衍生品，一种菌类试剂，在1932年迅速崛起，并占据前抗生素时期的主导地位。磺胺类药标志着化学疗法的更进一步，但拜耳没有意识到它们的重要性。与此同时，德国医生保罗·埃尔希和日本生物学家秦佐八郎（1873~1938）正在从事自己的制药工作，用以对抗通过性行为传播的梅毒病菌。

丹麦化学家瑟伦·瑟伦森（1879~1963）正在研究蛋白质——一种对酸和碱敏感的物质。瑟伦森研究了量化酸度和碱度的方法，最终设计出pH标度。这个标度把物质分

为酸（1~6）、碱（8~14）和中性（7）。

前一年，法国工程师路易·布莱里奥（1872~1936）亲眼看见了威尔伯·莱特公开的首次载人飞行。受到这次活动的启发，他把目光投向英吉利海峡。法国发明家让·皮埃尔·布朗夏尔曾于1785年7月乘坐氢气球（见1785年）横跨英吉利海峡，而布莱里奥成为第一个乘坐载人动力飞机飞跃英吉利海峡的人。"布莱里奥"XI号在7月25日日出时离开法国加来，36分钟后在英国多佛降落。不但获得国际赞誉，布莱里奥还赢得了伦敦《每日邮报》的1000英镑奖金。

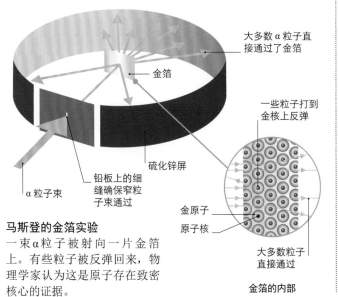

马斯登的金箔实验
一束α粒子被射向一片金箔上。有些粒子被反弹回来，物理学家认为这是原子存在致密核心的证据。

大多数α粒子直接通过了金箔

金箔

一些粒子打到金核上反弹

硫化锌屏

铅板上的细缝确保窄粒子束通过

α粒子束

金原子

原子核

大多数粒子直接通过

金箔的内部

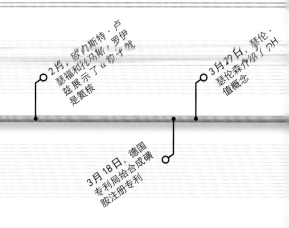

测量酸碱值
指示试纸包含了一种对酸和碱会产生颜色变化的化学物质，变化的范围取决于测试物的"强度"。

强酸　　中性　　强碱

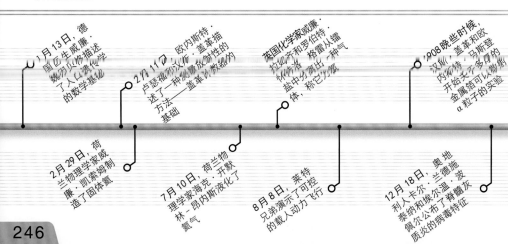

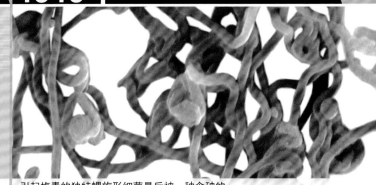

引起梅毒的独特螺旋形细菌最后被一种含砷的药物征服了，即众所周知的606。

6.5万

沃尔科特在布尔吉斯页岩发现的标本数量

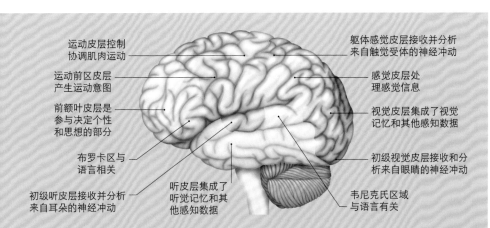

运动皮层控制协调肌肉运动

运动前区皮层产生运动意图

前额叶皮层是参与决定个性和思想的部分

布罗卡区与语言相关

初级听皮层接收并分析来自耳朵的神经冲动

躯体感觉皮层接收并分析来自触觉受体的神经冲动

感觉皮层处理感觉信息

视觉皮层集成了视觉记忆和其他感知数据

初级视觉皮层接收和分析来自眼睛的神经冲动

听皮层集成了听觉记忆和其他感知数据

韦尼克氏区域与语言有关

大脑功能

这种大脑最复杂部分的"地图"是由科比尼安·布罗德曼经过艰苦工作划分出来的。大脑半球的表面叫大脑皮层——分为感知、运动和意识区域。感知区域接受来自身体其他部分的信号；运动区域控制分配给肌肉的信号；意识区域参与更复杂、更高级的过程，比如决策和语音。

在美国，古生物学家查尔斯·沃尔科特（1850~1927）有了重大发现。

在加拿大落基山脉布尔吉斯页岩即将结束野外工作时，沃尔科特发现一个大型的化石沉积物。随后的调查发现这里是最古老而且保存最好的古化石遗址之一，这些标本可以追溯到5亿年前。沃尔科特试图把这些动物分类到已知的种群中，但科学家们发现其中很多种类属于古代进化的死亡终点。

德国神经系统科学家科比尼安·布罗德曼（1868~1918）一直致力于研究被称作大脑皮层的大脑部分的细微结构，它可以控制更高级的功能，比如决策和情感。通过微观研究，布罗德曼设法确定了大脑这个部分不同的功能区域，这与其他科学家实验证明有联系。布罗德曼的脑部地图构成了现代人理解更高级大脑功能的基础。

1000000
个氢离子在盐酸中

1 个氢离子在水中

比较pH值
酸度由氢离子决定。盐酸中氢离子的浓度是水中的100万倍。

5月20日，哈雷彗星比自1835年以来的任何时间都更接近地球。此前，天文学家宣布彗星有含有剧毒的氰化物的彗尾，《纽约时报》警告了世界末日即将来临，但结果是这一事件最终平安过去，没有引发灾难。

丹麦天文学家埃纳尔·赫茨普龙（1873~1967）和美国天文学家亨利·罗素（1877~1957）发表了他们所设计的赫罗图，又称H-R图，用来区分恒星种类。H-R图是一个散点图，用于划分温度、发光度和恒星大小的关系，并能区分图表中星团恒星的类别——白矮星、主序星、超巨星和红巨星。直到今天它仍然是天文学研究的标准工具。

4月，保罗·埃尔利希宣布完成了含砷药物——606，可以治疗梅毒。11月，德国赫斯特AG制药公司开始销售被称为洒尔佛散的药物。这种新药较之以往的任何药物都更加有效，致使它的需求量快速增长。但是，药中的主要成分砷具有毒性仍是一个关注点。30年后，洒尔佛散被抗生素取代（见1940年）。

美国物理学家、光学专家，罗伯特·W.伍德（1868~1955）首次用红外线和紫外线制出照片，并发表了第一张红外照片样品。伍德引领了这种图片的技术，而这种技术将带来现代化的发射紫外辐射和最小可见光的黑光灯。

保罗·埃尔利希（1854~1915）

保罗·埃尔利希研制染色剂是为了揭露细胞，也包括细菌。在这些研究中，他追求"魔法子弹"——一种可以把特定的传染性微生物作为目标的药物，这也是最早的化学疗法的理念。他同样也做关于免疫的工作，并提出了一个可以解释免疫反应的理论。

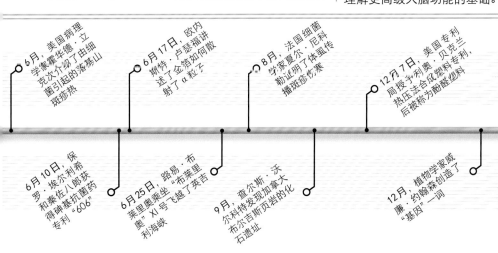

6月，美国病理学家霍华德·立克次介绍了由细菌引起的落基山斑疹伤寒

6月17日，欧内斯特·卢瑟福讲述了金箔如何散射了的α粒子

8月，法国细菌学家夏尔·尼科勒证明了体虱传播斑疹伤寒

12月7日，美国专利局授予列奥·贝克兰，一种热压法合成塑料专利，后被称为酚醛塑料

6月10日，保罗·埃尔利希和秦佐八郎获得含砷抗菌药专利"606"

6月25日，路易·布莱里奥乘坐"布莱里奥"XI号飞越了英吉利海峡

9月，查尔斯·沃尔科特发现加拿大布尔吉斯页岩的化石遗址

12月，植物学家威廉·约翰森创造了"基因"一词

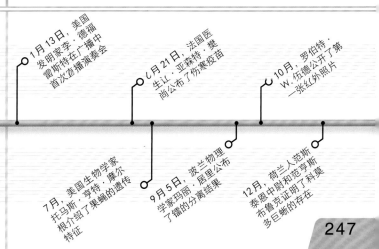

1月13日，美国发明家李·德福雷斯特在广播中首次直播演奏会

7月，美国生物学家托马斯·亨特·摩尔根介绍了果蝇的遗传特征

6月21日，法国医生让·亚森特·樊尚公布了伤寒疫苗

9月5日，波兰物理学家玛丽·居里公布了镭的分离结果

10月，罗伯特·W.伍德公开了第一张红外照片

12月，荷兰人范斯泰恩克尔和范亨利泰恩克证明了科莫布鲁森的存在

第一次索尔维会议代表名单中包括了很多重要的科学家，有欧内斯特·卢瑟福、马克斯·普朗克、阿尔贝特·爱因斯坦以及居里夫人。

> "我们希望这次会议将……对物理学的发展产生重要影响。"
>
> 瓦尔特·能斯脱，索尔维会议的主要发起人，1911年

新西兰裔物理学家欧内斯特·卢瑟福正在收集原子结构新理论的证据。实验表明原子有一个致密的核心，这说明葡萄干布丁模型是错误的（见1904年）。卢瑟福提出原子在中心有一个密度高、质量大、带有正电且被电子环绕着的核。1912年，他把这个中心称作原子核，并注意到它的电荷量与原子质量相关。荷兰物理学家安东尼厄斯·范登布鲁克（1870~1926）提出这种电荷量和元素的原子序数或在元素周期表中的位置是相同的。亨利·莫塞莱（见1913年）之后证明了范登布鲁克是正确的。

1908年，丹麦物理学家海克·开默林-昂内斯（1853~1926）制成了液化氦，并用它作为制冷剂研究冷冻汞的电学性质。翁内斯发现在-269℃时汞的电阻下降到零，他因此发现了超导电性。

10月，物理学家们参加了由比利时实业家欧内斯特·索尔维创办的第一次索尔维会议。这是他们第一次有机会探讨刚刚发展起来的量子力学。

在哥伦比亚大学，美国生物学家托马斯·亨特·摩尔根（1866~1945）继续格雷戈尔·孟德尔（见1866年）和胡戈·德弗里斯（见1900年）的实验工作，对果蝇进行遗传实验。摩尔根研究果蝇的突变，以及由突变产生

欧内斯特·卢瑟福
(1871~1937)

欧内斯特·卢瑟福，生于新西兰，在加拿大麦吉尔大学工作，1907年转到了英国的曼彻斯特大学。1919年，他被任命为卡文迪什实验室主任。卢瑟福用他的原子模型建立了原子核物理领域，解释了放射性是由原子不同形式的衰变造成的。

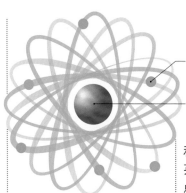

电子环绕中间的原子核

原子核带有正电

卢瑟福的原子模型，他提出原子中有一个核，电子沿轨道环绕它。

的明显特征，比如眼睛的颜色，从而探索遗传的模式。1911年，摩尔根发现基因存在于决定性别的染色体上。

在南极洲，罗伯特·斯科特（1866~1912）带领的英国特拉诺瓦探险队向南极点出发。在这个后来被描述为"世界上最糟糕的旅行"中，他们成功地完成了部分任务，并在隆冬时节发现了一个帝企鹅的栖息地。但是在12月，一支由罗阿尔德·阿蒙森（1872~1928）带领的挪威探险队率先到达了南极点。英国极地队员最后都死在了回来的旅途中。

德国化学家菲利普·蒙纳尔茨提出了一种提高耐腐蚀性的新型钢的制造方法，这就是不锈钢。不锈钢在1912年被授予专利，1913年英国工程师哈里·布瑞利（1871~1948）在英国谢菲尔德铸成了第一批商业化的不锈钢。

摩尔根的果蝇实验

托马斯·亨特·摩尔根的育种实验显示特征的遗传性与性别有关，因为它们的遗传因子出现在一个性染色体上——通常是X。可以观察果蝇眼睛的颜色，红眼变异体（等位基因）是显性的。因此，在第一代中，红眼雌性和白眼雄性只产生红眼后代，但会有一些会携带白眼的等位基因。在下一代中，如果红眼雌性有白眼特性，它们的雄性下代中就会出现白眼。

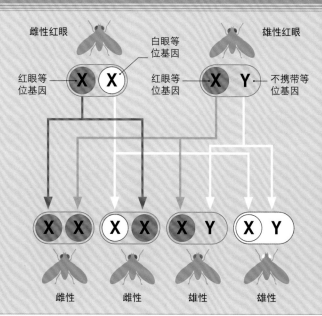

雌性红眼　雄性红眼
白眼等位基因
红眼等位基因　红眼等位基因
不携带等位基因

雌性　雌性　雄性　雄性

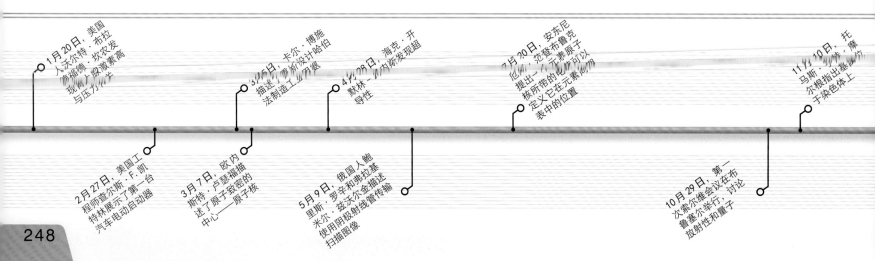

1月20日，美国人沃尔特·布拉人沃尔特·布拉福福德·坎农发现x射线激素高现x射线激素高与压力有关

2月27日，美国工程师查尔斯·F.凯特林展示了第一台汽车电动启动器

3月6日，卡尔·博施描述了罗斯设计哈伯法制造工业用尿素

3月7日，欧内斯特·卢瑟福描述了原子致密的中心——原子核

4月28日，海克·开默林-昂内斯发现超导性

5月9日，俄国人鲍里斯·罗辛和弗拉基米尔·兹沃尔金描述使用阴极射线管传输扫描图像

7月20日，安东尼厄斯·范登布鲁克提出一种元素原子核所带的电荷可以定义它在元素周期表中的位置

10月29日，第一次索尔维会议在布鲁塞尔举行，讨论放射性和量子

11月10日，托马斯·亨特·摩尔根指出基因位于染色体上

考古学家查尔斯·道森（左）说服古生物学家亚瑟·史密斯－伍德沃德（中）相信他发现了猿－人间缺少的环节。

"这或许是……不得体的，去问……地球母亲她的年龄，但科学知识从不感到羞耻，并且……已经在……试图夺走她可能被严守的秘密。"

亚瑟·霍姆斯，英国地质学家，《地球的年龄》，1913年

2月14日，英国考古学家查尔斯·道森（1864~1916）在英格兰皮尔丹砾石坑中发现了灵长类动物的头盖骨碎片和下颚。它们被报道为人与猿之间缺少的一环，吸引了很多来自英国自然历史博物馆的专家们的兴趣。40多年后，1953年，皮尔丹人被证明是一场骗局——事实上是一个现代人和猩猩的头盖骨碎片。

这一年，迎来了分析化学结构新方法的黎明。德国物理学家瓦尔特·弗里德里希（1874~1958）和保罗·克尼平（1883~1935）发现当X射线散射通过晶体时，在感光板上得到的衍射图案可以被用来确定晶体中原子的位置。之后，德国物理学家马克斯·冯·劳厄（1879~1960）解释了这种散射理论，并用它来证明X射线不是粒子，而是短波长的波。X射线衍射后来发展成为分析化学的主要方法。

英国生物化学家弗雷德里克·霍普金斯（1861~1947）一直进行动物饮食的实验并宣布，除了碳水化合物、蛋白质和脂肪，一份健康的饮食需要一些辅助食物要素。波兰裔生物化学家卡齐米尔·芬克（1884~1967）给它们起了一个名字——vitamines，拉丁文的生命（Vita）和氨（-amin）的缩写。他认为它们属于胺类化学物质，但后来表明并非如此，遂改称为vitamin，即维生素。

300千米/秒
仙女座星系远离太阳的速度

美国天文学家维斯托·斯里弗（1875~1969）使用了一种称为光谱的光分析技术（见1860年），观察到从仙女座星系发出的光向红波长方向偏移。这种红移表明星系正在远离。斯里弗的研究提供了宇宙膨胀的早期证据。

英国物理学家弗雷德里克·索迪曾与欧内斯特·卢瑟福一起做关于放射性本质和识别衰变产物的实验。他发现这些产物有着不同的原子质量，却处于元素周期表的同一位置上，索迪认为它们一定是元素的同一种类。1913年，他称它们为同位素。

结合了量子物理学中的新思想，丹麦物理学家尼尔斯·玻尔（1885~1962）修改了卢瑟福的原子核模型。玻尔提出围绕原子核旋转的电子占据不同的壳层或称为能级的轨道。两个固定的轨道，称为壳层。最外层电子决定了元素化学反应的方式。

在德国化工厂巴斯夫（BASF），化学家卡尔·博施监督了第一批工业氨的生产，这些氨用来做农业肥料。博施修改了由弗里茨·哈伯首次提出的化学过程（见1905年）——现在众所周知的哈伯－博施制氨法。1914年这家工厂达到了生产能力的高峰。

12月，英国物理学家亨利·莫塞莱（1887~1915）发现元素发出特征X射线的波长由元素周期表中该元素的次序决定。他的发现支持了范登布鲁克的观念，这个位置具有物理意义，一个元素原子核中的正电荷数——就是它的原子序数。

英国地质学家亚瑟·霍

氦原子

原子序数

亨利·莫塞莱证明了原子序数模糊的定义与一种原子核的可测量的物理特性有关。这种特性后来被发现是质子数，对一种中性原子来说，它等于围绕它的中子数。原子核由质子和中子（中性粒子）组成。

姆斯（1890~1965）采用由伯特伦·博尔特伍德（见1907年）最先使用的一种放射性技术来计算地球岩石的年龄。霍姆斯在《地球的年龄》中发表了自己的结论——160万年，他的结论比现代结果少了4000多倍。

玻尔的原子模型
玻尔的模型提出电子在原子核周围的壳层运动。当电子在壳层之间发生运动时，原子发射或吸收电磁辐射。

（图中标注：电子、原子核、第一壳层、第二外壳层）

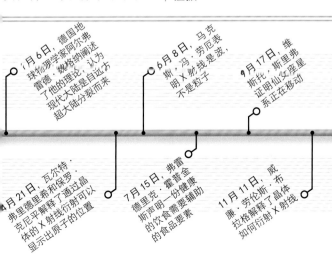

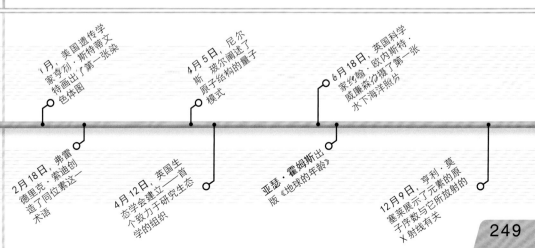

（时间线上方标注）
1月6日，德国地球物理学家阿尔弗雷德·魏格纳阐述了他的理论，认为现代大陆是自远古超大陆分裂而来

6月8日，马克斯·冯·劳厄表明X射线是波，不是粒子

9月17日，维斯托·斯里弗证明仙女座星系正在移动

1月，美国遗传学家艾尔弗·斯特蒂文特画出了第一张染色体图

4月5日，尼尔斯·玻尔阐述了原子结构的量子模式

6月18日，英国科学家约翰·欧内斯特·威廉森拍摄了第一张水下海洋照片

（时间线下方标注）
4月21日，瓦尔特·弗里德里希和保罗·克尼平解释了通过晶体的X射线衍射可以显示出原子的位置

7月15日，弗雷德里克·霍普金斯声明一份健康的饮食需要辅助的食品要素

11月11日，威廉·劳厄解释了晶体如何衍射X射线

2月18日，弗雷德里克·索迪创造了同位素这一术语

4月12日，英国建立第一个致力于研究生态学的组织

亚瑟·霍姆斯出版《地球的年龄》

12月9日，亨利·莫塞莱展示了元素的原子序数与它所放射的X射线有关

了解原子结构

粒子和作用力结合组成原子，物质的构成部分

固体、液体和气体——物质的3种主要状态——皆是由一种叫原子的粒子组成。原子如此之小，以至于在到这句话末尾句号的这一小段空间里将能排列数以百万计的原子。所有的原子仅由3种粒子组成——质子、中子和电子。

19世纪科学家确定了原子的存在。假设原子是物质最小的组成部分——"原子"一词的意思是不可分割的。但是，在1897年，电子的发现暗示原子还有内部结构。电子携带负电荷，但原子整体是中性的，所以必然有正电荷存在。科学家们使用由放射性物质产生的α粒子来更深层地探测原子。1911年，欧内斯特·卢瑟福发现发射的一些带正电的α粒子打在金属箔上被反弹回来，证明只有在每个原子的中心存在一个带正电荷的物质才能导致这种现象——他因此发现了原子核。

原子和元素

除了氢（见右），一个原子的原子核由带正电的质子和不带电的中子组成，它们通过强核力吸引在一起。不同的元素有不同的核内质子数（见下）。带负电的电子绕核沿轨道运动，并为质子的电荷吸引而不能逃脱。质子和电子数量相同，所以原子没有整体电荷。

欧内斯特·卢瑟福
新西兰裔物理学家欧内斯特·卢瑟福在1911年发现了原子核，在1920年发现了质子。

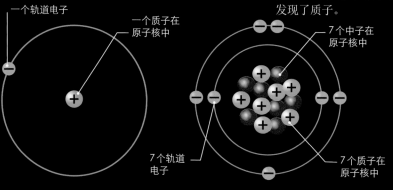

一个轨道电子

一个质子在原子核中

氢原子

7个中子在原子核中

7个轨道电子

7个质子在原子核中

氮原子

轨道是一个具有极高可能性发现电子的区域

原子的大小

原子核几乎占据了一个原子的所有质量但却只占体积的很小一部分——原子的体积是由电子决定的。电子占据距离原子核有特定距离的轨道，每个轨道只能有固定数量的电子。因此，有更多电子的原子会有更多轨道，增大了到原子核的距离，原子半径也随之增加。

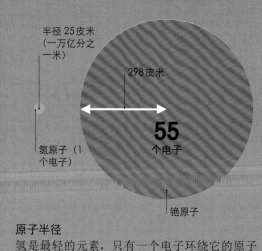

半径 25 皮米（一万亿分之一米）

298 皮米

氢原子（1个电子）

55 个电子

铯原子

一个铀 238 的原子有 92 个质子和 146 个中子

一个氢原子只有一个质子没有中子

238 个氢原子

原子半径
氢是最轻的元素，只有一个电子环绕它的原子核，所以它有最小的原子。一个铯原子有 55 个电子，它的宽度大概是一个氢原子的 12 倍。

原子质量
质子和中子质量相同；电子可以忽略不计。所以原子质量只是质子和中子的数量加在一起。一个元素的不同形式（同位素）中子数量不同。

"质子赋予原子身份，电子给予原子个性。"

比尔·布莱森，美国作家，《万物简史》，2003 年

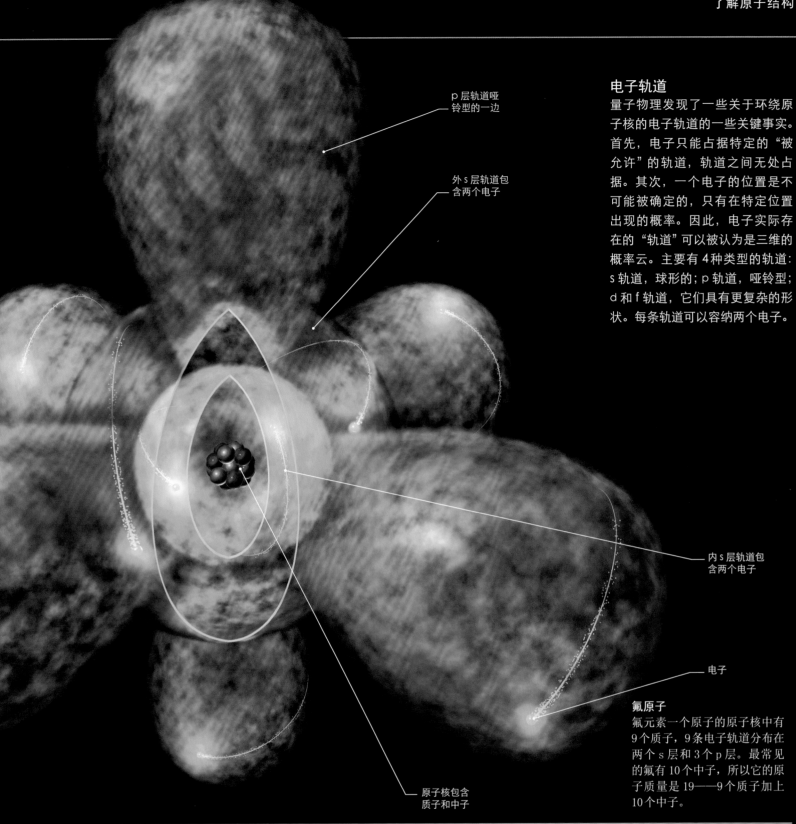

p 层轨道哑
铃型的一边

外 s 层轨道包
含两个电子

电子轨道

量子物理发现了一些关于环绕原子核的电子轨道的一些关键事实。首先，电子只能占据特定的"被允许"的轨道，轨道之间无处占据。其次，一个电子的位置是不可能被确定的，只有在特定位置出现的概率。因此，电子实际存在的"轨道"可以被认为是三维的概率云。主要有 4 种类型的轨道：s 轨道，球形的；p 轨道，哑铃型；d 和 f 轨道，它们具有更复杂的形状。每条轨道可以容纳两个电子。

内 s 层轨道包
含两个电子

电子

氟原子

氟元素一个原子的原子核中有 9 个质子，9 条电子轨道分布在两个 s 层和 3 个 p 层。最常见的氟有 10 个中子，所以它的原子质量是 19——9 个质子加上 10 个中子。

原子核包含
质子和中子

炽和冷光

质发光有两种方式：白炽和冷光。白炽是由热质放射的光产生的——例如，物体发出红热光白热光。相反，发冷光不需要高温。荧光——到紫外辐射而发出的光；磷光——绘照射后仕暗中发出的光，是两个为人熟知的例子。冷光生的光是电子"下落"到更低能级、更接近原核而损失了能量的结果。

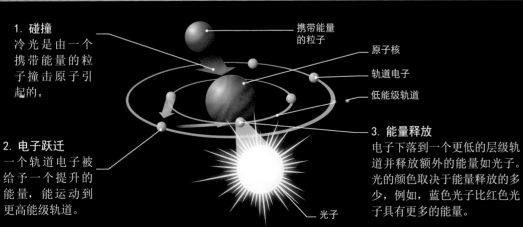

1. 碰撞
冷光是由一个携带能量的粒子撞击原子引起的。

携带能量
的粒子

原子核

轨道电子

低能级轨道

2. 电子跃迁
一个轨道电子被给予一个提升的能量，能运动到更高能级轨道。

3. 能量释放
电子下落到一个更低的层级轨道并释放额外的能量如光子。光的颜色取决于能量释放的多少，例如，蓝色光子比红色光子具有更多的能量。

光子

> "氖的发光特性成就了辉煌的光源。"
>
> 乔治·克劳德，用于照明的放电真空管，美国专利局，1915年

气体放电发光管的工作原理是向低压气体施加电压产生离子（带电粒子），这样使彩色的氖光发射出来。

1914年，比利时医生艾伯特·哈斯汀（1882~1967）发现他可以通过添加一种叫柠檬酸钠的试剂阻止血液凝固。以前，凝血意味着危险，进行输血必须是由供体直接输入到接受人。3月，哈斯汀首次进行了安全非直接的输血，使用了贮存的由柠檬酸处理过的血液。

1915年，两个德国科学家改变了我们看待世界的方式。地质学家阿尔弗雷德·魏格纳扩展了他在1912年首次提出的大陆漂移理论（见下）。物理学家阿尔贝特·爱因斯坦的广义相对论则更加激进。他的狭义相对论（见

阿尔弗雷德·魏格纳（1880~1930）

生于德国的魏格纳，作为一个气象学者开始了他的工作生涯，他参与了几次北极探险来调查气候现象。他最有名的理论是大陆漂移学说。魏格纳搜集地质上的证据，但未能解释漂移是如何发生的，他的理论终其一生都没有得到重视。

1905年）声称，尽管光速在任何地方都保持恒定，但在不同参照系下测得的距离和时间值是会发生改变的。这些参照系适用于观测者以不同的匀定速度移动时的情况。爱因斯坦的新的广义相对论则也适用于加速或减速的情况。加速等价于引力，由此导出引力作用会使光线弯曲的结论。此外，他认为强引力场应该能扭曲时间和表象；也就是说，它们会扭曲一个时空连续体。物理学家们认为空间和时间是相关的：空间构成了（日常）世界的三个维度，时间是第四个维度。

同年，法国工程师乔治·克劳德收到了他发明的新照明设备氖放电真空管专利。

输血工具包

第一个抗凝血治疗血库工具箱（用于第一次世界大战的前线）依据O型血可以作为通用供体的知识。

玻璃储血瓶

运输血液管

大陆漂移

阿尔弗雷德·魏格纳搜集了很多关于他的理论的证据，现代大陆起源于史前超级大陆在百万年前的分裂。他发现大西洋两边的海岸线似乎是吻合的，而且地质的构成（包括化石）也是相似的。这表明海岸线曾经是被连在一起的。

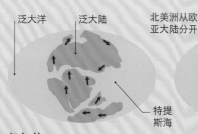

泛大洋　泛大陆

特提斯海

2亿年前
一个被称为泛古陆的单个超级大陆由古老的大陆聚集在一起而形成。随着板块继续移动，它开始分裂。

北美洲从欧亚大陆分开

南亚次大陆分开

南极洲和澳洲是同一块大陆

1.3亿年前
到这个时期，已经有了几个分离的大陆，包括南亚次大陆（向北漂移）和澳洲－南极洲大陆。

南美洲从非洲分离出来

7000万年前
数百万年来，南美洲随着大西洋出现而从非洲分离出来。

澳洲漂入太平洋

今天
南亚次大陆与亚洲相撞产生了喜马拉雅山脉。南美洲与北美洲之间有一座狭窄的中美洲陆桥连接。

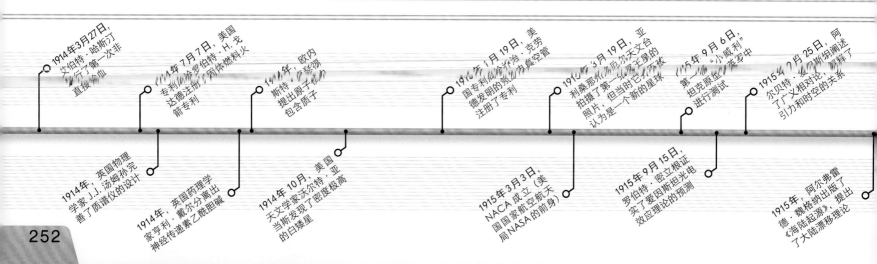

1914年3月27日，艾伯特·哈斯汀进行了第一次非直接输血

1914年，英国物理学家J.J.汤姆孙完善了质谱仪的设计

1914年7月7日，美国专利局授予罗伯特·H.戈达德注册的固态燃料火箭专利

1914年，英国药理学家亨利·戴尔分离出神经传递素乙酰胆碱

1914年，欧内斯特·卢瑟福提出原子核包含质子

1914年10月，天文学家沃尔特·亚当斯发现了密度极高的白矮星

1915年1月19日，美国专利局授予乔治·克劳德发明的氖放电真空管注册了专利

1915年3月3日，NACA成立（美国国家航空航天局NASA的前身）

1915年3月19日，亚利桑那低温罗尔天文台拍摄了第一张冥王星的照片，但当时它还没被认为是一个新的星球

1915年9月6日，第一辆原型"小威利"坦克原型进行测试

1915年9月15日，阿伯特·密立根证实了爱因斯坦光电效应理论的预测

1915年2月25日，阿尔贝特·爱因斯坦阐述了广义相对论，解释了引力和时空的关系

1915年，阿尔弗雷德·魏格纳出版了《海陆起源》，提出了大陆漂移理论

30 万

沙普利估算的银河
系直径的光年数

美国天文学家哈洛·沙普利首次对银河系的计算结果是高估的。
银河系直径有 10 万光年包含了超过 1000 亿颗恒星

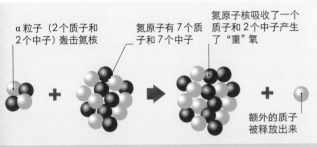

第一次嬗变

英国物理学家欧内斯特·卢瑟福是将一种元素转变成另一种元素（嬗变现象）的第一人。他表明用其他粒子来轰击一个原子的原子核，此原子核的大小可能会被改变。后来，科学家们利用这个过程来释放大量能量。

1916 年，美国化学家吉尔伯特·路易斯（1875~1946）提出原子结合在一起可以产生更大的分子，他们共享最外层电子。1919 年，他的同事欧文·朗缪尔（1881~1957）发展了他的思想并称它们是共价键。

瑞典地质学家伦纳特·冯·波斯特（1884~1951）诠释了一种新的研究地质矿藏的方法。不同植物长出明显不同的花粉粒，

冯·波斯特能识别这些花粉，由此得出了关于泥炭矿床上历史性植被的结论。花粉的研究（孢粉学）至今仍是重要的分析方法，例如用于法医学。

美国天文学家哈洛·沙普利（1885~1972）开始了星团的摄影测量。他

花粉粒

花粉粒的独特纹路使得在显微镜下识别植物物源成为一种可能。

的系统测量表明星团像光环一样围绕着我们的银河，而不是以地球为中心。

1917 年，在加利福尼亚的威尔逊山天文台，胡克反射望远镜——当时世界上最大的望远镜组装完成了。至今，它的口径 254 厘米的镜片也是最大的实体玻璃镜片。通过这台望远镜，人们首次观测了太阳以外的恒星。

11 月，新西兰裔英国物理学家欧内斯特·卢瑟福实现了原子物理学的重大突破，即首次实现了元素的人工嬗变。他用 α 粒子

胡克望远镜

这架望远镜被用来首次测量恒星的大小，发展了宇宙膨胀理论。

轰击氮原子，成功地把它们变成了氧。

1917 年 4 月美国加入第一次世界大战时，英裔军医奥斯瓦尔德·罗伯森（1886~1966）把血库系统引入到前线。英国皇家陆军医疗队称它是战争中最重要

的医疗进步。抗凝剂的使用使输血更加快速安全。英国医生亚瑟·卡什尼（1866~1926）发表了第一篇主要研究肾脏生理功能的论文。他正确地推断出肾脏能够过滤血液和重新吸收营养，以及产生废物尿液。

由薄钢板制成直径 30 米、重 500 吨的圆顶

望远镜坚硬的钢支架

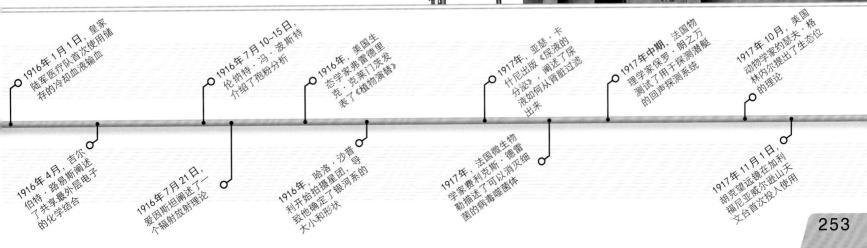

3000万
1918年6个月内死
西班牙流感的人数

有太多的西班牙流感患者，以至于必须搭建一些临时医院，比如在美国的这个体育馆所建立的临时医院。

证明广义相对论

爱因斯坦在他的广义相对论里预测太阳的强引力场会扭曲时空。这种扭曲会使来自恒星的光偏折，导致它们视位置不同于实际位置。亚瑟·爱丁顿和安德鲁·克罗姆林分别独立的观测证实了他的理论。在一次日食中，他们准确测量了天体接近太阳时的位置。他们对恒星视位置坐标与测量结果进行比较，注意到它们两者之间有细微的差别。

恩尼格玛密码机
这种机器在二战中用来解码和加密保密信息。

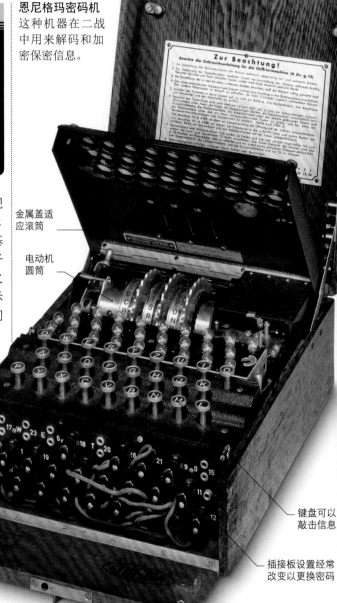

金属盖适应滚筒

电动机圆筒

键盘可以敲击信息

插接板设置经常改变以更换密码

第一次世界大战之后，一场全球性的灾难夺去了很多人的生命，这个数字比1300年的大瘟疫死的人数还要多。西班牙流感传播到了每个大洲，医疗科学似乎无力阻止它的蔓延。现代调查研究表明它起源于病毒变异，许多人失去了免疫力（抵抗疾病）而不能抗击它。

1918年2月，法国物理学家保罗·朗之万（1872~1946）演示了一种能探测水下潜艇声音的系统——这种技术在战争时期具有非常重要的意义。它被称为ASDICS设备（辅助声呐检测集成分类系统），乃是声呐系统的先驱（见292~293页）。

在德国，电气工程师阿尔贝特·谢尔比斯（1878~1929）发明了一种密码机，名叫恩尼格玛。它通过一系列旋转的机轮工作。1918年，谢尔比斯把它们提供给了德国海军。德国海军于1926年2月开始使用，德国陆军随后不久也开始使用。

1917年，新西兰裔物理学家欧内斯特·卢瑟福发现从放射性元素中发射出的α粒子轰击氮核产生了小的基本粒子。他意识到这些粒子等价于带正电的氢粒子，之后称它们为质子。后来显示原子核中的正电乃是由它们形成的。

1919年的一次日食，英国天文学家亚瑟·爱丁顿（1882~1944）和法国天文学家安德鲁·克罗姆林（1865~1939）观察到星光接近太阳时发生了弯曲，这证实了爱因斯坦的广义相对论（见244~245页）。

7个电子

7个质子

大多数氮原子也有7个中子

电荷平衡
非电离的原子的质子数等于电子数；这意味着整个的原子是不带电的。中子是不带电的粒子。

1918年1月8日，美国天文学家哈洛·沙普利发表了他对于银河大小和形状的估算，判断出银河系并不以地球为中心

1918年2月，保罗·朗之万演示了ASDICS系统——辅助声呐系统的先驱

1918年6月，英国物理学家欧内斯特·卢瑟福解释了他的基本粒子

1919年5月29日，亚瑟·爱丁顿和安德鲁·克罗姆林检验了爱因斯坦的广义相对论

1919年1月30日，西班牙流感被宣布结束

1918年1月，西班牙流行性感冒首次在美国堪萨斯州确诊

1918年4月18日，亚瑟·谢尔比斯向德国海军提供了他的恩尼格玛密码机

1919年6月1日，美国化学家欧文·朗缪尔阐述了原子和分子中的电子分布，并引入了共价键这一术语

1919年12月1日，美国化学家菲伯斯·利文斯阐述了DNA由核苷酸组成

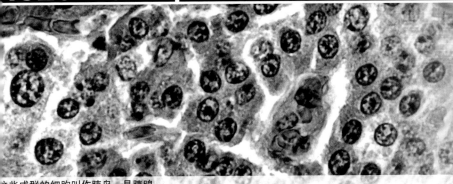

100 万
人胰腺中胰岛
的平均数量

这些成群的细胞叫作胰岛，是胰腺中胰岛素的来源。

美国物理学家罗伯特·戈达德（1882~1945）刚发表了一篇论文，设想用火箭实现太空旅行。1920年1月13日，《纽约时报》嘲笑了戈达德的观点。几年后，他成功发射了一枚液体燃料的火箭（见1926年）。

1920年，英国医生爱德华·梅兰比（1884~1955）表明每天只吃麦粥会引起软骨化畸形的疾病，也就是佝偻病。他还发现通过补充带有鱼肝油的食物能使这种状况消失。他推测鱼肝中必定含有基本生长所需的要素。1922年这种要素被确定为维生素 D。后来的研究表明暴露在阳光下会刺激身体自发地形成维生素 D。

卡介苗

卡介苗由一种无害的牛结核杆菌（橙）的菌株组成，可以激发人体的免疫系统。

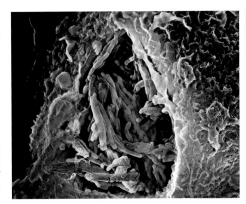

同一年，亚瑟·爱丁顿提出恒星的能量来自氢通过核聚变变成氦的过程。随后英国天文学家塞西莉亚·佩恩-加波施金（1900~1979）支持这一观点，她发现这些元素是恒星的主要成分。

在德国，植物学家汉斯·温克勒（1877~1945）把基因（遗传因子）和染色体（在细胞分裂时可见的稳固的螺旋状的遗传物质）结合在一起创造了一个新的科学术语——基因组。在关于生物繁殖的书中，他用这个词指单组的遗传物质。

1921年7月，用于对抗结核病（TB）的 BCG（卡介菌）疫苗做好了第一次人体试验的准备——15年前阿尔贝·卡尔梅特和卡米耶·介朗开始研发了它们（见1906年）。法国医生本杰明·韦尔-阿莱（1875~1958）和雷蒙·蒂尔潘（1895~1988）给一个母亲死于结核病的新生儿口服这种疫苗。这是把该疫苗接种计划成功推广到全世界的开端。

8月，加拿大生物学家费雷德里克·班廷（1891~1941）和查尔斯·贝斯特（1899~1978）分离出胰岛素。它是胰腺分泌出来的可以调节身体糖含量的物质；活跃的成分称为胰岛素。不过，胰腺也产生消化酶，它们具有破坏性，总是干扰胰岛素的提取。班廷发明了一种阻碍胰岛管的方法使胰岛素被重新恢复。

1921年，诺贝尔物理委员会认为没有提名人满足获奖条件，并决定把评奖延迟到明年。1922年，阿尔贝特·爱因斯坦接受了1921年的诺贝尔奖。爱因斯坦因为对理论物理的贡献，尤其是发现光电效应的定律而获奖。

调节血糖

当血糖浓度上升时，如吃过饭，胰腺会分泌胰岛素。这提示肝脏把糖转换成可储存的碳水化合物，从而使血糖降低。这一过程中，另一种激素，胰高血糖素会分泌出来，促使肝脏分解储存的碳水化合物并释放更多的糖。两种激素综合效应能调节血液中的糖含量。

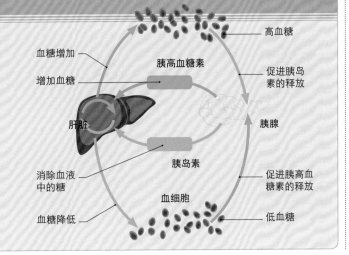

红光光子能量低，但明亮

蓝光光子拥有更多的能量

随着蓝光光子照射到金属表面，电子被释放出来

光电效应

光照射到金属表面，使电子从上面溢出的现象叫作光电效应。阿尔贝特·爱因斯坦用带有不同能量的光粒子解释了这种现象，这种光粒子被称为光子。他谈到红光（长波长）的光子没有足够的能量使电子溢出，而蓝光光子可以（短波长）。

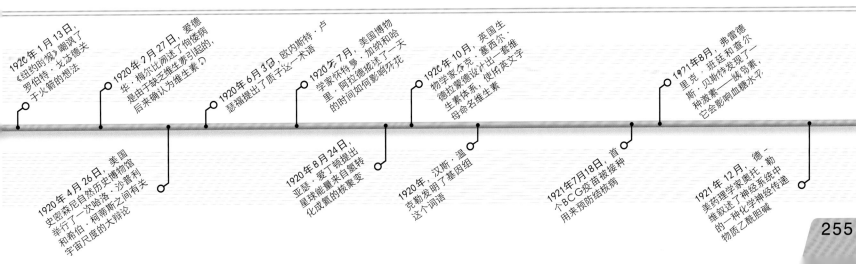

"我们可以……认为第一块腐泥岩就是第一个有机体。"

A. 奥巴林，《生命起源》，1924年

埃德温·哈勃在加利福尼亚通过巨大的胡克望远镜观测恒星。

"天文学的历史就是地平线逐渐远去的历史。"

埃德温·哈勃，美国天文学家，《星云世界》，1936年

俄国生化学家亚历山大·奥巴林（1894~1980）提出了一个关于生命起源的理论。他断言第一个有生命的物质是从非生命的物质进化来的。他还认为地球最初的大气大大减少——也就是说，气体大量结合了的氢原子，就像生物体中的分子。这些气体的多样性提供了组成这些分子所需的其他元素：甲烷是碳的来源，氨是氮的来源，水蒸气中含有氧。奥巴林认为这些气体反应形成了有机分子的"汤"，第一个活细胞从这里进化而来。1953年，美国化学家斯坦利·米勒（1930~2007）表明有机分子能够由无机分子构成。

俄国物理学家亚历山大·弗里德曼（1888~1925）致力于研究空间曲率。他的一个模型表明宇宙的半径随着时间变化而不断增加。比利时天文学家乔治·勒迈特独立提出了宇宙膨胀的思想（见1927年）。几年后，美国天文学家埃德温·哈勃找到证据表明星系确实是在远离我们（见1929~1930年）。

10月，埃德温·哈勃提出仙女座星系的中心恒星比之前假定的更远——甚至在银河系之外。他的发现是革命性的，因为当时的科学家认为银河系就是整个宇宙。

大约与此同时，美国化学家吉尔伯特·路易斯（1875~1946）和默尔·兰德尔（1888~1950）出版了《化学物质的热力学和自由能》，书中依据能量解释化学反应。在19世纪，美国物理学家威拉德·吉布斯（1839~1903）已经提出了化学反应中的能量可以被量化。不同的物质

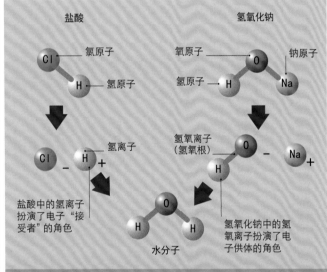

盐酸　　　　　　　　氢氧化钠

Cl——氯原子　　氧原子——O　　钠原子

H——氢原子　　氢原子——H　　Na

Cl　H ＋ 氢离子　　氢氧离子（氢氧根）O H － Na ＋

盐酸中的氢离子扮演了电子"接受者"的角色

H O H 水分子

氢氧化钠中的氢氧离子扮演了电子供体的角色

酸碱理论

这个理论从电子层面定义了酸和碱。酸是电子的接受者：也就是说它们释放带正电的氢离子（质子），氢离子很容易与带负电的电子结合。碱则是电子的供体——它们提供电子可以让氢离子接受。许多碱（也称为碱金属）释放富含电子的氢氧离子，然后这些氢氧离子与氢离子反应形成水。

化学能的数量不同，取决于它们的化学成分；能量会影响它们反应的方向。发生化学反应时，物质从一种形式变成另一种——化学能也随之变化。根据热力学定律，总能量保持不变。所以，如果产物比反应物少，那么能量，比如热量，一定会被释放出来。在他的书中，路易斯和兰德尔介绍了不同物质的"自由能"，这种能可以让科学家计算与反映相关的能量变化。

化学家重新定义了酸和碱。1884年，19世纪瑞典化学家斯万特·阿雷纽斯提出酸和碱可以分别通过普遍的氢离子（H+）和氢氧根离子（OH-）识别。现在，丹麦化学家约翰内斯·布仑斯惩（1879~1947）和英国化学家马丁·劳里（1874~1936）各自独立地用氢离子定义了它们：酸贡献了氢离子；碱接受了它们。吉尔伯特·路易斯更进一步，用电子解释了它们——带负电的亚原子粒子决定了所有物质的化学性质。

这一年天文学领域的另一个重要进展开始了。1920年，英国天文学家亚瑟·爱丁顿提出星球的能量来源于氢转变成氦的核聚变反应，随后获得了同事英国天文学家塞西莉亚·佩恩-加波施金

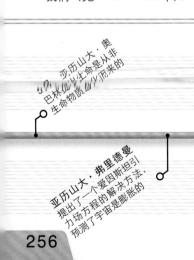

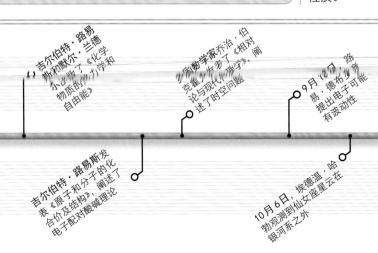

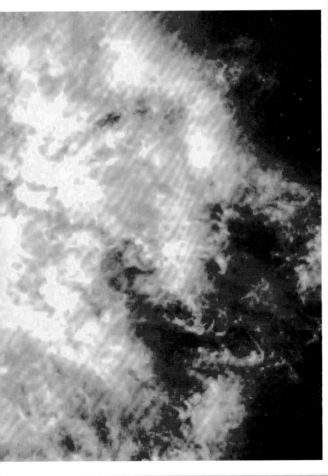

仙女座远远超出了我们的银河系，它有长长的
从一个膨胀中心伸出的旋臂。

（1900~1979）的支持。3月，爱丁顿发表论文，分析关于星球质量和发光度（亮度）关系。

尽管一个恒星的亮度随着质量增加，两者的关系并不那么简单，因为更大的恒星有着不成比例的更大的亮度。但是，根据爱丁顿的数学方程，从观测到的光亮度计算出恒星的质量成为可能。这对了解恒星的生命周期起到重要作用，因为质量越大的恒星，寿命越短。

11月，法国物理学家路易·德布罗意（1892~1987）提出了一个想法，彻底改变了科学家们对原子的认识。他提出物质（比如光）可以同时拥有粒子性和波动性。他设计出一种计算粒子理论波长的方法，如电子。他发现对于大于原子的尺度来说，波长值几乎小到可以忽略的程度，但对于亚原子粒子它们变得很有意义。几年后，实验证明德布罗意的理论是对的：电子可以像光一样以波状方式衍射。

1924年底，观测到某些星球比银河系中的某些星球更远，又过了一年多后，埃

高光度星
随着一颗恒星慢慢爆炸，在它们的核心发生核反应放出能量，如光。爱丁顿的方程使得根据恒星亮度计算质量成了一种可能——一般情况下，一颗恒星燃烧得越亮，它的质量也就越大。

波粒二象性

发射电子穿过一个石墨薄片，打到发光屏幕上形成圆环图样。当衍射波，比如光受到另一束光的干扰时，在此情况下通常会出现这类圆环。这表明电子，通常认为的亚原子粒子，一定有波的性质。

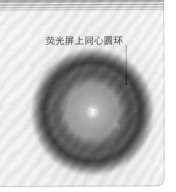

荧光屏上同心圆环

德温·哈勃宣布仙女座不是之前认为的漩涡星云，而是一个完整的星系，与银河系一样。仙女座的恒星比银河系最远的星球还远20倍。这解决了1920年由美国史密森尼自然历史博物馆组织的美国天文学家哈洛·沙普利和希伯·柯蒂斯之间的辩论（1872~1942）。沙普利认为银河系的大小决定了宇宙的范围，而爱丁顿的结果支持了柯蒂斯的观点，即多星系的宇宙更大。

亚瑟·爱丁顿（1882~1944）

亚瑟·爱丁顿出生于一个贵格会教徒家庭，就读于英国剑桥大学，把追求研究天文学作为终生的事业。他在西非的一次日食观测证实了爱因斯坦的广义相对论，还构造了关于恒星寿命的理论。1930年，他被授予骑士爵位，之后又在1938年获颁功绩勋章。

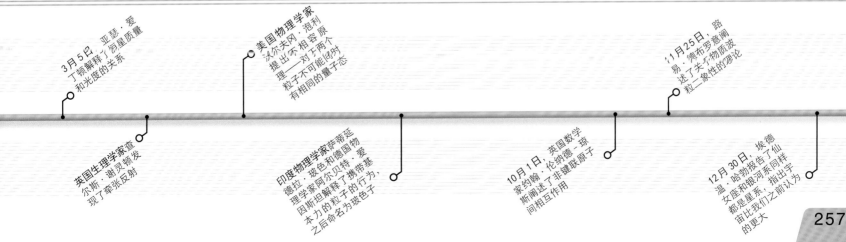

3月5日，亚瑟·爱丁顿解释了恒星质量和光度的关系

美国物理学家沃尔夫冈·泡利提出不相容原理——对于两个粒子不可能同时有相同的量子态

11月25日，路易·德布罗意阐述了关于物质波粒二象性的理论

英国生理学家查尔斯·谢灵顿发现了牵张反射

印度物理学家萨蒂延德拉·玻色和德国物理学家阿尔伯特·爱因斯坦解释了携带电荷本刀的粒子的行为，之后命名为玻色子

10月1日，英国数学家约翰·伦纳德·琼斯阐述了非键联原子间相互作用

12月30日，埃德温·哈勃报告了仙女座和银河系同样都是星系，指出宇宙此我们之前认为的更大

"我们中的大多数人希望能在物理学上取得最好的成就，这在更深层面上只是成了误解。"

沃尔夫冈·泡利，奥地利物理学家，在一封给加利福尼亚伯克利分校的贾格迪什·梅拉的信中，1958年

两个口技艺人的玩偶成为首批电视角色，约翰·罗杰·贝尔德向皇家学会的科学家们和出版界人士演示了他的电视系统。

苏格兰工程师约翰·洛吉·贝尔德（1888~1946）一直在尝试传输动态图像，现在通过使用一种半机械化装置，他获得了成功。3月，电视在伦敦百货公司演示出来。最初，图像只有轮廓，到了10月，他传送了由30个垂线构成的灰度图像，每秒钟可传送5张这样的图像。

5月，美国田纳西州的约翰·斯科普斯（1900~1970）因为讲授达尔文的进化论而被捕，在这个州的学校中是禁止传授进化论的。他受到审讯，被认定有罪并处罚款100美元。

量子物理能够解释原子中的电子如何存在于固定的能级上，而奥地利物理学家沃尔夫冈·泡利（1900~1958）与他的不相容原理走得更远。这个原理指没有两个粒子可以同时占据同样的量子态。后来，两种类别的粒子被区分出来——与物质相关的粒子（费米子）遵循泡利原理，与基本力相关的粒子（玻色子）则不遵循。

德国大西洋"流星"远征队开始调查大西洋海底，并发现了从北到南一条完整的山脊。

—— 大西洋海岭

大西洋中脊

大西洋海岸线互补的形状暗示了它们曾经是结合在一起的。这个海岭表明在这里新海底把它们分成了两部分。

1月，约翰·洛吉·贝尔德重新展示了改进过的电视。这次面向的是英国伦敦皇家学会的成员。现在他获得了灰度等级的更清晰的图像。尽管这些图像仍很模糊，贝尔德增加了图像频率，使画面变得更流畅。

奥地利物理学家埃尔温·薛定谔（1887~1961）仔细检查了早期有关物质本质上同时具有粒子性和波动性的理论。薛定谔计算了粒子在空间中的能量分布（它的波函数）并认为单独的波动论是理解现实的关键。他的研究成为量子力学的基础。

在《纽约时报》嘲讽了其关于火箭的可能性假设的6年后，美国物理学家罗伯特·戈达德（1882~1945）发射了一枚火箭。戈达德利

用特别研制的液体燃料，使其火箭在不到3秒的时间里升到了12米的高度。

8月，美国化学家詹姆斯·萨姆纳（1887~1955）在生物化学方面做出了突破

第一枚火箭

罗伯特·戈达德在美国马萨诸塞州他姨妈的农场发射了第一枚液体燃料火箭。有3个人见证了这次事件：他的妻子、他的机械师和一位物理学家同事。

性的成果。通过研磨刀豆，他分离出脲酶晶体。酶是生命组织中的一种物质，可以加速代谢中的化学反应。萨姆纳分析这些晶体，发现它们是蛋白质。由此，他证明了酶就是蛋白质。

12月，另一个美国化学家吉尔伯特·路易斯（1875~1946）定义术语光子为一个单位的辐射能。后来被用来描述一个光粒子的能量。

PVC，即聚氯乙烯（通

量子理论

始于马克斯·普朗克对于黑体辐射的解释，量子理论的引入是20世纪早期物理学上的关键点。这个理论基于能量分布在不连续的包上，或称为量子（来自拉丁语 quantus，意思是多少）。这些包等同于原子吸收或放出的固定的能量。这表明辐射的特定波长与特定的能量子相关：红光波长由低能量包放出，而蓝光是从高能量辐射出来。丹麦物理学家尼尔斯·玻尔用原子的电子在能级间运动或环绕解释这种现象。

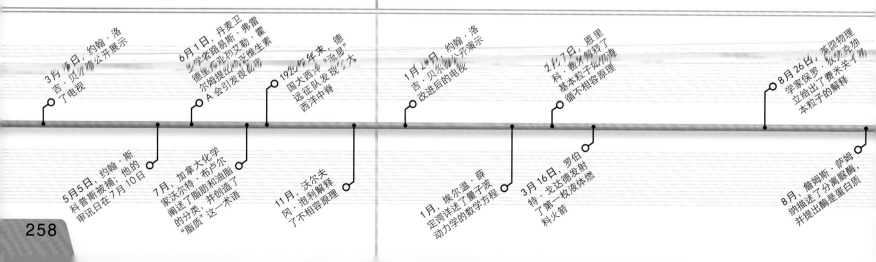

> "我能……传输生动逼真的图像，这是有史以来的第一次。但如何去说服……怀疑的科学世界？"
>
> 约翰·洛吉·贝尔德，苏格兰工程师，《泰晤士报》，1926年1月28日

一张计算机模拟出来的粒子碰撞图像呈现了被认为是在宇宙大爆炸后数微秒内形成的物质。

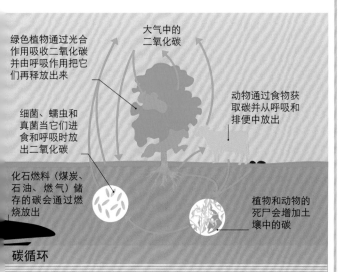

碳循环

弗拉基米尔·韦尔纳茨基的书《生态圈》核心部分是关于自然界物质不断循环的思想。元素原子以不同方式反应和重组。在生命体（包括动物、植物和土壤细菌）内复杂的有机材料中的碳原子形成二氧化碳，在被光合作用变成糖之前被呼出到大气层。

常称为乙烯基）以现代形式首次亮相。化学家们从19世纪初就一直在做这种化学聚合物，美国化学家沃尔多·西蒙（1898~1999）找到了一种方法使它更有韧性且不易碎。后来，它成为一种被广泛应用的塑料材料。

俄国地球化学家弗拉基米尔·韦尔纳茨基（1863~1945）致力于统一地质学和

化学——地球和生命的研究。他出版了一本名为《生态圈》的书，里面陈述了他的思想。他在书中阐述的一些主要思想所基于的概念在今天被称为生态系统：一个包含所有生物和非生物相互作用的系统。韦尔纳茨基认识到地球上的所有生命都依靠太阳能，所有物质微粒都会经历一个循环。

1927年起始于一项具有里程碑意义的通信技术。1月7日，美国电话和电报公司与英国邮政总局的一项协作，开启了首次跨越大西洋的电话服务。第一天，伦敦和纽约之间打了31通电话。

量子物理领域有了更进一步的发展。埃尔温·薛定谔用他对粒子波动性的描述奠定了量子力学的基础。

现在，德国物理学家维尔纳·海森伯（1901~1976）推断粒子的波函数不可能固定在空间中具体某一点，也不能有确切的波长。海森伯此后将其发展成为不确定性原理。这个原理的结论是异乎寻常的：粒子的位置的测量越准确，就越难确定其运动，反之亦然。

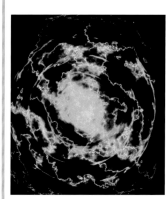

电子云

现代量子物理学修正了原子的理论，比如这个氢原子，电子有固定的轨道。更接近实际的解释认为电子作为概率云存在。

后来，哥本哈根诠释将其表述为不能同时实验测量粒子的波动性和粒子性。

当贝尔德在伦敦继续研究电视时，美国贝尔电话公司也在发展这种技术。4月，贝尔公司获得了突破，通过使用半机械化电视从华盛顿发送了第一条长距离电视信号到纽约。5个月后，美国发明家菲洛·法恩斯沃思（1906~1971）介绍了一种电子扫描和传输方式。俄裔美国发明家弗拉基米尔·兹沃尔金（1888~1982）与此同时也做了相似的工作，但还是法恩斯沃思使它成为现实。

4月，比利时天文学家乔治·勒迈特（1894~1966）发表了一篇包含了宇宙在膨胀的革命性理论的学术论文。1931年，把结论提交给英国学会时，勒迈特详细阐述了他的理论，推测宇宙起源于一个原初原子。他的"宇宙卵爆炸"模型引领了美国天文学家埃德温·哈勃的工作，是宇宙大爆炸理论的先驱。

维尔纳·海森伯
（1901~1976）

海森伯在慕尼黑大学和哥根廷大学学习物理，1922年他在哥廷根大学遇到了尼尔斯·玻尔。1925年，他发展了一个解释量子物理的数学方法，后被称为矩阵力学。在为德国二战期间核计划工作之前，他得出了不确定性原理。

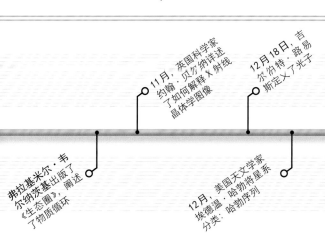

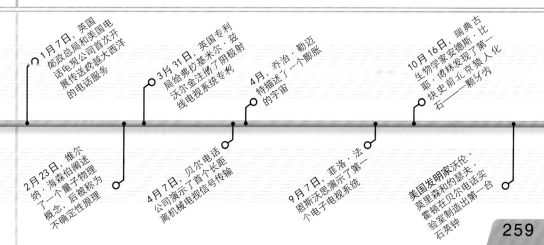

11月，英国科学家约翰·贝尔纳详述了如何解释X射线晶体学图像

12月18日，吉尔伯特·路易斯定义了光子

弗拉基米尔·韦尔纳茨基出版了《生态圈》，阐述了物质循环

12月，美国天文学家埃德温·哈勃将星系分类：哈勃序列

1月7日，英国邮政总局和美国电话电报公司首次开展传送跨越大西洋的电话服务

2月23日，维尔纳·海森伯阐述了一个量子物理概念，后被称为不确定性原理

3月31日，英国专利局给弗拉基米尔·兹沃尔金注册了阴极射线电视系统专利

4月7日，贝尔电话公司演示了首个长距离机械电视信号传输

4月，乔治·勒迈特描述了一个膨胀的宇宙

9月7日，菲洛·法恩斯沃思演示了第一个电子电视系统

10月16日，瑞典古生物学家安德斯·比耶·玻林发现了第一块史前北京猿人化石——一颗牙齿

美国发明家沃伦·莫里森和约瑟夫·霍顿在贝尔电话实验室制造出第一台石英钟

胶木收音机
胶木是一种很好的绝缘体，这是它为什么用于电器设备的原因，例如这台 20 世纪 50 年代的特斯拉塔利斯曼收音机。这种材料质地坚硬且具有光泽，可以染色并且制成家用电器，包括电话和炊具。

单喇叭

硬塑胶木外壳

1862 年
帕克辛
亚历山大·帕克斯制造出最早的塑料——帕克辛。用来制作廉价的纽扣。

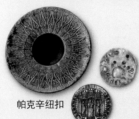
帕克辛纽扣

1887 年
赛璐珞
美国人约翰·海厄特和英国人丹尼尔·施皮尔两人都发明了一种与帕克辛相似的材料，名叫赛璐珞。它代替了玻璃板，用于制造能弯曲的照片胶卷。对电影制作来说这是关键的一步。

赛璐珞胶片

1909 年
酚醛塑料（胶木）
美国化学家利奥·贝克兰通过用甲处理煤焦油制成的酚醛树脂首次得了酚醛塑料。这是首个完全合成料。它不仅像早期的塑料一样可以形，而且一旦制成就变得非常坚硬且耐热。

高尔夫球

1872 年
PVC
这种极其结实的塑料 1872 年由德国化学家欧根·鲍曼首次研制出来。在 1920 年之前，它一直被认为是无用的。

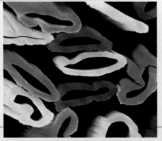
黏胶纤维

1894 年
黏胶人造丝
两个英国化学家通过在氢氧化钠中重组木纤维并把它们旋转成丝状，制成一种被称为纤维胶（人造丝）的合成材料。

糖果包装纸

1912 年
赛璐玢（玻璃纸）
玻璃纸，一种用处理过的纤维素制成的薄而透明的纸，首次被得到。它提供密封的包装，在食品包装上十分有用。

塑料的历史

料是所有人造材料中最引人注目的一种，从飞船和电脑到瓶子和人造肢体几乎用于所有的东西上。塑料具有如此特殊的性质是由其分子结构造成的。大多料是由长的有机分子构成，也就是聚合物。

在19世纪中叶，人们了解到纤维素（木本植物中的物质）可以被制作成一种名为硝酸纤维素的脆性物质。1862年，英国化学家亚历山大·帕克斯把樟脑加进去，制成了坚硬但可塑的材料，起名为帕克辛。1869年，美国发明家约翰·海厄特发明了一种相似的物质赛璐珞，后来1889年柯达公司用它制成了胶卷。今天，有成千上万种合成塑料，每种都有它们自己的特性和用途。许多仍旧基于碳氢化合物（石油或天然气），最近几十年碳纤维和其他材料被加进来以制造超轻超强的材料，比如凯夫拉和碳纳米管增强聚合物（CNRP）。

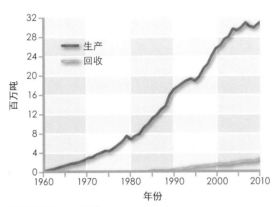

塑料的生产和回收
近年来，尝试通过建立回收中心和回收服务使回收塑料变得更容易已经成为共识。但是就像图中所示，回收塑料的数量只稍微上升了一点，远远落后于生产的新塑料。

回收利用

塑料因为耐用和结实而被广泛应用，但不能被生物降解。一旦废弃，它们可以在自然界中存在很长时间。海洋里大量淘汰的塑料（可能有上亿吨），正在破坏海洋生态环境。减少塑料的使用和尽可能回收废弃塑料是非常重要的。不是所有的塑料都能回收再利用，需要能量加热这些塑料从而重组它们，所以回收率很低。

> "我认为我应该做一些真正柔软的东西而不是把它们塑造成不同的形状。"

利奥·贝克兰，比利时化学家，对发明胶木的看法

1926年
烯基
国化学家沃尔多·西将PVC暴露在热源经过一系列化学加工成了乙烯基。它应用围很广，从鞋子到洗水瓶。

1935年
尼龙
美国化学家华莱士·卡罗瑟斯发明了尼龙，第一个热塑性塑料——热的情况下它是液体，冷却后变硬。它有许多用途，最常见的是用来生产长袜。
尼龙牙刷

1937年
特氟龙
PTFE（聚四氟乙烯），或特氟龙，由美国化学家罗伊·普伦基特发明。它不是由碳氢化合物制造的，而是把氟加到碳中，通常用于煎锅上。

特氟龙煎锅

1966年
凯夫拉
美国化学家斯蒂芬妮·克沃勒克从液体烃中制成耐热纤维。这些纤维可以被编制在一起制成凯夫拉材料。
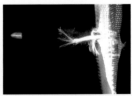
防弹凯夫拉

1933年
聚乙烯
英国化学家埃里克·福西特和雷金纳德·吉布森在1933年发明了实用聚乙烯，尽管1898年它就被首次制造出来。它坚实、柔软，并且易弯曲，现在是使用最广泛的塑料。

聚乙烯大棚

1936年
聚苯乙烯
苯乙烯是土耳其枫香树树脂中的油性物质。1936年德国IG法本化学公司用它制成了聚苯乙烯。

1954年
聚丙烯
这种结实耐用的塑料可以抵抗许多溶剂和酸的腐蚀。它广泛应用于医疗化学物质的包装瓶上。

聚丙烯绳

1991年
碳纳米管增强聚合物
日本物理学家饭岛澄男把碳分子卷进纳米管里。它们可以加强塑料，制得更加坚实轻便的碳纳米管增强聚合物材料。

碳纳米管分子

> "我在……故事中的角色是我看到某些不寻常的东西并欣赏它们的重要性，所以……我做了这些工作。"

亚历山大·弗莱明，苏格兰生物学家，在爱丁堡大学的演讲，1952 年

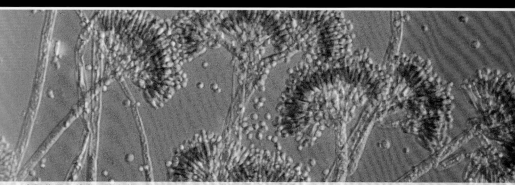

青霉菌是一种常见的真菌，依靠图中所示的蒴果孢子传播；弗莱明发现某种物质可以产生青霉素。

此年开始于以实验确认了特征和遗传是由化学物质所决定的。英国医生弗雷德里克·格里菲斯（1879~1941）研究了肺炎菌的菌株，其中一些会导致疾病，但其他的是无害的。格里菲斯的研究提示，转化因子可以从有害细菌转入到其他细菌中使它们成为有害的（见下图）。这些因子后来被确定为 DNA（见 1943~1944 年）。

物理学迎来又一次进步。奥地利物理学家埃尔温·薛定谔阐述过粒子的波函数（见 1926 年）。现在英国物理学家保罗·狄拉克提出了关于电子的薛定谔波动方程的新形式，其结果是，他预言了一种新物质——反电子，它带正电而不是负电。狄拉克的研究是第一个关于反物质的现代理论。反电子后来被发现并被重命名为正电子（见 1932~1933 年）。它也成为大多数亚原子粒子存在相应反物质粒子的证据。

1927 年 9 月，英国人约翰·洛吉·贝尔德让他的技术助理前往纽约准备当时最大的电视系统测试：跨大西洋传输。经过几次失败之后，成功终于在伦敦时间 1928 年 2 月 8 日午夜到来。贝尔德本人以一个模糊的图像形式短暂地出现在了美国的屏幕上。

第一次世界大战后，苏格兰生物学家亚历山大·弗莱明（1881~1955）正在研究超常规使用抗菌剂抗感染的方法，因为抗菌剂通常对严重的伤口无效。作为研究的一部分，弗莱明培养了感染菌。9 月 3 日，弗莱明在伦敦圣玛丽医院他的实验室中注意到一个培养皿受到了污染：霉菌在培养皿上传播。值得注意的是，就在霉菌传播的周围有一个区域显然没有细菌。这种霉菌应产生了某种物质可以消灭细菌。弗

> "如果你善于接纳并谦卑，数学将会指引你……"

保罗·狄拉克　英国物理学家，1975 年 11 月 27 日

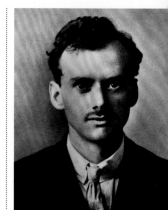

保罗·狄拉克（1902~1984）

英国物理学家保罗·狄拉克在 1932 年到 1969 年担任英国剑桥大学卢卡斯数学教授职位。他把量子物理应用于爱因斯坦的相对论中，从而发展了量子物理学（见 244~245 页）。他对量子波动方程的研究预言了反物质的存在。1933 年他与埃尔温·薛定谔共同分享了诺贝尔物理学奖。

细菌转化

肺炎球菌存在无害的（粗糙）和有害的（光滑）两种形式。费雷德里克·格里菲斯发现，细菌可以交换一种改变这些特性的化学物质。热灭活有害细菌自身不会引起感染，但如果混合一些活的无害细菌，某种物质会从死的细菌转移到活的上面，把它们变成可杀死老鼠的有害形式，并出现在它的血液里。

粗糙无害细菌（菌株 R）

光滑致命细菌（菌株 S）

热灭活光滑致命菌（菌株 S）

热灭活光滑死亡菌（菌株 S）

粗糙无害菌（菌落 R）

小鼠健康

小鼠死亡

小鼠健康

小鼠死亡

死亡小鼠血样中活的菌株 S

莱明对这种霉菌做了取样和培养，后确认其为青霉菌。次年，他把这种抗菌剂的活效成分称为盘尼西林（青霉素）。尽管他非常努力，仍然未能从其原始化学形式中分离出青霉素，但他保存了霉菌的培养基。在此后的几十年里，青霉素不仅将被提纯出来然后得到生产，而且被誉为第一个有效的治疗细菌感染的抗生素（见 1940~1941 年）。

另一项医疗突破出现在澳大利亚的悉尼。1926 年，医生马克·立德威尔（1878~1969）和埃德加·布思（1893~1963）设计了一种便携插入式人工心脏起搏器。1928 年，他们用起搏器救活了一个差点胎死腹中的婴儿。

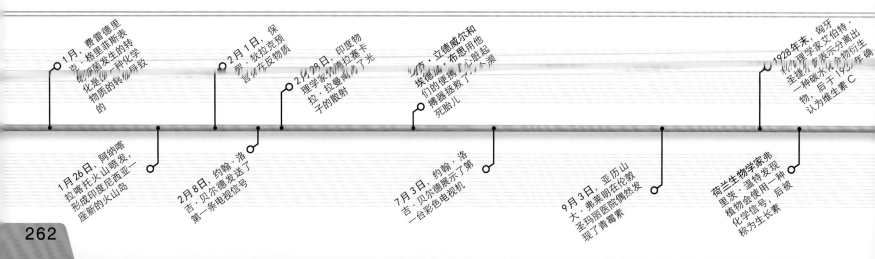

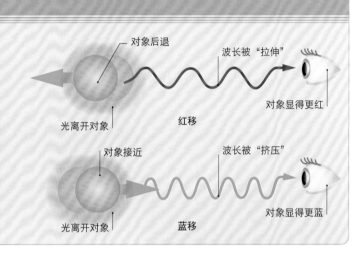

460 亿光年
从地球上可观察到的宇宙的大小

这张由哈勃望远镜拍摄的照片展示了宇宙中一些最遥远的星系。它们距前景恒星数十亿光年。

到 1920 年，天文学家已经意识到宇宙并不是以我们的银河系为中心，银河系只是众多星系中的一个单独星系。10 年过去了，又出现了一个超凡的新发现。宇宙没有一个固定有限的大小。天文学家们发现恒星光谱显示的波长向光谱的红色末端"伸展"——他们称为红移（见右图）。这种红移表示这些恒星正在不断远离我们。换句话说，宇宙在膨胀。1929 年，美国天文学家埃德温·哈勃

第一台彩色电视机
打开的门展现出电视机的工作组件。操作员通过一个扫描圆盘（中）把光导入光电池中（左）。

（1889~1953）解释了这种关系并指出最遥远的星系正以最快的速度后退。这后来成为著名的哈勃定律。

电视技术在 1929 年 6 月又前进了一步，美国贝尔实验室演示了第一个彩色画面传输。他们选择了影响最大的主题：一个女人拿着花和美国国旗。

1930 年 4 月，美国化学家埃尔默·博尔顿（1886~1968）制造出第一块合成橡胶。这是一种乙炔的衍生物，后来被称为氯丁橡胶。它比天然橡胶更耐腐蚀，氯丁橡胶更适合在极端条件下使用，比如软管和防火涂层。

1917 年 3 月，亚利桑那

红移和蓝移

一个发光物体，比如星系的移动，会影响它的可见光光谱。如果一个星系正在远离，它的波长会出现延展。由于更长的波长属于红光范围，这种现象被称作红移。朝向观察者的移动会挤压波长，也就是蓝移。星系表现出红移，所以它们都在远离。

州洛厄尔天文台拍摄的照片记录了一个被称为"X"的星体的模糊身影。1930 年 2 月，美国天文学家克莱德·汤博（1906~1997）证实了 X 是一颗行星，5 月，人们为其起名：冥王星。

在亚历山大·弗莱明偶然发现青霉素两年之后，这种新的抗生素首次被用于治疗。英国医生塞西尔·乔治·佩因（1905~1994），弗莱明曾经的一位学生，把霉菌的样本带到英国谢菲尔德他的工作地点。1930 年 8 月，他用其滤液成功治疗了眼部感染。

保罗·狄拉克（见上页）用量子物理理论正确预言了反物质的存在。1930 年，他出版了《量子力学原理》，在此后的几十年该著作一直用作标准的教科书。

冥王星的存在
拍摄于 1930 年不同夜晚的两张星空图，显示一个"星体"（箭头标注）改变了位置，说明它比周围的星星更接近我们。这个星体是一颗行星，后被称作冥王星。

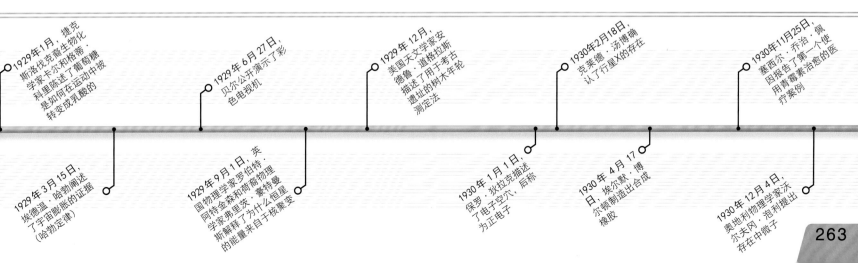

1929 年 1 月，捷克裔生物化学家卡尔和格蒂·科里阐述了葡萄糖是如何在运动中被转变成乳酸的

1929 年 3 月 15 日，埃德温·哈勃阐述了宇宙膨胀的证据（哈勃定律）

1929 年 6 月 27 日，贝尔公开演示了彩色电视机

1929 年 9 月 1 日，英国物理学家罗伯特·阿特金森和荷蒙物理学家弗里茨·豪特曼斯解释了为什么恒星的能量来自于核聚变

1929 年 12 月，美国天文学家安德鲁·道格拉斯描述了用于考古遗址的树木年轮测定法

1930 年 1 月 1 日，保罗·狄拉克描述了电子空穴，后称为正电子

1930 年 2 月 18 日，克莱德·汤博确认了行星 X 的存在

1930 年 4 月 17 日，埃尔默·博尔顿制造出合成橡胶

1930 年 11 月 25 日，塞西尔·乔治·佩因报告了第一个使用青霉素治愈的医疗案例

1930 年 12 月 4 日，奥地利物理学家沃尔夫冈·泡利提出中微子存在

"这是一个奇迹……困难已经在某种程度上得到了解决，以至于许多科学的学科……都能从中获益。"

恩斯特·鲁斯卡，关于电子显微镜的诺贝尔演讲，1986年12月8日

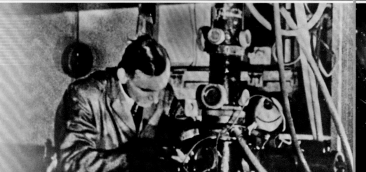

恩斯特·鲁斯卡在德国西门子和哈尔斯克公司工作，1939年制造了第一台商业电子显微镜。

在这些明亮的星系之间存在着看不见的暗物质。

20世纪30年代，诞生了一项可以帮助我们揭示微观世界秘密的技术。物理学家已经设计出很多发射高速带电粒子的方法，以便于他们能研究碰撞后的产物。他们使用加速器来从事此项研究，用它发射粒子束穿过真空管并利用电场来保持它们的运动。1931年，美国物理学家欧内斯特·劳伦斯（1901~1958）发明了一种带有螺旋中心的新式粒子加速器，称为回旋加速器，用来发射氢离子。他的第一个模型直径12.5厘米，能发射带有8万电子伏特（电子经过1伏特电压加速后获得的能量）的离子。劳伦斯的团队继续研制更强的加速器。到1946年，他在加州伯克利分校的实验室制造出半径为440厘米的

第一台回旋加速器

空心半圆形电极

质子在此完成路径

灯丝创造来自氢核的质子

氢气入口

空心半圆形电极

质子进入中心并螺旋向外射出

管连接到电源上

质子进入回旋加速器，因为电极之间有电压开关，从一个到另一个每经过一次都能加速。

"它或许能够揭示……物质结构的更深层次的知识。"

欧内斯特·劳伦斯，诺贝尔奖致辞，1940年11月29日

设备，能够发射1亿电子伏特的粒子。

物理学家重点关注的粒子比在光学显微镜下所看到的最小物质还要小数十亿倍。直到1930年，所有的显微镜都还在使用传统光学元件，通过透镜折射光线来放大图像。然而，光的波长处于万分之一毫米量级，限制了接近这个尺度的物体可观察到的细节数量。德国物理学家恩斯特·鲁斯卡（1906~1988）

发现了一种可以解决这些问题的根本方法，即使用比可见光波长更短的射线——电子束。他利用强大的电磁场代替玻璃镜片使这些射线弯曲——场越强获得的放大倍数越大。鲁斯卡的电子显微镜可以放大到非常大的倍数，科学家可用其研究小分子甚

氘或重氢

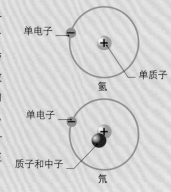

重氢（氘）占地球上氢原子的不到六千分之一。所有的氢原子都有一个质子（带正电粒子），所以原子序数为1（见1913年）。一般的氢原子核内只有一个粒子。氘有一个额外的粒子——中子（不带电的粒子），在其核内。

单电子

单质子

氢

单电子

质子和中子

氘

至原子。与此同时，化学方面也在进步。德国化学家埃里克·休克尔（1896~1980）在运用量子物理（超微粒子的物理学）构造有关化学键本质的更现实的理念，并提出了一个依据分子内电子的行为来阐述这些理念的理论。

11月，美国化学家哈罗德·克莱顿·尤里（1893~1981）对所有元素中最小最轻的氢原子有一个新发现。他发现了一种更重的氢（同位素）。这种氢原子核也只包含一个质子，但这个更重的同位素（后来被称为氘）的核带有一个额外的新亚原子粒子，这到1932年才确认出来。

欧内斯特·卢瑟福已经预言了第二个质子大小的亚原子粒子的存在（见1919年）。1932年，英国物理学家詹姆斯·查德威克（1891~1974）检验到一种射线，能够撞击原子中的质子，同时发现了卢瑟福曾经错过的粒子：中子。4月，当英国物理学家约翰·考克饶夫（1897~1967）和爱尔兰物理学家欧内斯特·沃尔顿（1903~1995）将锂原子分裂成氦原子时（见下页），人们控制原子的能力获得了长足进步。

英国物理学家保罗·狄拉克曾预言存在电子的反粒子（见1928年）。这在1932年8月得到证实，美国物理学家卡尔·安德森（1905~1991）仔细研究了一种名为云室的探测器中带电粒子的轨迹，发现了一些类似电子的粒子，它们带正电而不是负电。

1932年，德裔生物化学家汉斯·克雷布斯（1900~1981）一直在观察身体是如何排出多余的氮的。多余的

600000

分裂原子所需的电压

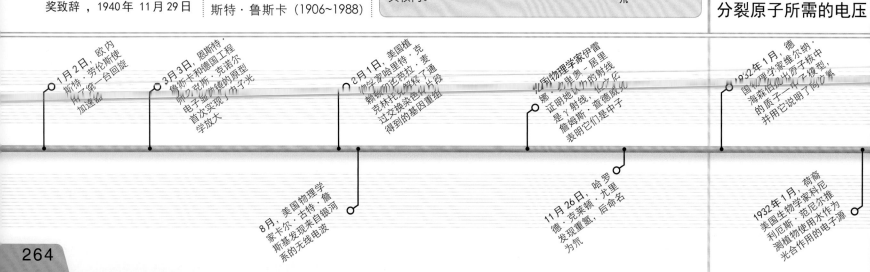

1月2日，欧内斯特·劳伦斯使用了他们的一台回旋加速器

3月3日，恩斯特·鲁斯卡和德国工程师兹·克诺尔·克诺尔的原型电子显微镜的原型首次实现了电子光学放大

2月1日，美国植物学家哈里特·克莱林托克解释了通过交换染色体片段得到的基因重组

8月，美国物理学家卡尔·古特·扬斯基发现来自银河系的无线电波

物理学家伊雷娜·约里奥-居里证明她说的γ射线是γ射线，但后来詹姆斯·查德威克表明它们是中子

11月26日，哈罗德·克莱顿·尤里发现重氢，后命名为氘

1932年1月，德国物理学家维尔纳·海森堡设计出原子核中的质子—中子模型，并用它说明了同位素

1932年1月，荷裔生物学家科尼利斯·范尼尔推测植物使用水作为光合作用的电子源

22.5%

宇宙中暗物质的比例

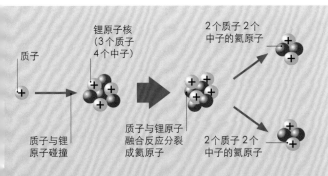

质子

锂原子核
（3个质子
4个中子）

2个质子2个
中子的氦原子

质子与锂
原子碰撞

质子与锂原子
融合反应分裂
成氦原子

2个质子2个
中子的氦原子

原子分裂

元素嬗变的首次成功是把氮变成了氧（见1917年）。1932年，约翰·考克饶夫和欧内斯特·沃尔顿使用类似的技术分裂了锂。锂原子是最轻的金属元素，只有3个质子。当一个额外的质子与原子碰撞，就会发生核反应：4个中子、4个质子总共分裂成了两个氦原子。

氨基酸（构成蛋白质的物质）经过循环变成了碳水化合物。克雷布斯发现这种肝细胞参与的化学反应循环，把含氮的物质加工成了一种名为尿素的化合物，它们可由体内排出。

荷兰天文学家扬·奥尔特（1900~1981）和瑞士天文学家弗里茨·兹威基（1898~1974）发现银河系中不同寻常的物质：它们比已知恒星物质的总量还要大得多。这表明存在一种之前没有被检

测到的物质。后来它们被称为暗物质——因为它们既不发射光线也不吸收光线。

1933年7月，波兰裔化学家塔德乌什·赖希施泰因（1897~1996）制成了抗坏血酸（维生素C），成为第一个人工合成维生素的人。

正电子轨道

带电粒子向上或向下发射出来形成轨迹。在磁场中，带负电的电子顺着一个方向绕成环形，带正电离子（正电子）则沿着另一个方向环绕。

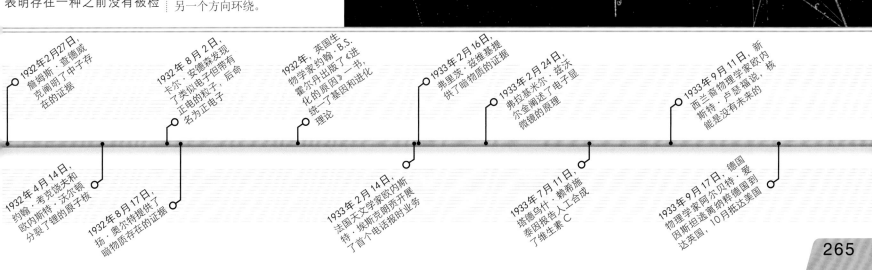

1932年2月27日，詹姆斯·查德威克阐明了中子存在的证据

1932年4月14日，约翰·考克饶夫和欧内斯特·沃尔顿分裂了锂的原子核

1932年8月2日，卡尔·安德森发现了类似电子但带有正电的粒子，后命名为正电子

1932年8月17日，扬·奥尔特提供了暗物质存在的证据

1932年，英国生物学家约翰·B.S.霍尔丹出版了《进化的原因》一书，统一了基因和进化理论

1933年2月14日，法国天文学家欧内斯特·埃斯克朗贡开展了首个电话报时业务

1933年2月16日，弗里茨·兹威基提供了暗物质的证据

1933年2月24日，弗拉基米尔·兹沃尔金阐述了电子显微镜的原理

1933年7月11日，塔德乌什·赖希施泰因报告人工合成了维生素C

1933年9月11日，新西兰裔物理学家欧内斯特·卢瑟福说，核能是没有未来的

1933年9月17日，德国物理学家阿尔伯特·爱因斯坦逃离纳粹德国到达英国，10月抵达美国

265

了解放射性

一些具有放射性元素的发现导致了一场物理学领域的革命

1896年，法国物理学家亨利·贝可勒尔发现包含铀的化合物会产生一种无形的辐射。几个月后，波兰科学家玛丽·居里表明这种射线来自铀原子自身，1898年她创造了一个描述这一现象的术语：放射性。

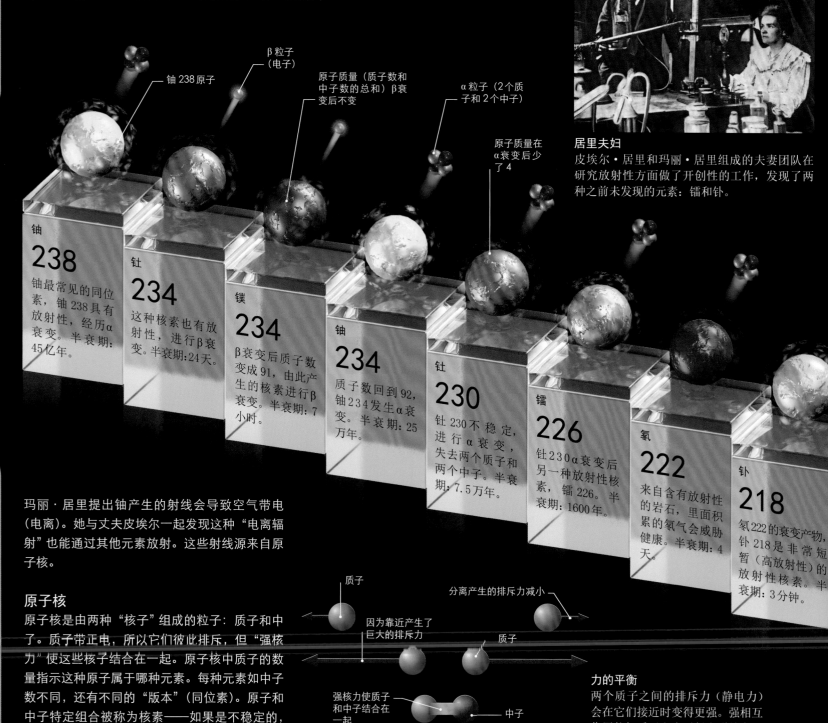

β粒子（电子）

铀238原子

原子质量（质子数和中子数的总和）β衰变后不变

α粒子（2个质子和2个中子）

原子质量在α衰变后少了4

居里夫妇
皮埃尔·居里和玛丽·居里组成的夫妻团队在研究放射性方面做了开创性的工作，发现了两种之前未发现的元素：镭和钋。

铀
238
铀最常见的同位素，铀238具有放射性，经历α衰变。半衰期：45亿年。

钍
234
这种核素也有放射性，进行β衰变。半衰期：24天。

镤
234
β衰变后质子数变成91，由此产生的核素进行β衰变。半衰期：7小时。

铀
234
质子数回到92，铀234发生α衰变。半衰期：25万年。

钍
230
钍230不稳定，进行α衰变，失去两个质子和两个中子。半衰期：7.5万年。

镭
226
钍230α衰变后另一种放射性核素，镭226。半衰期：1600年。

氡
222
来自含有放射性的岩石，里面积累的氡气会威胁健康。半衰期：4天。

钋
218
氡222的衰变产物，钋218是非常短暂（高放射性）的放射性核素。半衰期：3分钟。

玛丽·居里提出铀产生的射线会导致空气带电（电离）。她与丈夫皮埃尔一起发现这种"电离辐射"也能通过其他元素放射。这些射线源来自原子核。

原子核

原子核是由两种"核子"组成的粒子：质子和中子。质子带正电，所以它们彼此排斥，但"强核力"使这些核子结合在一起。原子核中质子的数量指示这种原子属于哪种元素。每种元素如中子数不同，还有不同的"版本"（同位素）。原子和中子特定组合被称为核素——如果是不稳定的，就是放射性核素。

质子

分离产生的排斥力减小

因为靠近产生了巨大的排斥力

质子

强核力使质子和中子结合在一起

中子

强核力比排斥力更强

质子

力的平衡

两个质子之间的排斥力（静电力）会在它们接近时变得更强。强相互作用能把质子和中子紧密联结在一起，但只能在一个极其短的范围内有效。这就是较大的原子核不稳定的主要原因。

放射性衰变

某种程度上来说，一个不稳定的原子核会分裂，或"衰变"。两种最常见的衰变类型是α衰变和β衰变（见下图）。每一种情况下，原子核都会有多余的能量损失，这些能量会由一种波长非常短、能量很高的γ射线带走。一种特定原子衰变的概率是固定的，但没办法知道衰变在何时发生。不过，在包含大量相同放射性元素的原子样品中，半数原子发生衰变总会有一个精准的时间；这段时期被称为元素的半衰期。

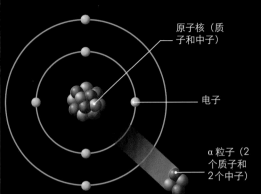

原子核（质子和中子）

电子

α粒子（2个质子和2个中子）

α衰变

一个不稳定的原子核抛弃了一个由两个质子和两个中子构成的粒子：一个α粒子。这使原子核更小，有时会得到更好的稳定性。

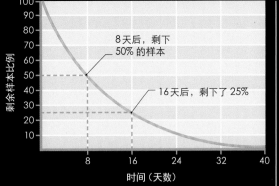

8天后，剩下50%的样本

16天后，剩下了25%

剩余样本比例

时间（天数）

半衰期

这张图显示了一个放射性核素样品的半衰期曲线，它的半衰期是8天。每8天，放射性核素的原子数量减少一半。

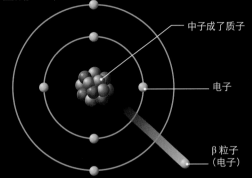

中子成了质子

电子

β粒子（电子）

β衰变

一些不稳定原子核的内部，中子可能会自发变成质子，同时释放一个电子。这种情况下，电子被称为β粒子。

放射性衰变链

元素是通过原子核中的质子的数量来定义的。衰变改变了质子数，所以"子代"的核是不同的元素。通常子核也有放射性，有时这种过程会像一条衰变链一直持续发生，就如同下图所示的。

放射性的影响

放射性能产生热量，利用放射性同位素制造大的热发电机，可以给无人卫星和探测器提供动力。放射性物质会危害健康，因为它们的电离效应会破坏生命体必备的化合物的化学键。这会导致全身不适，称为辐射病。损害细胞内的DNA导致细胞突变，从而引发癌症。讽刺的是，放射性物质也同样用于医疗——尤其是治疗癌症的放射疗法。

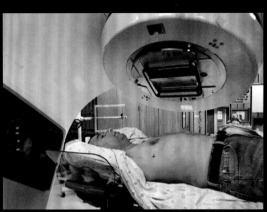

放射疗法

放疗期间，辐射被用来杀灭癌细胞。这种辐射必须非常小心的控制，因为它们也像杀死癌细胞一样破坏健康细胞。

160
人体中含有的钾的克数，每秒有4400个原子发生衰变

铅
214

钋218放射出一个α粒子，它的子核铅-214也具有放射性。半衰期：27分钟。

铋
214

铅214β衰变的结果，铋214也会发生β衰变。半衰期：20分钟。

钋
214

钋214极其不稳定，所以半衰期非常短：0.0002秒。

铅
210

放射性核素铅210来自钋214α衰变，其本身也不稳定。半衰期：22年。

铋
210

铋210经历β衰变会产生钋-210。半衰期：5天。

钋
210

这种物质曾被作为一种放射性毒物用于暗杀。半衰期：138天。

稳定的核素

铅
206

这个长衰变链最后形成了稳定的核素铅206。

夫妻团队伊雷娜·约里奥-居里和弗雷德里克·约里奥-居里继续了玛丽·居里（伊雷娜的母亲，死于1934年）的研究。

在热带雨林生态系统中，生物体——动植物与非生物空气土壤通过释放和吸收二氧化碳发生相互作用，并交换营养物质。

1934年

法国化学家伊雷娜·约里奥-居里（1897~1956）和弗雷德里克·约里奥-居里（1900~1958）证明用人工方法诱导放射性是可能的。他们用高能粒子与原子核碰撞产生核反应。2月，他们公布了自己的发现，通过向无放射性的靶核上发射α粒子，制造了磷和氮的放射性同位素。

同时，意大利物理学家恩里科·费米（1901~1954）决定把新发现的称为中子的亚原子粒子（见1932~1933年）用于核反应中，取代α粒子。他用自己的方法制出了一个

手枪虾

猛烈的撞击声来自这种虾的张大的螯，在几分之一秒内产生足够的能量，释放出热和光，同时击晕它的猎物。

周期表，来观察不同的元素是如何俘获中子的。当时没有人想到中子有足够的能量去分裂一个更重的原子。然而，在1934年1月，费米成功地用中子轰击铀使其分裂。费米认为他制造了第一个超铀元素（一种原子数超过铀92的元素），事实上他实现了原子裂变（见1938年）。

德国天文学家沃尔特·巴德（1893~1960）和他的瑞士同僚弗里茨·兹维基表明能探测到的最小的、最密的恒星可能是由中子构成的。后来，证实了中子星是恒星爆炸后的剩余部分，是恒星生命即将终结的阶段。

随着对超声波的实验，德国科学家H.弗伦策尔和H.舒尔特斯注意到高频声波会影响照相底片——表明它发出了光。这种现象被称为声致发光，当声音在水下产生气泡，气泡内会聚集万亿倍能量，就会产生闪光和热量。自然界中，手枪虾通过这一过程击晕它们的猎物。

1935年

用仪器测量地震可以追溯到古代，但直到20世纪初地震仪才被用于探测地壳运动。一套复杂的杠杆系统能生成一张显示地震震级的扫描图纸。在地震多发的加利福尼亚州工作的美国物理学家查尔斯·里克特（1900~1985），发明了一个度量表，能更容易比较不同地震释放

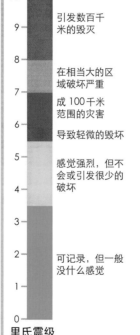

里氏震级	
10	
9	引发数百千米的毁灭
8	在相当大的区域破坏严重
7	成100千米范围的灾害
6	导致轻微的毁坏
5	感觉强烈，但不会或引发很少的破坏
4	
3	可记录，但一般没什么感觉
2	
1	
0	

里氏震级

通过把可测量的地震运动和对环境的影响相结合，里克特发明了一个人人都懂的震级表。

出的能量。里氏震级最初的设计只为当地使用，之后很快应用于世界各地。

2月，德国细菌学家格哈德·多马克（1895~1964）描述了一种带有很强抗菌性的化学染料。他的临床试验报告表明这种染料（后来以"百浪多息"为名出售的商品）可以作为药物治疗常见的危险的感染。这一年晚些时候，意大利药理学家达尼埃尔·博韦（1907~1992）发现了百浪多息效能的化学基础。他发现它的活性成分是一种称为磺胺的硫化合物。在青霉素引入之前，磺胺一直是最重要的抗菌药物（见1940~1941年）。

1935年，美国化学家华莱士·卡罗瑟斯（1896~1937）在杜邦化学实验室领导一个科学家团队研究新聚合物——通过小分子结合成

4.8 亿吨
里氏震级9级地震释放的能量

链构成的长分子。这个团队已经制造出了一种名为涤纶的人造丝，而现在继续研制不同类型的基础材料。制造出的聚合物名为聚酰胺6-6，它们可以被拉成坚韧的细丝，之后这种材料被称为尼龙（见1937年）。

同年7月，英国植物学家亚瑟·坦斯利（1871~1955）在生态学杂志上发表一篇科学论文，介绍了生态系统的概念。文章结合了两个关键的命题：美国植物学家弗雷德里克·克莱门茨1916年提出的关于植物群落的物种随时间变化而不同的概念；俄国科学家弗拉基米尔·韦尔纳茨基有关物质循环的论述（见1926年）。坦斯利的生态系统是一个生态结构，有机生物彼此相互作用，也和周围无机环境相互作用。

鲁道夫·舍恩海默（1898~

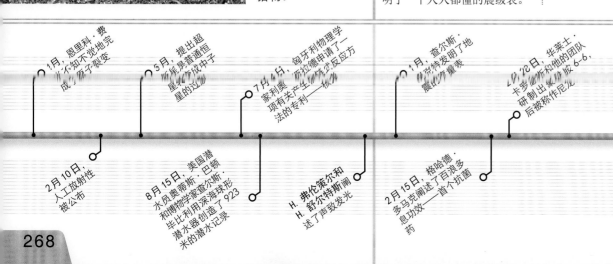

在刚孵化后易受影响的阶段，这窝幼鹅认定康拉德·洛伦兹是他们的代理妈妈，到处跟随着他。

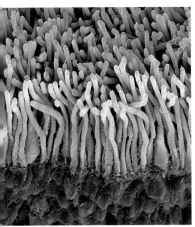

视网膜视杆细胞和视锥细胞

视网膜上的细胞包含吸收光的色素；视杆细胞（深褐色）有一种，视锥细胞（绿色）有3种色素来分辨不同颜色。

……1941）是研究新陈代谢的德国生物化学家，新陈代谢是体内化学反应的复杂模式。为了解这种模式，他找到了一种标记方法，利用可检测的元素同位素来标记反应物质。通过追踪这些同位素经过的路径，他能够找出发生化学反应的顺序。之后，同位素标记技术成了研究代谢的标准方法。

丹麦的眼科医生古斯塔夫·厄斯特贝格发表了一项关于眼球后部视网膜细胞修复的研究。19世纪，德国解剖学家马克斯·舒尔策已经识别出了视网膜层，并详细绘制了后来被称为视锥细胞和视杆细胞的结构图解（见1866年）。厄斯特贝格记录了最早的视锥细胞和视杆细胞精准数量。后来人们证明视锥细胞在低光强下具有高敏感性，但不能识别颜色。感色的视锥细胞只能在高光强下工作并集中在视网膜上一个叫作中央凹的区域内，它能收集来自视觉区域中心焦点的光，从而形成图像。

700万
人眼中的视锥细胞
1.3亿
人眼中的视杆细胞

1936年，荷兰生物学家尼古拉斯·廷贝亨（1907~1988）在一次学术报告会上遇到了奥地利生物学家康拉德·洛伦兹（1903~1989）。之后，两个人用了几个月的时间研讨动物行为的各个方面。他们的合作标志着动物行为学——一种研究动物行为的现代科学的建立。他们区分出了继承下来的先天行为和通过经验获得的学习行为。洛伦兹极好地展示了刚孵化的幼鹅如何依附人类（印刻效应）；廷贝亨研究了棘鱼天生的求爱行为。

世界上第一架实用直升机——福克·沃尔夫 Fw61 在6月进行了首次飞行。这架飞机由德国飞行员海因里希·福克（1890~1979）制造，机身左右两侧使用双旋转叶片。它的首次飞行仅仅维持了28秒——但它的操控比之前的型号要容易得多。

7月，匈牙利生物学家汉斯·谢耶（1907~1982）成为第一个论述生理应激科学依据的人。19世纪，法国生理学家克劳德·伯纳德提出了生命体通过一个内部调节过程来保持平稳状态。到20世纪初，人们才逐渐了解神经系统如何使身体对环境变化做出反应，例如启动"战斗或逃跑"的反应以应对危险情况。谢耶进一步解释了激素变化如何与压力相关联的，以及这些变化对身体免疫系统功能的可能影响。

9月，最后一只幸存的袋狼于极端恶劣的天气条件下在外暴露一夜后，死在塔斯马尼亚岛上的霍巴特动物园。这是由于管理员的疏忽，把它放在了圈外而导致。袋狼通常被称作塔斯马尼亚狼或虎，是最大的食肉有袋动物。无情的猎杀让这个野生种群在早几年之前就灭绝了。

最后的袋狼

这是最后一只生存的袋狼，名叫本杰明。一种有袋的食肉动物，这个物种因为攻击牲畜而获得了一个夸张的名声。

时间线：

美国生物化学家温德尔·梅雷迪思·斯坦利第一次结晶了病毒，结晶后的病毒仍有感染性

11月12日，葡萄牙神经病学家埃加·莫尼斯实施了第一个脑白质切除术

11月23日，达伦希尔·博韦发现碘放发是百浪多息的有效成分

12月12日，英国专利局为利奥·西拉德注册了核链式反应的专利

2月，利奥·西拉德把原子弹专利捐给了英国海军

3月，康拉德·洛伦兹和尼古拉斯·廷贝亨开始合作研究动物行为

美国天文学家埃德温·哈勃出版《星云世界》，修改了他自己对星系的分类，包括盘状星系

7月4日，汉斯·谢耶把压力看作是一种医学状态

6月，美国物理学家塞思·尼德迈尔和卡尔·安德森发现了一种名为μ介子的亚原子粒子

9月，在加利福尼亚州帕洛玛天文台开始使用施密特望远镜

9月7日，最后一只袋狼本杰明，在被圈养时定期死亡

11月2日，英国广播公司启动了首个定期高清度电视服务

生于德国的汉斯·克雷布斯教授在1933年移居英格兰。图片展示了他在谢菲尔德大学实验室工作的场景，他从1935~1954年在这里进行基础工作，并开展了他的诸多研究。

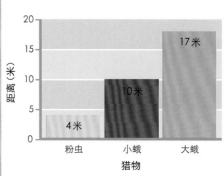

腔棘鱼生活在深海水域，虽然它在当地渔民中很出名，但古生物学家只把它当成一个"化石"。

1月，意大利物理学家卡罗·佩里尔（1866~1948）和埃米利奥·塞格雷（1905~1989）报告通过核反应形成了一种新的人工元素。他们在回旋加速器上为放射性所污染的部分得到了锝（见1931年）。

2月，美国化学家华莱士·卡罗瑟斯为他新发明的化学聚合物聚酰胺6-6申请了专利。到1938年，杜邦公

"物种是一个进化中的阶段，而不是静止的单元。"

特奥多修斯·多布然斯基，《遗传学与物种起源》，1937年

司将其命名为尼龙，并把它商业化，用来制造牙刷上的刷毛。

1927年，法裔美国工程师尤金·乌德里（1892~1937）曾发明了一种使用硅

铝为基础的催化剂从原油裂解石油的方法。太阳石油公司直到1937年3月才第一次用这个发明裂解出石油。

9月，美国电气工程师格罗特·雷伯（1911~2002）建造了第一台特制的射电望远镜。

出生于德国的生物化学家汉斯·克雷布斯发现柠檬酸能够保持细胞活性，并表明它是为细胞提供能量过程中的一种关键中介。这一过程就是著名的柠檬酸循环或克雷布斯循环。

乌克兰生物学家特奥多修斯·多布然斯基（1900~1975）出版了《遗传学与物种起源》。他在书中阐述了如何用种群的基因组成来解释达尔文的自然选择（见1859年），从而奠定了现代进化生物学的基础。

第一架射电望远镜
美国人格罗特·雷伯在他的后院建造了第一台射电望远镜。他用这个望远镜证实了来自宇宙的无线电波能够被检测到。

美国动物学家唐纳德·格里芬（1915~2003）一直在研究蝙蝠的迁徙行为，但他不明白它们在黑暗中是如何导航飞行的。18世纪，意大利生物学家拉扎罗·斯帕兰扎尼（1729~1799）已经表明蝙蝠能够在失去视力的情况下避开障碍物飞行，但如果耳朵被堵住就不行了。通过与美国神经病学家罗伯特·加兰博斯（1914~2010）的合作，格里芬使用一个特殊的超声波麦克风发现了蝙蝠发出的高频率声音，这种声音超出了人耳的接收范围。格里芬的理论认为动物使用一种声呐的方法，听它们发出的遇到障碍物或猎物反弹回来的回声。起初，他的理论受到了嘲笑，但到1944年

这已成为公认的事实，被称为回声定位。

德国化学家奥托·哈恩（1879~1968）一直在做化学嬗变的实验——一种元素如何通过核反应变成另一种。嬗变20年前就被新西兰裔物理学家欧内斯特·卢瑟福首次提出（见1916~1917年）。不过，科学家相信可以实现的目标是有限的，而且击碎重的原子，比如铀，不能造出更轻的原子。然而，这一年快结束的时候，哈恩报告他恰恰实现了这一点，即通过分裂铀而产生了钡，这一过程称为核裂变。意大利物理学家恩里科·费米也实现了相似的过程——但是他认为自己合成了一种新的元素（见1934年）。后来，费米监

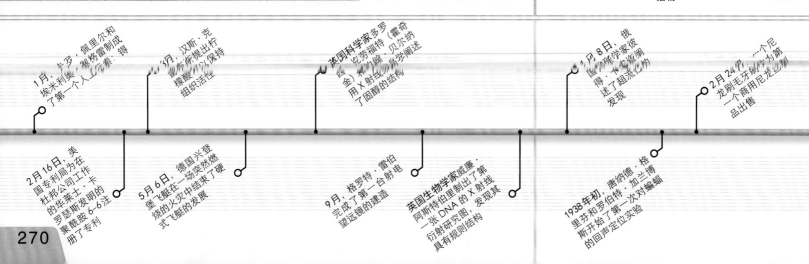

蝙蝠的回声定位
蝙蝠通过听它们发出的高频声波从猎物反射回来的回声寻找食物。猎物越大，最大侦测距离也越长。

（图表）距离（米）：粉虫 4米，小蛾 10米，大蛾 17米 / 猎物

1月，卡罗·佩里尔和埃米利奥·塞格雷制成了第一个人工元素：锝

1月，汉斯·克雷布斯分析提出柠檬酸以保持组织活性

美国科学家多罗西·克劳福特（霍奇金）、贝尔纳等人，用X射线分析阐述了固醇的结构

1月8日，俄国物理学家彼得·卡皮查测得了氦气资源，阐述了超流动性的发现

2月24日，一个尼龙刷毛牙刷作为第一个商用尼龙产品出售

2月16日，美国专利局为在美国专利局工作的杜邦公司的华莱士·卡罗瑟斯发明的聚酰胺6-6注册了专利

5月6日，德国兴登堡飞艇在一场突然燃烧的火灾中结束了硬式飞艇的发展

9月，格罗特·雷伯完成了第一台射电望远镜的建造

英国生物学家威廉·阿斯特伯里用第一张DNA的X射线衍射研究图像，发现其具有规则结构

1938年初，唐纳德·格里芬和罗伯特·加兰博斯开始了第一次对蝙蝠的回声定位实验

第一架喷气式飞机 He178，1939 年由德国亨克尔公司制造，它二战末期战斗机的原型。

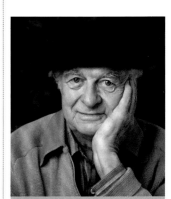

核裂变链式反应

核裂变释放原子能——当以一种能引起链式反应的方式实现这个过程时，能量达到最大值。铀 235 受到青睐，因为它是最丰富的可裂变同位素，并且有大量至关重要的中子。当铀核（可裂变核）被一个外部的中子源轰击时，铀原子核被分裂成很多个更小的碎片。更多的中子作为副产品被放射出来，再反过来与其他铀核继续发生核裂变链式反应。

督了第一个核裂变链式反应（见 1942 年）。

11月，南非东伦敦市的一位博物馆馆长玛乔丽·考特尼-拉蒂默（1907~2004），被邀请去当地的一个渔业码头收集标本。在那里她发现一只她辨认不出的、不同寻常的鱼，在缺乏任何技术支持的情况下，只能把它带回馆里。南非动物学家詹姆

斯·史密斯（1897~1968）后来认出它是腔棘鱼——一种当时被认为和恐龙一起灭绝了的、只能从化石中了解的鱼。腔棘鱼属于远古的肉鳍鱼类，与进化到陆地上的第一只脊椎动物的祖先有关。最初，现代腔棘鱼被认为只存在于西印度洋的深海中，但是 1997 年第二个种群在印尼水域被发现。

4月，格罗特·雷伯用他的射电望远镜发现了一类新天体——被称为天鹅座 A 的电波星系。这个天体发出的无线电波是被侦测到的最强的电波之一。

6年后，匈牙利出生的物理学家利奥·西拉德（1898~1964）确信了从核链式反应中能释放大量的能量，科学家们越来越担忧纳粹会制造原子弹。意大利物理学家恩里科·费米和德国化学家奥托·哈恩已经证明可控的链式核裂变是可能的。8月，背井离乡逃亡到美国工作于普林斯顿大学的德裔物理学家阿尔贝特·爱因斯坦给罗斯福总统写信，表达了科学家们的担心。之后他力劝美国总统加入这场谁最先制造出原子弹的竞赛。爱因斯坦促

成了曼哈顿计划的提出：联合研究和开发迄今为止唯一一只在战争中使用过的核武器。

虽然很多科学家在二战前几个月离开了德国，但其他一些科学家留下来继续他们的工作来推进科学和技术发展。第一台喷气式发动机由德国物理学家汉斯·冯·奥海因（1911~1998）设计出来，并得到了专利。8月27日，第一架喷气式飞机亨克尔 He178 在涡轮喷气动力下升空，进行了首航。战争结束后，冯·奥海因作为众多被招募的德国科学家之一参与了"回形针"行动，帮助发展美国科学研究。

美国化学家莱纳斯·鲍林出版了他最著名的著作《化学键的本质》。书中详细阐述了形成离子键（不同原

子通过得失电子结合）和共价键（通过共享电子结合）的过程中电子的行为。特别地，鲍林发展了他的理论，共享的电子不在一个固定的位置上，而是围绕两个核在轨道上运行，两个核与共价键有关。

> "科学是对真理的探索，而不是击败对手或伤害他人的游戏。"
>
> 莱纳斯·鲍林，美国化学家，摘自《解放》，1958年

莱纳斯·鲍林
（1901~1994）

美国化学家及和平活动家，莱纳斯·鲍林是唯一一位得到两次非共享诺贝尔奖的人。他的工作涵盖了化学量子力学和复杂生物分子结构（比如蛋白质）的研究。二战后，他呼吁反对再进一步使用核武器。

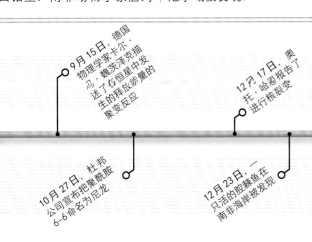

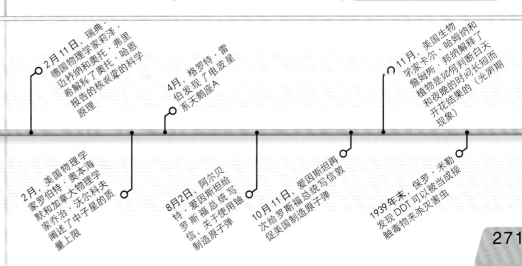

9月15日，德国物理学家卡尔·冯·魏茨泽克描述了恒星中发生的释放能量的聚变反应

12月17日，奥托：哈恩报告了进行核裂变

2月11日，瑞典、德国物理学家莉泽·迈特纳和奥托·弗里希解释了奥托·哈恩报告的核裂变的科学原理

4月，格罗特·雷伯发现了电波星系天鹅座 A

11月，美国生物学家卡尔·哈姆纳和詹姆斯·邦纳解释了植物是如何判断白天和夜晚的时间以长短而开花结果的（光周期现象）

10月27日，杜邦公司宣布把聚酰胺 6-6 命名为尼龙

12月23日，一只活的腔棘鱼在南非海洋被发现

2月，美国物理学家罗伯特·奥本海默和加拿大物理学家乔治·沃尔科夫阐述了中子星的质量上限

8月2日，阿尔贝特·爱因斯坦给罗斯福总统写信，关于使用铀制造原子弹

10月11日，爱因斯坦再次给罗斯福总统写信促美国制造原子弹

1939年末，保罗·米勒发现 DDT 可以被当成接触毒物来杀灭害虫

1 千克

这个数量的钚所产生的爆炸
等于 2 万吨化学炸药的爆炸

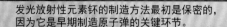

发光放射性元素钚的制造方法最初是保密的，
因为它是早期制造原子弹的关键环节。

20世纪前叶，地质学家利用从地震波研究中得到的数据推断出地球有一个明显的核（见1906年）。通过研究地震中波的传播方式，他们推测这个核是由与这颗行星其他部分不同的物质组成的。1940年，加拿大地质学家雷金纳德·奥德沃思·戴利（1871~1957）发表《地球的强度和结构》，文中定义了一个围绕着地核的多层结构。

地球表层

地球铁芯外包围着一层厚厚的地幔。地幔上层坚硬的岩石和地壳形成了可移动的板块，由此可以解释大陆漂移。

他说，一个硬而脆的外壳包裹了一个更厚的半固态层，这一半固态层越向核心越热。今天，众所周知，地球的不同层的化学和物理性质也不同，围绕在外层的是富含硅元素的岩石，内核则含有大约80%的铁（见下图）。这种坚硬的壳层包括了一个低密度的地壳，下面还有高密度岩石组成的地幔。

1940年，在美国加州大学伯克利分校，科学家们首次成功制成超铀元素——比铀原子数（92）更高的元素。通过使用粒子加速器，科学家成功获得93和94号元素。

固体内核
液体外核
大陆地壳
岩石圈非常坚硬，表层岩石组成了低密度的地壳，在高密度的地幔之上
刚性较低的中间层叫作地幔
半流体上地幔称为软流圈，其上的岩石圈可在上面造成板块移动
海洋地壳

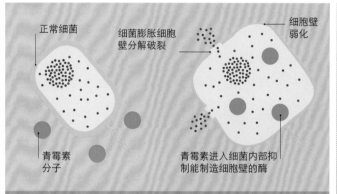

正常细菌
细菌膨胀细胞壁分解破裂
细胞壁弱化
青霉素分子
青霉素进入细菌内部抑制能制造细胞壁的酶

青霉素如何工作

青霉素是一种抗生素——能阻止细菌繁殖或完全杀灭它们的化学物质中的一员。这些化学物质的攻击目标是那些出现细菌的细胞而不是受感染的组织。青霉素可以抑制细菌合成细胞壁的过程。结果，细胞壁弱化使细菌吸水而破裂。

这两种新元素分别以海王星和冥王星——太阳系的两个外行星的名字来命名，称为镎和钚。这些发现直到二战之后才公布，因为当时已发现钚可能会作为制造原子弹所需的燃料。

苏格兰细菌学家亚历山大·弗莱明发现青霉菌的抗菌性之后30多年（见1928年），澳大利亚生物学家霍华德·沃尔特·弗洛里（1898~1968）和英国生物化学

学家厄恩斯特·鲍里斯·钱恩（1906~1979）、诺曼·希特利（1911~2004）不仅证明它的抗菌性分泌物青霉素可以用来治疗感染（见上图），而且能分离出有用的数量和量产。1941年1月，他们开始了医学试验，生产大量抗生素的技术从此发展起来，二战时期达到了顶峰。

同时，德裔美国生物化学家弗里茨·阿尔贝特·李普曼（1899~1986）致力于

研究新陈代谢的化学过程，在了解活细胞产生能量的过程方面产生了突破性的成果。1941年，他的报告指出一种富含磷酸的名为三磷酸腺苷（ATP）的物质在这个化学过程中起了关键作用。虽然ATP早在十多年前就发现了，生物学家直到现在才能够了解它的功能。通过燃烧产生热能的营养素，比如碳水化合物和脂肪，活细胞利用存在于ATP分子库的磷酸键中的能量。当能量被需求时（比如生长或运动）ATP被分解，释放磷酸键的能量以实现这项工作（见图）。

美国工程师雷·麦金太尔（1918~1996）在陶氏化学公司工作时被要求开发一

> "我是个 28 岁的孩子，我从没有停下对钚的思考。"

格伦·西奥多·西博格，美国科学家，关于成为发现钚的团队一分子的发言，1947年

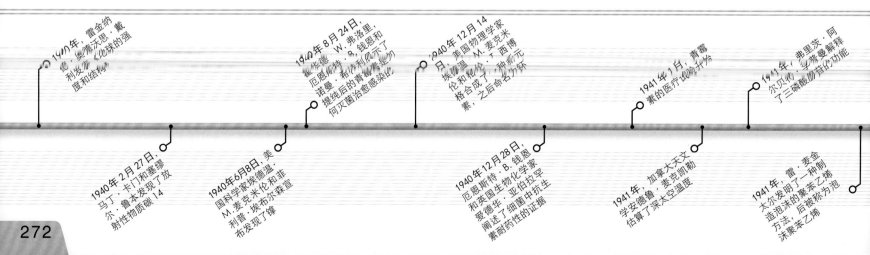

18 亿千克
自1940年以来世界各地DDT的用量

20世纪40年代，飞机被用在尽可能广阔的区域喷洒DDT。其污染的影响持续了很多年。

种绝缘材料，为战争出力。也使用了一种名为聚苯乙烯的材料（一种最初由树脂制成的塑料）通过化学处理使它在制造过程中产生大量汽泡。由此产生的聚苯乙烯泡沫被注册为泡沫塑料，它极为便宜和轻便。

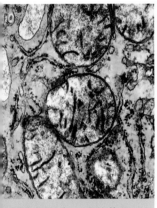

新陈代谢中ATP的作用

动植物细胞中包含被称为线粒体（图中深褐色）的能量室。它们富含带有从高能食物中取得化学制品所需的分子机器的膜状褶皱。这种化学制品被称为三磷酸腺苷（ATP）。来自ATP的能量被释放出来推动细胞的活动，比如制造DNA和蛋白质。

1939年，瑞士化学家保罗·赫尔曼·米勒（1899~1965）发现含氯化学制品DDT（双对氯苯基三氯乙烷）与昆虫接触会致死，有可能用来控制害虫。9月，美国收到了第一批DDT供应品，并开始准备更广的范围使用它。二战期间，DDT被用来控制虱传斑疹伤寒和携带疟疾的蚊子。战后一些年，随着农学家们开始用它杀灭稼虫害，DDT的应用进一步增加了。但是，到了20世纪60年代，人们意识到DDT通过食物链的积累会毒害自然环境（见1962年），这种曾让米勒赢得诺贝尔奖的化学药物被大多数国家禁用了。

两个美国生物学家，德国出生的马克斯·德尔布吕克（1906~1981）和意大利出生的萨尔瓦多·卢里亚（1912~1991）开始合作研究噬菌体——能感染和杀灭细菌的病毒。他们研究了某些

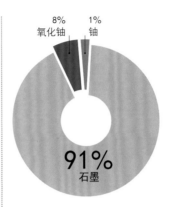

8% 氧化铀　　1% 铀

91% 石墨

恩里科·费米的核反应堆

可释放中子的铀颗粒在费米反应堆链式反应的核心部分。石墨块减缓了中子速度。

细菌突变使其在基因上具有抗感染能力的过程，在1934年他们解释了这种现象是自发的，并不是环境引发的。

科学家们已经展示了可控的自激核反应实现的可能性（见1938年）。12月，美籍大利物理学家恩里科·费米领导了世界第一个核反应堆的建成——建在美国芝加哥大学足球场下面的"芝加

"这个意大利的领航员已在新世界着陆。"

亚瑟·康普顿，芝加哥大学冶金实验室主任在一个加密信件中暗示恩里科·费米的成功，1942年

哥"1号。核反应堆用中子轰击铀样品产生链式反应，这一过程使用可吸收中子的镉棒从而使反应过程可控。在费米停止这一过程之前，它成功地运行了4分半钟。这一事件标志着曼哈顿计划成功地迈出了关键一步——曼

哈顿计划是美国政府主导的联合研究和发展计划，这个计划在二战期间制造出世界上第一颗原子弹。

恩里科·费米

1938年，恩里科·费米和他的犹太妻子移居到美国，躲避意大利的反犹太政策。同年，他获得了诺贝尔物理学奖。

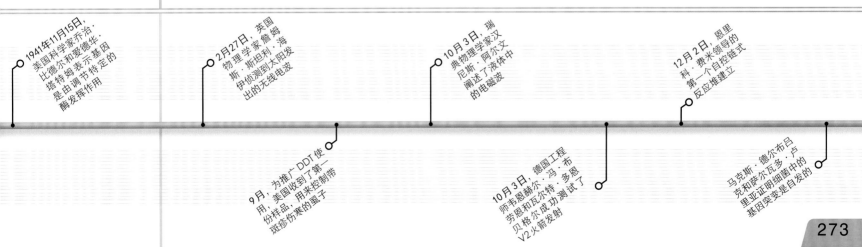

这些是第一台可编程电子计算机——"巨人"的操作面板，"巨人"在二战期间用来破解德军信息。

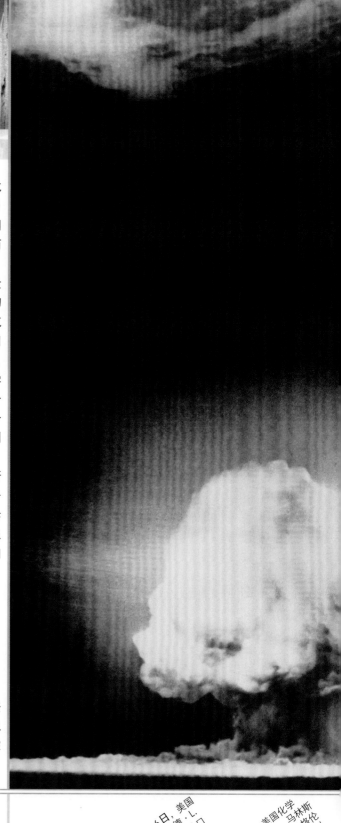

发现DNA的本质

奥斯瓦尔德·埃弗里试图识别出能够把无害细菌转化为有害细菌的化学物质。埃弗里杀死了有害菌，并把它们分解成不同的化学成分（蛋白质、糖类以及 DNA）。他把每种物质都加入到无害细菌上，然后发现只有细菌的 DNA 会导致改变。

二战期间，密码破译工作的先驱，英国数学家艾伦·图灵（1912~1954）触动了计算机技术的爆发。1943年在英国制造出最早的电子数字计算机：巨人。

法国工程师埃米尔·加尼昂（1900~1979）改良了气体调节阀。通过与法国生物学家雅克·库斯托（1910~1997）合作，他改进了调节装置，使得它能够控制水下呼吸器空气的供给。这项发明彻底改变了水下勘探工作。

1944年，解锁基因和遗传的科学向前迈进一大步。加拿大裔医生奥斯瓦尔德·埃弗里（1877~1955）想确认由弗雷德里克·格里菲斯（见 1928 年）首次鉴别出的

> "为什么埃弗里没获得诺贝尔奖？因为大多数人没有认真对待他。"
>
> 詹姆斯·沃森，美国遗传学家《自然》，1983 年 4 月

转化因子是什么。埃弗里做了与格里菲斯相似的实验，但更仔细分析了遗传因素。他证明如果蛋白质和它们的

酶从细菌中移出，另一种化学物质（现在熟知的 DNA）仍旧可以引发转化。这表明基因是由 DNA 组成的，而不是之前认为的蛋白质。

奎宁，一种在南美洲金鸡纳树树皮上发现的天然物质，长期以来一直因它的抗疟疾性受到重视。二战期间这个药品供应变得很困难，但是 1944 年 5 月，美国化学家罗伯特·伍德沃德（1917~1979）和威廉·多林（1917~2011）宣布他们已能成功制造人工奎宁。

奥地利医生汉斯·阿斯伯格（1906~1980）致力于研究儿童心理障碍和正式诊断自闭症。他检查了一群患有孤独症的孩子，基于他们

学习方式的天性，他叫这些孩子为"小教授"。后来，他们的症状被称为阿斯伯格综合征。

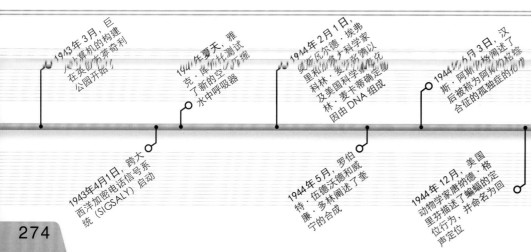

1943 年 3 月，巨人计算机的构建在英国布莱奇利公园开始

1943 年 4 月 1 日，跨大西洋加密电话信号系统（SIGSALY）启动

1944 年夏天，雅克·库斯托测试了新的空气调节阀水中呼吸器

1944 年 2 月 1 日，奥斯瓦尔德·埃弗里、科林·麦克劳德以及美国科学家麦克林·麦卡蒂确定基因由 DNA 组成

1944 年 5 月，罗伯特·伍德沃德和威廉·多林阐述了奎宁的合成

1944 年 6 月 3 日，汉斯·阿斯伯格阐述了后被称为阿斯伯格综合征的孤独症的研究

1944 年 12 月，美国动物学家唐纳德·格里芬描述了蝙蝠的定位行为，并命名为回声定位

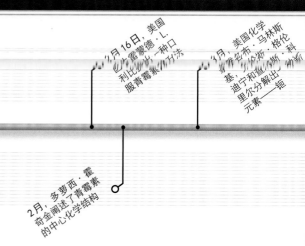

2 月 16 日，美国化学家爱德华·L.利比希发明了一种口服青霉素疗法冷冻

3 月，美国化学家格伦·西博格、拉尔夫·詹姆斯、利昂·摩根、阿尔伯特·吉奥索和科尼利厄斯·科里尔分离出新元素——锔

2 月，多罗西·霍奇金阐述了青霉素的中心化学结构

这张偏光显微照片显示了维生素叶酸的晶体，叶酸是怀孕期间子宫内婴儿正常发育所需的物质。

随着第二次世界大战进入第6个年头，曼哈顿计划——同盟国原子弹研究项目（见1939年）也进行了6年。匈牙利出生的物理学家利奥·西拉德（1898~1964）发展出的人工核链式反应的思想，直到1942年才真正实现。

世界上第一颗原子弹

1945年7月16日，美军在新墨西哥州阿拉莫戈多的沙漠地区试爆了第一颗原子弹。它的威力相当于1.6万吨TNT炸药当量。

"当你尝到了某种技术上的甜头，那就去做吧。原子弹就是这么诞生的。"

J. 罗伯特·奥本海默，美国物理学家，出庭作证，1954年

核反应是通过裂变（分裂它们）或聚变（结合它们）改变原子核的过程。两种方式都释放能量，但是只有裂变可人工实现。裂变在放射性元素衰变时自然发生，不过它可以通过用中子轰击元素诱发（见1938年）。如果具有维持核裂变链式反应能力的元素（核燃料）比如铀或钚，被浓缩到一个临界质量，放射性引发瞬时衰变放出中子，同时释放巨大的能量。7月16日，美国陆军在新墨西哥州沙漠上爆炸了第一颗曼哈顿计划制造出的原子弹——三合一试验。不到300人见证了这次爆炸。三个星期后两枚原子弹投向日本广岛、长崎，爆炸加速了二战结束，但也带走了无数生命。

科学家们已经研发出了X射线晶体技术，这项技术能被用来找出晶体中原子的位置（见1912年），并且证明了它对于研究结构及其复杂的生物分子是十分有用的。到了7月，英国化学家多萝西·霍奇金解决了复杂的青霉素和胆固醇的结构问题。

8月，美国氰胺化学公司宣布他们制造出了叶

多萝西·霍奇金
（1910~1994）

出生于埃及的多萝西·霍奇金在英国牛津大学研究化学，并因对一类叫固醇的生物物质进行的研究而获得了博士学位。她研究了复杂分子的三维结构，比如胆固醇、青霉素和胰岛素等。因为对维生素 B$_{12}$ 的研究，她被授予了1964年的诺贝尔奖。

酸——胎儿健康发育所需的一种维生素。英国作家亚瑟·C.克拉克看到了更久远的未来。在他许多的预测中，地球同步卫星（卫星会在一个相对固定的位置与地球的位置和轨道周期同步）能用于无线通信。不到20年，这项技术就实现了。

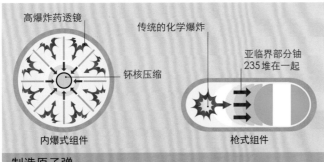

高爆炸药透镜
传统的化学爆炸
钚核压缩
亚临界部分铀235堆在一起
内爆式组件
枪式组件

制造原子弹

有两种方法。内爆式（三合一试验和长崎原子弹），炸药会压缩中央核心裂变燃料。枪式（广岛）元素被堆积在一起再打出。自然放出的中子撞击邻近的原子，诱发裂变链式反应，从而释放巨大的能量。

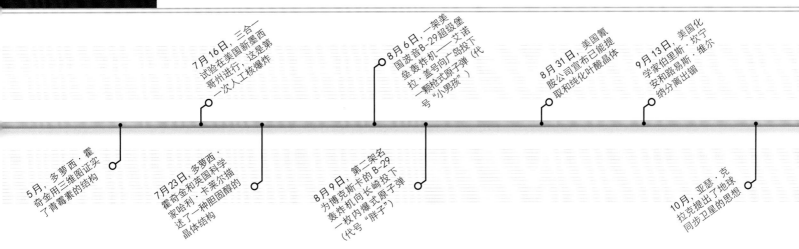

5月，多萝西·霍奇金用三维图证实了青霉素的结构

7月16日，三合一试验在美国新墨西哥州进行，这是第一次人工核爆炸

7月23日，多萝西·霍奇金和英国科学家哈利·卡莱尔描述了一种胆固醇的晶体结构

8月6日，一架美国波音B-29超级堡垒轰炸机——艾诺拉·盖号向广岛投下一颗枪式原子弹（代号"小男孩"）

8月9日，第二架名为博克斯卡的B-29轰炸机向长崎投下一枚内爆式原子弹（代号"胖子"）

8月31日，美国氰胺公司宣布已能提取和纯化叶酸晶体

9月13日，美国化学家伯里斯·坎宁安和路易斯·维尔纳分离出镎

10月，亚瑟·克拉克提出了地球同步卫星的思想

275

383000 千米

正如戴安娜计划所显示的那样，这是地球到月球的距离

通过从月球反射回来的雷达信号测量了地球与月球之间的距离。

波音 B-29 的炸弹仓发射出名为 Bell X-1 的载人飞机，使之到达一个创纪录的高度，打破声障。

我们与太空体的第一次联系发生于 1 月 10 日。当时美国陆军通讯兵团成功探测到从月球反射回来的雷达信号，仅在它发射后 2.5 秒。虽然戴安娜计划的初衷是为了测试远程雷达能否探测到来袭导弹，但是它也标志着美国空间计划的开始。除了确定了地球到月球的距离，这个计划还证明在地球

上制造的信号也可用于太空通讯。

这个月还见证了一项将彻底变革医学影像的研究成果的发表，即核磁共振 (NMR)。瑞士物理学家费利克斯·布洛赫（1905~1983）和美国物理学家爱德华·珀塞耳（1912~1997）发现，当一个样品暴露在一个强磁场中时，样品的某些原子核会

固定频率共振。这项技术随后就用于研究分子结构，后来又被改进用于生产较大内部结构的影像，例如活体磁共振成像的影像（MRI）。

美国生物学家爱德华·塔特姆（1909~1975）和乔舒亚·莱德伯格（1925~2008）发现细菌有类似于复杂生物的性过程。当它们结合不同菌株时，一些细菌出现了新功能，而这种新功能不是原始菌株能够独立完成的。他们发现细菌细胞在结合过程中黏合在一起并且交换基因物质，因此它们能够共享化学功能。这个过程具有重要意义，例如抗生素抗性的传播。

7月，美国使用与 1945 年投放在长崎一样的炸弹进行了第一个战后核试验。这个被称为埃布尔测试的试验在太平洋上的比基尼环礁上进行，被用来检验爆炸对固定在环礁湖的 78 艘实验船的影响，其中一些船上载有用于活体实验的动物。此后，比基尼环礁上进行了 60 次以上的核试验。

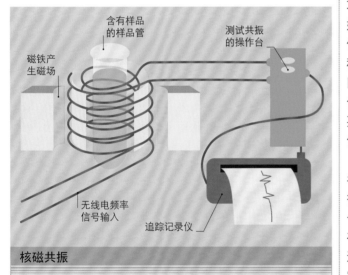

核磁共振

原子核的磁共振可以用来检测物质的化学组成。测试样品放入强磁场中，它的原子核以一定频率吸收和释放电磁辐射。科学家可以使用这种方法确认样品中的原子种类和它们的化学组成。

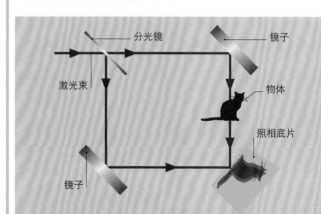

全息照相

全息照相技术包括使用镜子把激光束映射到照相底片上。激光束被分裂，因此一部分激光在打到感光底片之前就反射回物体，而另一部分则直接打到感光底片上。这样产生干涉图样，也就是拍照。三维图像则是以与初始激光束相同角度把激光发射到底片形成的。

1947 年，美国物理学家路易斯·阿尔瓦雷茨（见 1980 年）在美国伯克利监督建设了第一台质子直线加速器。同年，美国物理学家威廉·汉森（1909~1949）在美国斯坦福大学生产了第一台电子直线加速器。粒子加速器用于研究构造物质的基础材料，还有实际应用，例如用于治疗癌症方面。

在 9 月的美国化学学会上，雅各布·马林斯基（1918~

2005）宣布发现了 61 号放射性元素钷，以希腊神话人物普罗米修斯命名。钷是一种稀土元素，填补了元素周期表的空白。

10 月美国空军飞行员查尔斯·耶格尔（查克）（1923年生）成为突破声障的第一人。他驾驶名为 Bell X-1 的飞机，飞行速度达到 1311 千米 / 时。

12 月，英籍匈牙利裔物理学家丹尼斯·伽柏（1900~

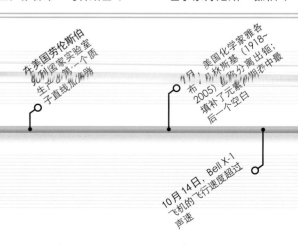

1 月 10 日，戴安娜实验测试雷达实验标志着美国太空计划的开始

2 月 14 日，在新闻发布会上，发布电子数值积分计算机（ENIAC）计算机

1 月，发表第一个核磁共振（NMR）谱

7 月 1 日，海上进行原子弹测试

9 月 21 日，发布首次抗癌化疗试验

10 月 19 日，发布细菌的基因重组结果

在美国劳伦斯实验室，美国国家第一个质子直线加速器

7 月，美国化学家雅各布·马林斯基（1918~2005）发布从分离出钷，填补了元素周期表中最后一个空白

10 月 14 日，Bell X-1 飞机的飞行速度超过声速

5.1 千米
海尔望远镜主镜的直径

问世后 45 年，海尔望远镜一直是世界上最大的有效望远镜。直到今天它仍在被使用，每年收集大约 290 个夜晚的数据。

质子直线加速器
第一台以直线方法加速质子的设备是一个 12 米长的建造物。它有助于推进基本粒子的研究和理解。

1979）就一项三维成像或称为全息成像的理论技术申请了专利。他描述了如何根据视角改变方向使物体成像。然而，直到 1960 年，随着第一台可行的激光仪的发展，他的这项理论的实际应用才成为可能。

美国工程师珀西·斯宾塞（1894~1970）在一家名为雷神的公司参与雷达设计工作。他意外发现被称为磁控管的真空管产生的微波可以加热食物。以把食物作为"靶"封闭在一个金属盒里的形式，斯宾塞发明了第一台微波炉，1945 年申请专利。

1947 年雷神公司出售了第一个微波炉商业模型。

3 月，美国物理学家朱利安·施温格（1918~1994）和理查德·费曼（1918~1988）介绍了一个新的科学领域：量子电动力学。它描述了带电粒子如何与电磁辐射能量包（称为光子）相互作用。会议收录的第一个"费曼图"简报，显示了亚原子粒子之间沿时空轴的相互作用。

4 月，俄国物理学家乔治·伽莫夫（1904~1968）和美国宇宙学家拉尔夫·阿尔菲（1921~2007）提出宇宙形成时（见 344~345 页）产生的元素以固定比例存在。

南秧鸡
自从 1948 年再次被发现以来，作为保护规划的一部分，新西兰南秧鸡已被转移到没有天敌的岛上。

直到今天，氢和氦依然是宇宙中最为丰富的元素。

6 月，加州理工学院的帕

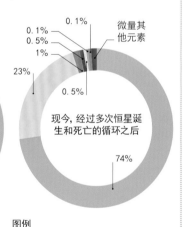

24%
微量锂元素
23%
76%
宇宙形成以后的30万年

0.1%
0.1%
0.5%
微量其他元素
1%
23%
0.5%
74%
现今，经过多次恒星诞生和死亡的循环之后

宇宙组成
宇宙产生之后形成的第一个元素是最轻的。宇宙学家们创建理论认为，较重的元素原子在恒星内部通过核聚变形成。

图例
⬤ 氢　⬤ 氦
⬤ 锂　⬤ 氧
⬤ 碳　⬤ 氖
⬤ 铁　⬤ 氮

洛马天文台建成。它的圆屋顶上的海尔望远镜以美国天文学家乔治·海尔命名。这个望远镜的第一位使用者是天文学家埃德温·哈勃。这台望远镜用于帮助发现类星体和遥远星系的恒星。

同月，艾伯特一世作为第一个猴子航天员乘上 V2 火箭去太空。但是它在上升到 63 千米时窒息而死，此时还未达到标志着进入太空的卡门线（100 千米）。

奥地利裔美国化学家埃尔文·查戈夫发表了一项关于 DNA 组成的研究，DNA 是一种最近发现的具有遗传性的化学物质。查戈夫的分析就表明基因的构成要素碱基是以固定比例存在的，这比发现 DNA 具有双螺旋结构早了 5 年。腺嘌呤的比例与胸腺嘧啶的比例匹配，而鸟嘌呤与胞嘧啶比例匹配。双螺旋结构模型则表明，这种比例的匹配是碱基配对的需要。后来的工作显示双螺旋的碱基序列是遗传信息的基础。

11 月 20 日，英国鸟类

埃尔文·查戈夫
（1905~2002）

在研究生物分子的化学性质时，澳大利亚出生的化学家埃尔文·查戈夫在一系列问题上取得突破性进展，如血液是如何凝聚的。当纳粹势力蔓延至整个欧洲时，他移居到美国。查戈夫发现不同物种的 DNA 不同，但是基础组分的比例是固定的。

学家杰弗里·奥贝尔（1908~2007）有了不同寻常的发现——他在新西兰的南岛发现了一种叫作南秧鸡的鸟类。早在 50 年前，这些不会飞的秧鸡和雌红松鸡的亲属就被认为已经灭绝了。

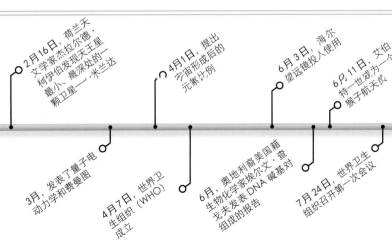

12 月，英籍匈牙利裔物理学家丹尼斯·伽柏为全息照相技术申请专利

在美国俄亥俄州的克利夫兰，第一台商用微波炉被安装出售给餐馆

2 月 16 日，荷兰天文学家杰拉尔德·柯伊伯发现天王星最小、最深处的一颗卫星——米兰达

3 月，发表了量子电动力学和费曼图

4 月 1 日，提出宇宙形成后的元素比例

4 月 7 日，世界卫生组织（WHO）成立

6 月 3 日，海尔望远镜投入使用

6 月，奥地利裔美国籍生物化学家埃尔文·查戈夫发表 DNA 碱基对组成的报告

6 月 11 日，艾伯特一世成为一个猴子航天员

7 月 24 日，世界卫生组织召开第一次会议

11 月 20 日，在新西兰重新发现南秧鸡

279

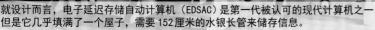
就设计而言，电子延迟存储自动计算机（EDSAC）是第一代被认可的现代计算机之一，但是它几乎填满了一个屋子，需要152厘米的水银长管来储存信息。

使用黏液瘤病毒是第一个用来防治哺乳类害虫的生物防治方法，大大减少了澳大利亚兔子的数量。

2月28日，英国天文学家弗雷德·霍伊尔在英国广播电台解释稳态理论时，创造出"宇宙大爆炸"这一术语。他的观点是宇宙的过去和未来都是无限的。他不认为所有物质都是在很久以前的某一特定时刻的大爆炸时产生的。就这样，他无意中为这个观点（"宇宙大爆炸"）命了名，后来这个观点得到普遍接受。

荷兰裔美国籍天文学家杰拉德·柯伊伯证实，火星大气是由二氧化碳组成，土星大气则是由冰构成的。5月，他发现了海卫二——海王星最外层的一颗卫星。后来柯伊伯把海卫二的偏心轨道归源于在海王星之外存在的由冰物质构成的假想环带。1992年这个被称为"柯伊伯带"的环带区域被证实存在。

5月6日，电子延迟存储自动计算机（EDSAC，英国剑桥大学开发的一种新型电脑）运行了第一个程序。电子延迟存储自动计算机每秒能完成大约700个操作任务。成为第一个经常帮助科学家进行复杂运算的电脑。

在美国，火箭科学家成功把第一个哺乳动物（艾伯特二世）送入太空（见1948年）。艾伯特二世是一只猕猴。在它搭载的V2号火箭

弗雷德·霍伊尔（1915~2001）

英国天文学家弗雷德·霍伊尔是20世纪最伟大的科学思想家之一，通过支持稳态理论，他激发了人们对宇宙学的广泛兴趣。此观点已经被大爆炸理论（见344~345页）替代。但是霍伊尔的恒星核合成理论依然流行。

达到130.6千米时，它已经冲出了地球大气层。艾伯特二世在这次飞行中存活下来，但是在返回地球途中，死于跳伞失败。

猴子航天员
V2号火箭携带一只恒河猴升空，冲出了卡门线——地球大气层与外太空的分界线。

3000
电子延迟存储自动计算机所使用真空管的数量

1950年见证了原子能技术的飞速进步。1月31日，为了回应苏联在1949年8月的原子弹爆炸，美国总统哈里·杜鲁门宣布他已经授权发展氢弹。其构想将形成未来所有热核武器的基础。一个月后，加利福尼亚大学的核化学家斯坦利·汤普森（1912~1976）和他的团队合成出元素周期表的第98号元素锎。尽管还不稳定，锎元素仍然是不会快速衰变的最重的元素，与其他超重元素不同，它还能在肉眼可见之下大量合成。

电子计算机科学也在快速向前发展。美国有了电子数字积分计算机，它成为第一台用于做天气预报的计算机。3月5日，这台计算机做了第一个24小时的天气预报。10月，英国计算机专家艾伦·图灵提出了一项人工智能的测试。

兔子已成为澳大利亚的一个国家级难题。一个半世纪以前，欧洲移民把兔子当作食物带到澳大利亚。但是在这片没有天敌的土地上，兔子数量呈爆炸式增长，对作物和当地的野生动物造成了严重破坏。当猎杀、下毒以及篱笆都不能控制住它们时，澳大利亚国立大学的微生物学家弗兰克·芬纳（1914~2010）负责释放了黏液瘤，一种能够导致多发性黏液瘤病的致命病毒。兔患得到抑制，虽然没有根除，但是它们的数量从未恢复到20世纪50年代之前的水平。

> **"如果电脑能够误导一个人相信它是人，那么这样的电脑应该被称为是有智能的。"**
>
> 艾伦·图灵，英国计算机科学家，1950年

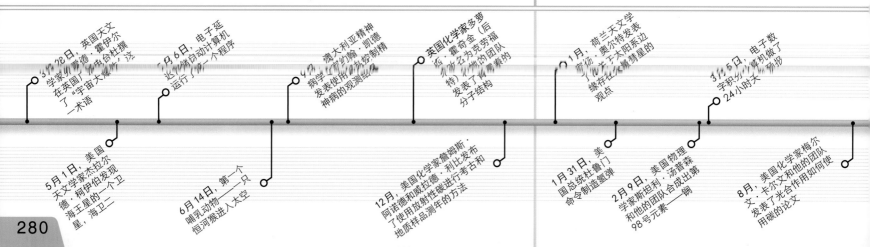

引入黏液瘤之前，澳大利亚兔子数目的最高值

在 1951 年不列颠展上，科学影响了时尚，基于 X 射线晶体学（见 1945 年）原理设计的织物和墙纸得以展出。

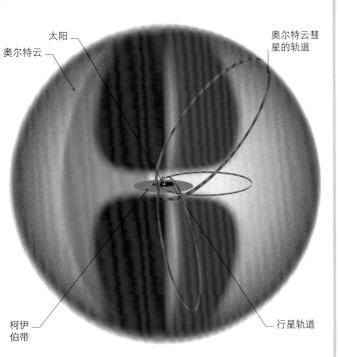

奥尔特云
由数十亿的彗星组成的奥尔特云，是假想的太阳系的外边界。奥尔特云彗星的轨道超过行星轨道的 1000 倍。

太阳
奥尔特云
奥尔特云彗星的轨道
柯伊伯带
行星轨道

20 世纪 70 年代，芬纳继续把他的技术应用于疾病防治领域，并在世界卫生组织于全球成功消除人类天花的过程中起到至关重要的作用。

新的十年的开始也见证了聚焦于地球表面最神秘的部分——大洋底的努力。地质学家如玛丽·萨普（1920~2006）和布鲁斯·希曾（1924~1977），用摄影的方法来定位"二战"中沉没的飞机。接着他们继续绘制水下海景图，从而发现了沿途的水下山脉。

同年，荷兰天文学家和物理学家扬·奥尔特（1900~1992）提出彗星来自太阳系边缘的云状库。现代天文学家认为奥尔特是正确的。

1951 年，医学杂志《柳叶刀》发表了英国医师理查德·阿舍（1912~1969）有关一项新精神疾病的文章，患有该项精神疾病的患者会通过制造小病来获得关注。阿舍把它称之为"闵希豪生综合征"，以 18 世纪那个发明了自己人生疯狂故事并声称真实的德国男爵命名。

这一年还见证了分子生物学领域的一个重要的突破。阐释复杂生物物质的分子结构，如蛋白质，已经成为分析化学的挑战之一。英国生物化学家弗雷德里克·桑格（生于 1918 年）研究一种特别的蛋白质（胰岛素），它由较小的可变动的氨基酸链接而成。通过化学分裂这些链，桑格不仅能够确定氨基酸的种类，还能够确定它们链接在一起时的序列。所有胰岛素分子的氨基酸序列是一样的，而且不同蛋白质具有不同的氨基酸序列。桑格是第一位展示这些发现的科学家。科学家们花费了 10 多年的时间来充分理解桑格发现的内涵：在生命体内，氨基酸通过正确的顺序链接在一起

早期的晶体管
晶体管彻底革新了电子元件和电路的世界。在做交换器方面发挥的功能证明它们在日益成长的计算机技术领域也是极有价值的。

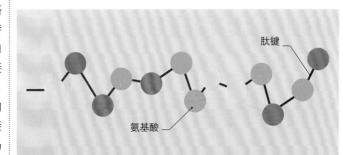

点接触型晶体管
结式晶体管

可以重组成特殊蛋白质，而 DNA 的单个基因拥有重组特殊蛋白质的指令。

7 月 4 日，在美国新泽西州的贝尔实验室工作的发明家威廉·肖克利（1910~1989）宣称发明了结式晶体管。肖克利和他的团队在 1947 年制作了第一个晶体管，并于 1951 年做了改进设计。改进后的晶体管成为接下来 30 年电子设备的标准组件。

肽键
氨基酸

氨基酸链

蛋白质分子在生命有机体中具有关键作用，例如推动新陈代谢和帮助细胞吸收营养。1951 年，弗雷德·桑格发现，一种特定蛋白质的链状分子胰岛素具有独特的氨基酸序列。他也发现，不同种类的蛋白质具有不同的序列，这决定了每条链如何折叠成具有特定目的的形状。

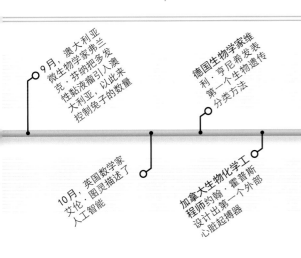
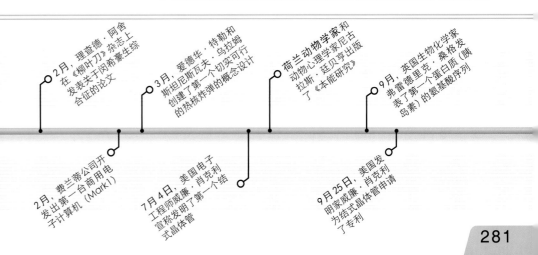

在太平洋的埃内韦塔克环礁上的氢弹试验是首次热核爆炸试验，它结合了原子核聚变和核裂变反应。爆炸的蘑菇云高度达17千米。

20世纪50年代早期，为抵制一种可以攻击中枢神经系统的病毒而开发出的脊髓灰质炎疫苗，使得成千上万人避免了终身瘫痪的结局。

1952年见证了一些重要的突破性进展。在美国冷泉港实验室工作的美国微生物学家艾尔弗雷德·赫尔希和遗传学者玛莎·蔡斯合作研究生物学上的一个关键问题：生命体遗传物质是由蛋白质还是由DNA构成。一些科学家认为仅蛋白质就已足够复杂，可以完成这件事。赫尔希和蔡斯检验过噬菌体（一种可以感染细菌的病毒）注入宿主细胞的遗传物质，发现被注入的细胞含有磷——DNA中有，但是蛋白质中没有的一种元素。这表明基因是由DNA构成的。

世界的另一端，生活在澳大利亚的英国物理学家艾伦·沃尔什为彻底改变分析化学的技术先驱。他探索了关于不同元素的原子吸收高度具体的波长的辐射这一事实的实际应用。沃尔什制作出原子吸收分光计，用来测量这种辐射和检测混合物中元素的最低水平。翌年，这种分光仪就取得专利。后来这种分光仪成为法医学和其他需要高精度化学分析领域的一种标准工具。

9月，在美国，沃尔顿·利勒海和约翰·刘易斯完成第一个体外循环心脏手术。他们诱导病人体温降低（低到正常身体温度以下），这样争取到10分钟时间来纠正先天性心脏缺陷。仅一周后，美国外科医生查尔斯·胡夫纳格尔为一位风湿热患者植入第一颗人造心脏瓣膜，使她的生命延长了近10年。第一个分离连体婴儿的计划也诞生了。一年前出生的布罗迪兄弟是头部连接在一起的。奥斯卡·休格和他的团队分离了这对双胞胎并成活一人。

11月1日，美国在太平洋西北的埃内韦塔克环礁进行了代号为常春藤"迈克"的第一次氢弹试验。试验产生了5000米的火球并摧毁了一个小岛。之前的热核炸弹应用原子裂变原理（见1938年），而常春藤"迈克"试验表明，爆炸至少部分可以来自核聚变（见1988~1989年）。

12 兆吨三硝基甲苯

1952年，常春藤"迈克"爆炸规模的大小

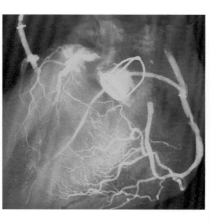

人造心脏瓣膜
第一个人造心脏瓣膜是笼球形设计。当小球被挤压推向笼子的时候，血液离开心脏。当心脏放松时，小球落回密封心脏瓣膜。

1953年，科学家总算明白了遗传和复制在化学层面如何工作。英国科学家詹姆斯·沃森和弗朗西斯·克里克（见284~285页）认为DNA是关键。然而DNA的化学组成只是部分已知，其组分的物理排列在当时还是个谜。

直到1953年，一项新技术（X射线晶体学）被用来制作复杂生物分子结构的三维影像。在伦敦国王学院，包括罗莎琳德·富兰克林和莫里斯·威尔金斯在内的一个团队用这项技术研究DNA。富兰克林完善了制备DNA样品的技术，使其能得到格外清晰的结果。早期迹象显示DNA是一个双螺旋结构。

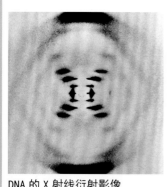

DNA的X射线衍射影像
富兰克林实验中，具有显著"X"形状的X射线衍射图像表明，DNA是双螺旋结构。

尽管富兰克林不愿过早得出结论，沃森和克里克还是基于证据开始构建DNA螺旋模型。他们把结果发表在《自然》杂志上。他们把DNA描述成由两个互相缠绕构成的双螺旋结构。此DNA模型是突破性的，因为它指出了生命体复制基因物质的一种方式。

一个月后，另一本杂志《科学》报道了前一年进行的实验。美国研究人员斯坦利·米勒和哈罗德·尤里曾试图在实验室重现生命起源。他们加热混合了氨、水、甲烷和氢气的密封烧瓶，并用电极模拟闪电发出火花。在两个星期里混合物中就被发现含有氨基酸——构建蛋白质的基石。这表明生命能

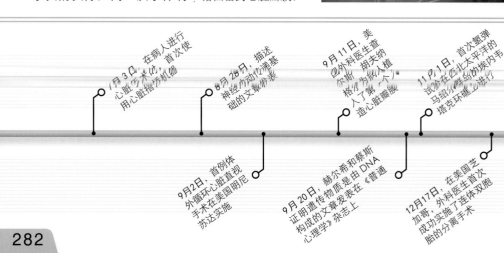

1月3日，在病人进行心脏手术时，首次使用心脏搭桥机器

8月28日，描述神经外动位淺基础的文章发表

9月11日，美国外科医生查尔斯·胡夫纳格尔为私人植入了第一个人造心脏瓣膜

11月1日，首次氢弹试验在西北太平洋的埃内韦塔克环礁进行

9月2日，首例体外循环心脏直视手术在美国明尼苏达实施

9月20日，赫尔希和蔡斯证明遗传物质是由DNA构成的文章发表在《普通心理学》杂志上

12月17日，在美国芝加哥，外科医生首次成功实施了连体双胞胎的分离手术

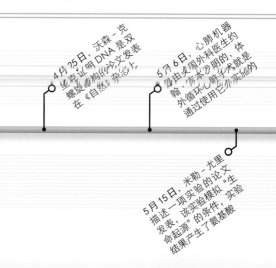

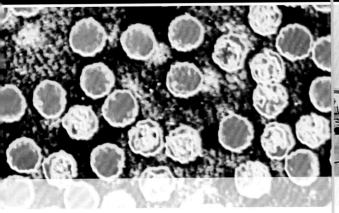

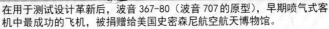

在用于测试设计革新后，波音 367-80（波音 707 的原型），早期喷气式客机中最成功的飞机，被捐赠给美国史密森尼航空航天博物馆。

烧瓶中的生命

斯坦利·米勒和哈罗德·尤里在烧瓶中重新创造了生命的初始材料：它们的"原始汤"在两周内产生了氨基酸。

够由最简单的物质构成。

11月，美国病毒学家乔纳斯·索尔克宣布了一个更具人道主义精神的突破。基于脊髓灰质炎病毒的一种死亡形式，他研制出脊髓灰质炎的疫苗。这是更安全的活疫苗。虽然以前曾尝试过活疫苗，但

罗莎琳德·富兰克林 (1920~1958)

富兰克林的专业是化学，她应用自己的专业技能来研究生物分子结构。她拍摄了 DNA 的 X 射线衍射图像——"影像 51"，它显示了一个交叉模式，表明 DNA 是螺旋形的。这成为沃森和克里克双螺旋模型的一个关键证据。富兰克林逝世于 1958 年，她没能因为这一贡献分享到诺贝尔奖。

都未成功。

正当一个发现被支持的时候，另一个却被推翻了。伦敦自然历史博物馆馆藏的一个古猿头骨被揭发是一个恶作剧。这个头骨据说是 1912 年出土于东苏塞克斯的皮尔丹地区，并被誉为人类进化史上一个有价值的纽带。解剖学家和生物学家肯尼思·奥克利，威尔弗雷德·勒·格罗斯·克拉克和约瑟夫·韦纳声明这个头骨实际是由一个中世纪人的头盖骨、黑猩猩化石的牙齿和猩猩的下颌组成的。至今，没有人知道是谁设的这个骗局并戏弄了学术界这么长时间。

受到早期成果的鼓励，美国开展了一项全国性的索尔克脊髓灰质炎疫苗的现场试验。这是史上最大规模的医学现场试验。2 月 23 日，涉及 180 万小学生的大规模疫苗接种计划开始了。1955 年，它的常规使用被许可。索尔克的疫苗继续保护全球儿童免受脊髓灰质炎的痛苦，并且宣告了世界卫生组织根除脊髓灰质炎国际运动的到来。

5 月，美国波音航空公司推出一种新型喷气式飞机。这种 367-80 飞机是 20 世纪 60~70 年代投入使用的 707 客机的原型。在此之前，民用航空主要使用螺旋桨带动的飞机，但是 367-80 证明喷气式驱动才是未来的发展方向。

从 1954 年开始，在法国召开的国际计量大会后，世界范围的科学家能够使用标准单位测量温度。大会组织的建立是为了管理监督后来所称的国际单位制（SI）。1954 年，"开尔文"（以英国物理学家开尔文勋爵命名）成为温度的国际单位。

同时，苏联科学院的尼

273.16
开尔文
水、冰和水蒸气能够共存的温度

古拉·巴索夫和亚历山大·普罗霍罗夫发表了对微波激射器（利用辐射的受激发射来放大微波）的描述，这是一个集中辐射束的系统。微波激射器被用于原子钟以及帮助放大长途电视广播的微小信号。此后，研究者开发了这项技术其他用途的潜能，如医用的人体扫描器。

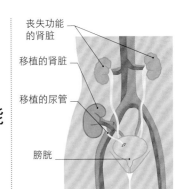

肾移植

在肾移植手术中，坏掉的肾脏通常被留在原位。捐赠的肾被植入身体的下部并被接入到血液系统的不同部分。

这一年以第一例成功的肾移植手术结束。该项手术由美国波士顿的医生约瑟夫·默里实行。

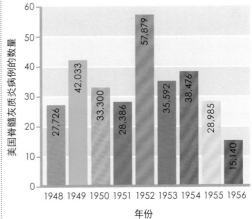

脊髓灰质炎疫苗

使用索尔克的脊髓灰质炎疫苗为美国全境的儿童进行大规模疫苗接种，大大降低了脊髓灰质炎病例的数量。

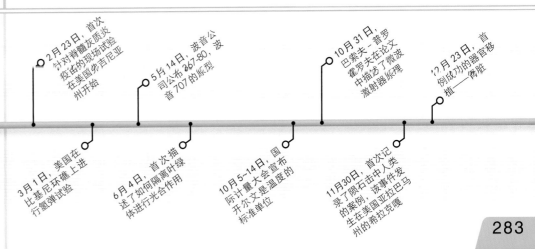

认识DNA

具有自我复制功能的分子DNA，是生命本身的化学编码

生物的特征通过每个细胞中都发生的化学过程制造出来。20世纪科学界追踪到了这些过程的源头——一种不仅携带基因信息而且具有显著的自我复制功能的分子。这种分子被称为DNA。

到 20 世纪初，科学家发现遗传特征来自代代相传的粒子。然而，他们并不了解这些遗传物质单位的成分，即我们现在所说的基因。1919 年，立陶宛生物化学家菲伯斯·利文斯分解了核酸（每个细胞核心都具有的物质），认为它过于简单不能直接参与遗传。但是接下来 10 年，实验证明，某一种核酸实际上是基因物质。

直到 20 世纪 50 年代，分析技术的进步意味着最著名的核酸——DNA（脱氧核糖核酸）能够以前所未有的方式进行检测。一种被称为 X 射线晶体学的方法甚至能够揭示其三维形状。

碱基对

1953 年，应用这些新方法得到的结果使美国生物学家詹姆斯·沃森和英国生物物理学家弗朗西斯·克里克确信 DNA 具有螺旋结构。证据显示可变分量的碱基组成两条链，这两条链盘绕成螺旋形（双螺旋）。4 种碱基总是以特定比例出现。沃森和克里克推论，这是因为它们的组合方式固定：腺嘌呤与胸腺嘧啶、鸟嘌呤与胞嘧啶。此观点不仅是理解 DNA 如何携带遗传信息的关键，也是研究复制过程中，遗传信息是如何复制的关键。

詹姆斯·沃森和弗朗西斯·克里克
为检验他们的双螺旋理论，沃森和克里克建立了一个结构模型，检验化学组分是否匹配。

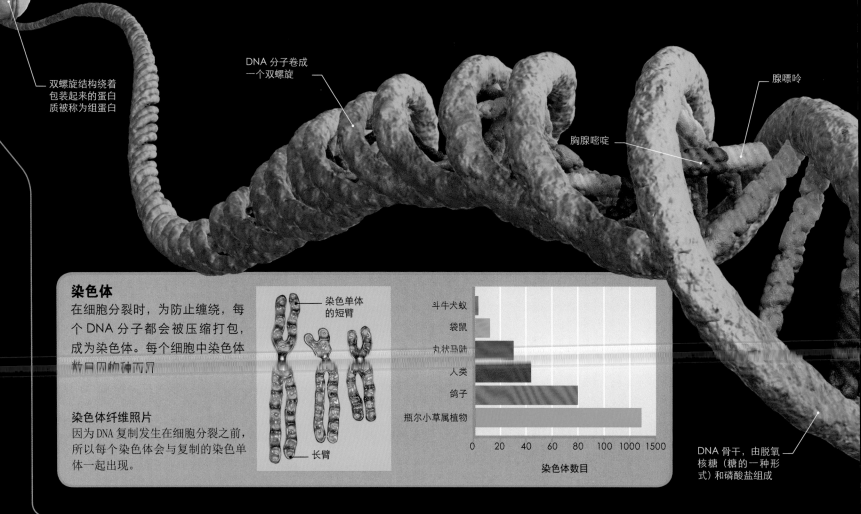

双螺旋结构绕着包装起来的蛋白质被称为组蛋白

DNA 分子卷成一个双螺旋

腺嘌呤

胸腺嘧啶

染色体

在细胞分裂时，为防止缠绕，每个 DNA 分子都会被压缩打包，成为染色体。每个细胞中染色体数目因物种而异。

染色单体的短臂

染色体纤维照片
因为 DNA 复制发生在细胞分裂之前，所以每个染色体会与复制的染色单体一起出现。

长臂

斗牛犬蚁
袋鼠
丸状马蛔
人类
鸽子
瓶尔小草属植物

0　20　40　60　80　100 1000 1500

染色体数目

DNA 骨干，由脱氧核糖（糖的一种形式）和磷酸盐组成

NA 复制

细胞分裂前，它会复制整个 DNA。每个 DNA 分子"解压缩"，配对碱基分。根据严格的碱基配对原则，一条链碱基序列就决定了另一条链的序列：因为它们是互补的。游离的 DNA 构成质沿着每个现有的链模板连接在一起，成新的互补链。这为两个新的、基因全相同的双螺旋制作了材料。细胞分裂时，一个双螺旋进入一个细胞，另一进入另外一个细胞。

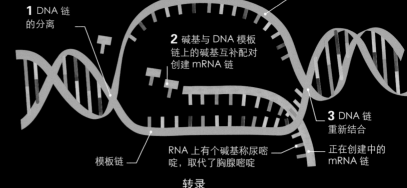

1 DNA 链的分离

2 碱基与 DNA 模板链上的碱基互补配对创建 mRNA 链

编码链

3 DNA 链重新结合

RNA 上有个碱基称尿嘧啶，取代了胸腺嘧啶

模板链

正在创建中的 mRNA 链

转录
在细胞核内，一部分 DNA 双螺旋展开露出基因编码区，为"复制"做准备。这个过程包括，构建 RNA（核糖核酸）的游离物质被化学键结合在一起，形成一条被称为 RNA 的核苷酸链。

合成蛋白质

基因就是一个携带合成蛋白质指令的 DNA 片段，合成的蛋白质具有特殊功能，如制造色素。通过这种方式，基因决定了生物有机体的特征。合成蛋白质之前，基因的碱基序列必须在细胞核中"复制"完成，这个过程被称为转录。然后复制的基因进入细胞质。在另一个被称为"翻译"的过程中，使用碱基序列信息合成蛋白质。

2 tRNA 分子携带氨基酸

3 tRNA 分子解读互补密码子

4 氨基酸结合在一起

5 氨基酸与 tRNA 分子分离

6 tRNA 分子离开核糖体

1 核糖体沿着 mRNA 链移动

mRNA 链

三个碱基的组合称为密码子

翻译
所谓的信使 RNA（mRNA）从细胞核移向细胞质，细胞质中含有核糖体（由蛋白质构成的颗粒）。核糖体沿着 mRNA 移动，"阅读"其上携带的碱基排列顺序并生成蛋白质。特定的 3 个密码子指导合成特定蛋白质的基本单位氨基酸，这些氨基酸是由转运 RNA（tRNA）分子收集的。

"双螺旋

由 DNA 建块

双螺旋压缩"

的 DNA 板链

新的 DNA 链

NA 链

老的 DNA 模板链

"女儿"双螺旋

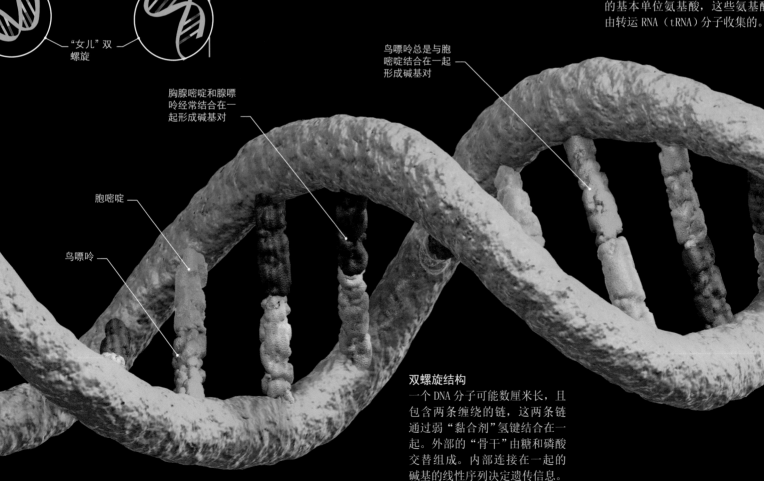

鸟嘌呤总是与胞嘧啶结合在一起形成碱基对

胸腺嘧啶和腺嘌呤经常结合在一起形成碱基对

胞嘧啶

鸟嘌呤

双螺旋结构
一个 DNA 分子可能数厘米长，且包含两条缠绕的链，这两条链通过弱"黏合剂"氢键结合在一起。外部的"骨干"由糖和磷酸交替组成。内部连接在一起的碱基的线性序列决定遗传信息。

3611.4 千米
跨大西洋的电话电缆长度

第一次对岩层进行放射性测年，如测定美国布赖斯峡谷的岩层，推测地球的年龄约为 20 亿年，此估计远小于地球的实际年龄。

1955 年美国地球化学家克莱尔·帕特森（1922~1995）研究通过岩石原子来测定地球年龄。他集中研究陨石，因为陨石被认为是太阳系形成时的残留物，而地球也是在这一时间形成的。帕特森从岩石样品中分离出铅，然后研究铅同位素——一种变异金属的相对比例。放射性原子，如铀，以已知速率衰变（见 267 页），所以由此可得到样品的年龄信息（见下图）。一些放射性元素衰变为特殊的铅同位素，随着时间

45.5 亿年
地球年龄

推移，这些铅同位素逐渐积累。帕特森计算的地球年龄为 45.5 亿年，比之前估算的年龄更老且更精确。这改变了科学家看待我们这个世界的方式。

在英国国家物理实验室工作的物理学家路易斯·埃森（1908~1997）设计出第一台原子钟，依据金属铯原子发射的辐射来计时。它计

时更精确，这种新型原子钟在 300 年里计时误差仅为 1秒。现代原子钟则精确到 600 万年误差 1 秒。

12 月，在瑞典隆德遗传学研究所访问的爪哇出生的美国生物学家蒋有兴（1919~2001）在遗传学者阿尔贝特·莱万的实验室里做出一个发现。该发现纠正了遗传学领域一个长达 50 年的错误认识：人类细胞含有 48条染色体。他发现实际上一个正常人的细胞中含有 46 条染色体。蒋有兴使用一种改进的显微技术把细胞压成一层，而不是把组织切成薄片。他还使用一项技术把样品中的微小染色体分散开，这样它们能更容易更清楚地被分离开，并且不被弄碎。

蒋有兴在美国继续他的职业生涯，在这里他创建发展了生物学的一个新分支细胞遗传学，成为此领域一个重要人物。

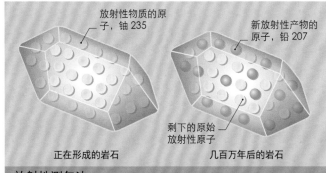

放射性物质的原子，铀 235

新放射性产物的原子，铅 207

剩下的原始放射性原子

正在形成的岩石　　几百万年后的岩石

放射性测年法

放射性测年法是一项使用放射性衰变的天然速率测定岩石、矿物或者化石年龄的技术。该技术源自 20 世纪初较早时期物理学家的工作。放射性物质以一定速率衰变。如果确定某种放射性物质（如，铀）与其衰变产物（铅）的比值，就可以计算岩石的年龄。

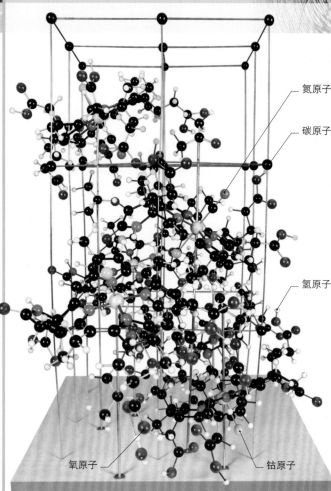

氮原子

碳原子

氢原子

氧原子　　　　　　　　　钴原子

1956 年 5 月，一种新的疾病影响了日本水俣的一个渔村。这种疾病被称为水俣病，表现为进行性麻痹，引起人体多种神经系统疾病。直到 12月，它才被追踪到是由重金属中毒引起的。接下来几年，

维生素 B$_{12}$ 的结构
维生素 B$_{12}$ 的分子模型显示它的结构非常复杂。多萝西·霍奇金应用 X 射线衍射晶体学方法首次揭示了此结构（见 1945 年）。

这种疾病才明确地与化工厂排放到渔场中的汞联系起来。

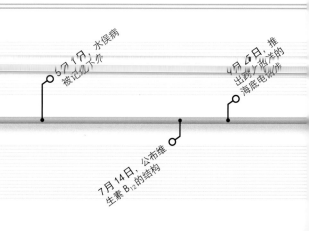

> "……第一颗人造
> 地球卫星问世。"
>
> 苏联塔斯通讯社发表在 1957 年 10 月 5 日的真理报上

跨大西洋的电话线被成批盘绕着系在船上。

世界各地的人们通过收音机听到世界第一颗人造卫星"史波尼克"1 号发出的哔哔信号。

鱼和甲壳类动物体内富集汞，然后使吃它们的人中毒。这一事件是有毒化学药品污染食物链的证据充分的案例之一。

7 月，英国化学家多萝西·霍奇金（见 1945 年）发表了关于维生素 B$_{12}$（一种人体所需用于预防恶性贫血的维生素）结构的研究。她利用 X 射线结晶学，发现维生素含有一种环形结构——卟啉，围绕在钴元素中心原子周围。

世界上第一个水下电话电缆于 9 月 25 日开始运作。这条电缆通过大西洋在美国和欧洲之间运行。最初运行的 24 小时内，处理了 588 个从伦敦到美国的电话，比以往任何大西洋两岸的通信方式都要清晰。

9 月，IBM 发布了 305 RAMAC——第一台具有硬盘驱动器和随机存储器的计算机。这台计算机重达 1 吨多并且在堆列的 50 张大光盘上存储了 5 兆字节的数据。

22

"史波尼克"1 号把信号传回地球的日子

1 月发布的汉密尔顿电子 500 是第一个不需要线圈绕组的手表。尽管它的电池寿命相对较短，但是这次创新非常受欢迎。

丹麦化学家延斯·斯科（1918 年生）发表了神经系统工作的基础原理。他发现蟹神经细胞膜分子能通过泵离子为细胞膜充电，此过程需耗费细胞的能量。这使得分子易受激发，以致在分子受到刺激时能够携带脉冲（见下图）。

10 月 4 日，苏联发射第一颗人造地球轨道卫星"史波尼克"1 号。

1957 年 7 月联合国成立了国际原子能机构（IAEA）来控制和发展原子能。13 年后，国际原子能机构开始监督《核武器不扩散条约》。

同年，波音航空公司推出第一架商用喷气式飞机 707。这开创了应用涡轮发动机为航空旅行提供动力的新时代，也使得飞机比以前飞得更高、更快。

12 月，美国物理学家戈登·古尔德（1920~2005）提出一种把光波放大成强烈光束的方法，并创造了激光这个词（利用辐射的受激发射来放大光波）。但是，可操作的激光直到 1960 年才生产出来。

英国科学家詹姆斯·洛夫洛克（生于 1919 年）发明了电子捕获检测器，以此作为分析混合气体的一种超灵敏方法。装置发射电子（带负电荷的粒子），然后特定气体吸收这些电子，产生信号。该设备有助于环保主义者探测进入大气中的极少量污染物，如杀虫剂 DDT 和氯氟烃（CFCS）（见 1973 年），这种用于制冷和喷雾罐的喷射剂的化合物会消耗臭氧。

静态电位区域　负电荷　负电荷

神经细胞膜　动作电位区域　正电荷

制造神经冲动

神经纤维周围的细胞膜携带电荷，因为它们含有蛋白质"泵"。这种蛋白质"泵"排出钠离子（带电粒子），吸进钾离子，使得细胞膜外表面富集正电荷，即所谓静态电位。一旦受到刺激，细胞膜上的蛋白质通道打开，正电荷进入细胞。这会逆转静态电位产生动作电位。动作电位区域激发神经纤维细胞膜产生神经冲动。

詹姆斯·洛夫洛克手持电子捕获检测器　电子捕获检测器（ECD）用于获取大气中最少量的携带电荷的化学物质，如杀虫剂中的氯和其他化合物。

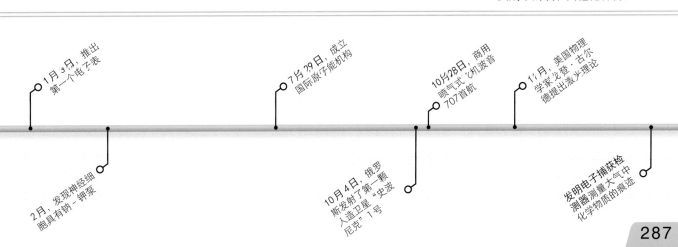

9 月，IBM 推出首台配有硬盘驱动器的电脑

1 月 3 日，推出第一个电子表

7 月 29 日，成立国际原子能机构

10 月 28 日，商用喷气式飞机波音 707 首航

11 月，美国物理学家戈登·古尔德提出激光理论

11 月 4 日：日本的水俣病被追踪到是重金属中毒

2 月，发现神经细胞具有钠-钾泵

10 月 4 日，俄罗斯发射了第一颗人造卫星"史波尼克"1 号

发明电子捕获检测器测量大气中化学物质的痕迹

新卫星技术帮助解释了地球磁场如何通过传送高能太阳粒子与大气碰撞，产生北极光。

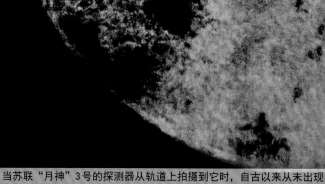

当苏联"月神"3号的探测器从轨道上拍摄到它时，自古以来从未出现在天文学家视线里的月球远端终于露出真面目。

第一颗人造卫星苏联的"史波尼克"1号在轨道上运行3个月后，于1月4日燃烧殆尽。当月稍晚些时候，美国发射人造卫星"探险者"1号，意味着美国加入太空竞赛。对于只有一个月左右的电池寿命而言，这些卫星传回了有关宇宙空间（地球大气层及其外部可进入的宇宙空间）的重要信息。

"史波尼克"1号测量了高空大气的密度，而"探险者"1号则发现在有害辐射到达地面之前，地球磁层是（见下图）如何转移它的。

在美国的加利福尼亚，马修·梅塞尔森（生于1930年）和富兰克林·斯塔尔（生于1929年）正在解译DNA的秘密。他们追踪了DNA复制时，其组分发生了哪些事情。他们发现双螺旋分子分解成两个链，每一个都是组成新DNA的遗传"模板"。复制完成过后，每个新的双螺旋结构包含一条旧链和一条新链。在1953年沃森和克里克制造出DNA双螺旋结构的时候，他们就已经提出这种半保留复制的方法。

同年，这种复制的应用实验出现在英国植物学家弗雷德里克·斯图尔德（1904~1993）和约翰·格登（1933年生）的工作里。两人都搜集了成熟生物体的细胞（格登用的是蝌蚪，斯图尔德用的是胡萝卜），从中克隆新的基因相同的生物。这是第一次利用不同的"身体"组织进行克隆。

这一年也见证了电子工程学的一项突破。美国电气工程师杰克·基尔比（1923~2005）和罗伯特·诺伊斯（1927~1990）同时提出把电子回路的所有部件都压缩在一个硅胶板上，进而发明了微芯片。

两只猴子埃布尔和贝克乘坐美国导弹"木星AM-18"号升空，成为第一批在太空飞行中存活下来的灵长类动物。同时，苏联发射了3个月球探测器，"月神"1号和3号实现了"飞近探测"，"月神"3号还拍摄到第一个月球远端的影像。

英国剑桥大学的分子生物学家马克斯·佩鲁茨（1914~2002）在使用破解DNA结构的技术研究血红蛋白（红色的携带氧的血液色素）时，他发现它含有4条蛋白质链，每一条链都有含氧的铁元素。

更新世灵长动物头骨

这个头骨的测定年龄为距今175万年前，属于更新世灵长动物。由于其白齿巨大，又名"胡桃夹子人"。

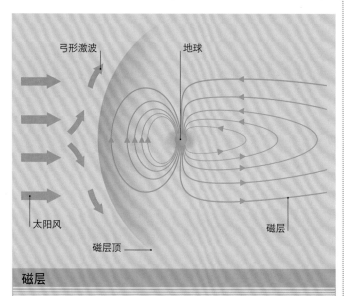

弓形激波　地球

太阳风

磁层顶

磁层

磁层

地球外部包围着磁层，这个具有磁性的"毯子"是由行星地心深处的磁性产生的。磁层使来自太阳的有害高能粒子偏转成弓形激波，或者在磁层顶部产生冲击波（太阳风和磁层之间一条突兀的边界）。如果没有冲击波，太阳风将摧毁地球上的生命。

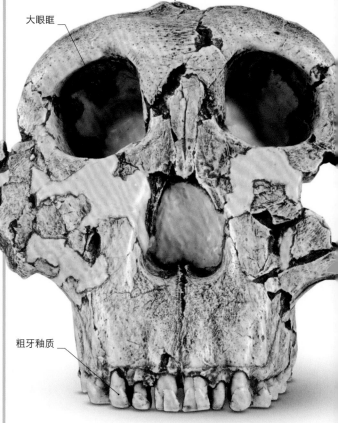

大眼眶

粗牙釉质

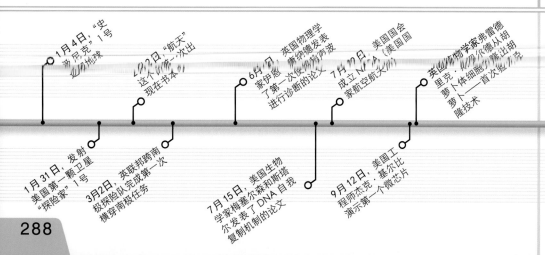

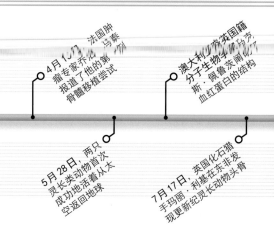

10911 米
"的里雅斯特"号达到的深度

"的里雅斯特"号潜水器是为承受马里亚纳海沟最深处的巨大压力而设计的。直到2012年，它还是唯一能够到达马里亚纳海沟最深处的载人船。

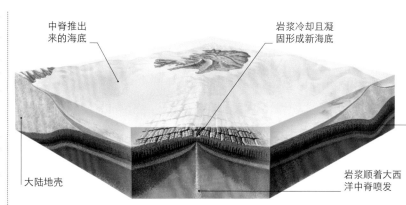

中脊推出来的海底

岩浆冷却且凝固形成新海底

海洋地壳

大陆地壳

岩浆顺着大西洋中脊喷发

海底扩张
火山喷发的岩浆沿着大西洋中脊产生新地幔，向另一侧推挤海底。

路易斯·利基（1903~1972）

英国人类学家路易斯·利基为推进对人类进化的认识做出了贡献。他职业生涯的大部分时间与他的妻子玛丽一起在东非研究化石。他指出人类起源于非洲，他后来的职业生涯启发了灵长类动物学家如珍·古道尔和戴安·福西的工作。

人类学家路易斯·利基和玛丽·利基在东非奥杜威峡谷开展了20年的史前石器发掘工作。1959年7月，玛丽发现一个史前颅骨。该颅骨属于更新世灵长动物，后来被认为是第一个使用石器的"猿"。

1月23日中午刚过，美国海军"的里雅斯特"号潜水器潜到世界海洋最深处：西太平洋马里亚纳海沟的挑战者深渊。潜水艇上唐·沃尔什（生于1931年）和雅克·皮卡德（1922~2008）的团队在这里花费了20分钟的时间，并且看到了适合在如此深度生活的动物。

哈里·赫斯（1906~1969）是美国海军的地质学家。在二战期间他研究过海洋深度。1960年，他提出整个海底是活动的。随后他阐释，从水下山脊的地壳喷出的熔融岩浆一直在冷却、扩张，并向两边推动海洋板块。今天，赫斯的理论被地质学家接受。认为随着新地幔形成山脊，老地幔俯冲回地球的其他地方。这一过程是阿尔弗雷德·魏格纳（见1914~1915年）在差不多50年前提出的大陆漂移的原因。

4月，美国国家航空航天局（NASA）成功发射了第一颗气象卫星，"泰罗斯"1号（电视红外观测卫星计划-1）。运行78天，卫星上的电视摄像机从太空拍摄了成千上万张云层和大气状况的其他方面的图像。

8月，美国物理学家西奥多·梅曼（1927~2007）展示了一种新方法来产生集中的"笔型束"光波，也就是激光（利用辐射的受激发射来放大光波，见1957年）

第一颗气象卫星
"泰罗斯"1号卫星载有电视摄像机，并且从至少700千米的高度拍摄了地球气象模式的图像。

的光波。他的方法包括使用一个人造红宝石制成的杆来产生一系列的激光脉冲。随后，这项技术被改进用于产生连续光束。时至今日，该技术已经应用到从眼科手术到激光唱片机和超市扫描仪的众多领域。

美国化学家罗伯特·伍德沃德（1917~1979）在过去的10年里一直在研究复杂生命物质的化学结构，如胆固醇和奎宁。他认为结构化学的原则可用于在实验室中生产这些物质。1960年，他成功地人为制成叶绿素Ⅱ（在光合作用中，绿色植物吸收光能的色素的主要成分中的一种）。

10月，第11届国际计量大会发表了一系列单位标准，称为国际单位制（SI单位），被科学家和技术人员接受。也是在10月，英国外科医生迈克尔·伍德拉夫（1911~2001）完成了英国第一例肾脏移植手术。手术在同卵双胞胎之间进行以降低移植排斥的风险。捐赠者和接受者在手术中都活了下来并且活了很多年。

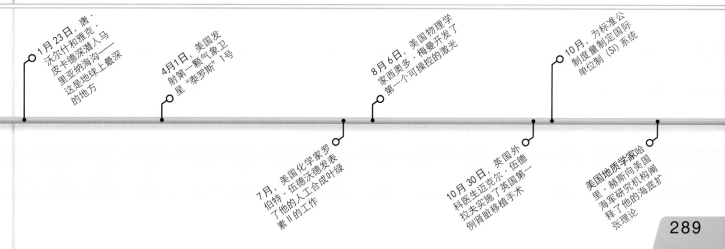

8月，美籍华人生物学家张明觉成功对兔子实施了体外受精

1月23日，唐·沃尔什和雅克·皮卡德深潜入马里亚纳海沟——这是地球上最深的地方

4月1日，美国发射第一颗气象卫星"泰罗斯"1号

8月6日，美国物理学家西奥多·梅曼开发了第一个可操控的激光

10月，为标准公制度量制定国际单位制（SI）系统

10月7日，苏联的"月神"3号拍摄到月球远端的影像

7月，美国化学家罗伯特·伍德沃德发表了他的人工合成叶绿素Ⅱ的工作

10月30日，英国外科医生迈克尔·伍德拉夫实施了英国第一例肾脏移植手术

美国地质学家哈里·赫斯向美国海军研究机构阐释了他的海底扩张理论

108 分钟
尤里·加加林太空飞行的时间

苏联飞行员尤里·加加林从 20 个候选人中脱颖而出，成为进入太空的第一人。

DDT 被开发成一种接触性毒物来控制害虫，并声称对人类和环境无害。

2月，美国加利福尼亚大学的物理学家成功利用硼原子核轰击铜元素样品，产生一种新的重元素原子。这种元素被称为铹，以美国物理学家欧内斯特·劳伦斯命名。欧内斯特·劳伦斯是回旋加速器（一种粒子加速器）的发明者。铹是铜系放射性金属元素的最后一位，原子数为 103。

4月12日，苏联航天员尤里·加加林（1934~1968）乘"东方"1号载人飞船进入太空，成为第一位航天员。他绕地球飞行一周之后安全返回，被授予国家最高荣誉——"苏联英雄"的称号。

为收集有关金星的信息，苏联启动金星计划。第一个探测器——"金星"1号探测器，被认为飞进了距离金星 10 万千米以内的地方。这是第一个

飞到另一个行星的人造物体。

4月，从非洲和其他地区野生动物困境得到提示，一个包括生物学家朱利安·赫胥黎（1887~1975）和鸟类学家彼得·斯科特（1909~1989）在内的团队提议，成立一个国际野生动物保护组织。

他们在瑞士创立了世界野生动物基金会（WWF）的国际秘书处，现在被称为世界自然基金会。世界自然基金会在全球范围内继续设立办事处，利用科学家的专业知识保护濒危物种。

天线

承受压力的钢化主体

苏联金星探测器
在最早期的星际空间探测器中，金星探测器属于技术比较成熟、复杂的探测器。经过多年，苏联先后成功地实现了 10 次登陆金星的探测。

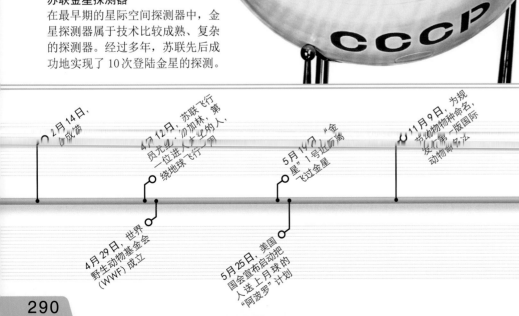

6月，《纽约客》杂志开始连载美国海洋生物学家雷切尔·卡森的一本书《寂静的春天》。书中宣称，人类活动特别是杀虫剂的使用，如 DDT（双对氯苯基三氯乙烷），破坏和损害了环境。卡森解释了精耕细作的技术如何满足人类对食物的需求及消除害虫的行动正在以空前规模影响着环境。杀虫剂的广泛使用会伤害野生动物并最终危害人类。二战时期，DDT 作为一种控制虫媒病传播的接触性毒物被开发出来，后来 DDT 成为农业杀虫剂。然而，它会在食物链中富集，杀死野生动物。在世界自然基金会成立后的一年，卡森的书起到了警示作用。它形成了一个新的环境意识，尤其是在美国，环境问题最终加速国家禁止 DDT 和其他强效杀虫剂。

7月，跨国通信卫星"电星"号被美国国家航空航天局的火箭送入太空。通信卫星第一次使得电视直播信号跨大西洋传送成为可能。7月10日，通信卫星传送的第一个画面出现在电视屏幕上。"电星"号通信卫星成为后继更高效、更多型号通信卫星的蓝本。

美国生物学家杰拉尔德·埃德尔曼（生于 1929 年）和

雷切尔·卡森
（1907~1964）

雷切尔·卡森的专业为海洋生物学。在因《寂静的春天》成名之前，她是一个广受好评的写作流行自然史书的作家。她的工作导致了美国环境保护署的建立。1980 年，她在去世后被授予总统自由勋章。

2月14日，首放映带

4月12日，苏联飞行员尤里·加加林，第一位进入太空的人，绕地球飞行一周

5月14日，"金星"1号近距离飞过金星

11月9日，为规范动物物种命名，发表第一版国际动物命名法

2月20日，约翰·格伦成为绕地球飞行的第一位美国人

7月10日，发射通信卫星"电星"号，这是第一颗商用通信卫星

4月29日，世界野生动物基金会（WWF）成立

5月25日，美国国会宣布启动把人送上月球的"阿波罗"计划

6月，《纽约客》开始连载雷切尔·卡森的书——《寂静的春天》

"但是人类是自然的一部分，他与自然的对抗不可避免地会成为与自己的对抗。"

雷切尔·卡森，海洋生物学家，摘自1962年《寂静的春天》

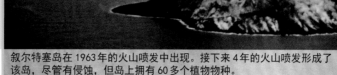

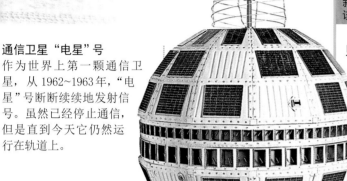

叙尔特塞岛在1963年的火山喷发中出现。接下来4年的火山喷发形成了该岛，尽管有侵蚀，但岛上拥有60多个植物物种。

通信卫星"电星"号

作为世界上第一颗通信卫星，从1962~1963年，"电星"号断断续续地发射信号。虽然已经停止通信，但是直到今天它仍然运行在轨道上。

英国生物化学家罗德尼·波特（1917~1985）各自独立地做出了突破性进展，最终获得诺贝尔奖。他们致力于研究抗体——通过定位和"中和"被称为抗原的有害的外来粒子，帮助免疫系统抵抗感染的自然分泌物。埃德尔曼和波特通过化学方法把

抗体的结构

抗体分子由两个"轻的"和两个"重的"蛋白质链组成，以Y形结构紧密结合在一起。

抗体分解成更小的成分，进而分析了抗体，发现每个Y形抗体分子都是有蛋白质链组成的。他们的工作帮助解释了抗体的化学结构。随后的工作表明人体如何产生不同种类抗体来定位不同的抗原，这样免疫系统可以攻击特定的感染。

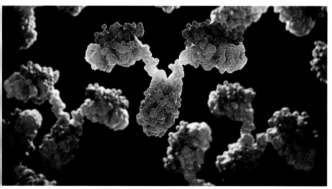

贝尔公司开发了第一款供大众使用的按键电话。科学家见证了规模更大、更基础性的科学突破。苏联航天员瓦莲京娜·捷列什科娃（生于1937年）成为第一位进入太空的平民女性。作为业余跳伞爱好者，在受训成为"东方"6号的驾驶员之前，她成为苏联空军的荣誉士兵。这项行动帮助俄罗斯科学家理解女性身体对时空中的反应。

科学家在认识物质的本质上也到达一个基本转折点。20世纪50年代进行的实验表明传统亚原子微粒，如质

48

捷列什科娃绕地球飞行的圈数

子和中子，甚至能够爆炸形成更小的基本实体。然而，没有人能确定这些更小的实体是什么。1963年，美国物理学家默里·格尔曼（生于1929年）和乔治·茨威格（生于1937年）各自独立提出物质的"夸克"模型，表明各种不同的被称为夸克的实体组合在一起构成亚原子微粒。接下来几年，粒子物理实验表明夸克模型本质上是正确的。

美国数学家爱德华·洛伦茨（1917~2008）纠正了我们看待一个较大规模系统的方式，如天气系统。他认为，发生在一个地方的小的、看似无关紧要的变化可以在长期内造成非常大的影响。由暗指微小的翅膀拍动的影响导致飓风规模的破坏，他想出了令人回味的名字命名他的想法：蝴蝶效应。这样，他为混沌理论奠定了基础。

蝴蝶效应
"洛伦茨吸引子"是根据描述混沌系统的数学公式绘制的蝴蝶状图形。

11月，当冰岛附近出现一个新的小岛时，地理学领域发生翻天覆地的变化。大西洋中脊的水下火山喷发，将叙尔特塞岛推出水面。这给了科学家一个难得的机会直接研究地球的地质活动。之后若干年，科学家们能观察到在生物演替过程中，生物如何移居到该岛，进而形成一个新的生态系统的。

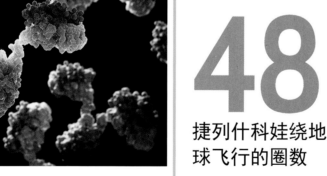

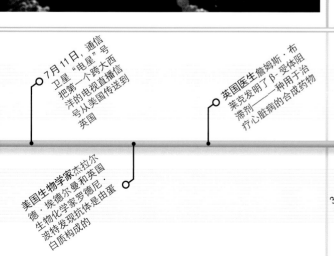

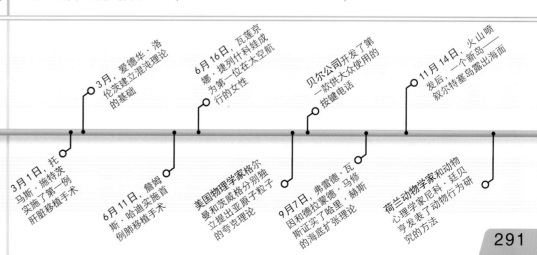

7月11日，通信卫星"电星"号把第一个跨大西洋的电视直播信号从美国传送到英国

美国生物学家杰拉尔德·埃德尔曼和英国生物化学家罗德尼·波特发现抗体是由蛋白质构成的

英国医生詹姆斯·布莱克发明了β-受体阻滞剂——一种用于治疗心脏病的合成药物

3月1日，托马斯·施特茨勒实施了第一例肝脏移植手术

3月，爱德华·洛伦茨建立混沌理论的基础

6月11日，詹姆斯·哈迪实施首例肺移植手术

6月16日，瓦莲京娜·捷列什科娃成为第一位在太空飞行的女性

美国物理学家格尔曼和茨威格分别独立提出亚原子粒子的夸克理论

贝尔公司开发了第一款供大众使用的按键电话

9月7日，弗雷德·瓦因和德拉蒙德·马修斯证实了哈里·赫斯的海底扩张理论

11月14日，火山喷发后，一个新岛叙尔特塞岛露出海面

荷兰动物学家尼科·廷贝亨心理学家和动物学家分别独立提出亚发表了动物行为研究的方法

海洋学的故事

世界上最未被开发的领域之一，其神秘面纱已逐渐被揭开

有很长一段时间，海洋是地球上最难理解的部分。然而，海洋生物和海底地形学知识已得到逐步累积，近些年来新探测技术的应用也已经带来了一些新发现。

最早的海洋探测记录要追溯到3000年前的腓尼基人，他们制成导航图并利用重物测量海洋深度。古希腊哲学家亚里士多德是最早思考海洋生物问题的人之一，其他希腊人则制作出了用于船只在远离海岸时定位的仪器。

然而直到15世纪，当克里斯托弗·哥伦布向西航行进入大西洋，希望找到地球另一端的大陆时，公海才被西方人开发。这为进一步的探索之旅，如费迪南德·麦哲伦的环球航行铺平了道路，最终揭示了世界海洋的范围，使得地图制作者能够绘制出海洋的形状。

科学家试图研究海洋表面之下的世界始于19世纪。早期使用测深链和样品网进行调查。二战后声呐技术的引入帮助绘制了海底地形图。最近，改进的声呐技术、卫星技术和大量的潜水器帮助我们增加了海洋生物、洋流和海洋地理方面的知识。

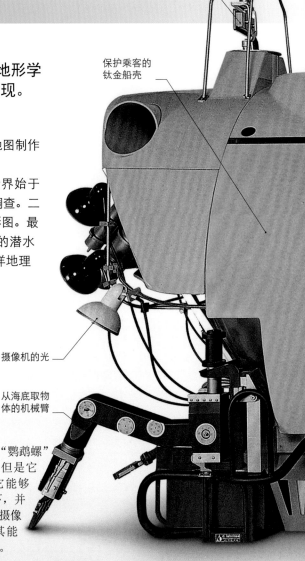

声呐设备

保护乘客的钛金船壳

摄像机的光

从海底取物体的机械臂

声呐

第一个海底地图是通过声呐技术绘制的。声呐技术是二战期间为探测潜水艇开发的，其基本原理就是接收水下物体反射回来的声波。它也可用于探测鱼群。如今，新系统，如侧向扫描声呐与GPS结合在一起用于大范围的快速测量。

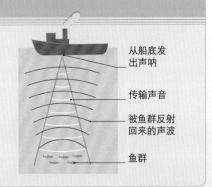

从船底发出声呐

传输声音

被鱼群反射回来的声波

鱼群

"鹦鹉螺"号
法国微型潜水艇"鹦鹉螺"号只有8米长。但是它坚硬的船体使它能够潜至6000米以下，并且它的机械臂、摄像机和探照灯使其能够进行详细勘测。

公元前1200~前250年
腓尼基商人
第一批航海家是腓尼基人，他们测量海底寻找通道。他们开发了第一枚硬币促进贸易。

古代腓尼基硬币

公元前500~前200年
希腊海洋科学
亚里士多德鉴定出多种海洋生物，如甲壳类、软体动物、棘皮动物和鱼类。

绘制有一艘帆船的古希腊碗

约公元前80年
安提凯希拉装置
希腊人开发了一些工具，如安提凯希拉发条装置，用于绘制天体运动和海上导航。

1492年
哥伦布的航行
意大利航海家克里斯托弗·哥伦布到美国的航行表明横渡大西洋甚至环游世界是可行的。

克里斯托弗·哥伦布

1519~1522年
麦哲伦海峡
葡萄牙航海家费迪南德·麦哲伦是第一个从大西洋航行到太平洋的人，而且途中还发现了麦哲伦海峡。

麦哲伦海峡地图

1769~1771年
库克船长的"奋进"号
英国海军上校詹姆斯·库克航行进入南部海洋，成为第一个到达新西兰和澳大利亚的欧洲人。

"奋进"号

1842年
马修·莫里
被认为是"海洋学之父"的海军军官莫里编制了世界海洋的海图。

"地球这个名字是多么的不恰当，很明显这个星球上都是海洋。"

亚瑟·C. 克拉克，英国作家，1917~2008 年

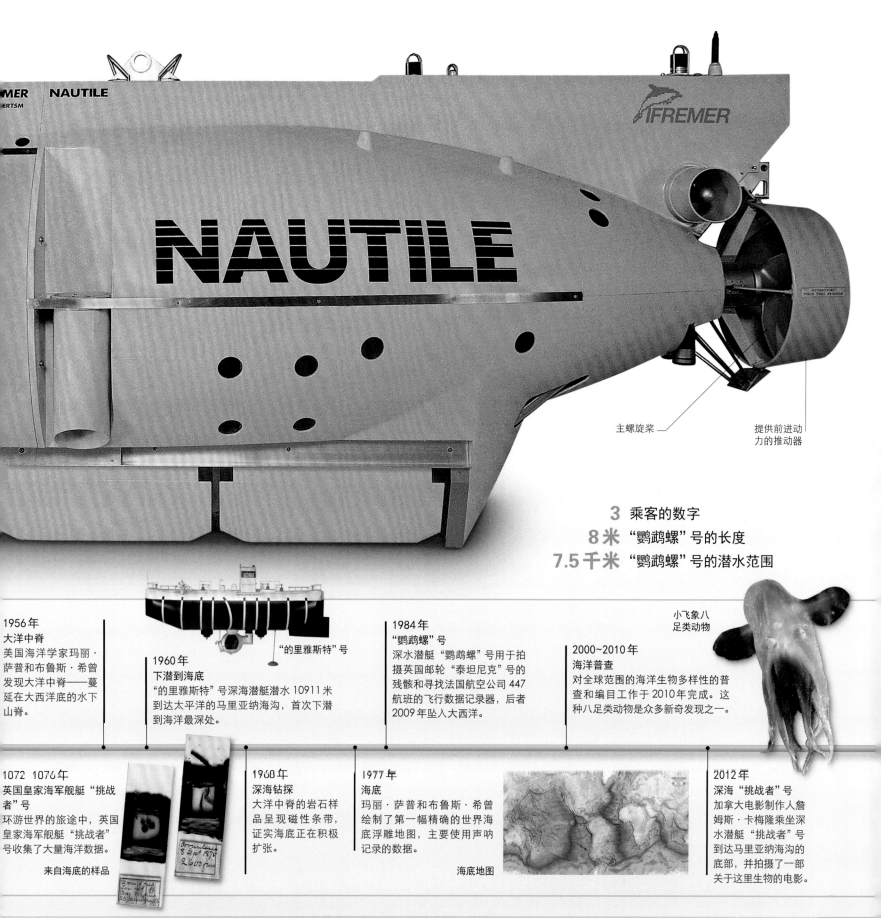

主螺旋桨

提供前进动力的推动器

3 乘客的数字
8 米 "鹦鹉螺" 号的长度
7.5 千米 "鹦鹉螺" 号的潜水范围

小飞象八足类动物

1956 年
大洋中脊
美国海洋学家玛丽·萨普和布鲁斯·希曾发现大洋中脊——蔓延在大西洋底的水下山脊。

"的里雅斯特" 号

1960 年
下潜到海底
"的里雅斯特" 号深海潜艇潜水 10911 米到达太平洋的马里亚纳海沟，首次下潜到海洋最深处。

1984 年
"鹦鹉螺" 号
深水潜艇 "鹦鹉螺" 号用于拍摄英国邮轮 "泰坦尼克" 号的残骸和寻找法国航空公司 447 航班的飞行数据记录器，后者 2009 年坠入大西洋。

2000~2010 年
海洋普查
对全球范围的海洋生物多样性的普查和编目工作于 2010 年完成。这种八足类动物是众多新奇发现之一。

1072 1076 年
英国皇家海军舰艇 "挑战者" 号
环游世界的旅途中，英国皇家海军舰艇 "挑战者" 号收集了大量海洋数据。

来自海底的样品

1960 年
深海钻探
大洋中脊的岩石样品呈现磁性条带，证实海底正在积极扩张。

1977 年
海底
玛丽·萨普和布鲁斯·希曾绘制了第一幅精确的世界海底浮雕地图，主要使用声呐记录的数据。

海底地图

2012 年
深海 "挑战者" 号
加拿大电影制作人詹姆斯·卡梅隆乘坐深水潜艇 "挑战者" 号到达马里亚纳海沟的底部，并拍摄了一部关于这里生物的电影。

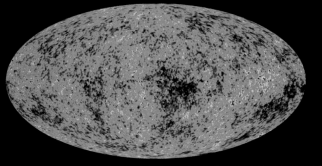

宇宙大爆炸后的微波辐射图定义了一个已经持续膨胀137亿年的宇宙。

"嗨，伙计们，我们已被抢先报道了。"

1965年，美国物理学家罗伯特·迪克在阿诺·彭齐亚斯和罗伯特·威尔逊意外检测到微波辐射时讲到的

阿列克谢·列昂诺夫历史性的太空行走持续了12分9秒。

美国物理学家阿尔诺·彭齐亚斯（1933年生）和罗伯特·威尔逊（1936年生）一直在研究卫星的无线电频谱。尽管排除了所有已知干扰源，但是他们的天线仍然接收到背景噪声。他们不经意间听到的是源自宇宙形成时的宇宙微波背景辐射（CMB）——宇宙大爆炸的证据（见344页）。

一个多世纪以来，物理学家假设存在具有质量非常密集的天体，以至于光都无法从中逃脱。1964年，这些质量密集的天体有了名字：黑洞。6月，一枚火箭发现地球附近最强烈的X射线源，天鹅座X-1，后来被证明是一个黑洞。这些黑洞现在已知是大质量恒星坍塌时形成的。

英国物理学家罗伯特·麦克法兰（1907~1987）和美国科学家奥斯卡·拉特诺夫（1916~2008）、厄尔·戴维（生于1927年）分别发现了，当血液暴露在空气中时，血液中蛋白质如何在不同凝血因子参与的化学反应中凝聚。美国生理学家朱迪思·普尔（1919~1975）分离出最终用于治疗血友病患者（即凝血功能受损的人）凝血的因子。美国化学家杰罗姆·

霍维茨（1919~2012）制成一种叫作叠氮胸苷（AZT）的药，这种药可以修改DNA组成。他希望能够通过向肿瘤注射这种药迷惑癌细胞，阻止它们分裂。使用叠氮胸苷成为一个治疗艾滋病的有效抗病毒疗法。

3月，苏联航天员阿列克谢·列昂诺夫（生于1934年）成为第一个在太空行走的人。列昂诺夫被系在飞船"上升"2号上，他在舱外进行了10分钟的活动。他差点不能返回到飞船里，因为他的宇航服在真空中膨胀起来了。

20世纪50年代末期，天文学家发现一个天体，能发出灿烂的光。通过它们的无线电波被探测到时，这些天体被称为类星体（为类星射电源）。然而，1965年美国天文学家艾伦·桑德奇（1926~2010）发现第一个射电宁静类星体，射电辐射微弱，但是能够发射其他类型辐射。天文学家又用了20年的时间才确定类星体是中心为黑洞的星系的核心。

1965年前，生物学家认为人类细胞可以不断分裂。但是3月，美国生物学家伦纳德·海弗利克（生于1928年）公布的证据显示，在完全停止之前，人类细胞的培养只能经历大约50轮分裂。10年后，人们发现之所以如此的原因是，每次细胞分裂都会侵蚀染色体末

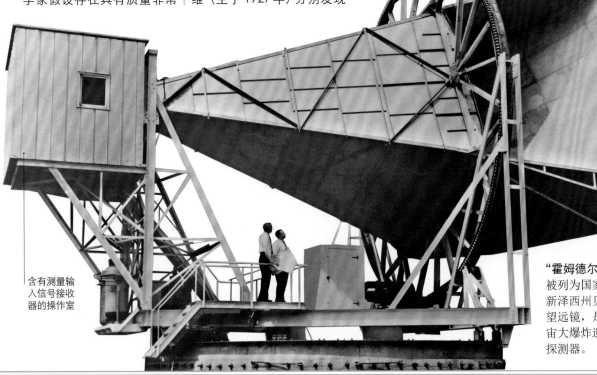

定位孔转轮

铝制耳状孔

"霍姆德尔"号角天线
被列为国家历史地标的美国新泽西州贝尔实验室的射电望远镜，是第一个探测到宇宙大爆炸遗留的背景噪声的探测器。

含有测量输入信号接收器的操作室

1月18日，英国记者安·尤因第一次使用术语"黑洞"

5月，血液凝结被详细描述

6月15日，海军研究实验室的火箭发现了天鹅座X-1黑洞

5月，美国物理学家阿尔诺·彭齐亚斯和罗伯特·威尔逊发现宇宙微波背景辐射

研制出叠氮胸苷（AZT）抗病毒剂，用来治疗癌症，后来用于艾滋病毒的治疗

"太空服开始变得与在
地面上时完全不同。"

阿列克谢·列昂诺夫，苏联航天员，1965年

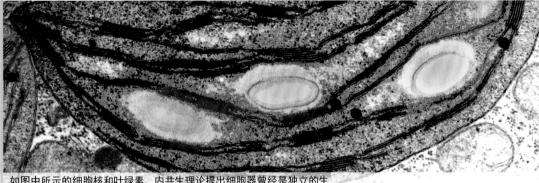

如图中所示的细胞核和叶绿素，内共生理论提出细胞器曾经是独立的生物体。证据就来源于它们自身的功能 DNA。

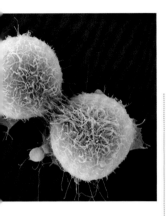

正在分裂的癌细胞
癌症细胞的基因异常，使得癌细胞分裂失控，偏离正常细胞老化过程。

端，直到细胞无法分裂为止。海弗利克的发现在癌症生物学上具有重要意义。癌症细胞是不正常的，癌症细胞的细胞有无限分裂的能力，因此连续不断地分裂形成肿瘤。癌症治疗的现代策略就包括让受影响的细胞与促使染色体自然侵蚀的药物接触。

20世纪60年代，科学家解译了基因密码。直到1961年人们才知道DNA是一个双链组成的双螺旋结构，携带组成蛋白质的遗传信息。DNA链组成单元（称为碱基）的序列决定了蛋白质链组成单元（氨基酸）的顺序。在1961年和1966年之间，细胞生物学家计算出碱基的3种组合类型，可以为20多种氨基酸编码。1965年最后一种链被发现，美国生物化学家罗伯特·霍利（1923~1993）阐明转运核糖核酸（tRNA）的结构（在DNA碱基编码和重组蛋白质之间提供物理链接的分子）。

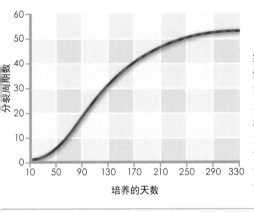

细胞增殖的海弗利克图
实验室培育的正常细胞会迅速分裂，产生一组培养细胞，但是经过50个分裂周期后，会停止繁殖。

6月，在被十几个科学刊物拒绝后，一位年轻的科学家终于发表了他的一个理论，该理论最终将彻底改变我们对地球上生命早期历史的理解。美国生物学家林恩·马古利斯（后来称为萨根，见1970年）提出细胞成分，如细胞核和叶绿体，原本独立生活。她认为几百万年以前，类细菌的生命组织彼此吞没，从而形成第一个复合的细胞，称为真核生物。今天，所有动物、植物和许多微生物都是由真核细胞组成。她的内共生理论最初受到很多科学家的反对。

7月，日本一对研究免疫学的生物学家夫妇，石坂公成（生于1925年）和石坂照子（生于1926年）报道他们发现了一种新抗体。这些被称为免疫球蛋白E（IgE）的物质，在让人们对某些过敏原过敏时起到核心作用。尽管它们帮助身体抵抗某些种类的寄生虫，但是免疫球蛋白E抗体也可以让身体产生过多的化学物质如组胺，

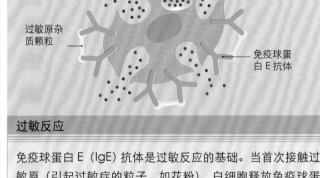

免疫球蛋白E（IgE）抗体是过敏反应的基础。当首次接触过敏原（引起过敏症的粒子，如花粉），白细胞释放免疫球蛋白E抗体，然后该抗体与柱状细胞结合。当再次接触同一过敏原，这些免疫球蛋白E分子与过敏原结合，使柱状细胞释放出组胺。这就引起了身体的过敏反应症状。

引发与过敏反应有关的大规模炎症。

同时，在澳大利亚维多利亚的霍瑟姆山滑雪场，人们发现了一种类似老鼠的动物，这一发现在动物学家中引起轰动。这种高山侏儒负鼠（唯一能适应澳大利亚阿尔卑斯山积雪覆盖的栖息地的有袋鼠类）以前只是通过化石被认识的，并被认为已经灭绝了半个多世纪。1966年第一例活体标本被发现。

高山侏儒负鼠
这种老鼠大小的高山负鼠于1896年作为化石被发现，但是1966年在澳大利亚人们发现了它们的活体。

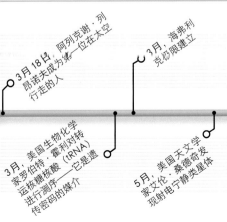

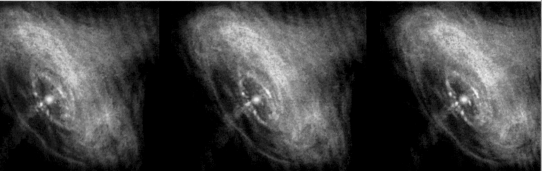

脉冲星最初通过它们的无线电信号被检测到，现在我们知道它们还能发射其他形式的辐射，如可见光和图示的 X 射线。

图片显示的是中微子（宇宙中最丰富的亚原子粒子）在 1 纳秒内陷入气泡室的轨迹中。

虽然当时几乎被忽略了，美国物理学家史蒂文·温伯格（生于1933年）1967年关于大自然力量的文章最终还是成为被引用最多的科学论文之一。在这篇文章里，温伯格解释了电磁和弱核力是如何成为一个统一的"弱电"力的两个不同方面的。他还提出打破这些力量的对称性为粒子提供了基本属性，即它们的质量。因为这项工作，温伯格、巴基斯坦核物理学家阿卜杜勒·萨拉姆（1926~1996）和美国理论物理学家谢尔登·格拉肖（生于1932年）获得1979年的诺贝尔物理学奖。

11月，英国天文学家安

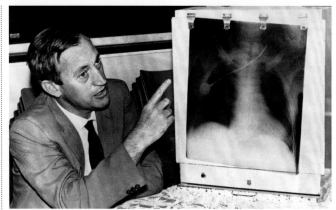

东尼·休伊什（生于1924年）和乔斯琳·贝尔·伯内尔观察到来自天上一个固定位置的无线电脉冲。他们突发奇想称它们为 LGM-1（小绿人 -1）。后来发现这些信号来自自旋中子星（致密、紧凑的恒星，被认为主要由中子

首次心脏移植

南非外科医生克里斯蒂安·巴纳德展示 54 岁的路易斯·瓦尚斯基的胸部 X 射线影像，这是第一个成功进行心脏移植的人。

组成）的辐射束，并且每个脉冲对应一次自旋。1968年，这些恒星被称为脉冲星。

12月，外科医生克里斯蒂安·巴纳德（1922~2001）在南非开普敦的格鲁特索尔医院完成世界上第一例心脏移植手术。病人患有糖尿病和无法治愈的心脏病，他接受了一个年轻的交通事故受害者的心脏。接受者存活仅两个多星期，最终死于肺炎。巴纳德仍然庆祝了他的成就，并继续实施类似手术。他的存活时间最长的接受者活了 23 年。

乔斯琳·贝尔·伯内尔（生于1943年）

英国天体物理学家乔斯琳·贝尔·伯内尔与她的导师安东尼·休伊什合作发现了射电脉冲星，作为一个研究生她开始崭露头角。颇具争议的是，贝尔没有因这项工作与休伊什共同获得1974年的诺贝尔奖。最近，她担任了两年的伦敦物理协会主席。

美国加州的斯坦福直线加速器中心拥有最长的直线加速器——有 3200 米长。1968年，它通过轰击和打碎亚原子微粒，提供了第一个证据证明被称为夸克（见 1963 年）的基本粒子的存在。

关于太阳中微子问题的一个解决方法在 1968 年提出。中微子（没有电荷且可忽视质量的亚原子粒子）是太阳内部的原子反应产生的。但只有少量中微子被记录到

撞击地球，比估计的还少。意大利物理学家布鲁诺·蓬泰科尔沃（1913~1993）对这种差异进行了解释，提出中微子具有明显的质量，这使它们能改变类型。中微子探测器只监测到一种类型。

美国医师亨利·纳德勒（生于1936年）报道了第一个利用羊膜穿刺术（见下图）进行唐氏综合征的产前诊断案例。他的观察结果由胎儿的直接诊断证实。

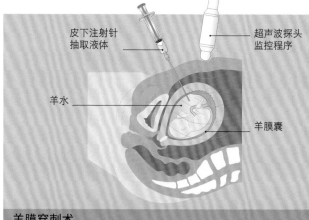

皮下注射针抽取液体

超声波探头监控程序

羊水

羊膜囊

羊膜穿刺术

羊水包裹着胎儿，它含有胎儿的细胞。羊膜穿刺术是一种通过抽取羊水样品，检测胎儿是否异常的方法。1952年，英国产科医师道格拉斯·贝维斯（1919~1994）发现如何才能把这个方法用作诊断工具。直到 20 世纪 60 年代，科学家才能使用这种方法检测染色体异常，包括唐氏综合征。

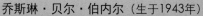

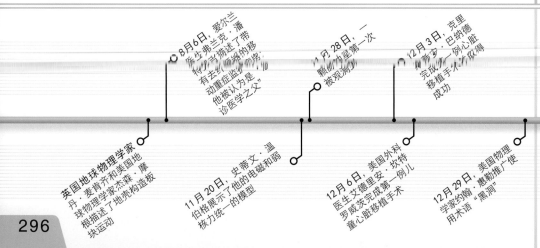

8月6日，爱尔兰医生乔斯林·潘有去世。描述了带有重症监护病房动重症监护病房他被认为是"诊医学之父"

颗粒加速星第一次被观测到

12月3日，克里斯蒂安·巴纳德完成第一例心脏移植手术取得成功

英国地球物理学家丹·麦肯齐和美国地球物理学家杰森·摩根描述了地壳构造板块运动

11月20日，史蒂文·温伯格展示了他的电磁和弱核力统一的模型

12月6日，美国外科医生艾德里安·坎特罗威茨完成第一例儿童心脏移植手术

12月29日，美国物理学家约翰·惠勒推广使用术语"黑洞"

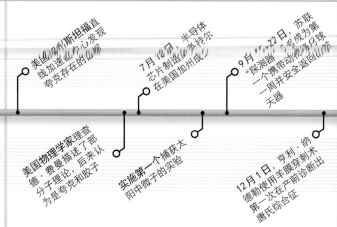

美国加州斯坦福直线加速器发现夸克存在的证据

7月18日，半导体芯片制造（硅）在美国加州成立

9月22日，苏联"探测器5号"成功成为第一个携带动物绕月球一周并安全返回的航天器

美国物理学家理查德·费曼描述了部分子理论，后来认为是夸克和胶子

实施第一个捕获太阳中微子的实验

12月1日，亨利·纳德勒使用羊膜穿刺术第一次在产前诊断出唐氏综合征

1969年

> "个人迈出的这一小步，却是人类迈出的一大步。"

尼尔·阿姆斯特朗，美国航天员，1969年

紧随克里斯蒂安·巴纳德独创的心脏移植术（见1967年）之后，4月4日美国外科医生丹顿·库利（生于1920年）实施了第一例人工心脏的植入手术。当自然心脏无法获得或者外科手术紧急时，早期的人工心脏可以帮病人延续生命，直到找到捐赠者。第一个接受人工心脏的病人等到了捐赠者。

世界标准时间（UTC）7月21日，全球电视直播了一个重大事件，美国航天员尼尔·阿姆斯特朗（1930~2012）和巴兹·奥尔德林（生于1930年）成为第一批踏上月球的人。他们的飞船"阿波罗"11号，在前一

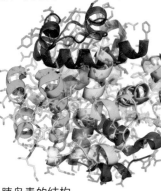

胰岛素的结构
多萝西·霍奇金展示了胰岛素构件是如何进行空间排列形成一个固定的复杂形状的。

第一位登上月球的人
尼尔·阿姆斯特朗是第一个登上月球的人，紧随其后的是巴兹·奥尔德林。这件事的电视画面被传回地球，至少有6亿人观看。

天已经登上月球的静海——一个大平原。阿姆斯特朗和奥尔德林用两个半小时在月球上采集月岩样品。他们留下一些仪器，包括用于激光测距实验的反射体，这有助于把地球与月球之间的距离确定到前所未有的精度。7月24日，航天员乘登月舱返回地球，降落在太平洋上。完成整个任务只用了8天。

英国生物化学家多萝西·霍奇金（见1945年）专门研究生物分子的复杂结构。在她成功解决类固醇、青霉素和维生素的结构之后，开始研究更复杂的物质胰岛素，一种蛋白质激素。弗雷德里克·桑格在1951年确定了胰岛素结构模块的顺序。10年后，霍奇金使用X射线衍射技术做出胰岛素的三维结构。早前X射线衍射技术曾被应用于解决DNA和其他物质的复杂结构。

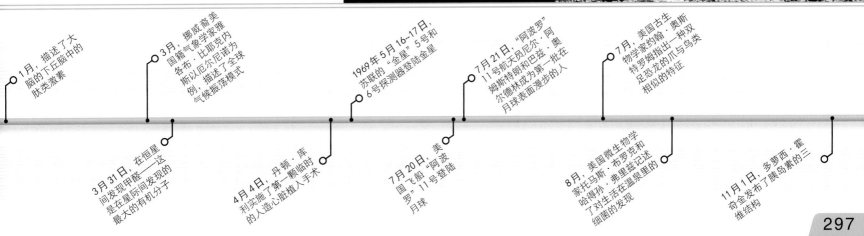

297

1957年
人造地球卫星
10月4日，苏联发送第一颗卫星"史波尼克"1号，进入环绕地球的轨道。现在已经有500多颗卫星在运行了。

1959年
"月神"2号和3号
苏联探测器"月神"2号和3号是最先成功到达月球的飞船。"月神"3号拍摄了第一张月球远端的照片。

"月神"2号

1962年
探测金星的使命
12月14日，"水手"2号成为第一艘飞过另一颗行星的飞船，并揭示出金星是一颗温室行星。

1963年
第一位女性航天员
6月7日，苏联航天员瓦莲京娜·捷列什科娃成为第一位进入太空的女性。月球远端的一个火山口就以她的名字命名。20年后，萨莉·赖德成为美国第一位女性航天员。

捷列什科娃

1966年
登陆月球
2月3日，苏联探测器"月神"9号成为第一个成功登陆月球的飞船。5月30日，美国的"探测者"1号实现第二次软着陆。

1949年
进入太空的动物
第一位航天员是动物。1949年美国火箭科学家把恒河猴艾伯特二世（Albert II）送入太空。1957年，苏联的莱卡犬成为第一个进入地球轨道的动物。

莱卡犬

1961年
第一位进入太空的人
4月12日，苏联航天员尤里·加加林成为第一位进入太空的人。他乘"东方"1号飞船绕地球轨道飞行一周。5月，艾伦·谢泼德（1923~1998）成为美国第一位进入太空的人。

尤里·加加林

1965年
第一次太空行走
3月18日，苏联的阿列克谢·列昂诺夫成为第一位在飞船外探险的航天员。6月，美国航天员爱德华·怀特完成一次太空行走。

爱德华·怀特

太空探索的故事

从第一颗人造卫星到达其他星球和太阳系边缘开始

尽管早期一些飞机已经离开过地球大气层，但是通常人们还是认为，1957年10月1日苏联发射"史波尼克"1号才标志着太空探险的开始。这是一系列宇宙探险活动的开始，包括把航天员送上月球，用探测器探测遥远的行星。

"史波尼克"1号发射之后的一个月，苏联的莱卡犬开始了它的太空之旅，成为第一个绕地球轨道飞行的动物。第一个进行太空航行的人是苏联的尤里·加加林，他在1961年4月乘"东方"1号飞船绕地球轨道飞行。苏联这些太空探索的成功给美国带来了挑战，促使其加强太空探索计划。1965年，美国探测器"水手"4号送回另一颗行星火星的第一组特写影像。1966年，苏联探测器"月神"9号在月球上实现软着陆并且送回第一组月球表面的影像。3年后，美国航天员尼尔·阿姆斯

特朗和巴兹·奥尔德林踏上月球。他们登上月球伊始就向全世界进行了现场直播。20世纪70年代，航天员重返月球几次，但大多数太空探索航行都是由机器人飞行器完成。这些飞行器已经到过太阳系的每一颗行星，甚至太阳系以外的一些行星（见右图）。

航天员进入和退出太空舱舱口
"阿波罗"11号指挥舱
这是尼尔·阿姆斯特朗、巴兹·奥尔德林和迈克尔·柯林斯于1969年完成月球登陆之旅历史使命时所乘飞船的一部分。

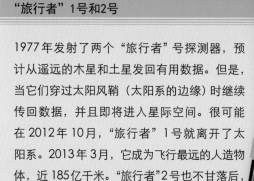
"旅行者"1号和2号

1977年发射了两个"旅行者"号探测器，预计从遥远的木星和土星发回有用数据。但是，当它们穿过太阳风鞘（太阳系的边缘）时继续传回数据，并且即将进入星际空间。很可能在2012年10月，"旅行者"1号就离开了太阳系。2013年3月，它成为飞行最远的人造物体，近185亿千米。"旅行者"2号也不甘落后，在150亿千米之外。

"如果我们的长期生存岌岌可危，那么冒险去其他星球则是我们人类的基本责任。"

卡尔·萨根，美国宇宙学家，1934~1996年

"阿波罗"11号舱口
为保护全体航天员，"阿波罗"指挥舱的主舱口必须密封良好。在1967年发生航天员被困在着火的太空舱中的事故后，指挥舱就被重新设计成向外打开。

1971年

第一台月球漫游车

"阿波罗"15、16和17号的美国航天员的任务是利用被称为月球漫游车的电动汽车探索月球。

月球车

1973年

火星探测任务

1973年，苏联探测器"火星"2号到达火星，其中一部分从轨道发回照片，其他部分在试图登陆时坠毁。1975年，美国"海盗"1号登陆成功并发送了6年数据。

1990年

空间望远镜

绕轨道运行的望远镜使天文学家能观察到不受地球大气层影响的太空。1990推出的哈勃空间望远镜（HST）是最著名的空间望远镜。

哈勃空间望远镜

1998年

国际空间站（ISS）

国际空间站是16个国家合作建成的。它于1998年被发射，之后被一点一点地组装了14年。

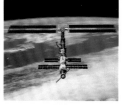

ISS

969年

人类登上月球

月21日，尼尔·阿姆斯特朗成为第一位登上月球的人。他踏上月球表面时，说道："个人迈出的这一小步，却是人类迈出的一大步。"

1971年

第一个宇宙空间站

4月19日，苏联发射了第一个宇宙空间站，"礼炮"1号。当年晚些时候，由3人组成的第一组航天员在空间站待了23天。

1981年

航天飞机

第一艘飞船被设计成一次性使用的。而航天飞机是第一个可重复使用的太空船，像飞机一样，完成任务后能够着陆。苏联建造过类似的航天飞机，如"暴风雪"号，只是不太成功。

航天飞机"挑战者"号

1995年

"伽利略"号

美国国家航空航天局的"伽利略"号探测器成为第一个绕太阳系最大的行星木星轨道飞行的飞船。它送回很多有关木星卫星的影像，还有"休梅克－列维"9号彗星与木星碰撞的影像。

2012年

"好奇"号火星车

美国国家航空航天局"好奇"号火星车——一个汽车大小的机器人探测工具，8月6日着陆在火星上的盖尔陨石坑。最新的任务有：研究岩石和气候以及寻找水和微生物生活的迹象。

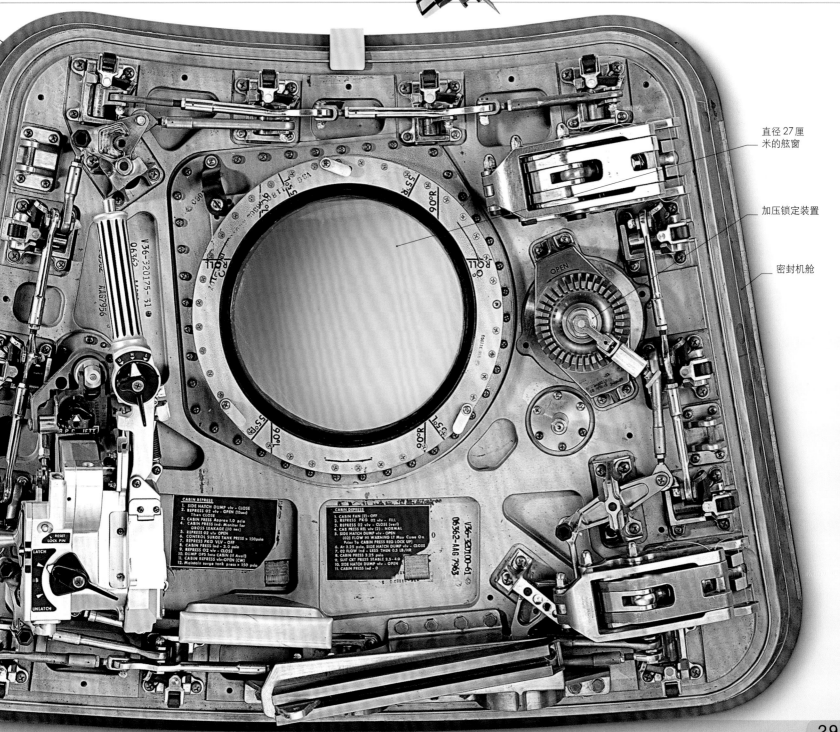

直径27厘米的舷窗

加压锁定装置

密封机舱

第一架波音 747-100 "维克多快帆"号在 1 月 22 日投入商业运营，泛美航空公司开通从美国纽约飞往英国伦敦的航班。

当**第一架波音 747 大型喷气式客机**当年 1 月进行它的首次商业航行时，意味着宽体客机航行的时代开始了。大型客机的想法产生于 20 世纪 60 年代中期，这样可以在一定程度上缓解繁忙机场的拥堵情况。到 2013 年，1500 多架波音 747 客机相继生产。

2 月，继苏联、美国和法国之后，日本成为第四个向太空发射火箭的国家，日本国家空间发展署（NASDA）发射了实验卫星"大隅"号。4 月，中国成为第五个发射卫星的国家，成功发射了实验卫星"东方红"1 号。

在前三项载人登月任务成功完成后，1970 年 4 月，"阿波罗"13 号执行任务时，美国国家航空航天局（NASA）的"阿波罗"计划遭遇挫折。"阿波罗"13 号发射后大约 55 小时，距地球 32 万千米时，飞船上的一个氧气钢瓶发生爆炸。氧气至关重要，不仅提供了可呼吸的空气，而且还在燃料电池中发电和制造饮用水。此次任务天折，电台和电视台播出了飞船返回地球的画面。在事故发生后的第五天，飞船坠入南太平洋海域。

这一年晚些时候，美国国家航空航天局成功发射乌呼鲁卫星——第一颗专门的轨道运行的 X 射线天文卫星。X 射线天文学仅适用于高海拔，因为大气会吸收太空中大部分的 X 射线辐射。

第一个地球日在这一年诞生，这是一项世界性的环境保护活动。1969 年由美国和平活动家约翰·麦康奈尔（1915~2012）首次提出。最初地球日选择在春分节气，因为这一天世界上任何一个角落昼夜时长均相等，代表了世界的平等。第一个地球日在 4 月 22 日进行，被看作是环境保护史上的一次重大事件，在美国各地举行。但是自 1990 年后，地球日成为世界范围的节日。

5 月，美国生物学家林恩·马古利斯（见上图）出版了一本图书。该书详细论述了她于 1966 年首次提出的真核细胞（含有被核膜

美国生物学家林恩·马古利斯最著名的是她的复杂细胞进化理论。该理论首次出版于 1966 年，当时她在波士顿大学工作。《真核细胞起源》（1970）阐述了她的内共生理论，但是也受到科学界的批评。直到 30 年后，该理论才因证据充足被接受。

包围的核的细胞）内共生起源的理论。真核细胞含有细胞器，这些细胞器具有特殊功能（见 194~195 页）；例如，植物细胞含有称为叶绿素的细胞器，光合作用（见 1787~1788 年）在这里发生。马古利斯认为细胞器本身曾是简单细胞，并且真核细胞进化成亚单位的共生系统。

遗传学在这一年也有重大突破。遗传信息被细胞内两个相似的化合物 DNA 和 RNA（见 284~285 页）携带。DNA 存储遗传信息，而 RNA 转移信息并参与构建蛋白质分子。直到 1970 年，生物学家认为信息只能单向流

营救任务

4 月 7 日，登月舱安全返回地球后，"阿波罗"13 号的 3 个航天员进入救援网，被提升送到直升机上。

> **"休斯敦，我们遇到了一个问题。"**
>
> 约翰·杰克·斯威格特，美国航天员，阿波罗 13 号任务，1970 年

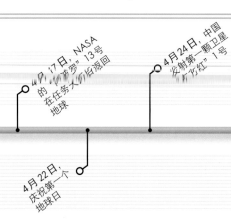
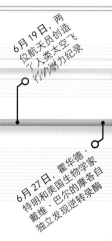

1 月 22 日，大型喷气式飞机那弥投入高级商业使用

4 月 17 日，"阿波罗"13 号的乘员在任务天折后返回地球

4 月 24 日，中国发射第一颗卫星"东方红"1 号

6 月 19 日，两位航天员创造了人类太空飞行的耐力纪录

2 月 11 日，日本发射第一颗卫星"大隅"号

4 月 22 日，庆祝第一个地球日

6 月 27 日，霍华德·特明和美国生物学家戴维·巴尔的摩各自独立发现逆转录酶

300

AIR

发生在纽约的地球日抗议活动，呼吁政府改变政策，促进可持续的生活方式。

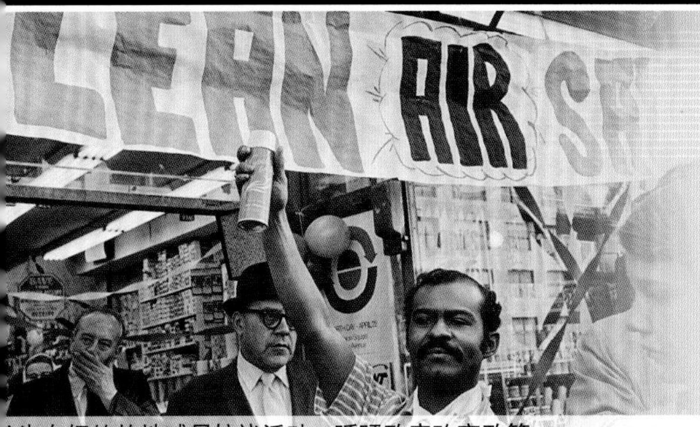

“我们宣布，对科学的合理使用，不是用来征服自然的，而是与之和谐共生。”

巴里·康芒纳教授，美国生物学家，地球日，1970年

动：从DNA到RNA。6月，美国遗传学家霍华德·特明（1934~ 1994）和美国生物学家戴维·巴尔的摩（生于1938年）各自独立发现一些病毒的RNA携带遗传信息，然后传递给DNA。这些逆转录病毒包括人类免疫缺陷病毒（HIV），会导致艾滋病（AIDS，见1982年）。该过程涉及的酶称为逆转录酶。由于他们的工作，特明和巴尔的摩共同获得1975年的诺贝尔生理学或医学奖。

7月，科学家发现了能在特定的点把DNA切成碎片的II型限制性内切酶。限制性内切酶在现代基因技术中发挥核心作用，包括DNA分析（见1984年），应用于亲子鉴定、刑事侦查和生态研究等领域。因为这一发现，美国微生物学家汉密尔顿·史密斯（生于1931年）和丹尼尔·内森（1928~1999），以及瑞士微生物学家维尔纳·阿尔伯（生于1929年）共同获得了1978年诺贝尔生理学或医学奖。

任务持续时间（天）
25
20
15
10
5
0
4天23小时
7天23小时
13天18小时
17天17小时
“东方”5号
“双子座”5号
“双子座”7号
“联盟”9号

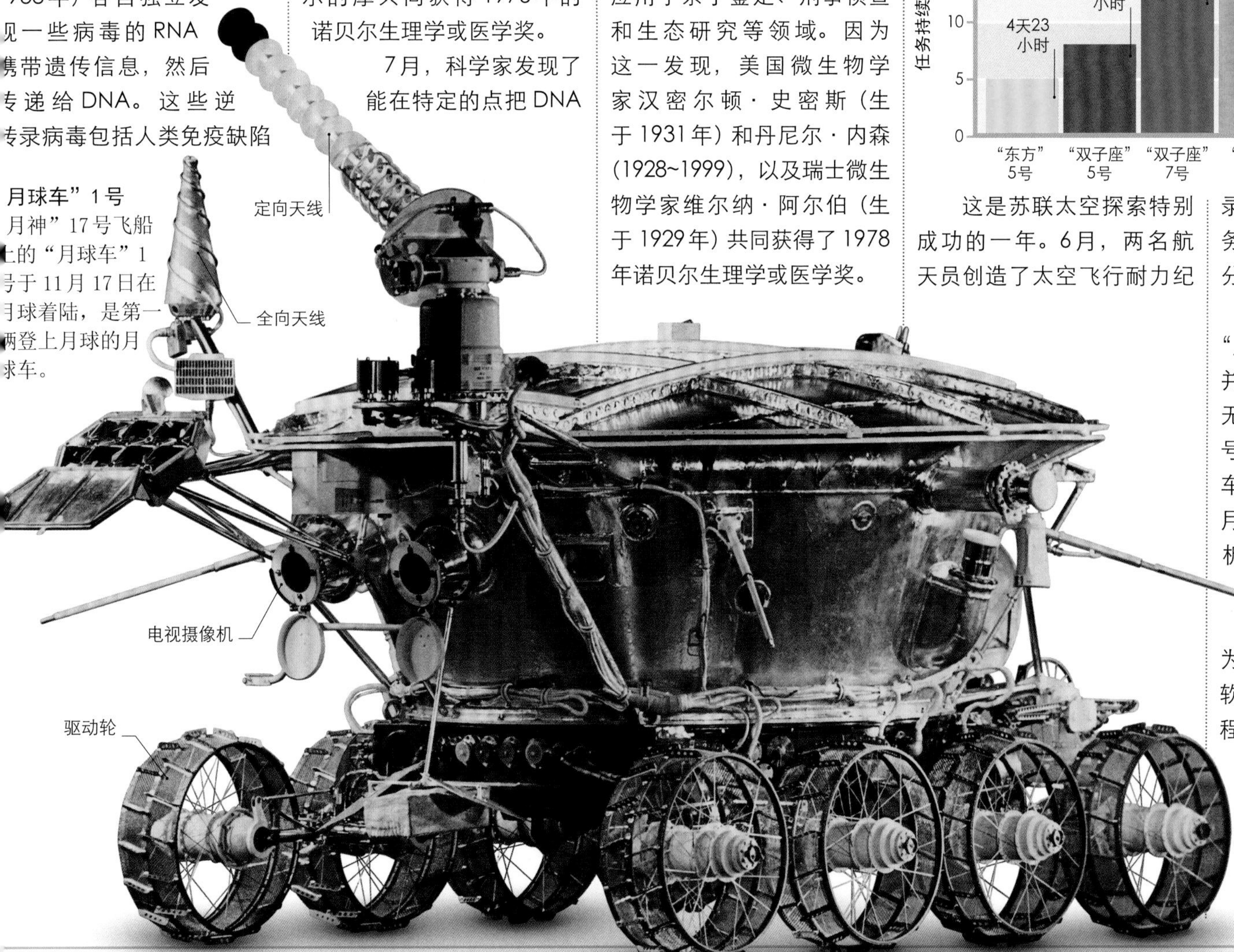

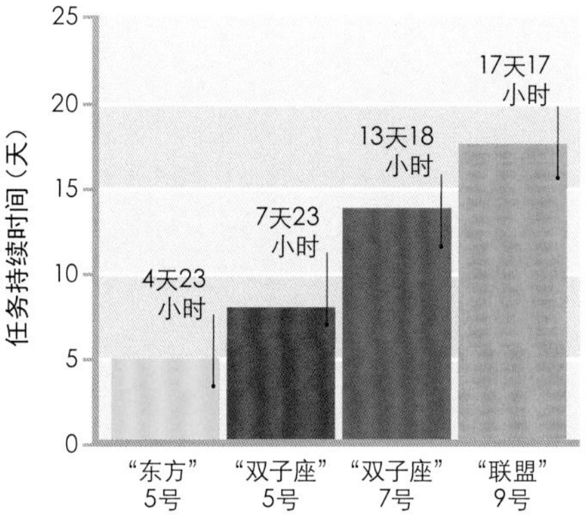

太空任务
人类在太空飞行中的耐力纪录在1963年和1970年之间逐步提高。“联盟”9号飞船的纪录在1971年被打破，“联盟”11号的航天员绕轨道飞行了24天。

这是苏联太空探索特别成功的一年。6月，两名航天员创造了太空飞行耐力纪录。他们的“联盟”9号任务持续了17天16小时59分钟。

9月，无人月球探测器“月神”16号钻入月球表面并把样品带回地球。11月，无人月球探测器“月神”17号的任务是把第一辆探测车——月球车放到月球表面。月球车用了11个月的时间分析月球土壤并发回图片。12月，“金星”7号登陆金星，成为第一艘在其他行星上实现软着陆的飞船。地球上的工程师没有发现探测器着陆后的信号，推测探测器已被摧毁。后来在他们的记录分析中发现23分钟数据，表明金星表面非常热，高达475℃。

定向天线
全向天线
电视摄像机
驱动轮

“月球车”1号
“月神”17号飞船上的“月球车”1号于11月17日在月球着陆，是第一辆登上月球的月球车。

7月28日，第一个II型限制性内切酶被分离

8月7日，康宁玻璃科学家唐·凯克使光导纤维的实际应用得以实现

9月20日，苏联“月神”16号在月球表面钻孔

11月17日，苏联的月球车开始了为期11个月的月球探索活动

12月12日，美国发射乌呼鲁，第一个轨道X射线天文观测卫星

12月15日，苏联“金星”7号登陆金星

美国国家航空航天局的阿波罗月球车行驶在月球表面上。7月，在"阿波罗"15号完成任务期间，第一辆月球车总共行使了近28千米。

第一台全电子计算器出现于20世纪50年代，但是它们非常巨大而且昂贵。到了60年代，计算器变得更小更便宜。多亏了集成电路，或者说是"芯片"——非常小但复杂的电子电路可以被蚀刻到一块半导体材料上。1968年，名为比吉康的加法器公司设计出一部便携式计算器，联系了两家芯片制造商：英特尔和莫斯特克。英特尔开发的芯片在其微小电路中包含一个完整的计算机中央处理器（CPU）。这是世界上第一块商用"微处理器"（见右图），英特尔4004。比吉康没有选择使用英特尔4004，

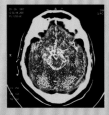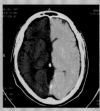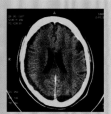

人类大脑的彩色CT扫描

CT扫描

计算机断层扫描（CT）的X射线源和探测器被相对地安置在一个旋转圆筒上。人躺在圆筒内，发射出的X射线能够穿过他。探测器接收的信号取决于射线穿过物质的平均密度。然后计算机把多个扫描图结合起来生成一个穿过人体的2D"切片"图。

因为它会使生产计算器的费用过高。他们选择了更简单的芯片，由莫斯特克制造的世界上第一台真正的袖珍计算器LE-120A HANDY，于1971年1月发售。

5月，美国计算机公司IBM发布一种便于数据存储的新设备——软盘。软盘对于实现个人计算机发展和普

第一台袖珍计算器

比吉康的LE-120A HANDY有一个红色LED显示屏。它的特色是能固定小数位，2位、4位或者没有小数点。售价395美元。

及起到了关键作用，因为人们可以用它存储电子文档，从一台计算机拷贝到另一台上，而且还可以把它们邮寄出去。软盘是覆盖有磁性微粒的塑料圆盘，连在坚硬塑料外壳内的轴上。第一个软盘直径20.3厘米，可以存储80kB（千字节）的信息。

1971年另一个重要的第

"我想过其他符号，但 @ 没出现在任何名称里，所以就用它了。"

雷·汤姆林森，美国计算机程序员，发明了电子邮件，1998年

一次是电子邮件（E-mail）。大约10年来，不同使用者登录到同一台计算机才能给彼此留下信息。随着美军在1969年创造出了阿帕网络，组织机构可以实现长距离的信息发送。美国计算机程序员雷·汤姆林森设计出用于阿帕网的电子邮件系统，并发出了第一封真正的电子邮件。

宇宙方面，苏联"礼炮"1号成为第一个轨道空间站，在轨道上持续运行了175天。"联盟"11号上的航天员6月首次进入空间站。他们在里面生活了3个星期，但3个人都在离开时身亡了；他们仍然是人类仅有的在地球大气层外死亡的人。

7月，"阿波罗"15号的航天员驾驶第一辆月球车或探测车在月球表面绕行。

医学科学方面，第一台商用CT扫描（计算机断层扫描）发布，人类大脑首

次被扫描出来。美国发明家雷蒙德·达马迪安发表了核磁共振成像的实验结果（见1977年）。英国药理学家约翰·文出版了他的研究成果，解释止痛药阿司匹林是如何工作的，即通过阻断前列腺素的产生，这种化合物在疼痛原理和人体内炎症反应方面起到了核心作用。

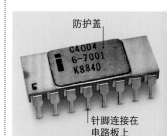

第一块微处理器

微处理器是一块单晶片中央处理器。外盖下面是一层单晶硅，上面刻着成千上百万乃至数十亿的晶体管和其他部件。微处理器对于微电子学工业是起决定性作用的部件之一。

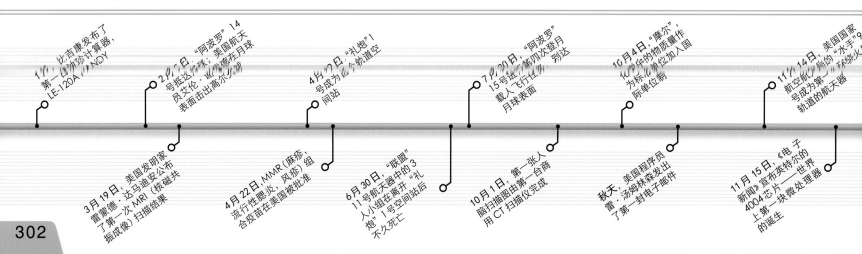

"阿波罗"17号的航天员12月7日拍摄的图像——著名的"蓝色弹珠"照片。从太空中看我们的星球可以帮助我们提高对环境的关注。

增长极限

一个简单的图表（右）阐明当人口呈几何增长时（有更多的人，就更快地增长），有限的资源，比如食物供应，只能以稳定的速度增长，在某一点就会产生不可避免的危机，显示出继续增长不能无限持续下去。

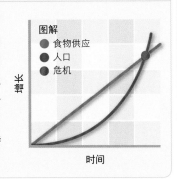

图解
- 食物供应
- 人口
- 危机

增长 / 时间

微电子工业在1972年获得很多进展。美国米罗华公司推出奥德赛——世界上第一台可以插到电视上的家用游戏机。深受人们喜爱的游戏《乒乓》（荧幕上显示二维的乒乓球）由雅达利公司11月发布。

汉密尔顿手表公司（HMW）的第一块电子表普尔萨，在秋天发售。该公司在1970年就已经宣布了这款手表的开发，并在1971年开始生产。

计算机用户从20世纪60年代中期已经能够通过电话网络发送信息，到了12月，瓦迪克公司推出了第一台实用调制解调器VA3400。它能够每秒发送1200比特的数据。

1月，国际智库罗马俱乐部出版《增长的极限》。它陈述了用计算机模拟调查的结果，关于不加节制的工业发展和人口增长带来的可能的影响。报告当时虽然受到了很多批评，但提升了公众关注环境问题的意识，比如经济增长对有限自然资源的影响。

5月，由美国遗传学家沃尔特·菲尔斯领导的团队透露他们已经找出一条

地球信息板
"先驱者"10号携带这块板，目的是告诉外星人人类的情况以及地球在太阳系中的位置。

基因上完整的核苷酸碱基序列——这是首次完成。同样在5月，日裔进化生物学家大野进提出术语"垃圾DNA"。遗传学家了解到DNA在细胞内进行复制时的突变会对基因组可携带的基因加以限制，上限在3万左右。每个人细胞内的DNA能够携带300万个基因，我们的大多数基因组并没有功能，即所谓的垃圾基因。大多数遗传学家更愿意使用"非编码DNA"：基因中携带编码的DNA用来构建细胞内的蛋白质，不过其他的DNA可能具有其他功能。

> "只是一句'有了'，你知道，我看着电视并对自己说，我能用这个做什么呢？"

拉尔夫·贝尔，米罗华奥德赛游戏机的发明者，2007年

10月，由美国分子生物化学家保罗·伯格领导的团队报告他们把不同生物的DNA序列结合起来。这种"重组DNA"的过程成为基因工程的核心。

7月，美国国家航空航天局发射了美国第一颗遥感陆地卫星——地球资源卫星。美国国家航空航天局发射7颗卫星从太空中收集地球信息，提供包括土地利用、地质学、海洋、湖和江河以及污染的数据。最后两个阿波罗登月计划，16号和17号，载有另外6名航天员登月。还有3个阿波罗任务已经计划好，但被取消了，部分原因是削减了预算，还有部分原因是美国国家航空航天局要集中精力发展轨道空间站。3月，美国发射了"先驱者"10号探测器，送往木星（它在1974年时飞过木星）。

111 千克
"阿波罗"17号宇航员搜集月球岩石的重量

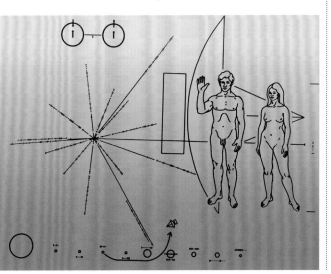

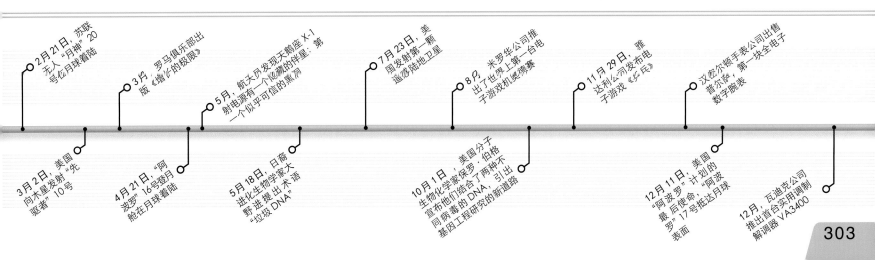

2249 太空实验室环绕地球轨道的天数

这一年4月，苏联发射了第二个空间站"礼炮"2号，而仅过了一个月，美国也发射了太空实验室空间站。这个空间站一直到1977年都在轨道上运行。4月，美国纽约摩托罗拉研究员马丁·库珀（生于1928年）用一台真正的移动电话，即手持电话拨出了第一通电话，虽然它的重量达到1.1千克。差不多同时，欧洲核子研究中心（CERN）的工程师在瑞士和法国的边界处，开发出世界上第一块触摸屏，用于复杂的控制室里的计算机。

这一年的晚些时候，美国计算机科学家文特·瑟夫（生于1943年）和罗伯特·卡恩（生于1938年）设计了互联网协议组，这套网络标准能够使不同的相互连接的计算机网络进行通信。最重要的组成部分，传输控制协议和互联网协议（TCP/IP），几乎是今天所有网络通信的基础。在美国加利福尼亚施乐公司的帕洛阿尔托研究中心

计算机触摸屏
丹麦电子工程师本特·施通佩手持第一块触摸屏，这是他在英国工程师弗兰克·贝克研究基础上发展的。

（PARC），计算机科学家制造了第一台有图形用户界面（GUI）和鼠标的计算机阿尔托。

11月，美国遗传学家赫伯特·波伊尔（生于1936年）和斯坦利·科恩（生于1935年）宣布他们已经创造出第一个转基因生物，预示基因工程的曙光。波伊尔和科恩把一个细菌的抗生素抗性基因插入到另一个基因组中，把捐赠者的对抗生素的抗性赋予受体菌。

同年11月，英国发明家斯蒂芬·索尔特（生于1938

年）为一种替代能源设备申请了专利，就是知名的索尔特鸭（索尔特海浪发电机），它能从水波中提取能量。这种设备可以用来发电。

索尔特鸭
实验室测试中"鸭子"原型从水波产生电能。"鸭子"后面的水是平的，因为能量已经被提取了。

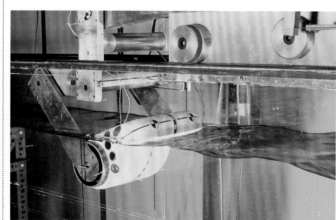

轨道太空实验室
太空实验室可以让航天员在里面进行科学和医学实验，并携带一架用于研究太阳的望远镜。

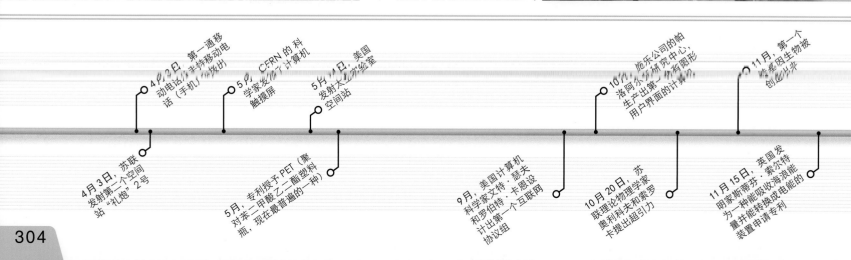

4月2日，第一通移动电话从手持移动电话（手机）拨出

5月，CERN的科学家发明了计算机触摸屏

5月14日，美国发射太空实验室空间站

9月，美国计算机科学家文特·瑟夫和罗伯特·卡恩设计出第一个互联网协议组

10月，施乐公司的帕洛阿尔托研究中心，生产出第一个有图形用户界面的计算机

11月，第一个转基因生物被创造出来

4月3日，苏联发射第一个空间站"礼炮"2号

5月，专利授予PET（聚对苯二甲酸乙二酯塑料瓶，现在最普遍的一种）

10月20日，苏联理论物理学家罗奥利科夫和索罗卡提出超引力

11月15日，英国发明家斯蒂芬·索尔特为一种能吸收海浪能量并能转换成电能的装置申请专利

第一种极端生物在美国黄石国家公园里富含硫的温泉中被发现了。1974年，这种生物被分类成极端微生物。

斯蒂芬·霍金（生于1942年）

或许对于大众而言最著名的是《时间简史》（1988年），英国理论物理学家斯蒂芬·霍金在理解黑洞、宇宙学和量子力学方面也做出了开创性贡献。刚刚21岁时，他被诊断出患有运动神经元疾病，这种疾病导致他几乎完全瘫痪。

7月，美国微生物学家罗伯特·马克艾罗伊提出术语"极端微生物"，即可以在极端酸性、压力或者温度条件下繁殖的生物。这种分类引起了太空生物学家的兴趣，因为这类生物可能会在其他星球上恶劣的环境中被发现。这种分类也激起了进化生物学家的兴趣，因为极端微生物大多都是地球历史早期演化的原始生物。

德国遗传学家鲁道夫·耶尼施（生于1942年）和美国胚胎学家比阿特丽斯·明茨（生于1921年）报告他们通过把病毒DNA引入到一个小鼠胚胎中，从而创造出第一个转基因动物。遗传学发展的步伐引起了普通大众和科学界对于基因工程对环境可能的影响的关注。

科学家发表了他们发现关于氯氟烃（CFCs）的危害后，科学进展引发的对环境的影响受到更多关注。这些人造化合物被广泛用于罐装气雾制冷剂和推进剂。研究人员警告氯氟烃会分解保护地球避免紫外线辐射的臭氧层。

11月，美国人类学家唐纳德·约翰松（生于1943年）在埃塞俄比亚阿法尔三角处发现一个原始人骨骼碎片的化石。化石来自320万年前的南方古猿阿法种——一种两足原始人物种（用两条腿走路）。这个发现被命名为"露西"，那是当时发现的最古老的化石（披头士演唱歌曲《露西在缀满钻石的天空》之后，这首歌经常在发现骨头的营地处演奏）。

英国理论物理学家斯蒂芬·霍金发表了关于黑洞的革命性观点。量子物理的发现之一是真空中充满成对虚粒子，在湮灭彼此之前仅存在一瞬间。霍金发现一个奇怪的可能性：对于任何虚粒子对，可以在黑洞事件视界（边界）创造，一个消失在里面，而另一个会进入太空旅行，结果就是黑洞"辐射"粒子。起初有争议，不过现在霍金辐射是主流物理学的一部分，而且这个研究正在被探测。依旧在物理学中，一系列连续快速的发现被认为是11月革命，包括粲夸克和名为J/ψ粒子的发现，给科学家理解亚原子粒子以巨大推动，被誉为粒子物理标准模型（见下表）。

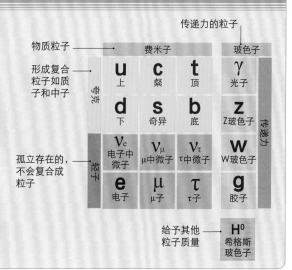

露西
南方古猿阿法种的重建头骨。南方古猿是一种早期双足类人猿。

粒子物理标准模型

标准模型发展于20世纪60~70年代，现在依旧是基本粒子最合适的解释——物质和力最基本的构成部分。这个模型的成功很大程度上取决于对粒子存在的预测，包括1974被观测到的粲夸克。根据这个理论，有两个基本粒子家族：构成物质的费米子，传递作用力的玻色子。费米子可以被分成更小的夸克，通常两个或三个一起出现，紧密地结合形成复合粒子，比如质子和中子，而轻子都是单个存在并包括电子在内。

物质粒子			费米子			玻色子	传递力的粒子
形成复合粒子如质子和中子 夸克	u 上	c 粲	t 顶			γ 光子	
	d 下	s 奇异	b 底			Z Z玻色子	传递力
孤立存在的，不会复合成粒子 轻子	ν_e 电子中微子	ν_μ μ中微子	ν_τ τ中微子			W W玻色子	
	e 电子	μ μ子	τ τ子			g 胶子	
给予其他粒子质量						H^0 希格斯玻色子	

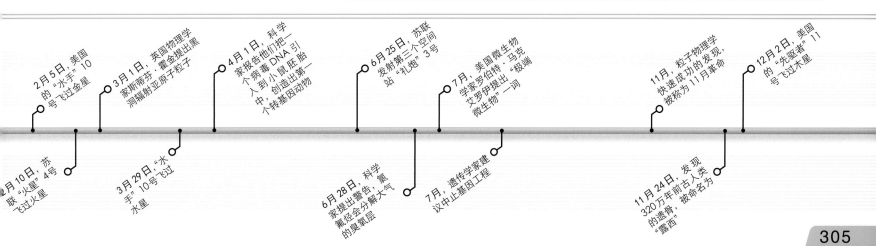

2月5日，美国的"水手"10号飞过金星

2月10日，苏联"火星"4号飞过火星

3月1日，英国物理学家斯蒂芬·霍金提出黑洞辐射亚原子粒子

3月29日，"水手"10号飞过水星

4月1日，科学家报告他们把一个病毒DNA引入到小鼠胚胎中，创造出第一个转基因动物

6月25日，苏联发射第三个空间站"礼炮"3号

6月28日，科学家提出警告，氯氟烃会分解大气的臭氧层

7月，美国微生物学家罗伯特·马克艾罗伊提出"极端微生物"一词

7月，遗传学家建议中止基因工程

11月，粒子物理学快速成功的发现，被称为11月革命

11月24日，发现320万年前古人类的遗骨，被命名为"露西"

12月2日，美国的"先驱者"11号飞过木星

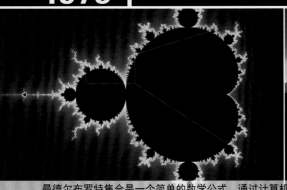

曼德尔布罗特集合是一个简单的数学公式,通过计算机图形处理可以把它显示出来,在不同尺度上显示出错综复杂的美丽图像。

1975年6月,日本电子公司索尼发布了第一款家用录像机格式 Betamax。磁带录像机(VCRs)能够让人们记录电视节目,观看从音像店租来或购买的预录电影。尽管磁带录像机从20世纪60年代就可以购买了,但它们十分昂贵,只有少数家庭拥有。Betamax 很便宜,适合家庭购买使用。第二年,另

53 分钟
"金星"9号着陆器在金星表面受操控的时间

一个日本公司 JVC 推出了与其竞争的格式 VHS(家用视频系统)。接下来的10年中,两个系统加入一场"格式战争"。到20世纪80年代末期,数码视频崛起之前,虽然它们一直是广播电台和专业视频编辑的标准格式,但是 Betamax 磁带录像机和盒式录像带只占家用视频市场的5%。

7月,全世界有上百万人在电视上见证了一个历史时刻:苏联"联盟"号航天器与美国"阿波罗"号航天舱对接。两艘飞船在轨道上一起运行超过40小时,这期间全体成员一起进行实验,交换礼物,还进行分离再重新对接多次的实验。

在太空更远处,苏联无人探测器"金星"9号成为第一个环绕金星轨道的航天器。一个球状吊舱从轨道器中分离,然后打开伸出探测器,下降到金星的表面。这是第一次从其他星球上传回

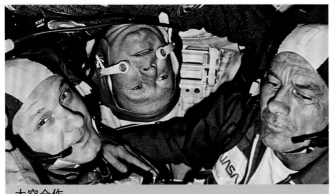

太空合作

自从20世纪50年代起,美国和苏联开始了一场"太空竞赛",每个超级大国都试图维持他们的技术优势。苏联首先把卫星发射到了轨道上,首次把人送入太空,首次向月球发送了探测器。美国不甘落后,他们通过让航天员登陆月球表面或许实现了最大的成功。在轨道上,两个国家的航天器对接,阿波罗 - 联盟测试计划是关于美国和苏联和平与合作的一次重要声明,反映了他们紧张关系有所缓和。

图像的探测,轨道舱充当了金星和地球上的天文学家之间中继站的角色。着陆舱传送了53分钟的数据和图像,之后无线通信失联。

11月,法籍波兰数学

"金星"9号着陆器
这是"金星"9号着陆探测器的模型,执行了测试以及从金星传送全景图片。

― 质谱仪

― 螺旋天线

― 减速板

家贝努瓦·曼德尔布罗特(1924~2010)在他的书《分形学:形态,概率和维度》中提出"分形"一词。分形数学提供一种方式,即将一种明显粗糙、不规则而且混

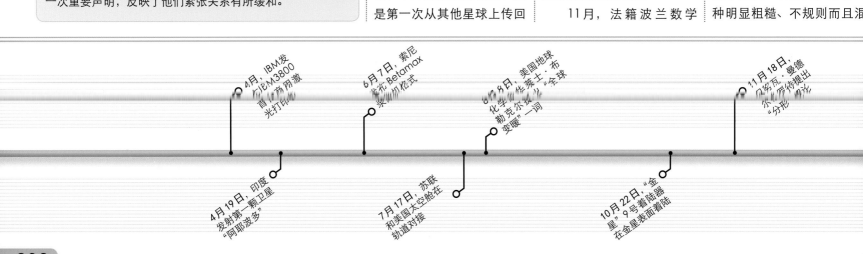

4月,IBM发布了M3800首个激光打印机

4月19日,印度发射第一颗卫星"阿耶波多"

6月7日,索尼发布 Betamax 录像机格式

7月17日,苏联和美国太空舱在轨道对接

8月8日,美国地球化学家华莱士·布勒克尔提出"全球变暖"一词

10月22日,"金星"9号着陆器在金星表面着陆

11月18日,曼德贝努瓦·曼德尔布罗特提出"分形"理论

2179
千米/时
协和式飞机的最高速度

协和式飞机能够超过两倍声速飞行

乱的现象引进数学领域。它让数学家能理解并模拟复杂的自然图形如山、云、雪花、植物以及闪电等不同尺度上简单重复的图像。曼德尔布罗特的工作也推动了计算机图形新领域的进展，让计算机游戏设计师和艺术家用现实创造惊奇的虚拟世界。分形数学与另一个新兴学科混沌理论有着紧密联系，分形数学帮助科学家了解不可预测系统，比如股市和地震。

12月，美国工程师斯蒂文·萨松（生于1950年）用他发明的设备拍摄了第一张数码照片，被证明是数码相机的原型。萨松的照片拥有1万像素的分辨率，需用23秒钟存到磁带中。

伽马射线探测器

同月，美国物理学家马丁·佩尔（生于1927年）宣布发现了一个亚原子粒子，他称之为τ子。更有力地支持了基本粒子标准模型（见1974年）。1995年，佩尔因为他的发现获得了诺贝尔物理学奖。

这一年随着第一架超声速喷气客机协和式飞机的首飞而到来。它由英国宇航公司（前身为英国飞机公司）和法国宇航公司联合开发。经过10多年的发展，协和式飞机商业航班于1月21日首次开通，一条是从伦敦到巴林，另一条是从巴黎到里约。协和式飞机直到2003年才停止运营。1977年，只有另一架俄罗斯图波列夫Tu-144超声速客机投入使用，但它在1978年一次撞机之后停飞了。

3月，英国进化生物学家理查德·道金斯出版《自私的基因》一书。在书中，他提出进化是基因层面而不是整个生物体最深刻的理解。基因中心理论发展于20世纪60年代，它阐释了某些其他理论不能解释的行为。例如，利他行为，生物体会向与之最紧密相关的方向发展（因此更像携带了相同基因）。道金斯使用"自私"一词，引发了大众和科学家的想象力。许多人认为它对进化生物学具有里程碑式的意义。

4月，美国计算机科学家史蒂夫·乔布斯（1955~2011）和史蒂夫·沃兹尼亚克（生于1950年）以及电子学专家罗纳德·韦恩（生于

火星表面

"海盗"号火星探测器用了整整10年的时间研究火星的表面，向地球发送了很多彩色照片。

苹果公司的第一台计算机，只有一块电路板，用户可以连上一块键盘和电子显示屏，以及一个磁带放录机来读取程序。

—— 主板

—— 磁带放录机接口

1934年）创建一家名为Apple Computers（苹果计算机）的新公司。他们的第一款产品被称为苹果计算机（俗称为Apple 1），只有一块电路板。它有8000字节的存储器（内存），售价666.66美元。

几个月后，美国计算机公司克雷研究公司向新墨西哥州的洛斯阿拉莫斯国家实验室交付了开创性的超级计算机，即"克雷"1号（Cray-1）。它是西摩·克雷（1925~1996）的创作成果。自20世纪60年代中期，克雷一直从事关于处理单元并联的工作。

7月和9月，美国国家航空航天局的无人探测器"海盗"1号和2号环绕火星轨道，并投放了着陆探测器。这个着陆探测器发回了高清晰图像，并进行了土壤的化学分析，其主要目的是寻找火星上是否曾经存在生命的线索，但是并未找到证据。

理查德·道金斯
（生于1941年）

英国进化生物学家理查德·道金斯出生于肯尼亚，1962年从牛津大学毕业获得了动物学学位。20世纪60年代的大多数时间里，他主要研究动物行为学（研究动物的行为）。他写了大量有影响力而且非常受欢迎的著作来解释进化，批评神造论，宣传无神论。

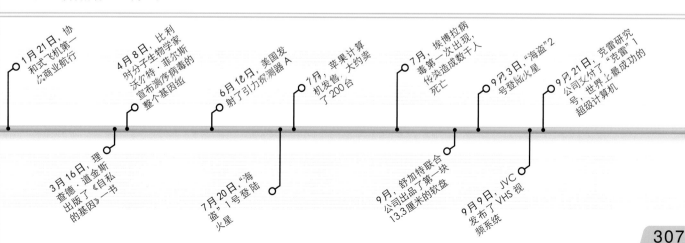

12月，马丁·佩尔宣布发现了τ子

1月21日，协和式飞机第一次商业航行

4月8日，比利时分子生物学家沃尔特·菲尔斯宣布测序病毒的整个基因组

6月16日，美国发射了引力探测器A

7月，苹果计算机发售，大约卖了200台

7月，埃博拉病毒第一次出现，作为造成数千人死亡

9月3日，"海盗"2号登陆火星

9月21日，克雷研究公司交付了"克雷"1号，世界上最成功的超级计算机

12月，斯蒂文·萨松拍摄了第一张数码照片

3月16日，理查德·道金斯出版了《自私的基因》一书

7月20日，"海盗"1号登陆火星

9月，舒加特联合公司出品了第一块13.3厘米的软盘

9月9日，JVC发布了VHS视频系统

447 秒

"游丝神鹰"号赢得克雷默奖飞行的时间

"游丝神鹰"号是第一架成功维持飞行的人力飞机。

"在某种程度上,我很自豪的是,我一直在帮助别人生孩子。"

路易丝·布朗,通过体外受精(IVF)孕育的第一个孩子,1998年

2月,一个由海洋学家和地质学家组成的团队出发探索东太平洋的加拉帕戈斯海岭,寻找热液喷口(海水能接触炽热岩浆的海底裂缝处)。他们发现富含矿物质的水从深海热泉喷涌而出,这些水提供了前所未见的丰富的生物群落。

这一年的晚些时候,美国古植物学家埃尔索·巴洪(1915~1984)和他的博士生安德鲁·诺尔在南非的岩石中发现了距今34亿年的单细胞生物体化石。他们的发现把已知生命体最早的时间前推了数百万年。

同年,基因组学,即沿着生物体的DNA分析核苷酸碱基序列(基因物质),向前前进了两步。首先,2月,英国生物化学家弗雷德里克·桑格确定了一个一般病毒的基因组碱基序列大概有5000个左右。然后12月,桑格发表了新式快速的基因测序方法。直到21世纪初可用自动化测序技术之前,桑格的方法一直是基因测序的基础。

8月,美国天文学家杰里·埃曼接收到一个非常强烈而且持续的无线信号,似乎来自地外源。这个信号的强度、频率以及一致性,暗示它是由有智慧的外星生命有目的地发送的。埃曼使用了俄亥俄州立大学的"大耳朵"射电望远镜,这是"搜寻地外文明计划"(SETI)的一部分。这个信号之后再也没被监测到。

还是在8月,"游丝神鹰"号作为第一个人力飞机,成功进行了持续的操控飞行,沿着美国加利福尼亚州明特机场区两个相隔800米的指向标绕了8圈。它只有32千克,采用脚踏方式提供动力。飞机的设计者保罗·麦克里迪赢得了克雷默奖(奖金5万英镑),这个奖项是由英国实业家亨利·克雷默1959年设立,奖励给人力飞行领域的发明。

热液喷口

热液喷口是大洋中脊普遍具有的特点,即在大洋底部的裂缝,涌出充满化学物质的水。它们也可能是热的"黑烟",可以形成岩石,烟囱状结构,或是冷的"白烟"。一些生物学家认为白烟是生命起源的地方。

玛丽·利基(1913~1996)

玛丽·利基出生于伦敦,原名玛丽·尼克尔。她嫁给了考古和人类学家卢卡斯·利基。这对夫妇在非洲呆了很多年,他们受到人类起源于这块大陆思想的启发。1959年,玛丽在坦桑尼亚发现175万年前的原始人遗骸。她的发现为后来理解人类进化做出了贡献。

美国空军在2月为全球定位系统(GPS)发射了24颗卫星中的第一颗卫星,采用定时和测距导航系统。这些卫星用作轨道上的信标。每个都带有精准的原子钟,不断发射它们的位置和精确时间的信号。地面接收器能够监测到至少4个卫星收集到的地球上任意点的信号。接收器可以通过三角信号计算出确切位置。1983年,美国总统罗纳德·里根宣布此系统首个卫星组完成后可以用于民用。第二组卫星,它们中的第一颗于1989年发射,提高了精准度。

同年2月,由英国古生物学家玛丽·利基领导的团队展示了一组史前脚印,据估计来自于340万年之前的双足原始人。在坦桑尼亚的利特里发现24米长的脚印,这是由3个人各自行走在火山灰上形成的。凝成脚印后下了小雨,随即被另一层火山灰覆盖并保存下来,直到侵蚀显露出来,被利基及其团队成员发现。在此发现之前,已知最古老的原始人脚印由尼安德特人创造,距今只有8万年。

7月,第一个在女人身体外受孕的婴儿出生了。路易丝·布朗是通过体外受精孕育的,这是英国胚胎学家罗伯特·爱德华兹和外科医生帕特里克·斯特普托近乎10年的技术成果。报纸报道

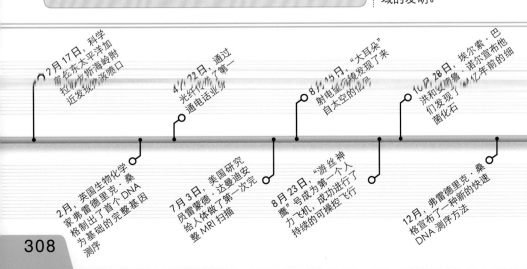

2月17日,科学船在太平洋加拉帕戈斯海岭附近发现热液喷口

4月22日,通过光纤化完成第一次通电话业务

8月15日,"大耳朵"射电望远镜发现了来自太空的信号

10月28日,埃尔索·巴洪和安德鲁·诺尔宣布他们发现了34亿年前的细菌化石

2月24日,玛丽·利基报告发现了340万年前双足原始人脚印的化石

2月,英国生物化学家弗雷德里克·桑格制出了首个以DNA为基础的完整基因测序

7月3日,美国研究员雷蒙德·达曼迪安给人体做了第一次完整MRI扫描

8月23日,"游丝神鹰"号成为第一个人力飞机,成功进行了持续的可操控飞行

12月,弗雷德里克·桑格宣布了一种新的快速DNA测序方法

2月22日,发射第一颗定时和测距导航系统卫星,GPS系统网络的一部分

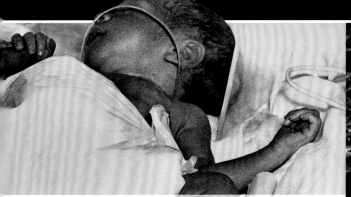

路易丝·布朗，第一个通过体外受精孕育的婴儿，在英国奥德汉姆综合医院出生后立即握住她父亲的手。

第一次"试管婴儿"的诞生，既引来赞美，也遭到谴责，因为"对自然乱插手"。自从路易丝·布朗出生，数百万婴儿通过体外受精被孕育。

美国基因泰克公司发布了另一项代替自然过程的技术，他们设法通过大肠杆菌基因工程生成胰岛素。糖尿病（I型）人不能合成足够的这种激素，同时救他们命的

远古足迹
在利特里发现的脚印受到变硬的火山灰的保护，被3个明显走在水坑上的人创造出来。

胰岛素补充物来自猪和牛。美国食品药品监督管理局（FDA）在1982年批准了基因泰克公司的产品，使其成为第一个获得批准的基因工程产品。

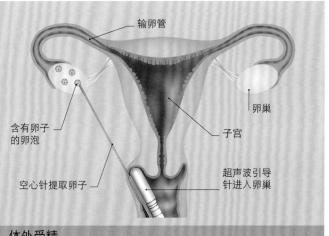

- 输卵管
- 卵巢
- 含有卵子的卵泡
- 子宫
- 空心针提取卵子
- 超声波引导针进入卵巢

体外受精

在这种辅助受精技术中，女性卵巢受到刺激（使用药物）能产生多个卵子。卵子被提取出来在实验室内与精子结合，形成一个或两个胚胎，然后植入到女性子宫内生长成为胎儿。自首次引入这项技术后，体外受精变得更复杂精细，而且有多种方式可以获得受精卵。

7月25日，路易丝·布朗出生，第一个通过体外受精孕育的婴儿

11月13日，美国发射名为爱因斯坦的首个X射线望远镜

6月19日，由美国物理学家戴维·瓦恩兰领导的小组宣布他们用激光捕获镁原子——这证明量子计算有了重大发展

9月6日，美国基因泰克公司宣布细菌基因工程产生胰岛素

14万

三英里岛核泄漏灾
难之后撤出的人数

俯瞰宾夕法尼亚州哈里斯堡附近的三英里岛核电站，这里
被认为是美国最严重的核事故发生地。

在这10年接近尾声时，太空探索的进程仍在继续。美国的两个"旅行者"号探测器离开地球两年后到达它们第一个目标木星。"旅行者"1号在3月最接近木星；"旅行者"2号则是在7月。探测器发回极其清晰的照片和数据，揭示木星和它的卫星新信息，包括发现了最深处的卫星艾奥（木卫一）的火山。9

月，美国的"先驱者"11号成为第一个飞过另一个气体巨星土星的空间探测器。"先驱者"11号到达接近土星最高云层2.1万千米处。年底，

"就我们每个人的行为而言，只有后果。"

詹姆斯·洛夫洛克，英国生物学家，引自《盖亚：地球生命的新观察》，1979年

欧洲空间局在法属圭亚那发射了首支极其成功的阿丽亚娜火箭。

5月，天文学家在美国基特峰国家天文台发现了天空中两个类星体彼此靠近，类星体（类星体射电源）是遥远星系充满能量的中心。两个类星体如此相似，天文学家推断它们是同一物体的两个像。这是首例引力透镜（见左图）现象：从类星体发出的光好像被镜子弯曲了，因为类星体和地球之间的时空被巨大星系团拉变形了。

3月28日，美国遭遇了当时有史以来最严重的核电站事故。当天早晨的时候，宾夕法尼亚州三英里岛核电站的一个反应器在一个阀门不能正确控制后，某部分开始熔化。反应器核心的大量循环压力水泄漏到保护壳

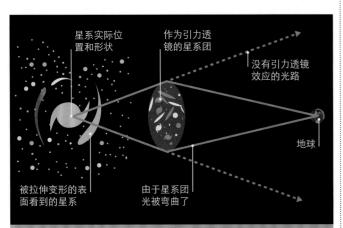

引力透镜

物质的引力场在空间中相当于一个透镜，引起光线偏折。其结果是，地球上观察天体的人或许看到的是这个天体的变形图像。这个现象，即众所周知的引力透镜，首次由德裔美籍物理学家阿尔贝特·爱因斯坦于1936年提出。当天文学家于1979年观测到两个类星体时，引力透镜的第一个例子被发现。

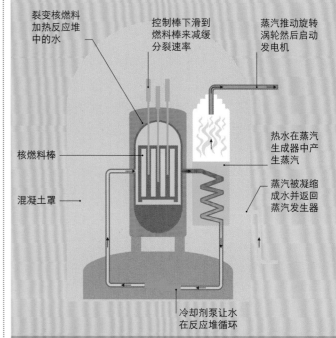

核反应堆

核反应堆通过使用核裂变加热水产生电能，反过来产生蒸汽，驱动巨大的涡轮。一个反应堆核心包含产生放射性物质的燃料棒和控制棒，可以限制裂变速率。有两个分开的冷却循环，水循环带走反应堆核心的热量。

里。尽管到晚上反应堆稳定了，但增高的辐射量还是引起当地政府的担心，建议疏散8000米内的儿童和怀孕女性；事故发生两天后，半径

范围扩大到32千米。核电站附近的辐射水平没有明显增高，核科学家断言人和环境都没有受到任何伤害。

日本索尼公司在7月

加拿大亚伯达峰林中这些岩石的侵蚀显示了 6500 万年前白垩纪－古近纪分界线（对应于恐龙灭绝时期）。

推出了一款革命性的产品 Walkman（随身听）。这是第一款真正的个人便携式音频设备，能让人们把装有音乐的磁带带在身上而且可以用耳机听。

这一年早些时候，美国贝尔实验室发布了 UNIX（一种计算机操作系统，是现在流行的操作系统 Mac OSX 和 Linux 的祖型）最重要的第七个版本。

10 月，英国生物学家詹姆斯·洛夫洛克出版了《盖亚：地球生命的新视野》。书中提出了"盖亚假说"，认为地球可以被看作是一个独特的自我调节的生物体。洛夫洛克宣称地球上的生物与物理环境相互作用，使得海洋和大气适合生命的延续。洛夫洛克一直在发展这一思想，并于 20 世纪 60 年代早期收集了相关的证据。这个假说影响了许多人，让他们转向去思考世界万物与环境相互联系、相互依存的作用。

路易斯·阿尔瓦雷茨 (1911~1988)

美国物理学家路易斯·沃特·阿尔瓦雷茨关于恐龙灭绝的假说提出于他辉煌而又漫长的物理学生涯的末期。二战中他在雷达技术方面做出了很多贡献，但他最擅长的是亚原子粒子。1968 年，他获得了诺贝尔物理学奖。

1 月，美国理论物理学家艾伦·古思（生于 1947 年）对宇宙大爆炸理论进行了改进（见 344~345 页），他的理论指出宇宙在数十亿年前开始于一个难以置信的极小的高热致密的状态，然后不断地扩大。他提出宇宙经历了"宇宙膨胀"，在短短不到一秒钟的时间内膨胀了 1078 倍。古思的观点解决了宇宙大爆炸中许多存在的问题。支持古思理论的证据来自天文学家和粒子物理学家，尽管还有一些难以理解的事，但现在几乎确定了宇宙膨胀确实在发生。

6 月，路易斯·阿尔瓦雷茨（见左图）提出了一个解释 6500 万年前恐龙灭绝的理论。地质学家已经注意到一个岩石层的明显过渡，追溯到灭绝的时间。阿尔瓦雷茨分析这些在白垩纪－古近纪分界线的岩石，发现高含量的铱元素，这种元素普遍出现在小行星上。他提出一颗小行星撞击了地球，扬起的灰尘遮蔽了太阳数千年，而且留

蘑菇
降胆固醇的化合物洛伐他汀约占图示食用蚝菇（平菇）干重的 2% 左右。

下一个至今可见的陨石坑。他的假说在 1990 年前还引起争论，直到一个 6500 万年前的巨大陨石坑在墨西哥尤卡坦半岛被发现。

接下来一个月，药理学家宣布从土曲霉（真菌）中分离了一种名为 Mevinolin 的化合物。Mevinolin 显示出具有抑制胆固醇产生的作用，胆固醇增加患心脏疾病的风险。它被重新命名为洛伐他汀（Lovastatin），成为第一个出售的降低胆固醇他汀类的药物。1987 年美国食品药品监督管理局（FDA）批准了其商品名为美降脂。洛伐他

汀也在其他真菌中，例如蚝菇中被发现。

这一年早些时候，第 33 届世界卫生大会公开声明天花已经在世界范围内根除。

"旅行者" 1 号探测器在 11 月到达距离土星最近处，在这颗星球云层上空 12.4 万千米。

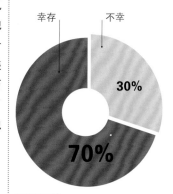

幸存　不幸

30%

70%

死于天花
截止到 1980 年全球范围内消灭天花之前，天花感染了数百万人，夺走了感染者中 30% 的生命。

84 分钟

"旅行者"号把无线信号从土星传回到地球天文学家那里所用的时间

---

10 月 4 日，英国生物学家詹姆斯·洛夫洛克出版《盖亚：地球生命的新视野》

1 月 23 日，美国理论物理学家艾伦·古思发表了他的宇宙膨胀理论

5 月 8 日，世界卫生大会确定消灭了天花

7 月，科学家宣布他们从土曲霉中分离出了能降低胆固醇的洛伐他汀

11 月 12 日，"旅行者" 1 号探测器到达土星截近处

12 月 24 日，欧洲空间局和阿丽亚娜空间公司发射了第一艘阿丽亚娜火箭

6 月，美国希捷公司推出温彻斯特 ST-506，第一款 5.25 英寸硬盘驱动器

6 月 6 日，美国物理学家路易斯·阿尔瓦雷茨发表了他有关恐龙灭绝理论的证据

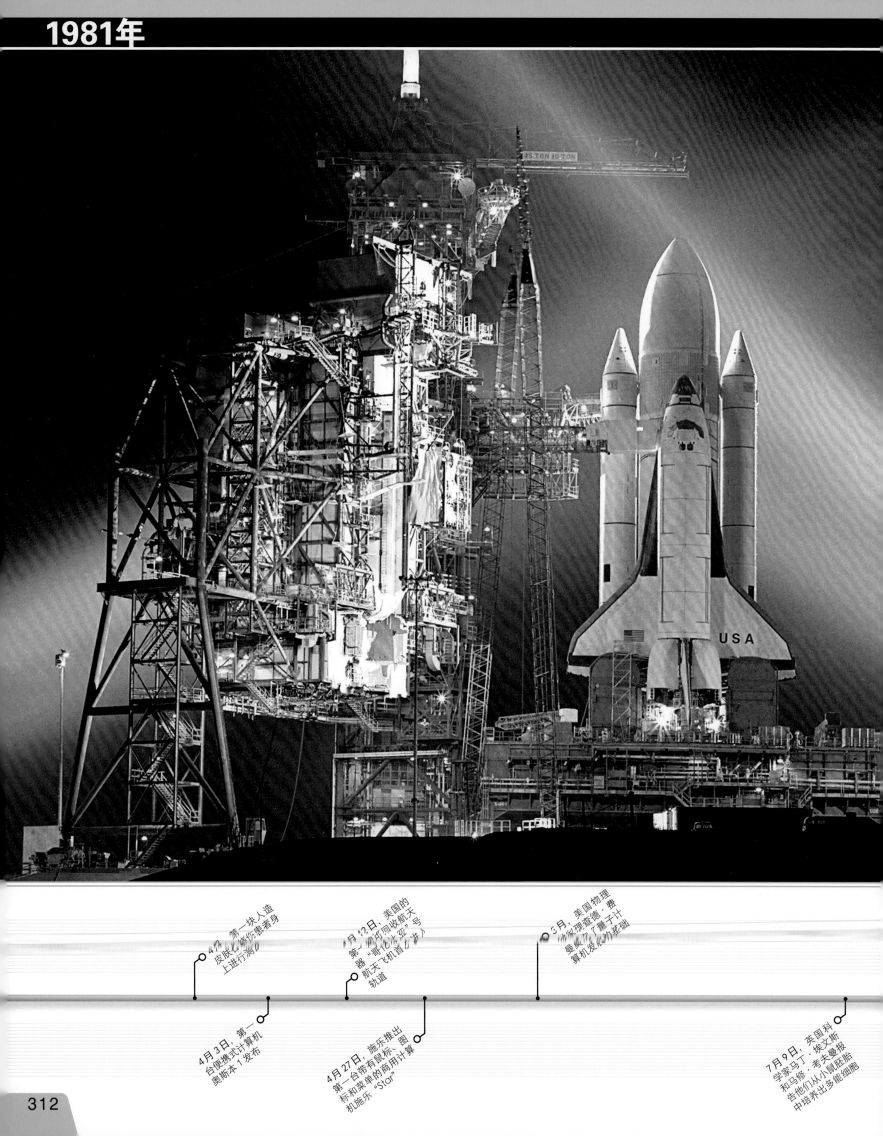

4月：第一块人造
皮肤化被烧伤患者身
上进行测试

4月12日：美国的
第一艘可回收航天
器"哥伦比亚"号
航天飞机首次进入
轨道

3月，美国物理
学家理查德·费
曼提出了量子计
算机设想的基础

4月3日：第一
台便携式计算机
奥斯本1发布

4月27日：施乐推出
第一台带有鼠标、图
标和菜单的商用计算
机施乐"Star"

7月9日：英国科
学家马丁·埃文斯
和马修·考夫曼报
告他们从小鼠胚胎
中培养出多能细胞

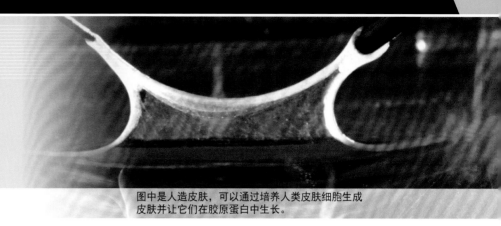

"我们所做的就是给细胞生长搭一个支架。"

约翰·伯克，美国创伤外科医生，《纽约时报》，1981年

图中是人造皮肤，可以通过培养人类皮肤细胞生成皮肤并让它们在胶原蛋白中生长。

4月，美国国家航空航天局的可重复使用的航天器——航天飞机，进行了首次完整轨道测试飞行。这是"哥伦比亚"号航天飞机28次飞行中的第一次，2003年在返回地球时突然爆炸。航天飞机的主要发动机负责把飞行器推入轨道，另外的燃料箱提供额外燃料；固体燃料助推火箭提供额外的推力。一旦用完，助推器和燃料箱从航天飞机分离。助推器会被回收并在未来的任务中继续使用。美国国家航空航天局用过5架航天飞机，成功完成总计135次任务，把轨道卫星和国际空间站所用装置送往太空。

美国奥斯本计算机公司发布了第一款成功的便携式电脑奥斯本1（Osborne 1）。日本爱普生公司紧随其后发

布了第一款笔记本电脑HX-20，仅重1.6千克，用可充电电池工作。施乐发布了8010信息系统（"Star"），这是一款具有重要意义的工作站计算机，是第一款能在"视窗"里显示文件夹中文档图标的商用计算机，可以用鼠标控

准备发射
美国国家航空航天局的"哥伦比亚"号航天飞机矗立在美国佛罗里达的肯尼迪发射中心。它附带了巨大的液体燃料箱和两个小的固体燃料助推器。

IBM-PC
IBM 5150的配置拥有两个硬盘驱动器。因为通过键盘命令与操作系统交互，所以没有鼠标。

制屏幕中的指针。这一年里计算机技术最重要的进展是IBM 5150的发布，也就是常提到的IBM-PC。这款计算机的操作系统是PC-DOS，MS-DOS（微软磁盘操作系统）的一个版本；微软Windows系统（见1985年）巨大的成功建立在MS-DOS的基础上。IBM-PC对个人计算机的发展产生了巨大的影响。它的成功让其他公司开始生产IBM兼容机，公司让IBM兼容机使用现成的硬

件，但操作系统必须得到微软授权——这也使微软公司格外成功。

4月，瑞士物理学家海因里希·罗雷尔和德国物理学家格尔德·宾宁成功制成第一台隧道扫描显微镜（STM，见下图），能让科学家制出固体表面精准原子图像的仪器。同年4月，美国创伤外科医生约翰·伯克和希腊裔美国化学工程师扬尼斯·亚纳斯第一次为重度烧伤患者成功研制出人造皮肤。这种皮肤由鲨鱼和奶牛胶原制造，用一层硅橡胶密封。胶原形成一个支架，人体能

够生成自己的胶原，然后构成新的皮肤，硅橡胶层可以被移除。

两个独立的团队，一个在英国，另一个在美国，研发了一种技术，从小鼠胚胎中分离并培养胚胎干细胞（ES）。胚胎干细胞是多能性的——它们有潜能继续生长为任意类型的细胞。它们也能无限地复制。人类胚胎干细胞第一次在1998年培养出来，对于未来的医疗大有前景。举例而言，胚胎干细胞能够用来生成组织，移植或植入到人体，能够帮助修复损伤或老化的组织。

256
IBM-PC 最大内存千字节数

扫描隧道显微镜

扫描隧道显微镜（STM）的核心是一个非常尖的金属头，可以在非常近的距离扫描物体表面，通过穿过表面和探针头之间的电子"隧道"创造出测量电流。右侧是用假彩色处理的STM图像，展示出在石墨表面上（碳原子，绿色）的一个金原子（黄色和棕色）丛。

8月，微软发布MS-DOS操作系统的首个版本，就是提供给IBM-PC上的PC-DOS贴牌版本

8月12日，IBM推出成功的个人计算机IBM-PC

8月26日，"旅行者"2号探测器接近土星，并发回令人惊叹的图像

11月，爱普生发布世界上第一台轻型笔记本电脑HX-20

12月4日，乙型肝炎病毒疫苗在美国通过批准

12月，美国分子生物学家盖尔·马丁报告，她已经从小鼠胚胎体外培养出多能细胞，并提出术语"胚胎干细胞"

100 亿美元
1982~1983年厄尔尼诺造成的损失

1982年，厄尔尼诺引发持续的强降雨，造成美国加利福尼亚州圣洛伦索河水位升高。

在数字化声音复制方面有重大进展，激光唱片（CD）在这一年10月可以购买。

由飞利浦和索尼共同开发的CD，是一种内部有一层薄铝的聚碳酸酯圆盘。铝层上有数百万微小的压痕，码成超过5000米长的成螺旋形轨迹。这些凹坑代表二进制数字，可以还原原始声音。CD机内部有一个激光器，随着光盘旋转发射激光扫描这些凹坑，一个微处理器从凹坑反射的光的式样重建了原始声波。几年之内，CD成为购买唱片最受欢迎的格式。光盘被改成一种计算机只读数据存储媒介（CD-ROM），后来出现可写入数据的光盘（CDRs）。

还是在10月，美国合成器先驱罗伯特·穆格公布了音乐设备数字接口（MIDI），一种记录并播放音乐的新方法。MIDI把演奏的音符组成简单的信息，这些信息能够用MIDI设备播放出来，比如键盘乐器或者通过操作软件。MIDI信息触发的声音样本给音乐家作曲，在记录和演奏方面有很大的灵活性。

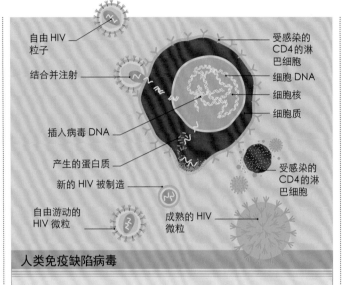

自由HIV粒子
结合并注射
插入病毒DNA
产生的蛋白质
新的HIV被制造
自由游动的HIV微粒
受感染的CD4的淋巴细胞
细胞DNA
细胞核
细胞质
受感染的CD4的淋巴细胞
成熟的HIV微粒

人类免疫缺陷病毒

引发艾滋病的病毒在1984年被识别出来，这种病毒在1986年被命名为人类免疫缺陷病毒（HIV）。HIV通过体液传播并且感染人体免疫系统关键的细胞，尤其是CD4细胞，并用它们再重造。这种细胞最后会死亡或者被其他免疫系统细胞毁坏。

7月，一种被确认的疾病被命名为获得性免疫缺陷综合征（AIDS，即艾滋病）。这种疾病夺走了纽约和加利福尼亚的同性恋群体中的许多生命。虽然已经明确这种疾病很容易在男性同性恋中通过性接触传播，但绝不限于同性恋群体。这种疾病的传播速度引发了重要的健康运动，鼓励人们使用安全套以及避免共用静脉注射针头。

普遍的极端天气提醒公众厄尔尼诺现象的存在，太平洋由于世界信风（盛行于热带地区偏东风）的变化比通常更暖。厄尔尼诺事件偶尔发生，通常持续几个月。这一年的厄尔尼诺创下了最严重的灾难记录之一，开始于7月并持续到第二年。这次厄尔尼诺造成秘鲁大约

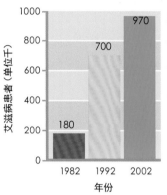

艾滋病患者

这幅图表显示了美国患有AIDS的人数。世界范围内，截止到2002年有3000万人得了这种疾病。

2000人死亡，毁灭了该国大量的鱼类资源，带来干旱以及澳大利亚和部分非洲地区的丛林火灾，导致美国加利福尼亚产生严重降雨。

5月，中国台湾生物学家施嘉和（生

于1950年）和美国生物学家罗伯特·温伯格（生于1942年）报道称他们分离出一种人类致癌基因，这是癌症的一种遗传因子。

12月，美国医生威廉·德弗里斯（1943）给退休牙医巴内·克拉克做手术，为其植入第一个人造心脏Jarvik-7。这个人造心脏由美国发明家罗伯特·雅维克（生于1946年）设计，它让克拉克存活了112天。

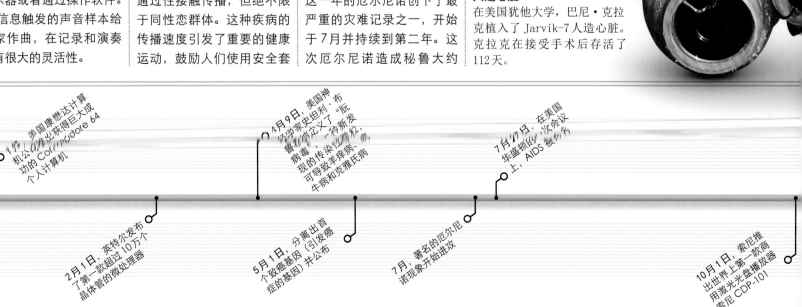

人造心脏

在美国犹他大学，巴尼·克拉克植入了Jarvik-7人造心脏。克拉克在接受手术后存活了112天。

1月1日，美国康懋达计算机公司的Commodore 64获得巨大成功的个人计算机

2月1日，英特尔发布了第一款超过10万个晶体管的微处理器

4月9日，美国神经学家史坦利·布鲁希纳定义了"朊病毒"，一种新发现的传染性物质，可导致羊痒病、牛病和克雅氏病

5月1日，分离出首个致癌基因（引发癌症的基因）并公布

7月，著名的厄尔尼诺现象开始发攻

7月27日，在美国华盛顿的一次会议上，AIDS被命名

10月1日，索尼推出世界上第一款商用激光光盘播放器索尼CDP-101

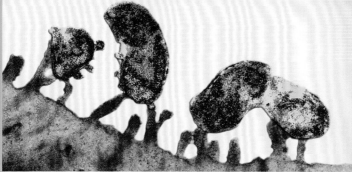

"我一口气喝完了，之后一天禁食。胃部咯咯响了几次，是细菌还是我饿了？"

巴里·马歇尔，澳大利亚医生，诺贝尔奖演讲，
2005年12月8日

杆状的螺旋形细菌，被称为幽门螺杆菌，黏附在胃黏膜上。这些细菌会引发胃溃疡。

Orchestra for sale?

完整的乐队
一个 MIDI 控制键盘乐器成为 MIDI 乐器的标准，但是 MIDI 信息可以播放任何的声音。

开口连接主要的动脉和静脉

聚酯外壳

这一年，在消费电子产品方面有三个重要进展，反映了之前 10 年的进步。这一年的第一天是所有连接到被称为阿帕网的全球网络上的计算机转用互联网协议 TCP/IP（见 1973 年）的截止日期。许多计算机历史学家认为这一天开启了现代网络。在那之后，有些计算机仍旧使用不同的协议来交互，但 TCP/IP 从那时起形成了所有网络流量的基础。第一台拥有图形用户界面（GUI）的计算机是阿尔托，由美国加利福尼亚州施乐研究中心研发（见 1973 年）。10 年后，苹果电脑公司发布了第一台拥有图形用户界面的个人计算机。

10 月，在距人类打出第一通移动电话 10 年后

Apple Lisa
第一台拥有图形用户界面的个人电脑，这个团队设计了它。

（见 1973 年），美国商人戴维·梅兰用蜂窝无线网络拨通了首通商用移动电话。

欧洲核子研究中心的物理学家发现了使标准模型变重的 3 种粒子（见 1974）。W^+、W^- 和 Z 玻色子携带与放射性衰变有关的弱相互作用（见 266~267 页）。这些粒子在 1968 年作为弱相互作用和电磁力的统一理论的一种结果被预测存在。它们的发现可能是因为欧洲核子研究中心强大的新粒子加速

7.5 光在一秒钟内可以围绕地球的圈数

器——从 1976 年开始运作的超级质子同步加速器。

10 月，第 17 次国际计量大会上定义了单位米等于光在真空中行进 1/299792458 秒的距离。

位于珀斯的西澳大利亚大学的医生巴里·马歇尔（生于 1951 年）和澳大利亚病理学家罗宾·沃伦（生于 1937 年）识别出一种引发胃溃疡（可能引发胃肠道出血致死或胃癌）最普遍的原因。他们的工作开始于沃伦注意到一种他在病人胃部发现的大量的新细菌。当时，没有人预料到胃的内部有细菌，因为里面有强酸。发现胃溃疡病人胃内有细菌后，沃伦和马歇尔假设这些细菌感染了胃

手机
世界上第一部商用手机——摩托罗拉的 DynaTAC 8000x。早期像这样的手机被亲切地称为"砖头"。

黏膜和十二指肠（小肠的一部分），导致炎症并引起溃疡。马歇尔意识到他需要在一个人类受试者身上完成这个假设的最终测试，他决定用自己做实验。确定这种细菌不在自己的胃部后，他准备了一个培养菌，掺上鸡汤喝了下去。马歇尔的胃黏膜开始发炎，这个假设很快被证明了。这种新细菌（之后被命名为幽门螺杆菌）与胃溃疡之间的关系，意味着大多数溃疡可以通过抗生素治愈，这一发现拯救了无数生命。为了表彰他们的发现，马歇尔和沃伦被授予了 2005 年诺贝尔生理学或医学奖。

10 月，MIDI（音乐设备数字接口）被公布

1 月 19 日，苹果公司发布了它们的 Lisa 电脑，第一台有图形用户界面的家庭计算机

5 月，欧洲核子研究中心的粒子物理学家发现了另一个构成弱相互作用的粒子——Z 玻色子

10 月 13 日，首通无线通话拨通，使用的是摩托罗拉的 DynaTAC 8000x——世界上第一部商用便携式移动电话

12 月 2 日，美国人巴尼·克拉克成为首个接受永久人造心脏的人

1 月 1 日，现代网络开启的日期

1 月，欧洲核子研究中心的粒子物理学家首次发现构成弱相互作用的粒子——两个 W 玻色子

6 月，发现了新的细菌——幽门螺杆菌，它们生存在胃部而且能引发胃溃疡

10 月 21 日，米被定义为光在设定时间间隔内在真空中通过的距离

楔形文字铭文
公元前 3200 年
最早写下来的文字是楔形文字，一组用茎秆写在黏土上的符号。

早期的邮件
1635 年
几个世纪以来，信件只能通过商人或者特别信使发送。到了 1635 年，英国国王查理一世首次对民众公开了他的邮政业务。

20世纪早期的信息载体
20世纪早期
使用特殊训练的鸽子传递信件起源于波斯。信息会被装在金属装置里然后系在鸽子腿上。

旗语
1792 年
第一个信号系统（使用旗子传递视觉信号）由法国工程师克劳德·沙普发明。信号可以在成网络的塔中传递，但会受天气限制。

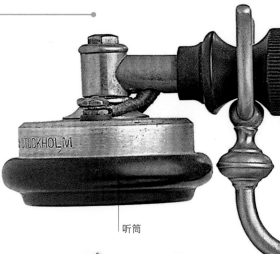

听筒

通信

谈话和发送信息的技术经历很长的过程塑造出了现代世界

通过语言传达复杂思想的能力是区分人和动物的重要特征。近些年，技术的进步已经让我们能够比一个人步行更快地传送出信息。

大多数史前文化唯一的交流方式是通过口头语言，依靠口语传统传递或记录重要的信息。公元前 4 世纪出现的书写永远改变了人类社会。但是，写出的信息仍然不得不通过手来传递。直至 19 世纪电力的应用才为现代即时通信铺平了道路。

贝尔的共电式电话机
1876 年
亚历山大·格雷厄姆·贝尔的电话使用电信号传送声音。当信号到达收报机，一个金属盘会振动，产生声波。

摇动手柄发送一个高压信号来交换

纸条记录收到的消息进行解码

按键发送电脉冲

库克和惠斯通电报
1837 年
这种电报使用电力发送信号。利用网格中间的 5 个指针组成信息，可以任意偏转指向特定的字母。

最多显示 20 个在信中常见的字母

早期的付费电话
1905 年
直到 20 世纪，付费电话才被安装到公共场所。几部电话可以被连通，由一个单独的运营商传送呼叫。

莫尔斯电报
1836 年
美国发明家塞缪尔·莫尔斯设计了一种能够沿着一根信号线长距离发送信号的电报。他的同事阿尔弗雷德·韦尔设计了使用长短脉冲（点和长划）的密码来代表字母表的字母。

网络摄像头

2000 年

网络摄像头的发展使得人们能在互联网上拨打视频电话，更多的交流转移到了电脑上。

iPhone

2012 年

数码科技让手机发生了翻天覆地的变化。苹果的 iPhone 发布于 2007 年，汇集了计算机和手机技术。

集成了扬声器和话筒单元

爱立信台式电话

1890 年

这是最早集成扬声器和传话筒的设计之一。摇动手柄通知话务员为一个呼叫"连线"。

移动电话

1983 年

移动电话经由组成移动电话网络的本地天线，使用无线电波实现无线通话。摩托罗拉的 DynaTAC 8000x 是真正的第一台手持移动电话。

光电传感器把纸张上的图像转变为电子信号

键盘

传真电报机

1956 年

早在 1865 年图片就可以通过一个电报系统传送了，但第一台使用电话线的设备，施乐在 1964 年才取得专利。曾经非常流行，现在传真已经很大程度上被电子邮件取代了。

铃响表示从交换机传来信号

数字转盘

旋转拨号电话

1931 年

流行于 20 世纪中期，旋转电话使用一个数字拨号盘来发送一系列沿线的电脉冲。交换机的开合自动连接通话。

对讲机

1940 年

小型短距离无线电话在"二战"中快速发展起来。信号通常使用 AM（振幅调制）无线电波发送。

512×342 像素

第一台 Macintosh 计算机的屏幕分辨率

美国加利福尼亚州苹果公司的一个装配线上的工人，检查并清理一台 Macintosh 电脑。

紧随前一年 Apple Lisa 电脑成功的脚步，苹果电脑公司发布了开创性的新个人电脑麦金塔 (Macintosh)。便于使用、拥有现代设计再加上高调的广告宣传活动，麦金塔旨在打破 IBM 兼容机日益增长的主导地位（见 1981 年）。下一年，微软发布了 Windows 操作系统，给 IBM 兼容机用户带来图形用户界面，巩固其优势地位。

2月，美国航天员布鲁斯·麦克坎德雷斯和罗伯特·斯图尔特进行了第一次无绳太空行走。他们被固定在载人机动部件上 (MMUs)，他们能够移动以及适应太空得益于 24 个小型制动火箭喷出氮气。麦克坎德雷斯冒险离开了航天器 100 米。

美国卫生与公众服务部长玛格丽特·赫克勒宣布美国病毒学家罗伯特·盖洛（生于 1937）发现可能引起艾滋病的病因（见 1982 年）。

> "从 DNA 中一个分子开始，一个下午 PCR 可以产生 1000 亿个相同的分子。"
>
> 凯利·穆利斯，美国生物化学家，《科学美国人》，1990 年

盖洛在法国与法国病毒学家吕克·蒙塔尼耶领导的团队一起工作，蒙塔尼耶也发现了一种可能和艾滋病有关的新病毒。6月，盖洛和蒙塔尼耶宣布两种新病毒是一样的；这种病毒最终在 1986 年得到了它自己的名字 HIV（人类免疫缺陷病毒）。

这一年，两个独立的遗传学家团队报告了相同的发现，果蝇（黑腹果蝇）的 DNA 遗传密码用于控制昆虫的主要结构特征的发育。这些所谓同源异型框序列编码蛋白质控制昆虫胚胎阶段其他基因的开启或关闭。从那以后，从酵母菌到人类，几乎在所有生物体中都发现了同源异型框基因。

9月，英国遗传学家亚历克·杰弗里斯（生于 1950 年）开发了 DNA 分型，可用于识别含有 DNA 样品（比如血液或者唾液）中的个体的技术。他后来通过使用一

无绳太空行走

美国航天员布鲁斯·麦克坎德雷斯二世成为第一个"人体卫星"，他在 2月表演了无绳太空行走。

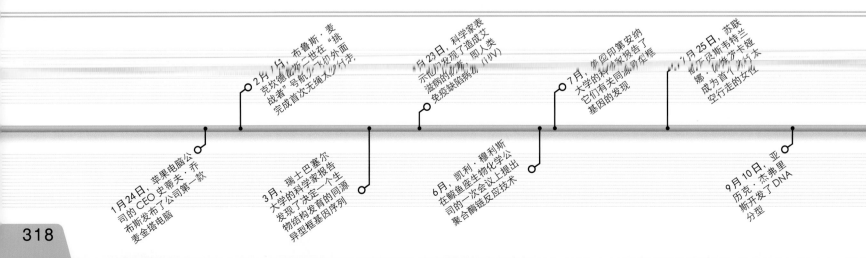

1月24日，苹果电脑公司的 CEO 史蒂夫·乔布斯发布了公司第一款麦金塔电脑

2月7日，布鲁斯·麦克坎德雷斯二世在"挑战者"号航天飞机外面完成首次无绳太空行走

3月，瑞士巴塞尔大学的科学家报告发现了决定一个生物结构发育的同源异型框基因序列

4月23日，科学家表示他们发现了造成艾滋病的病毒，即人类免疫缺陷病毒 (HIV)

6月，凯利·穆利斯在鲸鱼座生物化学公司的一次会议上提出聚合酶链反应技术

7月，麦迪印第安纳大学的科学家报告了它们有关同源异型框基因的发现

7月25日，苏联宇航员斯韦特兰娜·萨维茨卡娅成为首位太空行走的女性

9月10日，亚历克·杰弗里斯开发了 DNA 分型

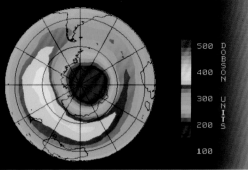

66
每年春天南极
上空臭氧消耗
的百分比

由卫星数据绘制的一幅图，显示了 1985 年 10 月
南极上空的臭氧层空洞。

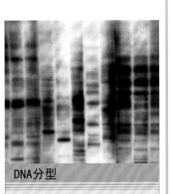

DNA分型

尽管 DNA 在任意两个个体中几乎没什么不同，但基因中的某些部分确实不同。用 DNA 分型，这些部分可以被剪切下来然后根据长度用凝胶进行排列。这些碎片的图片很像条形码，它们可以被用来鉴别个体，具有高度确定性。

个名为聚合酶链反应（PCR）的技术改善了新产品的灵敏度，这项技术首次由美国生物化学家凯利·穆利斯（生于 1944 年）在 6 月报告出来。这种方法使分子生物化学家几乎能无限地增加 DNA 小片段。聚合酶链反应是许多重要 DNA 技术中的关键部分，包括 DNA 序列分析、克隆和分型。

截至 20 世纪 80 年代，科学家在了解阿尔茨海默病方面没有什么进展，这是一种跟年龄相关的疾病，它影响人的大脑神经元，由德国精神病学家阿洛伊斯·阿尔茨海默于 1906 年首次发现。该病患者脑中有一种普遍的现象，即蛋白质构成时会在神经元之间形成"斑块"。这一年，由澳大利亚神经病理学家科林·马斯特斯（生于 1947年）领导的团队第一次发表了对存在于斑块中的蛋白质的清晰分析。美国病理学家乔治·格伦（1927~1995）在一年前首次提出了 β- 淀粉样蛋白。两年内，另一种名为微管相关 τ 蛋白的蛋白质，也被发现与这种疾病有关（见 1986~ 1987 年）。

5月，来自英国南极调查局（BAS）的科学家宣布，他们发现南极上空的臭氧呈

阿尔茨海默病的蛋白质
β- 淀粉样蛋白的蛋白质分子显示出这些分子的扭曲结构有助于使它们聚集，形成斑块。

扭曲结构

下降趋势。大多数大气臭氧存在于地上 20~30 千米之间的一层，在两极含量最多。臭氧层对于保护地球生命起到至关重要的作用，阻挡了有害的紫外线辐射。两年内，引起大气臭氧减少的主要原因被确定：一种广泛应用于冰箱和罐装气雾推进剂中（见 1986~1987 年），名为氯氟烃（CFCs）的合成化合物。

60
每个巴克敏斯特
富勒烯分子中碳
原子的数量

稳定同素异形体的证据，由 60 个碳原子组成的分子。科学家们很快算出了这种分子的结构：碳原子按五边形和六边形连接起来。这种结构和美国建筑师理查德·巴克敏斯特·富勒设计的一种网格状穹顶非常相似，所以这种新的同素异形体被命名为巴克敏斯特富勒烯（巴克球）。这种新的同素异形体已经被其他化学家预测出来，并且已被发现天然存在。它催生了一个名为富勒烯的重要的新型材料（见1990~1991 年）。

碳元素用途极为广泛，在无数的化合物中形成链或环。即使是纯净物时，这种多功能性也是显而易见的：它最有名的两个同素异形体是碳原子排列成四面体的钻石和碳原子形成平面六边形的石墨。这一年 9 月，英国萨塞斯克大学和美国莱斯大学的化学家发现了一种碳的

碳原子

巴克球
巴克敏斯特富勒烯也被称为巴克球，五边形和六边形交替构成的结构，看起来像一个足球。

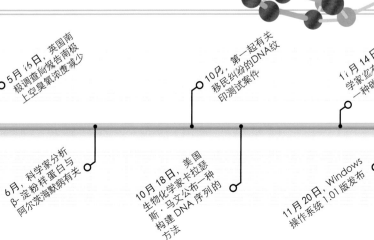

5 月 16 日，英国南极调查局报告南极上空臭氧浓度骤减少

6月，科学家分析
β- 淀粉样蛋白与
阿尔茨海默病有关

10月，第一起有关
移民纠纷的DNA纹
印测试案件

10月 18 日，美国
生物化学家卡拉瑟斯·马文公布一种
构建DNA序列的
方法

1 月 14 日，科
学家宣布发现了
一种碳的新形式

11月 20 日，Windows
操作系统 1.01 版发布

> "切尔诺贝利……向我们展示了一个汲取土地、空气、水中养料的世界是一个谎言。"

萨蒂亚·达斯，加拿大作家，在阿尔伯塔大学的演讲，1986年

在被认为是世界上最严重的核事故之后，切尔诺贝利核电站开始进行修复。

两个灾难占据了 1986 年的科技新闻。1 月，美国国家航空航天局的航天飞机"挑战者"号在升空后不久发生了灾难性的爆炸而解体。全体 7 名航天员遇难，包括一名平民教师克里斯汀·麦考利夫，航天飞机项目被停止超过两年。3 个月后，苏联乌克兰的切尔诺贝利核反应堆在一次例行测试中的电涌之后爆炸了。两名工作人员当即死亡，接下来的几周内陆续有 28 人死亡。反应堆周边被放射性物质高度污染。大约 5% 的已经摧毁的反应堆核心在爆炸后被带入高空并引发火灾，污染扩散的范围远远超过乌克兰的面积。这次事故被归咎于设计上的缺陷以及人员培训的不足。

地球大气上方，Proton-K 火箭把苏联模块化空间站"和平"号（Mir）中的第一个模块送入轨道。此后 10 年，其他 6 个模块相继接上，之后大量科学实验在里面展开，包括研究长期生活在太空中的影响。对于一个拥有 15 年使用寿命的空间站，"和平"号几乎被接连的来自 12 个不同国家的航天员小组占据了。

73

"挑战者"号航天飞机升空后爆炸前经历的秒数

航天飞机的悲剧
美国的航天飞机"挑战者"号发射不久发生爆炸，之后迅速解体。舱内 7 位航天员全部遇难。

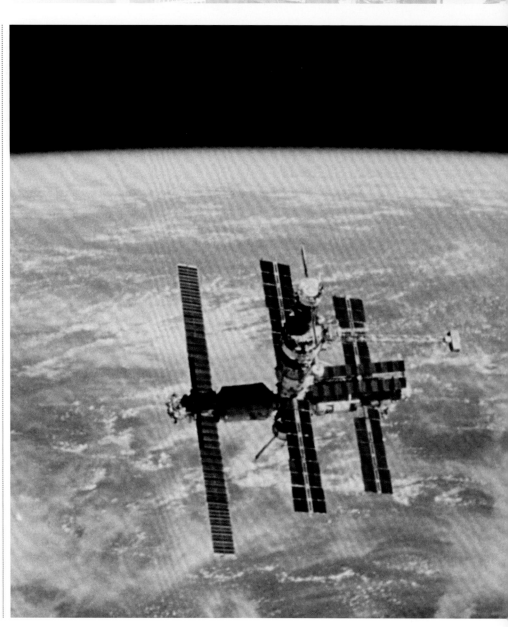

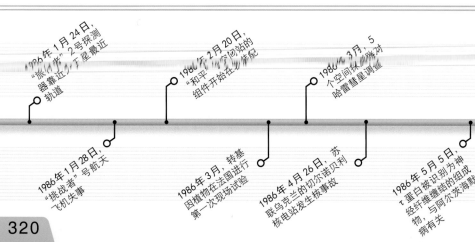

1986 年 1 月 24 日，"旅行者" 2 号探测器靠近了天王星最近轨道

1986 年 2 月 20 日，"和平" 号空间站的第一个组件开始在轨道运转

1986 年 3 月，5 个空间探测器相对哈雷彗星调查

1986 年 11 月，IBM 研发了第一个高温超导体

1986 年 1 月 28 日，"挑战者"号航天飞机失事

1986 年 3 月，转基因植物在法国进行第一次现场试验

1986 年 4 月 26 日，苏联乌克兰的切尔诺贝利核电站发生核事故

1986 年 5 月 5 日，τ 蛋白被识别为神经纤维缠结的组成物，与阿尔茨海默病有关

1986 年 12 月 5 日，IBM 的研究员发明了原子力显微镜

这幅图显示的是一片加入了抗除草剂基因的转基因油菜田。

"和平"号空间站

苏联"和平"号空间站大约在距太平洋上空 360 千米的轨道上。这张图拍摄于 1995 年，来自美国的航天飞机"发现"号。

还是在太空，5 个探测器接近哈雷彗星，这是在太阳系内的一次冒险。欧洲空间局的"乔托"号探测器在彗星中心 600 千米处掠过，捕获了第一张彗星的彗核图片。

研究人员试图解释阿尔茨海默病人脑中发现的神经元纤维缠结（NFTs）性质的秘密。他们发现神经元纤维缠结是由异化的微管相关 τ 蛋白聚集而成（跟小管相关的单位），微管对维持细胞结构至关重要。这是关于阿尔茨海默病的第二大突破，此前已了解到 β- 淀粉样蛋白的特性（见 1985 年），它在构成时会在阿尔茨海默病人的神经元间形成斑块。

第一次转基因（GM）植物田间试验在法国和美国开始了：通过修改烟草植物的 DNA 给予其除草剂抗性。自 1986 年开始，许多转基因农作物被生产出来，包括棉花、土豆还有油菜籽。从一开始，

66.9 千米/时
太阳能汽车的平均时速

转基因作物的生产就存在争议，担心转基因生物对环境产生不可预知的后果，还有一些人单纯地反对"干涉"自然。

1987 年 2 月，南半球的天文学家在天空中观测到一种新的光源，和许多肉眼可见的恒星一样亮。最终被证明是超新星（一颗巨恒星演化末期经历的剧烈爆炸），被标记为 SN 1987a。这次爆炸发生于距离地球 17 万光年外的大麦哲伦星系。它是 300

太阳能汽车

通用汽车公司的 Sunraycer 击败竞争对手赢得第一次太阳能车挑战赛。这次比赛在盛夏的澳大利亚举行，参赛的全部都是接受太阳能供给的车辆。

激光眼科手术

眼科医生准备做第一例激光眼科手术，首先要测量病人眼睛的曲率。

多年来第一颗裸眼观测到的超新星。

南极上空发现的臭氧空洞（见 1985 年）导致了更多关于氟氯烃（CFCs）对臭氧层影响的研究。联合国提出一个限制生产氟氯烃的国际协议《蒙特利尔议定书》，在 1987 年 9 月开放签署并于 1989 年开始生效。

在柏林，德国眼外科医生特奥·塞勒（生于 1949 年）给一位病人实施了第一例激光眼科手术。眼科矫正手术起始于 20 世纪 70 年代，通过采用放射状角膜切开术，沿放射线切开角膜，改变它的形状。1983 年，美国眼外科医生斯蒂芬·特罗克（生于 1934 年）开发了一种改变角膜形状的方法，即用紫外线激光燃烧掉角膜组织，这种方法被称为屈光性角膜切削术（PRK），塞勒使用的就是这种技术。一个更复杂的名为激光原位角膜磨镶术（LASIK）的技术在 1989 年获得了专利，1991 年开始在市面上提供。

11 月，世界第一个太阳能车挑战赛——为促进汽车太阳能技术而举办的比赛在澳大利亚举办。比赛冠军是通用汽车公司的 Sunraycer。

1987年2月23日，超新星 SN 1987a 因为足够亮，裸眼就可观测到

1987年3月，第一款艾滋病治疗药物 AZT 在美国被批准

1987年3月，科学家观察到阿尔茨海默病人的脑细胞 τ 蛋白有缺陷

1987年10月，华裔美籍生物工程师冯元桢提出"组织工程学"

1987年11月，Sunraycer 赢得了第一次世界太阳能车挑战赛的冠军

1987年11月，世界上第一例激光眼科手术在人身上完成

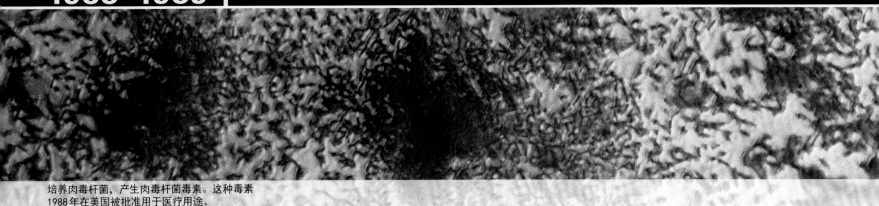

培养肉毒杆菌，产生肉毒杆菌毒素。这种毒素1988年在美国被批准用于医疗用途。

1988年6月，美国国家航空航天局纽约戈达德空间研究所所长詹姆斯·汉森（生于1941年），向美国参议院能源和自然资源委员会报告全球平均温度正在增加，超过了正常气候变化的预期。他指出，现在世界温度比大约100年前开始有系统的记录以来的任何时候都高。他说升高的温度可能会引起热浪和其他极端天气活动。重要的是，他指出变暖的主要原因是温室效应（见326~327页），通过化石燃料燃烧大量排放出的二氧化碳进入大气增强了温室效应。

气候科学家已经十分清楚全球变暖，以及如果持续变暖，世界可能会面对的挑战。1986年，世界气象组织和联合国环境规划署设立了一个机构（温室气体咨询小组）来调查这种现象。这个小组后来被1988年末成立的联合国政府间气候变化专门委员会（IPCC）取代。IPCC的第一份评估报告在两年后发表（见1990年）。

11月，荷兰计算机科学家皮特·贝尔泰马（生于1943年）启动了一个与美国国家科学基金网（NSFnet）连接的项目。美国国家科学基金网是一个为学术互联的全国性计算机网络。它形成了早期互联网的骨干网。荷兰的其他组织和整个欧洲很快也连接进来。荷兰的计算机科学家是幸运的，他们与

> **"全球变暖已经到了一定程度，我们能归因于……温室效应和观察到的变暖有一种因果关系。"**
>
> 詹姆斯·汉森，美国气候科学家，向美国参议院能源和自然资源委员会证明，1988年

美国国家科学基金网在第一次网络蠕虫发布前连接上了。由美国康奈尔大学的罗伯特·莫里斯编写的莫里斯蠕虫病毒感染了美国国家科学基金网的数千台电脑，让它们运行缓慢。停机和消除受感染的计算机中的蠕虫而造成的损失是未知的，但估计在100万美元左右。莫里斯被依据《计算机欺诈及滥用法案》定罪。

1989年2月，现代化全球定位系统（GPS，见1978年）新阶段的第一个卫星发射升空。接下来的10年里，18颗新卫星进入轨道。GPS最初是美国军工企业的产品，获取高精度GPS信号只限于军用，主要为了确保敌人无法受益。到20世纪90年

代末，这种限制结束，公众也能够获得完整的服务，为导航设备包括汽车在内"卫星导航"设备和带有GPS功能的手机开辟了新市场。俄罗斯有类似的卫星导航系统——全球导航卫星系统（GLONASS），它也开始于20世纪70年代，在1993年全面运作。在2000年后期，很多卫星导航设备同时使用GPS和GLONASS。

12月，肉毒杆菌毒素，也就是所谓的"肉毒杆菌素"，在美国被批准用于解决与眼肌相关的问题。这种梭菌属细菌产生的毒素，微量就有致死性。注射后会引发面部肌肉麻痹大约3个月。同年，美国整形外科医生理查德·克拉克报告了注射肉

卫星导航如何工作

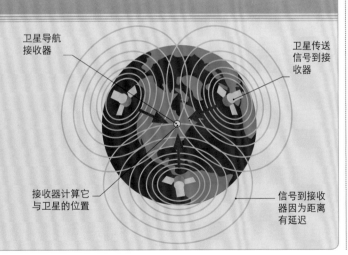

卫星导航设备接收从环绕地球的卫星发来的信号。每个卫星带有一个非常精准的原子钟。来自3个或更多的卫星不同的时间信号被接收，一个卫星导航设备能够计算出每个信号距卫星多远。利用这些距离，设备能非常准确地算出它的地理位置。

卫星导航接收器

卫星传送信号到接收器

接收器计算它与卫星的位置

信号到接收器因为距离有延迟

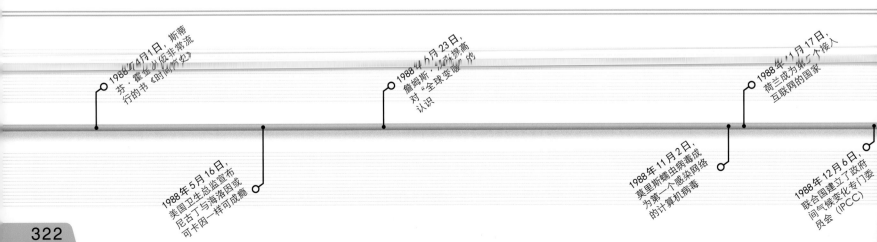

1988年4月1日，斯蒂芬·霍金发行的书《时间简史》

1988年6月23日，詹姆斯·汉森，对"全球变暖"的认识

1988年11月17日，荷兰成为第6个接入互联网的国家

1988年5月16日，美国卫生总监宣布尼古丁与海洛因或可卡因一样可成瘾

1988年11月2日，莫里斯蠕虫病毒成为第一个感染计算机网络的计算机病毒

1988年12月6日，联合国建立了政府间气候变化专门委员会（IPCC）

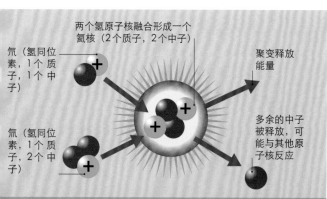

8 基因诊断移除细胞前胚胎中细胞的典型数量

单个细胞从胚胎中移出是胚胎植入前遗传学诊断的第一阶段。胚胎可以继续完整发育，移出的细胞被用于基因检测。

两个氢原子核融合形成一个氦核（2个质子，2个中子）

氘（氢同位素，1个质子，1个中子）

氚（氢同位素，1个质子，2个中子）

聚变释放能量

多余的中子被释放，可能与其他原子核反应

核聚变

聚变是原子核聚集融合在一起的过程，最常见的状况是氘和氚（重氢）核融合形成一个氦。它爆发出大量的能量，并且成为恒星内部能量的来源。聚变已经在实验中实现过，但是迄今为止，用来创造温度和压力的能量比反应释放的能量多很多。

毒杆菌素去除了单侧面瘫病人眼睛上不想要的皱纹。注射肉毒杆菌素能减少皱纹（老化带来的最明显的标志之一）的事实，令很多整形外科医生的客户非常感兴趣。有些人注射肉毒杆菌素只是因为美容的原因，在最开始这是非法的。2002年，肉毒杆菌注射整容在美国被批准，之后很快发展到其他国家。

第一个通过体外受精（见1978年）孕育的婴儿出生后11年来，辅助生殖技术大幅提高。在体外创造胚胎（通常是成长3天后植入）这一事实为基因检测提供了可能性，这种检测可以发现来自父母的遗传病。体外受精周期创造多个胚胎，它们携带的引发疾病的基因会被丢弃。由英国体外受精医生艾伦·汉迪赛德（生于1951年）和罗伯特·温斯顿（生于1940年）领导的团队实行了第一次人类胚胎植入前遗传学诊断（PGD）。这项程序是有争议的，一些残疾人权利组织声称这是一种人种改良学的高科技版本。

来自美国犹他大学的美国物理学家斯坦利·庞斯（生于1943年）和英国物理学家马丁·弗莱施曼（1927~2012）的所谓实验结果在物理学界引发了一场争论。两人宣布他们已经进行了一个实验，获得了难以用化学反应来解释的大量能量。他们宣称这些额外的能量来自核聚变（通常只可能在极高温度和压力下发生）（见左边）。科学家对这种"冷聚变"产生浓厚兴趣，但他们也是怀疑的，没人能重复这一实验并得到相同的结果，这也导致科学界推断庞斯和弗莱施曼的结论几乎肯定是错误的。

8月，美国国家航空航天局的"旅行者"2号实现了与海王星距离最近的一次接触，拍摄了这颗行星的第一张清晰的照片。这是"旅行者"2号飞向太阳系外之前最后一次访问行星或者卫星。

海王星

美国的"旅行者"2号探测器捕获气体巨星海王星云层的照片，它呈蓝色是因为存在甲烷。

12年

"旅行者"号到达海王星所用的时间

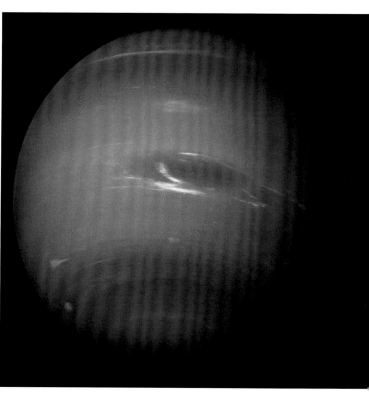

180 千米
希克苏鲁伯陨石坑的直径

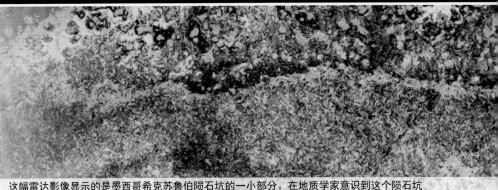

这幅雷达影像显示的是墨西哥希克苏鲁伯陨石坑的一小部分。在地质学家意识到这个陨石坑是由那个可能致使恐龙灭绝的物体造成之前，它已经被发现了近 20 年。

政府间气候变化专门委员会在 1990 年首次发表了评估报告。报告显示，受大量人为排放的温室气体，如二氧化碳的影响，全球平均温度正在以每年 0.3℃ 的速度增加（见 326~327 页）。报告陈述了一些全球变暖的潜在影响，如

蒂姆·伯纳斯－李
（生于 1955 年）

英国计算机科学家蒂姆·伯纳斯－李在牛津大学得到物理学学位。在欧洲核子研究中心（CERN）工作的时候，他发展了网络的概念。1994 年，伯纳斯－李创立了万维网联盟（W3C），一个开发网络标准的国际组织。

海平面上升和对生物多样性的威胁。进一步的评估报告支持并完善了这一科学结论。

英国计算机科学家蒂姆·伯纳斯－李创建了世界上第一个浏览器，称为万维网。当时，互联网正在迅速成长，但主要是学者在使用它们。他们通过在公告栏允许用户交换软件和发布信息的系统输入指令进行交流。有几个不同的操作系统，还有一些常见的程序和文档格式。伯纳斯－李设计了一种能够在任何一台电脑上使用的计算机语言即超文本标记语言（html），来创建页面信息。尤其重要的是，这些页面可以链接到其他电脑上的页面。这些特殊编程的、联网的电脑被称为服务器。这样的结果就形成一个信息的"网络"，此后就成为这个软件的名称，以及最终万维网本身都被称为"网络"。在瑞士欧洲核子研究中心（CERN）工作时，伯纳斯－李创建了第一个网络服务器，当时他在该组织工作。

1990 年 4 月，美国

的"发现者"号航天飞机携带哈勃空间望远镜（HST）进入近地轨道。这个以美国天文学家埃德温·哈勃（见 1923 年）命名的望远镜携带有一系列探测红外线、紫外线和可见光的仪器。哈勃空间望远镜产生了令人惊叹的大范围太空物体的影像，为天文学家、天体物理学家和宇宙学家提供了大量信息。

日本生物物理学家小川诚二（生于 1934 年）开发了磁共振成像（MRI）的扩展功能，使之可以区分含氧和缺氧的血液。小川意识到这可

网站数量增长

当互联网在企业和用户中成为普通的东西后，网站数量急剧增长。

能能揭示出究竟大脑的哪个区域最为活跃。他的技术成为可用来测量脑部活动的功能磁共振成像（fMRI）的基础。1990 年他制作了老鼠的功能磁共振成像图像；第一个人类的功能磁共振成像图像产生于 1992 年。

1990 年 6 月，研究人员在美国开始了世界上第一个使用基因疗法的临床试验。一个基因被插入白细胞中，由此产生的转基因细胞被注入一个罹患严重免疫系统紊乱症的女孩身上。

氢动力汽车

1991 年，日本马自达公司首次披露 HR-X 概念车，它有一个燃烧氢的内燃机。

政府间气候变化专门委员会在 1990 年首次发表了评估报告。（网站图表：纵轴 网站（百万）0–180，横轴 年 1990–2007）

1990年2月14日，"旅行者"1号探测器旋转着拍摄了除冥王星和火星之外的所有太阳内行星的"全家福"

1990年4月24日，哈勃空间望远镜发射

1990年4月，人类基因组计划启动

1990年6月，美国通用仪器公司引进第一个数字高清晰度电视系统

1990年9月10日，发布第一个互联网络搜索引擎——阿奇

1990年9月14日，实施第一例基因疗法

1990年9月15日，美国的"麦哲伦"号探测器开始绘制金星表面的3D地图

1990年10月26日，政府间气候变化专门委员会（IPCC）发布了第一个气候变化评估报告

1990年12月，以功能磁共振成像为基础的技术发展起来，该技术使得实现大脑处理过程的实时成像

1990年12月25日，被称为万维网的世界上第一个网页浏览器诞生

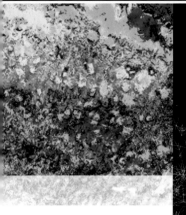

1991 年，加拿大地球物理学家艾伦·希尔德布兰德（生于 1955 年）宣布，集中在墨西哥尤卡坦半岛的希克苏鲁伯陨石坑几乎肯定是由陨石碰撞地球产生的。美国物理学家路易斯·阿尔瓦雷茨曾假设，此次碰撞是恐龙灭绝的原因（见 1980 年）。岩石的年龄和目标的大小都使得陨石坑非常符合阿尔瓦雷茨的假设。

11 月，日本物理学家饭岛澄男（生于 1939 年）发表了对纯碳纳米管的研究。尽管这些管以前已经被观察到了，对碳同素异形体富勒烯（见 1985 年）日益增加的兴趣启发了饭岛的工作，并且帮助他进一步开发了碳纳米管。

美国发明家罗杰·比林斯（生于 1948 年）展示了第一辆氢燃料电池作为动力的电动汽车。当年，日本马自达公司推出一辆带有氢内燃机的概念车。

全球联系
图片展示的是 21 世纪初电脑网络的地图。万维网是相互联系的信息的总和，这些信息存储在整个复杂互联网的服务器上。

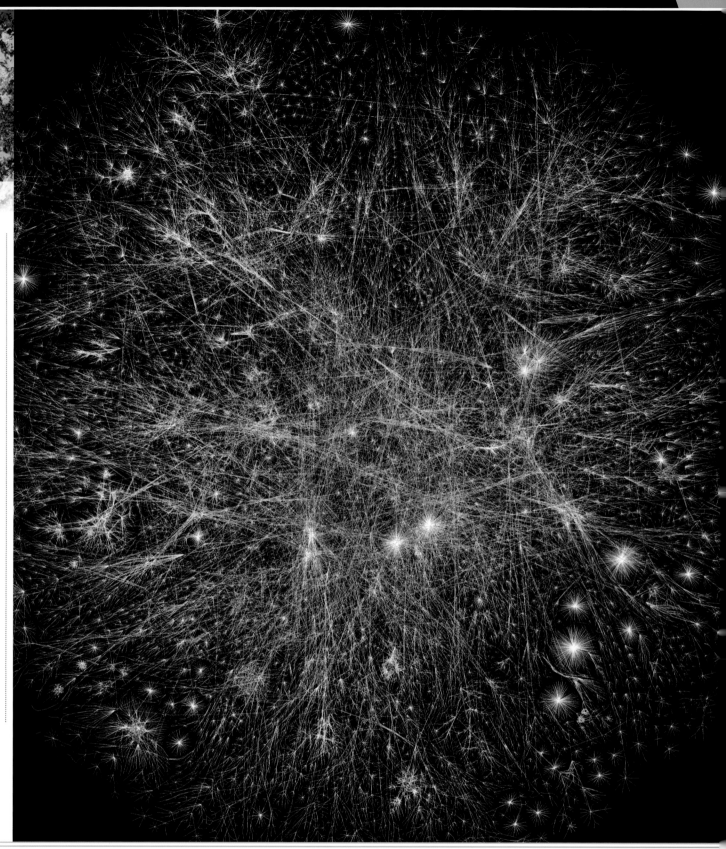

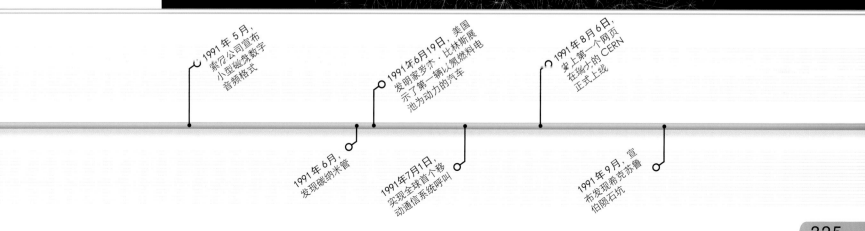

1991 年 5 月，索尼公司宣布小型磁带数字音频格式

1991 年 6 月 19 日，美国发明家罗杰·比林斯展示了第一辆以氢燃料电池为动力的汽车

1991 年 8 月 6 日，史上第一个网页在瑞士的 CERN 正式上线

1991 年 6 月，发现碳纳米管

1991 年 7 月 1 日，实现全球首个移动通信系统呼叫

1991 年 9 月，宣布发现希克苏鲁伯陨石坑

认识全球变暖

人类活动使得地球温室效应增强，大气变暖

在过去的200年里，相对于过去变冷的趋势，地球平均温度迅速上升。证据显示，全球变暖不是自然气候变化的结果，大部分是由于人类活动导致的，并且会带来灾难性后果。

太阳的能量以电磁辐射的形式到达地球，大部分是可见光和红外线以及紫外线。一部分能量被吸收，剩下部分则被反射回太空。被吸收的能量使得地球增温，并且由于任何有温度的物体都会发射红外线，因此地球也会损失热量。在一定温度下，地球以它吸收能量的速率辐射能量。

温室效应

若没有大气层，地球的平衡温度大约为-18℃。但是大气层吸收一部分传入和传出的辐射，使得温度升高。被加热的大气层产生红外辐射，其中一部分被地球表面吸收。结果平衡温度较高，约14℃。这个现象就是温室效应，由于温室也"捕获"热量，使它比原本温度高。

温室气体

温室效应的第一个实验证据来自爱尔兰物理学家约翰·廷德尔。19世纪50年代，廷德尔测量各种气体能够吸收多少红外辐射。最强的"温室气体"是水蒸气，但是甲烷、二氧化碳和臭氧吸收能力也很强。20世纪，气候学家发现二氧化碳浓度正在增加，加强了温室效应并且使得地球平衡温度增加。二氧化碳浓度增加大部分是由汽车和发电站化石燃料的燃烧导致的。

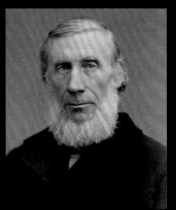

约翰·廷德尔
爱尔兰物理学家约翰·廷德尔（1820~1893）研究磁学和大气物理学，是一个伟大的科学普及家。

> "全球变暖必须视为是对经济和安全的威胁。"

科菲·安南，前联合国秘书长，2009年

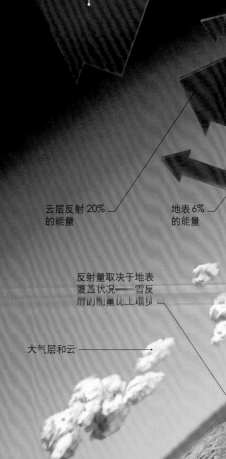

输入能量的30%（52兆瓦）被反射，未被吸收

大气反射4%能量

云层反射20%的能量

地表6%的能量

反射量取决于地表覆盖状况——雪反射的能量比土壤的

大气层和云

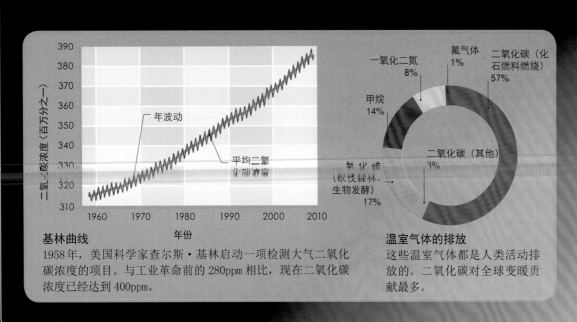

基林曲线
1958年，美国科学家查尔斯·基林启动一项检测大气二氧化碳浓度的项目。与工业革命前的280ppm相比，现在二氧化碳浓度已经达到400ppm。

温室气体的排放
这些温室气体都是人类活动排放的。二氧化碳对全球变暖贡献最多。

一氧化二氮 8%
氟气体 1%
二氧化碳（化石燃料燃烧）57%
甲烷 14%
二氧化碳（其他）3%
氧化碳（砍伐森林、生物发酵）17%

全球变暖的影响

气候学家达成共识，全球变暖是人为造成的（由人类活动引起的）。国际协议《京都议定书》等代表了控制温室气体的努力。持续增温会带来灾难性后果，冰雪融水会使海平面增高、洪水频发，同时极端气候事件可能增加。

20~60 厘米

这个世纪末海平面上升的高度

极端天气
全球变暖似乎增加了飓风的频率和强度，温暖大气向气候系统输入更多的能量和水分。

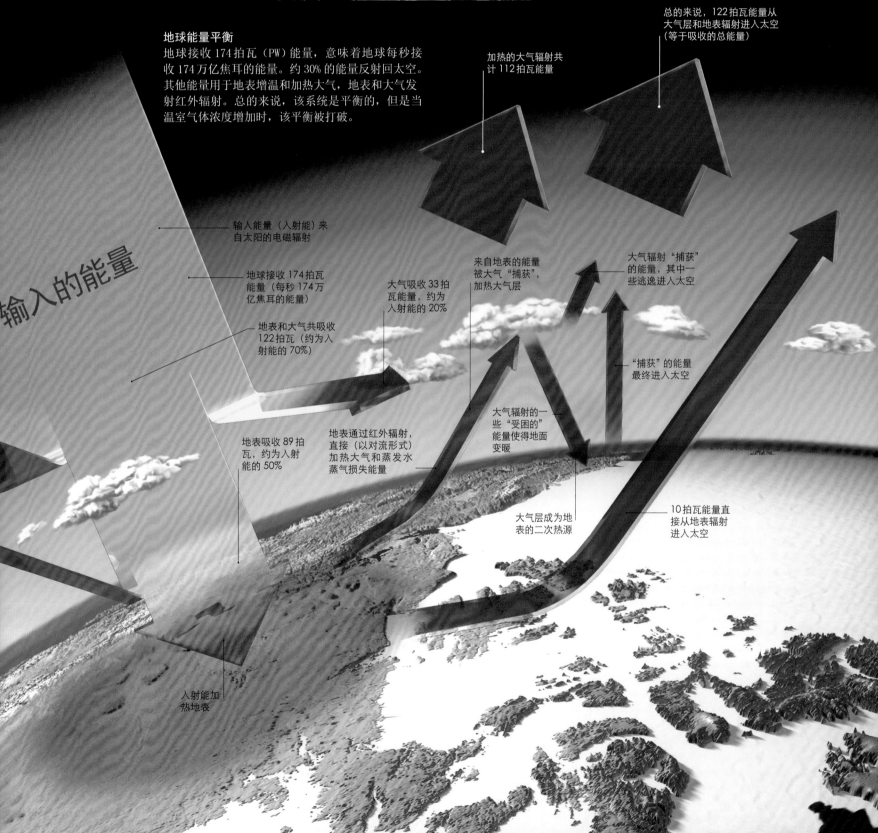

地球能量平衡
地球接收 174 拍瓦（PW）能量，意味着地球每秒接收 174 万亿焦耳的能量。约 30% 的能量反射回太空。其他能量用于地表增温和加热大气，地表和大气发射红外辐射。总的来说，该系统是平衡的，但是当温室气体浓度增加时，该平衡被打破。

加热的大气辐射共计 112 拍瓦能量

总的来说，122 拍瓦能量从大气层和地表辐射进入太空（等于吸收的总能量）

输入的能量

输入能量（入射能）来自太阳的电磁辐射

地球接收 174 拍瓦能量（每秒 174 万亿焦耳的能量）

地表和大气共吸收 122 拍瓦（约为入射能的 70%）

大气吸收 33 拍瓦能量，约为入射能的 20%

来自地表的能量被大气"捕获"，加热大气层

大气辐射"捕获"的能量，其中一些逃逸进入太空

地表吸收 89 拍瓦，约为入射能的 50%

地表通过红外辐射，直接（以对流形式）加热大气和蒸发水蒸气损失能量

大气辐射的一些"受困的"能量使得地面变暖

"捕获"的能量最终进入太空

入射能加热地表

大气层成为地表的二次热源

10 拍瓦能量直接从地表辐射进入太空

1 在卵细胞质内单精子注射术中，直接注射到卵细胞内的精子数目

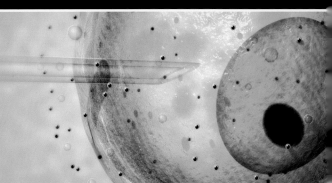

在卵细胞质内单精子注射术中（ISCI），通过一个极细的玻璃针，单个精子细胞被直接注射到一个卵细胞内。

几十年来，天文学家一直认为存在系外行星，即太阳系以外的行星。他们已经发现了若干个疑似系外行星，但没有明确的证据。1992年，天文学家探测到一颗围绕脉冲星运动的行星，确认了系外行星的存在。这颗行星围

"圣诞快乐。"

尼尔·帕普沃思，英国工程师，第一条短信，1992年

绕发射无线电波束的中子星做轨道运动。3年内，天文学家们又发现一颗围绕普通恒星（正处在主星序阶段）做轨道运动的行星（见1995年）。

自从发现了宇宙背景辐

射（CMB，见1964年），宇宙背景探测卫星（COBE）收集的数据使得宇宙学得到显著发展。宇宙背景探测卫星对宇宙背景辐射做了一个非常灵敏的全天空调查，发现辐射存在轻微变化，而这些轻微变化与早期宇宙温度相

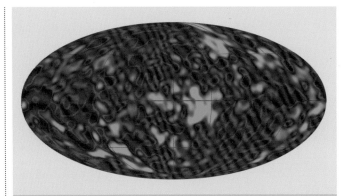

宇宙微波背景辐射

宇宙微波背景辐射（CMB）是宇宙大爆炸（见344~345页）后充斥于宇宙中38万年的热辐射，并且提供了当时宇宙的温度记录。宇宙微波背景辐射是显著的各向同性——各个方向相同。宇宙微波背景辐射的细微变化，或各向异性，如以上假彩色图所示——红色区域比蓝色区域温度略微高一些。

对应。反过来，这些温度变化代表了密度波动。密度波动很重要，如果密度完全一致，物质就不会成群在一起形成恒星、星系和星系团。

1992年6月，政府代表和非政府组织（NGOs）的代

表参加了在巴西里约热内卢召开的关于环境和发展的联合国会议，通常称为地球峰会。会议主要目的是讨论在这个日益工业化和人口密集的世界，地球自然资源的可持续利用的问题。此次会议产生两个主要公约：第一个是1993年的《生物多样性公约》；第二个是《联合国气候变化框架公约》（UNFCCC）。一个雄心勃勃的旨在应对气候变化的计划《京都议定

书》（见1997年）源自《联合国气候变化框架公约》，于2005年生效。

1992年9月底，大气科学家报道说，南极上空的臭氧空洞（见1985年）以每年15%的速度增长，面积是北美的大小。

体外受精（见1978年）已经发展起来，主要是为了解决女性不孕；20世纪90年代，这项技术的拓展技术卵细胞质内单精子注射术

（ICSI）发展起来，主要是为解决男性不育。这项革命性的技术包括注射单个精子进入一个卵子（卵细胞），从而解决精子数低和精子能动性低（向卵子运动的能力）的问题。这是由意大利生育专家吉安皮耶罗·巴勒莫和比利时医生安德烈·范·斯泰尔特格姆在比利时布鲁塞尔自由大学研发的。1992年，通过使用此项技术孕育的第一批胎儿的出生，得到证实。

自20世纪70年代以来，小型简单的液晶显示屏（LCDs）已经投入使用，并且成为消费电子设备的一部分，如计算器、电子表和录像机。1992年，

液压悬架

碳纤维小腿

假膝关节

微处理机控制的假膝关节自动调整佩戴者的步态。

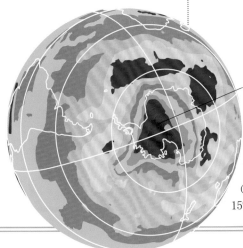

南极上空臭氧空洞

臭氧空洞

1992年9月底，大气学家报道说，南极上空的臭氧空洞（见1985年）以每年15%的速度增长。

1992年1月9日，天文学家发现第一颗证实的太阳系外的行星

1992年4月23日，科学家发现在宇宙早期星系形成的种子，数据来自宇宙背景探测卫星（COBE）

1992年6月3日，地球峰会在巴西里约热内卢召开，讨论可持续发展议题

1992年9月29日，NASA报道说，南极上空臭氧空洞面积迅速增长

1992年，日立公司发出第一个实际应用的、高分辨率的、高真亚分辨率的（LCDs）示屏

1992年11月3日，第一条短信（SMS）通过全球移动通信系统（GSM）网络发送

1992年，第一个通过直接注射精子进入卵子怀孕的小孩出生

1993年，在拉赫福德发布智能假膝（第一个商用微处理机控制）的假膝关节

在"休梅克－列维"9号彗星与木星碰撞前的两个月，哈勃空间望远镜拍摄到"休梅克－列维"9号彗星的这些碎片。"休梅克－列维"9号彗星是第一颗观察到的没有围绕太阳做轨道运动的彗星。

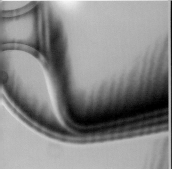

298000 真菌物种

611000 植物物种

7700000 动物物种

生物多样性
超过800万的植物、动物和真菌物种是已知的，还有更多物种尚未被发现。

日本日立公司开发出一项新技术，称为共面转换，使得采用大型液晶显示器作电视屏幕成为可能。2007年，液晶电视的销量超过那些阴极射线管屏幕电视的销量。

1993年，《生物多样性公约》生效。该条约是在地球峰会上开放签署的，旨在保护生物多样性并鼓励分享利用传统知识带来的利益。

英国公司布拉奇福德发布了他们第一个由芯片控制的假肢。这个假膝关节能够自动调整以适应佩戴者的步态并且于1993年投入商业使用。

在第一批转基因作物田间试验8年后（见1986年），美国卡尔京（Calgene）公司的莎弗番茄由美国食品药品监督管理局批准出售，成为当年第一个商业化的转基因食物。卡尔京公司向番茄染色体中插入一个基因，延迟产生打破细胞壁和软化水果的酶。这样番茄很长一段时间可以保持坚硬和新鲜。莎弗番茄1997年停产，经历了最初的商业成功后又衰落了。

7月，当21个山一样大小的"休梅克－列维"9号彗星碎片进入木星大气层的时候，全世界的天文学家把他们的望远镜对准木星。受木星引力的影响，彗星已经

被木星捕获，并可能已经绕木星运行了20多年。1993年美国天文学家尤金·休梅克（1928~1997）、卡洛琳·休梅克（生于1929年）和加拿大天文学家戴维·列维（生于1948年）发现该彗星。1992年彗星在接近这颗巨大的行星时，已经成为碎片。这些碎片形成一个长约1万千米的链。爆炸产生的影响就是在大气中留下了伤痕。当时正在飞往木星途中的"伽利略"号探测器（见1995年）正好有条件收集此次碰撞的数据和影像。

12月，美国医学研究员杰弗里·弗里德曼（生于1954年）报道发现一种激素，

该激素与食欲进而与肥胖密切相关。这种激素被命名为瘦素，源自希腊字母leptos，意为瘦的。该激素作用于大脑下丘脑的饥饿中枢（见下图）。弗里德曼的小组在研究携带突变基因的老鼠胃口大增后，得到这一发现。

第一次发现这种突变肥胖的老鼠是在1950年。向肥胖老鼠血液中注射瘦素，可以让老鼠吃得更少并且迅速减肥。医学研究人员希望瘦素有可能成为治愈人类病态肥胖的基础，但这仍然是一个难以实现的愿望。

转基因食品
坚硬的、新鲜的转基因莎弗番茄（右侧）和3个普通的番茄，普通番茄已经开始变软。这6个番茄处于相同的成熟阶段。

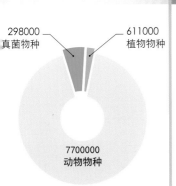

—— 转基因的

—— 有机的

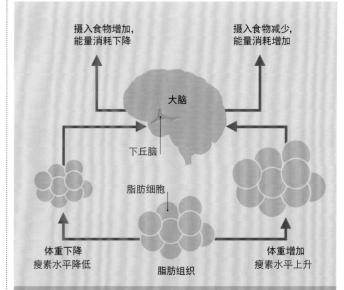

摄入食物增加，
能量消耗下降

摄入食物减少，
能量消耗增加

大脑

下丘脑

脂肪细胞

体重下降
瘦素水平降低

脂肪组织

体重增加
瘦素水平上升

瘦素与食欲

能量调节激素瘦素是由脂肪细胞合成的。瘦素水平由大脑的一个称为下丘脑的区域控制。当一个人的脂肪细胞储存更多的脂肪时，人的体重就会增加。在这种状态下，脂肪细胞会产生更多瘦素，下丘脑会降低食欲，导致体重下降。如果人的体重下降，瘦素水平也会降低并且食欲增加。

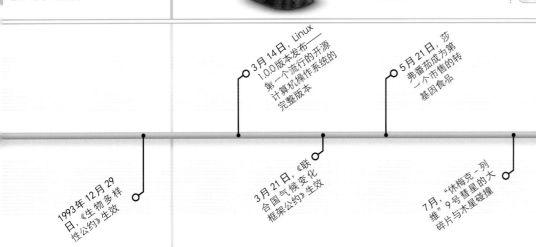

1993年12月29日，《生物多样性公约》生效

3月14日，Linux 1.0.0版本发布，第一个流行的开源计算机操作系统的完整版本

3月21日，《联合国气候变化框架公约》生效

5月21日，莎弗番茄成为第一个市售的转基因食品

7月，"休梅克－列维"9号彗星的大碎片与木星碰撞

7月，德国弗劳恩霍夫公司发布将数字音频压缩为MP3格式的软件

12月1日，发现瘦素——脂肪细胞释放的控制食欲的激素

7000

距鹰状星云的光年距离

1995 年 4 月，美国国家航空航天局合并 32 张哈勃空间望远镜照片，产生一个被称为"创造之柱"的图像。该图像显示了几光年长的星际气体和尘埃，由附近恒星强烈的紫外辐射显现出形态，说明新恒星正在这里形成。

此外，在太空，美国国家航空航天局的"伽利略"号飞船放出探测器到木星大气层。1984 年，在南极发现的来自火星的陨石 ALH84001 分析结果显示，陨石具有类似细菌化石的微小结构。这些类似细菌化石的微小结构是外星生命存在的第一个明确迹象吗？进一步的分析表明，这些结构几乎可以肯定不是生物。

无线内窥镜
胶囊相机是一个可吞咽的胶囊，内部有一个微型相机、一个闪光灯和一个给接收器发送照片的无线电发射机。

创造之柱
在这张生动的图像中可以观察到，柱子顶端的微小的球体即是鹰状星云中的恒星诞生区域。

1995 年 10 月，天文学家通过测量恒星运动的摆动，探测到一颗围绕飞马座 51 号恒星运动的行星，因为正是由于该行星的存在，恒星运动才出现摆动。这是第一个被证实的围绕普通恒星而不是太阳运动的行星。

1995 年，以色列发明家加夫里尔·伊达恩为胶囊相机（PillCam）申请了专利。胶囊相机是可以被病人咽下的小胶囊，然后进入消化道拍照并且把照片发送给无线接收器。胶囊相机能够进入内窥镜无法到达的大部分消化系统，这为胃肠病学家在研究消化过程和解决问题时，提供一个新的、安全的、低成本的窗口。1995 年，近代物理有 3 个重要进展。当时，理论物理学家已经发展了 5 个单独的超弦理论。这些理论认为物质粒子和力实际上是一维物体（弦）的微小振动。每个理论都假设，除了我们日常生活中熟悉的三维

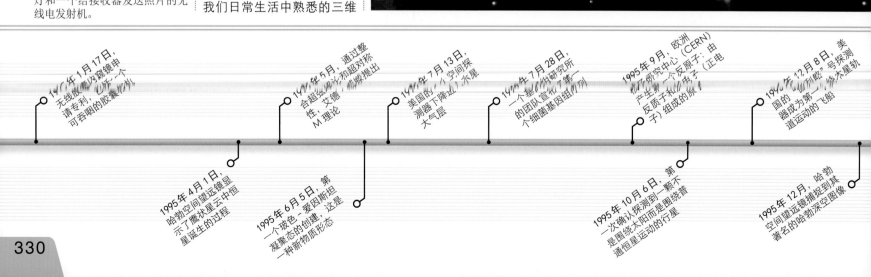

1977 年 1 月 17 日，无线胶囊内窥镜申请专利，它是一个可吞咽的胶囊相机

1995 年 5 月，通过整合超弦对称性，艾德·威腾提出 M 理论

1997 年 7 月 13 日，美国的一个空间探测器下降到水星大气层

1995 年 7 月 28 日，一个基因研究所的团队宣布了第一个细菌基因组的序列

1995 年 9 月，欧洲核子研究中心（CERN）产生第一个反原子（正电子和反质子（正电子）组成的原子

1995 年 12 月 8 日，美国的"伽利略"号探测器成为第一个环木星轨道运动的飞船

1995 年 4 月 1 日，哈勃空间望远镜显示了鹰状星云中恒星诞生的过程

1995 年 6 月 5 日，第一个玻色 - 爱因斯坦凝聚态的创建，这是一种新物质形态

1995 年 10 月 6 日，第一次确认探测到一颗不是围绕太阳而是围绕普通恒星运动的行星

1995 年 12 月，哈勃空间望远镜捕捉到其著名的哈勃深空图像

在联合国的各国代表观察《全面禁止核试验条约》（完全禁止所有核爆炸）的投票结果。

空间之外，还存在若干维空间。这些额外维度紧紧卷起并且无法直接感知。所有这些理论都有矛盾，但是在美国南加利福尼亚大学的一个会议上，美国理论物理学家艾德·威滕（生于1951年）提出一种方法，把这些理论整合成一个单一的超理论，被称为M理论。到目前为止，这是最完整的"万用理论"，能够解释标准模型（见1974年）中粒子的存在，但是很难检验其正确性。

1995年6月，美国科罗拉多大学的物理学家创造了一个非常态的、被称为玻色-爱因斯坦凝聚态（BEC）的物质。20世纪20年代曾预言过该物质状态，在这种状态下，温度略高于绝对零度（见1847~1848年）的若干粒子会达到完全相同的量子态并且组成一个系统。

欧洲核子研究中心（CERN）位于瑞士和法国的边界上。9月，该所的物理学家创造出由反质子和正电子（反电子）组成的反原子。反物质粒子是自然产生的，例如宇宙射线碰撞时，但是当反粒子遇到粒子时，二者就会抵消、消失。现代物理学尚未解释，为什么宇宙中占主导地位的是物质，而不是反物质。

1995年，美国马里兰基因组研究所的分子生物学家完成第一例细菌基因组测序

> **"像一个冰淇淋蛋卷，一颗新发现的恒星扮演了……上面的樱桃（角色）。"**
>
> 杰夫·赫斯特，美国物理学家，1995年

克隆

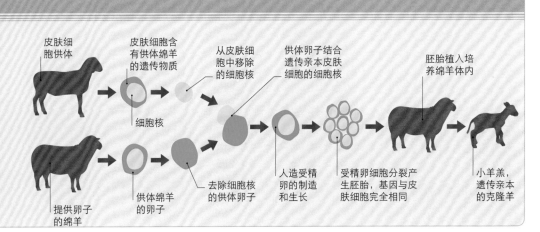

创造多利羊的过程从转移成年绵羊的细胞核开始。细胞核含有动物的DNA，把它注入另一只绵羊的无细胞核的卵子内。卵子受精，然后长成一只绵羊，且该绵羊具有与原来那只绵羊相同的基因。

皮肤细胞供体 / 皮肤细胞含有供体绵羊的遗传物质 / 从皮肤细胞中移除的细胞核 / 供体卵子结合遗传亲本皮肤细胞的细胞核 / 胚胎植入培养绵羊体内 / 细胞核 / 提供卵子的绵羊 / 供体绵羊的卵子 / 去除细胞核的供体卵子 / 人造受精卵的制造和生长 / 受精卵细胞分裂产生胚胎，基因与皮肤细胞完全相同 / 小羊羔，遗传亲本的克隆羊

工作。

1996年，一个世界性生物学家间的合作完成了第一例真核生物（有机体细胞含有细胞核）的完整基因组测序工作。基因组科学和技术的另一项重大突破是苏格兰罗斯林研究所克隆出名为多利的绵羊。此前也克隆过很多动物，包括哺乳动物，但是多利是通过把成年绵羊体细胞的DNA移植到卵细胞而成的，被称为体细胞核移植过程（见上图）。

9月，联合国通过了《全面禁止核试验条约》，该条约禁止所有核爆炸试验。它还没有得到完全批准。

技术上，通用串行总线（USB）连接于1996年推出，并且第一台商用DVD播放器在日本开始使用。1996年12月，日本发明家中村修二（生于1954年）发明一种连续的、低功耗蓝光LED（发光二极管）激光器。由于蓝光的波长比红光短，因此用于DVD播放器时，中村的发明使得类似DVD的光盘可以携带更多信息。

中村修二（生于1954年）

中村修二出生于日本伊方町，在德岛大学学习电子工程。他制造的第一个实际应用LED（发光二极管）使用了氮化镓，使得发光二极管更加明亮，并且制造了第一个产生蓝光的LED。中村修二的蓝光LED激光器的发展是消费电子产品的一个里程碑。

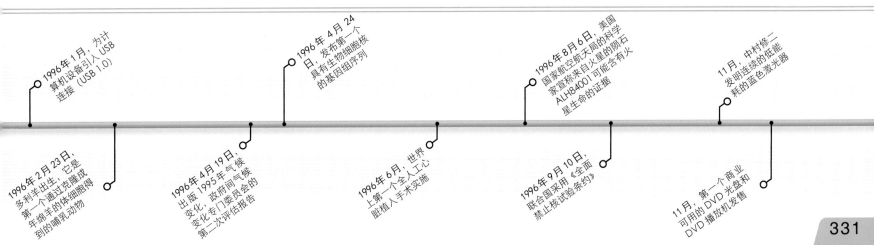

1996年1月，为计算机设备引入USB连接（USB 1.0）

1996年2月23日，多利羊出生，它是第一个通过克隆成年绵羊的体细胞得到的哺乳动物

1996年4月19日，出版1995年气候变化，政府间气候变化专门委员会的第二次评估报告

1996年4月24日，发布第一个具有生物细胞核的基因组序列

1996年6月，世界上第一例全人工心脏植入手术实施

1996年8月6日，美国国家航空航天局的科学家宣称来自火星的陨石ALH84001可能含有火星生命的证据

1996年9月10日，联合国采用《全面禁止核试验条约》

11月，中村修二发明连续的、低功耗的蓝色激光器

11月，第一个商业可用的DVD光盘和DVD播放机发售

在香港的记者戴着口罩来减少通过空气感染 H5N1 病毒（俗称禽流感）的风险。

6 1997年18例感染禽流感患者中的死亡人数

20世纪50年代第一次出现计算机博弈程序。计算能力的提高致使出现更强大的程序。1997年，计算机在对弈国际象棋卫冕冠军时，第一次赢得比赛。IBM 的"深蓝"电脑在 6 场比赛中赢得两场，其中有三场平局。而它的人类对手，俄罗斯大师加里·卡斯帕罗夫只赢得一场比赛。

流行的网络搜索引擎谷歌也是在这一年命名的，最初被称为背部按摩（BackRub）。新名字来源于一个数学术语单词 googol，代表 1 后面加 100 个 0 的数字。谷歌的创建者美国计算机专家拉里·佩奇（生于1973年）和出生于俄罗斯的计算机专家谢尔盖·布林（生于1973年），当时还在美国斯坦福大学开发搜索引擎。他们于 1998 年注册谷歌公司。

自 20 世纪 50 年代以来，一个特别致命的流感病毒 H5N1 已经影响到禽类，现在跨越物种屏障开始影响人类。该病毒引起的疾病（绰号禽流感）在香港爆发，致使 6 人死亡。卫生当局担心这种疾病可能成为流行性疾病，并

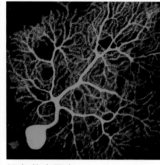

绿色荧光蛋白

显微照片显示的来自老鼠大脑的一个细胞。该细胞正在产生绿色荧光蛋白（GFP），一种用来追踪基因表达的物质。

且向国际旅客和从事家禽贸易的人签发卫生保健意见。尽管此后也集中爆发过禽流感，但是人们还没有意识到这种流行性疾病的恐怖。

在日本东京 12 月的一次会议上，联合国就《京都议定书》达成协议，该条例与《联合国气候变化框架公约》

《京都议定书》的排放目标
《京都议定书》第一个评估期（2008~2012）的排放目标如图所示。大部分国家不得不在这个评估期末期减少他们的排放量；一些国家还有充足的时间增加他们的排放量。美国虽然签署了协议但是没有得到批准。

（UNFCCC，见1992年）有关。签署和批准该协议的国家致力于减少温室气体的排放量，最重要的是化石燃料燃烧导致的二氧化碳的排放量（见326~327页）。每个参与国都有一个目标：2008~2012年的排放量不得不减少一定比例，以基准年的排放量为初始量（大多数情况下，以1990年为基准年）。该目标未考虑航空和国际航运的排放量。在 2012 年 12 月卡塔尔多哈会议上，《联合国气候变化框架公约》缔约方同意第二个评估期（2013~2020）的新目标。

> "深蓝只拥有可编程闹钟的那种智能。不输给一个 1000 万美元的闹钟会让我感觉更好一些。"

加里·卡斯帕罗夫，俄罗斯象棋大师，1997年

日本遗传学家冈部胜领导的团队登上新闻头条。因为他们生产出转基因老鼠，它在紫外线照射下能够发出绿色荧光。这种绿色荧光是由一种被称为绿色荧光蛋白（GFP）的蛋白质产生的，自然存在于某种水母体内。绿色荧光蛋白基因编码第一次测序是在 1994 年，而且这种蛋白质现在是分子生物学的

一个重要工具。把来自水母的绿色荧光蛋白编码的遗传因子嵌入其他生物体的基因组，研究人员可以判断何时以及是否这部分基因被激活。冈部胜把基因嵌入老鼠胚胎中，希望追踪老鼠精子细胞的发育。但是结果恰恰相反，几乎老鼠身体的所有类型细胞都产生了这种蛋白质。

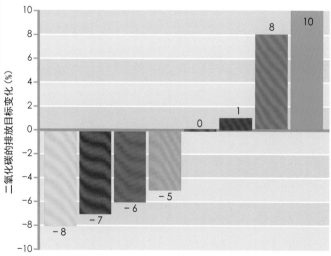

二氧化碳的排放目标变化（%）

图例
- 奥地利、比利时、保加利亚、捷克共和国、丹麦、爱沙尼亚、芬兰、法国、德国、爱尔兰、意大利、拉脱维亚、列支敦士登、立陶宛、卢森堡、摩纳哥、荷兰、葡萄牙、罗马尼亚、斯洛伐克、斯洛文尼亚、西班牙、瑞典、瑞士、大不列颠及北爱尔兰联合王国
- 美国
- 加拿大、匈牙利、日本、波兰
- 克罗地亚
- 新西兰、俄罗斯联邦、乌克兰
- 挪威
- 澳大利亚
- 冰岛

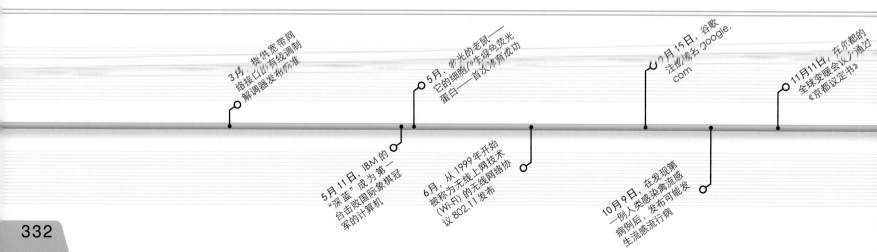

3月，提供宽带网络接口（有线调制解调器发布标准

5月11日，IBM 的"深蓝"成为第一台击败国际象棋冠军的计算机

5月，产生荧光的老鼠——它的细胞产生绿色荧光蛋白——首次培育成功

6月，从1999年开始被称为无线上网技术（Wi-Fi）的无线网络协议 802.11 发布

9月15日，谷歌注册域名 google.com

10月9日，在发现第一例人类感染禽流感病例后，发布可能发生流感流行病

11月11日，在京都的全球变暖会议上，通过《京都议定书》

"在我们与银河系之间存在着难以置信数量的物质，从而模糊了我们的视线。"

特里·奥斯瓦尔特，主管恒星天文学和天体物理学的国家自然科学基金项目主管，1998年

这张假彩色 X 射线图像显示了人马座 A* 的周围区域，银河系中心的超大质量黑洞产生常规 X 射线耀斑，这是由蒸发小行星和其他物质造成的。

这一年互联网用户急剧增加。一个新型高速的、通过电话线连通的互联网连接在 1998 年得以实现。使用非对称数字用户线（ADSL），用户可以 8 兆位 / 秒的速度接收信息。

上一年，另一项宽带技术对家庭用户首次亮相：电缆调制解调器，通过现有的同轴电缆连接到互联网，同时也可以传送电视信号。这些新技术允许用户更容易下载大型文件，例如 MP3 格式的音乐文件。世界上第一个便携式 MP3 播放器 MPMan F10 于当年发布，是由韩国世韩信息系统公司发布的。

9 月，美国天文学家安德烈娅·盖（生于 1965 年）报道她探测到银河系中心有一个超大质量的黑洞。天文学家们已经发现的证据表明，超大质量黑洞即使不是全部，大多数情况下出现在银河系中心。

研究遥远银河系超新星的天体物理学家得到结论认为宇宙膨胀是加速度的；这是第一个确凿的证据证明了宇宙常数的存在——某种排

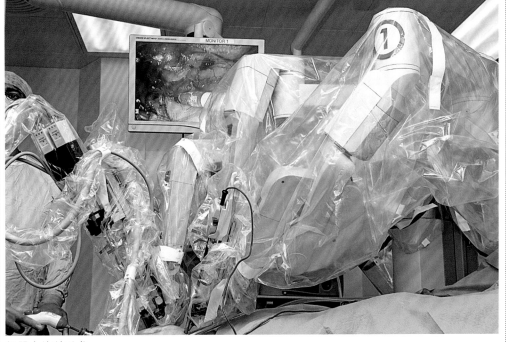

机器人外科手术
达·芬奇手术系统有 4 个机器手臂，由外科医生操控。其中一只手臂携带高分辨率三维视觉系统。

斥中介，也称为暗能量（见 344~345 页），这促使时空更快的扩张。暗能量可能占宇宙质能的四分之三。

11 月，俄罗斯"质子"号火箭发射国际空间站的第一个模块，使之进入轨道。

国际空间站自 2000 年 11 月以来不断有人居住。该项目包括 5 个空间机构共代表了 16 个国家。

由美国细胞生物学家詹姆斯·汤姆森（生于 1958 年）领导的团队创建人类胚胎干细胞（hESCs）。这些细胞可以成长为任何类型的组织，并且有产生与供体匹配器官的潜能，可用于移植手术。这些细胞培养最初来自

人类胚胎细胞，这个事实引起重要的伦理问题，因为这项技术会毁坏人类胚胎。汤

姆森稍后设法创建诱导干细胞（类似于人类胚胎干细胞），但是来自于重组的成人细胞，而不是来自胚胎（见 2007 年）。

基因组学的另一个里程碑（见 1977 年，1995 年）是，一种线虫成为第一个完成基因组序列的多细胞生物。两年之内，人类基因组序列的初步测试完成（见 2000 年）。

5 月，德国外科医生弗里德里希 - 威廉·莫尔完成第一例由机器人辅助的心脏手术。在机器人手术中，外科医生得益于计算机控制的仪器的帮助，从而不受振动和疲劳干扰。通过互联网传递信息和图像，一个专业医生可以在遥远的地方使用手术机器人实施远程操作。

蠕虫基因组
秀丽隐杆线虫是第一个有基因序列的多细胞生物。这种线虫生活在土壤中，长到大约 1 毫米长。

3 月，发布第一个商用 MP3 播放器 MPMan10

4 月，第一个量子计算机的演示实验

5 月，第一例机器人辅助心脏搭桥手术

9 月，天文学家宣称宇宙扩张是加速的

9 月 8 日，天文学家得到一个结论：在我们星系中心有一个超大质量黑洞

10 月，非对称数字用户线（ADSL）技术首次引入美国

11 月 6 日，詹姆斯·汤姆森创建人类胚胎干细胞

11 月 20 日，国际空间站的第一个模块发射进入轨道

12 月 11 日，发布第一个多细胞生物的基因序列

机器人的故事

机器人是从基本机械工具和玩具发展起来的，在现代工业社会中发挥着重要作用

机器人的创建形式广泛，并未有单一的定义包含机器人装置的所有方面。但是，它们绝大多数是能够执行任务并且能依照一组事前建立的指令来适应它们所处环境的电动机器。

机器人的形式和功能差异巨大。在身体形态方面，它们的范围可以从最底层的一个操作工具的摇臂到受科幻爱好者爱戴的人形"机器人"。在操作方面，它们也是多种多样的，包括以形式定义功能的机器——如古埃及的水钟、漏壶和提花织机。提花织机能够基于存储在穿孔卡片上的说明来编制纺织品图案。也有多功能机器人，它们能够执行各种任务并且能对外部刺激做出反应，如机器人空间探测器。

现代机器人

"机器人"这个单词最早被捷克作家卡雷尔·恰佩克用于他 1920 年的科幻人物罗素姆万能机器人（R.U.R.）上，它源自捷克语，意为强制劳动力——的确，大部分机器人通过指令执行任务，这些指令不是嵌入它们的设计里，就是通过软件管理的计算机控制器传递给它们。这些机器人擅长快速且不知疲倦地执行重复、复杂或精细的任务。功能更多的机器人，如达·芬奇手术机器人，通常是在人类操作员的直接指挥下发挥作用，这种技术称为远程监控，它可以使用摄像机或更复杂的技术来传递机器人对敌对、危险或复杂环境的"视野"。具有人工智能的机器人越来越多，这使得它们可以自己做决定。

人工智能

对于许多机器人爱好者来说，计算的最终目标是开发一种能够模仿人类行为的智能。到目前为止，机器人中使用的大多数形式的人工智能（AI）都涉及到机器根据计算机可以理解的一套预先编程的规则对其进行识别和反应。人工智能研究在应用领域已经取得巨大进步，如国际象棋电脑。

> "机器人已经成为一项非常发达的技术，有必要写作关于它们历史的文章和书籍。而且，我惊奇地且难以置信地看着这一切，因为我发明了它。不，不是技术，而是这个词。"

艾萨克·阿西莫夫，美国作家，《对年代的计数》，1983 年

约公元前 250 年
早期机器人
自动化机械，如埃及的水钟，被人们认为是机器人的早期形态。

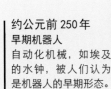

克特西比乌斯漏壶

1801 年
可编程的织布机
提花织机得到开发，成为一种可编程的装置，能够编织纺织品图案。

提花织机

1942 年
阿西莫夫定律
美国作家艾萨克·阿西莫夫在《我，机器人》这本书中设计了三个定律来控制虚构的机器人。这些定律继续影响现实中的机器人制造者。

机器龟

1949 年
有教育意义的机器人
极为流行的由威廉·格雷·沃尔特研制的机器龟配备了多种传感器，使其能够对周围环境做出反应。

约 1206 年
阿尔-加扎利的机器人
阿拉伯发明家阿尔-加扎利的众多成就之一是一支自动乐队，它可以按照指令演奏不同的音乐。

阿尔-加扎利的乐队

19 世纪
机械玩具
从欧洲文艺复兴起，自动的小人被富人当作玩具和古董收集起来。

自动机器鼓

1961 年
工业机器人
第一个商业制造的机器人，一种名为通用机械手的机械手臂，在美国通用汽车公司的工厂投入使用。

机械手臂

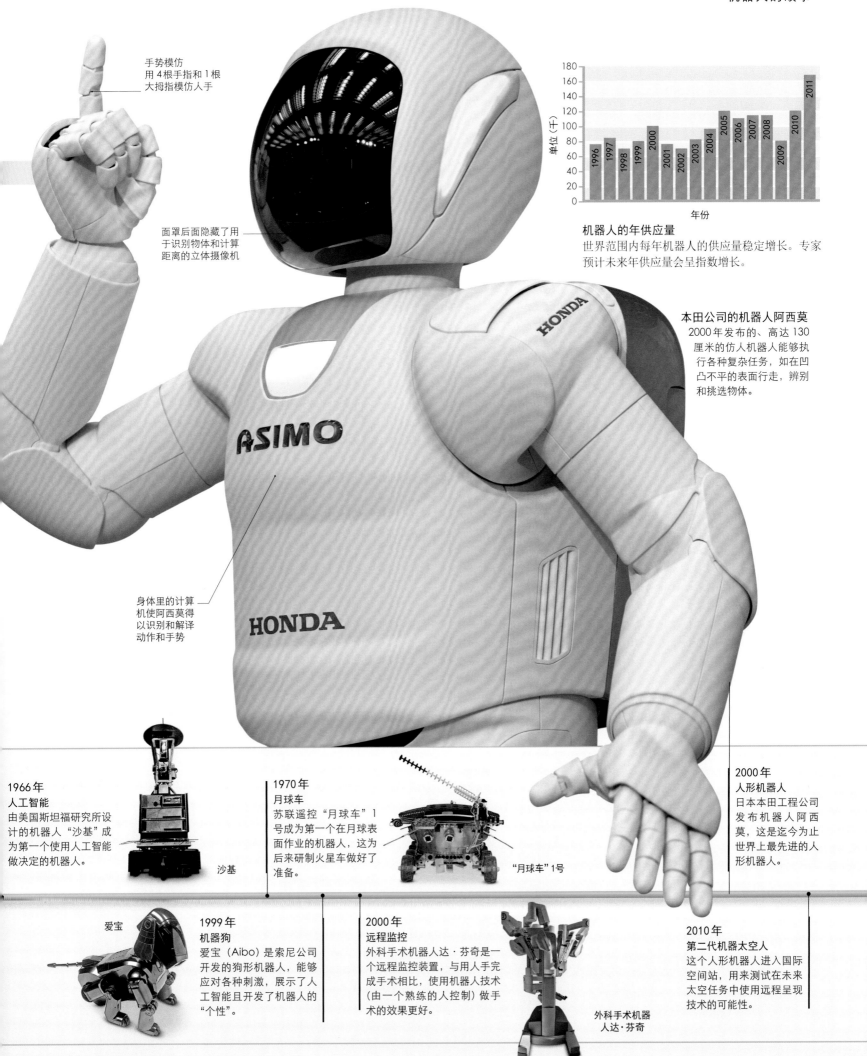

手势模仿
用 4 根手指和 1 根
大拇指模仿人手

面罩后面隐藏了用
于识别物体和计算
距离的立体摄像机

机器人的年供应量
世界范围内每年机器人的供应量稳定增长。专家
预计未来年供应量会呈指数增长。

单位（千）
年份

本田公司的机器人阿西莫
2000 年发布的、高达 130
厘米的仿人机器人能够执
行各种复杂任务，如在凹
凸不平的表面行走，辨别
和挑选物体。

身体里的计算
机使阿西莫得
以识别和解译
动作和手势

1966 年
人工智能
由美国斯坦福研究所设
计的机器人"沙基"成
为第一个使用人工智能
做决定的机器人。

沙基

1970 年
月球车
苏联遥控"月球车"1
号成为第一个在月球表
面作业的机器人，这为
后来研制火星车做好了
准备。

"月球车"1号

2000 年
人形机器人
日本本田工程公司
发布机器人阿西
莫，这是迄今为止
世界上最先进的人
形机器人。

爱宝

1999 年
机器狗
爱宝（Aibo）是索尼公司
开发的狗形机器人，能够
应对各种刺激，展示了人
工智能且开发了机器人的
"个性"。

2000 年
远程监控
外科手术机器人达·芬奇是一
个远程监控装置，与用人手完
成手术相比，使用机器人技术
（由一个熟练的人控制）做手
术的效果更好。

外科手术机器
人达·芬奇

2010 年
第二代机器太空人
这个人形机器人进入国际
空间站，用来测试在未来
太空任务中使用远程呈现
技术的可能性。

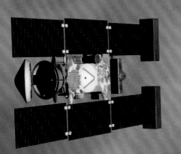

> "在这5年的旅程中，我们回溯时光去收集46亿年来一直没改变的粒子。"
>
> 汤姆·达克斯伯里，项目主管，星尘项目，2004年

美国国家航空航天局的"星尘"号探测器飞过"怀尔德"2号彗星，并且它携带的一个可伸缩的气凝胶板从彗星的彗发（尘埃云）收集到尘埃颗粒。

2月，美国国家航空航天局的"星尘"号探测器开始执行一项史无前例的任务：收集环绕在彗星核周围的尘埃云（彗发）中的尘埃颗粒。在旅途中，它也要收集星际尘埃。2006年，当"星尘"号飞过地球时，它释放了一个采样返回舱，这个采样返回舱返回了地球。

科学家把胚胎细胞中的物质移入空的卵细胞，进而制造出了3个完全相同的山羊。胚胎细胞含有额外基因，使得山羊产生凝血因子，这些凝血因子可以从它们的羊奶中获得并制成人类的药物。

越来越多的家庭数码产品促进了无线数据连接的发展。最广泛使用的无线网络协议 IEEE 802.11（见1997年）在这一年得到一个用户友好的名称：Wi-Fi。为应对不同类型设备的一对一连接，一个新协议：蓝牙被发布了。由瑞典爱立信公司在1994年发布的蓝牙最受欢迎的用途是向无线耳机或者扬声器发送数字音频信号。

3 通过克隆成年动物得到完全相同山羊的数目

超材料

超材料是拥有天然材料不具备的特性的人造材料。一个例子（右边）就是这种材料里面嵌有微小的金属线圈，能够转移自己周围的微波。这使得材料对微波隐形。一种对可见光隐形的超材料可用作隐身斗篷。

曲棍球棒图
存在争议的过去几千年全球平均温度估算图的简化版本（无误差线）。

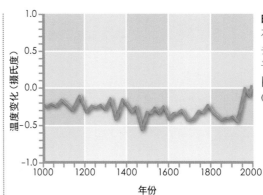

（纵轴）温度变化（摄氏度）
（横轴）年份

美国气候学家迈克尔·曼（生于1965年）、雷蒙德·布兰得利（生于1948年）和美国树木年轮学家（研究树轮的人）马尔科姆·休斯（生于1943年）建立了一张过去几千年全球平均温度估算图。数据来自气象资料，根据历史记录和树木年轮的较早的估计。曲线图展示了一个逐渐变冷的趋势，温度骤然升高的阶段对应全球人口增加和工业化时期。曲线图的形状使美国气候学家杰里·马尔曼（1940~2012）想起曲棍球棒。对于气候学家来讲，这张图是人类活动对气候影响的一个信号，并且是对人类需要减少二氧化碳排放量的一个明显的提示。但是许多不认同人类活动导致全球变暖这一观点的人们质疑这张图的准确性。

研究生长激素的研究人员发现一种由胃黏膜分泌的蛋白质，称为饥饿素。饥饿素作用于大脑的食欲中枢（见瘦素，1994年）。饥饿素向血液的排放由胃黏膜的扩张感受器决定：当胃满时，产生较少的饥饿素，但是当胃在两餐之间出现排空时，会产生更多的饥饿素，导致出现饥饿的感觉。

也是在这一年，英国物理学家约翰·彭德雷（生于1943年）描述了一种具有超常性能的新型材料，被称为超材料。特别是，有一种超材料具备隐形功能（见左图）。

在世纪之交的前几个月，人们被警告，电子设备和系统可能会崩溃，因为电脑操作系统使用两位数表示年，内部时钟可能恢复到1900年。在这个人类生计甚至安全越来越依赖计算机系统的世界，这种可能性（被称为"千年虫问题"或者"千年虫"）引起大范围恐慌。软件工程师努力确保这种担心是毫无根据的，事实上只有少数计算机系统受到影响。

处于发育期的胚胎细胞具有成长为所有类型细胞的

果蝇
自1910年以来，果蝇一直被用作基因研究的模式生物，所以很自然就进行了果蝇的基因组测序。

1月2日，意大利细胞生物学家安吉洛·韦斯科维宣称从人类头皮的干细胞制造成血细胞

2月7日，NASA发射"星尘"号；去编号为5535的小行星和"怀尔德"2号彗星执行任务

4月27日，科学家制造出一只成年山羊的三只克隆羊

4月29日，发表有争议的显示出全球平均温度上升的曲线图

7月31日，NASA的"月球勘探者"有意撞击月球北极，揭示出月球南片含有水冰

11月，物理学家发表第一个超材料的详情，显示了可能性隐身衣的可能

12月1日，爱立信公司发布无线网络协议蓝牙，这是他们1994年发明的

12月9日，为研究控制食欲的激素，发现饥饿素

1月14日，宣称研制出富含维生素A的转基因水稻

种子被收集和储存起来后，就作为千年种子银行合作的一部分进行展示。这个项目旨在到 2020 年储存全世界 25% 的植物的种子。

潜能（见 1981 年）。虽然在身体其他组织有类似干细胞，但是它们只区分（发育）为有限数量的不同细胞类型。1999 年，意大利学者安吉洛·韦斯科维（生于 1962 年）的团队从老鼠大脑中取出干细胞，注入老鼠的血液中，发现它们发育成了不同类型的血液细胞。当年，同一个团队取出老鼠大脑干细胞，发现它们仅在实验室玻璃器皿中与肌肉细胞接触后就发育成了肌肉细胞。实验证明，非胚胎干细胞比我们想象得更灵活，这是干细胞研究的福音，因为这可避免在研究中使用胚胎干细胞及对胚胎造成破坏。

经过国际间一番巨大的努力，参与人类基因组计划的科学家宣布完成了整个人类基因组序列草图。拟南芥

人类基因组计划

1990 年正式启动的人类基因组计划是一个国际合作计划，其目的为确定人类染色体全长上的所有 30 亿个 DNA 碱基对和识别染色体组包含的所有大约 25000 个基因。这方面的知识对医学科学和人类进化以及遗传学的研究具有极大益处。该项目在 2003 年宣告完成。

是一种在基因实验中广泛应用的模式生物，它成为第一个完成基因组测序的植物。另外一种模式生物果蝇（黑腹果蝇）的基因组也在当年完成测序。

德国生物技术专家英戈·波特里库斯（生于 1933 年）和德国细胞生物学家彼得·拜尔（生于 1952 年）宣称他们已经研制出一种转基因水稻品种。新型水稻的可使用颗粒中产生了维生素 A 的前体 β- 胡萝卜素。维生素 A 缺乏在发展中国家很常见，预计会造成每年 200 万人死亡，而且维生素 A 很重要，可预防因其缺乏导致的失明。由于 β- 胡萝卜素的颜色，这种稻米被称为"黄金米"。生

物技术公司统一给年收入少于 1 万美元的农民免费发放种子，这个项目得到各种人道主义组织的支持。但是，该项目招来反转基因抗议者（和反资本主义者）的抵制，他们担心跨国食品公司将来会掌控贫困农民的经济。争议拖延了黄金米的田间试验和批准，但是在 2013 年，黄金米的种子被分发给菲律宾农民，其他几个国家也考虑紧随其后。

11 月，英国皇家植物园的植物自然资源保护论者推出千年种子库合作项目（一项涉及 50 多个国家，旨在收集和保护成千上万植物的种子的项目）。种子被分类、清洁和干燥，然后储存在大型地下冷库凉爽、干燥的环境里。气候变化和土地利用的变化会给很

多植物种类带来灭绝的风险，保护种子意味着可将灭绝的种类再次引入。

11 月，日本汽车制造商本田发布第一个人形机器人阿西莫（在创新移动性方面领先一步），它能够讲话、走路和跑步。

阿西莫
日本汽车制造商本田的第一版阿西莫人形机器人只有 1.3 米高，重 48 千克。

> "我们今天在这里庆祝一个沿着真正前所未有的航程奠立的里程碑，这一航程指向了我们自己。"
>
> 弗朗西斯·柯林斯，美国遗传学家，2000 年 6 月 26 日

3 月 24 日，科学家完成果蝇基因组测序

6 月 26 日，人类基因组计划宣布完成人类基因组序列草图

10 月，安吉洛·韦斯科维宣布他已经把老鼠干细胞转化成肌肉细胞

11 月 20 日，本田发布阿西莫，一个流行的人形机器人

11 月 20 日，在英国皇家植物园启动千年种子库计划

12 月 14 日，模式生物拟南芥的基因组测序工作完成

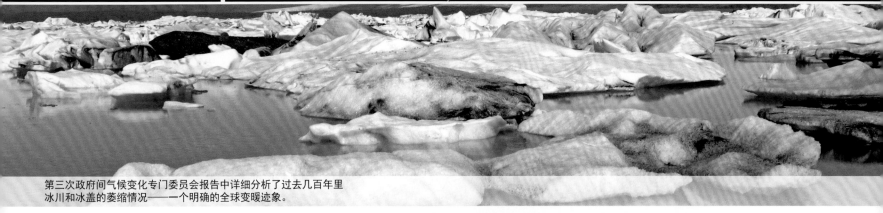

第三次政府间气候变化专门委员会报告中详细分析了过去几百年里冰川和冰盖的萎缩情况——一个明确的全球变暖迹象。

政府间气候变化专门委员会（IPCC，见 1988 年）2001 年公布了第三次气候变化的重要报告。文件支持和扩充了该组织之前发表的报告（见 1990 年，1995 年），并且提供了更多未来数十年气候变化的详细预测。报告包括气候学家两年前做出的曲棍球棒图（见 1999 年）。

火星上的水

这个极地冰盖是由冰水组成的，覆盖着一层干冰。美国的"奥德赛"号火星探测器也发现了火星上有大量地下水的证据。

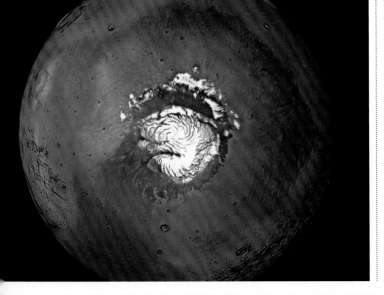

Web 2.0（用户可在万维网中创建内容）兴起的一个早期标志就是在线百科全书维基百科的推出。在非营利的维基基金的支持下，人人可以编写和编辑维基百科。2007 年，维基百科成为有史以来最大的百科全书，拥有 200 多万篇文章。

10月，苹果公司推出便携式数字音乐播放器 iPod。与之类似的产品已经存在，但是流线型的设计和直观的用户界面，再加上苹果音乐库和 iTunes 软件，使得

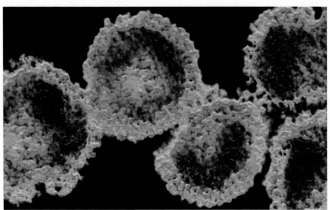

iPod 成为具有里程碑意义的电子消费产品。

加拿大萨德伯里中微子观测站的研究人员发现了中微子振荡的明确证据。中微子是核反应产生的基本粒子。有 3 种类型或特性的中微子：电子、μ 子和 τ 子。根据标准模型（见 1974 年），中微子应该无质量。20 世纪 60 年代，美国物理学家雷蒙德·戴维斯曾研究过太阳中微子（见 1968 年），但是检测到的数量是预测的三分之一。戴维斯的实验只能检测到电子中微子。解释这种差距的一种方法是中微子改变了特性或者产生了振荡，并且这正是萨德伯里实验发现的。中微子振荡的唯一可能的原因就是中微子有质量，标准模型尚未解释。

2002 年，美国的"奥德赛"号火星探测器探测到火星上有大量的水，就在这颗行星北极地区的地下。大部分水被锁在黏土状的矿物里。美国的"凤凰"号探测器于 2008 年访问了该地区并且证实了"奥德赛"号的观察结果。

非典病毒

电子显微镜下这张图片显示的是冠状病毒，人们发现就是这种病毒引发了神秘的、被称为"非典"的呼吸系统疾病。

在中国广东省，医生注意到一种类似肺炎的疾病暴发，让人呼吸困难，某些情况下会导致死亡。用抗生素治疗是无效的，研究者没有发现任何一种已知能够导致肺炎的细菌或病毒。病例数量迅速增加表明，SARS（严重急性呼吸系统综合征）具有高度传染性。疾病开始蔓延，并且有演化成一场大瘟疫的风险。隔离和对飞机乘客筛查的方法限制了疾病的传播，最后已知病例发生在 2004 年 5 月。被报告的病例总共有 8273 个，其中 775 人死亡，大部分发生在中国香港和内地。

> "想象在一个世界里，每个人都可以自由访问所有的人类知识。这就是我们正在做的。"

吉米·威尔士，维基百科创始人，2004 年

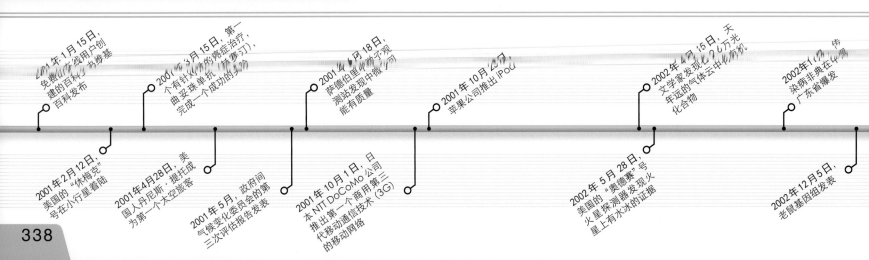

2001年1月15日，免费的在线用户创建的百科全书维基百科发布

2001年2月12日，美国的"休梅克"号在小行星着陆

2001年3月15日，第一个有针对性的肥胖症治疗（环孢菌素），完成一个成功的手术

2001年4月28日，美国人丹尼斯·提托成为第一个太空旅客

2001年5月，政府间气候变化委员会发表第三次评估报告发表

2001年4月18日，萨德伯里中微子观测站发现中微子能有质量

2001年10月1日，日本 NTT DoCoMo 公司推出第一个商用第三代移动通信技术（3G）的移动网络

2001年10月23日，苹果公司推出 iPod

2002年4月15日，天文学家发现离地球26万光年远的气体云中有机化合物

2002年5月28日，美国的"奥德赛"号火星探测器发现火星上有冰水的证据

2002年11月，传染病非典在中国广东省爆发

2002年12月5日，老鼠基因组发表

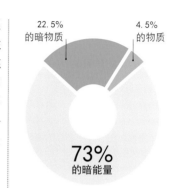

137.5 亿年
宇宙的年龄

德国马克思普朗克研究所建立的超级计算机从 2005 年开始模拟宇宙结构，显示宇宙的一部分有暗物质分布。

在这一年，中国国家航天局启动第一次载人航天任务，发射了"神舟"5号。航天员杨利伟在太空中待了 21 小时 23 分钟，绕地球轨道运行 14 圈。

2月，美国"哥伦比亚"号航天飞机返回地球大气层时解体。这次事件导致航天飞机项目停止了两年，几乎等于"挑战者"号失败（见1986年）导致的项目停滞时间。

同月，宇宙学家和天体物理学家发表了威尔金森微波各向异性探测器（WMAP）第一年的观测结果。该项目目标之一就是，提供一张比宇宙背景探测卫星（COBE，见1992年）绘制的更加详细的宇宙微波背景辐射图。宇宙微波背景辐射（CMB）的变化反映了早期宇宙密度的变化，该变化反过来使物体

在太空的杨利伟
中国航天员杨利伟在"神舟"5号内。继美国和苏联之后，中国成为第三个把人送入太空的国家。

聚集在一起形成星系和星系团。威尔金森微波各向异性探测器绘制的这张图也提炼了一个新兴的宇宙模型，即λ-冷暗物质模型（见345页）。λ部分是宇宙常数——是加速宇宙扩展的一个排斥力。宇宙常数（或暗能量）存在的证据来自其他星系的超新星研究（见1998年）。冷暗物质是一种既不可见也不与电磁辐射相互作用的物质。冷暗物质的存在只能通过它们与普通物质的引力相互作用来推断。威尔金森微波各向异性探测器的观测结果有着极高的精确度，也使得科学家把宇宙年龄估算为137亿年（现已经被更新到接近 138.2 亿年）。

在人类基因组序列草图发表 3 年后，国际人类基因组测序协作组终于完成组成

22.5%
的暗物质

4.5%
的物质

73%
的暗能量

宇宙组成
根据威尔金森微波各向异性探测器的观测结果，普通物质只占宇宙总质量的一小部分。

人类基因的 30 亿个 DNA 碱基对的全部测序工作。黑猩猩基因草图于 2003 年发表，其基因与人类基因有将近 99% 相同。黑猩猩是与人类亲缘最近的生物，并且这两种基因组之间的比较给了科学家一个空前的机会来研究灵长类动物的进化。

"我在太空感觉非常好，这里景色看起来非常美。"

中国航天员杨利伟在太空中通过电话对妻子说道，2003 年

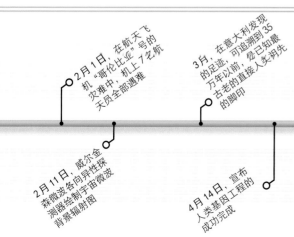

2月11日，威尔金森微波各向异性探测器绘制宇宙微波背景辐射图

2月1日，在航天飞机"哥伦比亚"号的灾难中，机上 7 名航天员全部遇难

3月，在意大利发现的足迹，可追溯到 35 万年以前，是已知最古老的直接人类祖先的脚印

4月14日，宣布人类基因工程的成功完成

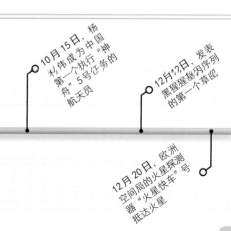

10月15日，杨利伟成为中国第一个执行"神舟"5号任务的航天员

12月12日，发表黑猩猩基因序列的第一个草图

12月20日，欧洲空间局的火星探测器"火星快车"号抵达火星

10000

哈勃超深空影像中可看到的星系数目

哈勃超深空影像的一部分，显示了一些曾见过的最远星系。整个影像包括10000个单独星系，其中一些是借助130亿年前留下的光才看到的。

3月，美国国家航空航天局公布了一幅引人注目的由哈勃空间望远镜拍摄的一小部分太空的影像：哈勃超深空影像——1995年哈勃深空影像的后续。这张新图像是由800次长曝光合成的，总曝光时间将近280小时，由高阶巡天相机拍摄，该相机于2002年安装在哈勃望远镜上。图像显示了成千上万的暗淡星系，其中有许多星系距离地球非常遥远，约数十亿光年。天文学家仍然在研究这张影像，它提供了有关星系形成的新信息。2012年，哈勃空间望远镜针对同一片天空，制作了一个更加详细的视图。这张2012年公布的极端深空的影像比超深空影像多了大约5500个星系。10月，澳大利亚古人类学家公布了一个不寻常的类人骨骼的部分遗骸：一个1米高

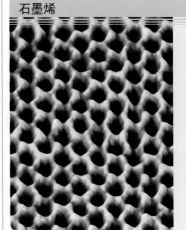

石墨烯

石墨烯得名于石墨，是由碳原子层组成的。在石墨中，每层之间容易移动，这也是石墨光滑的原因，但是它们极度稳定，因为原子形成了强大的六角化学键，如假彩色电子显微图像所示。石墨烯是一种简单的单层石墨。

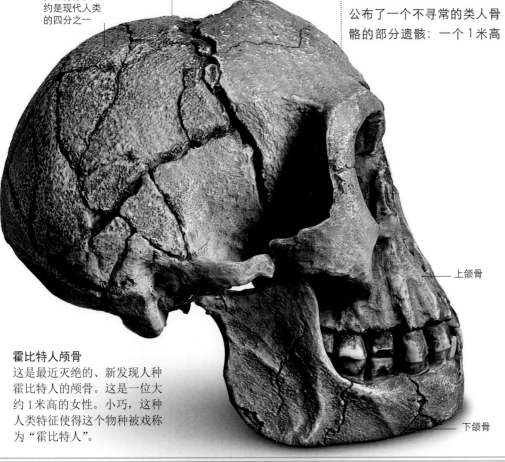

头盖骨体积大约是现代人类的四分之一

上颌骨

下颌骨

霍比特人颅骨
这是最近灭绝的、新发现人种霍比特人的颅骨。这是一位大约1米高的女性。小巧，这种人类特征使得这个物种被戏称为"霍比特人"。

的成年人，有一个含有非常小的大脑的小颅骨。澳大利亚和印尼考古学家在印度尼西亚巴厘岛以东的弗洛雷斯岛上的一个山洞中发现了这个标本，还有复杂工具和动物遗骸。这具骨骼遗骸距今约1.8万年，并且研究者证实他们是人属的一个新物种，人属包括我们最亲密的祖先，如直立人，以及我们自己的

物种——智人。研究者称新物种为霍比特人。共计发现7个个体遗骸。费洛雷斯原住民有古老、详细的有关族的传说。传说那是些很小的毛人，喃喃地说着他们自己的语言，因此很可能霍比特人与现代人生活在同一时期。

还是在10月，英国曼彻斯特大学的科学家成功制造出石墨烯样品（见上图），纯碳的一种形式，而不是以前整体生产的那种。新材料只有一个原子厚，但是极其稳定、透明，并且后来发现能在室温下导电。

> **"这不可能是一个独特的现代人类。"**
>
> 克里斯·斯特林格，英国人类学家，2004年

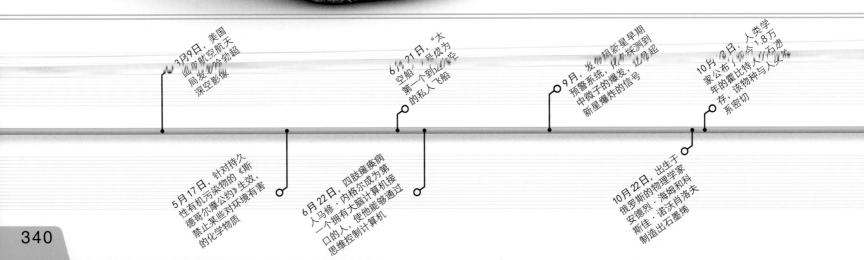

"书写了航空历史上新的一页。"

雅克·希拉克，法国政治家，2005年

2005年4月27日，空客A380从它在法国图卢兹的产地起飞，开始首航。作为世界上最大的客机，A380可携带853人之多。

欧洲空间局的"惠更斯"号探测器于1月降落在土星最大的卫星泰坦上，这是宇宙飞船首次在外太阳系着陆，而且这样的着陆只有两次。这个探测器是美国国家航空航天局和欧洲空间局合作的"卡西尼-惠更斯"号联合任务的一部分。而且负责运送"惠更斯"号探测器到泰坦上的"卡西尼"号飞船，仍然围绕泰坦轨道运行，收集数据和影像，以及"惠更斯"号的传回信号并转发给地球上的天文学家。天体生物学家一直都对泰坦感兴趣，因为已知它的大气中包含了富含碳的有机化合物，这些化合物是形成生命的基础物质（见下图）。"惠更斯"号探测器在其降落过程中，得到300多张泰坦表面图像。着陆后拍摄的这些图像显示了在沙砾地面上有岩石形状的物体，尽管这些物体和沙都可能主要是冷冻水。

在接下来的一个月，一个由天文学家组成的国际团队发布了他们对VIRGOHI21的分析结果。VIRGOHI21是2004年被射电天文学家发现的距地球5000万光年的巨大的、星系规模的氢团，星系的运动表明它可能大部分是由冷暗物质组成的，冷暗物质是一种强烈的物质形式，不与光或者其他形式的电磁波相互作用，但是有引力作用（见2003年）。目前天体物理理论表明所有星系都含有暗物质，这是解释星系内恒星运动和分布的唯一方法。但是，VIRGOHI21是第一个强有力的暗物质星系的候选者。

3月，美国古人类学家玛丽·史怀哲报道发现了距今6800万年的软组织，她溶解了雷克斯霸王龙化石上的矿物质部分，然后从股骨提取出这些软组织。在化石上采用同样的程序一般会溶解掉整个标本，因为大部分化石已经彻底矿物质化了。但是，对于此标本，该过程揭示了柔软、富有弹性的主要由胶原蛋白质组成的骨基质。在显微镜下观察这个骨基质，史怀哲发现了血管和骨细胞。她从霸王龙的近亲现代鸵鸟股骨中提取了软组织，并且发现这些软组织也具有类似结构。在其他恐龙化石上重复这套程序，史怀哲发现另外两个软组织样品。许多科学家质疑这个分析结果，认为软组织是有机污染物，但是2008年和2011年更多的详细检测结果似乎支持史怀哲的解释。

4月，一个新型飞机空

面对压力
第一个接受局部面部移植手术的人，伊莎贝尔·迪诺瓦尔在她进行了开创性手术3个月后，于2006年2月召开新闻发布会。

客A380开始首航，替代了波音747（见1974年），成为世界上最大的商用客机。由欧洲空客公司设计并制造的机身宽大的A380有两个舱板，长73米。2007年，A380投入商业使用。

在该年12月，38岁的法国女性伊莎贝尔·迪诺瓦尔成为第一个接受面部局部手术移植的人。6个月前，她的脸被一只狗严重咬伤，之后，她接受了皮肤、血管和肌肉移植。第一个全脸移植手术于2010年在西班牙实施。

泰坦上有生命？
泰坦的大气层有云，能够产生由碳化合物甲烷组成的雨，而且"卡西尼号"探测器在土卫六极地附近发现了甲烷和乙烷湖（假彩色雷达图像上的蓝色区域）。2012年，美国国家航空航天局也发现巨大的地下海洋证据，导致人们猜测，在这个看似荒凉的世界可能存在简单生命形式。

5150 千米
土星最大的卫星泰坦的直径

1月5日，天文学家发现厄里斯，一个比冥王星还大的岩石体，在海王星轨道外运动

1月14日，"惠更斯"号探测器登陆土星的卫星泰坦

2月23日，天文学家发布他们已经定位了的可能是第一个暗物质星系——VIRGOHI21

3月25日，美国古人类学家玛丽·史怀哲公布了夏佩的第一个恐龙软组织

4月27日，空客A380首航，这是世界上最大的客机

11月27日，法国外科医生实施第一例部分面部移植手术

12月8日，科学家公布了狗完整的基因序列

341

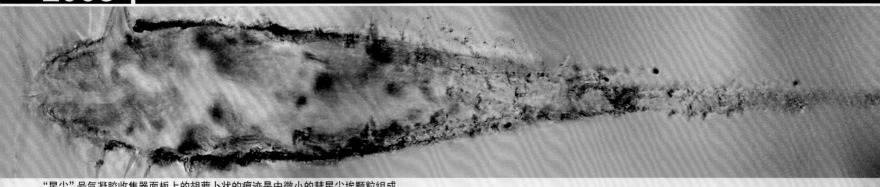

"星尘"号气凝胶收集器面板上的胡萝卜状的痕迹是由微小的彗星尘埃颗粒组成，即图片右边的黑色斑点。这些尘埃以几千米每秒的相对速度进入气凝胶。

2006年初，太阳系正式拥有九大行星。最外层的冥王星与其他行星显著不同。例如，其他所有行星轨道差不多位于同一个平面，但是冥王星的轨道与这个平面之间有一个非常陡峭的角度。20世纪70年代，人们发现一个与冥王星类似的物体，冥王星作为一颗行星的归类受到质疑。2005年，天文学家探测到位于海王星轨道外侧的一个岩石物体，它的质量比冥王星大。再三考虑后，国际天文联合会在2006年决定把冥王星指定为矮行星，作为柯伊伯带（见1949年）中许多类似小行星物体中的一颗。

在太空待了7年后，美国的"星尘"号探测器释放了样品返回舱，返回舱回到地球，安全降落在美国犹他州的沙漠里。返回舱里有大约100万个尘埃斑点，这些尘埃是"星尘"号遇到"怀尔德"2号彗星（见1999年）时收集的。

1月，在成为世界上最大的中微子天文台后不久，冰立方中微子天文台首次检测到中微子。每秒都有数以万计的中微子穿过检测器，但是这些难以捕捉的粒子与物体的相互作用非常微弱，这使得它们很难被检测到。偶尔一个中微子与原子的原子核相互作用，才导致一个微弱的闪光。观测仪配有探测南极地下岩石和冰的光感应器，能够检测到微弱的闪光。中微子源自高能现象，如超新星和神秘的伽马射线暴发，它为天体物理学家提供了一个独特的观察宇宙的窗口。天文台始建于2005年，2010年完成。

地表以下50米
冰立方实验室
每个光感应器有60个传感器
传感器捕捉中微子与原子核相互作用时产生的闪光
地表以下2450米
地表以下2820米
基岩

中微子天文台
冰立方中微子天文台的主体部分是在南极岩石和冰上钻的深孔。当中微子与原子核相互作用时，光感应器会捕捉到微弱闪光。

倡者。只用了两年时间，蓝光DVD已经赢了这场格式之争，主要是因为它得到更多支持，但某种程度上也是因为蓝光DVD播放器内置在索尼公司受欢迎的PlayStation 3的游戏主机中，这款游戏机发布于2006年11月。

8月，澳大利亚第一次为人类注射人乳头瘤病毒（HPV）疫苗。有许多不同的人乳头瘤病毒株；一些类型在性接触时传播，并且是生

8 · 2006年8月24日后，太阳系行星数量

在DVD（见1995~1996年）问世10年后，这一年出现两种格式的视频光盘，这两个光盘格式互为竞争对手，都旨在传输高清视频。高清DVD（HD DVD）和蓝光DVD（BluRay）能够传输大约10倍于DVD的数据。分别有不同的电子和娱乐公司执意推动它们。日本东芝公司是高清DVD的主要提倡者，索尼是蓝光DVD的主要提

殖器疣和宫颈癌的最常见原因。医学研究者建议应该经常给男孩和女孩注射疫苗，努力减少宫颈癌和其他癌症的发病率。这个观点是有争议的，有些组织声称这项措施将会鼓励未成年人性行为。虽然如此，现在很多国家依然经常使用这种疫苗。

在《自然》杂志上，一个古人类学家（利用化石证据研究原始人类历史的人）

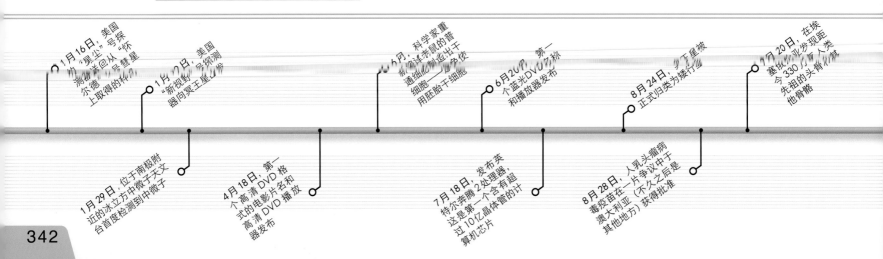

26 亿瓦特

2007年全球风能容量

政府间气候变化专门委员会强调需要增加可再生资源的发电比例，如风能，来缓和气候变化的影响。

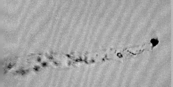

塞拉姆的颅骨
这个保存完整的颅骨属于绰号为"露西的孩子"的人类祖先，她已经在用两条腿直立行走。

团队公布了一项重要发现：生活在330万年前的两足人类祖先的部分骨骼。这些化石残骸属于一个大约3岁的年轻女性，2000年发现于埃塞俄比亚的迪基卡，靠近名为露西的骨骼发现地（见1974年）。

这个个体与露西属于同一个物种（南方古猿阿尔法种），被戏称为"露西的孩子"，尽管她比露西早了大约12万年。

在第四次评估报告中，政府间气候变化专门委员会（IPCC）进一步精炼和扩展了早期报告（见1990年，1995年和2001年）中提到的全球气候变化的分析，同时更加确定地重申相同的结论：人类活动，尤其是化石燃料燃烧释放二氧化碳的行为，正在产生温室气体效应（见326~327页），使得全球平均温度增加。

当移动电话刚在发达国家普及的时候，大部分电话机只能用来打电话和发短信（文字）。美国苹果公司通过iPhone改革了移动电话产业。除了打电话和发短信，用户还能够浏览网页，下载和使用大量的应用，如听音乐、观看和录制视频以及拍照。iPhone是极为成功的，并且其他制造商也很快制造出具有相似功能的智能电话。

干细胞研究给医学界带来很多好处，如干细胞能够产生大脑细胞，治愈痴呆。在一个案例中，英国研究者于2007年从骨髓干细胞中培育了心脏组织。干细胞研究的

苹果手机
苹果手机iPhone把一个方便的触摸界面，如用手势滑动和缩放，引入到移动电话。

一个障碍是：只有胚胎含有能够发育成任何类型的细胞的干细胞。很多人认为这个想法会引起反对，因为胚胎在这个过程中会遭到破坏。但是，2007年，两个科学家团队独立完成了普通细胞的重新编译，使它们成为干细胞（见下图）（从以前老鼠细胞实验中取得的功绩）。

也是在这一年，一个团

队使用DNA碱基对合成细菌染色体的副本。

细胞编程

干细胞研究的一个重要突破涉及被称为纤维细胞的细胞，纤维细胞存在于皮肤和结缔组织中。纤维细胞负责产生胶原蛋白和其他修复皮肤的蛋白质。把这些细胞转变成具有发育成为任何类型细胞的潜能的多能干细胞，这些细胞就需要添加能开启特定基因的化合物。这导致细胞回到所有细胞开始发育的状态。

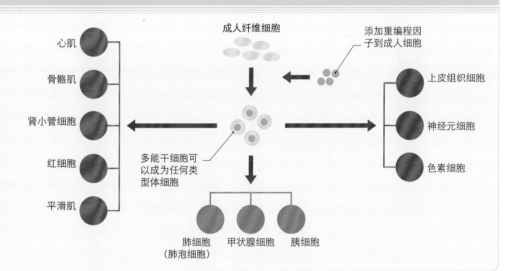

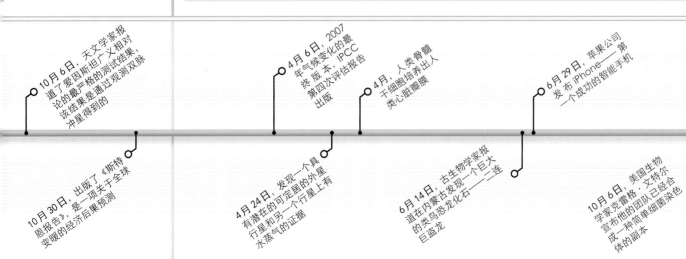

10月6日，天文学家报道了爱因斯坦广义相对论的最严格的测试结果，该结果是通过观测双脉冲星得到的

4月6日，2007年气候变化的最终版本，IPCC第四次评估报告出版

4月，人类骨髓干细胞培养出人类心脏瓣膜

6月29日，苹果公司发布iPhone——第一个成功的智能手机

11月20日，两个科学家团队通过他们通过重新编译普通细胞制造出人类干细胞

10月30日，出版了《斯特恩报告》，是一项关于全球变暖的经济后果预测

4月24日，发现一个具有潜在的可定居的外星行星和另一个行星上有水蒸气的证据

6月14日，古生物学家报道在内蒙古发现一个巨大的类鸟恐龙化石——二连巨盗龙

10月6日，美国生物学家克雷格·文特尔宣布他的团队已经成功地合成一种简单细菌染色体的副本

认识宇宙学

宇宙学就是把宇宙作为一个整体进行科学研究，这个术语来自希腊语中的cosmos。宇宙学家的兴趣在于研究宇宙如何形成、如何工作（尤其是在最大的尺度上）、未来如何发展以及如何毁灭。

直到20世纪20年代，宇宙学家才发现我们银河系之外的其他星系。比利时天文学家和神父乔治·勒迈特（1894~1966）把爱因斯坦相对论公式应用到整个宇宙，结果显示宇宙可能正在扩张。他提出如果这是真的，那么很久以前宇宙一定很小、很紧密，并且很热。他把这个状态称为原始原子。

初始阶段
1929年，美国天文学家埃德温·哈勃发现星系在向四面八方移动，表明宇宙确实在扩张，勒迈特的理论可能是正确的。英国天文学家弗雷德·霍伊尔反对这些观点，但是在1950年创造了术语"大爆炸"来解释这些观点。大爆炸理论仍然是关于宇宙如何形成的非常有可能的解释。

乔治·勒迈特

经过严格耶稣会教徒教育，勒迈特学习了土木工程，然后学习了物理和数学。1923年，他被任命为耶稣会神父。

宇宙起源
大爆炸之后宇宙扩张的同时也在变冷。宇宙能量的一部分转化成基本粒子，自然界的基本力开始形成。

直径	10^{-26} 米	10 米	10^{5} 米
温度	10^{27} 开尔文	10^{27} 开尔文	10^{22} 开尔文
	宇宙膨胀 大爆炸时，整个宇宙比一个原子核还小。在极短时间内，宇宙经历了不可思议的迅速扩张，称为宇宙膨胀。	**粒子汤** 当宇宙膨胀结束时，依然在极短时间内，宇宙依然是微小和热的。能量创造出粒子和反粒子对，在消灭对方之前，它们短暂地存在。	**力的分离** 最初，我们所知道的电磁力、引力及弱和强核力被统一作为单一的力。宇宙膨胀之后，这种统一的力分离，导致今天我们知道的自然法则的出现。
时间	幺秒的万亿分之一 10^{-35} 秒	幺秒的亿分之一 10^{-32} 秒	幺秒 10^{-24} 秒

所有的时间、空间和能量最初都开始于一个具有不可思议密度的点

宇宙膨胀——是宇宙的一次急剧扩张

早期宇宙包含基础粒子汤，如夸克、胶子和承载力的玻色子

质子和中子（夸克通过胶子场聚集在一起组成的复合粒子）形成最轻元素的原子核

宇宙扩张

第一个支持宇宙大爆炸的令人信服的证据是宇宙微波背景辐射被发现。这种辐射产生于大爆炸之后30万年左右，它显示出当时的宇宙比现在小且热。宇宙扩张拉伸了辐射，因此现在多半是长波长微波辐射。扩张的三维空间最直观地表现为球体日益增加的表面。扩张速率最近的相对增长是由质能的一种不太被了解的形式——暗能量造成的。对膨胀的测量和其他关键参数表明大爆炸发生于138亿年前。

哈勃定律

埃德温·哈勃发现一个星系离开的越远，它后退的就越快。星系间距离和速度的数学关系被称为哈勃定律。空间本身正在扩张的这一事实最好地解释了这一点。

终结

宇宙似乎是由暗物质和暗能量控制（物质和能量的形式），这种能量和物质还没有被直接观测到，但是它们的引力影响和对宇宙扩张速率的影响都揭示了它们的存在。如果事实确实如此的话，那么宇宙的命运取决于宇宙中可观测到的物质和暗物质的相互引力是否足以减缓甚至逆转暗能量驱使的扩张。

宇宙的命运

这里展示了宇宙3个可能的命运。物质和暗物质的引力影响能够减缓宇宙扩张，直到宇宙达到极限状态。更可能的是宇宙扩张被逆转或永远继续下去。

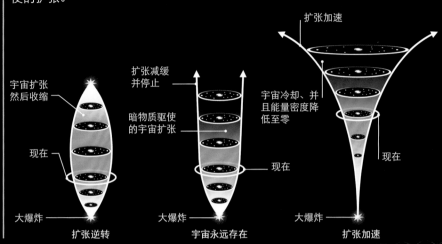

球体表面展示的空间

星系离得很远

在宇宙早期，星系紧密结合在一起

星系间的空间在扩大

宇宙扩张然后收缩

扩张减缓并停止

暗物质驱使的宇宙扩张

现在

现在

扩张加速

宇宙冷却、并且能量密度降低至零

现在

大爆炸 / 扩张逆转

大爆炸 / 宇宙永远存在

大爆炸 / 扩张加速

1000亿千米 10^{13}开尔文	1000光年 10^8开尔文	1亿光年 3000开尔文
质子和中子	**不透明的时代**	**物质时代**
虽然速度越来越慢，但是宇宙依然继续扩张和变冷，并且被称为夸克的基础粒子组合成被称为重子的复合粒子。最重要的是质子和中子——后来这些形成原子核。	在接下来的30万年，温度太高，不能形成原子。带电粒子，如质子和电子不断产生，它们吸收光子（具有电磁辐射的粒子），造成宇宙不透明的状态。	当宇宙冷却下来，电子开始安定地进入环绕原子核的轨道。宇宙微波背景辐射（见上文）始于此时。从那时起，宇宙就一直在扩张。
1微秒 10^{-6}秒（百万分之一秒）	200秒	30万年

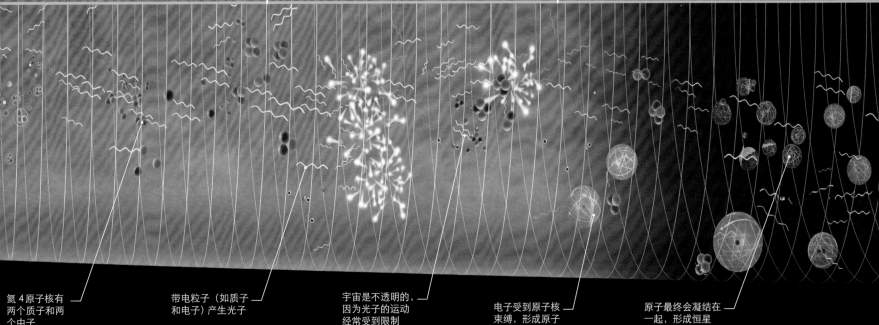

氦4原子核有两个质子和两个中子

带电粒子（如质子和电子）产生光子

宇宙是不透明的，因为光子的运动经常受到限制

电子受到原子核束缚，形成原子

原子最终会凝结在一起，形成恒星

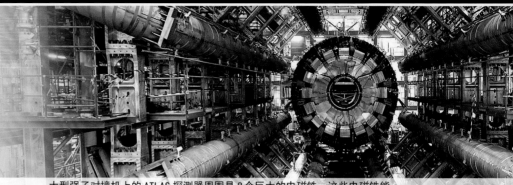

27 千米
大型强子对撞机的近似圆周长

大型强子对撞机上的 ATLAS 探测器周围是 8 个巨大的电磁铁，这些电磁铁能够使碰撞中产生的粒子发生偏转，进而确定它们的质量和电荷。

2008 年 2 月，一个安全的种子库在北冰洋的挪威斯瓦尔巴群岛的斯匹次卑尔根岛上开放。种子库（见 2000 年）储存那些可能受到气候变化、战争或者自然灾害威胁的植物种子，这样能够提高这些重要植物种群的数量。但是，种子库本身也是脆弱的：2004 年，战争毁坏了伊拉克阿布格莱布的种子库；2006 年，菲律宾台风来袭，洪水摧毁了菲律宾的一个种子库。斯瓦巴尔全球种子库能容纳 450 万种种子，且位于一个偏远位置的冰冷山脉中，储

冰冷的种子存储

位于挪威斯匹次卑尔根岛的斯瓦尔巴全球种子库，可以容纳多达 450 万种种子，库存温度为 -18℃。

存环境更安全。

世界上最大且最强大的粒子加速器大型强子对撞机（LHC）于 2008 年 9 月第一次运行。大型强子对撞机被放置在位于法国和瑞士交界处的欧洲核子研究中心（CERN）一个巨大的、圆形的地下隧道内。大型强子对撞机运行时，质子束（或者对于一些实验来讲，用离子束）以极高的速度做圆周运动，并且在探测器内碰撞。碰撞的能量产生新粒子，探测器在粒子冲向四面八方时，记录它们的运动轨迹。随后，这些轨迹由一个强大的计算机网络分析，来寻找特殊类型粒子，尤其是希格斯玻色子的证据。这种粒子与希格斯场有关，理论上，希格斯

达尔文麦塞尔猴

绰号为"艾达"的雌性化石是达尔文麦塞尔猴唯一已知的例子，很可能是生活在 4700 万年前的一个人类直系祖先。

场负责给粒子提供质量。科学家已经发现了存在希格斯玻色子的令人信服的证据，因此也证实了希格斯场的存在（见 2011~2012 年）。

自从第一颗太阳系外行星被发现（见 1992~1993 年）以来，目前已有几百颗太阳系外行星被发现。2009 年 3 月，美国发射开普勒空间天文台，用以寻找围绕在相对较近的恒星周围的地球大小的行星，帮助天文学家估算拥有地球大小行星的恒星的比例。到 2012 年，它发现了 2000 多颗候选行星。

2009 年 5 月，挪威古生物学家约恩·胡鲁姆（生于 1967 年）发现一个惊人的标本：一具几乎完整的、未知物种的类似狐猴的动物的化石骨架，这种动物生活在 4700 万年前。这个标本被称为过渡化石，是低等灵长类如狐猴和高等灵长类如猴子、

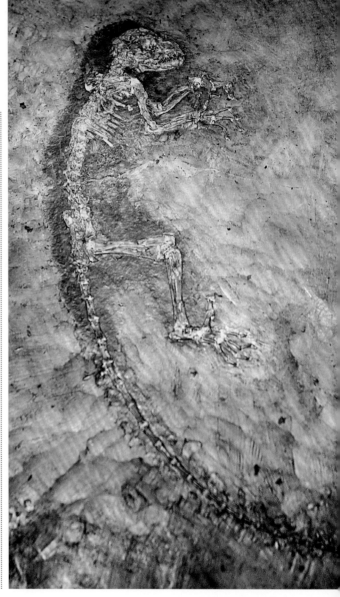

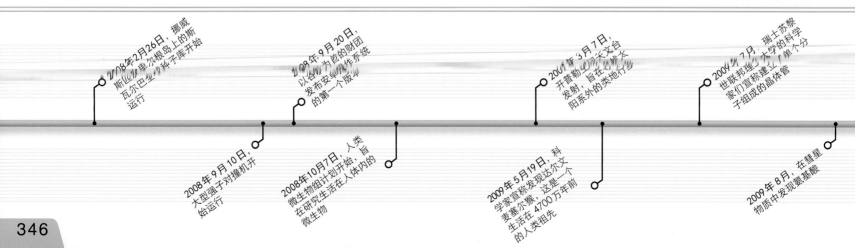

2008年2月26日，挪威斯匹次卑尔根岛上的斯瓦尔巴全球种子库开始运行

2008年9月10日，大型强子对撞机开始运行

2008年9月20日，以谷歌为首的财团发布安卓操作系统的第一个版本

2008年10月7日，人类微生物组计划开始，旨在研究生活在人体内的微生物

2009年3月7日，开普勒空间天文台发射，旨在寻找太阳系外的类地行星

2009年5月19日，科学家宣称发现达尔文麦塞尔猴，这是一个生活在4700万年前的人类祖先

2009年7月，瑞士苏黎世联邦理工大学的科学家们宣称建立了单个分子组成的晶体管

2009年8月，在彗星物质中发现氨基酸

"我们将进入永久飞行的时代。"

伯特兰·皮卡德，瑞士太阳能动力项目创始人之一，2010年

太阳能动力使用200平方米太阳能板产生电流为电动机供电，推动它的螺旋桨。

猿和人类之间的缺失环节。这个化石1983年最初发现于德国的一个废弃采石场内；胡鲁姆在2006年偶然见到这个化石标本，并且被它与低等灵长类动物不同的特征所吸引，这些特征包括类人的指甲和与其他手指相对的大拇指。这个物种被命名为达尔文麦塞尔猴，是为了纪念英国博物学家和进化论先驱达尔文（见1859年）。同年10月，科学家宣布这具已440万年的地猿始祖种古人类化石骨骼，是迄今为止发现的最古老的人类遗骸。

与此同时，两个重要项目开始增加我们对自己物种的知识。2008年10月，人类微生物组计划被推出。由美国国家卫生研究院牵头的这一计划，是一个主动研究生活在人体不同部位的微生物，以及确立这些生物在健康和疾病方面的作用的计划。一年后，旨在绘制表观基因（影响那些基因被开启与何时开启的因素）图的国际项目——人类表观基因组计划出版了第一张人类表观基因组图。

2010年，IBM和英特尔开始制造使用32纳米晶体管的芯片。自集成电路被发明以来（见1958年），半导体制造商一直在向单个芯片上填充更多的晶体管。这样的进展有助于增加各种电子设备的功率和轻便性，并且减少成本。第一个商业化成功的平板电脑是苹果公司的iPad，

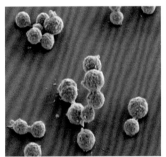

合成的支原体细菌

这张假彩色显微照片显示了第一个合成基因生物。这个新物种的绰号为"辛西娅"，正式名称为丝状支原体 JCVI-syn1.0。

在2010年推出。接下来推出的就是运行安卓系统的平板电脑。安卓系统是由谷歌为首的财团发展起来的，首次发布于2008年。该系统已是一个流行的智能手机操作系统。

常规晶体管能做多小也是有限制的，因此研究人员一直在寻找硅的替代品，作为未来电子产品的基础。2010年2月，IBM的研究人员使用石墨烯材料（见2004年），建立了第一个可靠的、快速开关的晶体管。2009年7月，瑞士苏黎世联邦理工大学的科学家们已经创建出由单个分子组成的晶体管。2010年5月，澳大利亚新南威尔士大学的一个团队用磷制出只有7个原子的晶体管。

5月，由美国生物学家克雷格·文特尔（见右图）领导的团队创造出第一个合成生物。通过使用一项名为寡核苷酸合成的技术（在这项技术中DNA序列拼凑成序，储存于计算机中），文特尔和他的同事创造出一个完整的病毒基因组（2003年）及一个合成染色体（2007年）。2010年，他们合成一

克雷格·文特尔（生于1946年）

美国生物学家克雷格·文特尔是基因组研究和人工合成生物研究的先驱者。1998年，他帮助建立了塞莱拉基因组公司。2006年，他在加利福尼亚创建 J. 克雷格·文特尔研究所，一个基因组学的专门研究中心，在这里产生了第一个人造生物。

种名为丝状支原体细菌基因组的副本，做了一些变化（包括增加一种"水印"），然后把它嵌入另一个已经去除DNA的细菌细胞内。这个新的基因组按照需要来发挥作用，制造蛋白质和繁殖细胞。生物学家希望通过创建它们自己，得到很多有关生命系统的知识，而不是把它们拆散。合成生命也具有设计新生命形式的能力，这

可能是有益的，例如，帮助清理石油泄漏或者生产生物燃料。

7月，名为"阳光动力"号的太阳能飞机持续航行了26小时。白天通过太阳能板产生的电流储存在电池里，使得飞机能够在夜间飞行。这个项目的想法来自瑞士气球驾驶者伯特兰·皮卡德（1958年生）和瑞士企业家安德烈·博尔施伯格（1958年生），旨在鼓励发展可再生能源。同年晚些时候，美国太空探索技术公司把第一个商用飞船"龙"号送入轨道。2012年，它完成了为国际空间站运送物资的第一批计划任务。

100万 用来制造第一个具有人工合成基因组生物使用的DNA碱基对数量

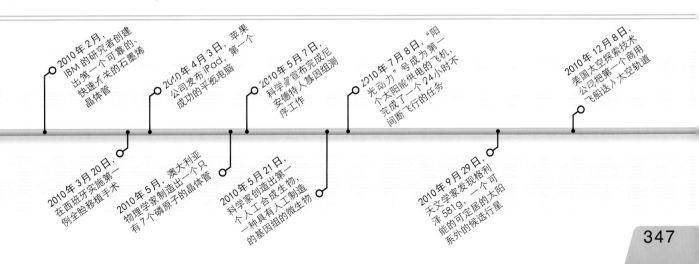

2009年10月1日，科学家宣布地猿始祖种化石遗存是迄今为止发现的最古老的古人类遗存

2009年10月，科学家出版第一张人类表观基因地图

2010年2月，IBM的研究者创建出第一个可靠的、快速开关的石墨烯晶体管

2010年3月20日，在西班牙实施第一例全脸移植手术

2010年4月3日，苹果公司发布iPad，第一个成功的平板电脑

2010年5月，澳大利亚物理学家制造出一个只有7个磷原子的晶体管

2010年5月7日，科学家宣布完成尼安德特人基因测序工作

2010年5月21日，科学家创造出第一个人工合成生物，一种具有人工制造的基因组的微生物

2010年7月8日，"阳光动力"号成为第一个太阳能供电的飞机，完成了一个24小时不间断飞行的任务

2010年9月29日，天文学家发现格利泽581g，一个可能的可定居的太阳系外的候选行星

2010年12月8日，美国太空探索技术公司把第一个商用飞船送入太空轨道

347

这张图片展示的是火星上的"石巢",在这里"好奇"号发现了神秘的发光体并且首次在此处进行了 X 射线衍射实验。

2011 年 5 月,美国国家航空航天局公布了引力探测器 B 的结果,该项目是为了检验爱因斯坦最初发表于 1916 年的广义相对论。自从 2004 年启动以来,探针测试了地球附近的时空曲率(见 244~245 页),以及地球的自转在何种程度上改变了地球附近的时空。两项测试结果都为爱因斯坦的广义相对论提供了迄今为止最有力的证据。

6 月,一队地球物理学家展示了第一张南极冰盖下的地形图。作为一个检验南极洲地质情况的长期项目中的一部分研究内容,地形图是利用几台仪器的数据制成的,其中就有冰透雷达。地形图展示了冰川覆盖下的各种地质特征,也提供了关于 3000 万年前冰盖形成的有价值信息。8 月,澳大利

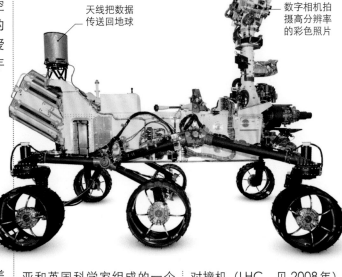

天线把数据传送回地球

数字相机拍摄高分辨率的彩色照片

亚和英国科学家组成的一个研究团队在岩石中发现了 34 亿年前的微体化石,把地球上最早出现已知生命的时间提前了几百万年。原始细胞的新陈代谢依赖硫而不是氧。

次年,2012 年,对于物理科学家来说是一个重要的日子,因为欧洲核子研究中心(CERN)发布了大型强子对撞机(LHC,见 2008 年),LHC 旨在重建宇宙形成时的大爆炸(见 344~345 页)之后短时间内存在的能量和场景。

2012 年 7 月 4 日,欧洲核子研究中心的物理学家宣称他们已经发现了存在希格斯玻色子令人信服的证据。希格斯玻色子是粒子物理标准模型(见 1974 年)的支柱,并且与希格斯场有关。根据英国物理学家彼得·希格斯和其他学者在 20 世纪 60 年代建立的理论,希格斯场存在于整个宇宙,无质量的粒子通过与希格斯场相互作用而

在火星上漫游

美国的"好奇"号探测车大约有一辆家庭汽车的大小。它携带了一系列设备,包括用于检测能够支持生命的化学物质。

获得质量,比如夸克和轻子。

2012 年 8 月,美国的"好奇"号探测车降落在火星的一个巨大的陨石坑(盖尔陨石坑),开始执行迄今为止对火星最全面的考察任务。此次登陆是在无线电短暂失控的情况下自主进行的,NASA 工程师把这段时间称为恐怖"7 分钟"。在降落的最后阶段,4 个火箭点火使宇宙飞船减速至几乎悬停,并且探测器本身通过缆绳被

降落到地面上,防止扬尘损害到探测器上的仪器。着陆后不久,探测器开始传送惊人的高分辨率的火星全景图和特写镜头。除相机之外,"好奇"号还携带了很多仪器来收集和分析风化层(土壤)和岩石样品。激光汽化所有重要的岩石样本,分光镜记录由蒸汽发射的光谱来确定岩石的组成。其他仪器通过 X 射线衍射确定矿物的晶体结构,环境监控台则记录了温度、风速、大气压和湿度。到 2012 年底,"好奇"号行进了 500 多米,并且分析了 30 个不同位置的风化层。

2012 年 9 月,美国公布

899 千克 "好奇"号的质量
2.9 米 "好奇"号的长度
2.2 米 "好奇"号的高度

彼得·希格斯(生于 1929 年)

理论物理学家彼得·希格斯出生于英国的纽卡斯尔。在 20 世纪 60 年代,他创建了一种理论机制(差不多同时期的其他几位物理学家也提出过这种理论),解释为什么粒子会有质量。1964 年,他预测到与该原理相关的粒子的存在:希格斯玻色子。

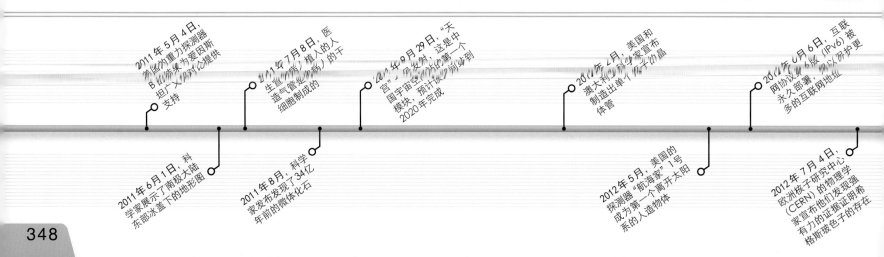

2011 年 5 月 4 日,希望的重力探测器 B 则所示为爱因斯坦广义相对论提供支持

2011 年 6 月 1 日,科学家展示了南极大陆东部冰盖下的地形图

2011 年 7 月 8 日,医生首次用植入人的人造气管和病人自己的干细胞制成的

2011 年 8 月,科学家发布发现了 34 亿年前的微体化石

"天宫"于 9 月 29 日发射,这是中国宇宙空间站计划的第一个模块,预计计划将达到 2020 年完成

2012 年 2 月,美国和澳大利亚的科学家宣布制造出单个硅原子的晶体管

2012 年 5 月,美国的"航海家"1 号探测器成为第一个离开太阳系的人造物体

2012 年 6 月 6 日,互联网协议设备第 6 版(IPv6)被永久部署,现可以供更多的互联网地址

2012 年 7 月 4 日,欧洲核子研究中心(CERN)的物理学家宣布他们发现有力的证据证明希格斯玻色子的存在

了哈勃极端深空场，这是迄今为止得到的最详细的深空图像（见2004年）。2013年2月，重返火星的"好奇"号火星表面钻了一个6.4厘米的洞后，继续分析地下岩石。

再生医学在2013年早些时候取得两个重要进展：美国科学家成功地将一个功能完备的实验室培育的肾脏移植入老鼠体内；而在玻利维亚的一个团队，在老鼠中风之后把干细胞注入老鼠大脑中，不久老鼠恢复了完整的大脑功能。

在中国，一种新型禽流感（见1997年），称为H7N9，首次感染人类，引起疫情关注。

与此同时，科学家在重新计算宇宙的年龄。3月，欧洲空间局的普朗克卫星数据把宇宙学家估算的宇宙年龄精炼到138.2亿岁，比以前认为的年龄大了约1亿年。

寻找希格斯玻色子
这张计算机生成的图像显示的是大型强子对撞机内粒子碰撞的轨迹。分析这些轨迹可为希格斯玻色子的存在提供证据。

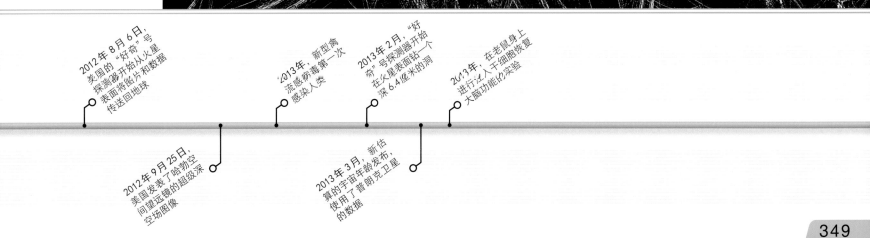

2012年8月6日，
美国的"好奇"号
探测器开始从火星
表面将图片和数据
传送回地球

2012年9月25日，
美国发表了哈勃深
间望远镜的超级深
空场图像

2013年，新型禽
流感病毒第一次
感染人类

2013年3月，新估
算的宇宙年龄发布，
使用了普朗克卫星
的数据

2013年2月，"好
奇"号探测器开始
在火星表面钻一个
深6.4厘米的洞

2013年，在老鼠身上
进行注入干细胞恢复
大脑功能的实验

计量和单位

国际单位制基本单位

SI（国际单位制）是计量单位系统的现代形式，为大多数国家所采用。它在具有独特物理特性且相互依存的 7 个基本单位的基础上，构建了一系列计量单位，而所有其他的物理特性都可从这些单位获得。

单位	符号	定义
米	m	光在真空中于1/299729458秒内行进的距离为1米。
千克	kg	质量的单位，等同于国际千克原器的质量。
秒	s	铯133原子基态的两个超精细能阶间跃迁对应辐射的9192631770个周期的持续时间为1秒。
安培	A	在真空中相距1米的两根无限长平行直导线，通以相等的恒定电流，当每米导线上所受作用力为2×10^{-7}牛顿时，各导线上的电流为1安培。
开尔文	K	热力学温度单位，水三相点温度的1/273.16为1开尔文。
坎德拉	cd	一光源在给定方向上的发光强度，该光源发出频率为540×10^{12}赫兹的单色辐射，且在此方向上的辐射强度为每球面度1/683瓦特。
摩尔	mol	每摩尔物质所含基本微粒数目等于0.012千克$12C$（碳12）所包含的原子个数。

国际单位前缀

国际单位前缀和符号表示国际单位的倍数和分数，以避免书写从10^{18}到10^{-18}之间的非常大或非常小的数值。在写好数字后，可直接将前缀附加到其单位前，如"纳秒"。同样，也可以将一个前缀符号附加到其单位符号之前，如"ns"。

因子	前缀	符号	因子	前缀	符号
10^{18}	exa-	E	10^{-1}	deci-	d
10^{15}	peta-	P	10^{-2}	centi-	c
10^{12}	tera-	T	10^{-3}	milli-	m
10^{9}	giga-	G	10^{-6}	micro-	µ
10^{6}	mega-	M	10^{-9}	nano-	n
10^{3}	kilo-	k	10^{-12}	pico-	p
10^{2}	hecto-	h	10^{-15}	femto-	f
10^{1}	deca-	da	10^{-18}	atto-	a

国际单位制派生单位

国际单位制是一个随着计量技术和精密度提高而不断创建和定义新单位的系统。除了7个国际基本单位，还有两个补充单位和从国际基本单位派生的其他单位。

补充单位	符号	定义
弧度	rad	角的度量单位，弧长等于半径的弧，其所对的圆心角为1弧度。
球面度	sr	立体角的测量单位，1球面度的立体角所对应的球面表面积为半径的平方。

派生单位	符号	定义
赫兹	Hz	计算频率的单位，1赫兹是指1秒内的周期振动次数为1次。
牛顿	N	力的单位，1牛顿等于要使质量1千克物体的加速度为$1\,m/s^2$时所需的力。
帕斯卡	Pa	压强的单位，1帕斯卡等于1牛顿每平方米。
焦耳	J	能量的单位，1焦耳等于施加1牛顿的力使物体移动1米距离所需的能量。
瓦特	W	功率的单位，等于1焦耳每秒，也是1安培电流通过1欧姆电阻所耗散的功率。
库仑	C	电量单位，1库仑等于1秒内1安培电流所传输的电荷量。
伏特	V	电压的单位，当载荷电流为1安培，导线上两点之间消耗的功率为1瓦特时，这两点间的电位差即为1伏特；它也等效于1安培电流通过1欧姆电阻时的电势差。
法拉	F	电容的单位，一个电容器带1库仑电荷量，两极板间的电势差是1伏特时，这个电容器的电容就是1法拉。
欧姆	Ω	电阻的单位，当导体两点间的电压为1伏特，产生的电流为1安培时，这两点间的电阻是1欧姆。
西门子	S	电导的单位，1欧姆的倒数。

补充单位	符号	定义
韦伯	Wb	磁通量单位，1个单位的磁通量指在1秒内以均匀速度减少到0时产生1伏特电磁力所通过的磁流量。
特斯拉	T	磁通量密度单位，相当于每平方米的磁通量是1韦伯。
亨利	H	电感单位，电路中电流每秒变化1安培，则会产生1伏特的感应电动势。
摄氏度	℃	温度的单位，水的冰点规定为0℃，沸点规定为100℃。
流明	lm	光通量单位，1坎德拉光源在1个立体角上产生的总发射光通量为1流明。
勒克斯	lx	照度的单位，1流明每平方米。
贝可勒尔	Bq	放射性活度的单位，一定量的放射性活度材料，若每秒有一个原子衰变，其放射性活度即为1贝可勒尔。
戈瑞	Gy	电离辐射能量吸收剂量的单位，等同于每千克物质吸收了1焦耳的辐射能量。
希沃特	Sv	电离辐射防护的基本辐射剂量单位。
开特	kat	量度酶等催化剂的催化活性的单位，例如1开特胰蛋白酶是指能在1秒内转化1摩尔浓度肽链所需的量。

常见的物理性质

科学家在用数学符号定义过程时会使用一些符号。下表列出了一些最常见的物理性质及用于表示它们的物理符号。不同特性的测量单位是用它们的国际基本单位与相关符号一起表示的。

物理量	符号	国际基本单位	国际基本单位符号
加速度，减速	a	米/秒² 千米/时/秒	$m\,s^{-2}$ $km\,h^{-1}s^{-1}$
角速度	ω	弧度/秒	$rad\,s^{-1}$
密度	ρ	千克/米³ 千克/毫升	$kg\,m^{-3}$ $kg\,ml^{-1}$
电荷	Q, q	库仑	C
电流	I, i	安培（库仑/秒）	$A\,(C\,s^{-1})$

物理量	符号	国际基本单位	国际基本单位符号
电能	–	千瓦-时	kWh
电功率	P	瓦特（焦耳/秒）	$W\,(J\,s^{-1})$
电动势	E	伏特（安培/瓦特）	$V\,(W\,A^{-1})$
电导	G	西门子（欧姆⁻¹）	$S\,(\Omega^{-1})$
电阻	R	欧姆（瓦特/安培）	$\Omega\,(V\,A^{-1})$
频率	f	赫兹（圈/秒）	$Hz\,(s^{-1})$
力	F	牛顿（千克 米/秒²）	$N\,(kg\,m\,s^{-2})$
引力，强度，菲尔德力	–	牛顿/千克	$N\,kg^{-1}$
磁场强度	H	安培/米	$A\,m^{-1}$
磁通量	Φ	韦伯	Wb
磁通密度	B	特斯拉（韦伯/米²）	$T\,(Wb\,m^{-2})$
质量	m	千克	kg
功率	P	瓦特（焦耳/秒）	$W\,(J\,s^{-1})$
转动惯量	I	千克 米²	$kg\,m^2$
动量	p	千克 米/秒	$kg\,m\,s^{-1}$
压强	p	帕斯卡（牛顿/米²）	$Pa\,(N\,m^{-2})$
物质的量	n	摩尔	mol
比热容	C, c	焦耳/千克/开尔文	$J\,kg^{-1}\,K^{-1}$
比能	e	焦耳/千克	$J\,kg^{-1}$
扭矩	T	牛顿·米	$N\,m$
速度	u, v	米/秒 千米/时	$m\,s^{-1}$ $km\,h^{-1}$
体积	V	米³ 毫升	m^3 ml
波长	λ	米	m
重量	W	牛顿	N
功，能	W	焦耳（牛顿·米）	$J\,(N\,m)$

国际单位转换因子

此表列出了非国际基本单位系统的计量单位和将它们转换为国际基本单位所需的因子。"SI当量"标题列的转换因子可用于将非国际基本单位转换为国际基本单位。可用表中"倒数"标题列的转换因子进行逆转换。

单位	符号	数量	SI当量	SI单位	倒数
英亩		面积	0.405	公顷	2.471
埃	Å	长度	0.1	nm	10
天文单位	AU	长度	0.150	Tm	6.684
原子质量单位	amu	质量	1.661×10^{-27}	千克	6.022×10^{26}
巴	bar	压强	0.1	兆帕斯卡	10
桶（美国）=42美制 加仑	bbl	体积	0.159	立方米	6.290
卡路里	cal	能量	4.187	焦耳	0.239
立方英尺	cu ft	体积	0.028	立方米	35.315
立方英寸	cu in	体积	16.387	立方厘米	0.061
立方码	cu yd	体积	0.765	立方米	1.308
居里	Ci	放射性核素的活度	37	贝可勒尔	0.027
摄氏度	°C	温度	1	开尔文	1
华氏度	°F	温度	0.556	开尔文	1.8
电子伏特	eV	能量	0.160	阿托焦耳	6.241
能量	erg	能量	0.1	微焦耳	10
英寻（6英尺）		长度	1.829	米	0.547
费米	fm	长度	1	飞米	1
英尺	ft	长度	30.48	厘米	0.033
英尺每秒	ft s^{-1}	速度	0.305 / 1.097	米/秒 / 千米/时	3.281 / 0.911
加仑（英国）	gal	体积	4.546	立方分米	0.220
加仑（美国）=231 立方英寸	gal	体积	3.785	立方分米	0.264
高斯	Gs, G	磁通密度	100	微特斯拉	0.01
格令	gr	质量	0.065	克	15.432
公顷	ha	面积	1	平方公顷	1
马力	hp	功率	0.746	千瓦	1.341
英寸	in	长度	2.54	厘米	0.394
千克力	kgf	力	9.807	牛顿	0.102

单位	符号	数量	SI当量	SI单位	倒数
节	kn	速度	1.852	千米/时	0.540
光年	ly	长度	9.461×10^{15}	米	1.057×10^{-16}
升	l	体积	1	立方分米	1
马赫数	Ma	速度	1193.3	千米/时	8.380×10^{-4}
麦克斯韦	Mx	磁通	10	nWb	0.1
微米	μ	长度	1	微米	1
英里（航海）		长度	1.852	千米	0.540
英里（法规）		长度	1.609	千米	0.621
英里每小时（mph）	mile h^{-1}	速度	1.609	千米/时	0.621
盎司（常衡）	oz	质量	28.349	克	0.035
盎司（金衡）=480克		质量	31.103	克	0.032
秒差距	pc	长度	30.857	Tm	0.0000324
品脱（英国）	pt	体积	0.568	立方分米	1.760
英镑	lb	质量	0.454	千克	2.205
磅力	lbf	力	4.448	牛顿	0.225
磅力/英尺		压强	6.895	千帕	0.145
磅每平方英尺	psi	压强	6.895×10^3	千帕	0.145
伦琴	R	辐射剂量	0.258	mC kg^{-1}	3.876
秒 =（1/60'）	"	平面角	4.85×10^{-6}	豪拉德	2.063×10^5
太阳质量	M	质量	1.989×10^{30}	千克	5.028×10^{-31}
平方英尺	sq ft	面积	9.290	平方分米	0.108
平方英寸	sq in	面积	6.452	平方厘米	0.155
平方英里（法规）	sq mi	面积	2.590	平方千米	0.386
平方码	sq yd	面积	0.836	平方米	1.196
1热量单位=105英制热量单位		能量	0.105	吉焦	9.478
吨=2240磅		质量	1.016	毫克	0.984
吨-力	tonf	力	9.964	千牛	0.100
吨-力/平方英寸		压强	15.444	兆帕斯卡	0.065
公吨	t	质量	1	兆克	1

物理学

牛顿定律

英国物理学家艾萨克·牛顿提出了一系列的运动定律，发表在他的巨著《自然哲学的数学原理》(1698~1699) 中。牛顿定律描述物体如何运动和保持静止，或与其他物体发生力的相互作用。牛顿还建立了万有引力定律来描述作用于物体之间的引力。

定律	描述
第一运动定律	一个物体，在没有受到外力的作用时，总保持静止或匀速直线运动状态。
第二运动定律	作用于物体的合外力等于物体质量与加速度的乘积。
第三运动定律	每一个作用力都存在一个大小相等、方向相反的反作用力。

万有引力定律

$$F = \frac{Gm_1m_2}{r^2}$$

$F =$ 两个物体之间的引力
$G =$ 万有引力常数
$m_1, m_2 =$ 物体的质量
$r^2 =$ 两个物体之间的距离的平方

力学

力是指能够使一个物体沿一条直线运动或转动的推或拉的作用。力可以单独或共同发生作用，可用来使机器更加有效地工作。运动物体的各种性质（如时间、距离、方向和速度）之间的关系，可用方程来描述。

运动公式

物理量	描述	公式
速率	$\dfrac{距离}{时间}$	$S = \dfrac{d}{t}$
时间	$\dfrac{距离}{速率}$	$t = \dfrac{d}{S}$
距离	速率 × 时间	$d = St$
速度	$\dfrac{位移（在一定方向上的距离）}{时间}$	$v = \dfrac{s}{t}$
加速度	$\dfrac{质量}{加速度}$	$a = \dfrac{(v-u)}{t}$
合力	质量 × 速度	$F = ma$
动量	质量 × 速度	$p = mv$

在恒定加速度下的运动方程

这4个方程式以不同方式表示恒定加速度。

$$s = \frac{(u+v)t}{2}$$

$$v = u + at$$

$$v^2 = u^2 + 2as$$

$$s = ut + \tfrac{1}{2}at^2$$

$s =$ 位移
$u =$ 初速度
$v =$ 末速度
$a =$ 加速度
$t =$ 时间

胡克定律

$$F_s = -kx$$

$F_s =$ 弹力
$k =$ 弹性常数（弹簧刚度的指标）
$x =$ 伸长量或压缩量

转向力

力	描述	公式	因子
转动惯量	一个物体对于旋转运动的惯性	$I = mr^2$	$I =$ 转动惯量 $m =$ 质量 $r^2 =$ 质点与轴距离的平方
角速度	一个物体绕轴转动的速度	$\omega = \dfrac{\Delta\theta}{\Delta t}$	$\omega =$ 角速度 $\Delta\theta =$ 角位移 $\Delta t =$ 时间
角动量	一个物体绕轴旋转的动量	$L = I\omega$	$L =$ 角动量 $I =$ 转动惯量 $\omega =$ 角速度

热力学定律

热力学是关于热、功、内能之间相互关系的研究。热力学定律描述了热力学系统经历能量的变化时发生了什么变化，即能量不能被创造或消灭（如在第一定律表示），但它可被转化为其他形式。

定律	描述
第一定律	能量既不能被创造也不能被消灭。
第二定律	一个独立系统的总熵随着时间而增加。
第三定律	物质粒子在绝对零度下将停止运动。
第四定律	如果（不同的系统中的）两个物体分别与第三个物体保持热平衡，则这两个物体也将彼此保持热平衡。

温标

热是动能的形式。包含在物体中的能量（它的温度）可以用以下3种尺度来衡量：开尔文（国际基本单位之一）、摄氏度（国际基本单位导出单位）和华氏度（最早由物理学家丹尼尔·加布里埃尔·华伦海特提出）（见1724年）。绝对零度是物质中的原子没有热能、不运动时的温度。

	开尔文	摄氏度	华氏度
	373K	100℃	212°F
	300K	27℃	81°F
	273K	0℃	32°F
	255K	−18℃	0°F
	200K	−73℃	−99°F
	100K	−173℃	−279°F
绝对零度	0K	−273℃	−460°F

气体定律

气体是物质在相对较低的密度、黏度、可变压力和温度下的一种状态，很容易扩散并且急速分布在整个容器内。气体定律描述了气体分子在不同的体积、压强、温度时的相对运动，并且描述了当其他因子改变后，每个因子是如何变化的。大多数定律是以发明者的名字命名的。

定律	描述	公式	因子
阿伏伽德罗定律	在恒定的温度和压强下，体积与分子数目成正比。等体积的不同气体，在温度和压强相同的条件下，含有的分子数目相等。	$V \propto n$	$V =$ 体积 $n =$ 分子数 $\propto =$ 成比例
波义耳定律	对于给定质量的气体，在恒定温度下，体积与压强成反比。例如，体积增倍，压强则减半。	$PV = $ constant	$P =$ 压强 $V =$ 体积
查理定律	对于给定质量的气体，在恒定的压强下，体积与绝对温度（开尔文为单位衡量）成正比。	$\frac{V}{T} = $ constant	$V =$ 体积 $T =$ 绝对温度
盖-吕萨克定律	对于给定质量的气体，在一个恒定体积下，压强直接与绝对温度（开尔文为单位）成正比。	$\frac{P}{T} = $ constant	$p =$ 压强 $T =$ 绝对温度
理想气体定律	理想气体是可能会碰撞却又不会具有相互吸引作用的假想气体。理想气体定律是在各种条件下所有气体共存的理想状态。	$PV = nRT$	$P =$ 总压强 $n =$ 分子数 $R =$ 气体常数 $T =$ 绝对温度
道尔顿分压定律	这个定律描述了两种或更多种气体的混合物。它指出，气态混合物的总压强等于个别组分气体的分压的总压强等于个别组分气体的分压的混合气体。	$P = \sum p$ or $P_{total} = p_1 + p_2 + p_3 \cdots$	$P =$ 总压强 $\sum p =$ 分压强之和

压强和密度

压强和密度可以使用一系列方程进行描述。压强是施加于物体的力除以该物体的受力面积，并且它根据施加力变化而变化。

定律	描述	公式
压强	$\frac{压力}{面积}$	$p = \frac{F}{A}$
密度	$\frac{质量}{体积}$	$\rho = \frac{m}{V}$
体积	$\frac{质量}{密度}$	$V = \frac{m}{\rho}$
质量	体积 × 密度	$m = V\rho$

爱因斯坦相对论

在1905年和1915年，德国物理学家爱因斯坦发表了他的相对论，质疑先前人们所接受的引力理论。

理论	描述
狭义相对论	1. 所有的物理定律在两个相同的匀速运动的参考系中都是一样的。 2. 不论光源和观察者的运动如何，光速是一个常数。
广义相对论	时空是弯曲的，强大的引力造成时间和质量的扭曲，并且使大物体（例如行星）周围的时空扭曲。

麦克斯韦方程组

这是一个公式组或者定律，由苏格兰物理学家詹姆斯·克拉克·麦克斯韦（见1855页）提出，提供了电磁波如何运动的完整说明。这组定律表明了电磁场如何产生，以及变化率与电磁场来源之间的关系。

定律	描述	应用
高斯定律对于电	通过任何封闭曲面的电通量与包含在该曲面内的总电荷成正比。	用于计算带电物体周围的电场。
高斯定律对于磁	对于任何闭合曲面的一个磁偶极子（一对平等的，相反磁化极之一），向内拉向南极的磁通量将等于向外导向北极的磁通量；净磁通量将始终为零。	描述磁场的来源，并表明它们将永远是封闭的回路。
法拉第电磁感应定律	任何封闭环路的感应电动势等于封闭环路内磁通量变化的负值。	描述了一个变化的磁场如何产生电场；这是发电机、电感器和变压器的工作原理。
安培定律与麦克斯韦修正	在静电场中，任何封闭环路的磁场的线积分，与流动其中的电流成比例。	用于计算磁场，表示通过电流和改变电场，可以产生磁场。

电和电路定律

电可以电流的方式运动。电流可以通过电动势产生，例如，一块电池，绕电路运动从而驱动用电设备。主要有两种通过驱动而产生电流的方法：一种是交流电（AC），电流来回运动；一种是直流电，电流只是沿着一个方向流过，特定的定律中规定了电流围绕着电路运动的方式。

定律	描述	公式	因子
库仑定律	电荷之间的引力或斥力与电荷所带的电量成正比，与它们的距离成反比。	$F = k\dfrac{q_1 q_2}{r^2}$	k = 库仑常数 q_1 和 q_2 =（点电荷）电荷量 r^2 = 距离的平方
欧姆定律	表示电压、电阻和电流之间的关系，它可以多种形式表达。	$I = \dfrac{V}{R}\quad R = \dfrac{V}{I}$ $V = IR$	R = 电阻 I = 电流 V = 电势差（电压）
基尔霍夫电流定律	流入节点的电流之和等于流出节点的电流之和。	$\sum I = 0$	$\sum$ = 求和 I = 瞬间电流
基尔霍夫电压定律	从一点出发绕回路一周回到该点时，各段电压的代数和恒等于零。	$\sum V = 0$	$\sum$ = 求和 V = 电势差（电压）

亚原子粒子

这些是构成物质的基本模块。物理学家将其区分为基本粒子（无结构）和复合粒子（由较小的结构组成）。基本粒子是宇宙万物的基本组成成分。科学家认为，每个粒子都有相同或相对的反粒子，它们的配对可以消灭对方，产生光（光子）。

基本粒子	复合粒子（强子）
夸克 构成质子和中子的粒子，有6 "味"，它们是：上、下、粲、奇异、顶和底。	**重子** 由3个夸克组成的粒子。我们知道的有质子（两个上夸克和一个下夸克）、中子（一上和两个下夸克）。
轻子 由6种粒子组成，包括电子、μ子和τ子及其相关中微子（电子中微子、μ子中微子和τ子中微子）。	
规范玻色子 是与4种基本粒子相关的粒子，至今尚未发现重力的规范玻色子，虽然一直存在 "重力子" 的推测。	**介子** 由反夸克和夸克构成。有许多类型，包括正介子（上夸克与下夸克）和负介子（奇异夸克与上夸克）。

4种基本力

宇宙中的所有物质受4种基本作用力：万有引力、电磁相互作用力、弱相互作用力、强相互作用力。每一个都与一个相关联的亚原子 "信使" 粒子相关。物理学家推论说，这些力曾经统一为一种力，在宇宙大爆炸之后第一秒的分裂时产生。受特定的力影响的物质微粒产生或吸收特定的力的载体。

粒子	力	相对强弱	范围（M）
重力子	重力	10^{-41}	无限
光子	电磁力	1	无穷力
胶子	强核力	25	10^{-15}
W、Z玻色子	弱核力	0.8	10^{-18}

常见的方程

以下是物理中普遍使用的方程：

物理量	陈述	公式
动能	½ 质量 × 速度²	$E_k = \frac{1}{2}mv^2$
重力	质量 × 引力场强度	$W = mg$
功率	$\dfrac{功}{工作时间}$ 或 $\dfrac{转换的能量}{作用时间}$	$P = \dfrac{W}{t}$
速率	$\dfrac{运动距离}{时间}$	$s = \dfrac{d}{t}$
速度	$\dfrac{位移}{时间}$	$v = \dfrac{s}{t}$
加速度	$\dfrac{速度变化量}{发生这一变化所用的时间}$	$a = \dfrac{(v - u)}{t}$
合力	质量 × 加速度	$F = ma$
动量	质量 × 速度	mv
折射率	$\dfrac{光在真空中的速度}{光在介质中的速度}$	$n = \dfrac{c}{v}$
波速	频率 × 波长	$v = f\lambda$
电荷	电流 × 时间	$q = It$
电势差（电压）	电流 × 电阻 或者 $\dfrac{功}{电荷量}$	$V = IR$ $V = \dfrac{W}{q}$
电阻	$\dfrac{电压}{电流}$	$R = \dfrac{V}{I}$
电能	电势差（电压）× 电流 × 时间	$E = VIt$
功	力 × 力在该方向上的位移	$W = Fs$
效率	$\dfrac{输出功率}{输入功率} \times 100\%$	$\dfrac{W_o}{W_i} \times 100\%$

化学

▌元素周期表

现代元素周期表中含有 118 种已知的元素，其中 90 种是在地球上自然存在的。这些元素可根据它们的原子结构来分组。如图所示，它们以其原子序数（元素原子核的质子数）递增的顺序并根据外层电子数的排列而分组。这样化学家可以从表上元素的位置预测它们可能有什么性质。

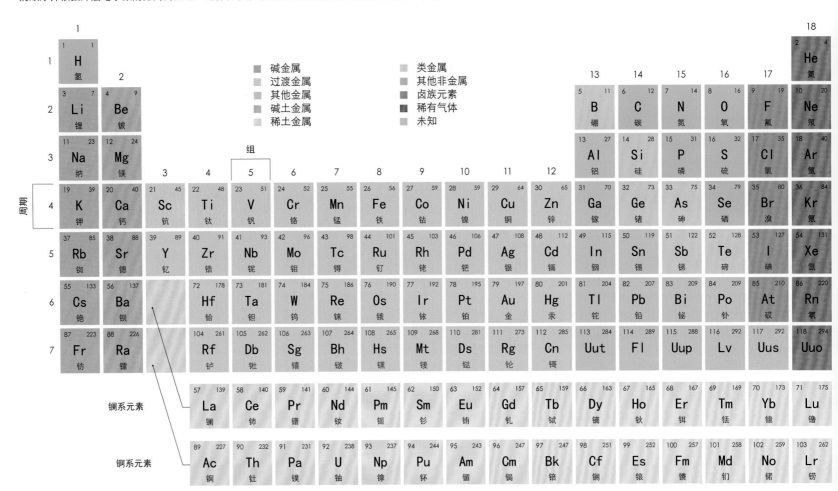

▌个别形式

上表中每块可以表示一个元素。相对原子质量是原子核中的质子和中子的平均数量，在上表中以整数形式给出。

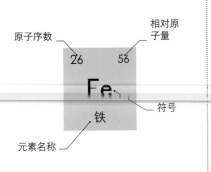

原子序数

相对原子量

Fe

符号

铁

元素名称

▌表中的各模块

周期表划分为 3 个不同的方向：垂直列、水平行、不同色块表示的系列。元素特性相似的组成一组。左边是活跃的金属元素，然后依次是活性较低的金属、类金属和非金属，最右边的是惰性气体。

周期

具有相同的元素电子层数的水平排列成一组。周期 6 和 7 的元素太多，表中容不下，因此在表格下面列出。

族

每列中的元素，外层电子数相同。

系列

表被分成 4 个系列：活跃的金属、过渡元素、稀土金属以及主要的非金属元素。每一组中的元素表现出类似的性质。不同类型的元素还可以按颜色被进一步细分，如上图所示。

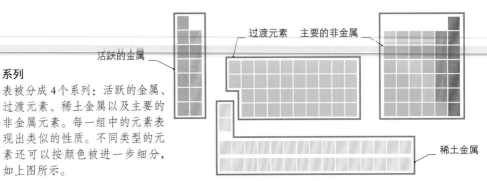

过渡元素　主要的非金属

活跃的金属

稀土金属

元素

下面的图表给出了每个已知元素的重要信息。根据原子序数——原子核中的质子数排列。对于每个元素，该表给出了常用的符号，相对原子质量（本图给出最接近的两位小数），以及对于每个给定元素的化合价（由原子形成的化学键的数目）

原子序数	元素	元素符号	原子质量	融点 °C	°F	沸点 °C	°F	化合价
1	氢	H	1.00	-259	-434	-253	-423	1
2	氦	He	4.00	-272	-458	-269	-452	0
3	锂	Li	6.94	179	354	1340	2440	1
4	铍	Be	9.01	1283	2341	2990	5400	2
5	硼	B	10.81	2300	4170	3660	6620	3
6	碳	C	12.01	3500	6332	4827	8721	2,4
7	氮	N	14.01	-210	-346	-196	-321	3,5
8	氧	O	16.00	-219	-362	-183	-297	2
9	氟	F	19.00	-220	-364	-188	-306	1
10	氖	Ne	20.18	-249	-416	-246	-410	0
11	钠	Na	22.99	98	208	890	1634	1
12	镁	Mg	24.31	650	1202	1105	2021	2
13	铝	Al	26.98	660	1220	2467	4473	3
14	硅	Si	28.09	1420	2588	2355	4271	4
15	磷	P	30.97	44	111	280	536	3,5
16	硫	S	32.07	113	235	445	832	2,4,6
17	氯	Cl	35.45	-101	-150	-34	-29	1,3,5,7
18	氩	Ar	39.95	-189	-308	-186	-303	0
19	钾	K	39.10	64	147	754	1389	1
20	钙	Ca	40.08	848	1558	1487	2709	2
21	钪	Sc	44.96	1541	2806	2831	5128	3
22	钛	Ti	47.87	1677	3051	3277	5931	3,4
23	钒	V	50.94	1917	3483	3377	6111	2,3,4,5
24	铬	Cr	52.00	1903	3457	2642	4788	2,3,6
25	锰	Mn	54.94	1244	2271	2041	3706	2,3,4,6,7
26	铁	Fe	55.85	1539	2802	2750	4980	2,3
27	钴	Co	58.93	1495	2723	2877	5211	2,3
28	镍	Ni	58.69	1455	2651	2730	4950	2,3
29	铜	Cu	63.55	1083	1981	2582	4680	1,2
30	锌	Zn	65.41	420	788	907	1665	2
31	镓	Ga	69.72	30	86	2403	4357	2,3
32	锗	Ge	72.63	937	1719	2355	4271	4
33	砷	As	74.92	817	1503	613	1135	3,5
34	硒	Se	78.96	217	423	685	1265	2,4,6
35	溴	Br	79.90	-7	19	59	138	1,3,5,7
36	氪	Kr	83.80	-157	-251	-152	-242	0
37	铷	Rb	85.47	39	102	688	1270	1
38	锶	Sr	87.62	769	1416	1384	2523	2
39	钇	Y	88.91	1522	2772	3338	6040	3
40	锆	Zr	91.22	1852	3366	4377	7911	4
41	铌	Nb	92.91	2467	4473	4742	8568	3,5
42	钼	Mo	95.96	2610	4730	5560	10040	2,3,4,5,6
43	锝	Tc	97.91	2172	3942	4877	8811	2,3,4,6,7
44	钌	Ru	101.07	2310	4190	3900	7052	3,4,6,8
45	铑	Rh	102.91	1966	3571	3727	6741	3,4
46	钯	Pd	106.42	1554	2829	2970	5378	2,4
47	银	Ag	107.87	962	1764	2212	4014	1
48	镉	Cd	112.41	321	610	767	1413	2
49	铟	In	114.82	156	313	2028	3680	1,3
50	锡	Sn	118.71	232	450	2270	4118	2,4
51	锑	Sb	121.76	631	1168	1635	2975	3,5
52	碲	Te	127.60	450	842	990	1814	2,4,6
53	碘	I	126.90	114	237	184	363	1,3,5,7
54	氙	Xe	131.29	-112	-170	-107	-161	0
55	铯	Cs	132.91	29	84	671	1240	1
56	钡	Ba	137.33	725	1337	1640	2984	2
57	镧	La	138.91	921	1690	3457	6255	3
58	铈	Ce	140.12	799	1470	3426	6199	3,4
59	镨	Pr	140.91	931	1708	3512	6354	3
60	钕	Nd	144.24	1021	1870	3068	5554	3
61	钷	Pm	144.91	1168	2134	2700	4892	3
62	钐	Sm	150.36	1077	1971	1791	3256	2,3
63	铕	Eu	151.96	822	1512	1597	2907	2,3
64	钆	Gd	157.25	1313	2395	3266	5911	3
65	铽	Tb	158.93	1356	2473	3123	5653	3
66	镝	Dy	162.50	1412	2574	2562	4644	3
67	钬	Ho	164.93	1474	2685	2695	4883	3
68	铒	Er	167.26	1529	2784	2863	5185	3
69	铥	Tm	168.93	1545	2813	1947	3537	2,3
70	镱	Yb	173.04	819	1506	1194	2181	2,3
71	镥	Lu	174.97	1663	3025	3395	6143	3
72	铪	Hf	178.49	2227	4041	4602	8316	4
73	钽	Ta	180.95	2996	5425	5427	9801	3,5
74	钨	W	183.84	3410	6170	5660	10220	2,4,5,6
75	铼	Re	186.21	3180	5756	5627	10161	1,4,7
76	锇	Os	190.23	3045	5510	5090	9190	2,3,4,6,8
77	铱	Ir	192.22	2410	4370	4130	7466	3,4
78	铂	Pt	195.08	1772	3222	3827	6921	2,4
79	金	Au	196.97	1064	1947	2807	5080	1,3
80	汞	Hg	200.59	-39	-38	357	675	1,2
81	铊	Tl	204.38	303	577	1457	2655	1,3
82	铅	Pb	207.20	328	622	1744	3171	2,4
83	铋	Bi	208.98	271	520	1560	2840	3,5
84	钋	Po	208.98	254	489	962	1764	2,3,4
85	砹	At	209.99	300	572	370	698	1,3,5,7
86	氡	Rn	222.02	-71	-96	-62	-80	0
87	钫	Fr	223.02	27	81	677	1251	1
88	镭	Ra	226.02	700	1292	1200	2190	2
89	锕	Ac	227.03	1050	1922	3200	5792	3
90	钍	Th	232.04	1750	3182	4787	8649	4
91	镤	Pa	231.04	1597	2907	4027	7281	4,5
92	铀	U	238.03	1132	2070	3818	6904	3,4,5,6
93	镎	Np	237.05	637	1179	4090	7394	2,3,4,5,6
94	钚	Pu	244.06	640	1184	3230	5850	2,3,4,5,6
95	镅	Am	243.06	994	1821	2607	4724	2,3,4,5,6
96	锔	Cm	247.07	1340	2444	3190	5774	2,3,4
97	锫	Bk	247.07	1050	1922	710	1310	2,3,4
98	锎	Cf	251.08	900	1652	1470	2678	2,3,4
99	锿	Es	252.08	860	1580	996	1825	2,3
100	镄	Fm	257.10	unknown		unknown		2,3
101	钔	Md	258.10	unknown		unknown		2,3
102	锘	No	259.10	unknown		unknown		2,3
103	铹	Lr	262.11	unknown		unknown		3
104	𬬻	Rf	261.11	unknown		unknown		unknown
105	𬭊	Db	262.11	unknown		unknown		unknown
106	𬭳	Sg	263.12	unknown		unknown		unknown
107	𬭛	Bh	264.13	unknown		unknown		unknown
108	𬭶	Hs	265.13.	unknown		unknown		unknown
109	鿏	Mt	268.14	unknown		unknown		unknown
110	𫟼	Ds	281.16	unknown		unknown		unknown
111	𬬭	Rg	273.15	unknown		unknown		unknown
112	鿔	Cn	[285]	unknown		unknown		unknown
113	Ununtrium	Uut	[284]	unknown		unknown		unknown
114	Flerovium	Fl	[289]	unknown		unknown		unknown
115	Ununpentium	Uup	[288]	unknown		unknown		unknown
116	Livermorium	Lv	[293]	unknown		unknown		unknown
117	Ununseptium	Uus	[292]	unknown		unknown		unknown
118	Ununoctium	Uuo	[294]	unknown		unknown		unknown

生物学

分类等级

生物学家将生物根据它们的特点分类成组，说明它们的进化关系。所有的生命都起源于生活在亿万年前的单一共同祖先，并通过进化而变得多元化。最远缘的生物被划分为不同的领域。这些领域再分为低级的连续系列的类群，以包含更多关系密切的生物。在任何级别里，现代生物学家都努力将其定义为单系类群：这些类群包含了起源于单一祖先的所有生物。在最低的等级中，生物之间的关系非常密切，通常能够相互杂交。在 361~363 页的图表中，虚线用来定义分类级别的非正式组合。虽然这些都不是自然进化的类群，它们却为生物集合提供了一个方便有效的参考方法。

域	界	门	纲	目	科	属	种

20世纪90年代引入了域的概念，以回应在细胞生物学中的发现。域级别中的分组体现了地球上最古老生命的分支。这些生命以不同的组群出现在大约 40 亿年前，包括了细菌和更复杂的多细胞生命形式。

域分为不同界，包括熟知的生物类群（如动物、植物和真菌），以及在 10 亿年前进化的其他类群（包括一系列单细胞生物和藻类）。

界分为若干门（单数：动物门）。同一个动物门的生物共享一个特定的身体计划。动物和植物门中，包括了源于 1 亿 ~0.5 亿年前的组群生物，那时海洋充满了生命，陆地首次被生物占据。

门分为若干纲。同一纲的生物是由它们的身体结构与生活史所定义的。例如，陆生脊椎动物有两栖类、爬行类、鸟类和哺乳动物。植物分为单子叶和双子叶开花植物。

纲分成若干目。动物的目主要基于身体结构，而植物目则由组成其组织的化学物质定义。例如，哺乳动物被分成灵长目动物、啮齿动物和蝙蝠。植物科分为毛茛目（毛茛及其近亲）、唇形目（薄荷及其近亲）。

目细分为科。植物、藻类和真菌科的名称，一般以 "-aceae" 结尾（例如，Liliaceae 表示百合科）；动物科的名称一般以 "-idae" 命名（例如，Sciuridae 表示松鼠科）。

科分为若干属（单数：属）。各属名称确定了一个物种科学名称的第一部分。例如，大型猫科动物都归于豹属，包括狮和虎。属名和种名一般以斜体字表示。

种是唯一可在生物学术语中定义的分类级。通常是指可以交配的生物体。但是实际上，大多数物种，包括那些无法进行有性繁殖的或在生殖生物学中未知的物种，是根据它们的体质特征来定义的。

域和界

生物学家将所有的生命划分为植物和动物。但是生物多样性的根源比我们现在所知道的更为复杂。最早的生命是单细胞生物。这些生物分出两个谱系，后来出现植物和动物。这就意味着大多数域和界的群体包括单细胞生物。在早期生命分化为 3 个域时，进化出了最基本的差异：简单的单细胞细菌、古生菌和更复杂的真核生物，后者的遗传物质被包裹在细胞核中。多种真核生物保留了它们的单细胞特性，但是其他的形成了多细胞体，成为真菌、植物和动物。

地球上的生命

细菌
细菌

这些是单细胞生物。其中的细胞壁由坚硬的胞质壁组成。其遗传物质不能包裹成细胞核。也有其他的细胞器（膜结合的结构，如线粒体）。

8000+ 种类

古生菌
古生菌

这些单细胞生物具有由组蛋白保护起来的遗传物质 DNA。但它不具备细胞核或其他细胞器。许多古生菌生活在恶劣的环境中，如热的、酸性池塘中。

2000+ 种类

真核生物
真核生物

这些是单细胞或多细胞生物。生物的遗传物质组装成细胞核，并由组蛋白保护。在细胞分裂的过程中，这些物质固化成为染色体。细胞也有其他的细胞器，如线粒体和叶绿体。

200万+ 种类

真菌
真菌界

单细胞或多细胞生物，靠腐败物或寄生生存，通过孢子繁殖，通过对腐败物质的分解或寄生的方式生存。多细胞形式通常是由网状微小的纤维—菌丝体构成。

7万+ 种类

植物
植物界

多细胞生物，通过吸收阳光光合作用制造食物。植物长成分枝，常为叶状。最原始的形式通过自由移动的精子和漂流的孢子繁殖。所谓的高等植物形成种子。

29万+ 种类

动物
动物界

这些是多细胞生物。以捕食其他生物或腐败物质获得食物。对时间的快速反应和移动是可能的，因为它们具有神经系统，可以传输电信号用来收缩肌肉。

160万+ 种类

其他的生物界
其他的生物界

剩下的生物归类为一个单一的生物界（标为原始有核界）。现在已经知道，它们并不组成一个自然进化的群体，而是包括至少七类不同的生物界，包括范围广泛的单或多细胞生物。例如，藻类和海草，它们也可以像植物那样进行光合作用。还有些是类似动物般的掠夺者或寄生虫。如，变形虫。其他的，包括黏菌，像真菌那样生长。

7万+ 种类

真菌

真菌可以分为简单的真菌（小孢子体和壶菌）与高级的真菌。高级的真菌中有一个广泛的菌丝体（微小的丝状体网络）。壶菌——也被称为水生真菌，其共同特点是它们能够产生通过跳动的鞭毛而游动的孢子。有些子囊菌或珊瑚菌以地衣的形式存在：与某些藻类或细菌通过光合作用共同补充营养。

真菌
真菌界
7万+ 种类

典型的菌
壶菌门
在土壤或水中，或是分解动物身上的寄生虫（包括一种可感染两栖动物的）。700+ 种类

肠道菌
新丽鞭毛菌门
居住在草食动物、脊椎动物（例如牛）的肠道菌，并帮助消化植物纤维。20+ 种类

霉菌
接合菌门
真菌菌丝，与细胞核之间无相邻的横膈膜。1100+ 种类

子囊菌
子囊菌门
真菌孢子形成豆荚。包括菌丝体和单细胞酵母。3.3万+ 种类

微孢子虫类
微孢子虫门
微小的单细胞微生物，寄生在动物细胞中，许多会使昆虫感染。1200+ 种类

芽枝霉菌
芽枝霉门
在土壤中分解，或寄生在植物或无脊椎动物中。180+ 种类

球囊菌
球囊菌门
在简单植物的根部，以土壤交换营养成分为生的真菌。230+ 种类

担子菌
担子菌门
菇蕈，细小的孢子，球棒状结构的子实体。3.2万+ 种类

大多寄生单个或缺乏广泛的菌丝体的多个单细胞真菌

真菌大多靠多细胞菌丝体生长

植物

植物的分类主要是依据它们的繁殖和生命周期，即在精子和卵子产生配子体的世代，与产生孢子体的世代之间循环。简单植物如苔藓的配子体，需要在潮湿的栖息地生长。种子植物的两个世代都是在生殖芽（如圆锥体或花）中发生的，所以生命周期可以在干燥的环境下成功生长。

植物
植物界
29万+ 种类

苔类
苔纲
简单的椭圆的叶菜类体，产生卵子和自由移动的精子。具有伞状芽孢。8000+ 种类

角苔类
角苔纲
成扁平状，产生卵子和自由移动的精子。孢子直立，喇叭状结构。100+ 种类

蕨类植物和木贼类
蕨类植物门
复叶（蕨类），刷状的漩涡（木贼），产生孢子。微小的卵子产生阶段。1.2万+ 种类

苏铁植物
苏铁植物门
棕榈类树木，仅限于热带。产生种子锥。300+ 种类

买麻藤
买麻藤目
大多是热带木本植物，生产种子的球果。具有比针叶树更发达的细管。70+ 种类

苔藓
苔藓植物门
叶菜类或簇体状，产生卵子，和自由移动的精子，孢子直立胶囊。1.2万+ 种类

石松植物
石松门
多叶的，直立的，生产孢子，在地下生产卵子。1200+ 种类

松柏类
松柏门
大多数树木产生椎体。很多都是针叶，以适应寒冷或是干燥的环境。630+ 种类

银杏
银杏门
产生种子的树，没有球果或果实。只限于中国。1 种类

显花植物
被子植物门
产生种子的植物，从一朵花发展而来，包括微小的草药和大树。26万+ 种类

睡莲及其近亲
睡莲属及其他属
软体的水生植物，叶子在水里或者漂浮在水面上生长。100+ 种类

单子叶植物
单子叶植物纲
大多数植物带有绿叶，花粉有一个开口，只有一片子叶。5.8万+ 种类

互叶梅属
互叶梅属
开小花的灌木，没有开放的运输细管，限于新喀里多尼亚。1 种类

八角茴香
八角和其他属
乔木，灌木和攀缘植物，产生浆果类水果。来自北美和印度－太平洋地区。100+ 种类

木兰
木兰亚纲
主要是木本植物，表面像双子叶植物。花粉粒有一个单一的开口。7100+ 种类

高级双子叶植物
真双子叶植物
具有各种的叶子的植物和类似静脉图案的网络。花粉有三个开口和两片子叶。19万+ 种类

基底开花植物

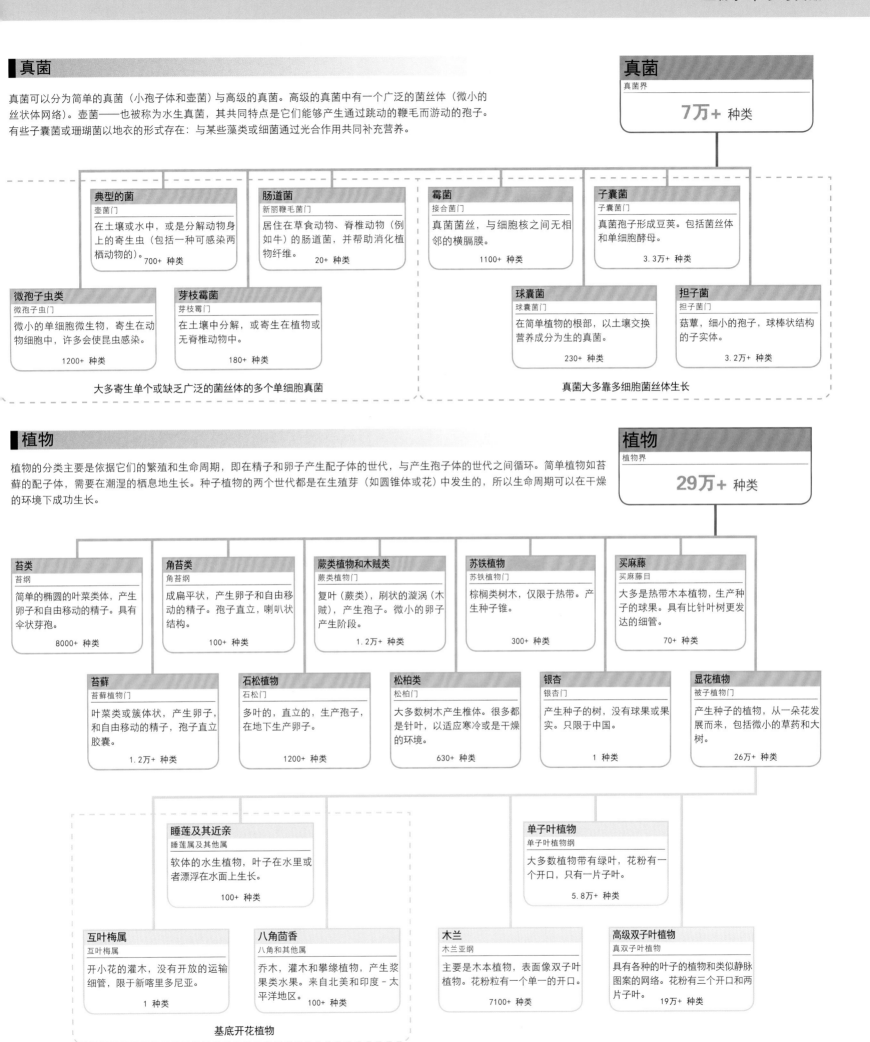

动物

动物根据器官或体腔的内部结构被分为若干门。最简单的身体只有一个对肠道的开口，甚至缺乏血液循环系统。更高级的动物具有呼吸和排泄器官以及一个复杂的大脑。大多数动物通过卵子和可以游动的精子的结合产生，属于有性繁殖，但也有一些是无性繁殖的。在 30 多个门类的动物中，超过 90% 是缺乏脊柱的无脊椎动物。所有脊椎动物（包括人）都属于一个脊椎动物门，但即便是这个门中也还包括一些无脊椎动物。

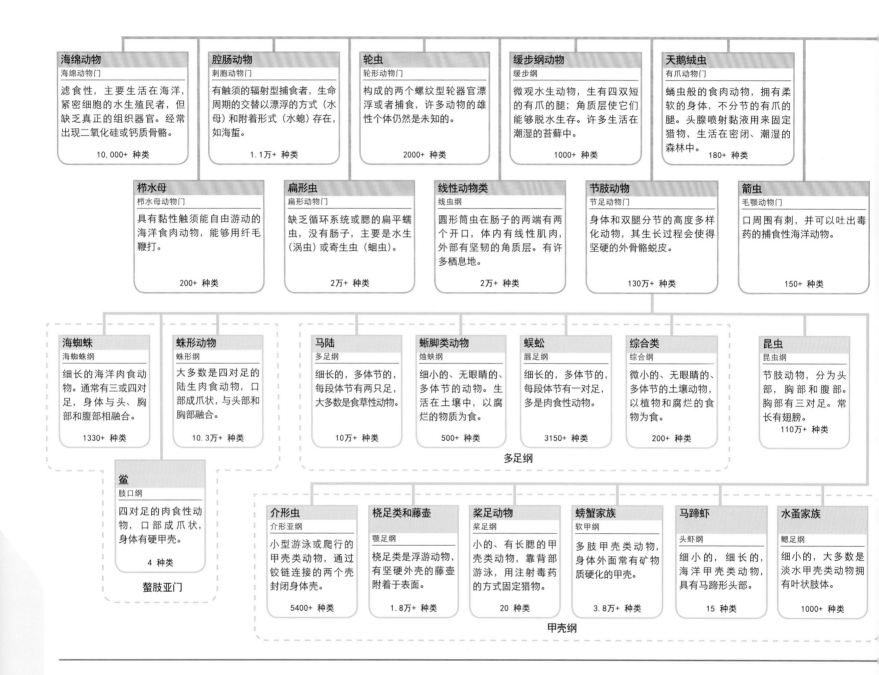

人类始祖

出现在过去 200 万年的人类成员，出身于包括傍人属与南方古猿属在内的一组类猿祖先。有几种不同类型的智人，如尼安德特人，曾经生活在最近的世代。但只有一种类的智人，存活到了今天，所有的人类和类人猿属于哺乳动物灵长目中的人科。

动物
动物界

160万+ 种类

苔藓动物
内肛动物门

集群性的，滤食性海洋动物，类似于外肛苔藓虫。但是有口和触冠处的肛门。

150+ 种类

分节蠕虫
环节动物门

身体分节，具有内部体腔的穴居动物，具有血管，用肌肉游泳，如蚯蚓。

2.1万+ 种类

软体动物
软体动物门

柔软的多样性动物，其足多肌肉，外被肌肉的壳。如贻贝和蜗牛。

110万+ 种类

橡子蠕虫及其家族
半索动物及其家族

穴居，滤食性海洋动物，像脊椎动物那样，这些动物有一个背神经索。

130+ 种类

+ 18 更小的门类
小动物门

大约有一半的动物门类，包括上百个种类。其中的一些微小门类——已知的几乎都生活在海洋中——是在过去的20年中发现的。

1000+ 种类

微孢子虫
外肛动物门

集群性的，滤食性，主要是海洋动物和小"冠"的触角。肛门在冠外出现。

6000+ 种类

纽形动物类
纽形动物门

食肉性动物，肌肉发达，有刺的长鼻镖猎物并可以喷毒液，包括某些最长的动物。

1400+ 种类

腕足动物
腕足类

海洋动物表面类似软体动物，一个两半带阀壳附着于岩石上，用带跳动纤毛的触手过滤食物。

400+ 种类

棘皮动物
棘皮动物门

五部分辐射状的海洋性动物，皮肤有刺，还有众多的微小的管足。依靠循环水运输体内物质，如海星。

7000+ 种类

脊索动物
脊索动物门

由刚性杆（脊索）支撑的动物，成年后发展成为脊柱，成为脊椎动物的一部分软骨或骨架。

7万+ 种类

浮游被囊动物
海樽纲

滤食性的浮游动物，通过它们的身体吸水，可形成大群落。

80 种类

无颚鱼形动物
圆口纲

拥有简单头骨和不完整的软骨脊椎。口类似于吸盘状，周围有"牙齿"环绕。

130 种类

条鳍鱼类
辐鳍鱼纲

海洋鱼类，有骨架。用接合棒支持鳍。

3.1万+ 种类

两栖动物
两栖类

大多数是四条腿脊椎动物（蚓螈是无腿的）。使用肺和湿润的皮肤呼吸。

6640+ 种类

鸟类
鸟纲

两足的脊椎动物，具有翅膀和羽毛。都能产有硬壳的卵。

1.02万+ 种类

被囊动物
海鞘纲

囊样滤食性，附着于岩石上。通过身体虹吸水，幼虫有脊索。

2900+ 种类

文昌鱼
头索纲

小的滤食性，类似鱼的幼虫。有腮裂，靠肌肉游动。

30 种类

软骨鱼
软骨鱼纲

主要是肉食性鱼类，具有骨架，由软骨构成。如鲨鱼。

1200 种类

总鳍鱼
肉鳍鱼亚纲

有鳍的鱼类，鱼鳍有肌肉支撑，一些种类可以在陆地上爬行。

8 种类

爬行动物
爬行纲

多数是四肢（蛇和某些蜥蜴无足），皮肤有鳞，大多数能产有硬壳的卵。

9400+ 种类

哺乳动物
哺乳纲

四肢，温血脊椎动物，身体被毛，多数可以生出活的幼体。

5400+ 种类

无脊椎动物

脊椎动物

能人（240万~160万年前）

南方古猿阿法种（370万~300万年前）

鲁道夫人（190万~180万年前）

非洲南方古猿（330万~210万年前）

埃塞俄比亚傍人（270万~230万年前）

匠人（190万~150万年前）

直立人（180万~3万年前）

惊奇南方古猿（250万~230万年前）

先驱人（120万~50万年前）

海德堡人（60万~20万年前）

鲍氏傍人（230万~140万年前）

尼安德特人（10万~3万年前）

罗百氏傍人（200万~120万年前）

智人（20万年前~至今）

源泉南方古猿（200万~180万年前）

佛罗勒斯人（10万~1万年前）

300万年前　　　　200万年前　　　　100万年前　　　　现在

天文学与太空

太阳系的行星

太阳系是由本区域内恒星太阳，以及大量绕其转动的物体组成，其中包括八大行星。离太阳最近的内部区域，有4种岩石构成的行星：水星、金星、地球和火星。4个外行星被称为气态巨行星：木星、土星、天王星和海王星。

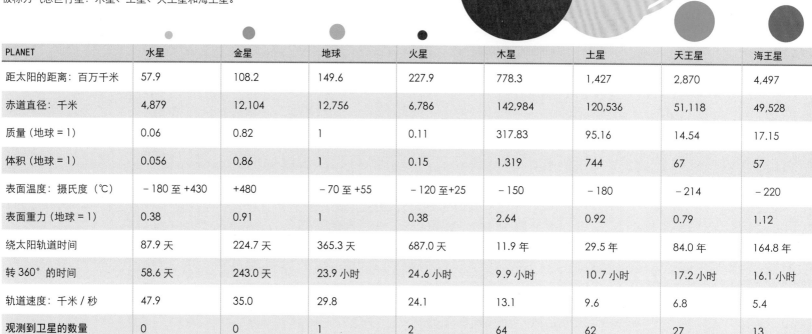

PLANET	水星	金星	地球	火星	木星	土星	天王星	海王星
距离太阳的距离：百万千米	57.9	108.2	149.6	227.9	778.3	1,427	2,870	4,497
赤道直径：千米	4,879	12,104	12,756	6,786	142,984	120,536	51,118	49,528
质量（地球＝1）	0.06	0.82	1	0.11	317.83	95.16	14.54	17.15
体积（地球＝1）	0.056	0.86	1	0.15	1,319	744	67	57
表面温度：摄氏度（℃）	−180 至 +430	+480	−70 至 +55	−120 至 +25	−150	−180	−214	−220
表面重力（地球＝1）	0.38	0.91	1	0.38	2.64	0.92	0.79	1.12
绕太阳轨道时间	87.9 天	224.7 天	365.3 天	687.0 天	11.9 年	29.5 年	84.0 年	164.8 年
转 360° 的时间	58.6 天	243.0 天	23.9 小时	24.6 小时	9.9 小时	10.7 小时	17.2 小时	16.1 小时
轨道速度：千米 / 秒	47.9	35.0	29.8	24.1	13.1	9.6	6.8	5.4
观测到卫星的数量	0	0	1	2	64	62	27	13

行星运动的开普勒定律

这些定律首先由17世纪的天文学家约翰内斯·开普勒（1571~1630）提出的，表明了行星如何绕太阳运动。这些定律表明行星是以椭圆轨道运动的，而不是圆形轨道（参见100~101页），而且距离太阳越远，它们的轨道速度越慢。

定律	描述
第一定律	这个定律，通常称为椭圆定律，即行星绕太阳运动是以规则的椭圆轨道运行的。太阳是其中一个焦点。一个椭圆沿其长轴有两个焦点。对于任何特定的椭圆，从一个焦点到椭圆上各点的距离之和，与到另一个焦点的距离始终相同。
第二定律	也称为面积定律，这个定律描述了一个行星围绕太阳运转的速度如何变化。从太阳的中心到行星的中心画一条线，在相等的时间间隔扫出相等的面积。因此，当行星接近太阳时，它的移动速度较快，当它远离太阳时，移动速度较慢。
第三定律	也称为调和定律，第三定律描述了从太阳到行星的距离和它的运转周期之间的数学关系。它指出，每个行星的运转周期（绕太阳一个轨道上的运行时间）的平方与它到太阳的平均距离的立方成正比。这个定律使得每个行星的运转周期和距离可以计算。

恒星的光谱类型

恒星的光可以分解成其组成部分的波长带，被称为光谱。在暗吸收线和明发射线位置的光谱表明了恒星大气中的化学成分。基于它们的光谱，恒星分为7个主要类别 O，B，A，F，G，K，M。

类型	颜色	突出谱线	平均温度	恒星代表
O	蓝色	He^+, He, H, O^{2+}, N^{2+}, C^{2+}, Si^{3+}	45,000℃ (80,000℉)	Regor
B	蓝白色	He, H, C^+, O^+, N^+, Fe^{2+}, Mg^{2+}	30,000℃ (55,000℉)	Rigel
A	白色	H，电离金属	12,000℃ (22,000℉)	Sirius
F	黄白色	H, Ca^+, Ti^+, Fe^+	8,000℃ (14,000℉)	Procyon
G	黄色	H, Ca^+, Ti^+, Mg, H，一些分子条带	6,500℃ (12,000℉)	The Sun
K	橙色	Ca^+, H，分子条带	5,000℃ (9,000℉)	Aldebaran
M	橙色	TiO, Ca，分子条带	3,500℃ (6,500℉)	Betelgeuse

恒星的星等

天文学家测量恒星的光度或亮度的单位称为星等。下图是一个现代量尺，表示恒星从地球上看所依据的光度和强度。星等越小的恒星越亮。最亮的恒星是负星等值。该量尺的各级表示亮度的增加或减少2.5倍，所以5级表示亮度增加或减少100倍。天文学家现在可以测量小至百分之一的不同亮度的差异。为了比较的目的，这个量尺包括了金星这颗行星，它有时在天空中比任何恒星更明亮。

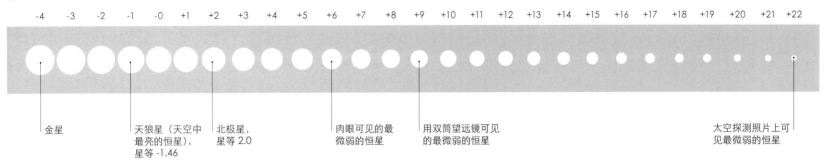

赫茨普龙-罗素图

赫茨普龙-罗素图由天文学家埃纳尔·赫茨普龙和亨利·诺里斯·罗素（见1910年）设计所得。图表上标注了点状恒星，根据是它们的内在参数：光度、表面温度、星等和光谱类型。该图显示，大多数恒星的光度和温度服从简单的关系（在较高的温度下更亮）。它是天文学中最有用的图之一。这也表明在图中大多数恒星位于主序链的对角线上，这条线连接起了微弱的红矮星和非常罕见却非常明亮的蓝巨星。恒星只能在它们极长生命中的一个阶段被看见，所以在人的一生中，任何恒星在图上只能出现一点。然而，当它们核心的氢燃料的耗尽，它们接近生命结束时，大多数恒星脱离主序链，在图上转移到一个新的位置，这是由它们的质量决定的。

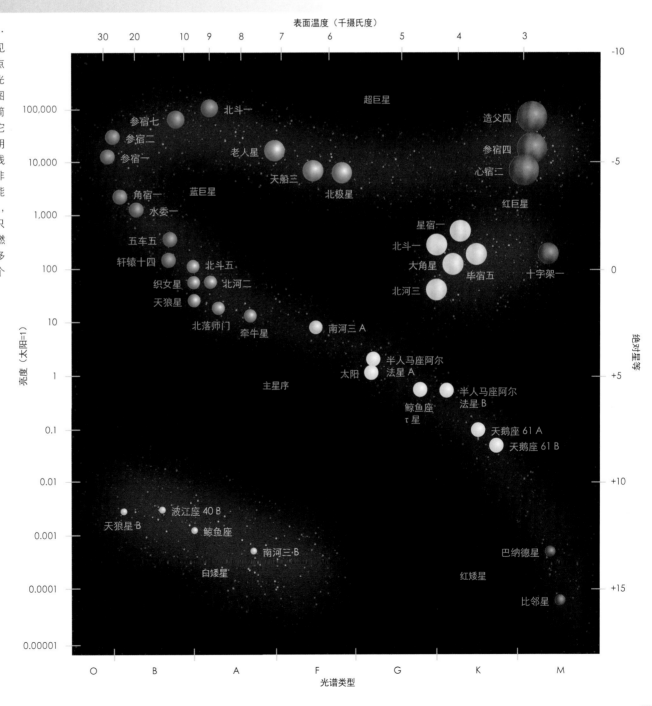

地球科学

地质时间尺度

这个时间尺度为科学家提供了历史超过 40 亿年的地球的国际公认的年表。地球的历史划分为一些分级系统，最大的被称为宙，接着按照代、纪、世和期大小顺序分类（后者不包括在下面所示的图表中）。该时间尺度使得地质学家在世界的任何地方都可以检查岩石地层，识别化石，并可以估计它们的大约年代，因为他们知道它们都代表相同的地质事件、地层和地质年代。地质时间尺度被开发用来检查海洋与全球大气变化的历史，其证据包括沉积岩中保存的化学物质等。岩石层位学着眼于沉积岩的类型和序列。生物地层学检查化石 - 世界各地的同一层中的化石可以匹配起来。年代地层学或放射性测年计算某些矿物质何时结晶，而磁性地层学是利用地球磁场极性变化的一种工具。

宙	前寒武纪						
	太古宙				元古宙		
代	始太古代	古太古代	中太古代	新太古代	古元古代	中元古代	新元古代
百万年前	4000.0	3600.0	3200.0	2800.0	2500.0	1600.0	1000.0 / 541.0

宙	显生宙														
代	古生代									中生代					
纪	石炭纪						二叠纪			三叠纪			侏罗纪		
世	密西西比纪			宾夕法尼亚纪			乌拉尔世	瓜德鲁普世	乐平世	早三叠世	中三叠世	晚三叠世	早侏罗世	中侏罗世	晚侏罗世
	早密西西比世	中密西西比世	晚密西西比世	早宾夕法尼亚世	中宾夕法尼亚世	晚宾夕法尼亚世									
百万年前	358.9	346.7	330.9	323.2	315.2	307.0	298.8	272.3	259.9	252.2	247.2	237.0	201.3	174.1	163.5

矿物分类

大多数矿物是固体，天然存在的无机材料，具有明确的化学组成和特定的晶体结构。众所周知的有 4000 多种，虽然只有约 100 种是丰富的。矿物质是根据它们的化学组成而分类的，并通常分为以下列出的几类。

分类	近似矿物质	例子
硫化物	600	黄铁矿、方铅矿
硅酸盐	500	橄榄石、石英、长石、石榴石
氧化物和氢氧化物	400	铬铁矿、赤铁矿
磷酸盐和钒酸盐	400	磷灰石、钒钾
硫酸盐	300	硬石膏、重晶石、石膏
碳酸盐	200	方解石、文石、白云石
卤化物	140	萤石、岩盐、钾盐
硼酸盐和硝酸盐	125	硼砂、硬硼钙石、四水硼砂、钠硝石
钼酸盐和钨酸盐	42	钼铅矿、钨矿
自然元素	20	金、铂、铜、硫、碳

地球上的岩石类型

岩石是天然存在的矿物组合。地球上的所有岩石可分为三个主要类型：火成岩、沉积岩和变质岩。对于每一种类型，地质学家发现许多不同的岩石。大多数岩石材料也随着地质时期而循环利用。

类型	描述
火成岩	通过冷却和结晶熔岩或岩浆形成的岩石。它们包括快速冷却，细粒的火山熔岩到冷却的速度比较慢的粗粒岩石。
沉积岩	地球表面物质的沉积形成的岩石。岩石的风化和侵蚀输送沉淀物到内陆地区地层之下。植物和动物化石都是在沉积岩中发现的。
变质岩	当火成岩或沉积岩经受高温和高压，被推入地球的地壳，导致它流动并且重新结晶形成的岩石。

宙	代	纪	世	百万年前
显生宙	古生代	寒武纪	纽芬兰世	541.0
			第二世	521.0
			第三世	509.0
			芙蓉世	497.0
		奥陶纪	早奥陶世	485.4
			中奥陶世	470.0
			晚奥陶世	458.4
		志留纪	兰多维利世	443.4
			文洛克世	433.4
			罗德洛世	427.4
			普里道利世	423.0
		泥盆纪	早泥盆世	419.2
			中泥盆世	393.3
			晚泥盆世	382.7
				358.9

显生宙			
中生代		新生代	
白垩纪		古近纪 / 新近纪 / 第四纪	
早白垩纪	晚白垩纪	古新世 / 始新世 / 渐新世 / 中新世 / 上新世 / 更新世 / 全新世	
145.0	100.5	66.0 / 56.0 / 33.9 / 23.0 / 5.3 / 2.6 / 0.01	

构造板块

地球的岩石圈（地壳和上地幔）分为九大构造板块，约六七个中型板块，还有大量较小的板块叫作微板块。板块之间的边界可以分为三种不同类型：离散型，板块已移开；汇聚型，它们已经移动在一起；转换型，某些板块通过断层滑过彼此。离散型和汇聚型板块的运动改变了大陆，开放或封闭了海洋，形成了山脉。

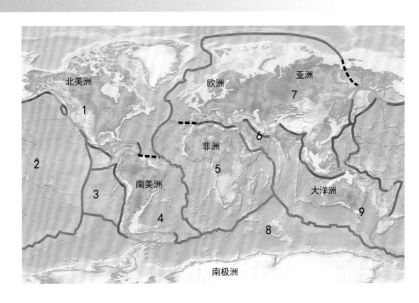

主要构造板块

1 北美板块
2 太平洋板块
3 纳斯卡板块
4 南美板块
5 非洲板块
6 阿拉伯板块
7 欧亚板块
8 南极板块
9 印度-澳大利亚板块

说明

— 汇聚型
— 离散型
— 转换型
- - - 不确定

名人录 按英文原版书顺序排列

名人录中所选择的是书中的主要实验者、哲学家和科学家代表。交叉引用已被列入与主年表页面内的科学家传记中。

Alhazen 阿尔哈曾（965~1040）阿拉伯数学家、天文学家和物理学家，一般被认为是现代光学之父。他认为光进入眼睛，而不是从眼睛发射的，他最有影响力的论文《光学宝鉴》描述了光的反射定律和折射定律，以及人眼的解剖结构。他还试图制订切合实际的宇宙模型。

Al-Khwarizmi 阿尔-花拉子密（780~850）波斯数学家、地理学家和天文学家，正是他将印度-阿拉伯数字和代数引介到西方。在巴格达的翻译和研究中心的"智慧宫"工作，他编写了两种数学课本并且更新了托勒密的地理学，标出世界各地的坐标。"算法"这个词是源于拉丁文阿尔-花拉子密名字的发音。

Al-Kindi(Abu Yusuf Ya'qub Ibn 'Ishaqal-Kindi) 阿尔-肯迪（阿布·优素福·雅各布·伊本·伊沙克·阿尔-肯迪）（801~873）阿拉伯哲学家，见46页。

Al-Razi 阿尔-拉齐（Rhazes）（865~925）阿拉伯哲学家，见48页。

Alvarez, Luis Walter 阿尔瓦雷斯，路易斯·沃尔特（1911~1988）美国物理学家，见311页。

Ampère, André-Marie 安培，安德烈-玛丽（1775~1836）法国数学家和物理学家，见181页。

Ångström, Anders Jonas 埃格斯特朗，安德斯·乔纳斯（1814~1874）瑞典物理学家和光谱学之父，发现热气体放出和吸收的光的波长与气体温度较低时吸收的光的波长相同。埃格斯特朗写了热学、磁学、光学和太阳光谱的著作，他首次检测了北极光的光谱。测量原子距离的单位埃（A）为10^{-10}米。

Anning, Mary 安宁，玛丽（1799~1847）英国化石猎人，见176页。

Archimedes 阿基米德（公元前290~前212）希腊发明家、哲学家和数学家，他表明浸没在液体的任何物体都受到一个向上的力的作用，力的大小等于排开水的重力。阿基米德撰写了包括算术、几何和力学的著作，建造了保卫叙拉古反对罗马的攻城机器。据说他还创造了阿基米德螺旋抽水机。

Aristarchus of Samos 萨摩斯的阿利斯塔克（公元前310~前230）希腊天文学家，第一个认为地球围绕着太阳转的天文学家。阿利斯塔克的论文《论太阳和月球的大小与距离》错误地认为日地距离是月地距离的20倍、太阳的大小也是月球的20倍，但他的方法为后来的天文学研究铺平了道路。

Aristotle 亚里士多德（公元前384~前322）古希腊哲学家，见29页。

Arkwright, Richard 阿克莱特，理查德（1732~1792）英纺织实业家，其水力纺纱机发明使棉线自动旋转。阿克莱特为特定用途的工厂安装了水力纺纱机，这是大规模生产和工业革命的早期例子。

Arrhenius, Svante August 阿伦尼乌斯，斯万特·奥古斯特（1859~1927）瑞典物理学家和化学家，他的电离理论获得诺贝尔化学奖。他也首次认识到大气中的二氧化碳可能造成地球表面的温室效应。月球环形山也是以他的名字阿伦尼乌斯命名的。

Avicenna 阿维森纳（见伊本-西拿）。

Avogadro, Amedeo 阿伏伽德罗，阿米地奥（1776~1856）意大利的数学物理学家，他发现，在相同的温度和压力下等体积气体含有分子的数目相等。为了纪念他，1摩尔的基本粒子数量被称为阿伏伽德罗常数。

Babbage, Charles 巴贝奇，查尔斯（1791~1871）英国数学家和发明家，被认为是英国现代计算机的先驱。巴贝奇毕生致力于建造两个机械计算的机器，包括他的分析机，设计使用打孔卡作为存储源来执行算术。他的两个机器都没能建造成功。

Bacon, Francis 培根，弗朗西斯（1561~1626）英国哲学家，见98页。

Bacon, Roger 培根，罗吉尔（1220~1292）英国学者，见60页。

Baekeland, Leo Hendrik 贝克兰，利奥·亨德里克（1863~1944）比利时裔美国化学家，发明了印相纸，最早的可以在人造光下显影的相纸。1899年，贝克兰将他的印相纸的产权以100万美元卖给美国创新者乔治·伊士曼，并用所得款项开发他最有名的发明——酚醛塑料。这种最早的合成塑料可以倒入不同形状的模具中硬化。

Baird, John Logie 贝尔德，约翰·洛吉（1888~1946）苏格兰工程师，发明家和电视的先驱。贝尔德1924年发明电视转播，1926年转播移动物体，并在1928年首次完成彩色传输。当英国广播公司于1936年开播时，贝尔德的机械扫描系统与马可尼的电磁干扰电子系统展开了竞争，从1937年开始该公司采用了贝尔德的系统。

Banks, Joseph 班克斯，约瑟夫（1743~1820）英国植物学家、博物学家、英国皇家学会会长，并通常被称为澳大利亚的首位科学家。班克斯在库克船长的"HMS奋进"号上游历世界各地，并向英国收集了许多植物。有些地理特征和植物以他命名。他帮助建立了伦敦皇家植物园，说服政府投资科学探索。

Bardeen, John 巴丁，约翰（1908~1991）美国物理学家，两次获得诺贝尔物理学奖：在1956年与他人合作发明了晶体管；并于1972年提出了超导理论。晶体管为现代电子学铺平了道路，而超导更是应用于医

疗的前沿，如MRI（磁共振成像）。巴丁于1951~1975年任美国伊利诺伊州大学电气工程和物理学教授。

Barnard, Christiaan Neethling 巴纳德，克里斯蒂安·尼斯林（1922~2001）南非外科医生，首次实施人类心脏移植。巴纳德引进了心脏直视手术，给狗进行了心脏移植手术并设计了一个人造心脏瓣膜。1967年，他给沃什坎斯基执行世界上首个人类心脏移植手术，但是沃什坎斯基后来死于肺炎。

Bassi, Laura 巴斯，劳拉（1711~1778）意大利物理学家，见137页。

Becquerel, Antoine-Henri 贝可勒尔，安托万-亨利（1852~1908）法国物理学家，由于发现放射性于1903年与玛丽和皮埃尔·居里一起获得了诺贝尔物理学奖。他用磷光和铀盐试验偶然发现放射性。这导致了镭的分离，并为现代核物理铺平了道路。

Bell, Alexander Graham 贝尔，亚历山大·格雷厄姆（1847~1922）美国发明家，见217页。

Bell Burnell, Jocelyn 贝尔-伯内尔，乔斯林（1943~ ）英国天体物理学家，见296页。

Benz, Karl 本茨，卡尔（1844~1929）德国发明家，与戈特利布·戴姆勒一起，首次创造了以汽油为动力的机动车。1886年本茨获得三轮、四冲程气缸奔驰一号的专利，1893年首次生产四轮汽车，这奠定了汽车行业的基础，1899年奔驰公司开始生产世界上最早的赛车。

Berg, Paul 伯格，保罗（1926~ ）美国生物学家，由于发明了将不同生物的DNA进行拼接和重组的重组DNA技术而与他人一起获得1980年诺贝尔化学奖，这项发明引出了现代基因工程。

Berners-Lee, Tim 伯纳斯-李，蒂姆（1955~）英国计算机科学家，见324页。

Bernoulli, Daniel 伯努利，丹尼尔（1700~1782）瑞士物理学家和数学家，提出伯努利原理——当液体的流动速度加快时，其压力减小。伯努利1738年发表的《流体动力学》是非常重要的气体和流体的动力学理论，他还提出了水车、水螺旋桨和水泵的实际应用。伯努利还研究医学、生物学、天文学和海洋学。

Bernoulli, Johann 伯努利，约翰（1667~1748）瑞士数学家，见121页。

Berzelius, Jöns Jakob 贝尔塞柳斯，约恩斯·雅各布（1779~1848）瑞典化学家，被誉为现代化学的奠基人。贝尔塞柳斯提出了电化学理论，制作了原子量的列表，并发明了现代化学符号。作为医学教授和瑞典皇家科学院的成员，贝尔塞柳斯发现并分离了几种元素，开发了分析技术，研究了异构和催化作用。

Bessemer, Henry 贝塞麦，亨利（1813~1898）英国工程师，引入了贝塞麦过程，即通过铁水吹气首次创造出便宜的钢材。身为冶金学家的儿子，贝塞麦生产了黄金粉末涂料，发明了一种甘蔗破碎机，并为克里米亚战争发明了一种铸铁大炮。

Biot, Jean-Baptiste 比奥，让-巴蒂斯特（1774~1862）法国物理学家，确立了陨石的存在，并首次实施了科学目的的气球飞行。由于光的偏振研究，他获得了英国皇家学会的奖项，并帮助开发糖量测定法——一种用于分析糖溶液的技术。与物理学家费利克斯·萨伐尔工作，提出了现代电磁理论的一个基本组成部分比奥-萨伐尔定律。

Bjerknes, Vilhelm 皮耶克尼斯，威廉（1862~1951）挪威气象学家和物理学家，帮助发现了现代气象预报。作为瑞典斯德哥尔摩大学的教授，皮耶克尼斯研究流体力学和热力学及其与大气运动的关系，这引出了空气团的理论，是现代天气预报不可缺少的理论依据。后来，他在挪威卑尔根创办了地球物理研究所和天气服务中心。

Black, Joseph 布莱克，约瑟夫（1728~1799）苏格兰化学家和医生，因发现固定气体（二氧化碳）是大气中的一个独特的气体而命名。他发现了潜热，表明当冰融化的时候，会吸收热量而不改变温度。

Bode, Johann Elert 博德，约翰·埃勒特（1747~1826）德国天文学家，提出了博德定律（提丢斯-博德定则）预测太阳和它的行星之间的相对间距。

Bohr, Niels 玻尔，尼尔斯（1885~1962）丹麦物理学家，1922年以量子理论来解释原子结构而获得诺贝尔物理学奖。玻尔的1913年的原子模型描述了中央原子核周围有电子旋转。玻尔在第二次世界大战期间参加了曼哈顿计划，但后来主张和平利用核能。

Bonnet, Charles 邦内特，查尔斯（1720~1793）瑞士博物学家和哲学家，见148页。

Boole, George 布尔，乔治（1815~1864）英国数学家，率先发现布尔代数-数理逻辑和支配它的规则。他的想法被证明对现代计算机科学很重要。

Bosch, Carl 博施，卡尔（1874~1940）德国化学家，其发明的氨的高压合成过程的哈伯-博施工艺为他赢得了1931年诺贝尔化学奖，并且成为今天固定氮的标准工业流程。

Bose, Satyendranath 玻色，萨蒂延德拉（1894~1974）印度数学家和物理学家，与爱因斯坦合作研究量子力学。他们共同发明了玻色-爱因斯坦统计来研究玻色子（以玻色命名具有整数自旋值的粒子）的行为，对于激光和超流氦非常重要。

Boyle, Robert 波义耳，罗伯特（1627~1691）

英国化学家,物理学家和发明家,见111页。

Brahe, Tycho 布拉赫,第谷(1546~1601)丹麦天文学家,见87页。

Bramah, Joseph 布拉玛,约瑟夫(1748~1814)英国锁匠,发明了液压机、改进的抽水马桶、印制钞票的机器和刨木机。他还制造了一个防盗锁,这把锁的模型被留在他的橱窗当作是一个挑战,尽管多次尝试,67年未曾被拆解。

Brewster, David 布鲁斯特,戴维(1781~1868)苏格兰物理学家,以他在光学方面的工作最为出名,包括偏振、反射、折射和光吸收。万花筒的发明和改进的立体镜使布鲁斯特的名字为世人熟知,他的肖像也被印在雪茄盒内。

Broca, Paul 布罗卡,保罗(1824~1880)法国外科医生,发现了额叶上负责有声言语功能的一部分,现在被称为布罗卡区。布罗卡发现大脑的这个区域的病灶会造成失语症,这会妨碍形成口齿清晰的能力。他对大脑的研究对于建立体质人类学有所助益。

Brunel, Isambard Kingdom 布鲁内尔,伊桑巴德·金德姆(1806~1859)英国工程师,他的桥梁、铁路线、轮船彻底改变了现代工程。布鲁内尔帮他的父亲首次建立泰晤士河下的隧道,设计了跨越埃文河的克利夫顿悬索桥,并建造了从伦敦到康沃尔的大西部铁路。他还建造了三艘轮船,包括"大西方"号——首艘跨大西洋客轮。

Buffon, Georges 布丰,乔治(1707~1788)法国博物学家和数学家,以他的36卷《自然史》(1749~1788)最为有名。学习法律、医学和数学之后,布丰投身于自然史的研究,是进化论的早期支持者。

Carnot, Nicolas Leonard Sadi 卡诺,尼古拉·莱昂纳尔·萨迪(1796~1832)法国物理学家和军事工程师,被认为是热力学之父。卡诺在1824年的《关于火的动力》中提出了卡诺循环,这是目前被认为是在物理定律下所允许的最有效热机。直到去世,卡诺的工作在很大程度上都被忽视,他死后人们将热力学第二定律的提出归功于他。

Carson, Rachel Louise 卡森,雷切尔·路易丝(1907~1964)美国海洋生物学家,见290页。

Cassini, Giovanni Domenico 卡西尼,乔瓦尼·多梅尼科(1625~1712)意大利出生的法国天文学家,发现了两个土星环之间的暗区,现在被称为卡西尼环缝。他还发现了土星的4个卫星和木星的大红斑。卡西尼最早把黄道光认为是宇宙天体现象,而不是气象现象。

Cauchy, Augustin-Louis, Baron 柯西,奥古斯丁-路易,巴伦(1789~1857)法国数学家、作家和分析学的先驱。在5本教科书和超过800篇研究论文中,他提出了关于无穷小微积分、概率、数学物理等多门学科的创新研究。

Cavendish, Henry 卡文迪什,亨利(1731~1810)英国物理学家和化学家,以他对"易燃空气"(氢)的研究著称。作为一个富有的隐士,卡文迪什将其一生投身于实施范围广泛的科学实验中,包括化学、电学以及著名的计算地球重量的实验。

Celsius, Anders 摄尔西乌斯,安德斯(1701~1744)瑞典天文学家,见140页。

Chadwick, James 查德威克,詹姆斯(1891~1974)英国物理学家,因为发现了中子(原子核中不带电的粒子)而获得1935年诺贝尔物理学奖。他参加了曼哈顿计划,并于1945年被授以爵位。

Chandrasekhar, Subrahmanyan 钱德拉塞卡,苏布拉马尼扬(1910~1995)印度裔美国天体物理学家,1983年获得诺贝尔物理学奖,他发现白矮星只能存在的最大质量约为太阳的1.44倍即钱德拉塞卡极限。这个想法最初被拒绝,但后来对中子星、超新星和黑洞的理解有所帮助。

Chambers, Robert 钱伯斯,罗伯特(1802~1871)苏格兰出版商,极富争议的《创造的自然史的遗迹》(1844年)的匿名作者。死后才被认可是该书的作者,钱伯斯还写了其他历史、文学、地质的论著,他还出版了《爱丁堡杂志》和《钱伯斯百科全书》。

Chappe, Claude 奇柏,克洛德(1763~1805)法国工程师,发明了连接法国本土的机械信号系统,并把拿破仑·波拿巴的竞选消息传输进来。1772年奇柏和他的兄弟因斯首次成功在巴黎和里昂之间传递信息。到1774年,有513个信号塔横跨法国和部分欧洲地区。奇柏的系统于1846年被电报所取代。

Chargaff, Erwin 查戈夫,埃尔文(1905~2002)奥地利生物化学家,见279页。

Châtelet, émilie du 夏特雷,埃米莉·杜(1706~1749)法国物理学家和数学家,她因对艾萨克·牛顿的《数学原理》的翻译而著名,该书迄今仍然是唯一完整翻译版版。她与情人伏尔泰一起生活,她写了许多关于科学、哲学和宗教的重要书籍。

Cherenkov, Pavel Alekseyevich 切伦科夫,帕维尔·阿列克谢耶维奇(1904~1990)俄国物理学家,与伊戈尔·塔姆和伊利亚·弗兰克因发现切伦科夫辐射分享了1958年的诺贝尔物理学奖。切伦科夫观察到当电子以比光还要快的速度通过水等介质时会发出蓝光。基于该效果,切伦科夫探测器被应用于实验核物理学和粒子物理学中。

Cohen, Stanley Norman 科恩,斯坦利·诺曼(1935~)美国遗传学家,微生物学家和基因工程的先驱。从1972年起,科恩与斯坦福大学的同事赫伯特·博耶和保罗·伯格合作,拼接并移植基因,这导致了最早的遗传工程实验,实验中将蛙的核糖体RNA转移到了细菌细胞中。

Cope, Edward Drinker 科普,爱德华·德林克(1840~1897)具有开创性的美国古生物学家,他发现了超过1000种已经灭绝的第三纪脊椎动物,定义了现代古生物学。关

于他的发现,克普写了1200多篇论文,其中包括已灭绝的鱼类和恐龙。从1877年起,克普陷入了与竞争对手奥塞内尔·马什的"骨头大战",比赛谁发现的化石数量更多,结果对两人的声誉和财产均造成了损害。

Copernicus, Nicolaus 哥白尼,尼古拉(1473~1543)波兰天文学家,见76页。

Coriolis, Gaspard-Gustave de 科里奥利,加斯帕尔-古斯塔夫·德(1792~1843)法国工程师和数学家,最知名的是影响旋转体的运动的科里奥利力,如地球周围的气团。科里奥利一生致力于研究应用力学,摩擦和液压系统,并发明了科学术语"功"和"动能"。

Crick, Francis 克里克,弗朗西斯(1916~2004)英国生物物理学家和神经科学家,与同事詹姆斯·沃森确定了脱氧核糖核酸(DNA)的结构。他们的发现确认DNA包含生命的遗传信息,这使得克里克、沃森和生物物理学家莫里斯·威尔金斯于1962年获得诺贝尔生理学或医学奖。

Crookes, William 克鲁克斯,威廉(1832~1919)英国化学家和物理学家,开创性地发明了真空管,也是元素铊的发现者。继承了遗产后,他致力于科学的研究,发明了研究阴极射线的克鲁克斯管,创办了《化学新闻》杂志,并发明了将光辐射转化为旋转运动的辐射计。

Curie, Marie 居里,玛丽(1867~1934)波兰裔法国物理学家和化学家,见233页。

Cuvier, Georges 居维叶,乔治(1769~1832)法国动物学家,他用活的动物与化石进行比较,建立了比较解剖学和古生物学。他的研究证明,生物种类已经全部灭绝。他认为生物大灭绝是极端灾难性事件,这个理论被称为灾变论。

Da Vinci, Leonardo 达·芬奇,列奥纳多(1452~1519)意大利艺术家,建筑师,植物学家,数学家和工程师,见71页。

Daguerre, Louis 达盖尔,路易(1787~1851)法国画家和物理学家,完善了在薄铜板上制作永久性照片的过程,称为达盖尔银版。

Dalton, John 道尔顿,约翰(1766~1844)英国化学家和物理学家,见172页。

Darwin, Charles 达尔文,查尔斯(1809~1882)英国博物学家,见206页。

Darwin, Erasmus 达尔文,伊拉斯谟(1731~1802)英国医生、诗人、发明家,是博物学家查尔斯·达尔文的祖父。达尔文是以他的科学诗歌,自由思想的想法和机械发明最为出名。他的《动物学》概述了他对进化的激进理论。

Davy, Humphry 戴维,汉弗莱(1778~1829)英国化学家和电化学的开拓者,以利用电解分离可以分解化学元素著名,包括钠、钾、钡、镁。他还发明了矿工使用的戴维瓦斯安全灯,于1818年被封为男爵。

Dawkins, Richard 道金斯,理查德(1941~)英国动物学家和进化生物学家,见307页。

Delbrück, Max 德尔布吕克,马克斯(1906~1981)出生于德国的美国生物物理学家和分子生物学的先驱。受过物理学训练,1937年德尔布吕克逃出纳粹德国到美国后从事化学研究。他与阿尔弗雷德·赫尔希和萨尔瓦多·卢里亚因为对噬菌体(感染细菌后复制的病毒)的工作被授予1969年诺贝尔生理学或医学奖。

Descartes, René 笛卡尔,勒内(1596~1650)法国数学家,被誉为现代哲学之父。他的原则:"我思故我在"充分表明他建立唯一确定知识上的决心。他还创立了解析几何,并对光学做出了贡献。

Diesel, Rudolf 狄塞尔,鲁道夫(1858~1913)德国著名的工程师,发明了柴油发动机——一种四冲程、立式汽缸压缩发动机,这让他变得富有。后来,他从一艘海峡轮船的甲板上消失,据推测是溺水所致。

Diophantus of Alexandria 亚历山大的丢番图(200~284)亚历山大大城发展起来的希腊数学家,并被誉为代数之父。《算术》是他唯一幸存的作品,这是已知最早的最知名的在代数方面的论述,极大影响了伊斯兰学者,也对建立了现代数论的法国数学家皮埃尔·德·费马有所帮助。

Dirac, Paul 狄拉克,保罗(1902~1984)英国理论物理学家,见262页。

Dollond, John 多伦德,约翰(1706~1761)英国眼镜商和天文仪器的制造商。出生于胡格诺丝织织工。多伦德最出名的是发明了减少颜色失真的消色差镜片。他还发明了太阳仪,一种用来测量恒星之间距离的望远镜。

Doppler, Christian Johann 多普勒,克里斯蒂安·约翰(1803~1853)奥地利数学家和物理学家,最为出名的是多普勒效应,它描述了由于观察者的移动,使观察者感到运动的光波或声波的频率发生变化的现象。1850年,他成为维也纳大学实验物理学的教授。

Duchenne, Guillaume 杜乡,纪尧姆(1806~1875)法国神经学家,研究了肌肉疾病并且发明了电疗治疗神经病变和肌肉萎缩。杜乡是首次利用深层组织活检、临床摄影和神经传导测试的人。

Eddington, Arthur 爱丁顿,阿瑟(1882~1944)英国天文学家,数学家和天体物理学家,见257页。

Edison, Thomas Alva 爱迪生,托马斯,阿尔瓦(1847~1931)美国发明家,见221页。

Ehrlich, Paul 埃尔利希,保罗(1854~1915)德国细菌学家,见247页。

Einstein, Albert 爱因斯坦,阿尔贝特(1879~1955)德国出生的美国物理学家,见242页。

Eratosthenes 埃拉托色尼（约公元前276~前194）希腊数学家和天文学家，首次计算地球的周长。他是埃及亚历山大的首席馆员，他测量地轴的倾斜度，并计算其周长为250000视距。虽然视距的值是不确定的，但他的估计是在现在计算的范围内的。他还创建了包含闰年的日历，并且创造了经纬度系统。

Euclid 欧几里得（公元前330~前260）希腊著名数学家，几何学之父。曾在亚历山大数学学校当老师，欧几里得的13卷的《几何原本》最为著名，该书被认为是古代最重要的数学教科书，直到19世纪该书仍被普遍使用。

Euler, Leonhard 欧拉，莱昂哈德（1703~1783）瑞士数学家，见152页。

Fabricius, Hieronymus 法布里修斯，希罗尼穆（1537~1619）意大利外科医生，见93页。

Fahrenheit, Gabriel Daniel 华伦海特，加布里埃尔·丹尼尔（1686~1736）德国物理学家和工程师，发明了酒精和水银温度计。华伦海特在荷兰担任过玻璃吹制工和化学讲师，在那里他还制造气压计，高度计和温度计。除了发明华氏温标外，他还发现水在冰点以下仍可以保持液体状态。

Falloppio, Gabriele 法罗皮奥，加布里埃莱（1523~1562）意大利解剖学家，见83页。

Faraday, Michael 法拉第，迈克尔（1791~1867）英国化学家和物理学家，见192页。

Fermat, Pierre 费马，皮埃尔（1601~1665）法国数学家，见104页。

Fermi, Enrico 费米，恩里科（1901~1954）意大利物理学家，以开发原子能最为知名。罗马大学理论物理学教授，费米因他的感生放射性工作被授予1938年诺贝尔物理学奖。他后来领导美国的曼哈顿计划以制造原子弹，并设计了这个国家最早的核反应堆。

Feynman, Richard 费曼，理查德（1918~1988）美国物理学家，因提出量子电动力学（关于光与物质之间的相互作用的理论）而与他人共同获得1965年诺贝尔物理奖。他也创造了相互作用的粒子图像表征（费曼图），提出了过冷液态氦的物理解释，并促成了曼哈顿计划。

Fibonacci, Leonardo 斐波那契，莱昂纳多（1170~1250）意大利数学家，见59页。

Flamsteed, John 弗拉姆斯蒂德，约翰（1646~1719）首位英国皇家的天文学家，在伦敦帮助建立了格林尼治天文台，曾就读于剑桥大学，担任神职人员，弗拉姆斯蒂德以他的《1725年不列颠星表》著称，他编目了3000颗恒星。他的观测数据帮助艾萨克·牛顿验证了他的引力理论。

Fleming, Alexander 弗莱明，亚历山大（1881~1955）苏格兰细菌学家，因青霉素的发现与他人一起于1945年获得诺贝尔生理学或医学奖。他发现了溶菌酶的杀菌性能，

他首次对人类使用抗伤寒疫苗。

Florey, Howard Walter 弗洛里，霍华德·沃尔特（1898~1968）澳大利亚病理学家，与厄恩斯特·鲍里斯·钱恩合作，提纯、分离并生产用于医疗的青霉素，这两个科学家被授予1945年诺贝尔生理学或医学奖。青霉素的生产始于1943年，并挽救了无数战争伤员的生命。

Fossey, Dian 福西，黛安（1932~1985）美国著名的动物学家，她对卢旺达山地大猩猩的研究长达18年之久。人类学家路易斯·利基说服福西从1967年开始进行这项研究，她直接和大猩猩生活在一起，成为研究其行为的权威领导者。全球媒体报道大猩猩盗猎问题后，1985福西被谋杀。

Foucault, Jean Bernard Leon 傅科，让·伯纳德·莱昂（1819~1868）法国著名物理学家，测量光的速度，表明光通过水比空气速度更慢。福柯还发明了陀螺仪，并使用一个巨大的摆，以证明地球绕地轴自转。

Fourier, Joseph 傅里叶，约瑟夫（1768~1830）法国数学家，见183页。

Franklin, Benjamin 富兰克林，本杰明（1706~1790）美国发明家和科学家，见143页。

Franklin, Rosalind 富兰克林，罗莎琳德（1920~1958）英国化学家和生物物理学家，见283页。

Fraunhofer, Joseph von 夫琅和费，约瑟夫·冯（1787~1826）德国物理学家，发现了太阳光谱中的暗线，现在被称为夫琅和费谱线，后来对于揭示太阳大气的化学成分起到了作用。为了观察谱线，夫琅和费设计并建造了高等级的消色差透镜。他被认为是德国光学产业的创始人。

Fresnel, Augustin Jean 菲涅耳，奥古斯丁·让（1788~1827）法国工程师，见179页。

Freud, Sigmund 弗洛伊德，西格蒙德（1856~1939）奥地利神经学家，精神分析学的创始人。弗洛伊德方法主张对话，用"自由联想"来诠释童年的梦想。第一次世界大战后弗洛伊德的观点尤其是在美国得到了重视，但在1933年，希特勒禁止精神分析，弗洛伊德逃到了英格兰。

Gabor, Dennis 伽柏，丹尼斯（1900~1979）匈牙利裔英国工程师和物理学家，荣获1971年诺贝尔物理学奖，发明了全息、三维摄影的方法。他最初是柏林的研究工程师，1933年伽柏搬到伦敦，在那里他曾致力于光学、示波器和电视的研究，直到激光器发明后全息图才产生。

Galen, Claudius 盖伦，克劳迪亚斯（130~210）罗马医生，外科医生和哲学家，见37页。

Galilei, Galileo 加利莱，伽利略（1564~1642）意大利自然哲学家，天文学家和数学家，见97页。

Galvani, Luigi 加尔瓦尼，路易吉（1737~1798）意大利生理学家，他发现可以通过应用两块金属在一个死青蛙的腿部的神经末梢让其肌肉抽搐。这表明，神经信息是由所谓的"动物电"传输的，后来证明它与由电池产生的电相同。电镀或防锈处理，是以加尔瓦尼的名字命名的。

Gamow, George 伽莫夫，乔治（1904~1968）俄罗斯出生的美国核物理学家和宇宙学家，帮助发展创造了宇宙大爆炸理论。他还正确提出DNA中形成遗传密码的模式。伽莫夫撰写包括著名的《汤普金斯先生》系列在内的科普读物。

Gassendi, Pierre 伽桑狄，皮埃尔（1592~1655）法国神父、数学家和哲学家，试图提出建立在享乐主义与基督教教义基础上的物质的原子理论。伽桑狄以大自然和谐作为上帝存在的证据，并以他1642年的《第一哲学沉思录》著称。他是第一位于1631年观察到水星的行星过境的人。

Gauss, Carl Friedrich 高斯，卡尔·弗里德里希（1777~1855）德国数学家和物理学家，见163页。

Gay-Lussac, Joseph-Louis 盖-吕萨克，约瑟夫·路易（1778~1850）法国化学家和物理学家，以对气体的研究著称。作为化学家贝托莱的助理，盖-吕萨克对气体、蒸汽、温度和地磁学进行实验，有时在一个上升的热气球中实验。他发现了气体化合体积定律以及硼元素。

Geiger, Hans 盖革，汉斯（1882~1945）德国物理学家，发明了盖革计数器用于检测和测量放射性。在曼彻斯特大学欧内斯特·卢瑟福指导下工作，盖革和马斯登欧内斯特进行了一项实验证明了原子有一个原子核。后来，他与他的学生瓦尔特穆勒一起提高了盖革计数器的灵敏度。

Gilbert, William 吉尔伯特，威廉（1544~1603）英国物理学家和皇家医师，通常被认为是磁学研究之父。受到同时代人的尊敬，吉尔伯特首次确立地球的磁性质并应用了以下术语：电引力、电力和磁极。

Goddard, Robert H. 戈达德，罗伯特·H（1882~1945）美国物理学家和发明家，首次创造了液体燃料火箭。在克拉克大学做教授时，戈达德撰写了《到达极高空的方法》（1919年）被认为是20世纪火箭科学的经典理论。他发明了三轴控制、陀螺仪和可操纵推力火箭，并成功地在1926年和1941年之间发射了34枚火箭。

Goeppert-Mayer, Marie 格佩特-梅耶，玛丽（1906~1972）德国出生的美国理论物理学家，因提出的核壳层结构理论获得1960年诺贝尔物理学奖。格佩特-梅耶还以在量子电动力学和光谱学的工作，以及与她的丈夫美国化学家约瑟夫·梅耶发现有机分子而著名。她还曾致力于曼哈顿计划，分离铀同位素。

Golgi, Camillo 戈尔吉（又译高尔基），卡米洛（1843~1926）意大利生物学家，病理学家，凭借对中枢神经系统的研究与他人共

同获得1906年诺贝尔生理学或医学奖。戈尔吉发明了一种所谓的"黑色反应"硝酸银神经组织染色技术，让他发现了一种连接神经细胞，被称为高尔基体。

Goodall, Jane 古道尔，珍妮（1934~ ）英国生态学家，最为著名的是她在坦桑尼亚的冈贝河国家公园对黑猩猩长达45年的研究。作为人类学家路易斯·利基的助理，古道尔于1960年建立了冈贝河营，她发现黑猩猩是杂食动物，能制造工具，并有高度复杂的社会行为。

Gould, Stephen Jay 古尔德，斯蒂芬·杰伊（1941~2002）美国古生物学家和进化生物学家，最为著名的是与奈尔斯·埃尔德雷奇创造了间断平衡理论。该理论认为，进化经历了相对稳定的时期，期间被短时间间断改变。作为哈佛大学的教授和进化理论的普及者，古尔德与神创论进行了斗争，并认为科学与宗教一直是两个不同的领域。

Greene, Brian 格林，布赖恩（1963~ ）美国物理学家，数学家。弦理论的倡导者，该理论试图协调和相对论和量子理论，并提出了微小的能量弦线会产生宇宙中的力和粒子。作为著名的科普作家，他的畅销书包括入围普利策奖的《宇宙的琴弦》。

Guericke, Otto von 格里克，奥托·冯（1602~1686）德国物理学家，工程师，哲学家和马格德堡市长。格里克发明的空气泵，可以用来探测大气压力和真空的性质，他向皇帝斐迪南三世展示了这些实验。在1663年，格里克通过摩擦纺纱硫球产生静电。

Gutenberg, Johannes 谷登堡，约翰内斯（1395~1468）德国发明家，见69页。

Guth, Alan 古思，艾伦（1947~ ）美国理论物理学家，宇宙学家，以及膨胀宇宙理论的创作者。艾伦指出，宇宙大爆炸过程中的迅速膨胀造成宇宙以指数迅速扩张——从微观到宇宙。

Haber, Fritz 哈伯，弗里茨（1868~1934）德国化学家，因合成炸药和化肥的重要组成部分氨而获得了1918年诺贝尔化学奖。与卡尔·博施一起，哈伯研制了一种用于肥料而能大规模生产氨的工艺，这种方法在今天仍然被广泛使用。被称为化学战之父的哈伯还在第一次世界大战中研发了有毒气体。

Hadley, George 哈德利，乔治（1685~1768）英国物理学家和气象学家，他的信风理论解释了为什么北半球风从北方吹，南半球的风从东南吹，现在被称为哈德利原理。从1735年开始一直未被承认，直到1793年，它由约翰·道尔顿重新发现。

Haeckel, Ernst 海克尔，恩斯特（1834~1919）德国动物学家，达尔文主义者，首次描绘出包括所有生命形式的进化树。作为德国耶拿大学的一位教授，海克尔研究海洋生物，描述并命名了数以千计的新动物物种，创建了现在被丢弃的重演论，概括为"个体发育重演系统演化"（进化可以通过胚胎发育过程反映出来）。

Hahn, Otto 哈恩，奥托（1879~1968）德国

化学家，放射性和放射化学的先驱。哈恩首次的大突破是在 1917 年，他和他的同事莉泽·迈特纳发现了放射性元素镤。其次是 1938 年核裂变的发现，为他赢得了 1944 年诺贝尔化学奖。哈恩后来成为核武器的直言不讳的反对者。

Hales, Stephen 黑尔斯，斯蒂芬（1677~1761）英国植物学家、牧师，在他的《植物静力学》中有对其植物和动物生理学开创性研究的描述。他首次注意到树液向上流动，测量了植物散失的水蒸气，他还测量了血压和心脏输出的血量。他的发明包括人工呼吸机、集气槽。

Halley, Edmond 哈雷，爱德蒙（1656~1742）英国天文学家和数学家，计算出了与他同名的哈雷彗星的轨道和返回地球的日期，即 1758 年。后来成为皇家天文学家，哈雷发表了关于磁偏角变化、信风和季风的重要论文。他还负责艾萨克·牛顿《原理》一书的出版。

Harrison, John 哈里森，约翰（1693~1776）英国木匠和钟表匠，发明了航海天文钟，这一发明可以让水手确定其在海上的位置。哈里森 1714 年设计并建造 4 架航行表得到了政府 2 万英镑的奖励，准确提供了海上寻找经度的方法。尽管他的天文钟计算十分精准，但直到 1773 年哈里森才得到全部奖励。

Harvey, William 哈维，威廉（1578~1657）英国医生，见 103 页。

Hawking, Stephen 霍金，斯蒂芬（1942~ ）英国理论物理学家，见 305 页。

Heisenberg, Werner 海森伯，维尔纳（1901~1976）德国物理学家，见 259 页。

Henry, Joseph 亨利·约瑟夫（1797~1878）美国物理学家，发现并定义了电子电路的自感现象。他的许多贡献包括首次兴建电磁马达，与塞缪尔·莫尔斯发明了电报，并引入早期的天气预测系统。

Herschel, Caroline 赫歇尔，卡罗琳（1750~1848）德国出生的英国天文学家，与她的兄弟威廉·赫歇尔长期合作。由于想成为一个歌剧演员，她 22 岁搬到哥哥在英格兰的房子里，她以发现 3 个星云和 8 个彗星，并完成它们的星表而著称。

Herschel, William 赫歇尔，威廉（1738~1822）德国出生的英国天文学家，1781 年发现天王星。他原本是一个音乐老师，但赫歇尔在天文学有一席之地，他专门制作大型天文望远镜，他提出了星云和恒星演化的理论，观察并编目了众多恒星，他还展示了太阳系在太空中的运动。

Hertz, Heinrich 赫兹，海因里希（1857~1894）德国物理学家，见 224 页。

Hertzsprung, Ejnar 赫茨普龙，埃纳尔（1873~1967）丹麦天文学家，最出名的是他 1913 年的《赫罗图》，一种沿用至今的恒星分类系统。这张与亨利·诺利斯·罗素合作研制的图表，根据恒星的光谱标出了它们的亮度。他还研究了星团和变星，并发明了定

位双恒星的方法。

Hevelius, Johannes 赫维留，约翰内斯（1611~1687）波兰天文学家和早期的月球地质学者，以其对月球表面的详细绘图最为出名。作为格但斯克的市议员，赫维留在他家的屋顶上建立天文台观察夜空。他编目了超过 1500 颗星，发现了几个星座，并命名很多月球特征。

Higgs, Peter 希格斯，彼得（1929~ ）英国物理学家，见 348 页。

Hipparchus 喜帕恰斯（公元前 170~ 前 120）希腊天文学家和数学家，通常被认为是三角学的创始人。喜帕恰斯对天文学的贡献包括日食的研究、发现岁差，对太阳和月亮轨道及其地球的距离的描述。

Hippocrates 希波克拉底（公元前 460~ 前 377）希腊医生，被认为是医学之父。作为医疗实用主义者，希波克拉底根据他对身体、疾病的症状和治疗的研究进行实践。他首次描述了许多疾病并发明了一系列术语，如"急性""慢性"和"复发"。希波克拉底对于他的学生提出的伦理准则至今被所有的医生奉为圭臬，称为希波克拉底誓词。

Hodgkin, Dorothy 霍奇金，多萝西（1910~1994）英国化学家，见 275 页。

Hooke, Robert 胡克，罗伯特（1635~1703）英国发明家和自然哲学家，曾担任罗伯特·波义耳的助手，之后在伦敦新成立的英国皇家学会成为实验秘书。他从事理论天文学，发明了一种复式（双镜头）显微镜来研究微生物，首次发行英国皇家学会出版物《显微图谱》。他也是首次记录到生物细胞。由于他对科学的贡献，他被誉为英国的列奥纳多。

Hopper, Grace 赫柏，格蕾丝（1906~1992）美国数学家、计算机编程与技术的先驱。作为美国海军少将，赫柏是哈佛大学"马克一号"的首要程序员之一，并帮助开发了第一台商业电子计算机"环球自动计算机一号"。她还促成了面向商业的计算机通用语言，并发明了"bug"一词。美国海军的导弹驱逐舰"赫柏"号以她的名字命名。

Hoyle, Fred 霍伊尔，弗雷德（1915~2001）英国数学家和天文学家，见 280 页。

Hubble, Edwin 哈勃，埃德温（1889~1953）美国天文学家，由于发现宇宙正在膨胀而被认为是银河系外天文学的创始人。通过他在美国威尔逊山天文台的工作，哈勃证实此前认为的银河系的星云，实际上是不同的星系，正在远离我们。宇宙膨胀的速率被称为哈勃常数。

Humboldt, Alexander von 洪堡，亚历山大·冯（1769~1859）德国博物学家、探险家和生物地理学倡导者，最为知名的是与法国植物学家艾梅·邦普兰对拉丁美洲的地理、植物群和动物群的调查。作为热忱的科学普及者，洪堡花了 25 年撰写《宇宙》，关于宇宙结构的论述——其中四卷在其生前出版。

Hutton, James 赫顿，詹姆斯（1726~1797）英国地质学家，见 157 页。

Huxley, Thomas Henry 赫胥黎，托马斯·亨利（1825~1895）英国生物学家、医生、达尔文主义的拥护者。他在比较解剖学方面的研究使他得出结论：鸟类是从恐龙进化而来的。1860 年他与塞缪尔·威尔伯福斯关于进化论的论战，为他赢得了"达尔文的斗犬"的绰号。赫胥黎也声称自己是不可知论者——一个他创造的术语。

Huygens, Christiaan 惠更斯，克里斯蒂安（1629~1695）荷兰物理学家、数学家、天文学家。以惠更斯 - 菲涅耳原理闻名，其中指出光是由波构成。惠更斯发现了土星的圆环和它的第四个卫星土卫六，并且还发明了摆钟，并做了其他计时的创新。

Ibn Sina (Avicenna) 伊本·西拿（阿维森纳）（980~1037）波斯医生，见 50 页。

Ingenhousz, Jan 英根豪斯，简（1730~1799）荷兰医生，见 155 页。

Isidore of Seville, Saint 塞维利亚的圣·伊西多尔（560~636）西班牙神学家，见 42 页。

Jeans, James 琼斯，詹姆斯（1877~1946）英国物理学家、数学家和天文学家。天文学的一个伟大普及者，琼斯研究了螺旋星云、多星系统以及巨星和矮星。他也是首次推测整个宇宙的物质是不断产生的。他最著名的书是 1929 年的《宇宙与人类》。

Jenner, Edward 詹纳，爱德华（1749~1823）英国医生，他研制了天花疫苗。从奶厂女工身上学习，詹纳发现，感染了牛痘病的人不会死于天花病毒。他用了 5 年的时间广泛地接种牛痘。1980 年天花被根除。

Joule, James Prescott 焦耳，詹姆斯·普雷斯科特（1818~1889）英国物理学家，建立了能量守恒定律的理论。该理论指出，能量可以改变形式，但不能被创造或毁灭。焦耳表明，热是一种能量，并帮助建立了热功当量。

Kamerlingh Onnes, Heike 卡末林·昂内斯，海克（1853~1926）荷兰物理学家，因他的低温物理研究以及发现液态氦获得 1913 年诺贝尔物理学奖。低温下的工作使他发现了超导性。

Kant, Immanuel 康德，伊曼纽尔（1724~1804）德国哲学家，其知识理论、伦理学和美学深刻影响随后的哲学思想。康德试图通过问"我们能知道些什么？"来调和唯理论（我们只知道那些我们的头脑能创造的知识）和经验论（我们只知道那些我们的感官揭示的信息）。

Kekulé, Friedrich August 凯库勒，弗里德里希·奥古斯特（1829~1896）德国化学家和有机化学结构理论的创始人。他是根特和波恩大学的一位教授，凯库勒发现碳原子可以连接在一起形成链，这使得他后来发现苯的六碳循环结构。

Kepler, Johannes 开普勒，约翰内斯（1571~

1630）德国天文学家，见 95 页。

Khayyam, Omar 海亚姆，奥马（1048~1131）波斯数学家和天文学家，见 53 页。

Koch, Robert 科赫，罗伯特（1843~1910）德国医师，因分离结核杆菌荣获 1905 年诺贝尔生理学或医学奖。他被认为是微生物学和细菌学的奠基人之一，科赫还发现了炭疽和霍乱的致病菌。他主张建立 4 个标准来调查致病微生物和疾病之间的关系。

Krebs, Hans 克雷布斯，汉斯（1900~1981）德裔英国内科医生、生物化学家，他发现了生物中的三羧酸循环。这种代谢循环（也被称为三羧酸循环）的发现，使他在 1953 年和弗里茨·李普曼获得诺贝尔生理学或医学奖。克雷布斯还发现了尿素循环，在尿素循环期间，哺乳动物将氨转化为尿素。

Lamarck, Jean-Baptiste 拉马克，让 - 巴蒂斯特（1744~1829）法国生物学家，见 169 页。

Laplace, Pierre-Simon 拉普拉斯，皮埃尔 - 西蒙（1749~1827）法国天文学家和数学家，以对太阳系稳定性的研究著称，通常被称为"法国的牛顿"。拉普拉斯在他五卷本的《天体力学》中革新了天文数学，他还为牛顿理论引入决定论。一些运算符和变换式都是以他的名字命名的。

Laue, Max von 劳厄，马克斯·冯（1879~1960）德国物理学家，因研究晶体中 X 射线的衍射荣获了 1914 年诺贝尔物理学奖。这表明了 X 射线晶体学、固体物理学和现代电子学非常重要。他是马克斯普朗克研究所和理论物理研究所所长。除此之外，劳厄还研究超导、量子理论和光学。

Lavoisier, Antoine Laurent 拉瓦锡，安东尼·劳伦特（1743~1794）法国化学家，见 160 页。

Lawrence, Ernest 劳伦斯，欧内斯特（1901~1958）美国物理学家，因发明了回旋加速器（加速粒子来研究亚原子的相互作用）获得了 1939 年诺贝尔物理学奖。他用自己的回旋加速器生产医用放射性碘、磷和其他同位素。劳伦斯是加州大学伯克利分校的一位教授，并且后来为曼哈顿计划做出了贡献。化学元素铹以他的名字命名。

Leakey, Louis 利基，路易斯（1903~1972）英国考古学家和人类学家，见 289 页。

Leakey, Mary 利基，玛丽（1913~1996）英国考古学家和古生物学家，见 308 页。

Leavitt, Henrietta Swan 莱维特，亨丽埃塔·斯旺（1868~1921）美国天文学家，发现了造父变星的亮度和时间跨度之间的关系。莱维特曾在哈佛大学天文台工作，在那里她检查照相底片上恒星的亮度，观察到造父变星呈现出亮度的规则变化。她的工作对于测量地球和其他星系之间的距离是至关重要的。

Lee, Tsung-Dao 李政道（1926~ ）中国出生的美国物理学家，因发现宇称不守恒与他

人共同分享 1957 年诺贝尔物理学奖，这导致了粒子物理的重要发展。他创造的量子场理论的可解模型，叫作李模型，有助于研究时间反转不变性的反例。

Leeuwenhoek, Anton van 列文虎克，安东·范（1632~1723）荷兰显微镜学家，通常被认为是微生物学之父。列文虎克制造和使用的显微镜最初用在纺织行业，他首次观察到单细胞生物，包括细菌和原生动物，以及肌肉纤维和毛细血管的血液流动。

Leibniz, Gottfried von 莱布尼茨，戈特弗里德·冯（1646~1716）德国哲学家、数学家，在物理学、形而上学、光学、逻辑、统计学、力学和技术等方面都做出了杰出贡献。莱布尼茨独立于艾萨克·牛顿发明了微积分，制作了一台计算机，并确立了二进制系统，成为数字化技术的基础。他还出版了一些不是很重要的哲学论文。

Lenard, Philipp 莱纳德，菲利普（1862~1947）德国物理学家，因他对阴极射线的研究获得 1905 年诺贝尔物理学奖。作为德国 4 所大学的教授，莱纳德支持纳粹学说并且谴责"犹太"科学，包括爱因斯坦相对论。

Liebig, Justus von 李比希，尤斯图斯·冯（1803~1873）德国化学家，在有机化学、生物化学和农业领域做出了开创性工作，推动建立了化肥行业。在他 21 岁时，被任命为吉森大学教授，李比希最早建立以实验室为基础的教学方法，后来传播到美国和欧洲的其他地方。

Lind, James 林德，詹姆斯（1716~1794）苏格兰医生，试图通过将柑橘汁引入进船上的饮食从而使英国海军消除坏血病。海军渐渐采用了他的想法，他还介绍了甲板下熏蒸的方法，这对于将海水蒸馏成饮用水更卫生。

Linnaeus, Carolus 林奈，卡罗勒斯（卡尔·冯·林奈）（1707~1778）瑞典博物学家，见 139 页。

Lippershey, Hans 利伯希，汉斯（1570~1619）荷兰眼镜制造商，一般认为他发明了望远镜。1608 年，利伯希向荷兰政府卖掉了他的发明以便在战争中使用。后来的天文学家，尤其是伽利略，意识到了望远镜对于科学的重要性。一颗行星和月球环形山以利伯希命名。

Lister, Joseph 李斯特，约瑟夫（1827~1912）英国外科医生，是抗菌剂的创始人。他是一名教授，也是英国皇家学会会长。李斯特是提倡在手术过程中抑制细菌原理的先锋，用石炭酸消毒手术器械，保持手术后的伤口清洁。

Lockyer, Joseph 洛克耶，约瑟夫（1836~1920）英国天文学家，在太阳大气中发现氦元素并且将它命名。他原本是公务员，洛克耶在太阳的色球层观察日珥，设计了分光镜来观测太阳黑子，并创办了《自然》杂志。

Lodge, Oliver 洛奇，奥利弗（1851~1940）英国物理学家，他以在无线电报的开创性工作知名。洛奇最有名的是改进了转录莫尔斯电码的无线电波的检测设备。他是一个热忱的唯心论的倡导者，洛奇还获得了数个无线电发明的专利。

Lomonosov, Mikhail 罗蒙诺索夫，米哈伊尔（1711~1765）俄国化学家、物理学家、地理学家和天文学家，见 145 页。

Lonsdale, Kathleen 朗斯代尔，凯瑟琳（1903~1971）爱尔兰晶体学家，她发展了 X 射线技术来研究化学结构。朗斯代尔确定了苯的碳原子的六边形形状，并确定六氯苯的结构。1945 年，朗斯代尔成为首个被选为英国皇家学会会员的女性。

Lord Kelvin 开尔文勋爵（见汤姆森，威廉）。

Lorentz, Hendrik Antoon 洛伦兹，亨德里克·安东（1853~1928）荷兰物理学家，由于对电磁辐射的研究与彼得·塞曼共同荣获了 1902 年诺贝尔物理学奖。首次描述了电磁场中带电粒子的力，洛伦兹分析了在不同时间、不同参照系下如何理解事件，并发展了变换方程来支撑爱因斯坦的相对论。

Lorenz, Konrad 洛伦兹，康拉德（1903~1989）奥地利行为学的奠基人，因研究动物行为而与他人共同获得 1973 年诺贝尔生理学或医学奖。洛伦兹最著名的是研究了鸟类的印随行为，他还研究了动物的侵略行为，并认为这纯粹是生存所迫。

Lovelace, Ada 洛夫莱斯，艾达（1815~1852）英国数学家，见 197 页。

Lovelock, James 洛夫洛克，詹姆斯（1919~ ）英国化学家，最出名的是他 1979 年提出的盖亚假说。该假说提出，地球是一个"由地球表面的生命维护和调节"的活的有机体。作为一个热心的环保主义者，洛夫洛克发明了电子捕获检测器，以揭示大气中含氯氟烃。

Lyell, Charles 赖尔，查尔斯（1797~1875）苏格兰地质学家，提出了地球表面的地质特征以与过去同样的速度被塑造着。他在《地质学原理》（1830~1833）中提出的均变论，对于查尔斯·达尔文的理论至关重要，因为它提供了地球历史的一个更为广阔的时间框架。

Malpighi, Marcello 马尔皮吉，马尔切洛（1628~1694）意大利医生和生物学家，通过他对植物和动物组织的研究创立了显微解剖科学。他是罗马教皇十二世的私人医生，也是大脑解剖的先驱，马尔皮吉命名了毛细血管，对胚胎学做出了贡献，发现了味蕾，并解剖了青蛙的肺部。

Malthus, Thomas Robert 马尔萨斯，托马斯·罗伯特（1766~1834）英国经济学家、牧师和哲学家。主张人口自然增长率将会始终超过食物的供应。为了保护人类，马尔萨斯提出严格控制生殖，否则过剩的人口将接受战争或饥荒的考验。他的理论被称为马尔萨斯主义，深刻影响了社会、政治和经济思想。

Mandelbrot, Benoit 曼德尔布罗特，贝努瓦（1924~2010）波兰出生的法国和美国数学家，他引入了曼德尔布罗特集合和分形几何，显示了可视化的复杂性如何由简单的形状创建而来。他也是耶鲁大学的一位教授，研究过许多现象，如一个岩石的海岸线，不论你在多近或多远的地方看，海岸线似乎同样呈粗糙状或锯齿状。

Marconi, Guglielmo 马可尼，古列尔莫（1874~1937）意大利物理学家和无线电报的发明者。马可尼在 1896 年穿越英吉利海峡，1902 年横跨大西洋，首次发送无线信号。他与费迪南德·布劳恩共享了 1909 年诺贝尔物理学奖，促进了短波无线通信的发展。

Margulis, Lynn 马古利斯，林恩（1938~2011）美国生物学家，见 300 页。

Maudslay, Henry 莫兹利，亨利（1771~1831）英国发明家兼工程师，被认为是机床工业之父。他原本是一个锁匠的徒弟，但莫兹利在工业革命期间发明了许多重要的设备，如金属车床、船用发动机以及淡化海水的方法和印花棉布。

Maxwell, James Clerk, British physicist 麦克斯韦，詹姆斯·克拉克（1831~1879）英国物理学家，见 209 页。

Mayer, Julius Robert von 迈尔，尤利乌斯·罗伯特·冯（1814~1878）德国物理学家、医生、热力学的早期创始人。迈尔首次确定热功当量，虽然这一成绩不及詹姆斯·焦耳。他还描述了氧化是生物的主要能量来源。

Mendel, Gregor 孟德尔，格雷戈尔（1822~1884）奥地利僧侣和植物学家，他的植物实验奠定了现代遗传学的基础。通过豌豆实验，孟德尔发现，个体的特征是由遗传因子（现在被称为基因）所控制的。孟德尔的发现直到 20 世纪初才被认可。

Mendeleev, Dmitri 门捷列夫，德米特里（1834~1907）俄国化学家，见 211 页。

Mercator, Gerardus 墨卡托，赫拉尔杜斯（1512~1594）佛兰德的制图师，见 73 页。

Michell, John 米歇尔，约翰（1724~1793）英国牧师、天文学家、地震学的先驱。1760 年，米歇尔提出，地震是地球地壳内波的运动，而在 1790 年，他发明了一个扭秤来测量地球的密度。

Michelson, Albert Abraham 迈克耳孙，阿尔伯特·亚伯拉罕（1852~1931）波兰裔美国物理学家，他精确地测量了光速。他与爱德华·莫雷检测以太漂移的实验对理解爱因斯坦相对论非常重要。他于 1907 年被授予诺贝尔物理学奖，他是第一个获此殊荣的美国人。

Millikan, Robert 密立根，罗伯特（1868~1953）美国物理学家，因用油滴测量电子的电荷获得 1923 年诺贝尔物理学奖。密立根也确证了爱因斯坦光电效应方程，并进行了宇宙射线的性质、X 射线和电常数研究。

Mitchell, Maria 米切尔，玛丽亚（1818~1889）第一位作为专业天文学家工作的美国妇女，一颗以她的名字命名的彗星的发现者。1865 年米切尔成为瓦萨女子学院天文台主任，她也创办了女性促进协会。

Montagu, Lady Mary Wortley 蒙塔古，玛丽·沃特利夫人（1689~1762）英国作家，见 131 页。

Morgan, Thomas Hunt 摩尔根，托马斯·亨特（1866~1945）美国遗传学家和生物学家，他对果蝇的研究帮助建立了遗传学。摩尔根的实验表明，基因在染色体上，并决定遗传性状。他于 1933 年获得了诺贝尔生理学或医学奖。

Moseley, Henry 莫斯利，亨利（1887~1915）英国物理学家，用 X 射线光谱仪证明原子数论。跟随欧内斯特·卢瑟福在曼彻斯特大学工作时，莫斯利利用物理学方法确认了根据化学方法得出的元素的原子数。同门捷列夫一样，他的研究使他能够预测周期表中的空白元素。莫斯利在第一次世界大战中丧生。

Murchison, Roderick 默奇森，罗德里克（1792~1871）苏格兰地质学家，最有名的是确立了志留系、二叠系、泥盆系地质时期。默奇森的发现被视为 19 世纪地质学的最高成就，因此 1831 年他当选为地质学会会长。

Muybridge, Eadweard 迈布里奇，埃德沃德（1830~1904）英国摄影师，他在拍摄运动方面具有开创性贡献。作为一名风景摄影师，迈布里奇使用多达 24 个摄像机和较快的快门速度拍摄马在疾驰的图像。他使用动物实验拍摄了动物移动的清晰图像。

Nakamura, Shuji 中村修二（1954~ ）日本电子工程师和发明家，见 331 页。

Napier, John 纳皮尔，约翰（1550~1617）苏格兰数学家，他发明了对数。纳皮尔在分数中引入了小数点，发明了对数的数学计算，并设计了一套计算杆，被称为纳皮尔算筹。他还设计了秘密武器，以捍卫苏格兰对抗天主教的攻击。

Newcomen, Thomas 纽科门，托马斯（1663~1729）英国工程师，首个实用蒸汽机的发明者。他与托马斯·萨弗里联合开发的纽科门引擎，最初是用来在斯塔福德郡的达德利从煤矿中抽水。在英格兰接下来的 75 年里，数百个纽科门引擎大大增加了煤炭的产量，对社会的工业化有很大的贡献。

Newton, Isaac 牛顿，艾萨克（1642~1727）英国物理学家和数学家，见 118 页。

Nightingale, Florence 南丁格尔，弗洛伦斯（1820~1910）英国护士，她改革医院，建立现代护理制度。在克里米亚战争中她的护理工作被称为"提灯女神"，1861 年南丁格尔在伦敦的圣托马斯医院创办了护士培训学校。她还在印度帮助改善公众健康，并引入新的统计方法。

Nobel, Alfred 诺贝尔，艾尔弗雷德（1833~1896）瑞典化学家，他发明了炸药——硝化甘油的一种较不敏感的形式，并创立了诺贝尔奖。他愿意提供他的大部分财富用来创立诺贝尔奖项，每年在物理、化学、医学、文学、和平成果方面颁发该奖项。

Noether, Emmy 诺特，艾米（1882~1935）德国数学家，抽象代数的开拓性的领导者。1919年在哥廷根大学被任命为讲师，她因非交换代数和环论中的理想理论的一般理论研究赢得了赞誉。后来为逃避纳粹她移居美国。

Ockham, William of 奥卡姆，威廉（1285~1349）德国哲学家，见65页。

Ørsted, Hans Christian 奥斯特，汉斯·克里斯蒂安（1777~1851）丹麦化学家和物理学家，他观察到罗盘靠近带电导线时，磁针会运动，由此表明电和磁相关联。磁感应强度的单位以奥斯特命名。

Ohm, Georg Simon 欧姆，乔治·西蒙（1789~1854）德国物理学家，发现了欧姆定律，采用电阻的概念来表示电流和电压之间的关系。当时欧姆定律未被接受，于是他辞去教授的职务。后来世人才意识到它的价值。

Olbers, Heinrich Wilhelm 奥尔贝斯，海因里希·威廉（1758~1840）德国天文学家和医生，他开展了彗星的理论研究，并发现了两颗小行星和五颗彗星。奥尔贝斯悖论，即为什么天空在晚上是黑暗的，在其有生之年未获解答。

Oppenheimer, Robert 奥本海默，罗伯特（1904~1967）美国物理学家，原子弹之父。奥本海默原来研究亚原子粒子，1941年在格罗夫斯将军领导下成为曼哈顿计划的领导者。虽然他在1946年获得总统勋章，但在1953年奥本海默被指控为共产主义者，1963年他被授予恩里科·费米奖，以此表示与其和解。

Otto, Nikolaus August 奥托，尼古拉斯·奥古斯特（1832~1891）德国工程师，他发明了四冲程内燃机。奥托获发的发动机为蒸汽机提供了一个实用的替代品。由奥托循环在理论上进行了说明，卡尔·本茨和戈特利布·戴姆勒都在机动车上首次使用了四冲程发动机。

Oughtred, William 奥特雷德，威廉（1574~1660）英国数学家、教师。他发明了计算尺。在他广受欢迎而又具有影响力的教科书《数学之钥》（1631年）中，引入了"×"作为乘法符号。

Owen, Richard 欧文，理查德（1804~1892）英国解剖学家和古生物学家，创造了恐龙或"可怕的爬行动物"这个词。欧文出版了几本关于恐龙的教科书，并将它们与其他爬行动物区别分类。欧文帮助建立了伦敦自然历史博物馆，虽然他相信进化论，但他却是达尔文的理论直言不讳的反对者。

Papin, Denis 帕潘，丹尼斯（1647~1712）法国物理学家和发明家，他的蒸汽蒸煮器导致了蒸汽机的发展。帕潘还发明了蒸汽安全阀、冷凝泵和桨轮船。

Paracelsus 帕拉塞尔苏斯（1493~1541）瑞士医生和炼金术士，他开始在医学中应用化学。在欧洲旅行途中各地行医时，帕拉塞尔苏斯引进鸦片酊、硫、铅、汞作为药用的补救措施，并对梅毒进行了临床描述。他极力反对大学医学，通过用德语写作和演讲获得了巨大的影响力。

Pascal, Blaise 帕斯卡，布莱兹（1623~1662）法国数学家和物理学家，见107页。

Pasteur, Louis 巴斯德，路易（1822~1895）法国化学家，生物学家和微生物学家，见214页。

Pauli, Wolfgang 泡利，沃尔夫冈（1900~1958）奥地利出生的美国理论物理学家，因他的泡利不相容原理获得了1945年诺贝尔物理学奖，其中指出，一个原子中没有任何两个电子可以处于完全相同的量子态。泡利还设计了金属的热性能的原子模型，并且他首次提出中微子的存在。

Pauling, Linus Carl 鲍林，莱纳斯·卡尔（1901~1994）美国化学家，见271页。

Pavlov, Ivan Petrovich 巴甫洛夫，伊凡·彼得罗维奇（1849~1936）俄国生理学家，对狗的实验使他发现了条件反射。巴甫洛夫表明，狗在等待食物的时候就开始分泌唾液，而不是等到它看到食物时。他被授予1904年诺贝尔生理学或医学奖，在1926年出版的《条件反射讲义》一书中，他对其行为主义研究进行了总结。

Perkin, William 珀金，威廉（1838~1907）英国化学家，首次创造合成染料——非常时尚的苯胺紫。当合成奎宁时，珀金碰到一种蓝色染料，现在被称为苯胺紫，他申请了专利并投入生产。

Petit, Alexis Therese 珀蒂，亚历克西·泰雷兹（1791~1820）法国物理学家，他与皮埃尔·杜隆发现了杜隆 - 珀蒂定律。该定律表明，对于所有的固体粒子，其比热乘以原子量恒为常数。他还设计了一个温度计用于测量金属的扩张系数。

Planck, Max 普朗克，马克斯（1858~1947）德国物理学家，见236页。

Plato 柏拉图（公元前424~ 前348）希腊哲学家，见25页。

Poincaré, Henri 庞加莱，亨利（1854~1912）法国数学家，见227页。

Priestley, Joseph 普利斯特里，约瑟夫（1733~1804）英国化学家和牧师，发现了多种气体，其中包括后来被辨识的氧气。向本杰明·富兰克林学习电理论后，普利斯特里开始了自己的电学实验，并在1767年出版的广受欢迎的《电的历史及其现状》一书中提出了他的发现。然后，他尝试用气体做实验并得到了重要的发现，不过他相信后来被抛弃的燃素理论。

Proust, Joseph-Louis 普鲁斯特，约瑟夫·路易（1754~1826）法国化学家，最出名的是提出了定比定律（普鲁斯特定律），其中规定对于任何化合物，其组成元素的质量存在一个固定的比例。

Ptolemy (Claudius Ptolemaeus) 托勒密（克劳狄斯·托勒密）（100~170）希腊天文学家和地理学家，他的托勒密体系将地球置于宇宙的中心，并结合复杂的本轮。在亚历山大，托勒密也做了一张世界地图，并撰写了百科全书《至大论》。

Pythagoras 毕达哥拉斯（公元前580~ 前500）古希腊哲学家、数学家。其教义促成了数学和理性哲学。毕达哥拉斯教导说，自然和世界可以通过数字进行解释，并在很大程度上影响了柏拉图和亚里士多德。他还发现了音程和几何的毕达哥拉斯定理。

Raman, Chandrasekhara Venkata 拉曼，钱德拉塞卡拉·文卡塔（1888~1970）印度物理学家，因对光的散射研究荣获了1930年诺贝尔物理学奖，被称为拉曼效应。这表明，当光通过透明材料时，一小部分偏转的光线其波长（即能量）发生了变化。

Ramón y Cajal, Santiago 拉蒙·卡哈尔，圣地亚哥（1852~1934）西班牙组织学家和神经科学家，见229页。

Ramsay, William 拉姆齐，威廉（1852~1916）苏格兰化学家，因发现惰性气体氩、氖、氙、氪荣获1904年诺贝尔化学奖。他还发现了稀有气体氦气，从液态空气中分离了氩气。

Ray, John 雷，约翰（1627~1705）英国博物学家和植物学家，他的贡献有助于建立现代分类学。他原本是剑桥三一学院的研究员，但是在复辟期间他失去了工作，于是他在整个欧洲开始研究植物学和动物学。他在《植物史》中建立了他的植物分类学，并将种作为分类的基本单位。

Réaumur, René 雷奥米尔，勒内（1683~1757）法国物理学家和昆虫学家，见134页。

Rhazes 拉齐（见阿尔 - 拉齐）。

Richter, Charles 里克特，查尔斯（1900~1985）美国物理学家，地震学家，里氏震级的发现者，里氏震级记录了地震震中的震级。里克特还绘制了在美国最易发生地震的区域地图。

Rømer, Ole Christensen 罗默，奥勒·克里斯滕森（1644~1710）丹麦天文学家，明确了光以确定的速度运行。罗默计算出光的速度是每秒225000千米，这一计算比现代的估计每秒约慢75000千米。罗默还发明了一种温标，并首次引入了丹麦度量衡系统。

Röntgen, Wilhelm 伦琴，威廉（1845~1923）德国物理学家，因发现X射线而获得1901年首届诺贝尔物理学奖。作为物理学教授，伦琴研究了弹力、毛细现象、偏振光、气体比热。他于1895年发现的X射线对于医学和现代物理学是极其重要的。

Rumford, Benjamin Thompson 拉姆福德，本杰明·汤普森（1753~1814）在美国出生的英国物理学家、发明家、军人和管理者，以他对热的研究而广为人知。拉姆福德认为，热是由粒子的运动产生的，而不是以前认为的物质的液体形式产生的。他于1799年帮助建立了伦敦的英国皇家研究院。

Russell, Henry Norris 罗素，亨利·诺里斯（1877~1957）美国天文学家，帮助建立理论天体物理学的现代科学。罗素最为著名的是发现恒星的亮度和它的光谱型之间的关系，他在1910年用赫罗图呈现了出来。他还推测了恒星大气中氢的丰度——现在被认为是现代宇宙学的基本原理。

Rutherford, Ernest 卢瑟福，欧内斯特（1871~1937）新西兰出生的化学家和物理学家，见248页。

Salam, Abdus 萨拉姆，阿卜杜勒（1926~1996）巴基斯坦的核物理学家，因提出电弱理论与他人共同获得1979年诺贝尔物理学奖，因此统一了弱核力和基本粒子的电磁相互作用。萨拉姆是伦敦理论物理学的教授，也是获得诺贝尔奖的首位穆斯林科学家。

Salk, Jonas Edward 索尔克，乔纳斯·爱德华（1914~1995）美国医生和医学研究者，首次发现对脊髓灰质炎有效的疫苗。在密歇根大学研究流感疫苗之后，1952年，索尔克开始了他的脊髓灰质炎疫苗的人体试验，1955年，该疫苗在美国开放使用，几乎根除了小儿麻痹症。

Sanger, Frederick 桑格，弗雷德里克（1918~2013）英国生物化学家和唯一的两次诺贝尔化学奖的得主。1958年，桑格因他对蛋白质尤其是胰岛素结构的研究得奖。1980年他获奖的DNA分子测序方法，被用于首次开发完整序列的DNA为基础的基因组。

Schrödinger, Erwin 薛定谔，埃尔温（1887~1961）奥地利理论物理学家，以对量子力学的贡献与他人共同获得1933年诺贝尔物理学奖。他最为人所知的是波动力学方程，但他的书《生命是什么？》（1948年）对分子生物学产生了很大影响。

Schwann, Theodor 施旺，特奥多尔（1810~1882）德国生理学家，他认为所有的生物体都是由细胞组成的，由此创立了组织学。他发现了消化酶胃蛋白酶和神经轴突周围的细胞。他参与反驳自然发生论，创造了"新陈代谢"一词。

Semmelweis, Ignaz 塞麦尔维斯，伊格纳茨（1818~1865）匈牙利医生，率先使用消毒法用以防止因产褥热死亡的病例。虽然他表明，与分娩相关的高死亡率可以通过由医生用漂白粉洗手而降低，但直到很多年以后，这种做法才被引入临床。

Servetus, Michael 塞尔维特，迈克尔（1511~1553）西班牙医生，见80页。

Shen Kuo 沈括（1031~1095）博学的中国学者，他发现了磁偏角，首次描述磁针罗盘。沈括的发现是他的名著《梦溪笔谈》中众多记录的一个。他还介绍了活字印刷，提出了有关化石的地质假说，并承担了绘制星图的宏伟项目。

Shockley, William Bradford 肖克利，威廉·布拉德福德（1910~1989）美国物理学家，因发明了晶体管与约翰·巴丁和沃尔特·布拉顿共同分享了 1956 年的诺贝尔物理学奖。作为斯坦福大学的工程学教授,肖克利将其晶体管商业化,这导致了加州硅谷的发展。后来,他提倡优生,并提出让那些低智商的人绝育,引起了很大争议。

Shoujing, Guo 郭守敬 (1231~1316) 中国工程天文学家和数学家,他的著名的授时历准确地呈现了一年 365 天。郭守敬还发明了占星罗盘,内置液压时钟,在北京设计了昆明湖水库并且发展了球面三角学。

Siemens, Werner von 西门子,维尔纳·冯 (1816~1892) 德国电气工程师,以其在发展电报行业中的角色被人们记住。他是电动发电机和电镀工艺的发明者,西门子铺设了德国首条电报线路,并且与他人共同创办电报公司,现在被称为西门子公司。电导的单位以他的名字命名。

Smith, William 史密斯,威廉 (1769~1839) 英国地质学家和工程师,创立了地层学。在作为全英国运河现场验船师的时候,史密斯研究了每一层的区域岩层和化石。1815 年史密斯首次绘制英格兰和威尔士的地质地图。

Snell, Willebrord 斯涅耳,威理博 (1580~1626) 荷兰物理学家和数学家,发现折射定律。在 1617 年,他提出了通过三角测量的方法测量地球,并于 1621 年提出折射定律。

Snow, John 斯诺,约翰 (1813~1858) 英国医生和现代流行病学的先驱。斯诺最著名的是提出霍乱是一种水源性疾病,该理论发表于 1839 年,并于 1854 年通过他对伦敦布罗德大街疫情的调查得到了证实。他也在给维多利亚女王施用氯仿后促进了气体麻醉。

Somerville, Mary 萨默维尔,玛丽 (1780~1872) 苏格兰天文学家,地理学家和科学普及者。她接受过很少的正规教育,萨默维尔因 1831 年翻译皮埃尔 - 西蒙·拉普拉斯的《天体力学》获得好评,在 1835 年,为了对这位出版各种书籍的"科学女王"表示祝贺,她和卡罗琳·赫歇尔成为皇家天文学会的首批女性成员。

Sørensen, Søren Peder Lauritz 瑟伦森,瑟伦·彼泽·劳里茨 (1868~1939) 丹麦著名生物化学家,引入 pH 值表达氢离子的浓度以此作为酸度的度量。索伦森也推动了具备丹麦特色的化工技术和炸药工业。

Spallanzani, Lazzaro 斯帕兰扎尼,拉扎罗 (1729~1799) 意大利生物学家和生理学家,以对动物的繁殖和生理机能的实验研究著称。斯帕兰扎尼让自然发生论名誉扫地,他还表明活细胞利用氧气放出二氧化碳。他还证明了哺乳动物繁殖需要精子和卵子,并且首次对狗实施人工受精。

Spitzer, Lyman 斯皮策,莱曼 (1914~1997) 美国理论物理学家和天文学家,他对星际物质、等离子体物理和星团的动力学研究做出了突出贡献。斯皮策 1946 年关于空间望远镜的提议导致了哈勃望远镜的发展,他帮助设计了紫外线天文卫星——"哥白尼"号。

Stahl, Georg 斯塔尔,格奥尔格 (1660~1734) 德国医生和化学家,他创立了燃烧的燃素理论,其中认为燃烧的物质都含有一种叫作燃素的物质。因为燃素论非常有用,特别是在采矿业。这种理论被接受了几十年后,最终被废弃。

Swammerdam, Jan 斯瓦默丹,扬 (1637~1680) 荷兰显微镜学家,帮助建立了比较解剖学和昆虫学。设计一个解剖显微镜后,他会记录他所观察的结构、昆虫的分类和变态反应。他首次描述了红细胞,他还在淋巴管中发现斯瓦默丹瓣膜。

Swan, Joseph 斯旺,约瑟夫 (1828~1914) 英国物理学家和化学家,在日期上来说,比托马斯·爱迪生更早地发明了白炽灯泡。在一个化学品制造厂做助理时,斯旺对摄影做出重要贡献,后来斯旺和爱迪生之间关于灯泡的发明权引起法律纠纷,促成他们合作成立爱迪生与斯旺联合电灯公司。

Talbot, William Henry Fox 塔尔博特,威廉·亨利·福克斯 (1800~1877) 英国化学家和摄影的先驱。塔尔博特最出名的是使用碘化银纸照相法,这样产生底片便于洗印照片。塔尔博特以他的名字发明了 12 项专利,并且发表了 50 余篇关于数学、天文学和物理学的论文。他的书《自然的画笔》,是首本关于摄影插图的作品。

Tansley, Arthur 坦斯利,亚瑟 (1871~1955) 英国生态学家和自然资源保护论者。创造了"生态系统"一词。坦斯利主张对植物的研究应在其自然区域内——接近现代生态学的一种方法。坦斯利最知名的著作是 1939 年《英伦三岛的植被》。

Tesla, Nikola 特斯拉,尼古拉 (1856~1943) 塞尔维亚工程师,电力和无线电传输的开拓发明者。特斯拉于 1884 年移居美国,他在那里为托马斯·爱迪生工作,并将专利出售给了乔治·威斯汀豪斯。他发明了特斯拉线圈变压器、感应电机,并发现了旋转磁场。磁感应强度的单位以他的名字命名。

Thomson, Joseph John 汤姆孙,约瑟夫·约翰 (1856~1940) 英国物理学家,他发现了电子。作为剑桥大学的一位实验物理学教授,汤姆孙还开创了电和磁的数学理论,发现了钾的天然放射性,并发明了质谱仪。他因气体导电的研究而获得 1906 年诺贝尔物理学奖。

Thomson, William 汤姆孙,威廉 (开尔文勋爵) (1824~1907) 苏格兰物理学家,热力学先驱。以确定绝对零度的正确值最为出名。他 22 岁被任命为格拉斯哥大学教授,汤姆孙提出了热力学第二定律和光的电磁理论,确定了绝对零值,并协助铺设了首条跨大西洋的电报电缆。他对宗教深信不疑,用估计的地球年龄反驳自然选择的进化论。

Trevithick, Richard 特里维西克,理查德 (1771~1833) 英国工程师,第一辆成功以蒸汽为动力的铁路机车的发明者。特里维西克的发动机被首次用于为固定轧机和矿山机械提供动力。他 1801 年首次发明了自行越野车,在 1803 年发明了铁路机车。

Tull, Jethro 塔尔,杰思罗 (1674~1741) 英国农学家和发明家,见 126 页。

Turing, Alan 图灵,艾伦 (1912~1954) 英国数学家,被认为是计算机科学之父。二战期间,图灵研制了"炸弹机",一架电子计算机的原型,目的是帮助破解德国的恩尼格玛代码。他开发了理论图灵机,自动计算引擎,以及电脑费伦蒂马克一号为现代计算技术的发展铺平了道路。

Venter, Craig 文特尔,克雷格 (1946~) 美国生物学家,见 347 页。

Vesalius, Andreas 维萨里,安德烈 (1514~1564) 佛兰德斯医生和帕多瓦大学现代解剖学的奠基人。维萨里解剖的人类尸体使他得以写成七卷本《人体的构造》,其中包括许多关于人体内部解剖结构的详细插图。他通过持续细致的观察,并利用人类尸体的解剖,彻底改变了解剖教学。

Villasante, Manuel Losada 维拉尚特,曼努埃尔·洛萨达 (1929~) 西班牙生物学家和生物化学家,以对氮光合同化研究著称。洛萨达的工作主要集中在生物化学和可以将太阳能转化为化学能的生物系统。

Virchow, Rudolf Carl 魏尔啸,鲁道夫·卡尔 (1821~1902) 德国医生,建立现代病理学的先驱。魏尔啸推广了"每一个细胞都是来源于细胞的"这种观点,并表示疾病是正常细胞中发生变化的结果。他是社会医学的先驱,他主张公共健康的改善。

Volta, Alessandro 伏打,亚历山德罗 (1745~1827) 意大利物理学家,发明了伏打电池——最早的可以产生电流的电池。身为意大利帕维亚大学的物理学教授,伏打还发明了起电盘——可以产生静电电荷的器件,并且首次分离甲烷气体。电势的单位伏打是以他的名字命名的。

Vries, Hugo de 弗里斯,胡戈·德 (1848~1935) 荷兰植物学家,以其在植物育种中基因突变性质的研究最为出名。担任阿姆斯特丹大学的教授时,弗里斯创造了"突变"等渗和"泛子"(后来缩短为基因)等名词,在不知道格雷戈尔·孟德尔工作的情况下,重新发现了孟德尔遗传定律。

Waals, Johannes Diderik van der 瓦耳斯,约翰内斯·迪德里克·范·德 (1837~1923) 荷兰物理学家,因他的气体和液体状态方程获得 1910 年诺贝尔物理学奖。该方程解释了为什么流体在高压下不服从理想气体定律。他的工作导致了氢和氦的液化,以及对接近绝对零度的温度研究。

Wallace, Alfred Russel 华莱士,艾尔弗雷德·拉塞尔 (1823~1913) 英国博物学家,见 306 页。

Warburg, Otto Heinrich 瓦尔堡,奥托·海因里希 (1883~1970) 德国生物化学家和医师,因他对癌症肿瘤与细胞呼吸的研究荣获 1931 年诺贝尔生理学或医学奖。他是威廉皇帝研究所所长,瓦尔堡发现呼吸黄酶作用的性质和模式,在《肿瘤的代谢》一书中总结了他的研究 (1931 年)。

Watson, James Dewey 沃森,詹姆斯·杜威 (1928~) 美国遗传学家,与弗朗西斯·克里克和威尔金斯共同发现了脱氧核糖核酸 (DNA) 的双螺旋结构,因此分享了 1962 年诺贝尔生理学或医学奖。沃森成为冷泉港实验室的主任,并且是人类基因组计划的领导者。

Watt, James 瓦特,詹姆斯 (1736~1819) 英国工程师和发明家,见 150 页。

Wegener, Alfred 魏格纳,阿尔弗雷德 (1880~1930) 德国地球物理学家和气象学家,见 252 页。

Weinberg, Steven 温伯格,史蒂芬 (1933~) 美国物理学家,因他提出的电弱理论研究与他人共同获得 1979 年的诺贝尔物理学奖。1967 年发表于《轻子模型》一文中的温伯格理论,解释了在极高的温度下电磁力和弱相互作用是无法区分的,如在宇宙大爆炸期间发生的那样。

Weismann, August 魏斯曼,奥古斯特 (1834~1914) 德国生物学家和遗传学的现代科学创始人。魏斯曼以其种质学说著称,他认为所有的生物都天生有一种特殊的、稳定的遗传物质。他是达尔文的支持者,反对性状的获得性遗传。

White, Gilbert 怀特,吉尔伯特 (1720~1793) 英国博物学家,牧师,《塞耳彭的自然史及其遗迹》的作者。怀特在他花园里的观察日志已经成为英语经典。

Wöhler, Friedrich 维勒,弗里德里希 (1800~1882) 德国化学家,首次从无机物质氰酸铵合成有机化合物——尿素。他是德国哥廷根大学的化学教授。维勒还发现碳化钙,分离了元素硅和铍,并且发展了制备金属铝的方法。

Yalow, Rosalyn Sussman 雅洛,罗莎琳·苏斯曼 (1921~2011) 美国医学物理学家,因发展放射免疫法与他人共同获得 1977 年诺贝尔生理学或医学奖。这是一种测量血液中的物质,如激素、酶和维生素的方法。作为博森研究实验室的主任,雅洛是该领域获得诺贝尔奖的第二位女性。

Yukawa, Hideki 汤川秀树 (1907~1981) 日本物理学家,因他的基本粒子理论获得了 1949 年诺贝尔物理学奖。汤川预言了介子的存在,这种亚原子粒子比电子重百倍,影响了后来核物理与高能物理的研究。他与其他科学家共同签署了 1955 年关于核裁军的罗素 - 爱因斯坦宣言。

Zhang Heng 张衡 (公元 78~139) 中国地理学家,数学家和天文学家。他发明了一种装置,当中装置在地震时使一个球从巨龙模型的嘴巴落到青蛙的口中并发出声音,从而可以记录 500 千米内的任何地震。张衡也计算了圆周率的值,并且绘制了一张全面的星图,解释了日食和月食。

专业词汇解释 按英文原版书顺序排列

本词汇内另有界定之词汇用斜体表示。

aberration 像差 通过透镜或镜面形成的图像中任何可能发生的各种缺陷。

absolute scale 绝对温标 也叫开氏温标，一种开始于绝对零度的温标。

absolute zero 绝对零度 在最低的可能温度（0 K，-273.15℃，或 -459.67°F）下时，在原子和分子中不会有随机的能量运动。

absorption 吸收 （1）一种物质被另一种物质占用。（2）物质捕获了电磁辐射。

acceleration 加速度 速度的变化率。

acid 酸 一种含有氢的化合物，可以在水中离解产生活跃的氢离子。

acoustics 声学 （1）声音的研究。（2）一个特定空间的属性，比如音乐厅，就如何使声音环绕其中而言。

active transport 主动运输 生物学中，任何物质穿过细胞膜的运输都需要能量的输入。

acupuncture 针灸 一种起源于中国的治疗，将纤细的针插入到皮肤的特定部位。

adaptation 适应 任何生物的可遗传的结构和行为，能助其适应环境，同时，进化过程产生了这样的特性。

ADP 二磷酸腺苷，ATP 释放能量时形成的一种化合物。

adrenal gland 肾上腺 位于人的肾脏上部的腺体，每个肾脏上面各有一个。

alchemy 炼金术 一种中世纪的科学，尝试在其他事物中将不同的金属变成黄金。

algae 海藻（藻类） 简单水生生物，通过光合作用生产自己的食物。包括单细胞形式以及大型海藻。

algebra 代数学 数学的一个分支，使用字母和其他通用符号执行计算。

algorithm 算法 可以自动执行计算的一套规则，特别是用一个机器，得到一个特定的结果。

alkali 碱 溶于水的碱。

alkaline 碱性 溶液 pH 值大于 7。

allotropes 同素异形体 相同元素的不同形式，例如，石墨和金刚石是碳的同素异形体。

alloy 合金 多个元素的金属混合物，要么是全部金属元素，要么是金属与非金属的混合。

alternating current 交流电流 定期改变电流方向的一种电流。

alternator 交流发电机 产生交流电的发电机。

amino acid 氨基酸 任何一组构成蛋白质的小分子。在体内它们还有其他各种功能。

amniocentesis 羊膜穿刺术 在麻醉状态下用一个空心针穿过母亲的体壁，获得子宫内胎儿周围液体样本。

amp（ampere）amp（安培） 电流的国际基本单位。

amplitude 振幅 摆动的幅度或波的高度。

anaesthesia 麻醉止痛 通过失去知觉或意识来缓解疼痛，实现这一过程的药被称为麻醉药。

anaphase 后期阶段 有丝分裂或减数分裂中染色体或染色单体彼此分开的时期。

anatomy 解剖学 对生命的内部结构的研究。

angle of incidence 入射角 入射到一个表面的光线与垂直于该表面的假想线之间的角。

angle of reflection 反射角 从一个表面反射的光线与垂直于该表面的假想线之间的角。

anion 阴离子 带负电荷的离子。

anode 阳极 正电极。

anther 花药 一朵花产生花粉的结构，连同其支撑茎（花丝）构成一个雄蕊。

antibiotic 抗菌素 用于杀灭或抑制能引起感染的细菌增殖的药物。

antibodies 抗体 人体内产生的蛋白质，用来识别和攻击外界粒子，如入侵的细菌。

antigen 抗原 任何刺激人体产生抗体的物质，比如入侵微生物的外衣。

antiparticle 反粒子 与亚原子粒子的正常形式相比，带相反电荷的形式。

aphasia 失语症 无法产生或理解语言。

area 面积 二维表面的大小。

arithmetical progression 等差级数 数列中的每一个数跟前一个数的差额是固定的。

armillary sphere 浑天仪 开放的金属球形模型，用于表示太阳、恒星、行星等的从地球上看到的视运动。

artery 动脉 远离心脏的血管，参见血管循环。

asteroid 小行星 绕太阳公转的岩石，见流星体。

asthenosphere 岩流圈 地球地幔的相对较软的上层，在岩石圈下面。

astrolabe 星盘 历史上天文学家和水手所使用过的天文仪器，能定位太阳、月亮、行星和恒星。

astronomical unit 天文单位 天文学中所用的距离单位，其大小等于地球和月球之间的距离。

astronomy 天文学 地球大气层以外的空间与宇宙科学的研究。

atmosphere 大气 （1）环绕太阳、地球、一些行星周围的气体。（2）测量的压力。

atmospheric pressure 大气压力 空气的正常压力，尤其是在近地面的。

atom 原子 保持元素化学性质的最小单位。一个原子包括质子和中子组成的原子核，以及环绕核外的电子。

atomic mass 原子质量 也称为原子量，不同原子中所含物质的相对数量。（氢原子有最小的原子质量。）

atomic number 原子序数 原子的原子核中的质子数。同一元素的所有原子有相同的原子序数。

atomic theory 原子理论 任何认为物质是由原子组成的理论。

atomic weight 原子量 见原子质量。

ATP 三磷酸腺苷，所有活细胞中携带能量的重要分子。

aurora borealis 北极光 北极地区夜空中显示的光，是由来自太阳的带电粒子与地球大气层作用引起的。

axis 轴 （1）假想线体，如行星绕其旋转的线。（2）图上的参照线。

axle 轮轴 一种杆状结构，上面有一个或多个轮子旋转，或随车轮旋转的杆。

background radiation 背景辐射 见宇宙背景辐射。

bacteriophage 噬菌体 攻击细菌的病毒，简称为 phage。

bacterium（plural: bacteria）细菌 细胞中缺乏细胞核的单细胞的微小生命形式。也见原核细胞。

barometer 气压表 测量气压的仪器。

base 碱／基 （1）与酸发生反应形成盐的物质（可溶性碱被称为碱）。（2）存在于 DNA 分子中的 4 种相似的分子，其顺序"拼出"生物的基因。（3）在数学上，形成数字书写惯例的基础的特定数字。例如，在日常生活中 10 的意思是"十"（1个10，无单位），但在二进制系统中 10 意味着 2（1个2，无单位）；后一系统也被称为"基数 2"。

base pair 碱基对 彼此互补的碱基对，在 DNA 分子链上相对排列。

battery 电池 起初是两个或多个伏打电池连接在一起；现在往往只是意味着单个的伏打电池。

beta decay β衰变 放射性衰变的一种形式，会放出 β 粒子（快速移动的电子和正电子）。

Big Bang 大爆炸 估计在约 138 亿年前，现在的宇宙被认为已经从一个微小的点通过爆炸和膨胀开始形成了。

binomial system 双名法 对于每个生物物种给出由两部分组成的科学名称的标准

体系。例如，人类物种被命名为 *Homo sapiens*。

biodegradable 可生物降解 能够通过自然的生物过程分解。

biomass 生物量 （1）一种特定的生物的数量或特定区域内生物的数量。（2）被用作燃料的非化石植物材料，如木材。

biosphere 生物圈 地球的表面区域，生物存在的地方。

bit 比特 计算中信息的基本单位，只有两个可能值，为二进制数字 0 或 1。

black body 黑体 能吸收电磁辐射的理论对象，根据其温度，也可以发出所有波长的辐射。

black hole 黑洞 超高密度天体，重力大到即使是光也不能逃离。

blastocyst 胚泡 一个空心细胞球，是胚胎形成的早期阶段。

blood type 血型 血液可以被分为几种类型，根据红血细胞的表面化学性质的差异分类。

blood vessel 血管 动脉、静脉或毛细管，另见血管循环。

boiling point 沸点 液体转变成气体的特定温度。

bond 键 原子间结合形成的连接。

botany 植物学 对植物的研究。

Brownian motion 布朗运动 在液体或气体中微小粒子的随机运动，这是由其中的分子碰撞引起的。

buoyancy 浮力 当物体比流体（液体或气体）的密度小时，物体在其中会有向上升起的趋势。

byte 字节 计算机和电信中信息存储和传输的单位。KB 是 1000 个字节，MB 是 100 万个字节，GB 是 10 亿个字节。

calculus 微积分 数学的一个分支，涉及无限微小变化的计算。它包括计算变化率的微分学，可用于计算面积和体积等的积分学。

calculus 结石 医学名词，指在体内形成的硬质，如肾结石。

calendar round cycle 周期历 在玛雅文明中，经过 52 年的周期之后，两个独立的玛雅历法系统合并成为一个历法系统。

calx 矿灰 当矿物或金属都被烧光后形成的粉末或易碎的物质。

capacitor 电容器 用于临时存储电荷的装置。

capillaries 毛细血管 供应组织和连接动静脉的微小血管，参见血管循环。

carbon 碳 一种化学元素（符号为 C，原子序数 6）比其他任何元素形成更多的化合物，包括组成生命的重要物质。

carbon cycle 碳循环 碳在地球及其大气层中生物部分和非生物部分内的循环。

cartography 地图学 地图制作的科学和实践。

catalyst 催化剂 加速化学反应而在反应后自身不会被改变的物质。

cathode 阴极 负电极，从中可以射出电子流。

cathode ray tube 阴极射线管 一种带荧光探针屏幕的真空管，最著名的是在平板屏幕出现之前，在电视机和显示器中的使用。

cauterization 烧灼术 通过加热破坏腐蚀组织：用于医学，尤其是在过去，去除小增生或止血。

celestial body 天体 太空中的自然物体，比如行星或恒星。

celestial sphere 天球 假想的圆球，从地球上看似乎星辰坐落其中。

cell 细胞 "生命"单元：一种微小的结构，由基因、进行化学反应的液体和封闭膜组成。参见真核细胞，原核细胞。

cell 电池 见伏打电池。

cell division 细胞分裂 一个细胞分裂产生两个子细胞的过程。

Celsius scale 摄氏温标 在这种温标下，在正常情况下，水在0℃结冰，在100℃沸腾。

centrifuge 离心机 用于在高速旋转时分离不同密度的物质的设备。

cerebellum 小脑 脑的一部分，靠近头骨的后部，它的主要作用是控制运动的协调性。

cerebrum 大脑 哺乳动物脑中最大的一部分，负责人类大多数有意识的思想和活动。

chain reaction 连锁反应 一种化学或核反应，每一步的产物都会触发下一步反应。

chaos theory 混沌理论 一种分析复杂系统的数学理论，这种系统中的行为完全依赖于初始条件，例如天气系统。

charged particle 带电粒子 一种微小粒子，携带正负净电荷。

chlorophyll 叶绿素 植物中的绿色色素，吸收光为光合作用提供能量。

chloroplasts 叶绿体 植物和藻类细胞中包含叶绿素、发生光合作用的结构。

chromatid 染色单体 一条染色体中的两个相同的链之一。在细胞分裂过程中，两条链分离成为独立的染色体。

chromosomes 染色体 活细胞内包含生物体的基因的结构。每个染色体由一个长的单链DNA分子与各种蛋白质相结合而组成。例如，人类有23对染色体，几乎身体的每一个细胞中都有完整的一套。

circuit 电路 见电路（electronic circuit）。

circulation 循环 见血管循环。

circumference 周长 围绕物体一周的距离。

climate 气候 某个区域在很长一段时间内的平均天气情况。

clone 克隆 一个完全相同的副本或一套副本。根据不同的情境，它可以指：复制的DNA分子；某个细胞的一套相同的后代；使用成熟的细胞核人工繁殖的动物。

cloud chamber 云室 亚原子粒子探测器的早期形式。

codon 密码子 三个相邻的碱基序列形成遗传密码的一部分。大多数密码子表示在细胞内用特定的氨基酸合成蛋白质的密码。

cohesion 内聚力 同一物质内两个粒子之间的相互吸引力。

coke 焦炭 一种固体燃料，主要成分是碳，通过隔绝空气加热煤得到。

combustion 燃烧 一种化学反应，反应中物质与氧结合，产生热能。

comet 彗星 太阳系外围数以百万的由岩石颗粒和冰组成的混合物，当其轨道接近太阳，其中蒸发的冰和尘埃粒子一起产生一条可见的尾巴，从而使彗星变得明显。

companion planting 套种法 指几种作物一起种植，这样可以彼此受益。

compass 罗盘 各种指示南方方向的设备。

compound 化合物 由两种或两种以上的元素原子通过化学键结合在一起形成的分子或化学物质。

concave 凹面 在其面上任意一点做切面，表面总是在切面上方。

concentric spheres 同心球体 具有相同中心的空心球体，一个套在另一个外面。

conductor 导体 容易导电或导热的结构或材料。

cones 视锥细胞 人类和其他动物的眼睛的视网膜上可以看到颜色的感光细胞。

conic section 圆锥截面 数学中重要的曲线和形状，由平面横切圆锥所得。

conjugation 接合 在细菌中，遗传物质的细胞－细胞直接接触。

conjunctiva 结膜 覆盖眼睑内侧和眼球前的黏膜。

conservation of energy 能量守恒定律 能量既不能被创造也不能被消灭，而只能从一种形式变成另一种形式。

constellation 星座 天文学家对天空不同区域的恒星的命名。

continental drift 大陆漂移 地球大陆之间持续数百万年的相对运动，是由板块构造运动引起的。

convection 对流 流体中通过流动产生的热传递。

convergent boundary 会聚边界 两块构造板块相对运动时形成的界线，见板块构造。

convergent evolution 趋同演化 由于适应了相似的环境或生态位，不具亲缘关系的物种演化出相似特征的现象。

convex 凸面 在其面上任意一点做切面，表面总是在切面下方。

Coriolis effect 科里奥利效应 风和洋流受到地球自转的影响而发生偏转。

corona 日冕 太阳或其他恒星的外层大气。

cosine (cos) 余弦 (cos) 在直角三角形中一个角的邻边与斜边之比。此外，该数学函数描述了当斜边扫过圆周时，随着角度的变化，比值将如何随之变化的情形。

cosmic background radiation 宇宙背景辐射 来自太空四面八方的微波辐射，代表了宇宙大爆炸的遗迹。

cosmic rays 宇宙射线 从太空轰击地球的高能粒子流。

cosmological principle 宇宙学原理 在宇宙中，太阳系和地球的位置没有任何特殊性，也并非处于宇宙中心。

cosmology 宇宙学 最大尺度的关于宇宙的研究。

coulomb 库仑 电荷的国际基本单位。

covalent bond 共价键 由原子共用一个或多个电子形成的化学键。

cross-fertilization 异花受精 同种植物的不同个体之间的受精（相对于自体受精）。

crystal 晶体 原子、离子或分子规则排列，形成重复的几何图案的固体。

cubic equation 三次方程 含有至少一个变量的数学方程，该变量自身相乘两次（例如 $x \times x \times x$，也写为 x^3）。但是方程中没有变量自乘次数超过两次。

cumulus clouds 积云 含有水分的空气上升时形成的圆形蓬松的云。

cuneiform 楔形文字 一种书写形式，使用黏土制成的楔形形象，是一些古代文明的特征。

curvature of space 空间弯曲 来自相对论的一种思想，认为在大尺度上空间本身是弯曲的，而不是平常感受到的三维。

curve 曲线 数学图上一个量对应另一个量形成的轨迹，或者代表一种特定的几何形状的线条。

dark energy 暗能量 一种对其仍知之甚少的理论现象，提出来用于解释为什么宇宙膨胀正在加速。

dark matter 暗物质 虽然无法通过常规手段进行检测，但通过引力产生的效应可以得知其存在于星系中的物质，但就像我们了解的一样，其性质意味着它不可能由原子构成。

dead reckoning 导航推测 航行中仅估算速度和方向，而不使用其他检查，如天文观测。

decibel 分贝 用于测量声音强度的标准单位。

decomposition 降解 （1）有机物质的分解。（2）使大分子变为小分子的化学反应。

detector 检测器 电子学中，存储于无线电接收机中的从无线电波中分离出声音信号的电路。

differential calculus 微分学 见微积分学。

differentiation 求导 微分学中执行的计算类型。

diffraction 衍射 波绕过障碍物时发生的偏折或者当波通过一个狭窄的缝隙时的扩散。

diffusion 扩散 一种物质通过原子或分子的随机运动分散到另一种物质中。

digital 数字化 使用离散的单位，对信息（如声音或视频信息）的存储和传输，如二进制的0和1值的模式。

digital sound 声音数字化 声音的数字化记录。

diode 二极管 一种电子部件，它允许电流单向流动。

dioptre 屈光度 镜片的屈光力单位，见折射。

diploid cell 二倍体细胞 每个染色体含有两个副本的细胞。

DNA 脱氧核糖核酸的缩写，几乎所有生物中携带遗传信息的大分子，除了一些病毒使用RNA存储遗传信息。

double helix 双螺旋 一种双股螺旋，该名词特指DNA分子的两股相互交织的螺旋结构。

driving mechanism 驱动机构 传递机械运动和动力的机构。

dwarf planet 矮行星 一种天体（其中包括原行星冥王星）足够大以至于可以依靠自身重力旋转，但还没有大到可以清空周围的其他天体。

dye 染料 一种可以将材料染色的物质。

dynamics 动力学 物理学分科，研究物体在力的影响下的运动。

dynamo 发电机 生产直流电的发生器。

eclipse 食 一个天体在另一个天体背后的暂时隐藏，尤其是指从地球上看时，太阳隐藏在月亮后面（日食），或者当地球的影子落在月亮上时，地球位于月亮和太阳之间（月食）。

ecliptic 黄道 弯曲的路径，代表太阳系的平面，看上去太阳和行星在一年的时间里通过这个平面在天空中运动。

ecology 生态学 对生物与其环境之间关系的研究。

ecosystem 生态系统 生物相互作用，并且它们与物理环境之间也互动，从而形成的共同体。

egg 卵 （1）雌性细胞（配子），也称为卵子。（2）什么鸟类和其他动物中保护生长中的胚胎的结构。

elasticity 弹力 当移除施加的力之后，物体会"弹回"到其原来的形状或体积的一种趋势。

electric charge 电荷 许多亚原子粒子的基本性质，使它们发生电磁的相互作用。电荷可以是正的或负的。

electric circuit 电路 导电材料的一个完

整的循环，它带有电流，并连接电气设备，如开关和灯泡。

electric current 电流 电能的流动。

electric motor 电动机 电功率被转换成转动的机械装置。

electrical resistance 电阻 阻止电的流动，通常会导致热量放出。

electrode 电极 电气端子，可以导致电流进出系统。

electrolysis 电解 在电解液中通入电流引起的化学变化或分解。

electrolyte 电解质 在熔融状态或在溶液中可以导电的物质。

electromagnetic induction 电磁感应 查看感应2和3。

electromagnetic radiation 电磁辐射 能量波是以电场和磁场的形式在两个相互垂直的方向传播能量。

electromagnetic rotation 电磁旋转 通过电磁装置产生的机械旋转。

electromagnetic spectrum 电磁频谱 电磁辐射的完整范围，包括（从最高到最低频率和能量）：γ射线、X射线、紫外辐射、可见光、红外辐射、微波和无线电波。

electromagnetism 电磁学 通过电和磁的相互作用产生的电磁场的物理学。

electromotive force (emf) 电动势（EMF）电池或发电机的电势差，驱动电流围绕电路运动。

electron 电子 一种微小的带负电荷的亚原子粒子。电子是轻子，质量是一个质子或中子的质量的千分之一。它们以电子云的形式围绕着原子的原子核转动，它们的运动产生了电路中的电流。

electron micrograph 电子显微镜照片 用电子显微镜获得的稳定的、物体放大的图像。

electron microscope 电子显微镜 使用电子束而不是获取物体的放大图像的光的显微镜。

electron shell 电子层 原子内围绕原子核转动的电子轨道。

electron volt 电子伏特 能量的小单位，当讨论亚原子粒子的能量时比较方便。

electrophoresis 电泳 在通电介质中，大分子和小颗粒以不同的速度运转，使其可以分析和分离的技术。

electroscope 验电器 显示出电荷存在的仪器。

electrostatic 静电的 与固定电荷有关的。

electrostatic field 静电场 围绕一个固定的带电物体形成的电场。

element 元素 化学中，相同原子组成的物质（也就是说，它们的原子核具有相同数量的质子数）。

ellipse 椭圆 一种平面的、对称的卵形或轮廓，就像一个扁平的圆。

embryo 胚胎 新个体（动物或植物）发育的早期阶段。在人类超过8周的胚胎被称为胎儿。

emission lines 发射谱线 物体发射的光谱中的亮线，通常表示特定元素的存在。

endangered species 濒危物种 具有灭绝风险的生物物种。

endocrinology 内分泌学 关于激素和产生这些激素的内分泌腺的研究。

endoscope 内窥镜 可以直接观察人体内部的各种仪器。

energy 能源 通常被描述为可以做功的能力，能量很难定义，但可以视为在宇宙中引起变化的中介。

entanglement 纠缠 量子物理学中，两个粒子连接为一体，当粒子分开时，其中一个粒子的变化即可导致另一个粒子的变化。

environment 环境 生物周围物质，有时还包括生物自身。

enzyme 酶 生物的催化剂，可以增加特定生化反应的速度。有成千上万种之多，酶几乎都是蛋白质。

equinox 春秋分 每年出现两次的时刻，太阳越过天赤道，南半球、北半球的白天长度相等。

escapement 擒纵器 在一个时钟或手表中，释放动力以保证准确地计时的动力机制。

eukaryotic cell 真核细胞 动物或植物的典型细胞，其中的基因包含在细胞核中，另见原核细胞。

evolution 演化 生物经过长时期的发展变化的渐进过程。

evolutionary biology 演化生物学 关于演化及生物学的相关领域的研究。

exoplanet 系外行星 环绕太阳之外的恒星运转的行星；也称为太阳系外行星。

exothermic 放热 化学反应中导致热的释放。

Fahrenheit scale 华氏温标 以加布里埃尔·华伦海特命名的温标，正常情况下，水在32°F结冰，在212°F沸腾。

faience 彩陶 装饰了釉料的陶器。

fermion 费米子 与物质相关的一组亚原子粒子，如电子、夸克、质子，不包括那些携带力的，如玻色子。

Ferrel cell 费雷尔环流 在中纬度地区的大气环流，在表面层次带来西风，高层次带来偏东风。

fertilization 受精 两个配子的接合，是产生新生物的第一阶段。

fetus 胎儿 哺乳动物的未出生的、还在发育中的后代，在人类中，指怀孕8个星期后。

field of force 力场 在磁铁（磁场）或电荷（电场）周围空间产生的一种状态，它可以被图解为弯曲的线，用来表示它附近的任何有运动倾向的物体受到的力的方向。

filament 花丝 见花药。

fissile 裂变 指的是某些原子核，如一种铀核，当用中子轰击时，能够被分成两个大致相等的部分。

flintlock mechanism 燧发机制 通过使用燧石撞击金属得到的火花来发射枪弹的机制。

fluid 流体 可以流动的物质，包括固体、液体或等离子体的物质。

FM FM调频 通过改变载波（如无线电波）的频率而实现的信号传输。

formula 式（复数：formulae 或 formulas）：(1) 在化学中，代表物质组成的一组符号。(2) 为找到答案的一组表达规则、原理或方法的数学符号。

fossil 化石 长期保存完好的生命的遗存，特别是当它矿化（变成石头）后。

Fraunhofer lines 夫琅和费线 在太阳和其他恒星的光谱中的暗线。它们表明了恒星外层的化学元素吸收恒星光的位置。

freezing point 冰点温度 液体冻结的一个特定温度。冰点也取决于压力。

friction 摩擦力 抵抗或停止彼此接触的物体运动的力。物体和流体（如空气或水）之间的摩擦力，被称为阻力。

fundamental particle 基本粒子 如电子一样的亚原子粒子，被认为不包含更简单的粒子。例如，电子就是一例，但质子或中子并不是，因为它们是由夸克构成的。

fuse 保险丝 在电路中使用的安全装置，如细线，当流过大电流时会熔化。

fuse 引信 电源线或其他设备，可以被点燃或激活，并被用于引爆炸药。

Gaia hypothesis 盖亚假说 这一概念指的是地球上的所有的生物和物理组件相互作用形成一个复杂的自调节的系统，就像一个庞大的有机体。

galaxy 星系 由恒星、尘埃和气体组成的大集团，通过重力松散地聚在一起。我们的星系被称为银河系。

gamete 配子 一个生殖细胞，如精子或卵细胞。配子具有大多数其他细胞一半数量的染色体（见单倍体细胞），这样，当它们受精结合在一起的时候，染色体的数量恢复为正常数。

gametocytes 配子体 代表在配子形成过程中的早期阶段的细胞。

ganglion 神经节 在中枢神经系统以外的神经细胞体的集合。

Geiger counter 盖革计数器 用于检测和测量放射性的仪器。

gene 基因 生物体内遗传的基本单位，DNA（在某些病毒中是RNA）的一段，编码制造特定的蛋白质，通常与控制其开关的特征相结合。

gene map 基因图谱 完整DNA链上的基因序列位点。

gene sequencing 基因测序 找出特定基因的DNA碱基的顺序。

generator 发电机 将机械能转化为电能的装置。

genetic code 遗传密码 DNA序列"拼出"特定的蛋白质的代码。参阅密码子。

genetic drift 遗传漂变 种群中全部遗传结构的变化，这是随机出现的而不是自然选择的结果。

genetic engineering 基因工程 人为地通过操纵生物的遗传物质来改变其特征的技术。

genetic fingerprinting 遗传指纹 对DNA样本进行分析，以确定其归属。

genome 基因组 生物体的一整套基因。

genotype 基因型 生物体的遗传组成。

geological period 地质时期 地球历史时间的划分（如侏罗纪时期）。

geostationary 地球同步 用于描述以相同的旋转速率绕地球运转的卫星的术语。

geothermal 地热能 地球内部的热量，或者从地球获得的能量。

germ theory 细菌理论 该理论认为能传染的生物媒介（如细菌）会引起多种疾病。

glaciation 冰川 由冰川和冰帽构成的土地覆盖物。

gluons 胶子 在质子或中子内将其构成夸克紧密联系在一起的粒子。

gravitational force 重力 地心引力，它被认为是宇宙中的四大基本相互作用之一。

gravitational lensing 引力透镜效应 较大天体的引力可以弯曲来自背后另一个天体的光线的现象，有时可以造成更遥远的天体可见的多个图像。

gravity 万有引力 每一个拥有大质量的物体吸引其他所有物体的倾向。

greenhouse effect 温室效应 来自地面的热射线被大气中的一些气体吸收，而产生的加热效应。

greenhouse gases 温室气体 导致温室效应的气体，包括水蒸气、二氧化碳和甲烷。

habitat 栖息地 特定生物居住的自然环境。

Hadley cell 哈德里环流圈 在热带地区大气的循环模式，这使在地表朝向赤道出现偏北、偏东南的信风，高空返回时出现西风。

haemoglobin 血红蛋白 一种含铁蛋白，即血液中氧气的载体。

half-life 半衰期 (1) 任何特定放射性物质由于放射而减少到其初始值的一半所用的时间。(2) 体内的药物浓度减少到初始值一半所需要的时间。

haploid cell 单倍体细胞 每个染色体只有一份拷贝的细胞。

heredity 遗传 从一代到下一代的性状的传递。

hertz (Hz) 赫兹（Hz）频率的国际单位，一赫兹是每秒一个周期。

histology 组织学 关于身体组织的研究。

homeobox 同源框 一段包含基因的 DNA 的序列，在动物、植物和其他生物体内控制身体发育。

hominid 人科 灵长类动物中的任何成员，包括人类。

horology 钟表技术 关于钟表制造和计量时间的技术。

H-R diagram H-R赫罗图 赫茨普龙-罗素图，一种展示恒星如何经历时间从一种类型演化到另一种类型的图表。

html HTML 超文本标记语言 网站上所使用的主要计算机语言。

http HTTP 超文本传输协议 网站链接到互联网使用的呼叫和响应系统。

Hubble's law 哈勃定律 这个定律指出，一个星系的距离与离我们远去的速度成正比；越是遥远的星系，后退的速度则越快。这表明宇宙正在膨胀。

Human Genome Project 人类基因组计划 一个全世界的科学项目，于 2003 年完成，绘制了人类 DNA 的全部基因序列的图谱。

hydraulic pressure 液压 流体所产生的压力，例如，液体通过管道推送时。

hydraulics 水力学 对液体流经管道、尤其是作为动力源使用时的现象或研究。

hydrocarbon 烃 只由碳和氢组成的化学化合物。

hydrogen 氢 最轻、最丰富的化学元素，约占宇宙中元素总质量的 75% 。

hydrostatics 流体静力学 物理学的分支，研究液体处于静止状态的压力和平衡。

imaginary number 虚数 -1的平方根的倍数，不能作为 "正常" 的数字存在。

imaging 成像 产生的图像的任何方法，特别是通过分析 X 射线、物质的磁效应等间接得到的图像。

immune system 免疫系统 身体的天然防御机制，在与微生物等异物发生反应时，会有发生炎症、生成抗体等反应。

immunization 免疫 为对抗未来可能的感染，通过接种疫苗启动的人体主要的免疫系统。

indeterminate equation 不定方程 有一个以上解的数学方程。

induction 感应 (1) 当一个物体由于附近的其他带电物体而使自身带电的过程；(2) 可磁化的物体在电场（包括由电流产生的）中而被磁化的过程；(3) 处于变化的磁场中的电路产生电流的过程。

inertia 惯性 在没有外力作用下，物体保持静止或保持直线运动的倾向。

infrared radiation 红外辐射 波长比可见光长、比微波短的一种电磁波，通常可以被感受为热。

inheritance 遗传 遗传特性传递的模式或方式。

inhibitor 抑制剂 化学和生物学中，防止或阻碍化学反应或生理应答的物质。

inoculation 接种 通过人工方式以温和的或无害的形式引入致病微生物到人体内，刺激抗体的产生，用以预防未来的疾病。

inorganic chemistry 无机化学 化学的分支，研究有机化合物（含有碳 - 氢键）之外的其他化学品。

insulator 绝缘体 阻止或减少对热、声音或电流动的材料。

integrated circuit 集成电路 由安装在硅芯片的表面的元器件构成的微小电路。

interference 干涉 两个或多个波相遇时的信号干扰。

interferometry 干涉测量 用于分析波的干涉类型的技术。

Internet 因特网 连接世界各地的计算机的电子信息网络。

interstellar space 星际空间 恒星之间的空间，其中物质的密度通常非常低。

ion 离子 原子或分子失去或得到一个或多个电子，成为带电离子。

ionic bond 离子键 当一个或更多的电子从一个原子转移到另一个原子时，产生带相反电荷相互吸引的两个离子，由此形成的化学键。

ionosphere 电离层 地球大气层的一部分，可以反射无线电波，它位于热层内。

irrational number 无理数 不能被表示为一个整数除以另一个整数的数字。

isomer 异构体 化学化合物，彼此之间具有相同的化学式，但有不同的结构。

isotope 同位素 同一种化学元素的原子，原子核中具有不同的中子数。

IVF IVF 体外受精 一种在体外让精子和卵子结合受精，将获得的早期胚胎放回子宫的技术（通常称为 "试管婴儿" 的方法）。

joule 焦耳 功或能量的国际基本单位。

karyotype 染色体组型 对于一个物种或个体内所有染色体的数量、大小和结构信息的描述。此外，也可以用图表进行说明。

Kelvin scale 开尔文温标 见绝对温标。

kinetic energy 动能 物体由于其运动具有的能量。

Kyoto Protocol 京都议定书 关于气候变化的国际协定，旨在约束工业化国家减少温室气体排放。

Lamarckism 拉马克主义 认为生物的演化取决于生物体在生命过程中所获得的性状的遗传。

laser 激光器 用于产生高强度窄光束的装置，其中光线是平行的。

latent heat 潜热 当物质在液体和气体、固体和液体之间发生变化时，吸收或放出热量，但温度不变。

lathe 车床 一种在旋转物体的同时，将其车削成特定形状的机器。

latitude 纬度 距离赤道远近的度量（两极纬度为 90°，赤道为 0°）。纬线是绕地球绘制的假想线，与赤道平行。

lens 镜头 一种可以折射光线的透明物体，使其产生或导致产生清晰的图像。

lepton 轻子 一族基本粒子，包括电子，它们不同于夸克或由夸克组成的粒子，不受核力的影响。

leucocyte 白血球 一种白血细胞。

Leyden jar 莱顿瓶 发明于 18 世纪的电容器，能够传递电击。

line of force 力线 力场的假想线。

linear equation 线性方程组 不包含因本身相乘而可变的变量的数学方程（例如，不存在 x^2, x^3 等）。在图表上画出时，线性方程呈一条直线。

lithosphere 岩石圈 地球的刚性外层，包括地壳和地幔的最上层。

lock and key 锁和钥匙 用于描述一种情况，（如生物分子中）其中两个部分一定要匹配、相互作用以引起变化，就像锁和钥匙一样。

lodestone 天然磁石 自然界内含铁的有磁性的磁铁矿。

logarithm 对数 在数学上，一个底数，如 10 的幂，底数与幂相运算才得到已知的数值。

long count 长历法 一种无限期长度的历法，以几千年前的某个时间点为起点，被玛雅人和其他中美洲人所采用。

longitude 经度 地球上位置的测量，以向东或向西距离一条假想线（本初子午线）的度数表示，这条假想线经过伦敦格林尼治由北极到南极。所有的其他经线也都是从北极到南极。

longitudinal wave 纵波 波的往复运动与波的传播方向发生在一条直线上，而不是互相垂直。声波是一个例子。

low frequency 低频 在给定的时间周期内产生相对较少的振动。

luminosity 光度 一个物体，如恒星，释放的光量。

lunar eclipse 月食 见食。

lymphatic system 淋巴系统 管道和小器官组成的网络，从身体的组织中分泌一种叫作淋巴液的液体进入血液中。

lymphocytes 淋巴细胞 白细胞类型，在免疫系统中扮演专门角色。

magnetic dip 磁倾角 自由摆动的磁针指向下的角度，这表示地球的磁极在地表以下。

magnetic poles 磁极 (1) 磁铁的磁性最强的两个区域。(2) 地球上的两个可变点，在那里地球的磁场是最强的，也是罗盘针的指向。

magnetism 磁力 通过磁场产生的不可见的吸引或排斥的力。

latitude 纬度

magnetosphere 磁层 围绕恒星或行星的磁场。

mass 质量 物体中物质的量。

matter 物质 任何有质量、占用空间的物体。

megabyte 兆 见比特。

megalith 巨石 一块大石头，尤其是在史前时代在特定的位置设置的标记或纪念碑。

meiosis 减数分裂 一种特殊类型的细胞分裂（严格地说是细胞核分裂），它在两个阶段中发生，并且产生单倍体性细胞。

Mercator's projection 墨卡托投影 一种在平面地图上表征地球表面的方法，其中经线和纬线互相成直角。

merozoite 裂殖子 一些微小的寄生虫生命周期的一个阶段。

mesopause 中间层顶 中间层和热层的边界，在地球表面以上的 80 千米处。

mesosphere 中间层 (1) 平流层以上的大气层。(2) 软流层下方的地球地幔层。

metabolism 代谢 发生在生物体内的所有化学反应的总和。

metal 金属 一种物质，通常具有的一系列属性，包括外观上有光泽，能够弯曲成形状，具有高导电导热性。大多数化学元素是金属，并且也有成千上万种合金。

metaphase 中期 有丝分裂期和减数分裂后期之前的阶段，在此期间，染色体在细胞的中部排成一条线。

meteoroid 流星体 质量小于小行星的岩石体，在太阳系的空间中自由移动。如果下落到地球，没有完全烧完，则称为陨石。

microorganism 微生物 只有在显微镜的帮助下才可以看到的微小的生物。

microscope 显微镜 对非常小的物体给出放大图像的仪器。

mid-ocean ridge 洋中脊 洋底中部的山脉，由海洋板块之间的喷发出的火山物质组成，另见板块构造。

mitosis 有丝分裂 正常细胞细胞核分裂过程中，每个 "子细胞" 核具有同亲本细胞相同数量的染色体数目。

mode (1) 调式 振动的特定类型。(2) 众数 在统计学中，在一组数据中出现最频繁的数值。

model organism 模式生物 科学家们研究的标本，能用来发展更普遍地用于理解其他生物的知识。

modular arithmetic 模运算 一种也称为时钟运算，计算的方法是达到一设定的点后再从头开始。

modulation 调制 通过叠加到额外的无线电（称为载波）或其他波来传输信息。

molecule 分子 元素或化合物的最小自由单位，至少由两个原子构成。

momentum 动量 等于物体的质量乘以它的速度。

Monocotyledons (Monocots) 单子叶植物（单子叶植物）开花植物的主要亚群（包括草、兰花、春天开花植物，棕榈植物等），最初定名是由于它们在其种子中仅具有一片子叶（种子叶）。

motor nerve 运动神经 传递从中枢神经系统发出的神经冲动以操纵肌肉运动或控制腺体的神经。

MRI MRI 磁共振成像 一种非侵入式的医学成像形式。

multiple 倍数 当 x 乘以 2、3、4或任何其他的整数时，该数字被描述为"x 的几倍"。

mutation 突变 细胞中染色体的随机变化，变化可以是一个特定的基因，或者在更大尺度上。

myelin 髓鞘 一些神经元外包裹的脂肪材料，可以加快信号的传输。

myofibril 肌原纤维 使肌肉收缩的任何微小结构。

nano- 纳（米）(nano-) 表示十亿分之一（千百万分之一）的前缀。

nanometre 纳米 (nanometre) 一米的十亿分之一。

natural selection 自然选择 能够增加生物个体生存和繁殖机会的遗传特征传递给下一代的机制。

Neanderthal 尼安德特人 一种已经灭绝的物种，其成员与现代人类密切相关。

nebula 星云 该术语最初是指地球大气外可见的遥远的云状物体。现在特指通常能形成新恒星的巨大气体和尘埃云。

negative number 负数 小于零的数字。

nephron 肾单位 每个肾脏有 100 万个左右的净化和过滤单位。

nerve 神经 体内传递信息和控制指令的电缆状结构。一个典型的神经由许多单独的神经细胞（神经元）组成，彼此并行互不影响。

nervous system 神经系统 控制身体的神经细胞（包括脑）的网络系统。

neuron 神经元 神经细胞。

neutrino 中微子 一种微小的、几乎无质量的、不带电的亚原子粒子，在宇宙中含量丰富，但与其他物质很少发生相互作用。

neutron 中子 除了正常形式的氢，存在于所有原子的原子核中的一种亚原子粒子。它在大小上与质子相似，但没有电荷。

neutron star 中子星 基本上由中子构成的非常小、但非常致密的恒星，由巨星的引力坍缩而形成。

newton 牛顿 力的国际基本单位。

nitrogen 氮 一种化学元素，构成了地球大气层的大部分气体，参与形成的化合物对于地球生物必不可少。

noble gases 稀有气体 如氦和氖等气体，在它们外壳有饱和的电子，不活泼。

nomenclature 系统命名法 命名的系列或系统。

nuclear fission 核裂变 见裂变。

nuclear fusion 核聚变 一种反应，光原子如氢的原子核融合形成一个较重的原子核，并释放出能量。

nuclear reaction 核反应 原子核的变化。

nucleolus 核仁 细胞核内小而致密的圆体。

nucleus 核 (1) 原子的中央部分，由质子和中子组成。(2) 真核细胞中的结构，它包含染色体。

nutrients 营养成分 活的生物体生长、维持和繁殖所使用的物质。

observatory 天文台 天文学家研究太空的建筑物或机构。

ohm 欧姆 电阻的国际基本单位。

Oort cloud 奥尔特云 被认为是在太阳系的外部边界存在的含有彗星的巨大球形区域。

opiates 鸦片制剂 与鸦片有关的毒品。它们是强大的止痛药，但有很多副作用。

optical fibres 光纤 传播光的薄的玻璃纤维，在通信中会用到。

optics 光学 对于光的行为以及它是如何受到诸如透镜、反光镜等设备影响的研究。

orbit 轨道 一个物体绕着另一个物体旋转的路径。

orbital period 轨道周期 一个天体绕另一个天体完成一周轨道需要的时间。

organ 器官 组织的集合，通常以离散形式组合在一起，具有特殊功能，如大脑。

organic 有机的 可以指称：(1) 含有碳的任何化合物，不包括一些简单的分子，如二氧化碳。(2) 不使用人工肥料或杀虫剂生产的食品。

Orrery 太阳系仪 太阳系的机械模型，显示了行星以及它们的卫星的相对位置和轨道。

oscillation 振荡 有规律的往复运动。

oscillator 振荡器 产生已知频率交流电的电路或仪器。

oscilloscope 示波器 在屏幕上显示电信号的仪器。

osmosis 渗透作用 水通过半透膜从浓度低的溶液向浓度高的溶液发生的运动。

ovary 卵巢 动物中产生雌性细胞（配子）的结构。

ovary 子房 花的结构中包括胚珠的特定的雌性部分。

ovule 胚珠 花受精后发育成种子的结构。

ovum 卵子 一个卵细胞。

oxidation 氧化 最初是指物质与氧结合的反应；现在用来表示物质失去电子的任何反应。它的相反过程是还原。

oxide 氧化物 氧与其他元素相结合的化合物。

oxidizing agent 氧化剂 能引起氧化反应的化合物。

oxygen 氧气 一种活泼的气体，构成了地球大气的 21%，对于生命来说，是必不可少的。

ozone 臭氧 氧的一种非常活泼的形式，每个分子中有 3 个氧原子，而不是两个。

P wave P 波 地震纵波，一种快速移动的地震波，当波运动时交替地拉伸和挤压岩石。

palynology 孢粉学 关于现存的或者化石的花粉粒和孢子的研究。

pancreas 胰腺 胃附近的腺体，能分泌消化酶和调节葡萄糖水平的激素。

parallax 视差 当观察者移动位置时，物体之间相对位置的似动现象，如附近的树木对远山。天文学家使用同样的原理来测量附近恒星的距离。

parallel circuit 并联电路 在一个电路中，至少有两个独立的回路返回电源。

particle 粒子 在物理学中，通常是亚原子粒子的简称。

particle accelerator 粒子加速器 一个巨大的机器，其中的亚原子粒子在电磁驱动下沿着或围绕隧道加速运动，并以很高的速度互相撞击。

particle physics 粒子物理学 物理学的分支，研究亚原子粒子。

pasteurization 巴氏灭菌法 加热食物来杀死致病细菌。

pathogen 病原体 致病微生物。

peptide 肽 在结构上与蛋白质分子相似，但通常较小。

pericardium 心包 心脏周围的粗糙的双层膜。

periodic table 周期表 以原子序数排列的化学元素表，其具有相似性质的元素纵向排列在一起。

perpetuum mobile 永动机 指一台机器可以在永远没有能量输入的情况下永远运行，并且对外做功。在理论上是不可能的概念。

petal 花瓣 大多数花的性器官外层的结构，通常以一定的形状和颜色吸引传粉动物。

pH pH 值 溶液酸性或碱性的度量。pH 为 7 是中性的，7 以下是酸性的，7 以上是碱性的。

pharmacology 药理学 药物的研究以及它们如何在人体中发挥作用的。

phlogiston theory 燃素说 一个 18 世纪提出、现在被抛弃的理论，认为所有的燃烧都会放出被称为"燃素"的物质。

photoelectric effect 光电效应 当光线击中物体表面时，电子从物体表面上射出的现象。

photon 光子 构成光和其他电磁辐射的粒子。

photoperiodism 光周期 生物的生活过程受到它们所生活其中的白天长度的影响。

photosynthesis 光合作用 植物和藻类利用来自太阳的能量从水和二氧化碳制造食物的过程。

physiology 生理（学）对人体过程的研究。也为人体机能的一个术语。

pi π 圆周率 圆的周长与直径之间的比率，大约是 22 除以 7，或约 3.14159。

piezoelectric effect 压电效应 通过对晶体如石英施加机械力而生电。

pistil 雌蕊 花的繁殖器官。

piston 活塞 密封吻合的滑动盘或短实心圆柱体，连接到发动机气缸的杆上，通过往复运动提供动力。

pitch (1) 音高 声音高或低的特性。(2) 倾斜度 飞机的机翼、螺旋桨叶片等的角度。

Planck constant 普朗克常数 符号是 h，电磁辐射中一个光子能量与其频率的比率。这是量子物理学的一个基本常数。

plane figure 平面图形 二维的形状。

planet 行星 环绕恒星的巨大球形或近球形天体，另请参阅矮行星。

plankton 浮游生物 在开放的水体中生活的植物、动物或其他生命形式，没有较强的移动能力，因此随水流漂浮。大多数都是很小的或微小的。

plant 植物 生物的主要成员之一，通过光合作用为自己制造食物。它们包括树、花、蕨类植物和苔藓，但不包括大多数藻类（见藻类）。

plasmid 质粒 细菌或原生动物中正常情况下呈环状的 DNA 链。

plate tectonics 板块构造理论 该理论是指地球的岩石圈被分为巨大的坚硬板块，板块之间会相互移动。有些板块包括大陆或大陆的部分地区，而其他只是由深海海底构成。

platelets 血小板 血液中的不规则盘形微观结构，其作用是凝结血液和止血。

pluripotent 多能性 用于干细胞，可以产生其他多种类型的细胞。

pneumatics 气体力学 物理学科，研究空气和其他气体的机械性能。

polarized light 偏振光 波的振动只发生在一个平面上的光。

pollen tube 花粉管 一个萌发花粉粒在生长过程中沿着花的雌性部分向下运动使卵子受精而形成的管道。

pollination 授粉 花粉落在花上，使得其卵子可以受精，并且它可以产生种子。

polymer 聚合物 许多相同或非常相似的小分子，彼此连接在一起组成的长而细的分子；此外，也指由这样的分子构成的物质。

population 种群 在生物学中，指同一物种的个体的集合，尤其是能够彼此交配的物种。

positron 阳电子 带正电的电子的对应物，有时也被称为正电子。

potential difference 势差 压力的电当量。高势差就像是一个高压迫使电流环绕电路，也被称为电压。

potential energy 势能 物体因为它的位置或内部状态变化而储存的能量。

power (1) **功率** 能量的变化率。(2) **幂** 一个数字乘以本身的次数：例如 x×x×x，或 x³，也被称为 "x 的 3 次幂"。

precipitate 沉淀 通过化学反应在液体中形成的微小固体颗粒。

predator 捕食者 通过攻击和吃其他动物（猎物）获取食物的动物，特别是那些捕食相对于自己体积更大的动物。

preservation 守恒 保持物体的原始状态，或使得物体不受伤害、侵蚀或腐烂的过程。

pressure 压力 推一个物体的连续物理力，尤其是指作用在单位面积上的力。

prey 猎物 见捕食者。

prime number 素数 任何不能被除了 1 和它本身之外的其他整数整除的正整数。

prism 棱柱／棱镜 (1) 由形成平行四边形的边构成的固体几何构形。(2) 菱形玻璃体，尤其是具有三角形侧面的，可以将白光分成彩色光谱。

probability 概率 事件发生的可能性，通常表示为 0 和 1 之间的一个值。

product 积 在数学上，一个数字乘以另一个数字得到的结果。

prokaryotic cell 原核细胞 细菌等微生物的细胞：它比真核细胞小，不具有独立的细胞核。

prosthetic 假体 人造身体部位。

protein 蛋白质 数千种不同类型的大分子，是由身体产生的，由基因编码而成，又见氨基酸。

proton 质子 原子的原子核中具有正电荷的粒子。

pulsar 脉冲星 一种可被检测的中子星，因为它的快速旋转引起向外发射的辐射脉冲。

quadrant 象限仪 一种航海的仪器。

quadratic equation 二次方程 含有至少一个被自身相乘一次的变量的数学公式（例如，x×x，也写 x²），但其中没有一个变量被自身相乘的次数超过这个数。

quantum electrodynamics 量子电动力学 量子物理理论，涉及电子、正电子和光子之间的相互作用。

quantum physics 量子物理 科学的分支，研究亚原子粒子和能量的相互作用，这种能量是由被称为量子的微小分钟的能量包产生的。

quantum theory 量子理论 该理论认为，光等电磁辐射是由携带一定量能量的光子流构成的。

quark 夸克 一组不能单独存在的基本粒子，是构成质子、中子和一些其他亚原子的粒子。

quasar 类星体 出现于我们自己的星系之外的一种非常强大的辐射源。类星体被认为是其他星系的中心地区，产生的辐射比银河系的中心地区多很多。

radar 雷达 通过发出无线电波，并收集它们的返回 "回声" 来探测物体的方法。

radiation 辐射 快速移动的粒子流或波。

radio waves 无线电波 电磁波谱低频端的不可见波，其波长范围可以从千米到厘米（微波）。

radioactive 放射性 发射高能亚原子粒子或放射性衰变中辐射的一部分。

radioactive decay 放射性衰变 不稳定的原子核在分裂或转变过程中发射出高能粒子或辐射的过程。

radioactive tracers 放射性示踪剂 便于检测和测量的含有放射性原子的物质。

radioactivity 放射性 有关放射性衰变的现象。

radiometric dating 放射性测年 通过检测岩石中特定同位素的放射性衰变阶段来发现岩石的绝对年龄的过程。

RAM RAM 随机存储器。可以存储和检索信息的计算机内存芯片。

rarefaction 稀薄 压缩的反义词，特别是指气体的密度变低。

ratio 比率 两个数字之间的比例关系。

reactant 反应物 参与化学反应的物质。

reaction 反作用／反应 (1) 一个力与另一个力大小相同，但方向相反。每个力都有反作用力。(2) 改变物质的化学性质或形成一种新物质的变化。

red giant 红巨星 正在接近其生命尽头的恒星，已膨胀到一个巨大的尺度并变成淡红色。

red shift 红移 当光源迅速远离观察者时，光的波长有转向光谱的红端的倾向。其他波长的电磁辐射也会发生这种现象。

reduction 还原 最初，是指物质失去氧的反应；现在是指物质获得电子的任何反应。与之对应的是氧化。

reflex 反射 对事物的自动反应。

refraction 折射 当光线以一定的角度进入不同的介质，例如从空气到水时会发生弯曲。

refractive index 折射率 光在一种介质中的速度与光在另一种介质中的速度之比率。

relativity 相对性 根据爱因斯坦的理论，对空间与时间、物质与能量的描述，这取决于光速在真空中的不变性。

repoussé 凹纹 古老的装饰金属的艺术，通过锤击金属片的背面而得。

reproduction 繁殖 创造后代的过程。

resistance 阻力 见电阻。

resistor 电阻器 抵抗电流的电气装置或部件。

resonance 共振 使物体在其 "自然" 频率下振动时，该物体的振幅变大的现象。

respiration 呼吸 (1) 呼吸运动。(2) 也称为细胞呼吸，细胞内的生化过程，通过食物分子与氧结合，分解食物分子并且提供能量。

retrograde motion 逆向运动 与另一个运动相反的运动，如卫星以与其环绕的行星自转的方向相反的方向运动。只有当行星看上去远离恒星时，逆向运动才是明显的，正如地球在其围绕太阳运行的轨道上超越了它。

retrovirus 逆转录病毒 一种 RNA 病毒，如艾滋病病毒，它通过将其基因拷贝嵌入到宿主细胞 DNA 而繁殖。

Richter scale 里氏量尺 一种根据地震释放的能量测量其大小的量尺。

right angle 直角 通过垂直线生成的角度，形成两边相等的角。

RNA RNA 核糖核酸，与 DNA 类似的分子，在细胞中有各种功能，其中包括作为 DNA 和细胞的其余部分之间的中介。

robot 机器人 (1) 智能的类人机器（主要是在虚构语境中）。(2) 一种机器，特别是可编程的，可以执行一系列复杂的动作。

ruminant 反刍动物 如牛或鹿等咀嚼反刍食物的动物。

S wave S 波 次生波，作为横向或水平波穿过地面的地震波。

satellite 卫星 环绕行星运动的天体。有天然卫星，如月亮。也有人造卫星，诸如用于转发无线电信号的飞行器。

secretion 分泌 由生物的细胞释放特定物质。

sedimentary rock 沉积岩 物质的碎片沉淀在大海或湖泊中，经年累月黏合在一起形成的岩石。

sedimentation 沉降 松散的物质在风或移动的冰的作用下，散落在海洋和河床上的地质过程。

seismic wave 地震波 穿过地面的波，例如来自地震的波。

seismograph 地震仪 用于测量和记录地震波的设备。

seismology 地震学 地震的研究。

seismometer 地震检波器 用于测量地震波的设备。该术语可以与地震仪互用，因为现代地震检波器也记录地震仪的测量结果。

selective breeding 选育 选择特定的家畜养殖，促进所期望的性状一代代获得发展的过程。

semiconductor 半导体 电阻介于导体和绝缘体之间的物质。半导体器件的特性可以非常准确地控制和改变，这使得它们对于现代电子产业非常重要。

sensory nerve 感觉神经 将环境信息（触、味等）传递给中枢神经系统的神经。

sepal 萼片 花瓣状或叶片状的一套结构，通常在花瓣外围绕轮缘或花基。

sex cell 性细胞 见配子。

sextant 六分仪 一种导航仪，专门用于测量物体如中午地平线上方的太阳的高度。

sexual reproduction 有性生殖 两个配子（性细胞）融合产生新个体的繁殖方式。

SI unit SI 单位 以米、千克、秒、安培、开尔文、坎德拉和摩尔为基础的国际测量单位体系。

silicon 硅 半金属元素，与碳元素相关，是很多地球岩石的组成部分。

sine (sin) 正弦 (SIN) 直角三角形中一个角的对边与斜边的比值。此外，也表示当斜边扫过圆周时，随着角度的变化这个比值如何变化的数学函数。

skeleton 骨骼 脊椎动物体内来支持身体和保护其器官的骨架和软骨，或者其他动物起到类似作用的任何结构。

slide rule 计算尺 用对数进行快速计算的中心有滑杆的尺子。

smelting 冶炼 从矿石中提取金属。

software 软件 计算机使用的程序。

solar constant 太阳常数 球表面的每单位面积从太阳接收到的热量。

solar eclipse 日食 见食。

solar flare 太阳耀斑 来自太阳的辐射的突然爆发。

Solar System 太阳系 由太阳、行星、其他绕太阳转动的物体，以及周边的太阳的影响可以波及的空间区域组成的系统。

solenoid 螺线管 一种圆柱形线圈，当电流通过时，会变成一块磁铁。

solstice 至日 一年中的两个时间点，一个是在夏天中间，一个在冬天中间。这一天的中午，太阳在天空中到达最高点或最低点。

solubility 溶解度 溶质的溶解能力。

solute 溶质 溶解在溶剂中形成溶液的物质。

solution 溶液 其他物质（不同的小固体颗粒）的单个原子、分子或离子均匀地分散其中的液体。

solvent 溶剂 能溶解其他物质的物质，特别是一种液体。

somatic nuclear transfer 体细胞核移植 利用体细胞（普通人体细胞）创建一个受精卵，从而创建生物的克隆体的技术。

sonar 声呐 通过发出声波并接收其回声在水下探测物体和航行的手段。

space probe 空间探测器 一种无人驾驶飞行器（并非地球卫星），旨在探索太空。

space station 空间站 驻有人类用于执行实验和观测等任务的环绕结构。

space-time 时空 将一起相互关联的空间的三个维度。

species 物种 特定种类的生物，通常以个体互相交配而产生完全可育的后代（虽然这定义并不适用于所有的情况）来定义。

specific heat capacity 比热容 加热单位质量的某种物质提高 1℃所需要的热量。

spectroscope 光谱仪 测量和分析光谱的一种机器。

spectroscopy 光谱学 对光谱的研究和测量。

spectrum 光谱（复数：spectra）原意为光线通过折射分离，使得它的不同波长（颜色）按顺序展开。该术语现在也适用于其他电磁辐射，并且也指由特定源放出的辐射的特征模式。

speed 速度 物体在单位时间内通过的距离，又见速率。

sperm 精子 雄性生殖细胞（配子），可以移动并找到一个雌性细胞。所有动物和一些低等植物均可以产生精子。

spherical trigonometry 球面三角 经过修正适用于球面而非平面的三角学。

sporozoite 孢子体 一些微小的寄生生物生命周期中的一个阶段。

square root 平方根 某个数字自身相乘产生一个给定的数字，则该数字就是给定数字的平方根。

stade 斯塔德 (1) 古希腊的测量单位。(2) 冰期次阶 当冰川已经停止撤退的地质时期。

stamen 雄蕊 花的雄性器官，参阅花药。

standard model 标准模型 粒子物理学的基本理论框架，结合了4种基本作用力中的3种（电磁和强、弱核力）与12种基本粒子（6种夸克和6种轻子）如何相互作用的理论。

star 恒星 由电离气体（等离子体）构成的巨大发光球，通过其中央的核反应而放出能量。

static electricity 静电 物体上产生非运动电荷的现象。

stem cell 干细胞 体内能够分裂和生长成其他更多的特化细胞的细胞。

sterilization (1) 灭菌 给予设备特殊的处理，以杀死有害细菌等生命形式。(2) 绝育 利用手术、辐射等方法使动物不育。

stethoscope 听诊器 用来听身体内部尤其是胸部声音的诊断仪器。

stigma 柱头 花的雌性部分（雌蕊）的顶部。它通常有黏性可以接受花粉。

stratigraphy 地层学 对岩石层的研究。

stratopause 平流层顶 平流层和中间层之间的边界。

stratosphere 平流层 地球大气层的对流层和中间层之间的部分。

stratus cloud 层云 通常是低空中片状的云，经常会带来小雨。

style 花柱 支撑柱头的花茎。

subatomic particle 亚原子粒子 比原子或它的核小的粒子，例如质子、中子或电子。

subduction boundary 俯冲边界 深海中两个构造板块之间的边界，在一个板块中被推到了另一个板块的下面。

submersible 潜水器 通常是水下探险所用的小型装置。

substance 物质 任何一种材料。

sunspot 太阳黑子 在太阳表面的一个区域，

其温度暂时较低，导致呈现比其周围环境较暗的影像。

superconductivity 超导 一些物质在接近绝对零度时几乎失去全部电阻的现象。

supernova 超新星爆发 非常大的恒星在生命终结时发生的巨大爆炸。

supersonic 超声速 比声音的速度还要快。

surface tension 表面张力 液体看起来就像是有一个弹性"皮肤"的效果，是表面分子之间的凝聚所造成的。

suspension 悬浮液 微小的固体颗粒或液体水珠在其周围介质中形成的混合物。

switch 开关 导通或截止电流的装置，或者更普遍意义上将事物从一个状态改变到另一个状态。

synapse 突触 两个神经细胞之间的连接，或神经细胞和肌肉或腺细胞之间的连接。

synthesis 合成 不同部分或不同的理论相结合成为整体。

taxonomy 分类学 生物的分类，也指分类的原则。

tectonic 构造 地壳的结构及其运动，参阅板块构造。

telophase 末期 有丝分裂和减数分裂的各时期的最后阶段，在该阶段，每一套独立的染色体周围都会形成一个核膜。

temperature 温度 物体热或冷的量度。

theodolite 经纬仪 使用旋转望远镜测量角度的测量装置。

theorem 定理 数学规则或陈述，尤其是不用被自身证明但它可以通过推理得出的真理。

thermal (1) 热的 与热有关（形容词）。(2) 热气流 大气中的上升的热空气。

thermodynamics 热力学 物理学分支，研究热和其他形式的能量之间的关系。

thermoelectric effect 热电效应 在电子电路中产生温度差异的各种效应。

thermosphere 热层 地球大气层中中层以上的一层。

three dimensions (3-D) 三维（3-D) 长度、宽度和深度。

tissue 组织 由大致相似类型的细胞构成并且执行特定功能的生命物质：例如，神经组织、肌肉组织。

topography 地形学 关于地貌的研究。

torque 扭转力 扭力。

trace elements 痕量元素 生物生长所需要的一些微量元素。

trade wind 信风 在赤道地区全年吹拂的东南风或东北风。

transformer 变压器 通过减小电流的时候增加电压，或者相反的过程的装置。它仅适用于交流电。

transfusion 输血 血液从供体转移到受体的过程。

transistor 晶体管 一种半导体电子器件，可以作为开关，放大器或整流器。

translocation (1) 易位 染色体的一部分转移到同一条或另一条染色体的其他部位的情形。(2) 输导作用 植物体内物质的运动。

transmission 传送 事物从一个地方到另一个地方的输送。

transmutation 嬗变 (1) 一个物种演化成为另一物种。(2) 一种原子通过核反应转换成另一种原子。

transparent 透明 允许光或其他辐射通过。

transpiration 蒸腾 植物表面尤其是通过叶子的水分散失。

transplant 移植 从身体的一个部分所取的组织或器官，放置在身体的另一部分，或放到另一个体上。

transverse wave 横波 往复运动发生在垂直于波的行进路线上。例如光波。

triangulation 三角测量 利用三角形的数学特性测量角度和距离的方法。

trigonometry 三角学 数学的分支，主要研究计算三角形中边与角之间的关系。

tropical 热带 地球北回归线（赤道以北23.5°）和南回归线（赤道以南23.5°）之间的温暖区域，或那些区域的典型气候。

tropopause 对流顶层 地球的大气层中对流层和平流层之间的边界。

troposphere 对流层 地球大气层的最底层，从地面开始，大多数天气事件发生的场所。

tsunami 海啸 水波，有时呈现巨大的规模，由地震、水下滑坡或其他重大干扰产生。

turbine 涡轮机 由水或移动气体或空气驱动的旋转轮，用来提供能量。

ultrasound 超声 超出人耳可以检测到的频率的声音。

ultraviolet 紫外线 波长比可见光更短的电磁辐射。

uncertainty principle 不确定性原理 量子物理学原理，认为在亚原子层面无法同时准确测量物体的位置和动量，因为当观察其中一个量的时候，另一个已经发生了变化。

Universe 宇宙 传统意义上指的是现存万物的总体，现在用于指大爆炸创造的事物，这使得存在其他宇宙成为可能。

urine 尿液 大多数动物体内流出的排出废物和多余水分的液体。

vaccine 疫苗 用于接种的、能够刺激免疫应答的特殊制剂。

vacuum 真空 不存在物质的空间（在现实生活中，仅能达到近似真空）。

vacuum tube 真空管 一种密封的、通常是玻璃的管子，从其中抽出大部分的空气，且其中包含电极。通电使电子束从负电极（阴极）射出。它是一个通用术语，包括电子学中使用的或曾经使用过的各种设备。也被称为电子管。

valency 价 一个原子与另一个原子形成化

学键的个数。

valve 阀 限制流体或电流朝一个方向流动的装置或结构。在电学语境中，它指的是一种真空管。

Van der Waals bond 范德华力 相对较弱的一种化学键。

vascular circulation 血管循环 血液通过血管（动脉、毛细血管和静脉）并回到心脏的循环。

vein 静脉 血液流回心脏的血管，参阅血管循环。

velocity 速度（velocity）特定方向上的速率。

Vernier scale 游标尺 在更大的量尺上增加了小的、可移动的分度尺的测量仪器，用来提高测量精度，以伍埃尔·韦尼埃命名。

virus 病毒 (1) 微型寄生的非细胞生命形式，主要是由包裹的基因组成，可以侵入到活细胞中，获得自我拷贝。(2) 一块电脑软件，可以类似于生物病毒的方式通过电脑系统传播。

visible light 可见光 波长可以被眼睛探测到成为光的电磁辐射。

vitamin 维生素 为了保持健康在饮食中需要的少量的各种有机化合物。

viviparous 胎生 生出活的幼体，与产卵不同。

voltage 电压 见势差。

voltaic cell 伏打电池 将化学反应的能量直接转化为电能的装置，用白话讲就是电池，参阅电池。

volume (1) 体积 物体占据的空间的量。(2) 音量 声音的响度。

vulgar fraction 简分数 用一个数字除以另一个数字来表示分数，而不是使用小数点。

wave 波 以一定的强度或浓度发生的有规律的振动。波通常在特定方向或各个方向上运动，并在这个方向上传递能量。

wavelength 波长 每个系列波中连续的峰或峭之间的距离。

weak force 弱力 引起β衰变的原子核中的力。该称谓也是与强力形成对比。

weak interaction 弱相互作用 弱力的另一个叫法。

white dwarf 白矮星 一个体积小、亮度低、非常致密的恒星，代表了低于一定质量的恒星演化的最后阶段。

World Wide Web 万维网 互联网上通过超文本链接收集和交换数据和文件上的巨大网络。

worm gear 涡轮 齿轮装置，其中一个齿轮是有槽的圆筒。

X-ray diffraction X射线衍射 以X射线照射物体，通过分析衍射模式来分析其内部结构的技术；也称为X射线晶体学。

X-rays X射线 一种高能、高频的电磁辐射。

索引

致谢

DK（多林金德斯利）要感谢以下人员：校对 Irene Lyford 和 Steve Setford；助理编辑 Nikki Sims 和 Kathryn Hennessy；助理摄影师 Lili Bryant 和 Rhiannon Carroll。

史密森尼学会：Deborah Warner, Roger Sherman（美国历史博物馆）；Robert F. van der Linden, Paul Ceruzzi, Andrew K. Johnston, Hunter Hollins（美国国家航空航天博物馆）；Alex Nagel（弗利尔美术馆和.赛克勒美术馆）；Michael Brett-Surman, Salima Ikram（美国国家自然历史博物馆）。

新摄影：英国剑桥惠普尔科学史博物馆。惠普尔博物收藏有国际上非常珍贵的科学仪器和模型，收藏时间从中世纪到现在。DK 感谢 Liba Taub 教授提供的帮助，感谢 Claire Wallace 博士在博物馆提供的摄影帮助。

英国利兹大学科学史博物馆：感谢 Emily Winterburn 博士，英国利兹大学科学、技术与医药史博物馆馆长，以及大学物理系 Denis Greig 教授给予的帮助，博物馆主任 Claire Jones 给予的帮助。

DK 印度：感谢助理编辑 Rupa Rao；助理设计师 Priyabrata Roy Chowdhury, Parul Gambhir, Supriya Mahajan, Ankita Mukherjee, Neha Sharma, Shefali Upadhyay；以及 Neeraj Bhatia 和 Arvind Kumar 提供复制品。

本书出版商由衷感谢以下名单中的人员提供图片使用权：

（缩写说明：a- 上方；b- 下方 / 底部；c- 中间；f- 底图；jkt- 封面；l- 左侧；r- 右侧；t- 顶端）

12 Alamy Images: The Art Gallery Collection (cr). SWNS.com Ltd: Pedro Saura (t). 13 Corbis: Sakamoto Photo Research Laboratory (cl). Dorling Kindersley: Museum of London (cra, crb). Dreamstime.com: Joe Gough (t). 14 The Bridgeman Art Library: Heini Schneebeli (br). Corbis: EPA (t); Michel Gounot / Godong (cl). 15 Corbis: Minden Pictures / Jim Brandenburg (t). Dorling Kindersley: Museum of London (cl). Getty Images: DEA Picture Library (br). 16 Corbis: Roger

Wood (br). Dorling Kindersley: The Trustees of the British Museum (bl); Museum of London (c); University Museum of Archaeology and Athropology, Cambridge (tl, ca, cb, crb, bc). Getty Images: De Agostini (tc); SSPL (tr). 17 Alamy Images: UK Alan King (cla). Dorling Kindersley: The Trustees of the British Museum (tr, c, cr, bc, bl); Courtesy of Museo Tumbas Reales de Sipan (br); Courtesy of the Board of Trustees of the Royal Armouries (tc). 18 Corbis: Nik Wheeler (t); Visuals Unlimited (c). Dorling Kindersley: The Trustees of the British Museum (b). 19 Alamy Images: The Art Archive (c). Dorling Kindersley: University Museum of Archaeology and Athropology, Cambridge (t). 20–21 Photo SCALA, Florence: DeAgostini Picture Library (c). 20 Alamy Images: World History Archive (bl). Corbis: Werner Forman (br, crb). 21 Dorling Kindersley: National Motor Museum, Beaulieu (bc). Getty Images: Universal Images Group (clb). Science Museum / Science & Society Picture Library: National Railway Museum (cb). Fu Xinian: "Zhongguo meishu quanji, huihua bian 3: Liang Song huihua, shang" (Beijing: Wenwu chubanshe, 1988), pl. 19, p. 34, Collection of the National Palace Museum, Beijing (bl). 22 ChinaFotoPress: akg / Erich Lessing (t). from S. Percy Smith, "Hawaiki, The Original Home of the Maori; with a sketch of Polynesian History", Whitcombe & Tombs Ltd, 1904: (cr). 23 Getty Images: De Agostini (l); Werner Forman (t). 24 Alamy Images: The Art Gallery Collection (cr). Getty Images: Universal Images Group (t). 25 Alamy Images: imagebroker (t); The Art Archive (br). Getty Images: Bridgeman Art Library (c). 26–27 Getty Images: SSPL (cb). Museum of the History of Science, University of Oxford: (t). 26 Fotolia: Pedrosala (br); Sculpies (clb). Getty Images: British Library / Robana (bl). Science Photo Library: (cl). 27 Fotolia: Andreas Nilsson (crb). Getty Images: SSPL (bc, tr). 28 Getty Images: De Agostini (cl). University of Pennsylvania Museum: (t). 29 Alamy Images: Mary Evans Picture Library (cr). Getty Images: De Agostini (bl). 30 Alamy Images: Hans–Joachim Schneider (bl); Getty Images: Universal Images Group (t). 31 Alamy Images: The Art Gallery Collection (t). 32 Corbis: Araldo de Luca (cr). Getty Images: De Agostini (br). from "Vitruvius Teutsch" (German edition by Walther Ryff), Peter Flotner, 1548, p645: (t). 33 Alamy Images: Interfoto (t). Corbis: Sygma (cl). Dorling Kindersley: The Science Museum, London (br). 34 Science Photo Library: Sheila

Terry (cl). 36 Alamy Images: The Art Gallery Collection (t). Dorling Kindersley: The Science Museum, London (b). 37 Alamy Images: Ian Macpherson Europe (t). Corbis: Bettmann (clb); (cl). 38 Getty Images: De Agostini (cr). Pedro Szekely: (br). 38–39 Corbis: (t). 39 Getty Images: Universal Images Group (r). 40 Corbis: Heritage Images (clb). Getty Images: (t). 41 Getty Images: De Agostini (t); (cr, clb). 42 Alamy Images: Patrick Forget / Sagaphoto.com (cr); Sonia Halliday (t). Getty Images: Alireza Firouzi (clb). 43 Dorling Kindersley: National Maritime Museum, London (cl). Science Photo Library: (t). 46 ChinaFotoPress: De Agostini Picture Library (crb). Getty Images: De Agostini (t). 46–47 Walter Callens: (t). 47 Getty Images: Hulton Archive (cb); Universal Images Group (tr). 48 Alamy Images: Art Directors & TRIP (l). Science Photo Library: Sheila Terry (tr). 49 Fotolia: Charles Taylor (cla). Getty Images: DEA / M Seemuller (tr). 50 Alamy Images: The Art Gallery Collection (tl). Getty Images: De Agostini (br). Photos.com: (bl). 51 Alamy Images: ImagesClick, Inc. (t). Dorling Kindersley: Courtesy of the Board of Trustees of the Royal Armouries (cr). 52–53 Getty Images: De Agostini. 53 Alamy Images: Art Directors & TRIP (cr). ChinaFotoPress: R. u. S. Michaud (tr). 54 Alamy Images: Keystone Pictures USA (tr). Corbis: (cr). NASA: ESA, M. Livio and the Hubble 20th Anniversary Team (STScI) (c). 56 Alamy Images: The Art Archive (c); The Art Gallery Collection (crb). Corbis: Alfredo Dagli Orti / The Art Archive (tl). Getty Images: SSPL (clb). 57 Science Photo Library: Sheila Terry (t). Wikipedia: Drawing from treatise "On the Construction of Clocks and their Use", Ridhwan al–Saati, 1203 C.E. (cl). 58 Getty Images: De Agostini (t). 59 Corbis: Stefano Bianchetti (t). NASA: (c). Science Photo Library: Mehau Kulyk (tl). 60 ChinaFotoPress: British Library (r). Getty Images: De Agostini (t). Photos.com: (clb). 61 Corbis: Heritage Images (cb). Flickr.com: http://www.flickr.com/photos/takwing/5066964602 (cla). Getty Images: De Agostini (tr). 62 Getty Images: De Agostini (br); SSPL (clb). Peng Wei Photography (bl). Mark Heers (http://www.travel-wonders.com): courtesy Parc Leonardo da Vinci au Château du Clos Lucé (t). 63 Dorling Kindersley: The Science Museum, London (bl). Getty Images: SSPL (cb). Science Photo Library: David Parker (crb). 64 Getty Images: (cr); SSPL (bl). 64–65 Getty Images: (t). 65 Alamy Images: Photos 12 (bl). Jeff Moore (jeff@jmal.co.uk): (cr).

66 Corbis: (bl). Getty Images: Hulton Archive (tl). 67 Corbis: Christel Gerstenberg (cr). Getty Images: Bridgeman Art Library (tl); SSPL (c). 68 Corbis: Sandro Vannini (tl). Fotolia: Zechal (tr). 69 Alamy Images: Interfoto (tr). Fotolia: Georgios Kollidas (cl). Photo SCALA, Florence: White Images (r). 70 Corbis: Baldwin H. & Kathryn C. Ward (r). Dorling Kindersley: Glasgow City Council (Museums) (tl). 71 Corbis: Bettmann (tr). Getty Images: De Agostini (cl); Universal Images Group (cb). 72 Alamy Images: Antiquarian Images (tl). Getty Images: SSPL (cb); Universal Images Group (cr). 72–73 Dorling Kindersley: National Museum of Wales (tl). 73 Getty Images: Bridgeman Art Library (c); De Agostini (crb). National Library of Medicine: Jacopo Berengario da Carpi, Isagogae breues, perlucidae ac uberrimae, in anatomiam humani corporis a communi medicorum academia usitatam, Bologna, Beneditcus Hector 1523 (clb). 76 Corbis: Bettmann (cl). Getty Images: Universal Images Group (crb). Science Photo Library: SOHO–EIT / NASA / ESA (tl). 77 Corbis: Stefano Bianchetti. 78 Alamy Images: Lebrecht Music & Arts Photo Library (bc). The Bridgeman Art Library: The Royal Collection © 2011 Her Majesty Queen Elizabeth II (t). Dorling Kindersley: The Trustees of the British Museum (clb). Getty Images: Universal Images Group (bl); (br). 79 Corbis: Bettmann (br). Dorling Kindersley: The Science Museum, London (bl); University College, London (bc). Getty Images: AFP (cra); CMSP (crb); SSPL (cb, cl). Wikipedia: Andreas Vesalius, De Humani Corporis Fabrica, 1543, page 178 (clb). 80 Corbis: Heritage Images (c); David Lees (tl). Dorling Kindersley: Natural History Museum (crb). 81 Getty Images: De Agostini (tl). Science Photo Library: (tc). 82–83 Getty Images: Hulton Archive (t). 82 Dorling Kindersley: Natural History Museum (cb). National Library of Medicine: IHM / Realdo Colombo, De Re Anatomica, 1559, title page (crb). David Nicholls: courtesy St Mary's Tenby (t). 83 Corbis: Bettmann (tl). Getty Images: Universal Images Group (tr). Science Photo Library: Science Source (cl). 84 Dorling Kindersley: The Trustees of the British Museum (tl); Judith Miller / Branksome Antiques (r); The Science Museum, London (cb, br). Dreamstime.com: Erierika (bl). Paul Marienfeld GmbH & Co. KG: (fbl). 85 Dorling Kindersley: The Trustees of the British Museum

(cr); National Maritime Museum, London (tl). Fotolia: Coprid (cra). Getty Images: Ryoichi Utsumi (bc). Schuler Scientific (www.schulersci.com): (crb). 86 Fotolia: Jenny Thompson (t). Science Photo Library: Science Source (clb). 86–87 Corbis: Mike Agliolo (t). 87 ChinaFotoPress: Massimiliano Pezzolini (cb). Getty Images: Universal Images Group (cr). NASA: ESA, D. Lennon and E. Sabbi (ESA / STScI), J. Anderson, S. E. de Mink, R. van der Marel, T. Sohn, and N. Walborn (STScI), N. Bastian (Excellence Cluster, Munich), L. Bedin (INAF, Padua), E. Bressert (ESO), P. Crowther (University of Sheffield), A. de Koter (University of Amsterdam), C. Evans (UKATC / STFC, Edinburgh), A. Herrero (IAC, Tenerife), N. Langer (AifA, Bonn), I. Platais (JHU), and H. Sana (University of Amsterdam) (t). 88 Corbis: Heritage Images (tl). Getty Images: Bridgeman Art Library (c). 89 Alamy Images: Matthew Johnston (crb). Getty Images: Bridgeman Art Library (clb). Science Photo Library: Sheila Terry (c). 90 Dorling Kindersley: The Trustees of the British Museum (tr); The Science Museum, London (br, bl). SuperStock: Marka (tl). 91 Photos.com: Lyudmyla Nesterenko (tr). 92 Alamy Images: Interfoto (tr). Getty Images: SSPL (tl). Science Photo Library: (tr). 93 Corbis: Bettmann (tr). Dorling Kindersley: Natural History Museum (br). Getty Images: Bridgeman Art Library (bl); SSPL (tl); Universal Images Group (tr). 94 Corbis: EPA (clb). 94–95 Science Photo Library: Sheila Terry (t). 95 Getty Images: (clb). Science Photo Library: New York Public Library (tr). 96 Corbis: Bettmann (clb). 96–97 NASA: ESA, M. Robberto (STScI / ESA) and the Hubble Space Telescope Orion Treasury Project Team (t). 97 Dorling Kindersley: The Science Museum, London (cb). Getty Images: Hulton Archive (cr); SSPL (cl). 98–99 Alamy Images: Charistoone–Images (t). 98 Science Photo Library: Maria Platt–Evans (crb). 99 Alamy Images: Pictorial Press (tr). 100 Corbis: Bettmann (c). 102 Science Photo Library: Sidney Moulds (tl). SuperStock: Science Faction / Jay Pasachoff (b). 102–103 Alamy Images: SSPL (t). 103 Alamy Images: World History Archive (tr). The Art Gallery Collection (tr). 104 Corbis: Lebrecht Music & Arts (ca). Getty Images: Hulton Archive (tl). NASA: SDO, AIA (tr). 105 Corbis: David Lees (cr). Dorling Kindersley: The Science Museum, London (cb). Science Photo Library: AMI Images (tl). 106 Corbis: Bettmann (cr). Library Of Congress, Washington, D.C.:

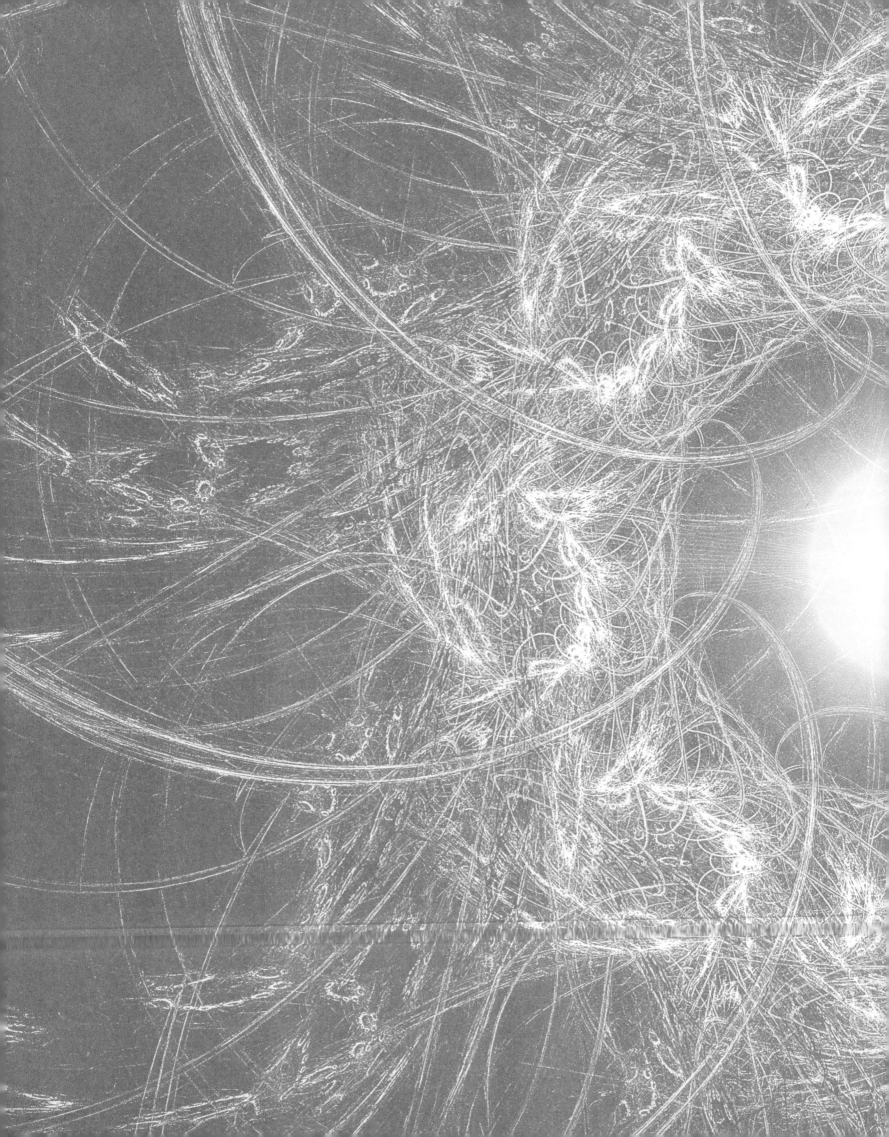